量纲理论与应用

梁灿彬　曹周键　著

科学出版社

北　京

内 容 简 介

本书详细讲述量纲理论，包含了第一作者梁灿彬 60 余年来的研究成果，以及第二作者曹周键近 20 年来的重要贡献。全书特别强调分清量与数，指出所有物理书上的公式几乎都是数的等式而非量的等式(由于从未有人定义过量的乘积，量的等式其实并无意义)。第三章详细讲解了我们对于量的乘积以及量的求幂的自创定义，使得量的等式从此获得明确意义。第 7 章在此基础上讨论了量的等式与数的等式形式相同的条件。第 8 章讲授定理，该章及后续各章含有该定理的大量应用例子。第 10 章还以自创方式严格论证了萌芽于牛顿时代并在至今的工程实用中常用的“相似论”。

本书适用于物理系及以及工程等相关专业的本科生、研究生以及科研工作者等参考使用。

图书在版编目(CIP)数据

量纲理论与应用/梁灿彬，曹周键著. —北京：科学出版社，2020.12
ISBN 978-7-03-067474-6

Ⅰ. ①量…　Ⅱ. ①梁…　②曹…　Ⅲ. ①量纲分析　Ⅳ. ①O303

中国版本图书馆 CIP 数据核字(2020)第 256622 号

责任编辑：刘凤娟 / 责任校对：杨　然
责任印制：赵　博/ 封面设计：无极书装

科学出版社 出版
北京东黄城根北街 16 号
邮政编码：100717
http://www.sciencep.com
涿州市般润文化传播有限公司印刷
科学出版社发行　各地新华书店经销
*
2020 年 12 月第　一　版　开本：787×1092　1/16
2024 年 4 月第四次印刷　印张：22 1/4
字数：480 000

定价：124.00 元
(如有印装质量问题，我社负责调换)

前　言

我在大学二年级(1956 年)学习电磁学时，老师讲了一点关于“量纲”的问题，我没听懂，晚上就去找老师答疑。但老师也讲不清楚，使我感到“越答越疑”，只好下定决心自我钻研。从此，我每年(包括毕业留系任教后)都“忙里偷闲”，时不时地抽点时间刻苦思考量纲问题(并认真拜读当时能找到的一两本参考书)，不断取得小步进展，逐渐形成了我自己关于量纲问题的一个(远非完整的)思想。我还喜欢找一些学习优秀的学生(特别是研究生)对我的量纲思想进行讨论，或多或少总有收获。例如我的前学生高思杰(现任北师大物理系教授)，他不但基本听懂了我的思想，而且曾一度提出用微分几何的“纤维丛”概念处理量纲问题，对我很有启发。经过不断改进，这一建议已被作为一个重要工具用浅显的讲法放入本书第 3 章(参见图 3-2、3-3 和 3-4)。我们在此向高思杰教授表示谢意。后来，我的前学生曹周键(现任北师大天文系教授)在听懂了我的思想之后提出了许多卓越的想法和建议，和我一起又把我们的量纲思想向前推进了一大步。

近年来，我们又进一步查阅了大量的有关文献(包含许多部关于量纲的专著)，在前人研究成果中尽量吸取养料，终于建立起关于量纲分析和量的等式的公理化体系，该体系大大降低了量纲分析使用过程中物理直觉的主导性，增强了数学工具的作用。

在上面提到的专著中，对我们帮助(影响)较大的有如下 4 本。

1. Bridgman P W, 1931. Dimensional analysis. 2nd ed. New Haven: Yale University Press.

2. Taylor E S, 1974. Dimensional analysis for engineers. Oxford: Clarendon Press.

3. Barenblatt G I, 1996. Scaling, self-similarity, and intermediate asymptotics. Cambridge: Cambridge University Press.

4. 列.阿. 塞纳, 1959. 物理学单位. 嵇储凤,卞文钧, 译.上海: 上海科学技术出版社.

第 1 本专著[即 Bridgman(1922)]出版之后不断获得好评，多次再版。南非科学院外籍院士、南非开普半岛科技大学终身正教授孙博华先生在其编著的《量纲分析与 Lie 群》(2016)一书中说：“**Bridgman 的这本书是……世界上第一部量纲分析专著。量纲分析理论在之后没有什么变化，从现代的角度看，这本书一点都不过时。……1946 年，Bridgman 由于高压物理的研究获得诺贝尔物理学奖。**”

事实上，我们从这本量纲专著确实获益良多，特此致谢。

但是也应该指出，我们现在出版的这本量纲专著在很多方面都与该书不同，我们不但提出了一系列非常必要的新概念(例如“量类”、“现象类”、“单位制族[1]”、“同族单位制”、“原始定义方程”、“终极定义方程”、“终定系数”、“量乘”、“量的求幂”、“准同族制”、“几何高斯制”、“十字删除法”、“量纲配平因子”、“角数因子”……，而且还证明了一大

---

[1] 过去只有“单位制”而无“单位制族”一词，导致“量纲式”概念难以阐述清楚。

批十分有用的新定理。所有这些内容都是 Bridgman 书完全没有的。

上面所引的 4 本专著都明确指出很少有人注意到的一个结论：任何一本物理书中的几乎所有公式(例如 $f=ma$)都应该看作数的等式——式中每个字母都代表一个数而不是一个量[例如 $f = ma$ 中的 f 代表用力的国际单位**牛顿**测量问题中的量(譬如 6 **牛顿**)所得的数(即 6)]。我们非常赞成这种讲法。量 $\boldsymbol{m}$ 与量 $\boldsymbol{a}$ 并排放置只能代表两者的乘积，然而从来没有人对"量的乘积"下过定义。因此，如果坚持认为 $f=ma$ 是量的等式，则它们并无意义！既然这么多人都觉得它(们)是量的等式，为了成全这一认识，我们决心给量的乘积下一个具有某种良好数学结构的定义。一旦有了这个"量乘"定义，就可以造就"量的等式"，而且这种数学结构允许我们对量的等式进行数学运算(不但可以对量做乘除，而且可以对量求实数次幂)。经过一番艰苦努力，我们终于找到了"量的乘积"和"量的求幂"的一个比较满意的定义，并且证明了量乘(和求幂)结果依赖于所用的单位制族——对同样的两个量，借助于不同的单位制族做量乘(和求幂)操作的结果可能不一样！作为副产品，这一重要结论使我们破解了一个长期困扰磁学界(乃至整个物理学界)的老大难问题，详见§3.5。引入"单位制族"这一新概念的重要意义由此可见一斑。

可以说，量乘(和求幂)定义的提出以及上述结论的证明是本书对量纲理论的最大贡献。

本书的自创内容很多，其中必然存在若干不适当甚至不正确的说法。写进书中的目的是抛砖引玉，引发国内外同行的讨论，以期对量纲分析这一块"尚待进一步开垦的半处女地"的"开垦"有所建树。此外，本书的既定主题使本书不得不涉及物理学的方方面面，其中许多方面(例如流体力学)都超出了作者熟悉的范畴，只好边学边写，常有捉襟见肘、勉为其难之感。写成的文字难免存在诸多疏漏甚至错误，恳请有关专家和读者不吝指正。

为了给部分内容降低难度，本书把较难理解(或者初读时不是非看不可)的文字放入"选读"栏。必读部分自成体系，不会由于略去选读部分而影响后续必读内容的学习。

本书有大量定理、命题和例题，为便于阅读，定理和命题的证明结束处加□，代表"证毕"；例题的求解结束处加■，代表"解毕"。

本书篇幅很大，认真读完全书相当耗费时间。对于不能抽出足够时间的读者，与其把不多的时间分散于对各章的粗略浏览，不如把时间用于精读少数章节。我们推荐最应该仔细阅读的如下章节(选读部分一律除外)：

第 1 章的§1.1—§1.6，§1.8；

第 2 章的§2.4；

第 3 章的§3.2(小节 3.2.3 除外)，§3.4，§3.7；

第 7 章的小节 7.1.2；

第 8 章的小节 8.1.1，§8.2，§8.3；

第 10 章的小节 10.5.1，10.5.2；

第 11 章的§11.3。

按照原定计划，本书共有3位作者，第一、二作者是梁灿彬、曹周键，第三作者是陈陟陶。陈陟陶先生也是我的极其优秀的前学生，后来到德国攻读硕、博士学位。我跟他经常通过远程通信讨论问题，他对本书已经做出了许多重要贡献。不幸的是，由于患病以及其他特殊原因，他在本书尚未写完时坚决退出作者行列，多次挽留无效，所以现在只剩两位作者。我们仍然非常感谢他对本书所做的多方面贡献，并对他的退出深表遗憾。

本书初稿将近写完时，北师大物理系本科三年级学生刘肖一和岳鑫同学先后分别读过若干章节的初稿，多次跟我们讨论有关问题并提出过不少有分量的意见和建议。特别值得提到的是岳鑫同学，他在百忙中挤出大量时间认真仔细地读完全书的全部十一章初稿，并且非常负责任地对每章都提出了大量很有参考价值的修改意见和建议。此外，北师大物理系本科一年级学生江政同学也曾读过第一章并提出过一些有帮助的建议。特此对这三位同学致以深切的谢意。

梁灿彬

2020 年 8 月 27 日

于北京师范大学

目　　录

第 1 章　单位制和量纲

§ 1.1　用单位把量转化为数

物理学关心各种物理量(physical quantity)及其联系。可以互相比较(测量)的量称为**同类量**，比较的结果是一个数(number)。例如，百米跑道的长度与米尺的长度是同类量(都是长度量)，用后者测量前者得数为100。[本书特别强调量和数的区别，并特意以粗体字母(如$\boldsymbol{Q}$)和非粗体字母(如Q)分别代表量和数。] 上述事实可用如下等式表示：

$$\text{跑道长度}\ \boldsymbol{l}=100\,\textbf{米}。$$

推广至一般，设$\boldsymbol{Q}_1$和$\boldsymbol{Q}_2$是同类量，用$\boldsymbol{Q}_1$测量$\boldsymbol{Q}_2$得数为Q，就可写出等式

$$\boldsymbol{Q}_2=Q\boldsymbol{Q}_1\,, \tag{1-1-1}$$

这种类型的等式称为**同类量等式**，其含义为“$\boldsymbol{Q}_2$是$\boldsymbol{Q}_1$的Q倍”。

借用上式又可定义同类量之**商**(是一个数)：

$$\frac{\boldsymbol{Q}_2}{\boldsymbol{Q}_1}=Q\quad(\text{约定本式与}\ \boldsymbol{Q}_2=Q\boldsymbol{Q}_1\ \text{等价})。\tag{1-1-1$'$}$$

对任意一个量$\boldsymbol{Q}$，与它同类的所有量的集合称为$\boldsymbol{Q}$所在的**量类**[1]，记作$\tilde{\boldsymbol{Q}}$。所以$\boldsymbol{Q}$是$\tilde{\boldsymbol{Q}}$的元素，用集合论的记号可以记作$\boldsymbol{Q}\in\tilde{\boldsymbol{Q}}$(读作“$\boldsymbol{Q}$属于$\tilde{\boldsymbol{Q}}$”)，每个$\boldsymbol{Q}$都可称为$\tilde{\boldsymbol{Q}}$的一个**量值**。例如，所有长度量的集合称为**长度量类**(记作$\tilde{\boldsymbol{l}}$)，跑道长度$\boldsymbol{l}$只是量类$\tilde{\boldsymbol{l}}$的一个元素(一个量值)，即$\boldsymbol{l}\in\tilde{\boldsymbol{l}}$。类似地还有**质量量类**$\tilde{\boldsymbol{m}}$、**时间量类**$\tilde{\boldsymbol{t}}$、**速度量类**$\tilde{\boldsymbol{v}}$……。

在量类$\tilde{\boldsymbol{Q}}$中用一个任选的元素(记作$\hat{\boldsymbol{Q}}$)测量其他元素，就可把每个元素变成一个实数，这个$\hat{\boldsymbol{Q}}$称为**单位**[2]。设用$\hat{\boldsymbol{Q}}$测$\boldsymbol{Q}$得数为Q，就可写成同类量等式

$$\boldsymbol{Q}=Q\hat{\boldsymbol{Q}}\,。\tag{1-1-2}$$

如果改用另一单位$\hat{\boldsymbol{Q}}'$测$\boldsymbol{Q}$，会得到另一个数Q'，即

$$\boldsymbol{Q}=Q'\hat{\boldsymbol{Q}}'\,。\tag{1-1-2$'$}$$

设$\hat{\boldsymbol{Q}}'$与$\hat{\boldsymbol{Q}}$的商为实数α，即

$$\hat{\boldsymbol{Q}}'=\alpha\hat{\boldsymbol{Q}}\,,\tag{1-1-3}$$

---

[1] 笔者数十年前提出“量类”一词，2013 年找到一本书[Kurth(1972)]，其第 33、34 页有个类似概念——可比类(comparability class)，强调每个可比类的任意两个元素(两个量)都可比较，比较的结果是个正实数，这与我们的“量类”异曲同工(只有一点差别：我们不要求两个同类量之比一定为正)。不同的是，通过论述，我们还认为每个量类在数学上可以延拓为一个 1 维矢量空间，而且这一看法非常有用，详见小节 1.6.2。

[2] 此处只说“单位$\hat{\boldsymbol{Q}}$是量类$\tilde{\boldsymbol{Q}}$的任选元素”，其实，只有正的元素方可充当单位。“正”字的含义见 § 1.6。

我们想由此推出 Q' 与 Q 的关系。推导时要用到某些公理性的东西(早已被日常经验证实)，准确地说，同类量之间的互相比较(测量)应该遵从某些法则(否则就不是正确测量)，可以归纳为如下两条：

(1) 对实数 α、β 和 $\boldsymbol{Q}\in\tilde{\boldsymbol{Q}}$ 有

$$\alpha\boldsymbol{Q}=\beta\boldsymbol{Q} \Leftrightarrow \alpha=\beta \quad (\text{即 } \alpha\boldsymbol{Q}=\beta\boldsymbol{Q} \text{ 当且仅当 } \alpha=\beta)^3; \tag{1-1-4}$$

(2) 等式

$$\beta(\alpha\boldsymbol{Q})=(\beta\alpha)\boldsymbol{Q} \tag{1-1-5}$$

对任意实数 α、β 和任一 $\boldsymbol{Q}\in\tilde{\boldsymbol{Q}}$ 成立。(例如，$2\boldsymbol{Q}$ 的 3 倍等于 $6\boldsymbol{Q}$。)

利用以上两点法则就可从 $\hat{\boldsymbol{Q}}'=\alpha\hat{\boldsymbol{Q}}$ 推出 Q' 与 Q 的关系：

$$\boldsymbol{Q}=Q'\hat{\boldsymbol{Q}}'=Q'(\alpha\hat{\boldsymbol{Q}})=(Q'\alpha)\hat{\boldsymbol{Q}}=(\alpha Q')\hat{\boldsymbol{Q}}, \tag{1-1-6}$$

[其中第三步用到式(1-1-5)。] 与式(1-1-2)联立得

$$Q\hat{\boldsymbol{Q}}=(\alpha Q')\hat{\boldsymbol{Q}}, \tag{1-1-7}$$

于是由式(1-1-4)便有

$$Q=\alpha Q'。 \tag{1-1-8}$$

式(1-1-3)与式(1-1-8)结合便有

$$\frac{\hat{\boldsymbol{Q}}'}{\hat{\boldsymbol{Q}}}=\frac{Q}{Q'}。 \tag{1-1-9}$$

注记 1-1　由式(1-1-4)和(1-1-5)还可证明“用量 $\boldsymbol{Q}$ 测自己得数为 1”，即

$$\boldsymbol{Q}=1\boldsymbol{Q}。 \tag{1-1-10}$$

证明很简单：设用 $\boldsymbol{Q}$ 测自己得数为 α，则 $\boldsymbol{Q}=\alpha\boldsymbol{Q}$，于是 $1\boldsymbol{Q}=1(\alpha\boldsymbol{Q})=\alpha\boldsymbol{Q}$ [其中第二步用到式(1-1-5)]，再由式(1-1-4)便得 $\alpha=1$，从而有式(1-1-10)。

最狭义地讲，数学是研究数的关系的学问。借助于单位把量转变为数，就可以把量的关系的研究转化为数的关系的研究，从而把物理问题转化为数学问题。例如，如果量类 $\tilde{\boldsymbol{Q}}$ 的两个元素 $\boldsymbol{Q}_1$ 和 $\boldsymbol{Q}_2$ 满足

$$\text{(a)}\ \boldsymbol{Q}_1=Q_1\hat{\boldsymbol{Q}}, \qquad \text{(b)}\ \boldsymbol{Q}_2=Q_2\hat{\boldsymbol{Q}}, \tag{1-1-11}$$

则有

$$\hat{\boldsymbol{Q}}=(Q_1^{-1}Q_1)\hat{\boldsymbol{Q}}=Q_1^{-1}(Q_1\hat{\boldsymbol{Q}})=Q_1^{-1}\boldsymbol{Q}_1, \tag{1-1-12}$$

[其中第二步用到式(1-1-5)，第三步用到式(1-1-11a)。] 代入式(1-1-11b)得

$$\boldsymbol{Q}_2=Q_2(Q_1^{-1}\boldsymbol{Q}_1)=(Q_2Q_1^{-1})\boldsymbol{Q}_1, \tag{1-1-13}$$

[其中第二步再次用到式(1-1-5)。] 与式(1-1-1)及式(1-1-1′)对比可知

$$\frac{\boldsymbol{Q}_2}{\boldsymbol{Q}_1}=\frac{Q_2}{Q_1}。 \tag{1-1-14}$$

因此，当 $Q_2>Q_1>0$ 时，我们就说量 $\boldsymbol{Q}_2$ 大于量 $\boldsymbol{Q}_1$，并记作 $\boldsymbol{Q}_2>\boldsymbol{Q}_1$。可见，借助于单位就可以用数的不等式来对**同类量的不等式**下定义，用以描述两个同类量孰大孰小。利用这一

---

3 默认 $\boldsymbol{Q}$ 为非零量(“零量”亦称“零元”，定义见 § 1.6)，否则“仅当”部分不成立。

说法，就可把式(1-1-9)做如下文字表述：用不同单位测同一量时，单位越大得数越小。

§ 1.2　数的等式和量的等式

物理规律是物理量之间关系的反映。既然选定单位后每个量可用一个数代表，物理规律也就可用数的等式表示。反映物理规律的数的等式称为物理规律的**数值表达式**(numerical–valued equation)，简称**数的等式**(等号两边都是数)。

甲　但是，是不是也应有量的等式？

乙　同类量等式[例如式(1-1-1)]就是量的等式。

甲　物理书上所有公式(例如 $f = ma$)也都是量的等式吧？

乙　你涉及微妙问题了。我问你，$f = ma$ 中的字母 f 代表什么？

甲　当然代表力了，还用问吗？

乙　设问题涉及的力是6**牛顿**，则对 f 有两种可能理解：① f 代表6**牛顿**这个量；② f 代表以**牛顿**为单位测量6**牛顿**这个量所得的数(即6)。你选择①还是②？

甲　我从未想过这个问题，我觉得……应该选①吧？因为 $f = ma$ 是量的等式啊。

乙　依此类推，公式中的字母 m 和 a 就应该分别代表质量(就说2**千克**吧)和加速度(3**米/秒**^{2})了？

甲　是的。

乙　那么 ma (两个字母并排)又代表什么？

甲　那还用问？当然是 m 与 a 相乘了。

乙　m 和 a 都是量，两个量的相乘你学过吗？所有人从小就学的乘法都是两个数的相乘。“九因歌”(九九乘法表)中的“三七二十一”说的就是 7 的 3 倍等于 21，完全是数的乘法！在我们能查到的数量不小的中外文献中根本找不到对量的乘法以及量的等式的任何定义，因此，如果坚持把 $f = ma$ 理解为量的等式，你根本就说不清右边 ma 的意义。只有把它理解为数的等式(无非是 $6 = 2 \times 3$)才是清楚的。

甲　但是许多人都认为 $f = ma$ 是量的等式。您的说法是别出心裁还是有文献依据？

乙　我认为，凡是把量纲理论真正研究透彻的人都持这一看法(至少有四本权威著作为证，下面一一道来)。我本人一贯偏爱和习惯于把物理规律的数学表达式看作数的等式，这是六十余年前受当时的苏联作者赛纳的书[赛纳(1959)]的影响逐渐形成的。该书第 3 页明确写道：“**通常在公式中的一些符号并非是量的本身，而是一些数值，这些数值是表示这些量用任一单位量度时的数值。**”后来(几年前)还先后查到三本英文书，绝对明确地声称书中公式都是数的等式，而且特别强调量的等式(量的乘除)没有意义。下面从第一、二本书中各引一段(引文中的重点号是我们加的)，以飨读者。Barenblatt(1996)在第 30 页写道：“**在 CGS 单位制中，速度的单位是1秒走1厘米这样一种匀速运动的速度，记作厘米/秒。……单位的这种写法在某种程度上只是一种习惯写法：你不能把比值厘米/秒想象为长度标准(厘米)与时间标准(秒)的商。这种商完全没有意义：你可以用一个数去除另一个数，但不能用一段时间间隔去除一段长度间隔！**”Bridgman(1931)在第 23 页写道：“**速度是用某段时间去除**

某段长度来测量的[但不要忘记这实际上是用一个数(测量某段时间所得的数)去除另一个数(测量某段长度所得的数)]。”第三本书是 Taylor(1974)，引文略。

综上所述，我们强调一个结论：所有物理公式都应理解为数的等式[极少数(例如同类量等式)除外]，式中每一字母代表用某一单位测该量所得的数。

为了更有说服力，再看一例。狭义相对论的洛伦兹变换的时间变换式的国际制形式为

$$t'=\gamma\left(t-\frac{v}{c^2}x\right),\qquad 其中\ \ \gamma\equiv\frac{1}{\sqrt{1-(v/c)^2}},\tag{1-2-1}$$

上式的v/c^2和$(v/c)^2$使公式及其后续运算繁杂，相对论工作者通常会用“几何单位制”把上式简化为

$$t'=\gamma(t-vx),\qquad 其中\ \ \gamma\equiv\frac{1}{\sqrt{1-v^2}}。\tag{1-2-2}$$

你能讲清这样简化的理由吗？

甲 很简单，就是因为几何单位制取$c=1$。

乙 但是，如果你坚持把式(1-2-1)看作量的等式，那么式中的每个字母(包括c)都代表量，c代表真空光速这样一个量，即$\boldsymbol{c}=3\times10^8$**米/秒**，它怎么能等于 1 这么一个数？(一个量无论如何不能等于一个数！)

甲 这……恐怕我也说不清楚。

乙 那是因为你们都把式(1-2-1)中的字母看作量。只要改看作数，具体说，把c理解为用速度的国际制单位**米/秒**测量真空光速$\boldsymbol{c}$这个量所得的数($c=3\times10^8$)，就不难理解了。

甲 但也不能把3×10^8取作 1 啊！？

乙 3×10^8只是用国际制速度单位测$\boldsymbol{c}$所得的数，只要另选一个适当单位去测$\boldsymbol{c}$，所得的数就可为 1。你能说出这个新单位是什么吗？

甲 我知道了。只要选$\boldsymbol{c}$(真空光速)这个量作为速度量类的新单位，用它测$\boldsymbol{c}$(自己测自己)，得数自然为 1。

乙 很对。可见，把式(1-2-1)看作量的等式就无法理解为什么几何制可以把c取为 1。

甲 现在我接受“所有物理公式都应理解为数的等式(极少数除外)”这个结论了。既然如此，是否根本就没必要谈什么量的等式了(同类量等式除外)？

乙 情况却又不如此简单。第一，目前还有不少国内外作者认为量的等式必不可少(特别是在涉及量纲分析时)。第二，中国在这方面有特殊的“国情”。国内出版界至少在近二十年来有一个非常硬性的规定：书中所有公式都只能理解为量的等式。我的《电磁学》第一版(1980)中的所有物理规律表达式都是数的等式，但写第二版时就只能都看作量的等式(包括其中某些只有看作数的等式方能正确的公式，所以我一直对人说“我的《电磁学》除第一版外都有错，而且我无权改错！”)。第三，在某些情况下量的等式确实有其方便之处，特别是，人们经常用“单位乘除法”对单位进行运算，例如

$$1\,\mathbf{Wb}=1\,\mathbf{H}\cdot\mathbf{A}=1\left(\mathbf{V}\cdot\mathbf{s}\cdot\frac{1}{\mathbf{A}}\right)\cdot\mathbf{A}=1\,\mathbf{V}\cdot\mathbf{s}=1\,\mathbf{A}\cdot\boldsymbol{\Omega}\cdot\mathbf{s}=1\frac{\mathbf{C}}{\mathbf{s}}\cdot\frac{1}{\mathbf{S}}\cdot\mathbf{s}=1\frac{\mathbf{C}}{\mathbf{S}}=3\times10^9\frac{\mathbf{SC}}{\mathbf{S}},\tag{1-2-3}$$

即$1\,\textbf{韦}=1\,\textbf{亨}\cdot\textbf{安}=1\left(\textbf{伏}\cdot\textbf{秒}\cdot\dfrac{1}{\textbf{安}}\right)\cdot\textbf{安}=1\,\textbf{伏}\cdot\textbf{秒}=1\,\textbf{安}\cdot\textbf{欧}\cdot\textbf{秒}=1\dfrac{\textbf{库}}{\textbf{秒}}\cdot\textbf{欧}\cdot\textbf{秒}=1\dfrac{\textbf{库}}{\textbf{西}}=3\times10^{9}\dfrac{\textbf{静库}}{\textbf{西}}$，从来没有怀疑过这种做法是否会有问题。上式不但是量的等式，还涉及量的“乘积”和“商”的概念，而且默认对量做乘除时通常的运算律成立(上式用到结合律和交换律)。所以至少可以说，为了保证“单位乘除法”意义明确(而且做法正确)，就有必要对量的乘法和量的等式下定义，而且还要证明这样定义的乘法满足通常的运算律。由于所查到的文献都没有给出这个定义，我们只好自己创立(详见第 3 章)。你在第 3 章不但可以找到我们的量乘定义，而且还会看到这一量乘法的确满足通常的运算律。

注记 1-2　(a)本书前两章默认量的等式有意义，一旦需要就可使用。量的等式的准确定义及有关问题将在第 3 章和第 7 章中详述。(b)本书经常出现“数的等式”一词，由于内含“的”字，一旦含有此词的行文较长，而且文中又有其他“的”字，读起来就比较别扭。因此，从现在起我们用“数等式”代替“数的等式”；同理，用“量等式”代替“量的等式”。

[选读 1-1]

甲　您在式(1-1-9)下面一行讲过“数学是研究数的关系的学问……”，这句话很有意思。能再讲具体一点吗？

乙　最简单的数学(算术)是四则运算，它只涉及数的关系，例如“九因歌”中的“四六二十四”说的就是 6 的 4 倍等于 24，完全是数的乘法。就连高等数学的函数及其微积分运算也只涉及数的关系。函数 $y=f(x)$ 给出的是数 y 随数 x 的改变而改变的规律，称 x 为**自变数**，y 为**因变数**，都是数，完全不涉及量。

甲　但多数人都称 x 和 y 为自变量和因变量啊。

乙　这只是个翻译问题。变数或变量的英语对应词都是 variable，自变数或自变量的对应词是 independent variable(或 argument)，因变数或因变量的对应词是 dependent variable 或 function(函数)。我们不喜欢“自变量”和“因变量”这种译法，因为它们实质上都是数(变数)。谢天谢地，我国的数学前辈把 function 译作函数而没有译作函量，我们已经很知足了。

甲　难道数学家就一点不关心量吗？

乙　当然也关心，但那已涉及数学的应用(应用题)了。物理学是数学最重要的应用领域之一，为了定量地研究物理，就要借助于单位把物理量转化为数，再用纯数学求得答案。一般地说，无论在哪个领域应用数学，都要借用单位把量变成数，从而把该领域的问题转化为数学问题。久而久之，许多物理学家竟然把自己熟悉的数等式误以为是量等式。

甲　一般物理书都用粗体字母代表矢量(用以区分矢量和标量)，而本书的粗体字母却代表量(用以区分量和数)。那么，在涉及矢量的情况下，本书会用什么记号？

乙　用上方加箭头的字母代表矢量，例如用 $\vec{f}$ 代表力这个矢量。

甲　但是，矢量不也是量吗？为什么不用 $\vec{\boldsymbol{f}}$ (既加箭头又用粗体)代表力？

乙　你问到微妙之处了。通俗地讲，矢量是既有大小(长度)又有方向的“量”，其大小可用数描述，其方向可用方向角(也是数)描述，所以抽象的矢量属于数而不属于量，只有赋予物理意义(例如力或动量)并且配上单位之后才是量(这时才记作 $\vec{\boldsymbol{f}}$)。“矢量”一词是英语中 vector 的汉译词，而 vector 一词连一点儿“量”的味道都没有。　**[选读 1-1 完]**

§1.3 单　位　制

要明白制定单位制的原始动机，先看一个简单例子。欧姆定律的数值表达式是

$$U = IR\,, \tag{1-3-1}$$

其中U、I和R分别是以**伏特**、**安培**和**欧姆**为单位测量问题中的电压$\boldsymbol{U}$、电流$\boldsymbol{I}$和电阻$\boldsymbol{R}$所得的数，为了更清楚地表明这一点，不妨把上式的U、I和R明确地写成$U_{伏}$、$I_{安}$和$R_{欧}$，但请注意它们仍然代表数，只不过把测得此数所用的单位注在右下角而已。(切莫把$U_{伏}$与$\boldsymbol{U}$**伏**相混淆，$U_{伏}$是数，而$\boldsymbol{U}$**伏**则是量！) 于是式(1-3-1)可以更明确地写成

$$U_{伏} = I_{安}R_{欧}\,。 \tag{1-3-1'}$$

但是，如果改用毫安测量电流，并把所得的数记作$I_{毫安}$，注意到1**毫安**$=10^{-3}$**安**，便有

$$I_{安} = 10^{-3} I_{毫安}\,,$$

代入式(1-3-1′)便得$U_{伏} = 10^{-3} I_{毫安} R_{欧}$。为了简洁，通常都去掉下标，于是就有

$$U = 10^{-3} IR\,。 \tag{1-3-2}$$

上式和式(1-3-1)都可以称为欧姆定律，两者形式不同的原因在于两者采用不同的单位搭配(前者的搭配是“**伏**，**安**，**欧**”；后者是“**伏**，**毫安**，**欧**”)。

上述例子表明，同一物理规律在不同单位搭配下的数值表达式可能不同。但也不难相信，同一规律的各个数值表达式之间的差别仅体现为一个附加因子。只要在表达式等号右边补一个依赖于各量单位搭配的比例系数k，就是说，只要把式(1-3-1)改写为

$$U = kIR\,, \tag{1-3-3}$$

便能在任何单位搭配下都成立。请注意上式的k依赖于(而且仅依赖于)式中各量所选的单位。每一量类的单位原则上都可任选，但如果过于任意(“一盘散沙”)，则大量的数等式中的k值将复杂得难以记住。为克服这一困难(也为了其他好处)，可用单位制来约束各个量类的单位的选法。一个单位制由以下3个要素构成：

(a)选定l个量类$\tilde{\boldsymbol{J}}_1, \cdots, \tilde{\boldsymbol{J}}_l$作为**基本量类**(个数和选法有相当任意性)，其他量类一律称为**导出量类**。

(b)对每一基本量类$\tilde{\boldsymbol{J}}_i\ (i = 1, \cdots, l)$任意选定一个单位$\hat{\boldsymbol{J}}_i$，称为**基本单位**。

(c)对每一导出量类$\tilde{\boldsymbol{C}}$，利用一个适当的、涉及$\tilde{\boldsymbol{C}}$的物理规律来定义它的单位，称为**导出单位**。我们先举两个例子，再归纳出一般公式。

例题 1-3-1　CGS 单位制指定长度、质量和时间为基本量类，指定**厘米**、**克**和**秒**为基本单位。为定义速度$\tilde{\boldsymbol{v}}$(导出量类)的单位，考虑质点做匀速直线运动这样一种物理现象[更准确地说是考虑一个“现象类”(各种同类现象的集合)[4]，它包括各种不同速度的匀速直线运动]。设质点在t**秒**内走了l**厘米**，以v代表用任一速度单位$\hat{\boldsymbol{v}}$测质点速度$\boldsymbol{v}$所得的数，则有如下物理规律：

---

[4] “现象类”是我们提出的概念，在全书中起到非常重要的作用。§2.4 将有对“现象类”的详细讲解。正文的(c)提到的“物理规律”就是指现象类中全部现象所服从的共同规律。

$$v = k\frac{l}{t}\,, \tag{1-3-4}$$

其中 k 反映速度单位 $\hat{\boldsymbol{v}}$ 的任意性，与具体现象无关。指定 $k=1$ 便指定了一个确切的速度单位。具体说，$k=1$ 使上式简化为

$$v = l/t\,, \tag{1-3-5}$$

上式起到给速度的 CGS 制单位 $\hat{\boldsymbol{v}}_{\text{CGS}}$ 下定义的作用，称为导出单位 $\hat{\boldsymbol{v}}_{\text{CGS}}$ 的**定义方程**[5]。为了看出这个 $\hat{\boldsymbol{v}}_{\text{CGS}}$ 是怎样的一种速度，可令 $t=1$ 及 $l=1$(相当于在“匀速运动现象类”中选定一个具体“现象”——质点在 $\boldsymbol{t}=1$**秒** 内走了 $\boldsymbol{l}=1$**厘米** 的路程)，代入式(1-3-5)得 $v=1$，即 $\boldsymbol{v}=1\,\hat{\boldsymbol{v}}_{\text{CGS}}$，说明 $\hat{\boldsymbol{v}}_{\text{CGS}}$ 就是每**秒**走1**厘米**这样一种速度,通常也写成等式

$$\hat{\boldsymbol{v}}_{\text{CGS}} = \textbf{厘米/秒}\,, \tag{1-3-6}$$

请注意右边的**厘米/秒**只是一个记号，代表“每**秒**走1**厘米**”这样一种速度。(在第 3 章给量的乘除法下定义之前，不许把**厘米/秒**中的斜杠 / 读作“除以”。) 初学者应该通过这个例子学会从导出单位的定义方程看出该单位大小的这种技巧，切莫以为“这只不过是在讲 $1\times1=1$ 的小学算术，有什么可学的？”

例题 1-3-2　为定义加速度 $\tilde{\boldsymbol{a}}$ (导出量类)的 CGS 制单位，考虑“质点从静止开始做匀加速运动”这样一个现象类。设 t **秒**末的速度为 v **厘米/秒**，以 a 代表用任一加速度单位 $\hat{\boldsymbol{a}}$ 测该质点加速度所得的数，则

$$a = k\frac{v}{t}\,, \tag{1-3-7}$$

其中 k 反映 $\hat{\boldsymbol{a}}$ 的任意性。指定 $k=1$ 便指定了 CGS 制的加速度单位 $\hat{\boldsymbol{a}}_{\text{CGS}}$。$k=1$ 使上式简化为

$$a = v/t\,, \tag{1-3-8}$$

当 $t=1$ 及 $v=1$ 时 $a=1$，可见 $\hat{\boldsymbol{a}}_{\text{CGS}}$ 是速度每秒增加1**厘米/秒**这样一种加速度，通常写成

$$\hat{\boldsymbol{a}}_{\text{CGS}} = \textbf{厘米/秒}^2\,。 \tag{1-3-9}$$

式(1-3-8)的作用是给 CGS 制的加速度单位 $\hat{\boldsymbol{a}}_{\text{CGS}}$ 下定义，所以是这个单位的定义方程。

上面对速度和加速度单位下定义时都指定 $k=1$，其实指定 k 为任一正实数都是允许的。

出于某些需要(对本书尤其重要)，还想让定义方程的右边只涉及基本量类，所以还想借 v 与基本量类的关系再改写式(1-3-8)。为此，可以考虑这样一个(复合的)现象类：质点从

---

[5] “定义方程”一词是 defining equation 的汉译。本书第一作者梁灿彬在某些著作中(例如《电磁学》第二、三版)曾改译为“定义式”，以图紧凑和贴切。紧凑性是显然的(少一个字)，贴切性可说明如下：国人对方程式的理解偏向于狭义——方程式是有待求解的等式；英美人的理解偏向于广义——任何等式[包括有待求解的、无须求解的(如恒等式)、甚至不含等号的表达式(如 $q_1q_2/4\pi r^2$)]都可称为 equation。例如，英语文献中有大量编了号的公式，后文引用某式时一律称之为 equation + 编号[例如 equation(3-5)]，不问它是否是有待求解的方程式。总之，equation 就是等式，甚至是不含等号的“式子”。可见把 defining equation 译为“定义式”是很贴切的。但是这一译法也有两大缺点：①与其他中文书不一致(它们都译作“定义方程”)；②给新物理量下定义时往往要用公式(例如电势用 $V=A/q$ 下定义)，这自然应被称为该量的定义式，而这跟导出单位的“定义方程”是两个不同概念(虽然有许多导出单位的定义方程与定义该量的定义式一样)，所以把“定义方程”译成“定义式”容易导致混淆。考虑再三，我们后来一律采用“定义方程”的译法。

静止开始做匀加速运动，加速度、时间和末速显然有式(1-3-8)的关系；然后让它以末速为速度做匀速运动，设它在t **秒**内走了l **厘米**，便有$l = vt$，代入式(1-3-8)便得

$$a = l/t^2 \text{。} \tag{1-3-10}$$

上式也起到给加速度的 CGS 制单位$\hat{\boldsymbol{a}}_{\text{CGS}}$下定义的作用，所以也称为$\hat{\boldsymbol{a}}_{\text{CGS}}$的定义方程。为区分起见，把式(1-3-8)和(1-3-10)分别称为$\hat{\boldsymbol{a}}_{\text{CGS}}$的**原始定义方程**和**终极定义方程**[终极定义方程的右边必须只含基本量(的数)]。式(1-3-5)则既是($\hat{\boldsymbol{v}}_{\text{CGS}}$的)原始定义方程也是终极定义方程。

注记 1-3　为了快速写出$\hat{\boldsymbol{a}}_{\text{CGS}}$的终极定义方程，也可只用一个现象类——质点从静止开始做匀加速运动，设它在t **秒**内走了$(l/2)$ **厘米**，便有$a = l/t^2$，此即$\hat{\boldsymbol{a}}_{\text{CGS}}$的终极定义方程。

在此基础上就可介绍任一导出量类$\tilde{\boldsymbol{C}}$的导出单位$\hat{\boldsymbol{C}}$的定义方程，又分两种情况。

(c1) $\tilde{\boldsymbol{C}}$与基本量类有直接关系。这是指存在某种只涉及量类$\tilde{\boldsymbol{C}}$和基本量类$\tilde{\boldsymbol{J}}_1$、…、$\tilde{\boldsymbol{J}}_l$的现象类，服从如下物理规律：

$$C = kJ_1^{\sigma_1}\cdots J_l^{\sigma_l} \text{，} \tag{1-3-11}$$

其中$J_1,\cdots,J_l$是以基本单位测问题中的基本量$\boldsymbol{J}_1,\cdots,\boldsymbol{J}_l$所得的数，$C$是以$\tilde{\boldsymbol{C}}$的任一单位$\hat{\boldsymbol{C}}$测问题中的量$\boldsymbol{C}$所得的数，$\sigma_1,\cdots,\sigma_l$是实数[6]，$k$是反映选择$\hat{\boldsymbol{C}}$的任意性的系数。选定$k$值便等价于选定了导出单位$\hat{\boldsymbol{C}}$。

(c2) $\tilde{\boldsymbol{C}}$与基本量类只有间接关系。这是指存在这样的现象类，它除涉及导出量类$\tilde{\boldsymbol{C}}$和基本量类$\tilde{\boldsymbol{J}}_1,\cdots,\tilde{\boldsymbol{J}}_l$外还涉及导出量类$\tilde{\boldsymbol{A}}_1,\cdots,\tilde{\boldsymbol{A}}_n$(其导出单位已有定义)，且以基本单位测基本量、以导出单位测$\boldsymbol{A}_1,\cdots,\boldsymbol{A}_n$、以$\tilde{\boldsymbol{C}}$的任一单位测$\boldsymbol{C}$所得的数$J_1,\cdots,J_l$；$A_1,\cdots,A_n$；$C$满足

$$C = k_{原}A_1^{\rho_1}\cdots A_n^{\rho_n}J_1^{\tau_1}\cdots J_l^{\tau_l} \text{，} \tag{1-3-12}$$

其中$\rho_1,\cdots,\rho_n$及$\tau_1,\cdots,\tau_l$为实数；系数$k\ (>0)$加下标“原”旨在强调这是原始定义方程的系数。选定上式的$k_{原}$值便定义了量类$\tilde{\boldsymbol{C}}$的导出单位$\hat{\boldsymbol{C}}$。

把$A_1,\cdots,A_n$各自的终定方程(配以该方程所依托的现象类)代入式(1-3-12)，便也归结为式(1-3-11)的形式，即

$$C = k_{终}J_1^{\sigma_1}\cdots J_l^{\sigma_l} \text{，} \tag{1-3-11$'$}$$

其中$k_{终}$是若干个$k_{原}$的乘积[每个A_i (i可从1到n)都有自己的$k_{原}$][7]。

定义 1-3-1　式(1-3-12)和(1-3-11′)分别称为导出单位$\hat{\boldsymbol{C}}$的**原始定义方程**和**终极定义方程**。终极定义方程也可简称为**终定方程**；其系数$k_{终}$称为**终定系数**，在本书多处都有重要作用(但从未见到任何量纲文献中明确提及和使用)。我们规定原始定义方程的系数$k_{原}$必须为正，所以总有$k_{终} > 0$。基本单位的$k_{终}$一律看作为 1。

必须强调指出，导出单位的定义方程一定是数等式，但是有太多人误以为是量等式。本书第 3 章给出量等式的严格定义后，虽然许多数等式也可被看作量等式(详见§7.2)，但是

---

[6] 在通常情况下，$\sigma_1,\cdots,\sigma_l$都是有理数，但对某些特殊情况(例如涉及分形的问题)也可能出现无理数(见选读 7-1)，所以正文中说$\sigma_1,\cdots,\sigma_l$是实数。

[7] 除了情况(c1)和(c2)外还有少数特殊情况(c3)，例如“普朗克单位制”和“原子单位制”，详见第 5 章。

定义方程绝对不能，它永远是数等式。

小结　综上所述，一个单位制由以下三个要素构成：(a)基本量类；(b)基本单位；(c)导出单位的定义方程(以及该方程所依托的现象类)。

§ 1.4　量　　纲

1.4.1　量纲的明确定义

学物理的人都知道量纲，但对它的理解往往若明若暗。

何谓量纲?不同作者有不同回答。

有书云：“量纲代表物理量的基本属性(终极性质)。”

述评　①“属性”多了，量纲代表哪方面(或哪些方面)的属性？这一“定义”其实并未给出量纲的定义；②功和力矩是两个非常不同的物理量类，但在国际制中却有相同量纲。试问什么共同“属性”(或“终极性质”)导致它们的量纲相同？你可能会说：“它们毕竟还是有共性的——它们都是力乘距离”。试问这不只是“它们有相同量纲”的(实质上的)同义语吗？这个量纲能反映这两个物理量类的什么共同“属性”(或“终极性质”)？

有书[Ipsen(1960)P.41]云：“量纲无非是推广了的单位。”

述评　①单位是个量，而后面将看到量纲是个数；②“推广了的单位”到底是什么意思？怎样才算是把一个单位做了推广？这根本就不是定义！③说穿了，他其实是把量纲和单位混为一谈(又不好意思直接说“量纲就是单位”，于是编出“推广了的单位”的奇谈怪论)。“量纲就是单位”也是多数物理工作者的普遍误解。

有书云：“导出量的单位与基本单位的幂次乘积成正比，略去比例系数后的等式称为该导出量的量纲式。”

述评　①量纲与量纲式是两个概念，应该分清；②量纲式绝非单位表达式，单位表达式是把导出单位表为基本单位的乘除和幂次的量等式，例如**库仑＝安培·秒**，而量纲式是函数关系式，各有用处，详见后。

下面用对话方式详细介绍量纲的准确定义。

甲　量纲到底是什么？是个单位？是个量？是个数？是物理量的基本属性？还是别的什么怪东西？

乙　物理学中常会遇到改变单位制的情况。假定问题涉及两个单位制(分别称为“旧制”和“新制”)，人们当然关心任一物理量类 $\tilde{\boldsymbol{Q}}$ 在旧、新两制的单位的比值，即 $\hat{\boldsymbol{Q}}_{旧}/\hat{\boldsymbol{Q}}_{新}$，于是就把这一比值称为量类 $\tilde{\boldsymbol{Q}}$ 的**量纲**(dimension)，记作 $\dim\tilde{\boldsymbol{Q}}$ (在较老的文献中记作[Q])，即

$$\dim\tilde{\boldsymbol{Q}}=\hat{\boldsymbol{Q}}_{旧}/\hat{\boldsymbol{Q}}_{新}。$$

上式就是(在给定两个单位制后)任一物理量类的量纲的定义。

注记 1-4　本书用 := 代表“定义为”(有方向性：是把 := 左边的东西定义为右边)；用 ≡ 代表“记作”(或“称为”，无方向性)。利用这两个符号，上述定义就可用等式表示为：

$$\dim\tilde{\boldsymbol{Q}}:=\hat{\boldsymbol{Q}}_{旧}/\hat{\boldsymbol{Q}}_{新}。\tag{1-4-1}$$

甲　上式右边是同类量的比值，而由式(1-1-1′)可知同类量之比是一个数。照此说来，量纲竟然是个数了？

乙　是的。

甲　这种讲法好像跟我们熟悉的量纲公式很不一样，例如，谁都知道力的量纲式是

$$\dim \tilde{f} = \mathrm{LMT}^{-2}, \tag{1-4-2}$$

这跟式(1-4-1)似乎大相径庭。

乙　式(1-4-1)才是“量纲”一词的最明确定义。式(1-4-2)当然正确，但请你先讲清楚该式右边的字母 L、M、T 代表什么。

甲　L 代表长度，M 代表质量，T 代表时间，这不是很清楚吗？

乙　我认为你没讲清楚。以 L 为例，它代表长度这个量？还是长度这个量用某种单位测得的数？

甲　代表长度这个量吧？

乙　那它是多大的一个长度？

甲　如果 $\dim \tilde{f}$ 代表力在国际制的量纲，那么 L 就代表 1 **米** 啊。

乙　这样一来，式(1-4-2)右边岂不就是基本单位加幂后的连乘式了吗？对国际制似乎就是

$$\dim \tilde{f} = \textbf{米} \cdot \textbf{千克} \cdot \textbf{秒}^{-2} \tag{1-4-3}$$

了！而人们都承认上式右边等于**牛顿**，于是上式竟然成为

$$\dim \tilde{f} = \textbf{牛顿}, \tag{1-4-4}$$

改为文字就是“力的量纲是**牛顿**”，这样一来，量纲竟然就是单位了(难怪有这么多物理学家都误以为“量纲就是单位”)，还要引入量纲一词干什么！？

甲　我答不上了，我承认我对式(1-4-1)右边的字母 L、M、T 的意义很不清楚。

乙　我告诉你吧。大写正体字母 L、M、T 依次代表长度、质量和时间这三个量类的量纲，即

$$\mathrm{L} \equiv \dim \tilde{l}, \quad \mathrm{M} \equiv \dim \tilde{m}, \quad \mathrm{T} \equiv \dim \tilde{t}, \tag{1-4-5}$$

而 $\tilde{l}$、$\tilde{m}$、$\tilde{t}$ 是国际制的基本量类，所以 L、M、T 其实就是国际制的基本量类的量纲[由式(1-4-1)定义，简称**基本量纲**]的简写记号。由于导出单位由基本单位通过定义方程来定义，基本单位的改变自然会引起导出单位的改变。

量纲式就是为描述导出量类的单位变换如何依从于基本量类的单位变换而引入的。

把国际制看作旧制，如果另选一个新的单位制，那么，由式(1-4-1)就有

$$\mathrm{L} \equiv \dim \tilde{l} = \hat{l}_{\text{旧}}/\hat{l}_{\text{新}}, \quad \mathrm{M} \equiv \dim \tilde{m} = \hat{m}_{\text{旧}}/\hat{m}_{\text{新}}, \quad \mathrm{T} \equiv \dim \tilde{t} = \hat{t}_{\text{旧}}/\hat{t}_{\text{新}}, \tag{1-4-6}$$

于是式(1-4-2)就可理解为 $\dim \tilde{f}$ 作为自变数 $\dim \tilde{l}$、$\dim \tilde{m}$、$\dim \tilde{t}$ 的函数的依从关系(函数关系)，而且一看就知道这是一个很简单的幂函数(幂单项式)关系。

甲　但是，如果两个单位制连基本量类都不同，“导出单位随基本单位的改变而改变”又从何谈起！？

乙　你问得太好了！这正是我们引入“单位制族”这一概念的缘由，谈到量纲式时必须是对一个单位制族而言。

甲　什么叫做单位制族？

乙　两个单位制如果满足以下条件就称为**同族的**：①基本量类相同；②所有导出单位的定义方程(及其所依托的现象类)在两制中相同。于是任意两个同族的单位制的差别就是基本单位不尽相同。例如，力学范畴内的国际制(亦称 MKS 制)和 CGS 制是同族的，它们都

以长度、质量和时间为基本量类，但基本单位不尽相同。

甲　我明白了。同族单位制的差别就是基本单位可以不同，从而导出单位也就不同。

乙　很对，所以就应设法弄清导出单位如何随着基本单位的改变而改变。这个任务可以借助于导出单位的终定方程完成。以 $\mathscr{Z}$ 代表任一单位制($\mathscr{Z}$ 是字母 Z 的花体，“制”的拼音首字母)，设导出量类 $\tilde{C}$ 的导出单位的终定方程为[即式(1-3-11′)]

$$C = k_{终} J_1^{\sigma_1} \cdots J_l^{\sigma_l} , \tag{1-4-7}$$

再以 $\mathscr{Z}'$ 代表与 $\mathscr{Z}$ 同族的另一单位制，以 C' 和 $J_1',\cdots,J_l'$ 代表各有关量在 $\mathscr{Z}'$ 制的数，又有

$$C' = k_{终} J_1'^{\sigma_1} \cdots J_l'^{\sigma_l} , \tag{1-4-7′}$$

甲　系数 $k_{终}$ 为什么不加撇？

乙　根据同族制定义的条件②，所有导出单位的终定方程在两制中都相同，所以 $k_{终}$ 在 $\mathscr{Z}$ 和 $\mathscr{Z}'$ 制中一样。两式相除给出

$$\frac{C'}{C} = \left(\frac{J_1'}{J_1}\right)^{\sigma_1} \cdots \left(\frac{J_l'}{J_l}\right)^{\sigma_l} 。 \tag{1-4-8}$$

由式(1-1-9)可得

$$\frac{\hat{C}}{\hat{C}'} = \frac{C'}{C}, \qquad \frac{\hat{J}_i}{\hat{J}_i'} = \frac{J_i'}{J_i}, \qquad 其中\, i = 1,\cdots,l ,$$

所以

$$\frac{\hat{C}}{\hat{C}'} = \left(\frac{\hat{J}_1}{\hat{J}_1'}\right)^{\sigma_1} \cdots \left(\frac{\hat{J}_l}{\hat{J}_l'}\right)^{\sigma_l} 。 \tag{1-4-9}$$

由式(1-4-1)又有

$$\dim \tilde{C} = \hat{C}/\hat{C}' , \qquad \dim \tilde{J}_i = \hat{J}_i/\hat{J}' , \tag{1-4-10}$$

依次称之为量类 $\tilde{C}$ 和 $\tilde{J}_i$ (在所论单位制族中)的**量纲**(dimension)，便有

$$\dim \tilde{C} = (\dim \tilde{J}_1)^{\sigma_1} \cdots (\dim \tilde{J}_l)^{\sigma_l} 。 \tag{1-4-11}$$

上式称为量类 $\tilde{C}$ 在所论单位制族的**量纲式**，它描述导出量类 $\tilde{C}$ 的量纲(简称**导出量纲**)作为基本量类的量纲(简称**基本量纲**)的函数关系(而且是幂单项式这样一种简单的函数关系)，由此可知导出单位如何随基本单位的改变而改变。$\sigma_1,\cdots,\sigma_l$ 称为 $\tilde{C}$ 的**量纲指数**。量纲指数全部为零的量称为**无量纲量或量纲恒为 1 的量**。

甲　如此说来，量纲不但是个数，而且可以是个变数了。

乙　是的。给定单位制族后，令 $\mathscr{Z}$ 制固定而让 $\mathscr{Z}'$ 制跑遍全单位制族，$\dim \tilde{J}_i$ (因而 $\dim \tilde{C}$)就都是变数，其中 $\dim \tilde{J}_i$ 是自变数(共 l 个)，$\dim \tilde{C}$ 是因变数，其值可看作 l 元函数

$$\dim \tilde{C} = g(\dim \tilde{J}_1,\cdots,\dim \tilde{J}_l) \tag{1-4-11′}$$

的函数值，函数关系 g 由量纲式(1-4-11)给出。

谈到某量类的量纲式时必须说明是在哪个单位制族的。例如，设有两族单位制，第一族以长度、质量和时间为基本量类，第二族以长度、力和时间为基本量类，则导出量类在第一族单位制中的量纲式为 $\dim \tilde{l}$、$\dim \tilde{m}$、$\dim \tilde{t}$ 的幂单项式(幂连乘式)，在第二族单位制中的量纲式为 $\dim \tilde{l}$、$\dim \tilde{f}$、$\dim \tilde{t}$ 的幂单项式。脱离(不明确)单位制族而谈某量类的量纲及量纲

式是没有意义的。谈到量纲式时必须明确两个定语：①哪个量类的；②在哪个单位制族的，准确地说就是“量类$\tilde{\boldsymbol{C}}$的、在某单位制族的量纲式”。不过，由于任一单位制都自然衍生出唯一的单位制族，也不妨把“族”字去掉而简化地说“量类$\tilde{\boldsymbol{C}}$的、在某单位制的量纲式”。

甲　在给无量纲量下定义时，您为什么要在“量纲为 1 ”之前加个“恒”字？《物理学名词》(1996)以及大量文献都没有这个“恒”字啊。

乙　“量纲为 1 的量”一词是从英语文献的“quantity of dimension one”直译的。作为一本量纲专著，本书必须指出上引英语名词不够准确，加与不加“恒”字是大有区别的，因为“量纲为 1”有两个不同含义：

①只要存在两个同族制$\mathscr{Z}$和$\mathscr{Z}'$，量类$\tilde{\boldsymbol{C}}$在此二制的单位$\hat{\boldsymbol{C}}$和$\hat{\boldsymbol{C}}'$相等，由式(1-4-10)便有

$$\dim\tilde{\boldsymbol{C}}=\hat{\boldsymbol{C}}/\hat{\boldsymbol{C}}'=1\,;\tag{1-4-12}$$

但是，如果改用$\mathscr{Z}$制的另一个同族制$\mathscr{Z}''$，则$\dim\tilde{\boldsymbol{C}}=\hat{\boldsymbol{C}}/\hat{\boldsymbol{C}}''$就很可能不为 1 了。可见这种情况下的量纲绝非“恒为 1”。

②给定单位制$\mathscr{Z}$及其所在族后，无论$\mathscr{Z}'$在此族内如何变(可以跑遍族内各制)，都有$\dim\tilde{\boldsymbol{C}}=\hat{\boldsymbol{C}}/\hat{\boldsymbol{C}}'=1$。只有满足这一条件方可称此量纲是“恒为 1”的[8]。

甲　啊，我明白了。而且我认为“量纲指数全部为零”的量类属于含义②，因为量纲式(1-4-11)右边的每个因子(记作$\dim\tilde{\boldsymbol{J}}_i$)可以表为$\dim\tilde{\boldsymbol{J}}_i=\hat{\boldsymbol{J}}_i/\hat{\boldsymbol{J}}'$，如果给定$\mathscr{Z}$制而让$\mathscr{Z}'$制在族内任意地跑，则$\dim\tilde{\boldsymbol{J}}_i$将取各种各样的值，但“量纲指数全部为零”这个“紧箍咒”必将保证式(1-4-11)左边的$\dim\tilde{\boldsymbol{C}}$永远为 1 (恒为 1)。所以无量纲量的确是“量纲恒为 1”的量，缺少“恒”字就容易带来误解。

乙　你的理解很好。虽然上述①、②两种含义是针对量纲为 1 而言的，但不为 1 的量纲同样要分清两种情况：

(a)问题只涉及两个同族制$\mathscr{Z}$和$\mathscr{Z}'$，设量类$\tilde{\boldsymbol{Q}}$在此二制的单位分别为$\hat{\boldsymbol{Q}}$和$\hat{\boldsymbol{Q}}'$，就可以说$\tilde{\boldsymbol{Q}}$的量纲为$\dim\tilde{\boldsymbol{Q}}=\hat{\boldsymbol{Q}}/\hat{\boldsymbol{Q}}'$，这时$\dim\tilde{\boldsymbol{Q}}$是个常数[称为($\mathscr{Z}$和$\mathscr{Z}'$之间的)**固定量纲**]，为明确起见，可记作$\dim\big|_{\mathscr{Z},\mathscr{Z}'}\tilde{\boldsymbol{Q}}$；

(b)允许$\mathscr{Z}'$制跑遍整个单位制族，这时$\dim\tilde{\boldsymbol{Q}}$是个变数(称为**可变量纲**)，必要时可记作$\dim\big|_{\mathscr{Z}'\text{可变}}\tilde{\boldsymbol{Q}}$。易见$\dim\big|_{\mathscr{Z},\mathscr{Z}'}\tilde{\boldsymbol{Q}}$就是变数$\dim\big|_{\mathscr{Z}'\text{可变}}\tilde{\boldsymbol{Q}}$在$\mathscr{Z}'$制固定时的常数值(“变数在定义域中取值得常数”)。

甲　量纲式(1-4-11)中的各量纲都是可变量纲吧？

乙　是的，如前所述，基本量纲$\dim\tilde{\boldsymbol{J}}_i$是自变数，导出量纲$\dim\tilde{\boldsymbol{C}}$是因变数。不过，如果基本量纲$\dim\tilde{\boldsymbol{J}}_i$取某个定值，导出量纲$\dim\tilde{\boldsymbol{C}}$(函数值)就被决定，这时$\dim\tilde{\boldsymbol{J}}_i$和$\dim\tilde{\boldsymbol{C}}$就都成为固定量纲了。

---

[8] 数学符号≡的原始含义是“恒等于”，但注记 1-4 约定用≡代表“记作”(或“称为”)，跟“恒等于”含义不同。我们无意创造另一罕见符号代表“记作”(或“称为”)，只好混用。不过读者应能自我识别。

讨论物理问题时，除量纲式之外，还常要关心问题涉及的各个量类的量纲之间的关系，简称**量纲关系**。量纲式当然是量纲关系(是导出量纲与基本量纲的关系，其中只有一个导出量纲)，而量纲关系的内涵更广，可以涉及不止一个导出量纲，例如加速度 $\tilde{\boldsymbol{a}}$ 、速度 $\tilde{\boldsymbol{v}}$ 和时间 $\tilde{\boldsymbol{t}}$ 之间的量纲关系

$$\dim\tilde{\boldsymbol{a}}=(\dim\tilde{\boldsymbol{v}})(\dim\tilde{\boldsymbol{t}})^{-1}$$

以及电功率 $\tilde{\boldsymbol{P}}$ 、电压 $\tilde{\boldsymbol{U}}$ 和电阻 $\tilde{\boldsymbol{R}}$ 之间的量纲关系

$$\dim\tilde{\boldsymbol{P}}=(\dim\tilde{\boldsymbol{U}})^2(\dim\tilde{\boldsymbol{R}})^{-1}\text{。}$$

甲　还有一个问题：“无量纲量”与“纯数”这两个概念是否完全一样？

乙　不完全一样。无量纲量用量纲指数定义，而量纲指数依赖于单位制族，所以无量纲量的概念天生就是单位制族依赖的，而“纯数”(指“纯实数”)天生与单位制无关，所以与无量纲量之间不能画等号。不过，也可以把纯数看作一种最为特殊的无量纲量，它“特殊”到这种程度，以至于在任何单位制族中它都是无量纲的。因此，我们认为纯数是无量纲量，但无量纲量未必是纯数。全体纯实数的集合称为实数集(是个特殊的量类，详见小节 1.6.4)，其国际通用记号是 $\mathbb{R}$ (国人读作“空心 R ”)。

[选读 1-2]

甲　为什么在其他讲量纲的书中从未见过“单位制族”或者实质一样的其他词汇？

乙　不能不说这是一件憾事。由于在书中没有查到，我在 30 多年前不得不自创了这个词汇，并逐渐发现它极其有用，它重要到这样一种程度，以至于缺少这一概念的量纲理论不可能是一个完整的体系。令我欣喜的是，后来发现一本中文书[胡友秋(2012)]第 14 页有一个“同类单位制”的术语和定义，与我们的“同族单位制”实质相同(但该书并未介绍引入这一词汇的动机和用处)。2013 年我们又查到 Barenblatt(1996)一书，它在第 31 页引进了“class of systems of units”，直译就是“单位制类”或“单位制族”，而且强调(第 33 页)“正是量纲的定义问题使我们必须首先定义单位制族这一概念”。可惜该书在定义“同族单位制”时只提基本量类相同而不提导出单位定义方程相同，而这是不够用的。最近(2020 年)我们又找到 Sena(1972) 一书，在讲量纲式前引入与本书“同族单位制”实质相同的两个条件，但没有展开应用。值得特别强调的是，我们后来又在“单位制族”这一概念的基础上证明了若干非常重要的(文献中从未见过的)结论，例如“量等式在不同族单位制中可以有不同形式”，从而破解了一个困扰物理学界多年的历史难题，详见第 3 章§3.5。　**[选读 1-2 完]**

[选读 1-3]

量纲分析中有三个密切相关而又有所区别的词汇，此即“量纲指数”、“量纲式”和“量纲”。傅里叶(Fourier)早在 1822 年就率先引入量纲指数的概念，本质上与当今的(包括本书的)含义相同，例如，由熟知的匀加速运动路程公式 $l=at^2/2$ 出发，傅里叶得出结论：加速度的“时间量纲指数是 -2 ，长度量纲指数是 $+1$ ”。在此基础上，后人引入了 L、M、T 的记号，并把 $[\boldsymbol{f}]=\mathrm{LMT}^{-2}$ 称为力的“量纲式”，与本书的称谓也完全一致。严重的问题出在第三个词—— “量纲”，由于不同作者对“量纲”一词赋予不同含义，造成迄今为止的、相当严重的混乱局面。除了本节开头所引的某些作者的不对提法(“量纲代表物理量的基本属性”以及“量纲是推广了的单位”)之外，还有以下两种讲法：①“量纲”是“量纲指数”的简称[例如，见 Bridgman(1931)P.23；塞纳(1959)P.8；Huntley(1967)P.35]，于是“量纲”

成了“量纲指数”的同义语；②“量纲”是“量纲函数”的简称[例如，见 Barenblatt(1996) P.32]，而“量纲函数”就是“量纲式”所给出的函数关系，所以“量纲”又成为“量纲式”的同义语。你看乱不乱！？就因为多出了一个词语(称谓)——“量纲”，导致有人把它往“量纲指数”去靠，有人把它往“量纲式”去靠。另一方面，奇怪的是，在量纲分析中出现得最多的一个符号，即 $\dim\tilde{\boldsymbol{C}}$，却竟然并未获得一个称谓！既然“量纲”一词尚未正式派上用场，而把 $\dim\tilde{\boldsymbol{C}}$ 称为“量纲”又如此之名正言顺[$\dim\tilde{\boldsymbol{C}}$ 的英文含义恰恰就是“ $\tilde{\boldsymbol{C}}$ 的 dimension(量纲)”]，所以本书倡议把 $\dim\tilde{\boldsymbol{C}}$ 称为量纲，何乐而不为也！？特别应该指出的是，量纲指数全部为零的量过去被称为“无量纲量”，“无”就是“零”，把量纲指数为零的量称为“无量纲量”的做法分明在暗示着过去把“量纲指数”称为“量纲”；而现在国际上(包含我国)已经明确规定最好称之为“量纲(恒)为 1 的量”(虽然也允许称为“无量纲量”)，这分明是在提示我们(以力为例)：被人们记作 $\dim\tilde{\boldsymbol{f}}$ 的那个东西才是 $\tilde{\boldsymbol{f}}$ 的量纲，而 $\dim\tilde{\boldsymbol{f}}=(\dim\tilde{\boldsymbol{l}})(\dim\tilde{\boldsymbol{m}})(\dim\tilde{\boldsymbol{t}})^{-2}$ 中的指数 $1,1,-2$ 则不是量纲而是量纲指数。不过，我们还是愿意用“无量纲量”一词，关键原因是：“量纲(恒)为 1 的量”这个词太长(里面还含有“的”字)，如果在行文(尤其是长句)中放入这一词汇，读起来非常别扭，往往要反复读上几次方可理解文意；改用“无量纲量”则易读得多。如若不信，读者不妨对比下面两本流体力学教材：①张鸣远(2010)；②孔珑(2011)。前者用“量纲为 1 的量”，不少句子读起来都很别扭；后者用“无量纲量”，好读得多。顺便说句题外话：国际单位制的一个基本量类称为“物质的量”，是由英语词汇 amount of substance 直译过来的。这一译名不但较长，而且含有“的”字，在行文中出现时也常有不易懂之感。我们私下建议把 amount of substance 译为“物量”，既短又不带“的”字，含义也很清晰，还跟“质量”一词有明显区别。

最后还想申明一点。虽然本书强调“量纲”与“量纲指数”有不同含义，但在某些该用“量纲指数”的地方，在不容易引起误解的前提下，我们也把“量纲指数”简称为“量纲”，下一小节的标题就是一例。　**[选读 1-3 完]**

1.4.2　同量纲的非同类量等式

甲　功和力矩在国际制中有相同量纲，它们的国际制单位分别是**焦耳**和**牛顿·米**，这两个单位是否相等？就是说，是否可以写成等式

$$\textbf{焦耳}=\textbf{牛顿}\cdot\textbf{米}\ ? \tag{1-4-13}$$

乙　这是个好问题。上式是量等式。应该明确指出，量等式共有三种类型：①同类量等式；②同量纲的非同类量等式；③涉及不同量纲的量的等式(量等式中的绝大多数都属于这个类型，例如**库仑**=**安培**·**秒**以及 $\boldsymbol{f}=m\boldsymbol{a}$)。类型①就是形如式(1-1-1)的等式，是意义最为清晰的量等式。至于类型②和③的等式，由于我们并未查到任何文献给出过任何定义，只好自己创立。式(1-4-13)是类型②的简单例子。不过先请注意，在第 3 章给量的乘法下定义之前，上式的**牛顿**·**米**中的·并不代表乘号(就跟§1.2 的**厘米/秒**中的斜杠 / 不代表除号一样)，目前只能把**牛顿**·**米**看作一个整体记号。(如果你愿意，不妨给它随意赋予一个名称，例如叫**牛羊**。叫什么都行，就是不许叫“**牛顿**乘以**米**”。)

甲　我接受了。

乙　我现在问你，你认为式(1-4-13)正确吗？

甲　我倾向认为正确。

乙　然而**焦耳**和**牛顿·米**本是两个物理意义不同的量，凭什么说它们相等？

甲　因为这两个量类的量纲指数相同，式(1-4-13)至少从量纲的角度看是对的。

乙　那你为什么不写**焦耳**=2**牛顿·米**？此式从量纲角度看也对啊。

甲　我答不上来了。但我总觉得，既然量纲指数相同，是否也可以把它们看成同类量？

乙　不可以。同类量是可以互相比较的量(存在一种自然的比较方式)，而功和力矩之间没有一种自然的比较方式，它们的主要共同点就是在某些单位制中有相同的量纲指数。

甲　那么**焦耳**和**牛顿·米**到底有什么关系？难道它们根本就没有什么关系吗？

乙　本书用定义的方式规定它们相等(规定**焦耳**=**牛顿·米**)，就是说，我们人为地认为它们相同(简称**认同**)。其实，量纲指数相同的不同量类还有很多。基本量类越少的单位制，量纲指数相同的不同量类就越多(例如几何单位制和自然单位制，详见第 5 章)。

甲　任何单位制中量纲指数相同的所有量类的单位都被规定为相等吗？

乙　这取决于这些单位的终定系数 $k_{终}$。给定单位制后，设 $\tilde{\boldsymbol{A}}$ 和 $\tilde{\boldsymbol{B}}$ 是量纲指数相同的不同量类，$\hat{\boldsymbol{A}}$ 和 $\hat{\boldsymbol{B}}$ 是它们的单位，我们制定如下规则。

同量纲的非同类量的认同规则[9]：

$$\hat{\boldsymbol{A}}=(k_{B终}/k_{A终})\hat{\boldsymbol{B}}\text{。} \tag{1-4-14}$$

可见 $\hat{\boldsymbol{A}}=\hat{\boldsymbol{B}}$ 当且仅当 $k_{A终}=k_{B终}$。用于你的问题，可令 $\hat{\boldsymbol{A}}=$**焦耳**，$\hat{\boldsymbol{B}}=$**牛顿·米**。这两个单位的定义方程是

$$w=fl \quad \text{和} \quad T=fl \quad (\text{功}=\text{力乘位移；力矩}=\text{力乘力臂})\text{。} \tag{1-4-15}$$

但上式只是原始定义方程(因为力不是基本量类)，为求得其终定方程，还应当一步一步地追：先考虑**牛顿**的定义方程，此即 $f=ma$，但加速度 $\tilde{\boldsymbol{a}}$ 也不是基本量类，所以还要追到 $\hat{\boldsymbol{a}}$ 的定义方程，而上节的式(1-3-10b)(即 $a=l/t^2$)就是 $\hat{\boldsymbol{a}}$ 的终定方程，这是基本思路。下一步还要构造一个复合的物理现象(读者自行考虑)，再用上述几个定义方程复合出**焦耳**和**牛顿·米**的如下终定方程：

$$w=fl=mal=m\frac{l}{t^2}l=l^2mt^{-2} \quad (\text{对力矩只需把 } w \text{ 改为 } T)\text{，} \tag{1-4-16}$$

可见**焦耳**和**牛顿·米**的终定系数 $k_{终}$ 都是 1，因而由式(1-4-14)得 $\hat{\boldsymbol{A}}=\hat{\boldsymbol{B}}$，即**焦耳**=**牛顿·米**。

甲　我还想知道，这一规则[即式(1-4-14)]是哪里来的？

乙　是我们自创的。能查到的所有文献都没有述及“量等式”的第②、③种类型，只好自创。式(1-4-14)只给了第②种类型等式的定义。第③种类型的量等式较为复杂，将在第 3 章中详细讲解。

§ 1.5　量纲理论的逻辑体系

量纲分析在物理学中功效非凡，往往起到“出奇兵而建奇功”的作用，优秀物理学家

[9] 再次提醒：基本单位的 $k_{终}$ 一律视为 1。

都很善于使用量纲分析。

虽然量纲分析至少已有一百多年的历史(从傅里叶1822年的论文算起，其实牛顿就已有量纲思想的萌芽，当时称为“相似论”[10])，而且历经傅里叶(Fourier)、麦克斯韦(Maxwell)、巴荆翰(Buckingham)、瑞利(Rayleigh)、布里格曼(Bridgman)等众多物理学家的演绎发展，但是至今尚未成长为一个完全成熟的学科分支，我们戏称之为“一块尚待进一步开垦的半处女地”。许多物理学工作者在应用量纲理论时往往只是凭借物理直觉而不是有清晰的定理依据。举例来说，人人都知道牛顿万有引力定律

$$f = G\frac{m_1 m_2}{r^2} \tag{1-5-1}$$

中的引力常量$\boldsymbol{G}$是有量纲的，而且都会用如下推导来求得它的量纲式：

$$G = \frac{f r^2}{m_1 m_2}, \tag{1-5-2}$$

$$\dim G = (\dim f)(\dim r)^2(\dim m)^{-2} = (\mathrm{LMT}^{-2})\cdot \mathrm{L}^2 \cdot \mathrm{M}^{-2} = \mathrm{L}^3\mathrm{M}^{-1}\mathrm{T}^{-2}。 \tag{1-5-3}$$

但是，如果你问他，上式第一个等号的根据是什么？他会觉得“我早就这样做惯了，还要问为什么吗？”其实，根据下面证明的定理1-5-3，上式的每一步都是有充足理由的。

关于量纲分析的逻辑体系，虽然在某些专著中也给出了一些定理(例如“量纲齐次性定理”)，但其证明的严密性和逻辑性却仍有待推敲。面对这种局面，我们只能以绵薄之力从头开始反复钻研，最后形成一个公理和若干定理。下面详述我们的逻辑体系。

正如§1.3开头所讲，物理规律的数值表达式在不同单位搭配下可能有不同形式，例如欧姆定律在国际制的数值表达式是$U = IR$，但若把电流单位改为毫安，数值表达式就改为$U = 10^{-3}IR$。然而，下面的公理1-5-1表明，如果两个单位制同族，则任何物理规律的数值表达式都有相同形式，因而非常方便。

公理 1-5-1　反映物理规律的数等式(数值表达式)在同族单位制有相同形式。

注记 1-5　之所以把上述命题称为公理而不是定理，是因为我们尚未能给出非常严格的证明。不过，这一命题的成立是有一个很深刻的原因的，下面细说端详。

在力学的早期发展中，牛顿的两个定律(牛顿第二定律和万有引力定律)都涉及力这个物理量类。力的CGS制单位**dyn**(达因)(作为导出单位)由下式定义：

$$f = ma, \qquad \text{更明确地可以写成 } f_{\mathrm{CGS}} = m_{\mathrm{CGS}}a_{\mathrm{CGS}}。 \tag{1-5-4}$$

这是把$f = kma$中的k选为1的结果。后来，在测量两个质量$\boldsymbol{m}_1$与$\boldsymbol{m}_2$之间的万有引力$\boldsymbol{f}$时，发现$f \propto m_1$，$f \propto m_2$及$f \propto r^{-2}$(f, m_1, m_2和r都代表数)。既然成正比，就可添补比例系数而写成等式：

$$f = G\frac{m_1 m_2}{r^2}, \tag{1-5-5}$$

其中G就是比例系数。对CGS制而言，上式的力、质量和距离的单位早已制定，所以G值不能再任意指定，只能由实验测得，结果是$G = 6.67\times 10^{-8}$，故式(1-5-5)可以更具体地表为

$$f_{\mathrm{CGS}} = 6.67\times 10^{-8} \times \frac{m_{1\mathrm{CGS}} m_{2\mathrm{CGS}}}{r_{\mathrm{CGS}}^{\;2}} \quad (\text{数等式})。 \tag{1-5-6}$$

[10] 本书对“相似论”有比较详细的论述，见§10.5。

但是，如果改用同族的另一单位制(例如国际制)测物理量$\boldsymbol{m}_1, \boldsymbol{m}_2, \boldsymbol{r}$及$\boldsymbol{f}$，则因为

$$f_{\text{CGS}} = 10^5 f_{\text{国}}，\quad m_{\text{CGS}} = 10^3 m_{\text{国}}，\quad r_{\text{CGS}} = 10^2 r_{\text{国}}，$$

所以式(1-5-6)变成

$$f_{\text{国}} = 6.67\times10^{-11}\times\frac{m_{1\text{国}}m_{2\text{国}}}{r_{\text{国}}^{\ 2}} \quad (\text{数等式})。\tag{1-5-7}$$

以上两式是同一物理规律在两个同族单位制的数值表达式，由于$6.67\times10^{-11} \neq 6.67\times10^{-8}$，两者形式不同。为了达到“同一物理规律的数值表达式在同族单位制形式相同”(也就是为了维护公理 1-5-1)，可以把6.67×10^{-8}和6.67×10^{-11}分别看作某个物理量$\boldsymbol{G}$在 CGS 单位制和国际单位制的数，并分别记作G_{CGS}和$G_{\text{国}}$，于是就有

$$f_{\text{CGS}} = G_{\text{CGS}}\frac{m_{1\text{CGS}}m_{2\text{CGS}}}{r_{\text{CGS}}^{\ 2}} \quad 和 \quad f_{\text{国}} = G_{\text{国}}\frac{m_{1\text{国}}m_{2\text{国}}}{r_{\text{国}}^{\ 2}}。\tag{1-5-8}$$

去掉下标，以上两式就取如下的相同形式：

$$f = G\frac{m_1 m_2}{r^2}。$$

这个由比例系数“升格”而得的物理量$\boldsymbol{G}$自然应该称为**引力常量**。

甲　啊，这至少保证了公理 1-5-1 对万有引力定律的正确性了！

乙　是的。由于本书严格区分了量和数，还引入了单位制族的概念，就有可能做到：①以这种最为清晰的方式理解这一问题(讲清为什么一个“天生的”比例系数竟然有必要和有可能被升格为量)；②使得公理 1-5-1 的可信度大增。

既然引力常量$\boldsymbol{G}$是个量，就应给它制定单位$\hat{\boldsymbol{G}}_{\text{CGS}}$和$\hat{\boldsymbol{G}}_{\text{国}}$。这很简单，因为它俩的定义方程显然应该是式(1-5-8)。

甲　除了引力常量$\boldsymbol{G}$之外，还有若干个物理常量(例如普朗克常量$\boldsymbol{h}$)最初都是以比例系数的身份被引入的，它们后来升格为量，恐怕也是出于维护公理 1-5-1 的目的吧？

乙　是的。后面(第 7 章)还有更详细的讨论。于是现在不妨说公理 1-5-1 已经被证明了。

甲　是否就可把公理 1-5-1 升格为定理了？

乙　可以这么说。不过，为慎重起见，我们还是称之为公理 1-5-1。

甲　还有一个问题。设某人身高$\boldsymbol{h}=1.7$**米**，以国际制单位测此$\boldsymbol{h}$，得数自然为$h=1.7$；但若用 CGS 制单位测量，得数就是$h=170$，此式与$h=1.7$都是数等式，国际制(力学部分)与 CGS 制是同族制，岂不是这个数等式在同族制有不同形式，从而构成公理 1-5-1 的反例？

乙　问得好。所以在公理 1-5-1 的表述中，在“数等式”前加上“反映物理规律的”这一定语。$h=1.7$不是哪个物理规律的反映，所以不构成反例。更明确的要求应该是“等式右边是某种函数关系”，例如幂单项式。$h=1.7$当然不满足这个要求。

定理 1-5-1　任一单位制的任一导出单位的终定方程都是幂单项式，就是说，都可表为如下形式：

$$C = k_{\text{终}} J_1^{\sigma_1}\cdots J_l^{\sigma_l} \quad [此即式(1\text{-}3\text{-}11')]。$$

证明[选读]　把所论单位制记作$\mathscr{Z}$。为便于陈述，设$\mathscr{Z}$制有 3 个基本量类——长度$\tilde{\boldsymbol{l}}$、

质量 $\tilde{\boldsymbol{m}}$ 和时间 $\tilde{\boldsymbol{t}}$。选定基本单位 $\hat{\boldsymbol{l}}$、$\hat{\boldsymbol{m}}$、$\hat{\boldsymbol{t}}$ 后，任一导出单位 $\hat{\boldsymbol{C}}$ 的终定方程可表为

$$C = f(l, m, t)。\tag{1-5-9}$$

设 $\mathscr{Z}'$ 是 $\mathscr{Z}$ 的同族制，其基本单位是 $\hat{\boldsymbol{l}}'$、$\hat{\boldsymbol{m}}'$、$\hat{\boldsymbol{t}}'$，导出量类 $\tilde{\boldsymbol{C}}$ 的单位是 $\hat{\boldsymbol{C}}'$，又有

$$C' = f(l', m', t')。\tag{1-5-10}$$

上式中各个字母意义自明，f 不加撇是因为同族制有相同的定义方程。令

$$x \equiv \dim\big|_{\mathscr{Z},\mathscr{Z}'} \tilde{\boldsymbol{l}}，\quad y \equiv \dim\big|_{\mathscr{Z},\mathscr{Z}'} \tilde{\boldsymbol{m}}，\quad z \equiv \dim\big|_{\mathscr{Z},\mathscr{Z}'} \tilde{\boldsymbol{t}}，\tag{1-5-11}$$

则由 $\dim\tilde{\boldsymbol{Q}} = \hat{\boldsymbol{Q}}_{旧}/\hat{\boldsymbol{Q}}_{新}$ [式(1-4-1)]得

$$x = \frac{\hat{\boldsymbol{l}}}{\hat{\boldsymbol{l}}'} = \frac{l'}{l}, \quad y = \frac{\hat{\boldsymbol{m}}}{\hat{\boldsymbol{m}}'} = \frac{m'}{m}, \quad z = \frac{\hat{\boldsymbol{t}}}{\hat{\boldsymbol{t}}'} = \frac{t'}{t},\tag{1-5-12}$$

故 $l' = xl$； $m' = ym$； $t' = zt$，代入式(1-5-10)得

$$C' = f(xl, ym, zt)。\tag{1-5-13}$$

由量纲的定义又知

$$\dim\big|_{\mathscr{Z},\mathscr{Z}'} \tilde{\boldsymbol{C}} = C'/C。\tag{1-5-14}$$

把式(1-5-9)及式(1-5-13)代入上式得

$$\dim\big|_{\mathscr{Z},\mathscr{Z}'} \tilde{\boldsymbol{C}} = \frac{f(xl, ym, zt)}{f(l, m, t)}。\tag{1-5-15}$$

把式(1-4-11′)用于现在的情况，利用式(1-5-11)便有

$$\dim\big|_{\mathscr{Z},\mathscr{Z}'} \tilde{\boldsymbol{C}} = g(\dim\big|_{\mathscr{Z},\mathscr{Z}'} \tilde{\boldsymbol{l}},\ \dim\big|_{\mathscr{Z},\mathscr{Z}'} \tilde{\boldsymbol{m}},\ \dim\big|_{\mathscr{Z},\mathscr{Z}'} \tilde{\boldsymbol{t}}) = g(x, y, z)，\tag{1-5-16}$$

再与式(1-5-15)结合又得

$$f(xl, ym, zt) = g(x, y, z) f(l, m, t)。\tag{1-5-17}$$

因 $\mathscr{Z}'$ 可在 $\mathscr{Z}$ 所在单位制族中任选，故 x、y、z 值可任意变动。上式两边对 x 求偏导函数得

$$l f_1(xl, ym, zt) = g_1(x, y, z) f(l, m, t),\tag{1-5-18}$$

下标 1 代表对第一个自变数求偏导函数。取 $x = y = z = 1$，得

$$l f_1(l, m, t) = g_1(1,1,1) f(l, m, t)。\tag{1-5-19}$$

令 $\lambda \equiv g_1(1,1,1)$，则上式可简记为

$$l\frac{\partial f}{\partial l} = \lambda f,\tag{1-5-20}$$

积分便得

$$f(l, m, t) = \phi(m, t)\, l^{\lambda}，其中 \phi(m, t) 是 m 和 t 的某个函数。\tag{1-5-21}$$

把上式代入式(1-5-17)，会自动消去 l 并给出

$$\phi(ym, zt) = g(x, y, z)\phi(m, t) x^{-\lambda}。\tag{1-5-22}$$

上式与式(1-5-17)“味道”相同，只是用二元函数 ϕ 取代三元函数 f。将上式两边对变数 y 求偏导函数，得

$$m\phi_1(ym, zt) = g_2(x, y, z)\phi(m, t) x^{-\lambda},\tag{1-5-23}$$

其中 $g_2(x, y, z)$ 的下标 2 代表对第二个自变数求导。取 $x = y = z = 1$，又得

$$m\phi_1(m, t) = g_2(1,1,1)\phi(m, t)。\tag{1-5-24}$$

令 $\mu \equiv g_2(1,1,1)$，则上式可简记为

$$m\frac{\partial \phi}{\partial m} = \mu\phi \,, \tag{1-5-25}$$

积分得

$$\phi(m,t) = \psi(t)\, m^{\mu} \,, \tag{1-5-26}$$

其中 $\psi(t)$ 是 t 的某个函数。类似地还可求得函数

$$\psi(t) = kt^{\tau} \,, \tag{1-5-27}$$

其中 $\tau \equiv g_3(1,1,1)$，k 是积分常数。将上式先代入式(1-5-26)再代入式(1-5-21)，最终给出

$$f(l,m,t) = k\, l^{\lambda} m^{\mu} t^{\tau} \,。 \tag{1-5-28}$$

可见 $f(l,m,t)$ 的确是幂单项式。 □

定理 1-5-2　任一物理量类的量纲式都存在，而且都是幂单项式，即式(1-4-11)。

注记 1-6　所谓 $\tilde{\boldsymbol{C}}$ 的量纲式存在，是指 $\dim\tilde{\boldsymbol{C}}$ 作为因变数依赖且仅依赖于基本量纲 $\dim\tilde{\boldsymbol{J}}_1,\cdots,\dim\tilde{\boldsymbol{J}}_l$。

证明　式(1-4-11)的导出过程就是证明。读者应能看到，此证明的关键前提是式(1-4-7)，即所涉及的量类的单位的终定方程必须是幂单项式，而这正是定理 1-5-1 的断言。 □

定理 1-5-3　设物理现象涉及物理量 $\boldsymbol{A}$、$\boldsymbol{B}$、$\boldsymbol{C}$，它们在单位制 $\mathscr{Z}$ 的数 A、B、C 满足等式

$$C = kA^{\alpha}B^{\beta} \quad (\alpha、\beta \text{ 和 } k \text{ 都是实数}), \tag{1-5-29}$$

则量类 $\tilde{\boldsymbol{A}}$、$\tilde{\boldsymbol{B}}$、$\tilde{\boldsymbol{C}}$ 在 $\mathscr{Z}$ 制所在族的量纲满足关系式

$$\dim\tilde{\boldsymbol{C}} = (\dim\tilde{\boldsymbol{A}})^{\alpha}(\dim\tilde{\boldsymbol{B}})^{\beta} \,。 \tag{1-5-30}$$

证明　设 $\mathscr{Z}'$ 是与 $\mathscr{Z}$ 制同族的单位制，A'、B'、C' 是量 $\boldsymbol{A}$、$\boldsymbol{B}$、$\boldsymbol{C}$ 在 $\mathscr{Z}'$ 制的数，则根据公理 1-5-1，所论物理现象在 $\mathscr{Z}'$ 制的数值表达式必为

$$C' = kA'^{\alpha}B'^{\beta} \,, \tag{1-5-31}$$

故

$$\dim\tilde{\boldsymbol{C}} = \frac{C'}{C} = \frac{A'^{\alpha}B'^{\beta}}{A^{\alpha}B^{\beta}} = \left(\frac{A'}{A}\right)^{\alpha}\left(\frac{B'}{B}\right)^{\beta} = (\dim\tilde{\boldsymbol{A}})^{\alpha}(\dim\tilde{\boldsymbol{B}})^{\beta} \,。$$ □

注记 1-7　式(1-5-3)的第一个等号的正确性正是本定理保证的。

定理 1-5-4 (量纲齐次性定理[11])　设物理现象涉及物理量 $\boldsymbol{A}$、$\boldsymbol{B}$、$\boldsymbol{C}$、$\cdots$，它们在某单位制 $\mathscr{Z}$ 的数 A、B、C、$\cdots$满足等式

$$C = A + B + \cdots \tag{1-5-32}$$

则相应的量类 $\tilde{\boldsymbol{A}}$、$\tilde{\boldsymbol{B}}$、$\tilde{\boldsymbol{C}}$、$\cdots$ 在 $\mathscr{Z}$ 制所在族的量纲相等，即

$$\dim\tilde{\boldsymbol{C}} = \dim\tilde{\boldsymbol{A}} = \dim\tilde{\boldsymbol{B}} = \cdots \,。 \tag{1-5-33}$$

证明　此处给出一个从量纲定义出发的、“一板一眼”式的证明。先证由

$$C = A + B \tag{1-5-32a}$$

可以推出

$$\dim\tilde{\boldsymbol{C}} = \dim\tilde{\boldsymbol{A}} = \dim\tilde{\boldsymbol{B}} \,, \tag{1-5-33a}$$

[11] “量纲齐次性”(dimensional homogenity)的结论是傅里叶在 1822 年的论文中最先指出的。

仿此不难证明由 $C=A+B+\cdots$ 可以推出式(1-5-33)。

仅以 $l=2$ 为例给出证明，不难推广至 $l>2$ 的情况。设 $\mathscr{Z}'$ 是与 $\mathscr{Z}$ 同族的单位制，由公理 1-5-1 便知 $\boldsymbol{A}$、$\boldsymbol{B}$、$\boldsymbol{C}$ 在 $\mathscr{Z}'$ 制的数 A'、B'、C' 满足

$$C'=A'+B' \text{。} \tag{1-5-34}$$

由量纲定义得

$$\dim\tilde{\boldsymbol{C}}=C'/C,\quad \dim\tilde{\boldsymbol{A}}=A'/A,\quad \dim\tilde{\boldsymbol{B}}=B'/B,$$

与式(1-5-34)结合得

$$C\dim\tilde{\boldsymbol{C}}=A\dim\tilde{\boldsymbol{A}}+B\dim\tilde{\boldsymbol{B}} \text{。} \tag{1-5-35}$$

设 $\tilde{\boldsymbol{A}}$、$\tilde{\boldsymbol{B}}$、$\tilde{\boldsymbol{C}}$ 在 $\mathscr{Z}$ 制所在族的量纲式为

$$\dim\tilde{\boldsymbol{A}}=(\dim\tilde{\boldsymbol{J}}_1)^{\alpha_1}(\dim\tilde{\boldsymbol{J}}_2)^{\alpha_2},\quad \dim\tilde{\boldsymbol{B}}=(\dim\tilde{\boldsymbol{J}}_1)^{\beta_1}(\dim\tilde{\boldsymbol{J}}_2)^{\beta_2},\quad \dim\tilde{\boldsymbol{C}}=(\dim\tilde{\boldsymbol{J}}_1)^{\sigma_1}(\dim\tilde{\boldsymbol{J}}_2)^{\sigma_2}, \tag{1-5-36}$$

作为量纲式中的自变数，基本量纲可以任意取值(这实质上是选 $\mathscr{Z}'$ 的任意性)。先取 $\dim\tilde{\boldsymbol{J}}_2=1$ (相当于把 $\mathscr{Z}'$ 制的第二基本单位选得跟 $\mathscr{Z}$ 制一样)，则上式简化为

$$\dim\tilde{\boldsymbol{A}}=(\dim\tilde{\boldsymbol{J}}_1)^{\alpha_1},\quad \dim\tilde{\boldsymbol{B}}=(\dim\tilde{\boldsymbol{J}}_1)^{\beta_1},\quad \dim\tilde{\boldsymbol{C}}=(\dim\tilde{\boldsymbol{J}}_1)^{\sigma_1}, \tag{1-5-37}$$

代入式(1-5-35)给出

$$C(\dim\tilde{\boldsymbol{J}}_1)^{\sigma_1}=A(\dim\tilde{\boldsymbol{J}}_1)^{\alpha_1}+B(\dim\tilde{\boldsymbol{J}}_1)^{\beta_1} \text{。} \tag{1-5-38}$$

记 $x\equiv\dim\tilde{\boldsymbol{J}}_1$，则上式简化为

$$Cx^{\sigma_1}=Ax^{\alpha_1}+Bx^{\beta_1}, \tag{1-5-38$'$}$$

两边同乘 $x^{-\sigma_1}$ 得

$$C=Ax^{\alpha_1-\sigma_1}+Bx^{\beta_1-\sigma_1} \text{。} \tag{1-5-39}$$

式(1-5-32a)减式(1-5-39)给出

$$0=A(1-x^{\alpha_1-\sigma_1})+B(1-x^{\beta_1-\sigma_1}) \text{。} \tag{1-5-40}$$

上式两边对 x 求导函数得

$$0=-A(\alpha_1-\sigma_1)x^{\alpha_1-\sigma_1-1}-B(\beta_1-\sigma_1)x^{\beta_1-\sigma_1-1}, \tag{1-5-41}$$

再求导一次又得

$$0=-A(\alpha_1-\sigma_1)(\alpha_1-\sigma_1-1)x^{\alpha_1-\sigma_1-2}-B(\beta_1-\sigma_1)(\beta_1-\sigma_1-1)x^{\beta_1-\sigma_1-2}, \tag{1-5-42}$$

上二式在 $x=1$ 处取值(这相当于选 $\mathscr{Z}$ 制为 $\mathscr{Z}'$ 制)，分别得

$$A(\alpha_1-\sigma_1)=-B(\beta_1-\sigma_1), \tag{1-5-43}$$

$$A(\alpha_1-\sigma_1)(\alpha_1-\sigma_1-1)=-B(\beta_1-\sigma_1)(\beta_1-\sigma_1-1), \tag{1-5-44}$$

两式相加又给出

$$A(\alpha_1-\sigma_1)^2=-B(\beta_1-\sigma_1)^2, \tag{1-5-45}$$

上式与式(1-5-43)相除便有 $\alpha_1=\beta_1$；将此式与式(1-5-43)结合就得

$$A(\alpha_1-\sigma_1)=-B(\alpha_1-\sigma_1),$$

于是要么 $(\alpha_1-\sigma_1)=0$ 要么 $A=-B$，而后者不合理，所以 $\alpha_1=\sigma_1=\beta_1$。仿此又不难证明 $\alpha_2=\sigma_2=\beta_2$，代入式(1-5-36)便得(1-5-33a)。

[选读 1-4]

甲　上述证明虽然一板一眼，但是太长。我想到一种简单证法，只需如下区区数行。

由量纲定义可知量纲与物理现象中各量的大小无关，故可取式(1-5-32)右边除第一项外的各项的值为零，即只需讨论

$$C = A \tag{1-5-32b}$$

的情况。而此式可看作式(1-5-29)在 $k=\alpha=1$，$\beta=0$ 的特例，故由式(1-5-30)便知

$$\dim\tilde{\boldsymbol{C}} = \dim\tilde{\boldsymbol{A}}\text{。}$$

同理可证式(1-5-33)。

乙　此证法虽然简单，但不够严格——因为你必须先论证，以物理量 $\boldsymbol{A}$、$\boldsymbol{B}$、$\boldsymbol{C}$、$\cdots$ 为涉及量的每个现象类中至少存在这样一个现象(或现象子类)，$C=A+B+\cdots$ 右边除 A 外各项在此现象中都为零，然而这不一定能做到。以 $\boldsymbol{B}$ 为例，如果 $\boldsymbol{B}$ 是温度，它在任何现象中就都不会为零。这就是这一证法的漏洞。　**[选读 1-4 完]**

甲　您陈述这个定理时特别强调“量类 $\tilde{\boldsymbol{A}}$、$\tilde{\boldsymbol{B}}$、$\tilde{\boldsymbol{C}}$、$\cdots$ 的量纲”，但一般文献都说“量 $\boldsymbol{A}$、$\boldsymbol{B}$、$\boldsymbol{C}$、$\cdots$ 的量纲”，它们的这种说法合适吗？

乙　依照定义，量纲一词之前本应加上定语“某某量类的”，但是只要心中明白，“$\boldsymbol{A}$、$\boldsymbol{B}$、$\boldsymbol{C}$、$\cdots$ 的量纲”这种简便说法也不会带来误解。今后在讨论每个具体问题时，我们也常把 $\dim\tilde{\boldsymbol{A}}$ 简写为 $\dim\boldsymbol{A}$，甚至 $\dim A$。

上述定理(量纲齐次性定理)的应用是众所周知的，仅举如下三例。

(1) 有助于迅速发现演算中的某些错误：如果演算中出现一个等式，其等号两边量纲不等或式中某项与其他项量纲不等，则此式必错。例如，如果把匀速圆周运动的加速度公式 $a=v^2/R$ 误记忆为 $a=R/v^2$，由两边量纲不等可知其必错无疑。

(2) 根据一个肯定正确的等式，可以方便地由其中一项的量纲得知其他各项的量纲。例如，根据电介质的相对介电常数 $\varepsilon_{\rm r}$ 与极化率 χ 在国际制的关系式

$$\varepsilon_{\rm r} = 1+\chi$$

可以立即知道 χ 和 $\varepsilon_{\rm r}$ (相应的量)在国际制中都是无量纲量，因为 1 可以看作无量纲量。又如，由国际制等式 $\vec{H}=\dfrac{\vec{B}}{\mu_0}-\vec{M}$ 可立即知道磁场强度 $\vec{\boldsymbol{H}}$ 与磁化强度 $\vec{\boldsymbol{M}}$ 有相同量纲。

(3) RL 电路的暂态电流表达式在国际制中为

$$i(t)=\frac{\mathscr{E}}{R}(1-e^{-\frac{R}{L}t})\text{；}$$

假如推演不慎(或记忆不准)而误写成

$$i(t)=\frac{\mathscr{E}}{R}(1-\mathrm{e}^{-\frac{L}{R}t})\text{，}$$

从量纲角度可以立即判明此式必错无疑，因为将 $\mathrm{e}^{-(L/R)t}$ 作泰勒展开会得到诸如 $-(L/R)t$、$-[(L/R)t]^2$、$-[(L/R)t]^3$ 等等的多项之和，而 $-(L/R)t$ 的量纲不为 1，故诸项的量纲不同，违背了量纲齐次性。进一步地，也可得出更一般的结论：超越函数符号(如 sin、lg、ln、exp、……)的作用对象必须是无量纲量，因为它们均可通过泰勒展开而写成多项之和。

甲　您这段话太解渴了！我们在中学时就曾多次思考过如下问题[12]：既然 $y = \mathrm{e}^x$ 中的 x 是个自变量，就可以取(例如) $x = 5$**千克**，但 $\mathrm{e}^{5\text{千克}}$ 是什么意思？ $y = \mathrm{e}^{5\text{千克}}$ 的 y 又是什么怪东西？？？百思不解之后就去问老师，甚至物理奥赛或竞赛指导老师，想不到他们也说，“我们也早想过这类问题，同样是百思不解，最后只好以没有物理意义为由放弃了。”现在才真正明白超越函数符号的作用对象必须是无量纲量！

乙　可见我们为什么要特别强调“数学是研究数的关系的学问”；“ $y = f(x)$ 中的 x 是自变数而不是什么自变量”！

注记 1-8　利用量纲齐次性定理检验公式是学物理的人都会用的，然而这种用法只是量纲理论应用的冰山一角，“冰山”中的大部分是靠“Π定理”支撑的。利用Π 定理，物理学家竟能出其不意地用物理手法推出勾股定理；根据一张照片竟能估出第一颗原子弹释放的能量(二战末期的真事)；……本书第 8 章将详细讲述Π定理的证明[这一证明带有我们的浓郁特色(例如，明确区分量和数并使用同族单位制)]，然后介绍用Π定理推出勾股定理和估算原子弹能量的手法。赵凯华先生的《定性与半定量物理学》[赵凯华(2008)]第二章给出了用Π 定理解决物理问题的许多精彩例子，我们特别推荐读者研读。

§ 1.6　量类的延拓

1.6.1　量的“正状态”和“负状态”

甲　我读小节 1.4.1 的一大收获是知道“量纲是个数”。但我还有个问题：量纲可以为负数吗？

乙　在量纲理论中，为了某种需要，人们往往要对量纲求对数，而负数的对数没有意义；先取绝对值再求对数又会带来若干麻烦。所以我们硬性规定量纲必须为正数。事实上，负的量纲也没有什么用处。

甲　但是，量纲定义为(同族制的)旧新单位比，同类量的两个单位之比是可以为负的啊。以电荷量类 $\tilde{\boldsymbol{q}}$ 为例。设 $\mathscr{Z}'$ 是与国际制 $\mathscr{Z}$ 同族的单位制，其电荷单位为 -3 **库仑**，则 $\tilde{\boldsymbol{q}}$ 在国际制所在族的量纲(指固定量纲)按定义为

$$\dim\Big|_{\mathscr{Z},\mathscr{Z}'}\tilde{\boldsymbol{q}} \equiv \frac{\hat{\boldsymbol{q}}}{\hat{\boldsymbol{q}}'} = \frac{\textbf{库仑}}{-3\,\textbf{库仑}} = -\frac{1}{3} < 0\text{。}$$

这个量纲不就是负数吗？

乙　是的，但应设法避免。为此，先要对负数有个深刻理解。人们最早认识的数只有正数，用以反映事物(例如苹果)的多寡。后来发现，事物除了有多寡之分，还会有状态之别。假若你习惯于每天记账，你的账本上必定既有正数又有负数，正数代表每天的收入，负数

12　正文的这一段是北师大物理系一年级的一个学生在听本书第一作者讲本书初稿时的原话。

代表支出。“收入”和“支出”的区别不是多寡而是状态。再举一例。设载流导线沿东西方向放置，电流的大小是 7 **安培**，如果你选定“自西向东”为电流的正方向，而实际的电流状态是自东向西，你就应该用 $I=-7$ (因而 $\boldsymbol{I}=-7$ **安培**)记录这一电流，这个“ −7 **安培**”既描述了电流的大小又描述了电流的方向，一举两得。总之，负数之“负”是用以描述状态的。如果我们只关心电流的大小，用正数 7 (相应地，7 **安培**)便已足够。上述例子表明，物理量也有大小(多寡)和状态这两个方面的性质。电子和质子带有大小相同的电荷，两者的区别仅在于状态。“同性相斥、异性相吸”的“性”字就是指状态而言。不妨把电荷的这两种状态分别称为**正状态**和**负状态**。为陈述方便，给电荷量类 $\tilde{\boldsymbol{q}}$ 定义两个子集，依次记作 $\tilde{\boldsymbol{q}}_{正}$ 和 $\tilde{\boldsymbol{q}}_{负}$。任取一个正电荷 $\hat{\boldsymbol{q}}_1$ 为单位，就可给 $\tilde{\boldsymbol{q}}_{正}$ 和 $\tilde{\boldsymbol{q}}_{负}$ 这样下定义：

(a) $\tilde{\boldsymbol{q}}_{正}$ 是 $\tilde{\boldsymbol{q}}$ 的子集，以 $\hat{\boldsymbol{q}}_1$ 测 $\tilde{\boldsymbol{q}}_{正}$ 的所有元素的得数为正，

(b) $\tilde{\boldsymbol{q}}_{负}$ 是 $\tilde{\boldsymbol{q}}$ 的子集，以 $\hat{\boldsymbol{q}}_1$ 测 $\tilde{\boldsymbol{q}}_{负}$ 的所有元素的得数为负。

甲　电荷量类比较具体，因为客观上存在着正电荷和负电荷，可以硬性规定只有正电荷方可被取作单位。但是，对其他量类又应怎么处理？

乙　不妨先对全部物理量类做一个“鸟瞰”式的分析。物理量包括标量、矢量和张量，分别讨论如下。

(1) 标量，又分两种：

(1a) 可正可负的标量，包括电荷量类、磁荷量类、电势量类以及近代量子理论中的少数量类，都可参照电荷量类的方法处理——只有正的元素方可充当单位。

(1b) 只正不负的标量，包括长度、面积、体积、质量、质量密度、电容、介电常量、……它们在通常情况下不会“取负值”(就是说，通常只表现出一种“正的”状态)，但在极少数特殊情况下也可能呈现出另一种状态。对只正不负的标量，我们当然规定只有正的元素方可充当单位。

(2) 矢量。量纲理论只关心矢量的大小(长度)或分量。矢量的大小只正不负，可按情况(1b)处理；矢量的分量则可正可负，可按情况(1a)处理。

(3) 张量。量纲理论只关心张量的分量，因其可正可负，也可按情况(1a)处理。

总之，在各种情况下都规定：只有正的元素方可充当单位。

甲　这样一来，“量纲为正数”就有保证了。

乙　正是。

1.6.2　量类的最大延拓

乙　为了建立一套完整的量纲理论(包括量的乘除法和求幂定义)，还希望每个量类都是一个 1 维的矢量空间。

甲　这不大可能吧？实数集 $\mathbb{R}$ 是个 1 维矢量空间，它既包含全部正数和负数，还包含零，而且所有实数都可连续取值。我能想到的、最接近 1 维矢量空间的物理量类要算是电荷量类 $\tilde{\boldsymbol{q}}$ 了，它虽然包含正负电荷和零电荷，但是，由于电荷取值的量子化性质，正负电荷都不能连续取值。其他大多数量类恐怕就差得更远了。

乙　是的，所以我们要对几乎每个量类都施行最大延拓。仍先以电荷量类为例，我们硬是将其量子化取值的性质改为可以连续取值，再把此结果称为最大延拓的电荷量类。下面给出任意量类 $\tilde{\boldsymbol{Q}}$ 的“最大延拓”的定义。

定义 1-6-1　量类 $\tilde{\boldsymbol{Q}}$ 的“**最大延拓**”是指：以 $\tilde{\boldsymbol{Q}}$ 的任一单位测量延拓后的量类的所有元素，所得实数能跑遍整个实数集 $\mathbb{R}$ 。

甲　但是有不少量类无法做到最大延拓啊，比如前面提过的面积、体积、质量、质量密度、电容、介电常量等，它们在通常情况下都不会取负值，速率的取值范围(根据相对论)只能是 $(-c,c)$ 而不是全 $\mathbb{R}$ ，等等。

乙　很对，此外还存在某些更为极端的情况。例如，引力常量 $\boldsymbol{G}$ 只有一个，但引力常量所在的(最大延拓)量类 $\tilde{\boldsymbol{G}}$ 却包含无数个量($\boldsymbol{G}$ 的任何实数倍都被看作 $\tilde{\boldsymbol{G}}$ 的元素)，其中只有一个(当今宇宙的引力常量 $\boldsymbol{G}$)有物理意义。

甲　把这么多没有物理意义的量都纳进量类里面，是不是有点不自然？

乙　这首先是为了便于数学处理，从整个量纲理论来看这是非常必要的；而且，从后面各章节可以看到，这也不会带来什么不自然的后果。更重要的是，“没有物理意义”的说法其实是非常含混的，很难说某某量一定没有物理意义。一个最简单的例子是你刚才说到的速率，虽然相对论肯定不能超光速，但如果只限于牛顿力学，任何速率都允许。再说温度，都知道绝对零度不可到达(越接近绝对零度就越难再逼近一步)，但你总应把绝对零度看作温度量类 $\tilde{\boldsymbol{T}}$ 的元素吧，不然就连“绝对零度不可到达”这句话也变得意义不明了。绝对零度以下的温度虽然没有物理意义，但也不妨纳入(最大延拓后的)温度量类 $\tilde{\boldsymbol{T}}$ 这个集合中(顶多是在具体问题中不出现而已)，就是说，“温度量类 $\tilde{\boldsymbol{T}}$ ”现在是指由**开尔文**(作为单位)的任意实数倍组成的集合。

第三个例子是引力常量量类 $\tilde{\boldsymbol{G}}$ 。人们过去一直认为引力常量 $\boldsymbol{G}$ 是常量，但从大半个世纪前开始，越来越多的人相信，在宇宙演化的历史长河中，引力常量 $\boldsymbol{G}$ 是在非常缓慢地改变着的(狄拉克在 1937 年率先提出这一猜想)。所以，现在看来，除了我们熟悉的那个“唯一的” $\boldsymbol{G}$ 之外很可能还有很多不同的引力常量。这种“常量不常”的现象对其他若干物理常量也适用。再说一句题外话，虚数比实数更为虚无缥缈吧？但它一定没有物理意义吗？事实上，交流电路理论中的“复数法”[见梁灿彬(2018)]优点很多，电动力学中也存在虚数的介电常数，这种例子不胜枚举。

甲　听君一言，现在我对这种“最大延拓”的感觉好多了。

乙　今后只要不加声明，“量类”一词(及符号 $\tilde{\boldsymbol{Q}}$)都指最大延拓的集合，它也包含反映正、负状态的两个子集，定义如下。

定义 1-6-2　设 $\tilde{\boldsymbol{Q}}$ 是最大延拓的量类，则

(a) $\tilde{\boldsymbol{Q}}_{正}$ 是 $\tilde{\boldsymbol{Q}}$ 的子集，以任一单位[13]测 $\tilde{\boldsymbol{Q}}_{正}$ 的所有元素的得数能跑遍开区间 $(0,\infty)$ ；

(b) $\tilde{\boldsymbol{Q}}_{负}$ 是 $\tilde{\boldsymbol{Q}}$ 的子集，以任一单位测 $\tilde{\boldsymbol{Q}}_{负}$ 的所有元素的得数能跑遍开区间 $(-\infty,0)$ 。

我们把 $\tilde{\boldsymbol{Q}}_{正}$ 和 $\tilde{\boldsymbol{Q}}_{负}$ 分别称为量类 $\tilde{\boldsymbol{Q}}$ 的**正半轴**和**负半轴**。

---

[13] 小节 1.6.1 之末已明确规定“只有正的元素方可充当单位”。

注记 1-9　以上讨论表明，任一量类 $\tilde{\boldsymbol{Q}}$ 的任一单位 $\hat{\boldsymbol{Q}}$ 必须满足 $\hat{\boldsymbol{Q}} \in \tilde{\boldsymbol{Q}}_{正}$。

1.6.3　量类是 1 维矢量空间

复习　如果一个集合 V 定义了加法、数乘和零元，而且服从若干运算规则(例如结合律和分配律，共 8 条)，这个集合就称为一个**矢量空间**(准确定义见本小节末的附录)。

本小节旨在证明如下的重要命题：

命题 1-6-1　每个(最大延拓的)量类都是一个 1 维的矢量空间。

证明　首先要对它定义加法、数乘和零元，其次要验证它们服从 8 条规则，最后要证明它的维数是 1。先给出加法、数乘和零元的定义。

1．加法

设 $\boldsymbol{Q}_1, \boldsymbol{Q}_2 \in \tilde{\boldsymbol{Q}}$，任选单位 $\hat{\boldsymbol{Q}} \in \tilde{\boldsymbol{Q}}_{正}$ 后有 $\boldsymbol{Q}_1 = Q_1\hat{\boldsymbol{Q}}$，$\boldsymbol{Q}_2 = Q_2\hat{\boldsymbol{Q}}$，就把 $\boldsymbol{Q}_1 + \boldsymbol{Q}_2 \in \tilde{\boldsymbol{Q}}$ 定义为

$$\boldsymbol{Q}_1 + \boldsymbol{Q}_2 := (Q_1 + Q_2)\hat{\boldsymbol{Q}}。\tag{1-6-1}$$

注记 1-10　这里巧妙地先借用单位把量转变为数，再用数的加法定义同类量的加法。此举与§1.1 的做法一脉相承。该节之末说过：“借助于单位就可以用数的不等式来对**同类量的不等式**下定义”，现在则是借助于单位给同类量之和下定义。

甲　这个定义从一开始就要用到一个单位 $\hat{\boldsymbol{Q}}$，而单位的选择有很大任意性，另选单位 $\hat{\boldsymbol{Q}}'$ 得到的 $\boldsymbol{Q}_1 + \boldsymbol{Q}_2$ 是否一样？如果不一样，这个定义就毫无意义了。

乙　问得很好，不过不难证明这样定义的 $\boldsymbol{Q}_1 + \boldsymbol{Q}_2$ 与所借用的单位无关。为此，暂时把用 $\hat{\boldsymbol{Q}}$ 和用 $\hat{\boldsymbol{Q}}'$ 定义出的结果分别记作 $\boldsymbol{Q}_1 + \boldsymbol{Q}_2$ 和 $(\boldsymbol{Q}_1 + \boldsymbol{Q}_2)'$，然后证明两者相等。设 $\hat{\boldsymbol{Q}}'$ 与 $\hat{\boldsymbol{Q}}$ 的关系为 $\hat{\boldsymbol{Q}}' = \alpha\hat{\boldsymbol{Q}}$ ($\alpha > 0$)，再令 Q_1' 和 Q_2' 满足 $\boldsymbol{Q}_1 = Q_1'\hat{\boldsymbol{Q}}'$，$\boldsymbol{Q}_2 = Q_2'\hat{\boldsymbol{Q}}'$，则由式(1-1-9)知

$$Q_1' = \frac{1}{\alpha}Q_1, \qquad Q_2' = \frac{1}{\alpha}Q_2。\tag{1-6-2}$$

把式(1-6-1)用于带撇情况得

$$(\boldsymbol{Q}_1 + \boldsymbol{Q}_2)' := (Q_1' + Q_2')\hat{\boldsymbol{Q}}' = \left(\frac{1}{\alpha}Q_1 + \frac{1}{\alpha}Q_2\right)(\alpha\hat{\boldsymbol{Q}}) =$$

$$\left[\frac{1}{\alpha}(Q_1 + Q_2)\alpha\right]\hat{\boldsymbol{Q}} = (Q_1 + Q_2)\hat{\boldsymbol{Q}} = \boldsymbol{Q}_1 + \boldsymbol{Q}_2,$$

[其中第二步用到式(1-6-2)及 $\hat{\boldsymbol{Q}}' = \alpha\hat{\boldsymbol{Q}}$，第三步用到式(1-1-5)，末步用到式(1-6-1)。] 证毕。

2．数乘

设 $\boldsymbol{Q} \in \tilde{\boldsymbol{Q}}$，任选单位 $\hat{\boldsymbol{Q}}$ 便有 $\boldsymbol{Q} = Q\hat{\boldsymbol{Q}}$。任一实数 α 与 $\boldsymbol{Q}$ 的**数乘积** $\alpha\boldsymbol{Q} \in \tilde{\boldsymbol{Q}}$ 定义为

$$\alpha\boldsymbol{Q} := (\alpha Q)\hat{\boldsymbol{Q}}。\tag{1-6-3}$$

容易验证这一定义跟所选单位无关。$\alpha\boldsymbol{Q}$ 的物理意义是量 $\boldsymbol{Q}$ 的 α 倍。

3．零元

$\tilde{\boldsymbol{Q}}$ 的元素称为**零元**，记作 $\boldsymbol{0} \in \tilde{\boldsymbol{Q}}$，若存在 $\boldsymbol{Q}_0 \in \tilde{\boldsymbol{Q}}$ 使得用 $\boldsymbol{Q}_0$ 测该元素得数为 0。例如，长度量类的 0 **米**，时间量类的 0 **秒**，电势量类的 0 **伏**，等等，都是各该量类的零元。

可以验证(详见§1.7)，这样定义的加法、数乘和零元的确满足矢量空间定义所要求的 8

条，所以每个量类都是(实数域上的)一个矢量空间。又因为它只有一个线性独立的元素(不妨就取被选作单位的那个)，即只有一个基矢，所以是 1 维矢量空间。 □

注记 1-11 由零元的上述定义出发，利用式(1-1-5)不难证明：用任一非零元素 $\boldsymbol{Q}\in\tilde{\boldsymbol{Q}}$ 测 $\tilde{\boldsymbol{Q}}$ 的零元的得数都是 0。

甲 对于任意量类，满足上述“零元”定义的元素一定存在吗？如果存在，唯一吗？

乙 答案是肯定的。因为已经约定谈及量类 $\tilde{\boldsymbol{Q}}$ 时都是指其最大延拓，所以由定义 1-6-1 可知 $\tilde{\boldsymbol{Q}}$ 必定存在一个元素，用任一单位 $\hat{\boldsymbol{Q}}$ 测它得数都为零，此即待找的零元。零元唯一性的证明见下节。

实数集 $\mathbb{R}$ 显然是 1 维矢量空间，现在又知道量类 $\tilde{\boldsymbol{Q}}$ 也是 1 维矢量空间，两者之间自然存在一一对应关系：零元 $\boldsymbol{0}\in\tilde{\boldsymbol{Q}}$ 对应于实数 $0\in\mathbb{R}$；$\tilde{\boldsymbol{Q}}_{正}$ 对应于 $\mathbb{R}$ 的开区间 $(0,\infty)$；$\tilde{\boldsymbol{Q}}_{负}$ 对应于 $\mathbb{R}$ 的开区间 $(-\infty,0)$，详见选读 1-5。

附录　矢量空间的定义(复习)

定义 如果在集合 V 中有一个加法运算，在 V 的元素与实数之间有一个数乘运算，而且这两个运算服从若干规则(见稍后)，则称 V 为(实数域上的)**矢量空间**(也称**向量空间**或**线性空间**)。具体定义如下。

加法 给定 V 的两个元素 υ_1、υ_2，就有 V 的唯一元素与之对应，称为它们的和，记作 $\upsilon_1+\upsilon_2$；

数乘 给定 V 的一个元素 υ 和一个实数 α，就有 V 的唯一元素与之对应，称为它们的**数乘积**，记作 $\alpha\upsilon$；

要求加法和数乘服从如下规则(其中 υ、υ_1、υ_2、υ_3 是 V 的元素；α、α_1、α_2 是实数)：

(1) $$\upsilon_1+\upsilon_2=\upsilon_2+\upsilon_1；$$

(2) $$(\upsilon_1+\upsilon_2)+\upsilon_3=\upsilon_1+(\upsilon_2+\upsilon_3)；$$

(3) V 有一个称为**零元**的元素，记作 $\underline{0}$ (以区别于实数 0)，对 V 的任一元素 υ 有
$$\upsilon+\underline{0}=\upsilon；$$

(4) 对 V 的任一元素 υ，都有 V 的一个元素 $-\upsilon$ (称为 υ 的**负元**)，使得
$$\upsilon+(-\upsilon)=\underline{0}；$$

(5) $$1\upsilon=\upsilon；$$

(6) $$\alpha_1(\alpha_2\upsilon)=(\alpha_1\alpha_2)\upsilon；$$

(7) $$(\alpha_1+\alpha_2)\upsilon=\alpha_1\upsilon+\alpha_2\upsilon；$$

(8) $$\alpha(\upsilon_1+\upsilon_2)=\alpha\upsilon_1+\alpha\upsilon_2。$$

注记 1-12 利用负元还可以定义矢量之间的减法：$\upsilon_1-\upsilon_2:=\upsilon_1+(-\upsilon_2)$。还可证明

(a) $0\,\upsilon=\underline{0}$；　(b) $(-1)\,\upsilon=-\upsilon$；　(c) $\alpha\underline{0}=\underline{0}$；　(d) $\alpha\neq 0,\upsilon\neq\underline{0}\Rightarrow\alpha\upsilon\neq\underline{0}$。

1.6.4　实数集是个特殊的量类

前已述及，我们默认量等式是有意义的，所以解题时既可用数等式也可用量等式。不

过，后者比前者要麻烦许多。在用量等式解题时，无论使用什么单位制，人们都喜欢用“单位乘除法”。但是，“单位乘除法”有时也会出现令人不舒服的情况。例如，谁都知道圆周运动的线速率 υ 与角速率 ω 有如下关系：

$$\upsilon=\omega R\text{。（}R\text{ 为圆周半径）} \tag{1-6-4}$$

先考虑一道简单的例题[取自哈里德等(1979)p.268]：

例题 1-6-1　质点做匀速圆周运动，半径 $\boldsymbol{R}=0.5$ **米**，角速率 $\boldsymbol{\omega}=6$ **弧度/秒**，求线速率 $\boldsymbol{\upsilon}$。

解　此题用数等式(国际制的数)求解是既简单又清晰：

$$\upsilon=\omega R=6\times0.5=3\,(\text{米/秒})\text{。} \tag{1-6-5}$$

(括号内的**米/秒**只为表明“3”是用**米/秒**为单位测得的数)

然而，若用量等式求解，就得写成

$$\boldsymbol{\upsilon}=\boldsymbol{\omega R}=\frac{6\,\textbf{弧度}}{\textbf{秒}}\times0.5\,\textbf{米}=3\frac{\textbf{米}}{\textbf{秒}}, \tag{1-6-6}$$

第三个等号两边的单位明显不平衡：左边的**弧度**在右边不见了。为了避免这种尴尬情况，人们早就习惯于把 $\boldsymbol{\omega}=\dfrac{6\,\textbf{弧度}}{\textbf{秒}}$ 改写为 $\boldsymbol{\omega}=\dfrac{6}{\textbf{秒}}$。

甲　但是我总觉得 $\boldsymbol{\omega}=6/$**秒**的写法很别扭：到底是每**秒** 6 **弧度**还是每**秒** 6 **转**，须知**转**和**弧度**绝不相等：

$$1\,\textbf{转}=2\pi\,\textbf{弧度}\approx6.28\,\textbf{弧度}\text{！}$$

乙　可见，解题时用量等式比用数等式不但麻烦不少，而且有时还平添了不清晰度。另一个例子是：

例题 1-6-2　白炽灯泡标有“220 **V**, 100 **W**”，求它工作时每秒通过灯丝的电子数 N。

解　同样，此题用数等式(国际制的数)求解是既简单又清晰：

$$\text{灯泡电流 } I=\frac{P}{U}=\frac{100}{220}=0.45\text{，}$$

$$\text{每秒通过电荷 } q=It=0.45\times1=0.45\text{，}$$

因为电子电荷 $e=1.6\times10^{-19}$，所以

$$\text{每秒通过的电子数 } N=\frac{q}{e}=\frac{0.45}{1.6\times10^{-19}}=3\times10^{18}\text{。}$$

答：每秒有 3×10^{18} 个电子通过灯丝。

然而，若用量等式求解，就得写成

$$\text{灯泡电流 } \boldsymbol{I}=\frac{\boldsymbol{P}}{\boldsymbol{U}}=\frac{100\,\textbf{瓦}}{220\,\textbf{伏}}=0.45\,\textbf{安}\text{，}$$

$$\text{每秒通过电荷 } \boldsymbol{q}=\boldsymbol{It}=0.45\,\textbf{安}\times1\,\textbf{秒}=0.45\,\textbf{库}\text{，}$$

因为电子电荷 $\boldsymbol{e}=1.6\times10^{-19}$**库**，所以

$$\text{每秒通过的电子数 } \boldsymbol{N}=\frac{\boldsymbol{q}}{\boldsymbol{e}}=\frac{0.45\,\textbf{库}}{1.6\times10^{-19}\,\textbf{库}}=3\times10^{18}\text{。}$$

既然 $\boldsymbol{N}$ 是个量，代表“每秒通过多少个电子”，就应写成 $\boldsymbol{N}=3\times10^{18}$**个**，但上式缺少这个“**个**”字。

甲　我深有同感。一旦遇到这类词汇(**弧度**、**转**、**个**、**匝**)，就存在该写不该写的问题，总有一种“呼之即来、挥之则去”的感觉。

乙　很多物理量天生就是纯实数，例如，物质微粒的个数(单位是“**个**”)，电机每分钟的转数(单位是“**转**”)，线圈的匝数(单位是“**匝**”)，光电效应的光子数(单位也是“**个**”)，其所在的量类都可以认为是实数集$\mathbb{R}$。与一般量类不同，量类$\mathbb{R}$的单位不能任选，只能选量$\mathbf{1}\in\mathbb{R}$为单位。

甲　为什么？

乙　记$\tilde{\boldsymbol{Q}}\equiv\mathbb{R}$。假定你选量$\mathbf{2}\in\mathbb{R}$为$\mathbb{R}$的单位，即选$\hat{\boldsymbol{Q}}=\mathbf{2}\in\mathbb{R}$，并用此单位对量$\boldsymbol{Q}=\mathbf{6}\in\mathbb{R}$做测量，$\boldsymbol{Q}=Q\hat{\boldsymbol{Q}}$就具体化为$\mathbf{6}=3\times\mathbf{2}$，于是量$\mathbf{6}$的数为3，这已经够别扭了。更有甚者，上述讨论表明3(作为实数)有双重身份：①3是量$\mathbf{6}$用单位$\hat{\boldsymbol{Q}}=\mathbf{2}$测得的数；②$\mathbf{3}\in\mathbb{R}$也可被看作量，但这个量与3作为数所代表的量(即$\mathbf{6}$)不等！于是在提到3时便有歧义：是指$\mathbf{3}$这个量本身？还是指3作为数所代表的量(即$\mathbf{6}$)？为避免歧义，我们就约定量类$\mathbb{R}$的单位只能取$\mathbf{1}$。既然如此，“**个**”、“**转**”和“**匝**”等单位都与$\mathbf{1}$同义，所以可写可不写。

甲　我明白了。还有**弧度**，是否也可与上述几个单位类似地认为**弧度**$=\mathbf{1}$？

乙　是的。$\mathbb{R}$是个特殊的无量纲量类，其单位为$\mathbf{1}$，再约定其$k_{终}$也为1，根据量纲指数相同的非同类量的认同规则[式(1-4-14)]，就有**弧度**$=\mathbf{1}$，因而写不写都可以。

甲　既然$\mathbb{R}$是个量类，在涉及单位制时就应问：$\mathbb{R}$是基本量类还是导出量类？

乙　我们认为，在任何单位制中，$\mathbb{R}$都是导出量类。

甲　既然$\mathbb{R}$是导出量类，$\mathbf{1}\in\mathbb{R}$就是导出单位，那么这个导出单位的定义方程是什么？

乙　我们只能给出这样的答案：由于$\mathbb{R}$是一个极其特别的导出量类，其单位已经被约定为$\mathbf{1}$，就无须给出其定义方程了(如果一定要写，那只能是$\mathbf{1}=\mathbf{1}$)。在遇到必须知道这个单位的终定系数$k_{终}$时，只需使用刚才的约定，即：导出单位$\mathbf{1}\in\mathbb{R}$的$k_{终}=1$。

[选读 1-5]

根据线性代数，同维数的矢量空间之间必有(无数)同构映射。实数集$\mathbb{R}$是1维矢量空间，既然量类$\tilde{\boldsymbol{Q}}$也可被看作1维矢量空间，它与$\mathbb{R}$之间就应存在无数同构映射。

甲　对不起，我忘记同构映射的定义了。

乙　简单复习一下。设$\psi: X\to Y$是从集合X到集合Y的映射，$y\in Y$代表元素$x\in X$在映射ψ作用下的像，就可写$y=\psi(x)$，并称x为y的**逆像**。若Y的任一元素$y\in Y$的逆像不多于一个，就称ψ为**一一映射**；若Y的任一元素$y\in Y$都有逆像，就称ψ为**到上映射**[14]。在X和Y都是矢量空间的情况下，还可以定义线性映射。满足下式的ψ称为**线性映射**：

$$\psi(\alpha_1 x_1+\alpha_2 x_2)=\alpha_1\psi(x_1)+\alpha_2\psi(x_2)，(其中\ x_1,x_2\in X，\ \alpha_1 和\ \alpha_2\ 为实数) \tag{1-6-7}$$

从矢量空间X到矢量空间Y的一一、到上的线性映射称为**同构映射**。

既然量类$\tilde{\boldsymbol{Q}}$和$\mathbb{R}$都是1维矢量空间，就应存在无数个同构映射$\psi:\tilde{\boldsymbol{Q}}\to\mathbb{R}$。选定一个后，每个$\boldsymbol{Q}\in\tilde{\boldsymbol{Q}}$就对应于一个实数。另一方面，如前所述，选定单位$\hat{\boldsymbol{Q}}\in\tilde{\boldsymbol{Q}}_{正}$后，每个$\boldsymbol{Q}\in\tilde{\boldsymbol{Q}}$

14　不少数学书把本书的一一和到上映射分别叫做单射和满射，把既是单射又是满射的映射叫做一一映射(又称双射)，于是它们的一一映射强于本书的一一映射。

也对应于一个实数。单位 $\hat{\boldsymbol{Q}}\in\tilde{\boldsymbol{Q}}$ 的选择非常任意(只需满足 $\hat{\boldsymbol{Q}}\in\tilde{\boldsymbol{Q}}_{\text{正}}$)，同构映射 $\psi:\tilde{\boldsymbol{Q}}\to\mathbb{R}$ 的选择也非常任意。但是，只要对两者的联系附加一个条件——要求 $\psi(\hat{\boldsymbol{Q}})=+1$ (即 $\hat{\boldsymbol{Q}}$ 在映射 ψ 下的像为实数 $+1$)，单位 $\hat{\boldsymbol{Q}}\in\tilde{\boldsymbol{Q}}_{\text{正}}$ 与满足条件 $\psi(\boldsymbol{Q})>0$ (对任一 $\boldsymbol{Q}\in\tilde{\boldsymbol{Q}}_{\text{正}}$)的同构映射 $\psi:\tilde{\boldsymbol{Q}}\to\mathbb{R}$ 就会有一一对应的关系。证明如下。

单位 $\hat{\boldsymbol{Q}}\in\tilde{\boldsymbol{Q}}_{\text{正}}$ 一经选定，对任一元素 $\boldsymbol{Q}\in\tilde{\boldsymbol{Q}}_{\text{正}}$ 就有一个 $\alpha>0$ 使得 $\boldsymbol{Q}=\alpha\hat{\boldsymbol{Q}}$，于是

$$\psi(\boldsymbol{Q})=\psi(\alpha\hat{\boldsymbol{Q}})=\alpha\cdot\psi(\hat{\boldsymbol{Q}})=\alpha>0\,, \tag{1-6-8}$$

这就表明每个 $\hat{\boldsymbol{Q}}\in\tilde{\boldsymbol{Q}}_{\text{正}}$ 挑出了一个满足 $\psi(\boldsymbol{Q})>0$ (对任一 $\boldsymbol{Q}\in\tilde{\boldsymbol{Q}}_{\text{正}}$)的同构映射 $\psi:\tilde{\boldsymbol{Q}}\to\mathbb{R}$。反之，若先给定一个满足 $\psi(\boldsymbol{Q})>0$ (对任一 $\boldsymbol{Q}\in\tilde{\boldsymbol{Q}}_{\text{正}}$)的同构映射 $\psi:\tilde{\boldsymbol{Q}}\to\mathbb{R}$，则满足附加条件 $\psi(\hat{\boldsymbol{Q}})=+1$ 的 $\hat{\boldsymbol{Q}}$ 便是由同构 ψ 所挑出的那个单位。(证毕)

可见，选定单位 $\hat{\boldsymbol{Q}}\in\tilde{\boldsymbol{Q}}$ 的实质就是选定一个满足 $\psi(\hat{\boldsymbol{Q}})=+1$ 的同构映射。前面讲过同类量之间应能互相比较(测量)，现在就可借用映射 ψ 从另一角度给出比较的含义：由式(1-6-8)及 $\boldsymbol{Q}=\alpha\hat{\boldsymbol{Q}}$ 得 $\boldsymbol{Q}=\psi(\boldsymbol{Q})\hat{\boldsymbol{Q}}$，对任意的 $\boldsymbol{Q}_1,\boldsymbol{Q}_2\in\tilde{\boldsymbol{Q}}$ 便有

$$\boldsymbol{Q}_1=\psi(\boldsymbol{Q}_1)\hat{\boldsymbol{Q}}\qquad\text{和}\qquad\boldsymbol{Q}_2=\psi(\boldsymbol{Q}_2)\hat{\boldsymbol{Q}}\,,$$

因而

$$\frac{\boldsymbol{Q}_1}{\boldsymbol{Q}_2}=\frac{\psi(\boldsymbol{Q}_1)}{\psi(\boldsymbol{Q}_2)}\,。\tag{1-6-9}$$

也就是说，两个同类量之比等于它们在同构映射 ψ 作用下的像之比(两个实数之比)。

命题 1-6-2　设 $\boldsymbol{Q}\in\tilde{\boldsymbol{Q}}$，则

(1) $\psi(\boldsymbol{Q})=0\Leftrightarrow\boldsymbol{Q}=\boldsymbol{0}$；

(2) $\psi(\boldsymbol{Q})>0\Leftrightarrow\boldsymbol{Q}\in\tilde{\boldsymbol{Q}}_{\text{正}}$；

(3) $\psi(\boldsymbol{Q})<0\Leftrightarrow\boldsymbol{Q}\in\tilde{\boldsymbol{Q}}_{\text{负}}$。

证明

(1)

(1a) “$\Rightarrow$”的证明：当 $\psi(\boldsymbol{Q})=0$ 时，任取单位 $\hat{\boldsymbol{Q}}$ 去测量 $\boldsymbol{Q}$，得数为

$$\frac{\boldsymbol{Q}}{\hat{\boldsymbol{Q}}}=\frac{\psi(\boldsymbol{Q})}{\psi(\hat{\boldsymbol{Q}})}=\psi(\boldsymbol{Q})=0\quad[\text{第一步用到式(1-6-9)，第二步用到}\,\psi(\hat{\boldsymbol{Q}})=+1],$$

说明用 $\hat{\boldsymbol{Q}}$ 测 $\boldsymbol{Q}$ 得数为零，由零元的定义便知 $\boldsymbol{Q}=\boldsymbol{0}$。

(1b) “$\Leftarrow$”的证明：根据线性代数，由 $\boldsymbol{Q}=\boldsymbol{0}$ 得 $0\boldsymbol{Q}=\boldsymbol{0}$，故

$$\psi(\boldsymbol{Q})=\psi(\boldsymbol{0})=\psi(0\boldsymbol{Q})=0\cdot\psi(\boldsymbol{Q})=0\,,$$

其中第三步用到同构映射的线性性。

(2) 设 $\hat{\boldsymbol{Q}}$ 为任一单位(因而 $\hat{\boldsymbol{Q}}\in\tilde{\boldsymbol{Q}}_{\text{正}}$)，则

$$\frac{\boldsymbol{Q}}{\hat{\boldsymbol{Q}}}=\frac{\psi(\boldsymbol{Q})}{\psi(\hat{\boldsymbol{Q}})}=\psi(\boldsymbol{Q})\,,$$

可见

$$\psi(\boldsymbol{Q})>0 \Leftrightarrow \frac{\boldsymbol{Q}}{\hat{\boldsymbol{Q}}}>0 \Leftrightarrow \boldsymbol{Q}\in\tilde{\boldsymbol{Q}}_{正}, \tag{1-6-10}$$

其中第二个$\Leftrightarrow$号的理由是：①由定义 1-6-2 可知，$\tilde{\boldsymbol{Q}}_{正}$的任意两个元素之比必为正数，故

$$\boldsymbol{Q}\in\tilde{\boldsymbol{Q}}_{正} \Rightarrow \frac{\boldsymbol{Q}}{\hat{\boldsymbol{Q}}}>0;$$

②由定义 1-6-3 以及“零元”的定义可知$\frac{\boldsymbol{Q}}{\hat{\boldsymbol{Q}}}>0$排除了$\boldsymbol{Q}\in\tilde{\boldsymbol{Q}}_{负}$和$\boldsymbol{Q}=\boldsymbol{0}$的可能，故

$$\frac{\boldsymbol{Q}}{\hat{\boldsymbol{Q}}}>0 \Rightarrow \boldsymbol{Q}\in\tilde{\boldsymbol{Q}}_{正}。$$

(3) 证明同(2)，只需把式(1-6-10)中的“>”号改为“<”号。　□

[选读 1-5 完]

§ 1.7　前 6 节的严密化[选读]

本章前 6 节阐述了我们对量纲理论的总体观念。为了尽可能降低难度，某些地方采用了比较直观却不够严格的讲法。另一方面，前 6 节在众多问题上都亮明了我们的自创观点，而且又是全书的主要立论基础。“基础不牢，地动山摇”，应该尽量做到无懈可击，所以特辟本节对前 6 节的若干不严谨之处做一个尽可能逻辑严密的澄清。下面以甲乙对话的方式提出问题和解答问题。

甲　本章一开头就写了一个“同类量等式”：

$$\boldsymbol{Q}_2=Q\boldsymbol{Q}_1, \tag{1-7-1}$$

企图用数学等式来表达“用$\boldsymbol{Q}_1$测$\boldsymbol{Q}_2$得数为Q”的含义。但我觉得至少有两个问题：(1)上式右边无非是把数Q跟量$\boldsymbol{Q}_1$摆在一起，凭什么相信$Q\boldsymbol{Q}_1$也是一个量？(2)上式虽然形式上写成等式(含有等号)，但两个量(此处指$\boldsymbol{Q}_2$和$Q\boldsymbol{Q}_1$)相等是什么意思？正如您一直强调的那样，我们只知道有数等式，严格说来，迄今为止您对“量等式”尚未下过定义。进一步说，“相等”关系是一种等价关系，而等价关系必须具备以下三个性质：①自反性；②对称性；③传递性，上式有这些性质吗？

乙　你的问题很深刻，我来一一作答。为便于讨论，把$\boldsymbol{Q}_2=Q\boldsymbol{Q}_1$改写为$\boldsymbol{Q}'=\alpha\boldsymbol{Q}$。要回答问题(1)，只需把“摆在一起”的符号$\alpha\boldsymbol{Q}$定义为一个量。

乍一看，可把$\alpha\boldsymbol{Q}$定义为“用$\boldsymbol{Q}$测它得数为α的那个量”。但这有问题，因为$\alpha\boldsymbol{Q}$中的$\boldsymbol{Q}$可以是零元，而用以测量的量不能是零元。因此，需在定义中分情况讨论，具体如下：

定义 1-7-1　$\alpha\boldsymbol{Q}$是这么一个量[称为量$\boldsymbol{Q}$的α倍，即$\alpha\boldsymbol{Q}\equiv(\boldsymbol{Q}$的$\alpha$倍)]：

①当$\boldsymbol{Q}=\boldsymbol{0}$时$\alpha\boldsymbol{Q}:=\boldsymbol{0}$(量$\boldsymbol{0}$的$\alpha$倍还是量$\boldsymbol{0}$)；②当$\boldsymbol{Q}\neq\boldsymbol{0}$时$\alpha\boldsymbol{Q}:=$用$\boldsymbol{Q}$测它得数为$\alpha$的那个量。

为了回答问题(2)，就要给出两个量相等的定义。

定义 1-7-2　量类$\tilde{\boldsymbol{Q}}$的两个元素$\boldsymbol{Q}_1$和$\boldsymbol{Q}_2$称为相等的，若存在$\hat{\boldsymbol{Q}}\in\tilde{\boldsymbol{Q}}_{正}$使得用$\hat{\boldsymbol{Q}}$分别测量

$\boldsymbol{Q}_1$ 和 $\boldsymbol{Q}_2$ 得数相等[15]。用等号连接它们就得到一个等式 $\boldsymbol{Q}_1=\boldsymbol{Q}_2$，称为同类量等式。这一定义也可更简洁地表为

$$\boldsymbol{Q}_1=\boldsymbol{Q}_2 \Leftrightarrow \text{存在} \hat{\boldsymbol{Q}}\in\tilde{\boldsymbol{Q}}_{\text{正}} \text{使得用} \hat{\boldsymbol{Q}} \text{测} \boldsymbol{Q}_1 \text{和} \boldsymbol{Q}_2 \text{得数相等。}$$

甲　根据这个定义，等式 $\boldsymbol{Q}_1=\boldsymbol{Q}_2$ 只包含如下信息：必然存在一个 $\hat{\boldsymbol{Q}}\in\tilde{\boldsymbol{Q}}_{\text{正}}$ 使得用 $\hat{\boldsymbol{Q}}$ 测 $\boldsymbol{Q}_1$ 和 $\boldsymbol{Q}_2$ 得数相等；但是，如果用另一个同类量 $\hat{\boldsymbol{Q}}'\in\tilde{\boldsymbol{Q}}_{\text{正}}$ 测量 $\boldsymbol{Q}_1$ 和 $\boldsymbol{Q}_2$，得数也一定相等吗？

乙　也一定相等。为了证明这一结论，就要给出如下的"测量公理"。

公理 1-7-1　对同类量 $\boldsymbol{Q}_1$、$\boldsymbol{Q}_2$、$\boldsymbol{Q}_3$，若用 $\boldsymbol{Q}_1$ 测 $\boldsymbol{Q}_2$ 得数为 α，用 $\boldsymbol{Q}_2$ 测 $\boldsymbol{Q}_3$ 得数为 β，则用 $\boldsymbol{Q}_1$ 测 $\boldsymbol{Q}_3$ 得数为 $\alpha\beta$。

甲　§1.1 中"同类量互相比较应遵从的法则(2)[即式(1-1-5)]"早就表达过这个意思了，为什么现在又要作为公理再讲？

乙　不错，式(1-1-5)表达的正是这个意思。但是，正如你刚才质疑的那样，当时对这种同类量等式尚未下过严格定义，用该式证明问题就不够严格。现在有了定义 1-7-1，当然就可以说公理 1-7-1 跟式(1-1-5)是一回事了。也可以说式(1-1-5)是公理 1-7-1 的数学表述[16]。

甲　利用这个公理，"也一定相等"的证明就很容易了[简单说就是：设用 $\hat{\boldsymbol{Q}}$ 测 $\boldsymbol{Q}_1$ 和 $\boldsymbol{Q}_2$ 得数都为 α，用 $\hat{\boldsymbol{Q}}'$ 测 $\hat{\boldsymbol{Q}}$ 得数为 β，则用 $\hat{\boldsymbol{Q}}'$ 测 $\boldsymbol{Q}_1$ 和 $\boldsymbol{Q}_2$ 的得数自然相等(都是 $\alpha\beta$)]。

乙　是的。

甲　我觉得定义 1-7-1 很好，首先，量的相等关系是借助于数的相等关系定义的，所以它一定是等价关系；其次，它同时还给出了"同类量等式"的准确定义，比 §1.1 的讲法更经得起推敲。

乙　你的鉴赏力很强。

甲　看来式(1-7-1)(现在改写为 $\boldsymbol{Q}'=\alpha\boldsymbol{Q}$)表达的是如下三个等价含义：

(a) $\boldsymbol{Q}'$ 是 $\boldsymbol{Q}$ 的 α 倍；(b)(当 $\boldsymbol{Q}\neq\boldsymbol{0}$ 时)用 $\boldsymbol{Q}$ 测 $\boldsymbol{Q}'$ 得数为 α；(c)量 $\boldsymbol{Q}'$ 等于量 $\alpha\boldsymbol{Q}$。

乙　是的。

甲　但这就引出我的第(4)个问题了：小节 1.6.2 讲"数乘"定义时把"任一实数 α 与量 $\boldsymbol{Q}$ 的数乘积"也记作 $\alpha\boldsymbol{Q}$。然而，现在看来 $\alpha\boldsymbol{Q}$ 是早有定义的(见定义 1-7-1)，所以您应该证明"α 与量 $\boldsymbol{Q}$ 的数乘积"等于这个早已定义的 $\alpha\boldsymbol{Q}$ 吧？

乙　是的，这正是下个命题的内容。

命题 1-7-1　$\alpha\boldsymbol{Q}=$ 数 α 与量 $\boldsymbol{Q}$ 的数乘积。

证明　设 $\boldsymbol{Q}=Q\hat{\boldsymbol{Q}}$，则由数乘定义可知

$$\alpha \text{与} \boldsymbol{Q} \text{的数乘积} \equiv (\alpha Q)\hat{\boldsymbol{Q}}\text{。} \tag{1-7-2}$$

---

[15] 定义 1-7-1 之②说"$\alpha\boldsymbol{Q}$ 是这么一个量，用 $\boldsymbol{Q}$ 测它得数为 α"。如果有人问：是否可能有两个量，用 $\boldsymbol{Q}$ 测它们的得数都为 α？我们只能这样回答：根据定义 1-7-2，这两个量必定相等，所以满足这个条件的量只有一个。可见讲定义 1-7-1 时已经默认了定义 1-7-2。如果你觉得不舒服，只需把这两个定义的编号互换。

[16] 其实式(1-1-5)就是矢量空间必须满足的条件之一，即 § 1.6 附录中的(6)。但是，鉴于 § 1.6 关于量类是矢量空间的证明用到前面某些不够严格的说法，所以此处将此结论列为公理。

因此，为证本命题，只需证明下式也成立：

$$\alpha\boldsymbol{Q}=(\alpha Q)\hat{\boldsymbol{Q}}\,, \tag{1-7-3}$$

而为此只需验证用 $\hat{\boldsymbol{Q}}$ 测上式两边得数相等。根据定义 1-7-1，用 $\hat{\boldsymbol{Q}}$ 测上式右边显然得 αQ，而用 $\hat{\boldsymbol{Q}}$ 测左边的得数可用两步求得：①由 $\boldsymbol{Q}=Q\hat{\boldsymbol{Q}}$ 可知用 $\hat{\boldsymbol{Q}}$ 测 $\boldsymbol{Q}$ 得数为 Q；②用 $\boldsymbol{Q}$ 测 $\alpha\boldsymbol{Q}$ 得数为 α，于是由公理 1-7-1 便知用 $\hat{\boldsymbol{Q}}$ 测式(1-7-3)左边(即 $\alpha\boldsymbol{Q}$)得数也是 αQ。□

注记 1-13　此外，利用数乘定义配以公理 1-7-1[即式(1-1-5)]还可证明式(1-1-4)。

甲　我的第(5)个问题是：您在§1.6 中给了矢量空间 $\tilde{\boldsymbol{Q}}$ 的零元定义，并已证明了零元的存在性，当时说零元的唯一性的证明见本节，但您至今尚未给出证明。

乙　下面的命题就是证明。

命题 1-7-2　每个(最大延拓的)量类 $\tilde{\boldsymbol{Q}}$ 的零元是唯一的。

证明　设存在两个零元 $\boldsymbol{0}$ 和 $\boldsymbol{0}'$，只需证明两者相等。由零元定义可知存在 $\boldsymbol{Q}_0,\boldsymbol{Q}_0'\in\tilde{\boldsymbol{Q}}$ 使得用 $\boldsymbol{Q}_0$ 和 $\boldsymbol{Q}_0'$ 分别测 $\boldsymbol{0}$ 和 $\boldsymbol{0}'$ 都得 0，即

$$\text{(a)}\ \ \boldsymbol{0}=0\boldsymbol{Q}_0\,,\qquad \text{(b)}\ \ \boldsymbol{0}'=0\boldsymbol{Q}_0'\,, \tag{1-7-4}$$

再设用 $\boldsymbol{Q}_0$ 测 $\boldsymbol{Q}_0'$ 得数为 α，即 $\boldsymbol{Q}_0'=\alpha\boldsymbol{Q}_0$，便有

$$\boldsymbol{0}'=0\boldsymbol{Q}_0'=0\,(\alpha\boldsymbol{Q}_0)=(0\cdot\alpha)\boldsymbol{Q}_0=0\boldsymbol{Q}_0=\boldsymbol{0}\,,$$

其中第一步用到式(1-7-4b)，第三步用到公理 1-7-1，第五步用到式(1-7-4a)。□

甲　第(6)个问题是：§1.6 在给量类定义了加法、数乘和零元后说："可以验证(详见§1.7)，这样定义的加法、数乘和零元的确满足矢量空间定义要求的 8 条"，但您尚未验证。

乙　好，现在就来按照该节的附录(矢量空间的定义)逐一验证。

(1)
$$\boldsymbol{Q}_1+\boldsymbol{Q}_2=\boldsymbol{Q}_2+\boldsymbol{Q}_1\,。 \tag{1-7-5}$$

验证　任取一单位 $\hat{\boldsymbol{Q}}$。设 $\boldsymbol{Q}_1=Q_1\hat{\boldsymbol{Q}}$，$\boldsymbol{Q}_2=Q_2\hat{\boldsymbol{Q}}$，则

$$\boldsymbol{Q}_1+\boldsymbol{Q}_2=(Q_1+Q_2)\hat{\boldsymbol{Q}}=(Q_2+Q_1)\hat{\boldsymbol{Q}}=\boldsymbol{Q}_2+\boldsymbol{Q}_1\,,$$

其中第一、三步用到加法定义，即式(1-6-1)。

(2)
$$(\boldsymbol{Q}_1+\boldsymbol{Q}_2)+\boldsymbol{Q}_3=\boldsymbol{Q}_1+(\boldsymbol{Q}_2+\boldsymbol{Q}_3)\,。 \tag{1-7-6}$$

验证　设 $\boldsymbol{Q}_1=Q_1\hat{\boldsymbol{Q}}$，$\boldsymbol{Q}_2=Q_2\hat{\boldsymbol{Q}}$，$\boldsymbol{Q}_3=Q_3\hat{\boldsymbol{Q}}$，则

$$\begin{aligned}(\boldsymbol{Q}_1+\boldsymbol{Q}_2)+\boldsymbol{Q}_3&=(Q_1+Q_2)\hat{\boldsymbol{Q}}+Q_3\hat{\boldsymbol{Q}}=[(Q_1+Q_2)+Q_3]\hat{\boldsymbol{Q}}=[Q_1+(Q_2+Q_3)]\hat{\boldsymbol{Q}}\\&=Q_1\hat{\boldsymbol{Q}}+(Q_2+Q_3)\hat{\boldsymbol{Q}}=Q_1\hat{\boldsymbol{Q}}+(Q_2\hat{\boldsymbol{Q}}+Q_3\hat{\boldsymbol{Q}})=\boldsymbol{Q}_1+(\boldsymbol{Q}_2+\boldsymbol{Q}_3)\,。\end{aligned}$$

其中除第三步外的每一步都用到式(1-6-1)。

(3) $\boldsymbol{Q}+\boldsymbol{0}=\boldsymbol{Q}$ 对任意 $\boldsymbol{Q}\in\tilde{\boldsymbol{Q}}$ 成立。

验证　设 $\boldsymbol{Q}=Q\hat{\boldsymbol{Q}}$，由零元定义又知 $\boldsymbol{0}=0\hat{\boldsymbol{Q}}$，故

$$\boldsymbol{Q}+\boldsymbol{0}=Q\hat{\boldsymbol{Q}}+0\hat{\boldsymbol{Q}}=(Q+0)\hat{\boldsymbol{Q}}=Q\hat{\boldsymbol{Q}}=\boldsymbol{Q}\,,$$

其中第二步用到式(1-6-1)。

(4) 对任一 $\boldsymbol{Q}\in\tilde{\boldsymbol{Q}}$，都有 $\boldsymbol{Q}'\in\tilde{\boldsymbol{Q}}$(称为 $\boldsymbol{Q}$ 的负元)，使得

$$\boldsymbol{Q}+\boldsymbol{Q}'=\boldsymbol{0}\,。$$

验证　设 $\boldsymbol{Q}=Q\hat{\boldsymbol{Q}}$，只需取 $\boldsymbol{Q}'=(-Q)\hat{\boldsymbol{Q}}=-Q\hat{\boldsymbol{Q}}$，便有

$$\boldsymbol{Q}+\boldsymbol{Q}'=Q\hat{\boldsymbol{Q}}+(-Q)\hat{\boldsymbol{Q}}=(Q-Q)\hat{\boldsymbol{Q}}=0\hat{\boldsymbol{Q}}=\boldsymbol{0},$$

其中第二步用到式(1-6-1)。

(5) 对任一$\boldsymbol{Q}\in\tilde{\boldsymbol{Q}}$，都有$1\boldsymbol{Q}=\boldsymbol{Q}$。

验证　设$\boldsymbol{Q}=Q\hat{\boldsymbol{Q}}$，则

$$1\boldsymbol{Q}=1(Q\hat{\boldsymbol{Q}})=(1Q)\hat{\boldsymbol{Q}}=Q\hat{\boldsymbol{Q}}=\boldsymbol{Q},$$

其中第二步用到公理 1-7-1，即式(1-1-5)。

(6)
$$\alpha_1(\alpha_2\boldsymbol{Q})=(\alpha_1\alpha_2)\boldsymbol{Q}。$$

验证　这就是式(1-1-5)，刚才已作为公理 1-7-1 给出。

(7)
$$(\alpha_1+\alpha_2)\boldsymbol{Q}=\alpha_1\boldsymbol{Q}+\alpha_2\boldsymbol{Q}。\tag{1-7-7}$$

验证　设$\boldsymbol{Q}=Q\hat{\boldsymbol{Q}}$，则

$$\begin{aligned}\text{式(1-7-7)左边}&=(\alpha_1+\alpha_2)(Q\hat{\boldsymbol{Q}})=[(\alpha_1+\alpha_2)Q]\hat{\boldsymbol{Q}}=(\alpha_1Q+\alpha_2Q)\hat{\boldsymbol{Q}}\\&=(\alpha_1Q)\hat{\boldsymbol{Q}}+(\alpha_2Q)\hat{\boldsymbol{Q}}=\alpha_1(Q\hat{\boldsymbol{Q}})+\alpha_2(Q\hat{\boldsymbol{Q}})=\text{式(1-7-7)右边},\end{aligned}$$

其中第二、五步都用到式(1-1-5)，第四步用到式(1-6-1)。

(8)
$$\alpha(\boldsymbol{Q}_1+\boldsymbol{Q}_2)=\alpha\boldsymbol{Q}_1+\alpha\boldsymbol{Q}_2。\tag{1-7-8}$$

验证　设$\boldsymbol{Q}_1=Q_1\hat{\boldsymbol{Q}}$，$\boldsymbol{Q}_2=Q_2\hat{\boldsymbol{Q}}$，则

$$\begin{aligned}\text{式(1-7-8)左边}&=\alpha[(Q_1+Q_2)\hat{\boldsymbol{Q}}]=[\alpha(Q_1+Q_2)]\hat{\boldsymbol{Q}}=(\alpha Q_1+\alpha Q_2)\hat{\boldsymbol{Q}}\\&=(\alpha Q_1)\hat{\boldsymbol{Q}}+(\alpha Q_2)\hat{\boldsymbol{Q}}=\alpha(Q_1\hat{\boldsymbol{Q}})+\alpha(Q_2\hat{\boldsymbol{Q}})=\alpha\boldsymbol{Q}_1+\alpha\boldsymbol{Q}_2,\end{aligned}$$

其中第一、四步都用到式(1-6-1)，第二、五步用到式(1-1-5)。　**验证毕**

注记 1-14　利用以上 8 条还可证明关于零元的如下运算律:

(a) 零元的任意实数倍还是零元；(b) 零元加(减)零元还是零元。

甲　下面是我的最后一个问题。既然$\tilde{\boldsymbol{Q}}$满足矢量空间的 8 条要求(包括某些交换律、结合律和分配律)，对同类量的加法和数乘运算就像普通矢量运算一样方便。然而，您在§1.1 还定义了同类量的除法，这是普通矢量所没有的，可是您并未给出涉及除法的运算律。于是，虽然下式似乎“显然”成立:

$$\frac{\alpha\boldsymbol{Q}_1}{\boldsymbol{Q}_2}=\alpha\frac{\boldsymbol{Q}_1}{\boldsymbol{Q}_2},$$

但由于尚未证明，我也不敢用。

乙　问得好。的确，只有证明了加减乘除法的运算律之后才能进行正确运算。下面证明涉及除法的若干运算律。

命题 1-7-3　以下各式成立。

$$\text{(a)}\frac{\boldsymbol{Q}_1}{\boldsymbol{Q}_2}=\frac{1}{\boldsymbol{Q}_2/\boldsymbol{Q}_1};\quad \text{(b)}\left(\frac{\boldsymbol{Q}_2}{\boldsymbol{Q}_1}\right)^{-1}=\frac{\boldsymbol{Q}_1}{\boldsymbol{Q}_2};\quad \text{(c)}\frac{\alpha\boldsymbol{Q}_1}{\boldsymbol{Q}_2}=\alpha\frac{\boldsymbol{Q}_1}{\boldsymbol{Q}_2};$$

$$\text{(d)}\frac{\boldsymbol{Q}_1}{\alpha\boldsymbol{Q}_2}=\frac{1}{\alpha}\frac{\boldsymbol{Q}_1}{\boldsymbol{Q}_2};\quad \text{(e)}\frac{\boldsymbol{Q}_1+\boldsymbol{Q}_2}{\boldsymbol{Q}_3}=\frac{\boldsymbol{Q}_1}{\boldsymbol{Q}_3}+\frac{\boldsymbol{Q}_2}{\boldsymbol{Q}_3}。\tag{1-7-9}$$

证明　利用式(1-1-14)可使证明变得很简单。设Q_1和Q_2是用$\tilde{\boldsymbol{Q}}$的任一单位$\hat{\boldsymbol{Q}}$测$\boldsymbol{Q}_1$和

$\boldsymbol{Q}_2$ 的得数，则

(a)
$$\frac{\boldsymbol{Q}_1}{\boldsymbol{Q}_2}=\frac{Q_1}{Q_2}=\frac{1}{Q_2/Q_1}=\frac{1}{\boldsymbol{Q}_2/\boldsymbol{Q}_1},$$

其中第一、三步用到式(1-1-14)。

(b)
$$\left(\frac{\boldsymbol{Q}_2}{\boldsymbol{Q}_1}\right)^{-1}=\left(\frac{Q_2}{Q_1}\right)^{-1}=\frac{Q_1}{Q_2}=\frac{\boldsymbol{Q}_1}{\boldsymbol{Q}_2},$$

其中第一、三步用到式(1-1-14)。

(c) 由 $\alpha\boldsymbol{Q}_1=\alpha(Q_1\hat{\boldsymbol{Q}})=(\alpha Q_1)\hat{\boldsymbol{Q}}$ 可知 αQ_1 是用 $\hat{\boldsymbol{Q}}$ 测 $\alpha\boldsymbol{Q}_1$ 的得数，故利用式(1-1-14)便得

$$\frac{\alpha\boldsymbol{Q}_1}{\boldsymbol{Q}_2}=\frac{\alpha Q_1}{Q_2}=\alpha\frac{Q_1}{Q_2}=\alpha\frac{\boldsymbol{Q}_1}{\boldsymbol{Q}_2}。$$

(d)
$$\text{式(1-7-9d)右边}=\frac{1}{\alpha}\frac{\boldsymbol{Q}_1}{\boldsymbol{Q}_2}=\frac{1}{\alpha}\frac{Q_1}{Q_2}=\frac{Q_1}{\alpha Q_2}=\frac{\boldsymbol{Q}_1}{\alpha\boldsymbol{Q}_2}\text{式(1-7-9d)左边},$$

其中第四个等号是因为 αQ_2 是用 $\hat{\boldsymbol{Q}}$ 测 $\alpha\boldsymbol{Q}_2$ 的得数。

(e) 由式(1-6-1)可知 Q_1+Q_2 是用 $\hat{\boldsymbol{Q}}$ 测 $\boldsymbol{Q}_1+\boldsymbol{Q}_2$ 的得数，故

$$\frac{\boldsymbol{Q}_1+\boldsymbol{Q}_2}{\boldsymbol{Q}_3}=\frac{Q_1+Q_2}{Q_3}=\frac{Q_1}{Q_3}+\frac{Q_2}{Q_3}=\frac{\boldsymbol{Q}_1}{\boldsymbol{Q}_3}+\frac{\boldsymbol{Q}_2}{\boldsymbol{Q}_3}。$$

□

§ 1.8　量 纲 空 间

量纲空间是量纲理论的重要概念，本节只限于讲授量纲空间的初步知识，其具体应用将在以后多个章节中出现。

选定一个有 l 个基本量类的单位制族后，每个量类 $\tilde{\boldsymbol{A}}$ 便对应于 l 个实数(量纲指数) $\sigma_1,\cdots,\sigma_l$，可记作 $\tilde{\boldsymbol{A}}=(\sigma_1,\cdots,\sigma_l)$。反之，设 $\sigma_1,\cdots,\sigma_l$ 是任意 l 个(排了序的)实数，也不妨把它们看作量纲指数以得到一个“量类”。于是“量类”与实数组 $(\sigma_1,\cdots,\sigma_l)$ 有一个一一对应的关系。令

$$\mathscr{L}\equiv\text{全体实数组}(\sigma_1,\cdots,\sigma_l)\text{的集合},$$

数学上早已证明 $\mathscr{L}$ 是个 l 维矢量空间(其加法、数乘和零元定义将在稍后给出)。这个矢量空间 $\mathscr{L}$ 在量纲理论中专称为**量纲空间(Dimensional space)**，其维数等于基本量类的个数 l。

应该说明，虽然每个量类对应于 $\mathscr{L}$ 的一个点，但并非 $\mathscr{L}$ 的每个点(元素)都对应于一个物理上的量类。例如，在力学和电磁学范畴内的国际制(即 MKSA 制)的基本量类依次为 $\tilde{\boldsymbol{l}},\tilde{\boldsymbol{m}},\tilde{\boldsymbol{t}},\tilde{\boldsymbol{I}}$，考虑 $\mathscr{L}$ 的两个元素 $(0,0,1,1)$ 和 $(1,0,0,1)$，第一个(“时间乘电流”)显然代表电荷量类，但第二个(“长度乘电流”)却不代表什么量类(至少就目前所知道的物理学而论)。此外，两个物理意义不同的量类可能量纲指数相同(例如功能和力矩在国际制有相同量纲指数)，它们在 $\mathscr{L}$ 中就对应于同一个点(元素)。为了避免误解，我们特意把本章前七节屡屡谈及的量类称为**物理量类**[并保留原来的记号，即仍用顶上加 ~ 的字母(如 $\tilde{\boldsymbol{Q}}$)代表物理量类]，

而把 $\mathscr{L}$ 的每个元素称为一个**数学量类**，并以右上方加 * 的字母(如 $\boldsymbol{Q}^*$)或实数组[如 $(\sigma_1,\cdots,\sigma_l)^*$]代表数学量类。于是一个数学量类存在三种可能：(a)代表一个物理量类；(b)代表量纲指数相同的多个物理量类[例如 CGS 制的数学量类 $(2,1,-2)^*$ 既代表功能量类 $\tilde{\boldsymbol{w}}$ 也代表力矩量类 $\tilde{\boldsymbol{T}}$]；(c)代表零个物理量类(没有物理意义)。对情况(b)而言，应将它代表的多个物理量类按式(1-4-14)认同为一个 1 维矢量空间。

对数学量类和物理量类都可以写出量纲式，仅以功能量类 $\tilde{\boldsymbol{w}}$ 、力矩量类 $\tilde{\boldsymbol{T}}$ 和数学量类 $(2,1,-2)^*$ 为例，三者在国际制(或 CGS 制)的量纲式为

$$\dim\tilde{\boldsymbol{w}}=(\dim\tilde{\boldsymbol{l}})^2(\dim\tilde{\boldsymbol{m}})(\dim\tilde{\boldsymbol{t}})^{-2}\,, \tag{1-8-1}$$

$$\dim\tilde{\boldsymbol{T}}=(\dim\tilde{\boldsymbol{l}})^2(\dim\tilde{\boldsymbol{m}})(\dim\tilde{\boldsymbol{t}})^{-2}\,, \tag{1-8-2}$$

$$\dim(2,1,-2)^*=(\dim\tilde{\boldsymbol{l}})^2(\dim\tilde{\boldsymbol{m}})(\dim\tilde{\boldsymbol{t}})^{-2}\,。 \tag{1-8-3}$$

上列三式中的物理量类和数学量类只能从代表符号上区别。

甲　三式右边的基本量类(如 $\tilde{\boldsymbol{l}}$)都带 ~ 符号，是否说明基本量类一定是物理量类？

乙　是的，**基本量类一定是物理量类**。例如，几何制只有一个基本量类，就是时间量类 $\tilde{\boldsymbol{t}}$ (详见§5.1)。在几何制中，作为物理量类的长度 $\tilde{\boldsymbol{l}}$ 、质量 $\tilde{\boldsymbol{m}}$ 、功能 $\tilde{\boldsymbol{w}}$ 、力矩 $\tilde{\boldsymbol{T}}$、……都与时间 $\tilde{\boldsymbol{t}}$ 有相同量纲指数，所以都属于同一个数学量类，但只选 $\tilde{\boldsymbol{t}}$ 为基本量类[也可选其他几个($\tilde{\boldsymbol{l}}$、$\tilde{\boldsymbol{m}}$ 等)之任一]。用 $\boldsymbol{J}_1^*,\cdots,\boldsymbol{J}_l^*$ 代表与基本量类 $\tilde{\boldsymbol{J}}_1,\cdots,\tilde{\boldsymbol{J}}_l$ 对应的数学量类，自然有

$$\boldsymbol{J}_1^*=(1,0,\cdots,0),\ \cdots,\ \boldsymbol{J}_l^*=(0,\cdots,0,1)\,,$$

所以 $\boldsymbol{J}_1^*,\cdots,\boldsymbol{J}_l^*$ 可充当 $\mathscr{L}$ 的一组基矢。在不致引起混淆时，也称 $\boldsymbol{J}_1^*,\cdots,\boldsymbol{J}_l^*$ 为基本量类。

甲　式(1-8-3)左边的数学量类记作 $(2,1,-2)^*$ ，既包含物理量类 $\tilde{\boldsymbol{w}}$ (功能)又包含物理量类 $\tilde{\boldsymbol{T}}$ (力矩)。但符号 $(2,1,-2)^*$ 不够直观(难以一眼看穿其物理意义)，可否有更直观的记号？

乙　我们能想到的记号是 $\boldsymbol{w}^*$，它代表 $\tilde{\boldsymbol{w}}$ (功能)所在的数学量类。

甲　但物理量类 $\tilde{\boldsymbol{T}}$ 也含在这个数学量类中啊，岂不是也可记作 $\boldsymbol{T}^*$ ？

乙　不错。所以 $\boldsymbol{w}^*=\boldsymbol{T}^*$ (但当然 $\tilde{\boldsymbol{w}}\neq\tilde{\boldsymbol{T}}$)，于是式(1-8-3)也可表为

$$\dim\boldsymbol{w}^*=\dim\boldsymbol{T}^*=(\dim\tilde{\boldsymbol{l}})^2(\dim\tilde{\boldsymbol{m}})(\dim\tilde{\boldsymbol{t}})^{-2}\,。 \tag{1-8-3′}$$

甲　至此，我想试着小结一下。量纲问题至少涉及两个不同类型的矢量空间。首先，每个(最大延拓的)物理量类 $\tilde{\boldsymbol{Q}}$ 都是一个 1 维矢量空间；第二，选定单位制族(设其基本量类的个数为 l)后，全体数学量类的集合 $\mathscr{L}$ 是一个 l 维矢量空间。对吗？

乙　很对。

下面介绍量纲空间的三个重要定理(其中提及的“量类”都是指数学量类)。证明过程要用到 $\mathscr{L}$ (作为矢量空间)的加法、数乘和零元的定义，所以此处先给出这三个定义。

加法　量类 $\boldsymbol{A}^*=(\sigma_1,\cdots,\sigma_l)\in\mathscr{L}$ 与量类 $\boldsymbol{B}^*=(\rho_1,\cdots,\rho_l)\in\mathscr{L}$ 之和 $\boldsymbol{A}^*+\boldsymbol{B}^*$ 定义为

$$\boldsymbol{A}^*+\boldsymbol{B}^*:=(\sigma_1+\rho_1,\cdots,\sigma_l+\rho_l)\in\mathscr{L}\,。 \tag{1-8-4}$$

数乘　实数 ν 与量类 $\boldsymbol{A}^*=(\sigma_1,\cdots,\sigma_l)\in\mathscr{L}$ 的数乘积定义为

$$\nu\boldsymbol{A}^*=(\nu\sigma_1,\cdots,\nu\sigma_l)\in\mathscr{L}\,; \tag{1-8-5}$$

零元　指定无量纲量类 $\boldsymbol{0}^*=(0,\cdots,0)\in\mathscr{L}$ 作为零元。

现在就可介绍量纲空间的三个定理。

定理 1-8-1　量类 $\boldsymbol{A}^*$ 与 $\boldsymbol{B}^*$ 之和的量纲等于 $\boldsymbol{A}^*$ 与 $\boldsymbol{B}^*$ 的量纲之积，即

$$\dim(\boldsymbol{A}^* + \boldsymbol{B}^*) = (\dim \boldsymbol{A}^*)(\dim \boldsymbol{B}^*)\text{。} \tag{1-8-6}$$

(请注意：$\boldsymbol{A}^* + \boldsymbol{B}^*$ 代表两个量类之和而不是两个同类量之和。)

证明　式(1-8-4)上行的 $\boldsymbol{A}^* = (\sigma_1, \cdots, \sigma_l) \in \mathscr{L}$ 和 $\boldsymbol{B}^* = (\rho_1, \cdots, \rho_l) \in \mathscr{L}$ 表明

$$\dim \boldsymbol{A}^* = (\dim \tilde{\boldsymbol{J}}_1)^{\sigma_1} \cdots (\dim \tilde{\boldsymbol{J}}_l)^{\sigma_l}\text{，} \tag{1-8-7}$$

$$\dim \boldsymbol{B}^* = (\dim \tilde{\boldsymbol{J}}_1)^{\rho_1} \cdots (\dim \tilde{\boldsymbol{J}}_l)^{\rho_l}\text{，} \tag{1-8-8}$$

式(1-8-4)则表明

$$\dim(\boldsymbol{A}^* + \boldsymbol{B}^*) = (\dim \tilde{\boldsymbol{J}}_1)^{\sigma_1 + \rho_1} \cdots (\dim \tilde{\boldsymbol{J}}_l)^{\sigma_l + \rho_l}\text{，} \tag{1-8-9}$$

由以上三式便知待证等式(1-8-6)成立。　□

定理 1-8-2　实数 ν 与量类 $\boldsymbol{A}^* = (\sigma_1, \cdots, \sigma_l)$ 的数乘积 $\nu \boldsymbol{A}^*$ 的量纲等于 $\boldsymbol{A}^*$ 的量纲 $\dim \boldsymbol{A}^*$ 的 ν 次方，即 $\dim(\nu \boldsymbol{A}^*) = (\dim \boldsymbol{A}^*)^\nu$。

证明　$\dim(\nu \boldsymbol{A}^*) = \dim(\nu\sigma_1, \cdots, \nu\sigma_l)^* = (\dim \tilde{\boldsymbol{J}}_1)^{\nu\sigma_1} \cdots (\dim \tilde{\boldsymbol{J}}_l)^{\nu\sigma_l}$

$$= [(\dim \tilde{\boldsymbol{J}}_1)^{\sigma_1} \cdots (\dim \tilde{\boldsymbol{J}}_l)^{\sigma_l}]^\nu = (\dim \boldsymbol{A}^*)^\nu\text{，}$$

其中第一步用到式(1-8-5)，第二步是因为数学量类 $(\nu\sigma_1, \cdots, \nu\sigma_l)^*$ 的量纲指数依次是 $\nu\sigma_1, \cdots, \nu\sigma_l$。　□

定理 1-8-3　设 $\boldsymbol{A}^* = (\sigma_1, \cdots, \sigma_l)$ 和 $\boldsymbol{B}^* = (\rho_1, \cdots, \rho_l)$ 是任意量类，则

$$\boldsymbol{A}^* = \boldsymbol{B}^* \quad \text{当且仅当} \quad \dim \boldsymbol{A}^* = \dim \boldsymbol{B}^*\text{，}$$

也可表为

$$\boldsymbol{A}^* = \boldsymbol{B}^* \Leftrightarrow \dim \boldsymbol{A}^* = \dim \boldsymbol{B}^*\text{。} \tag{1-8-10}$$

证明　“$\Rightarrow$”是显然的，所以只需对“$\Leftarrow$”给出证明。

无论 $\boldsymbol{A}^*$ 和 $\boldsymbol{B}^*$ 是导出量类还是基本量类，它们都满足量纲式(1-4-11)，具体说就是

$$\dim \boldsymbol{A}^* = (\dim \tilde{\boldsymbol{J}}_1)^{\sigma_1} \cdots (\dim \tilde{\boldsymbol{J}}_l)^{\sigma_l}\text{，} \tag{1-8-11a}$$

$$\dim \boldsymbol{B}^* = (\dim \tilde{\boldsymbol{J}}_1)^{\rho_1} \cdots (\dim \tilde{\boldsymbol{J}}_l)^{\rho_l}\text{。} \tag{1-8-11b}$$

上式的基本量纲 $\dim \tilde{\boldsymbol{J}}_1, \cdots, \dim \tilde{\boldsymbol{J}}_l$ 作为自变数可以独立地变，所以 $\dim \boldsymbol{A}^* = \dim \boldsymbol{B}^*$ 就意味着 $\sigma_1 = \rho_1, \cdots, \sigma_l = \rho_l$，因而就有 $\boldsymbol{A}^* = \boldsymbol{B}^*$。　□

第 2 章　常用单位制，现象类

§ 2.1　CGS 单位制(厘米•克•秒制)

2.1.1　CGS 单位制

CGS 单位制是史上最早出现的单位制，它有 3 个基本量类，即长度 $\tilde{\boldsymbol{l}}$ 、质量 $\tilde{\boldsymbol{m}}$ 和时间 $\tilde{\boldsymbol{t}}$ ，基本单位选 $\hat{\boldsymbol{l}}=\mathbf{cm}$ (**厘米**) 、 $\hat{\boldsymbol{m}}=\mathbf{g}$ (**克**) 和 $\hat{\boldsymbol{t}}=\mathbf{s}$ (**秒**) 。当时的物理学基本上只限于力学，所以 CGS 单位制只适用于力学范畴。除基本量类外，所有力学量类(及几何量类，例如面积和体积)都是导出量类。下面给出几种重要导出单位的定义方程及其所依托的现象类。

1. 速度 $\tilde{\boldsymbol{v}}$ 的 CGS 制单位 $\hat{\boldsymbol{v}}_{\mathrm{CGS}}$

例题 1-3-1 讲过，为了定义 $\hat{\boldsymbol{v}}_{\mathrm{CGS}}$ ，应该选用“质点匀速直线运动现象类”。设质点在 t **秒**内走了 l **厘米**，以 v 代表用任一速度单位 $\hat{\boldsymbol{v}}$ 测质点速度 $\boldsymbol{v}$ 所得的数，则

$$v=k(l/t)\,, \tag{2-1-1}$$

其中 k 反映速度单位 $\hat{\boldsymbol{v}}$ 的任意性。CGS 制指定 $k=1$，于是上式简化为

$$v=l/t\,, \tag{2-1-2}$$

当 $l=1$ 及 $t=1$ 时上式给出 $v=1$ ，故 $\hat{\boldsymbol{v}}_{\mathrm{CGS}}$ 是1**秒**走1**厘米** (亦即“**厘米**每**秒**”)这样一种速度。$\hat{\boldsymbol{v}}_{\mathrm{CGS}}$ 没有专门名称，通常都记作**厘米/秒** (**cm/s**)[1]。因为 $\tilde{\boldsymbol{l}}$ 和 $\tilde{\boldsymbol{t}}$ 都是基本量类，所以上式既是原始定义方程又是终极定义方程。

由式(2-1-2)不难得出速度量类 $\tilde{\boldsymbol{v}}$ 在 CGS 制所在族的量纲式：

$$\dim\boldsymbol{v}=(\dim\boldsymbol{l})(\dim\boldsymbol{t})^{-1}\,, \tag{2-1-3}$$

亦可简写为

$$\dim\boldsymbol{v}=\mathrm{LT}^{-1}\,。 \tag{2-1-3$'$}$$

2. 加速度 $\tilde{\boldsymbol{a}}$ 的 CGS 制单位 $\hat{\boldsymbol{a}}_{\mathrm{CGS}}$

例题 1-3-2 讲过，$\hat{\boldsymbol{a}}_{\mathrm{CGS}}$ 既有原始定义方程又有终定方程。前者依托于“质点从静止开始做匀加速运动”这样一个现象类。设该质点在 t **秒**内的速度增量为 v **厘米/秒**，则其加速度 a (指用任一单位测得的数)正比于 v 而反比于 t ，故

$$a=k(v/t)\,, \tag{2-1-4}$$

CGS 制指定 $k=1$，故上式简化为

$$a=v/t\,, \tag{2-1-4$'$}$$

---

[1] 式(1-2-1)前的几段引文已指出，目前还不能把**厘米/秒**理解为“**厘米**除以**秒**”，因为量的乘除法尚未定义。**厘米/秒**只是一个整体记号，代表每秒走1**厘米**这样一种速度(可简记为“**厘米**每**秒**”)。本书第 3 章将介绍我们自创的量的乘除法定义，并将证明，据此定义，速度单位**厘米/秒**的确就是**厘米**除以**秒**。

就选上式为 $\hat{\boldsymbol{a}}_{\mathrm{CGS}}$ 的定义方程。这个单位(指 $\hat{\boldsymbol{a}}_{\mathrm{CGS}}$)有专门名称，叫做**伽利略** (不过已经很少用到)，通常把 $\hat{\boldsymbol{a}}_{\mathrm{CGS}}$ 记作 **厘米/秒**^{2} (也是整体记号，目前不可认为是**厘米**除以**秒**的平方)。由于 $\tilde{\boldsymbol{v}}$ 不是基本量类，上式只是 $\hat{\boldsymbol{a}}_{\mathrm{CGS}}$ 的原始定义方程。为找到它的终定方程，就要使用“复合现象类”—— 设另一质点以 v **厘米/秒** 为速度做匀速运动[其中 v 正好是式(2-1-4′)中的那个 v]，在 t **秒** 内走了 l **厘米**，便有 $v=l/t$ [与式(2-1-2)同]，代入式(2-1-4′)乃得

$$a=l/t^2\text{。}\tag{2-1-5}$$

这才是 $\hat{\boldsymbol{a}}_{\mathrm{CGS}}$ 的终定方程。

由式(2-1-5)不难得出加速度量类 $\tilde{\boldsymbol{a}}$ 在 CGS 制所在族的量纲式：

$$\dim\boldsymbol{a}=(\dim\boldsymbol{l})(\dim\boldsymbol{t})^{-2}\text{，}\tag{2-1-6}$$

亦可简写为

$$\dim\boldsymbol{a}=\mathrm{LT}^{-2}\text{。}\tag{2-1-6′}$$

3. 力 $\tilde{\boldsymbol{f}}$ 的 CGS 制单位 $\hat{\boldsymbol{f}}_{\mathrm{CGS}}$

设质量为 m**克** 的质点的加速度为 a **厘米/秒**^{2}，则它受到的力 f (指用任一单位测得的数)正比于 m 和 a，故

$$f=kma\text{。}\tag{2-1-7}$$

令 $k=1$，得

$$f=ma\text{，}\tag{2-1-7′}$$

就选上式为 $\hat{\boldsymbol{f}}_{\mathrm{CGS}}$ 的定义方程(所依托的就是“质点因受力而加速” 现象类)。这个单位(指 $\hat{\boldsymbol{f}}_{\mathrm{CGS}}$)有专门名称，叫做 **dyn** (**达因**) 。上式也只是 **达因** 的原始定义方程，为了找到终定方程，可用以下两式联立：

①质量为 m**克** 、受力为 f **达因** 的质点的加速度 a **厘米/秒**^{2} 显然满足

$$a=f/m\text{；}\tag{2-1-8}$$

②设该质点在 t **秒** 内走了 (l **厘米**)/2，便有

$$l=at^2\text{，}\tag{2-1-9}$$

以上两式联立给出

$$f=lmt^{-2}\text{，}\tag{2-1-10}$$

上式才是 $\hat{\boldsymbol{f}}_{\mathrm{CGS}}$ 的终定方程(读者应能看出它所依托的也是个复合现象类)，由此易得量类 $\tilde{\boldsymbol{f}}$ 的量纲式：

$$\dim\boldsymbol{f}=(\dim\boldsymbol{l})(\dim\boldsymbol{m})(\dim\boldsymbol{t})^{-2}=\mathrm{LMT}^{-2}\text{。}\tag{2-1-11}$$

4. 动量 $\tilde{\boldsymbol{p}}$ 的 CGS 制单位 $\hat{\boldsymbol{p}}_{\mathrm{CGS}}$

质量为 m**克** 、速度为 v **厘米/秒** 的质点的动量 p (指用任一单位测得的数)正比于 m 和 v，故

$$p=kmv\text{。}\tag{2-1-12}$$

令 $k=1$ 得

$$p=mv\text{，}\tag{2-1-12′}$$

就选上式为 $\hat{\boldsymbol{p}}_{\mathrm{CGS}}$ 的原始定义方程(读者应能说出其所依托的现象类)。不难知道其终定方程为(其实也要选用复合现象类)

$$p=lmt^{-1}\text{，}\tag{2-1-13}$$

由此还易得量类 $\tilde{\boldsymbol{p}}$ 的量纲式：

$$\dim \boldsymbol{p} = (\dim \boldsymbol{l})(\dim \boldsymbol{m})(\dim \boldsymbol{t})^{-1} = \mathrm{LMT}^{-1} 。\tag{2-1-14}$$

表 2-1　主要力学量在 CGS 制的导出单位、定义方程及量纲式

力学量	定义方程	量纲式	单位名称	单位代号		用基本单位表出
				中文	国际	
面积 S	$S = l^2$	L^2	平方厘米	厘米^2	cm^2	cm^2
体积 V	$V = l^3$	L^3	立方厘米	厘米^3	cm^3	cm^3
速度 v	$v = l/t$	LT^{-1}	厘米每秒	厘米/秒	cm/s	$\mathrm{cm \cdot s^{-1}}$
加速度 a	$a = v/t$	LT^{-2}	伽利略	厘米/秒^2	$\mathrm{cm/s^2}$	$\mathrm{cm \cdot s^{-2}}$
力 f	$f = ma$	LMT^{-2}	达因	达	dyn	$\mathrm{cm \cdot g \cdot s^{-2}}$
压强、应力 p	$p = f/S$	$\mathrm{L^{-1}MT^{-2}}$	微巴	微巴	$\mathrm{dyn/cm^2}$	$\mathrm{cm^{-1} \cdot g \cdot s^{-2}}$
质量密度 ρ	$\rho = m/V$	$\mathrm{L^{-3}M}$		克/厘米^3	$\mathrm{g/cm^3}$	$\mathrm{g \cdot cm^{-3}}$
动量 p	$p = mv$	LMT^{-1}		克·厘米/秒	g·cm/s	$\mathrm{cm \cdot g \cdot s^{-1}}$
功、能量 W	$W = fl$	$\mathrm{L^2MT^{-2}}$	尔格	尔格	erg	$\mathrm{cm^2 \cdot g \cdot s^{-2}}$
功率 P	$P = W/t$	$\mathrm{L^2MT^{-3}}$		尔格/秒	erg/s	$\mathrm{cm^2 \cdot g \cdot s^{-3}}$
频率 ν	$\nu = 1/t$	T^{-1}	赫兹	赫	Hz	s^{-1}
角速度 ω	$\omega = \varphi/t$	T^{-1}	每秒弧度	弧度/秒	rad/s	s^{-1}
角加速度 ε	$\varepsilon = \omega/t$	T^{-2}		弧度/秒^2	$\mathrm{rad/s^2}$	s^{-2}
力矩 T	$T = fl$	$\mathrm{L^2MT^{-2}}$		达·厘米	dyn·cm	$\mathrm{cm^2 \cdot g \cdot s^{-2}}$
转动惯量 I	$I = ml^2$	$\mathrm{L^2M}$		克·厘米^2	$\mathrm{g \cdot cm^2}$	$\mathrm{cm^2 \cdot g}$
角动量 L	$L = I\omega$	$\mathrm{L^2MT^{-1}}$		克·厘米^2/秒	$\mathrm{g \cdot cm^2/s}$	$\mathrm{cm^2 \cdot g \cdot s^{-1}}$

2.1.2　一贯单位和一贯单位制

CGS 单位制创建于 19 世纪中叶，是以麦克斯韦为主的一些科学家首创的。在创建 CGS 单位制的同时，麦克斯韦和开尔文还提出了“**一贯单位**(coherent unit)”(也译作**协和单位**)的概念。他们对一贯单位的定义要借用量等式——导出单位用基本单位的表达式，例如 $\hat{\boldsymbol{v}}_{\mathrm{CGS}} =$ **厘米·秒**$^{-1}$。然而，由于无人对量等式下过定义，他们的一贯单位定义严格说来没有意义。幸好我们在第 3 章对量等式下了定义，在第 7 章还推出了导出单位用基本单位的表达式，才使麦克斯韦等的一贯单位定义变得有意义。其实一贯单位还有一个无须借助于量等式的等价定义。下面给出这一定义，它与麦氏定义的等价性将在第 7 章给出证明。

定义 2-1-1 (本书的定义)　在一个单位制中，**一贯单位**是这样一种导出单位，它的终定系数满足 $k_{终} = 1$。

利用一贯单位的概念还可定义一贯单位制。

定义 2-1-2　导出单位全是一贯单位的单位制称为**一贯单位制**(coherent system of units)。

甲　CGS 单位制是一贯单位制吗？

乙　是的。此外，下面要讲的国际单位制、工程单位制、几何单位制、自然单位制以及普朗克单位制都是一贯单位制。

[选读 2-1]

甲　能举个非一贯单位的例子吗？

乙　可以。以$\mathscr{Z}$代表 CGS 单位制，其中功率单位$\hat{\boldsymbol{P}}=$**尔格/秒**(作为导出单位)的原始定义方程是(见表 2-1)

$$P=W/t\text{。} \tag{2-1-15}$$

定义一个新单位制$\mathscr{Z}'$，其基本量类及基本单位与 CGS 制$\mathscr{Z}$全同，但功率单位$\hat{\boldsymbol{P}}'$的定义方程改为

$$P'=\beta(W/t)\text{，}\quad \text{其中 }\beta\neq 1\text{ 为某一实数。} \tag{2-1-16}$$

上式就是$\hat{\boldsymbol{P}}'$的原始定义方程，由此不难推出其终定方程并读出其$k_{终}=\beta\neq 1$，可见$\hat{\boldsymbol{P}}'$不是一贯单位。由式(2-1-15)、(2-1-16)易得新旧单位之比为

$$\hat{\boldsymbol{P}}'/\hat{\boldsymbol{P}}=P/P'=1/\beta\text{，}$$

故

$$\hat{\boldsymbol{P}}'=\beta^{-1}\hat{\boldsymbol{P}}=\beta^{-1}\textbf{尔格/秒}\text{。} \tag{2-1-17}$$

若取$\beta=(7.36\times10^9)^{-1}$，则

$$\hat{\boldsymbol{P}}'=7.36\times10^9\textbf{尔格/秒}\text{。} \tag{2-1-18}$$

如果你足够熟悉，就会看出这个$\hat{\boldsymbol{P}}'$正是**马力**。

甲　所以**马力**就是一个非一贯单位了，是吧?

乙　是的。不过，更准确地说，一贯单位是指某个导出单位，而谈到导出单位就要说明是哪一个单位制的导出单位。

甲　那我说**马力**是单位制$\mathscr{Z}'$的一个非一贯单位，总可以了吧?

乙　从上面的讨论来看，你的说法全对。不过上面的讲法是我们编造的，历史上的**马力**(horsepower)其实是欧美的一个很老的(早已废弃的)单位制中功率量类的导出单位。因此，更准确地，应该说**马力**是该单位制的一个非一贯单位。　　**[选读 2-1 完]**

§ 2.2　国际单位制(SI)

2.2.1　2019 年 5 月 20 日前的国际单位制(SI)

由于不同需要和历史原因，工程与物理学中长期存在多种单位制并用的局面。考虑到这种局面所造成的诸多不便，国际计量委员会早就计划制定一种国际统一的单位制并为此做了长期和大量的工作。1960 年第十一届国际计量大会正式通过决议，把这一单位制命名为**国际单位制**，并规定其国际代号为“SI”。后来的多届国际计量大会又对国际单位制做了补充，使之更臻完善。

按照 1971 年国际计量委员会的建议，国际单位制包括“国际制单位”和“国际制词头”两大部分，分别介绍如下。

1. 国际制单位

国际制的基本单位共七个，见表 2-2。国际制的导出单位包括力学、热学、声学、电磁学、光学、原子物理学、化学等所有领域的单位。国际制的辅助单位是指弧度(角度单位)和球面度(立体角单位)两个，大会尚未规定它们属于基本单位还是导出单位，故称辅助单位。

由辅助单位也可构成导出单位，如角速度、角加速度等。

表 2-3 给出国际单位制中具有专门名称的导出单位(包括辅助单位)。

国际制的力学部分只有 3 个基本量类，此部分可称为 MKS 制(与 CGS 制同族)；国际制的力、电、磁部分有 4 个基本量类，此部分可称为 MKSA 制。

表 2-2　国际单位制(SI)基本单位

量的名称	单位名称	中文简写	英文	单　位　定　义
长度	米	米	m	米是光在真空中(1/299792458)秒时间内所经路径的长度
质量	千克	千克	kg	千克等于国际千克原器的质量
时间	秒	秒	s	秒是铯 133 原子基态的两个超精细能级之间跃迁所对应的辐射的 9192631770 个周期的持续时间
电流	安培	安	A	安培是一恒定电流，若保持在处于真空中相距 1m 的两无限长而圆截面积可忽略的平行直导线内，则此两导线之间产生的力在每米长度上等于 2×10^{-7} N
热力学温度	开尔文	开	K	开尔文是水三相点热力学温度的 1/273.16
物质的量	摩尔	摩	mol	(1)摩尔是一系统的物质的量，该系统中所包含的基本单元数与 0.012kg 碳-12 的原子数目相等。(2)在使用摩尔时，基本单元应予指明，可以是原子、分子、离子、电子及其他粒子，或是这些粒子的特定组合
发光强度	坎德拉	坎	cd	坎德拉是一光源在给定方向上的发光强度，该光源发出频率为 540×10^{12} Hz 的单色辐射，且在此方向上的辐射强度为(1/683)W/Sr

对表 2-2 最末一列(基本单位的定义)需要做出两点解释。

1) 关于长度单位——**米**——的定义。历史上有过多次修改，现在的定义是 1983 年国际第 17 届计量大会正式通过的新定义，内容是：**米**是真空中的光在(1/299792458)**秒**时间内所经路径的长度。解释：1973 年以来，从红外波段到可见光波段的各种谱线的频率值已被精密测得。由甲烷谱线的频率 ν 和波长 λ 可以求得真空中的光速

$$c=\lambda\nu=299792458\,(\text{米/秒}),$$

此值非常精确，所以被定义为真空光速值。上式表明真空中的光在1**秒**内走299792458**米**，所以把**米**定义为真空中的光在(1/299792458)**秒**时间内所经路径的长度。

2) 关于“**摩尔**”的定义。下面用对话方式讲述(其中乙代表笔者)。

甲　我觉得表 2-2 最末一列(“单位定义”)中最不好懂的是第六行关于摩尔的定义，即“(1) **摩尔是一系统的物质的量，该系统中所包含的基本单元数与** 0.012kg **碳**-12 **的原子数目相等**。(2)**在使用摩尔时，基本单元应予指明，可以是原子、分子、离子、电子及**

其他粒子，或是这些粒子的特定组合。”我看过无数次，仍觉得若明若暗，甚至糊里糊涂。

乙　我可以给你一个尽量细致的解释。为此，必须先说明其中四个词汇的含义。这四个词汇是：(a)“系统”(system)；(b)“基本单元”(elementary entity)；(c)“碳-12”(canbon-12)；(d)“物质的量”[2](amount of substance)。下面逐一说明。

(a)“系统”是指包含许多物质微粒的一个“集团”，例如气缸中的理想气体(包含大量气体分子)；一杯水(包含许多水分子)。

(b)“基本单元”在口语中也常称为“物质微粒”，可以是原子、分子、电子及其他粒子，或是这些粒子的特定组合。例如一杯水可能含有10^{25}个“基本单元”(此处是指水分子)。

(c)“碳-12”是指碳同位素12(原子核内有6个质子和6个中子)。一个重要的事实是：

质量为12克的碳-12所含的微粒(此处指原子)数$=6.02\times10^{23}$。

这里的6.02×10^{23}是一个非常重要的大数，称为**阿伏伽德罗数**(Avogadro number)，记作N_{A}，即$N_{\text{A}}\equiv6.02\times10^{23}$。

(d) (d1)“物质的量”是针对一个“系统”而言的，“物质的量”一词前面原则上总应加上定语“某某系统的”(正如大家熟悉的“质量”一词前面应加上“某某物体的”那样)，例如可以谈及“某一杯硫酸”(所含)的“物质的量”。(d2)所谓某系统的“物质的量”，说穿了，就是指它所含有的物质微粒的数目，但是这个数目实在太大了，所以不是一个一个微粒地数，而是一个一个“小集团”地数，每个“小集团”的微粒数是6.02×10^{23}。这个“小集团”就称为“**摩尔**”，记作**mol**。更准确地说就是：

一个系统，如果它所含的微粒数与质量为12克的碳-12所含的原子数相等，这个系统的“物质的量”就是一个**摩尔**。

摩尔是化学中用得最广泛的单位。

甲　您所说的“阿伏伽德罗数”与物理书上说的“阿伏伽德罗常量”有什么区别？

乙　阿伏伽德罗常量是物理学家引入的一个物理常量(我们记作$\boldsymbol{N}_{\text{A}}$)，定义为

$$\boldsymbol{N}_{\text{A}}\equiv N_{\text{A}}\,\text{摩尔}^{-1}。\tag{2-2-1}$$

用以表达这样的意思：“物质的量”为1**摩尔**的任何系统含有$N_{\text{A}}=6.02\times10^{23}$个微粒。第7章的选读7-1对“阿伏伽德罗常量”的引入动机和做法还有详细清晰的讲解。

2. 国际制词头

选择单位时，总希望与所测对象相差不太悬殊，以免测得的数太大或太小。但是，一个单位无法满足各个领域的不同要求。例如，安培在电力学(“强电”，过去叫电工学)中比较合适(甚至往往嫌小)，而在电子学(“弱电”)中却常嫌过大。所以有必要制定一套词头[3]，用以构成国际制单位的十进制倍数单位及分数单位。历届国际计量大会通过的国际单位制词头见表2-4。

在国际制基本单位中，质量单位千克是唯一由于历史原因在名称上带有词头“千”的。质量单位的十进制倍数单位及分数单位的名称，由在“克”字前加词头构成。

---

[2] 我们私下建议把“物质的量”改译为“**物量**”，好处见选读1-3之末。

[3] 过去译作“词冠”，后来国家规定改译作“词头”。

表 2-3　国际单位制中有专门名称的导出单位(包括辅助单位)

量的名称	单位名称	单位符号	有关关系式
[平面]角	弧　度	rad	$1\,rad = 1\,m/m = 1$
立体角	球面度	sr	$1\,sr = 1\,m^2/m^2 = 1$
频率	赫[兹]	Hz	$1\,Hz = 1\,s^{-1}$
力	牛[顿]	N	$1\,N = 1\,kg \cdot m/s^2$
压强，应力	帕[斯卡]	Pa	$1\,Pa = 1\,N/m^2$
能[量]，功，热量	焦[耳]	J	$1\,J = 1\,N \cdot m$
功率，辐[射能]通量	瓦[特]	W	$1\,W = 1\,J/s$
电荷[量]	库[仑]	C	$1\,C = 1\,A \cdot s$
电势，电压，电动势	伏[特]	V	$1\,V = 1\,W/A$
电容[法拉]	法[拉]	F	$1\,F = 1\,C/V$
电阻	欧[姆]	Ω	$1\,\Omega = 1\,V/A$
电导	西[门子]	S	$1\,S = 1\,\Omega^{-1}$
磁通[量]	韦[伯]	Wb	$1\,Wb = 1\,V \cdot s$
磁通[量]密度，磁感应强度	特[斯拉]	T	$1\,T = 1\,Wb/m^2$
电感	亨[利]	H	$1\,H = 1\,Wb/A$
摄氏温度	摄氏度	℃	$1\,^{\circ}C = 1\,K$
光通量	流[明]	Lm	$1\,lm = 1\,cd \cdot sr$
[光]照度	勒[克斯]	Lx	$1\,lx = 1\,lm/m^2$
[放射性]活度	贝克[勒尔]	Bq	$1\,Bq = 1\,s^{-1}$
吸收剂量	戈[瑞]	Gy	$1\,Gy = 1\,J/kg$
比授[予]能			
比释动能			
剂量当量	希[沃特]	Sv	$1\,Sv = 1\,J/kg$

表 2-4　国际单位制词头

因数	词头名称		符号
	英语	汉语	
10^{24}	yotta	尧[它]	Y
10^{21}	zetta	泽[它]	Z
10^{18}	exa	艾[可萨]	E
10^{15}	peta	拍[它]	P
10^{12}	tera	太[拉]	T
10^{9}	giga	吉[咖]	G
10^{6}	mega	兆	M
10^{3}	kilo	千	k
10^{2}	hecto	百	h
10^{1}	deca	十	da

续表

因数	词头名称		符号
	英语	汉语	
10^{-1}	deci	分	d
10^{-2}	centi	厘	c
10^{-3}	milli	毫	m
10^{-6}	micro	微	μ
10^{-9}	nano	纳[诺]	n
10^{-12}	pico	皮[可]	p
10^{-15}	femto	飞[母托]	f
10^{-18}	atto	阿[托]	a
10^{-21}	zepto	仄[普托]	z
10^{-24}	yocto	幺[科托]	y

2.2.2　2019 年 5 月 20 日开始的国际单位制(“新 SI”)

2019 年在国际计量学界发生了一件大事：国际单位制的 7 个基本单位从 5 月 20 日开始全部使用物理常量下定义，从而保证了基本单位的持久不变性。这是国际计量学家一百多年来坚持努力的丰硕成果。先对基本单位的有关历史做一简介。为了保证基本单位的量值不随时间而改变(甚至消失)，18 世纪的法国科学家就开始动足了脑筋。例如，他们决定把通过巴黎的子午线长度的 4000 万分之一选作长度单位(**米**)，但仍不可避免地出现误差。后来，他们又用铂铱合金制成一把规尺，在其表面刻出两条短线，约定取这两条短线之间的距离为长度单位(称为**国际米**)，并将这个规尺[作为长度原器(prototype)]保存在位于法国巴黎的国际计量局中。其他几个基本单位也各有原器。但是任何原器都是真实物体，都会因遭受腐蚀而损坏，而且无法复制出完全一样的原器。有鉴于此，计量学家一直寻求一种普适的计量标准，其“普适性”能使它适用于过去、现在和未来，适用于地球或遥远的星系[4]。一句话，适用于整个宇宙时空，这里的关键问题当然是基本单位。由于物理常量具有高度普适性，又因为技术的进步导致物理常量的测量日益准确，自然想到要用物理常量来定义国际制的基本单位。事实上，从国际制正式问世的 1960 年开始，经过几次改进后，已有不止一个基本单位使用物理常量下定义(见表 2-2)，下面是两个例子。

①**秒**的定义是：“**秒**是铯-133 原子基态的两个超精细能级之间跃迁所对应的辐射的 9192631770 个周期的持续时间。”这句话有些费解，我们做如下解释：原子的核磁矩与电子磁矩的耦合会引起能级(因而谱线)的微小分裂，这称为原子的超精细结构。铯-133 原子基态的两个超精细能级之间跃迁会产生辐射，以**赫兹**为单位测其频率得值为 9192631770 ± 20。为了给**秒**下定义，特把此频率取为固定值 9192631770，实质上就是把测量的(极其)微量的不精确性(误差)转移至单位**秒**上。

注记 2-1　光的频率只由发光的宏观物体内部的能级差决定，与该宏观物体的宏观参

[4] 而且不依赖于物理现象和物理理论。

数(形状、体积、质量)无关。跟宏观参数不同，能级差是非常稳定的，所以才用它定义**秒**。

②**米**的定义是："**米**是光在真空中(1/299792458)**秒**时间内所经路径的长度。"解释：以**米**/**秒**为单位测真空光速得值为 299792458 (左右)，为了给**米**下定义，特把测量值取为固定值(零误差常数值) 299792458，实质上就是把测量的微量不精确性转移至单位**米**上。

注记 2-2　**米**的这一新定义是 1983 年的第 17 届国际计量大会正式通过的，被认为是国际单位制发展的一个里程碑。

直至 2019 年前，7 个基本单位中只有**千克**还在使用着原器，这个原器的代号是"大**K**"。由于一些不易控制的物理、化学过程，这个原器的质量一直在神秘地改变着，在一个世纪内竟然莫名其妙地"减肥"了 50 **微克** (约等于一根眼睫毛的质量)。然而，它又是全世界独一无二的质量原器，无论准与不准，各国都必须以它为准。不仅如此，大家还得定期抱着本国的千克原器跑到位于巴黎的国际计量局去校准，山高水远，不胜其烦。如果遇到天灾、战争或人为纵火等意外事件，后果更是不堪设想。于是计量学家们一直努力寻找一种用物理常量对**千克**重新定义的代替方案，并终于成功。2018 年 11 月 16 日的第 26 届国际计量大会上全票通过了关于"修改国际单位制(SI)"的1号决议。根据决议，质量单位"**千克**"、电流单位"**安培**"、温度单位"**开尔文**"和"物质的量"单位"**摩尔**"等 4 个基本单位将改用物理常量定义，并于 2019 年的世界计量日——5 月 20 日正式生效。加上此前对时间单位"**秒**"、长度单位"**米**"和发光强度单位"**坎德拉**"的重新定义，至此，国际单位制的 7 个基本单位全部实现由物理常量定义。

其他 5 个基本单位的定义如下。

③**千克**是用普朗克常量 h 定义的。因为 h 的国际制单位是**焦耳**·**秒** = **千克**·**米**^{2}·**秒**$^{-1}$，而**秒**和**米**已经有了定义，所以可用 h 给**千克**下定义。以**焦耳**·**秒**为单位测 h 的得值 h 虽然总有误差，但应设法使之在下述意义上尽量准确：使由此 h 值求得的"**千克**"质量与大**K**的原始质量尽量一样。目前最准确的质量测量仪器是"基布尔秤"(Kibble balance)，通过用此秤的反复测量和对比，发现只要给 h 赋予固定值(零误差常数值) 6.62607015×10^{-34}，则相应的**千克**与大**K**的测量质量高度吻合(不确定度在 5×10^{-8} 以下)。于是有如下定义：

千克是这样的一份质量，它能保证用**千克**·**米**^{2}·**秒**$^{-1}$为单位测普朗克常量 h 的得数为 6.62607015×10^{-34}。

④**安培**是用基本电荷 e 定义的。以**库仑**为单位测量基本电荷 e 的得值本应为 $1.602176634\cdots\times10^{-19}$，取其固定值 $1.602176634\times10^{-19}$ 来定义**安培**，具体说，若导线截面在每**秒**内通过1个电子，由**库仑**的定义可知此截面的电流为 $1.602176634\times10^{-19}$ **安培**，所以

$$1\,\textbf{安培} := \text{每}\textbf{秒}\text{通过}\frac{1}{1.602176634\times10^{-19}}\text{个电子的这样一个电流。} \tag{2-2-2}$$

注记 2-3　把 e 的测量值取为固定值 $1.602176634\times10^{-19}$，实质上就是把测量的微量不精确性(误差)转移至单位**安培**上，因而这个新定义的**安培**与原定义的**安培**有(极其)微小的差别。

⑤**开尔文**是用玻尔兹曼常量 k_B 定义的。当 k_B 以**焦耳**/**开尔文** (即**千克**·**米**^{2}·**秒**$^{-2}$·K^{-1}) 为单位时，将其固定数值取为 1.380649×10^{-23} 来定义**开尔文**。

⑥**摩尔**是用阿伏伽德罗数 N_A 定义的。N_A 的实测值当然会有误差，取其固定值(零误差常数值) 6.02214076×10^{23} 来定义**摩尔**。具体说，

$$1\textbf{摩尔} := \text{包含}\ 6.02214076\times10^{23}\ \text{个微粒的系统的“物质的量”。} \tag{2-2-3}$$

⑦**坎德拉**的定义如下(见表 2-2)：

坎德拉是一光源在给定方向上的发光强度，该光源发出频率为 540×10^{12} **赫兹**的单色辐射，且在此方向上的辐射强度为 (1/683) **瓦特/球面度**。

注记 2-4　(1) 540×10^{12} **赫兹**的光的波长约为 555 **纳米**，是人眼感觉最灵敏的波长。(2) 此定义早在 1979 年就被宣布和开始执行。

§ 2.3　工程单位制[选读]

CGS 制与力学范畴的国际制是同族单位制。然而，在国际制被大力推广之前，工程领域还经常使用一种跟它们不同族的单位制，称为工程单位制[5]。虽然今天在工程领域也大量使用国际制，然而，出于以下两个考虑，此处还是应该以选读的方式简介一下工程制。这两个考虑是：①让读者具体地看到一个跟我们熟悉的单位制不同族的、在过去也曾经相当常用的单位制；②工程单位制有一些容易让初学者混淆不清的说法(例如力的工程单位是**千克力**，容易跟国际制的质量单位“**千克**”混淆)，此处用我们的语言风格加以澄清；

现在按照单位制的建立顺序逐步介绍工程制。

1) **基本量类**　长度 $\tilde{\boldsymbol{l}}$，时间 $\tilde{\boldsymbol{t}}$，力 $\tilde{\boldsymbol{f}}$，这与国际制所在族的基本量类(长度 $\tilde{\boldsymbol{l}}$、时间 $\tilde{\boldsymbol{t}}$ 和质量 $\tilde{\boldsymbol{m}}$)不尽相同，所以工程制与国际制不同族。

2) **基本单位**　长度单位和时间单位分别是**米**和**秒**，即 $\hat{\boldsymbol{l}}_{\text{工}}=$ **米**，$\hat{\boldsymbol{t}}_{\text{工}}=$ **秒**(下标的“工”字代表“工程制”)；力的单位 $\hat{\boldsymbol{f}}_{\text{工}}$ 是**千克力**(代表字母是 **kgf**)，定义如下：

定义 2-3-1　**千克力**是这样一个力，它能使 1 **千克**质量获得 9.8 **米/秒**^{2} 的加速度。(注：可见**千克力**就是质量为 1 **千克**的物体的重量。)

3) **导出单位**　此处只举几个有代表性的例子。

(1) 由于长度和时间是基本量类，速度和加速度的导出单位 $\hat{\boldsymbol{v}}_{\text{工}}$ 和 $\hat{\boldsymbol{a}}_{\text{工}}$ 的定义方程自然选得与 CGS 制一样，即仍选式(2-1-2)和(2-1-4′)[以及(2-1-5)]。

(2) 质量在工程制中不是基本量类而是导出量类，在 $\hat{\boldsymbol{a}}_{\text{工}}$ 已经定义的基础上，就可选牛顿第二定律作为质量的工程制单位 $\hat{\boldsymbol{m}}_{\text{工}}$ 的(原始)定义方程，即

$$m=f/a\quad(\text{是}\ m_{\text{工}}=f_{\text{工}}/a_{\text{工}}\ \text{的简写}), \tag{2-3-1}$$

当 $f_{\text{工}}=1$，$a_{\text{工}}=1$ 时由上式得 $m_{\text{工}}=1$，可见 $\hat{\boldsymbol{m}}_{\text{工}}$ 是这么一份质量，它受 1 **千克力**时获得 1 **米/秒**^{2} 的加速度。既然(根据定义 2-3-1) 1 **千克**质量受 1 **千克力**时获得 9.8 **米/秒**^{2} 的加速度，而且由 $m=f/a$ 又知在 f 一定时 m 与 a 成反比，便知 $\hat{\boldsymbol{m}}_{\text{工}}$ 等于 1 **千克**(质量)的 9.8 倍，即

[5] 又称**公制工程单位制**。

$$\hat{\boldsymbol{m}}_{\text{工}}=9.8\,\textbf{千克}\text{。} \tag{2-3-2}$$

现在就可以寻求1**千克力**(即 $\hat{\boldsymbol{f}}_{\text{工}}$)与**牛顿**(即 $\hat{\boldsymbol{f}}_{\text{国}}$)的关系。首先，由 $a_{\text{国}}=f_{\text{国}}/m_{\text{国}}$ 可知当 $f_{\text{国}}=1$，$m_{\text{国}}=1$ 时 $a_{\text{国}}=1$，可见

1**牛顿**的力能使1**千克**的质量获得1**米/秒**^{2}的加速度，

由定义 2-3-1 又知

1**千克力**能使1**千克**的质量获得9.8**米/秒**^{2}的加速度，

而 $f=ma$ 表明当 m 一定时 f 与 a 成正比，所以

$$\frac{1\,\textbf{千克力}}{1\,\textbf{牛顿}}=\frac{9.8\,\textbf{米/秒}^2}{1\,\textbf{米/秒}^2}=9.8\text{，}$$

可见

$$1\,\textbf{千克力}=9.8\,\textbf{牛顿}\text{，}\quad\text{即}\quad \hat{\boldsymbol{f}}_{\text{工}}=9.8\,\hat{\boldsymbol{f}}_{\text{国}}\text{。} \tag{2-3-3}$$

注记 2-5 牛顿第二定律 $f=ma$ 无论在国际制还是工程制中都是导出单位的定义方程，区别在于，在国际制中，质量是基本量类，力是导出量类，$f=ma$ 是力的导出单位 $\hat{\boldsymbol{f}}_{\text{国}}=$**牛顿**的定义方程；反之，在工程制中，力是基本量类，质量是导出量类，$f=ma$ 是质量的导出单位 $\hat{\boldsymbol{m}}_{\text{工}}=9.8\,$**千克**的定义方程。仅此而已。至于工程制的其他导出单位，其定义方程都与国际制一样。下面仅举两例。

(3) 压强 $\tilde{\boldsymbol{p}}$ 的导出单位 $\hat{\boldsymbol{p}}_{\text{工}}$ 的定义方程是

$$p=f/S\text{，} \tag{2-3-4}$$

由此可得

$$\hat{\boldsymbol{p}}_{\text{工}}=\textbf{千克力}/\textbf{米}^2\text{。} \tag{2-3-5}$$

(4) 功 $\tilde{\boldsymbol{w}}$ 的导出单位 $\hat{\boldsymbol{w}}_{\text{工}}$ 的定义方程为

$$w=fl\quad\text{(功等于力乘位移)，} \tag{2-3-6}$$

由此可得

$$\hat{\boldsymbol{w}}_{\text{工}}=\textbf{千克力}\cdot\textbf{米}\text{。} \tag{2-3-7}$$

注：功的国际制单位 $\hat{\boldsymbol{w}}_{\text{国}}$ 和工程制单位 $\hat{\boldsymbol{w}}_{\text{工}}$ 都以式(2-3-6)为定义方程。区别在于，该式是 $\hat{\boldsymbol{w}}_{\text{工}}$ 的终定方程，而只是 $\hat{\boldsymbol{w}}_{\text{国}}$ 的原始定义方程。

4) **量纲式**

基本量纲：长度 $\mathrm{L}\equiv\dim\boldsymbol{l}$，力 $\mathrm{F}\equiv\dim\boldsymbol{f}$，时间 $\mathrm{T}\equiv\dim\boldsymbol{t}$。

导出量纲：

(1) 速度和加速度量类

$$\text{速度}\quad \dim\boldsymbol{v}=\mathrm{LT}^{-1}\text{，} \tag{2-3-8}$$

$$\text{加速度}\quad \dim\boldsymbol{a}=(\dim\boldsymbol{l})(\dim\boldsymbol{t})^{-2}=\mathrm{LT}^{-2}\text{，} \tag{2-3-9}$$

(2) 质量量类

为求质量的量纲，先写出质量单位的终定方程。式(2-3-1)只是 $\hat{\boldsymbol{m}}_{\text{工}}$ 的原始定义方程，再与 $\hat{\boldsymbol{a}}_{\text{工}}$ 的终定方程 $a=\dfrac{l}{t^2}$ [此式与式(2-1-5)相同]结合便得 $\hat{\boldsymbol{m}}_{\text{工}}$ 的终定方程

$$m=l^{-1}ft^2\text{，} \tag{2-3-10}$$

从而易得质量量类 $\tilde{\boldsymbol{m}}$ 在工程制的量纲式

$$\dim \boldsymbol{m} = (\dim \boldsymbol{l})^{-1}(\dim \boldsymbol{f})(\dim \boldsymbol{t})^2 \text{。} \tag{2-3-11}$$

(3) 压强量类

由 $\hat{\boldsymbol{p}}_{工}$ 的原始定义方程 $p = \dfrac{f}{S}$ [此即式(2-3-4)]可得其终定方程

$$p = l^{-2} f \text{，} \tag{2-3-12}$$

从而易得压强量类 $\tilde{\boldsymbol{p}}$ 在工程制的量纲式

$$\dim \boldsymbol{p} = (\dim \boldsymbol{l})^{-2}(\dim \boldsymbol{f}) \text{。} \tag{2-3-13}$$

(4) 功能量类

因为式(2-3-6)是 $\hat{\boldsymbol{w}}_{工}$ 的终定方程，所以功能量类 $\tilde{\boldsymbol{w}}$ 在工程制的量纲式为

$$\dim \boldsymbol{w} = (\dim \boldsymbol{l})(\dim \boldsymbol{f}) \text{。} \tag{2-3-14}$$

§ 2.4　现　象　类

第一章已多处提到“现象类”一词(特别是在§1.3)，当时对该词只给了粗浅的解释。本节要介绍“现象类”概念的准确定义。先从最简单的几何问题谈起。矩形、三角形等都是几何对象(亦称**几何现象**)。以 $\boldsymbol{a}$、$\boldsymbol{b}$ 和 $\boldsymbol{S}$ 分别代表矩形的长、宽和面积(都是量)，任选单位 $\hat{\boldsymbol{a}}$、$\hat{\boldsymbol{b}}$、$\hat{\boldsymbol{S}}$ 后便有数 a、b 和 S，满足

$$\boldsymbol{a} = a\hat{\boldsymbol{a}}, \quad \boldsymbol{b} = b\hat{\boldsymbol{b}}, \quad \boldsymbol{S} = S\hat{\boldsymbol{S}} \text{。} \tag{2-4-1}$$

谁都承认如下事实(规律)：虽然量 $\boldsymbol{a}$、$\boldsymbol{b}$、$\boldsymbol{S}$ 都会随矩形而变，但在单位 $\hat{\boldsymbol{a}}$、$\hat{\boldsymbol{b}}$、$\hat{\boldsymbol{S}}$ 选定后测得的数 a、b、S 必定满足

$$S = \mu ab \text{，} \tag{2-4-2}$$

其中 μ 为比例系数，它不随矩形而变，只依赖于单位 $\hat{\boldsymbol{a}}$、$\hat{\boldsymbol{b}}$、$\hat{\boldsymbol{S}}$ 的选取。对所有三角形也可做类似的讨论(其中的 $\boldsymbol{a}, \boldsymbol{b}$ 代表底和高)，但其 μ 值与矩形的 μ 值不等，$\mu_{三角形} = \mu_{矩形}/2$。我们把 μ 值相等的现象的集合称为一个**现象类**，于是所有矩形构成一个现象类(所有矩形都是同类现象)，所有三角形构成另一个现象类。推广到物理问题后，几何现象就转化为**物理现象**，简称**现象**。例如，“一条导线载有电流”就是一种物理现象，设其电流为 $\boldsymbol{I}$，在时间 $\boldsymbol{t}$ 内通过其截面的电荷量为 $\boldsymbol{q}$，任选单位 $\hat{\boldsymbol{I}}, \hat{\boldsymbol{t}}, \hat{\boldsymbol{q}}$ 后有

$$\boldsymbol{I} = I\hat{\boldsymbol{I}}, \quad \boldsymbol{t} = t\hat{\boldsymbol{t}}, \quad \boldsymbol{q} = q\hat{\boldsymbol{q}} \text{，} \tag{2-4-3}$$

则谁都承认如下事实(规律)：无论何种载流导线(不论其粗细、电流和通电时间如何)，虽然 $\hat{\boldsymbol{I}}, \hat{\boldsymbol{t}}, \hat{\boldsymbol{q}}$ 不变时 I, t, q 可以变，但必满足

$$q = \mu I t \text{，} \tag{2-4-4}$$

其中 μ 为比例系数(不随载流导线而变)，只依赖于单位 $\hat{\boldsymbol{I}}, \hat{\boldsymbol{t}}, \hat{\boldsymbol{q}}$ 的选取。

可见，涉及三个量类 $\tilde{\boldsymbol{A}}$、$\tilde{\boldsymbol{B}}$、$\tilde{\boldsymbol{C}}$ 的各种现象可以分为许多不同的现象类。

甲　在几何形体中，矩形和三角形分别属于两个现象类；但是，在“导线通过电流”这一问题上，只有刚才所讲的“载流导线”这一个现象类吧？

乙　不对。请看图 2-1 和 2-2，它们各代表一类现象，两图都涉及三个物理量，即导线电流 $\boldsymbol{I}$ 、通电时间 $\boldsymbol{t}$ 和通过导线截面的电荷量 $\boldsymbol{q}$ 。图 2-1 代表你所理解的“载流导线现象类”，无论选什么单位 $\hat{\boldsymbol{I}}$、$\hat{\boldsymbol{t}}$、$\hat{\boldsymbol{q}}$，测得的数 I、t q 必定满足式(2-4-4)。其中 μ 只取决于单位 $\hat{\boldsymbol{I}}$、$\hat{\boldsymbol{t}}$、$\hat{\boldsymbol{q}}$ 而与该类中的具体现象无关。

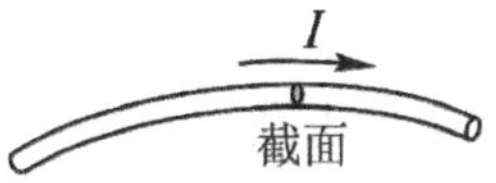

图 2-1　“载流导线”现象类

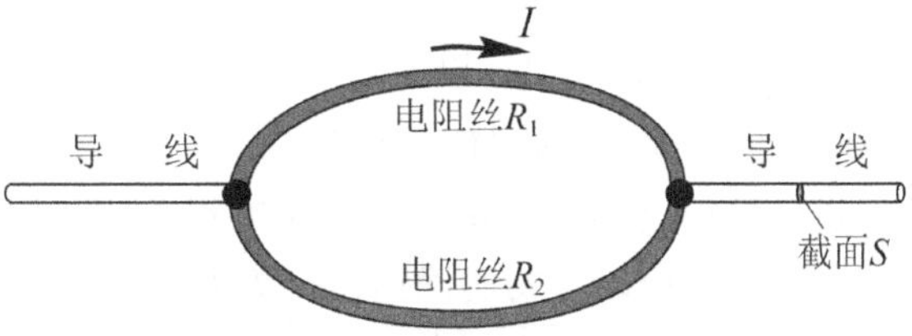

图 2-2　“并联电阻丝”现象类

甲　看来，图 2-2 代表另一个现象类了，是吧？

乙　是的。图中的两段电阻丝有相同电阻($R_1 = R_2$)，我们约定只关心通过主干导线的截面 S 的电荷量 $\boldsymbol{q}$ 与电阻丝的电流 $\boldsymbol{I}$ 以及通电时间 $\boldsymbol{t}$ 的关系。无论选什么单位 $\hat{\boldsymbol{I}}$、$\hat{\boldsymbol{t}}$、$\hat{\boldsymbol{q}}$，测得的数 q、I、t 必定满足

$$q = \mu' It , \tag{2-4-5}$$

但是，由于主干导线的电流等于 $2\boldsymbol{I}$ (由图 2-2 可见)，不难相信，只要两图中所用的单位 $\hat{\boldsymbol{I}}$、$\hat{\boldsymbol{t}}$、$\hat{\boldsymbol{q}}$ 一样，上式的 μ' 就等于式(2-4-4)的 μ 的两倍，即

$$\mu' = 2\mu 。 \tag{2-4-6}$$

仿照对图 2-1 的讨论，可知图 2-2 也代表一个现象类。

现象类也可被看作一部机器。以图 2-1 (及图 2-2)的现象类为例，这部“机器”的“原料”(输入量)是电流 $\boldsymbol{I}$ 和通电时间 $\boldsymbol{t}$ ，“产品”(输出量)是电荷量 $\boldsymbol{q}$ ，见图 2-3。当然，因为三个量 $\boldsymbol{I}$、$\boldsymbol{t}$、$\boldsymbol{q}$ 中知道两个就可确定第三个，所以可以根据需要指定任意两个为输入量，第三个为输出量。

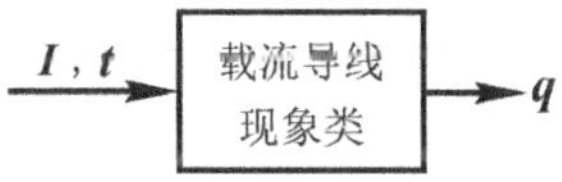

图 2-3 现象类看作一部机器

当问题涉及现象类时，应该把现象类与该类中的各个具体现象做严格区分——现象类是同类型的所有现象的集合。现在讲一个虽然简单但很有帮助的例子。§1.3 曾以 $v = l/t$ 为定义方程给速度的 CGS 制单位下定义，并且说明所依托的是“质点匀速直线运动现象类”，它是速度不同的各种“匀速直线运动现象”的集合。当时还说，“为了看出这个 $\hat{\boldsymbol{v}}_{\mathrm{CGS}}$ 是怎样的一个速度，可令 $t = 1$ 及 $l = 1$ ，代入 $v = l/t$ 得 $v = 1$ ，即 $\boldsymbol{v} = \hat{\boldsymbol{v}}_{\mathrm{CGS}}$ ，说明 $\hat{\boldsymbol{v}}_{\mathrm{CGS}}$ 就是每**秒**走1**厘米**这样一个速度”，这个“令 $t = 1$ 及 $l = 1$ ”其实是选了该现象类中的一个简单现象，它就是速度为“每**秒**走1**厘米**”的那个现象。此处的过细讲解旨在说明：对导出单位下定义时不但要给出定义方程，还要说明它所依托的现象类；而为了看出这样定义的单位有多大，则可在这个现象类中任选一个具体现象。

甲　您说“任选”，我也可以选“ $t = 1$ 及 $l = 7$ ”吗？

乙　当然可以，代入 $v = l/t$ 得 $v = 7$ (为免混淆，宜改记为 $v' = 7$)，可见这个具体现象的速度是 $\boldsymbol{v}' = 7\,\hat{\boldsymbol{v}}_{\mathrm{CGS}}$ ；另一方面，$t = 1$ 及 $l = 7$ 意味着此质点每**秒**走 7 **厘米**，即 $\boldsymbol{v}' = 7$ **厘米/秒**，

与 $\boldsymbol{v}'=7\,\hat{\boldsymbol{v}}_{\text{CGS}}$ 结合仍得 $\hat{\boldsymbol{v}}_{\text{CGS}}=$ **厘米/秒** 。

甲　我懂了。为了看出所定义的单位有多大，可以在现象类中任选一个现象。当然，$t=1$ 及 $l=1$ 是最简单的选择。

乙　很对。

甲　但我还想问，如果导线沿东西向放置，用 $l=1$ 代表东行1**厘米**，则西行1**厘米**就该用 $l=-1$，看来我也可以取 $t=1$ 及 $l=-1$，代入 $v=l/t$ 得 $v=-1$，表明质点以每**秒**1**厘米**的速度做西行运动。这样可以吗？

乙　这就是多此一举了。定义方程的用处是给导出单位(的大小)下定义，完全不必涉及方向问题。所以不妨明确约定：为看出导出单位的大小而在现象类中选一具体现象时，方程右边的各个数(用已选单位测有关量的得数，例如 $v=l/t$ 中的 l 和 t)一律只取正数。

上文对现象类的定义仅适用于简单情况：它只涉及三个量，而且三者的数之间满足非常简单的关系，例如 $S=\mu ab$ 和 $q=\mu It$ 。然而，量纲理论还经常用到更为复杂的现象类，所以还要给出现象类的更为一般的定义。

定义 2-4-1　物理现象 X_1 和 X_2 称为同类现象，如果

(a) X_1 和 X_2 所涉及的量类完全一样，记作 $\tilde{\boldsymbol{Q}}_1,\cdots,\tilde{\boldsymbol{Q}}_n$，称为**涉及量类**；

(b) 对涉及量类选定单位 $\hat{\boldsymbol{Q}}_1,\cdots,\hat{\boldsymbol{Q}}_n$，用它们测这两个现象 X_1 和 X_2 的涉及量 $\boldsymbol{Q}_1,\cdots,\boldsymbol{Q}_n$ 所得的数 $Q_1,\cdots,Q_n$ 满足相同的物理方程

$$f(Q_1,\cdots,Q_n)=0 \text{。}(f\text{ 代表某种函数关系}) \tag{2-4-7}$$

由上述定义可知现象的“同类性”是一种等价关系(具有自反性、对称性和传递性)，因而有如下定义。

定义 2-4-2　所有同类现象的集合称为一个**现象类**。

注记 2-6　多数情况下，$f(Q_1,\cdots,Q_n)=0$ 括号内的 n 个数中的某一个(设为 Q_n)可被反解出来：

$$Q_n=g(Q_1,\cdots,Q_{n-1}) \quad (g\text{ 代表某种函数关系}), \tag{2-4-8}$$

这时就可称 $\boldsymbol{Q}_1,\cdots,\boldsymbol{Q}_{n-1}$ 为输入量，称 $\boldsymbol{Q}_n$ 为输出量，于是同样可将现象类看作一部机器。

“现象类”是我们自创的重要概念，在本书中多处用到。举例说，对导出单位下定义时，除了要给出定义方程外还必须说明它所依托的现象类。例如，在用定义方程 $v=l/t$ 给CGS制的速度单位下定义时要指明其依托的是“匀速直线运动现象类”(见例题1-3-1)。这个现象类非常简单，但大多数终定方程 $C=k_{终}J_1^{\sigma_1}\cdots J_l^{\sigma_l}$ 所依托的都是比较复杂的现象类(其中不少还是由若干个较简单的现象类复合而成的“复合现象类”)，它涉及 $\tilde{\boldsymbol{J}}_1,\tilde{\boldsymbol{J}}_2,\cdots\tilde{\boldsymbol{J}}_l$ 以及 $\tilde{\boldsymbol{C}}$ 等 $l+1$ 个量类，其中除 $\tilde{\boldsymbol{C}}$ 外都是输入量类，只有 $\tilde{\boldsymbol{C}}$ 是输出量类。

甲　给出定义方程后为什么还必须说明它所依托的现象类？

乙　因为同一个定义方程配以不同的现象类可能定义出不同的导出单位。下面是两个例子。

例题 2-4-1　许多单位制都选长度为一个基本量类，选面积为导出量类，导出单位 $\hat{\boldsymbol{S}}$ 的定义方程是 $S=ab$，其中 S 和 a、b 依次是矩形的面积和每个边长。若长度的基本单位是**米**，则面积单位是**米**^{2}(即**方米**)。可见导出单位**方米**的定义方程 $S=ab$ 所依托的是矩形现象类。

然而，如果有人改用三角形现象类，同样的定义方程 $S=ab$ 给出的却不是**方米**而是**角米**。请注意 1 **角米** = **方米**/2。

例题 2-4-2　时间 $\tilde{\boldsymbol{t}}$ 和电流 $\tilde{\boldsymbol{I}}$ 都是国际制的基本量类，电荷量 $\tilde{\boldsymbol{q}}$ 则是导出量类，其导出单位 $\hat{\boldsymbol{q}}$ (**库**) 的定义方程是 $q=It$，所依托的是“载流导线现象类” (见图 2-1)。但是，如果你改用“并联电阻丝现象类” (见图 2-2)，当 $t=1, I=1$ 时由定义方程 $q=It$ 得 $q=1$，注意到 $\boldsymbol{I}$ 和 $\boldsymbol{q}$ 分别是电阻丝的电流和通过主干导线截面的电荷量 $\boldsymbol{q}$，则 $I=1$ 意味着电阻丝的电流是 1 **安**，因而主干截面在 1 **秒** 内通过的电荷量应为 2 **库**，与 $q=1$ 结合便知这样定义出的电荷单位是 2 **库** (而非先前的 1 **库**)。

甲　以上两道例题都说明：同一定义方程配以不同现象类可能定义出不同的导出单位，我由此更深刻地认识到，在谈及定义方程时，必须说明其所依托的现象类。

乙　很好。

§ 2.5　等价单位制[选读]

甲　关于导出单位定义方程的选取，我长期来存在一个问题。例如，功能量类 $\tilde{\boldsymbol{w}}$ 的国际制单位是导出单位，其定义方程是

$$w=fl\text{，其中 } f \text{ 和 } l \text{ 分别是力和位移(在国际制的数)，} \tag{2-5-1}$$

定义出的功能单位是**焦耳**(**J**)。由上式可以推出动能公式

$$E=mv^2/2\text{。} \tag{2-5-2}$$

我常想，是否也可改用上式代替式(2-5-1)作为功能单位 $\hat{\boldsymbol{w}}$ 的定义方程？

乙　答案是肯定的，但涉及一些微妙问题。首先，定义方程是单位制的组成部分(见§1.3 末的小结)，改动任何一个定义方程都会导致单位制的改变。设某甲定义了一个新单位制，称为**甲制**。该制的基本量类、基本单位以及除功能单位外的所有单位的定义方程(及其依托的现象类)均与国际制相同，只是改取式(2-5-2)为功能单位的定义方程(所依托的现象类从“做功现象类”改为“质点动能现象类”)。结果会如何？

甲　由式(2-5-2)不难推出式(2-5-1)，可见甲制的功能单位也是**焦耳**。因此，依我看来，甲制与国际制实质一样。

乙　结论对，不过最好用“等价”一词。下面讨论“等价单位制”的准确含义。根据§1.3，单位制有两大作用：①给每个量类制定单位并将物理量之间的关系用数等式描述；②给每个量类赋予量纲式。因此，两个单位制等价与否就取决于它们是否有相同的单位和量纲式。单位制从国际制改为甲制后，所有单位和量纲式都不变(“功能”量类的量纲式都是 $\mathrm{L^2MT^{-2}}$)，说它们“等价”是合理的。不过，该例的两个定义方程都不是终定方程，只适合于入门讲解。为了深入讨论，最好改用下面的例子。

在国际制中，面积单位(作为导出单位)的定义方程为

$$S_{\square}=a^2\text{，} \tag{2-5-3}$$

所依托的现象类是正方形类(S 加下标 $\square$ 代表正方形的面积，a 代表边长)，定义出的面积单位称为**方米**。现在，某乙定义了一种新单位制，称为**乙制**，其基本量类、基本单位以及除

面积单位外的所有单位的定义方程(及其依托的现象类)均与国际制相同，只把面积单位的定义方程改为

$$S_{\vartriangle} = a^2/2 , \tag{2-5-4}$$

所依托的现象类为等腰直角三角形(a代表腰长)。由几何关系可知，这样定义的面积单位也是**方米**。与上述例题类似，乙制与国际制所有单位和量纲式均相同，所以应说两者“等价”。下面再从单位制的两大作用(制定单位和给出量纲式)出发寻找单位制“等价”的一般定义。

首先考虑量纲式。量纲式反映导出单位随基本单位变化而变化的依从关系，所以两个单位制“等价”的首要条件是基本量类相同。另外，量纲指数取决于终定方程

$$C = k_{终} J_1^{\sigma_1} \cdots J_l^{\sigma_l} \tag{2-5-5}$$

右侧的指数$(\sigma_1, \cdots, \sigma_l)$，所以“量纲指数相等”的要求也就是终定方程的指数相等。将此要求与对基本量类的要求合二为一便得：所有导出单位的终定方程右侧除比例系数外均相同。乙制与国际制显然满足这一条件；甲制与国际制本质上也满足，只因定义方程未写成终极形式而显不出来。

然后再考虑“每个量类在两制中有相同单位”这个要求。为此，基本单位相同是前提。再讨论导出单位。先看乙制与国际制。决定面积单位的因素有二：①选择何种几何图形(选择何种现象类)；②将比例系数定为何值。不难相信，只有两者“配合默契”地改变，所得单位方可相同。上述例子就是这种情况：现象类由正方形类变成了等腰直角三角形类，则当边长相同时，面积变成一半，即

$$\boldsymbol{S}_{\vartriangle} = \boldsymbol{S}_{\square}/2 。 \tag{2-5-6}$$

与此同时，比例系数也恰恰变成了一半，因而由式(2-5-4)与式(2-5-3)相比可得

$$S_{\vartriangle} = S_{\square}/2 。 \tag{2-5-7}$$

与式(2-5-6)联立便得

$$\hat{\boldsymbol{S}}_{\vartriangle} = \hat{\boldsymbol{S}}_{\square} , \tag{2-5-8}$$

即面积单位保持不变。依此类推，若某丙要定义一种新单位制，其中面积单位的定义方程所依托的现象类是圆类(a代表半径)，则只要令比例系数$k = \pi$，就能使所定义出的面积单位仍是**方米**。

上述思路可以推广至一般情形。首先，比例系数一定要变，不妨设$k_{终}$变为$k'_{终}$，即单位定义方程由式(2-5-5)变为

$$C' = k'_{终} J_1^{\sigma_1} \cdots J_l^{\sigma_l} 。 \tag{2-5-9}$$

其次，所依托的现象类也要恰当地变。为保证定义方程右侧除比例系数外相同，必须要求改变前后的现象类满足如下关系：①输入量类及相应的指数均相同；②输出量类也相同。另外，当输入量相同时，要求输出量满足如下关系：

$$\frac{\boldsymbol{C}'}{k'_{终}} = \frac{\boldsymbol{C}}{k_{终}} , \tag{2-5-10}$$

而式(2-5-9)与式(2-5-5)之比又得

$$\frac{C'}{k'_{终}} = \frac{C}{k_{终}} , \tag{2-5-11}$$

以上两式联立给出

$$\hat{C}' = \hat{C} \text{。} \tag{2-5-12}$$

此即为希望得到的结果。

综上所述，就可以给等价单位制下一个一般性的定义：

定义 2-5-1　两个单位制 $\mathscr{Z}$ 与 $\mathscr{Z}'$ 称为**等价的**，若

(a) 基本量类和基本单位均相同；

(b) 两制的所有导出单位以及量纲式均相同。

既然满足上述条件的任意两个单位制的所有单位、数等式以及全部量类的量纲均相同，即有相同的“效果”，称为“等价”就是名副其实。在单位制层面的实际应用中，就可以酌情任选其一使用。

注记 2-7　如此定义的等价性显然具备任何等价性都必须具备的三个基本性质——自反性、对称性和传递性。

注记 2-8　根据定义，同族单位制一定不等价(等价单位制一定不同族)，除非这两个单位制根本就是同一个单位制。

注记 2-9　在国际单位制被广泛使用之前，电磁学经常使用的 CGSE 制(静电制)和 CGSM 制(电磁制)都是非一贯单位制(其中某些单位不是一贯单位)。非一贯单位会带来若干麻烦和不便(读者在读完第 3 章和第 7 章后将会逐渐体会)。本书将通过修改这些单位的定义方程(及现象类)把它们改造为一贯单位(第 4 章有不止一个的例子)。本节的论述正好能给这种改造提供理论依据：修改后得到的虽然是个新单位制，但它跟原单位制等价，所以可以称之为原单位制的**等价一贯制**。除第 4 章的几个例子以外，等价一贯制还有如下例子：①国际制是甲制(见本节开头)的等价一贯制；②小节 7.3.2 末，高斯单位制又可分为高 a 制、高 b 制和高 c 制三种，它们之间有等价关系，所以任意两制都互为等价单位制。更有甚者，高 a 制和高 c 制都是一贯单位制，但高 b 制为非一贯制，所以“高 a 制和高 c 制都是高 b 制的等价一贯制”。

第 3 章　量的乘除和求幂定义

§ 3.1　量等式的三种类型

乙　小节 1.4.2 讲过，量等式有三种类型：①同类量等式(等号两边是同类量)；②同量纲的非同类量等式(等号两边不是同类量，但两者量纲指数相同)；③涉及量纲指数不同的非同类量的等式。类型①的意义最为清晰明确[1]，无须赘言；至于类型②和③，由于我们未能查到任何文献给出过任何论述，只好自创。下面是量等式的几个例子，你能指出它们所属的类型吗？

牛顿 $=10^5$ **达因**；　$\boldsymbol{\hbar}\equiv\boldsymbol{h}/2\pi$；　**焦耳** $=$ **牛顿**$\cdot$**米**；

$\boldsymbol{f}=\boldsymbol{m}\cdot\boldsymbol{a}$；　$\boldsymbol{q}=\boldsymbol{I}\cdot\boldsymbol{t}$；　**尔格** $=$ **达因**$\cdot$**厘米**。

甲　**牛顿** $=10^5$ **达因**和 $\boldsymbol{\hbar}\equiv\boldsymbol{h}/2\pi$ 都属于类型①，因为**牛顿**和**达因**是同类量(都是力 $\tilde{\boldsymbol{f}}$ 这个量类的元素)，$\boldsymbol{\hbar}$ 和 $\boldsymbol{h}$ 是同类量(都是普朗克常量 $\boldsymbol{h}$ 所在量类的元素)，两者的差别只体现为一个倍数。

乙　很对。**焦耳** $=$ **牛顿**$\cdot$**米** 属于哪种类型？

甲　小节 1.4.2 讲过，**焦耳** $=$ **牛顿**$\cdot$**米** 是同量纲的非同类量等式，属于类型②。

乙　正确。但为什么此式成立？就是说，为什么不是(例如) **焦耳** $=5$ **牛顿**$\cdot$**米**？

甲　这是根据“同量纲的非同类量的认同规则”[即式(1-4-14)]得到的。但我对此有个疑问。如果我把**焦耳** $=$ **牛顿**$\cdot$**米** 的右边看作两个量(**牛顿**和**米**)的乘积，它就是涉及三个量的量等式，而且三者量纲不同，岂不是又属于类型③了吗？

乙　这取决于你如何看这个等式。当我们说它属于类型②时，是把**牛顿**$\cdot$**米** (作为一个整体符号而不是**牛顿**和**米**的乘积)看作力矩的单位，而力矩和功是同量纲的不同量类。但如果你把 **牛顿**$\cdot$**米** 看作两个量的乘积(下节将给出量的乘积的定义)，就应该说 **焦耳** $=$ **牛顿**$\cdot$**米** 属于类型③。我再问你，$\boldsymbol{f}=\boldsymbol{m}\cdot\boldsymbol{a}$ 又属于哪种类型？

甲　我想它应该属于类型③吧，因为等式涉及三个量，三者的量纲指数又都不同。

乙　很对。类型③是量等式中最常见的类型，它总要涉及若干个量纲指数不同的量类，例如 $\boldsymbol{f}=\boldsymbol{m}\cdot\boldsymbol{a}$、**安** $=$ **库**/**秒**、$\boldsymbol{U}=\boldsymbol{I}\cdot\boldsymbol{R}$ (欧姆定律)和 $\boldsymbol{S}=\boldsymbol{l}^2$ (面积等于长度平方)，而且还涉及它们之间的乘、除甚至求幂运算。因此，在给类型③的量等式下定义时必须先给量的乘除法以及求幂运算下定义。详见下节和§3.7。

---

[1] 而且在§1.7 中对若干逻辑敏感问题还做了详细论述。

§ 3.2　量的乘除法

3.2.1　量乘的定义

量的乘法(简称**量乘**)是借助于单位制定义的。粗略地说，由于量可以表为数与单位的乘积(即 $\boldsymbol{A}=A\hat{\boldsymbol{A}}$)，不妨先定义单位的乘法。选定单位制 $\mathscr{Z}$ 后，设 $\hat{\boldsymbol{A}}$、$\hat{\boldsymbol{B}}$ 是物理量类 $\tilde{\boldsymbol{A}}$、$\tilde{\boldsymbol{B}}$ 在 $\mathscr{Z}$ 制的单位，$\tilde{\boldsymbol{C}}$ 是满足下式的物理量类：

$$\dim \boldsymbol{C}=(\dim \boldsymbol{A})(\dim \boldsymbol{B}) \,, \tag{3-2-1}$$

$\hat{\boldsymbol{C}}$ 是 $\tilde{\boldsymbol{C}}$ 在 $\mathscr{Z}$ 制的单位，自然就愿意把 $\hat{\boldsymbol{C}}$ 定义为 $\hat{\boldsymbol{A}}$ 与 $\hat{\boldsymbol{B}}$ 的乘积，即

$$\hat{\boldsymbol{C}} := \hat{\boldsymbol{A}}\cdot\hat{\boldsymbol{B}} \text{。} \tag{3-2-2}$$

甲　我明白了。**库仑 = 安培 · 秒**是否就是一例？

乙　正是。

甲　如此说来，量乘就不难定义了？

乙　虽然原则上似乎就是如此简单，但由于某些原因，式(3-2-2)并不总可行。例如，设存在与 $\tilde{\boldsymbol{C}}$ 同量纲的另一物理量类 $\tilde{\boldsymbol{D}}$，而且两者在 $\mathscr{Z}$ 制的单位的终定系数 $k_{终}$ 不等，则由认同规则[式(1-4-14)]可知 $\hat{\boldsymbol{D}}\neq\hat{\boldsymbol{C}}$，然而这时式(3-2-2)既可理解为 $\hat{\boldsymbol{C}}=\hat{\boldsymbol{A}}\cdot\hat{\boldsymbol{B}}$，也可理解为 $\hat{\boldsymbol{D}}=\hat{\boldsymbol{A}}\cdot\hat{\boldsymbol{B}}$，而两者互不相容！

甲　我看出点问题了：根据认同规则[式(1-4-14)]，只当 $\hat{\boldsymbol{A}}$ 和 $\hat{\boldsymbol{B}}$ 有相同 $k_{终}$ 时才不会出现上述矛盾，而式(3-2-2)竟然不含 $\hat{\boldsymbol{A}}$ 和 $\hat{\boldsymbol{B}}$ 的 $k_{终}$，所以并不总是可行的。

乙　很对！我们正是受此启发而认识到 $k_{终}$ 的重要性，并找到一个可行的(我们比较满意的)量乘定义的。要理解这个定义，必须熟悉量纲空间 $\mathscr{L}$ 的知识。请你先说说什么是量纲空间。

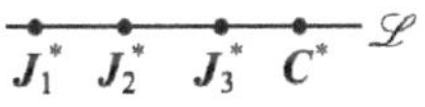

图 3-1　量纲空间 $\mathscr{L}$ 是数学量类的集合，J_1^*, J_2^*, J_3^* 充当基矢

甲　根据§1.8，设某单位制族有 l 个基本量类，它的量纲空间 $\mathscr{L}$ 就是一个 l 维矢量空间，$\mathscr{L}$ 的每个元素是 l 个排了序的实数 $(\sigma_1,\cdots,\sigma_l)$，称为一个数学量类。数学量类有三种可能情况：(a) 它代表一个物理量类；(b) 它代表同量纲的多个物理量类；(c) 它不代表任何物理量类(没有物理意义)。

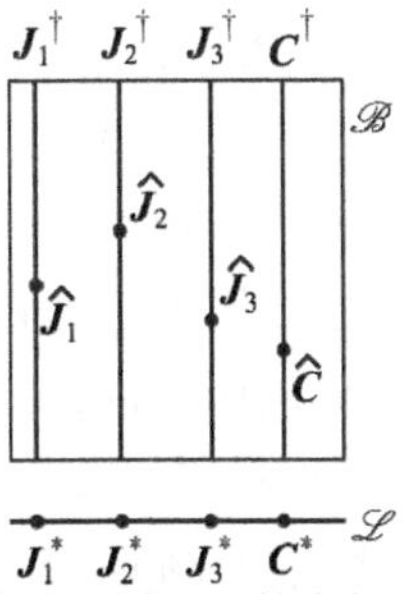

图 3-2　把 $\mathscr{L}$ 的点拉成竖直线，称为纤维，记作 $J_1^\dagger, J_2^\dagger, J_3^\dagger, C^\dagger$

乙　很好。为形象起见，把量纲空间 $\mathscr{L}$ 画成一条水平直线(见图 3-1，以 $l=3$ 为例)，则线上每点代表一个数学量类，其中 J_1^*, J_2^*, J_3^* 代表基本量类 $\tilde{\boldsymbol{J}}_1, \tilde{\boldsymbol{J}}_2, \tilde{\boldsymbol{J}}_3$ 在 $\mathscr{L}$ 的对应点，充当 $\mathscr{L}$ 的一组基矢，其他各点(例如 C^*)代表不是基矢的数学量类。$\mathscr{L}$ 的点可用 3 个量纲指数描述，例如

$$J_1^*=(1,0,0)\,,\quad J_2^*=(0,1,0)\,,\quad J_3^*=(0,0,1)\,,\quad C^*=(\sigma_1,\sigma_2,\sigma_3)\text{。}$$

下面就按你所列的三种可能情况逐一介绍进一步的图示法。

情况(a)—— $C^*=(\sigma_1,\sigma_2,\sigma_3)$ 代表一个物理量类[例如 CGS 制的

点 (1, 0, – 2) 代表加速度量类 $\tilde{\boldsymbol{a}}$]。

甲　这个物理量类 $\tilde{\boldsymbol{C}}$ 已被画成一个点 $\boldsymbol{C}^*$，其单位如何图示？

乙　所以还有必要把每个点 $\boldsymbol{C}^*$ (现在就是物理量类 $\tilde{\boldsymbol{C}}$)拉开成一条竖直线放在点 $\boldsymbol{C}^*=(\sigma_1,\sigma_2,\sigma_3)$ 的正上方，并称之为点 $\boldsymbol{C}^*$ 上方的一条**纤维**，记作 $\boldsymbol{C}^\dagger$ (参见图 3-2)。物理量类本来就是个 1 维矢量空间，画成一条竖直线非常形象。

情况(a)最简单，这时 $\tilde{\boldsymbol{C}}$ (物理量类)、$\boldsymbol{C}^*$ (数学量类)和 $\boldsymbol{C}^\dagger$ (纤维)本质上是一回事。$\tilde{\boldsymbol{C}}$ 的单位 $\hat{\boldsymbol{C}}$ (作为 $\tilde{\boldsymbol{C}}$ 的一个元素)自然就是纤维 $\boldsymbol{C}^\dagger$ 的一个点(如图 3-2)。

情况(b) —— $\boldsymbol{C}^*=(\sigma_1,\sigma_2,\sigma_3)$ 代表多个物理量类，记作 $\tilde{\boldsymbol{C}}_1,\cdots,\tilde{\boldsymbol{C}}_n$。这时应将它代表的多个物理量类按式(1-4-14)认同为一个 1 维矢量空间，再仿照情况(a)把它拉开为一条竖直线，便得纤维 $\boldsymbol{C}^\dagger\equiv(\sigma_1,\sigma_2,\sigma_3)$，放在 $\boldsymbol{C}^*$ 点的正上方。

情况(c) —— $\boldsymbol{C}^*=(\sigma_1,\sigma_2,\sigma_3)$ 不代表物理量类，则只需将一条抽象的竖直线(作为纤维)放在其正上方。

甲　这样一来，代表 $\mathscr{L}$ 的水平直线的上方就有无数条密密麻麻的并排竖直线(纤维)，图 3-2 的方块 $\mathscr{B}$ 是不是就代表所有这些纤维的集合？

乙　正是。直观地不妨把 $\mathscr{B}$ 看成用所有纤维编织成的一块布料。

甲　刚才一直默认 $\mathscr{L}$ 有 3 个基矢($l=3$)，如果改用 $l=4$ 的单位制，$\mathscr{L}$ 就该改变了吧？

乙　是的。可见 $\mathscr{L}$ (因而 $\mathscr{B}$)是依赖于单位制的。不过，设 $\mathscr{Z}$ 和 $\mathscr{Z}'$ 是同族单位制，两者就有相同的基本量类(从而 l 相同)，故有相同的 $\mathscr{L}$ (因而 $\mathscr{B}$)结构。它们的区别只来源于基本单位不同，在图 3-2 中的表现就是：水平线 $\mathscr{L}$ 中代表基本单位 $\hat{\boldsymbol{J}}_1,\hat{\boldsymbol{J}}_2,\hat{\boldsymbol{J}}_3$ 的点可以不同。

甲　这样说来，在画方块 $\mathscr{B}$ 时应该先说明所用的单位制族了？

乙　是的。只有明确选定单位制族方可画出量纲空间 $\mathscr{L}$ (水平线)以及其上的方块 $\mathscr{B}$。一个突出的例子是几何单位制(指观点 3，见小节 5.1.2)，长度、质量、功、力矩等等不同物理量类在几何制中都与时间 $\tilde{\boldsymbol{t}}$ 有相同量纲指数，因而属于同一纤维(不妨记作 $\boldsymbol{t}^\dagger$)。你不难想象几何制的 $\mathscr{L}$ (及 $\mathscr{B}$)与国际制的 $\mathscr{L}$ (及 $\mathscr{B}$)有何其巨大的区别。

甲　我明白了。请您继续讲量乘定义。

乙　好的。本节开头关于“为定义量乘可先定义单位乘法”的做法虽然简单，但并非总能正确。

甲　是的，我还记得您当时讲过 $\hat{\boldsymbol{D}}\neq\hat{\boldsymbol{C}}$ 的例子，以及由此看出 $k_{终}$ 的重要性的。

乙　对，不过除此之外还存在别的问题——任给单位 $\hat{\boldsymbol{A}}$ 和 $\hat{\boldsymbol{B}}$ 后，按量纲关系(3-2-1)找到的纤维 $\boldsymbol{C}^\dagger$ 未必有一个确定的单位 $\hat{\boldsymbol{C}}$，因为，第一，如果纤维 $\boldsymbol{C}^\dagger$ 没有物理意义，例如 MKSA 制(国际制的力电磁部分)的纤维 (0, 1, 0, 1) (“质量乘电流”)，就无单位可言——试问该纤维的哪个点是 $\hat{\boldsymbol{C}}$？第二，如果纤维 $\boldsymbol{C}^\dagger$ 对应于不止一个物理量类(是由若干个物理量类认同而得的)，例如高斯单位制的纤维 $\boldsymbol{C}^\dagger=(-1/2,1/2,-1)$ 既对应于电场强度 $\tilde{\boldsymbol{E}}$，又对应于电极化强度 $\tilde{\boldsymbol{P}}$ 和电位移 $\tilde{\boldsymbol{D}}$ (因为对高斯制而言有 $\dim\boldsymbol{E}=\dim\boldsymbol{P}=\dim\boldsymbol{D}=\mathrm{L}^{-1/2}\mathrm{M}^{1/2}\mathrm{T}^{-1}$)，这些物理量类各有单位(由各自的单位定义方程决定)，你选哪个单位作为式(3-2-2)的 $\hat{\boldsymbol{C}}$？

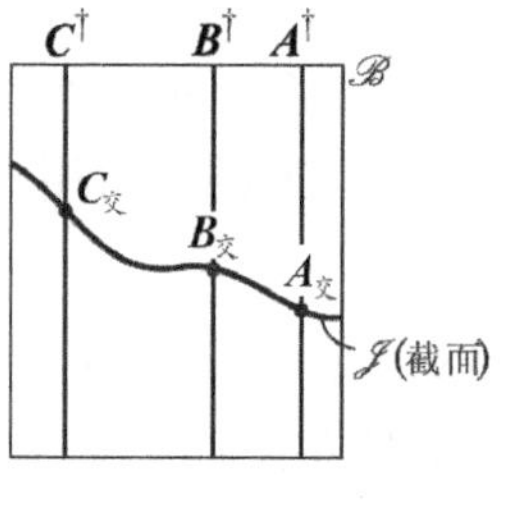

图 3-3　纤维和截面示意

甲　这些的确都是问题。怎么解决?

乙　上述许多问题都起因于一直没有把导出单位的终定系数 $k_{终}$ 纳入量乘定义中。为了纳入，就要设法给每个单位制 $\mathscr{Z}$ 构造一个**截面**(记作 $\mathscr{J}$，是 J 的花体)，这是指方块 $\mathscr{B}$ 的这样一个子集，它跟每条纤维都有(且仅有)一个交点 (见图 3-3，图中的 $\boldsymbol{A}_{交}$、$\boldsymbol{B}_{交}$、$\boldsymbol{C}_{交}$ 依次代表截面与纤维 $\boldsymbol{A}^{\dagger}$、$\boldsymbol{B}^{\dagger}$、$\boldsymbol{C}^{\dagger}$ 的交点)。

甲　这个交点不就是该纤维所代表的量类在单位制 $\mathscr{Z}$ 的单位吗?

乙　不一定！只当某单位的终定系数 $k_{终}=1$ 时才如此！交点与单位的根本不同就在于差到 $k_{终}$ 这个因子。我们的基本想法就是用交点代替单位来定义乘法，以便把 $k_{终}$ 对量乘定义的重要作用体现出来。给定单位制 $\mathscr{Z}$ 后，所有纤维可以分为四种情况，现在以纤维 $\boldsymbol{C}^{\dagger}$ 为例说明对每种情况如何选定交点 $\boldsymbol{C}_{交}$，对所有纤维都选定交点后便得到一个截面 $\mathscr{J}$。

情况 1　该纤维 $\boldsymbol{C}^{\dagger}$ 对应于一个物理量类 $\tilde{\boldsymbol{C}}$。以 $\hat{\boldsymbol{C}}$ 代表 $\tilde{\boldsymbol{C}}$ 在 $\mathscr{Z}$ 制的单位，就选

$$\boldsymbol{C}_{交}\equiv k_{终}\hat{\boldsymbol{C}}\in\boldsymbol{C}^{\dagger}\quad(\text{其中 } k_{终} \text{ 是 } \hat{\boldsymbol{C}} \text{ 的终定系数})\tag{3-2-3}$$

作为截面 $\mathscr{J}$ 与该纤维的交点。(可见，只当 $k_{终}=1$ 时交点才等同于单位。)

情况 2　该纤维 $\boldsymbol{C}^{\dagger}$ 对应于 n 个物理量类 $\tilde{\boldsymbol{C}}_1,\cdots,\tilde{\boldsymbol{C}}_n$，它们的单位 $\hat{\boldsymbol{C}}_1,\cdots,\hat{\boldsymbol{C}}_n$ 的终定系数依次为 $k_{1终},\ldots,k_{n终}$，就选

$$\boldsymbol{C}_{交}\equiv k_{1终}\hat{\boldsymbol{C}}_1=k_{2终}\hat{\boldsymbol{C}}_2=\cdots=k_{n终}\hat{\boldsymbol{C}}_n\tag{3-2-4}$$

作为 $\mathscr{J}$ 与该纤维的交点。[其中第二、三、四个等号都是由式(1-4-14)保证的。]

情况 3　该纤维 $\boldsymbol{C}^{\dagger}$ 不对应于任何物理量类(没有物理意义)，例如 MKSA 制的纤维 (0, 1, 0, 1)(“质量乘电流”)。为构造截面 $\mathscr{J}$，每条这样的纤维的交点 $\boldsymbol{C}_{交}$ 的取法可以保留适当的灵活性(读者不必理会)。

情况 4 (这其实是情况 **2** 的一种极特殊的子情况)　该纤维 $\boldsymbol{C}^{\dagger}$ 的量纲指数全部为零，即对应于无量纲量类。这条纤维包含一个特殊的物理量类，即 $\mathbb{R}$，由于已默认涉及 $\mathbb{R}$ 时的 $k_{终}=1$，单位为 $\mathbf{1}\in\mathbb{R}$，所以其

$$\boldsymbol{C}_{交}=\mathbf{1}\text{。}\tag{3-2-5}$$

甲　这样，每个单位制 $\mathscr{Z}$ 就有一个截面 $\mathscr{J}$ 了，是吗?

乙　是的。此处还要强调两点：①截面依赖于单位制(而非单位制族)：两个同族单位制 $\mathscr{Z}$ 和 $\mathscr{Z}'$ 的截面 $\mathscr{J}$ 和 $\mathscr{J}'$ 可以不同，这是因为对 $\mathscr{Z}$ 制和 $\mathscr{Z}'$ 制依次有 $\boldsymbol{C}_{交}\equiv k_{终}\hat{\boldsymbol{C}}$ 和 $\boldsymbol{C}'_{交}\equiv k_{终}\hat{\boldsymbol{C}}'$ (请注意同族制有相同的 $k_{终}$)，而 $\hat{\boldsymbol{C}}$ 和 $\hat{\boldsymbol{C}}'$，虽然位于同一纤维 $\boldsymbol{C}^{\dagger}$，却完全可以是不同点，即 $\hat{\boldsymbol{C}}'\neq\hat{\boldsymbol{C}}$。[以速度量类 $\tilde{\boldsymbol{v}}$ 为例(即取 $\tilde{\boldsymbol{v}}$ 作为 $\tilde{\boldsymbol{C}}$)，设 $\mathscr{Z}$ 制和 $\mathscr{Z}'$ 制依次是国际制和 CGS 制，则 $\hat{\boldsymbol{v}}=$**米/秒**，$\hat{\boldsymbol{v}}'=$**厘米/秒**，它们就是同一纤维 $\boldsymbol{v}^{\dagger}$ 上的两个不同点。] 于是就有 $\boldsymbol{C}'_{交}\neq\boldsymbol{C}_{交}$，可见 $\mathscr{J}$ 不同于 $\mathscr{J}'$。直观而不严格的说法是：$\mathscr{J}'$ 是 $\mathscr{J}$ 沿竖直方向“平移”的结果。②与截面不同，图 3-2 下方的水平线 $\mathscr{L}$ 和上方的方块 $\mathscr{B}$ 都只依赖于单位制族：同族制 $\mathscr{Z}$ 和 $\mathscr{Z}'$ 虽然可以有不同的截面，但一定有相同的 $\mathscr{L}$ 及 $\mathscr{B}$。

现在已经水到渠成，可以借助于单位制及其截面对量的乘法下定义了。

定义 3-2-1　选定任一单位制 $\mathscr{Z}$ 后，用以下条件定义量的乘法(以 · 代表乘号):

(a) 设 $\boldsymbol{A}$ 和 $\boldsymbol{B}$ 是量，则 $\boldsymbol{A}\cdot\boldsymbol{B}$ (量的乘积)也是量；

(b) 若量类 $\tilde{\boldsymbol{A}}$、$\tilde{\boldsymbol{B}}$、$\tilde{\boldsymbol{C}}$ 在 $\mathscr{Z}$ 制(所在族)有量纲关系

$$\dim\boldsymbol{C}=(\dim\boldsymbol{A})(\dim\boldsymbol{B}) , \tag{3-2-6}$$

就要求 $\boldsymbol{A}^{\dagger}$、$\boldsymbol{B}^{\dagger}$、$\boldsymbol{C}^{\dagger}$ 与 $\mathscr{Z}$ 制截面 $\mathscr{J}$ 的交点 $\boldsymbol{A}_{交}$、$\boldsymbol{B}_{交}$、$\boldsymbol{C}_{交}$ 满足

$$\boldsymbol{C}_{交}=\boldsymbol{A}_{交}\cdot\boldsymbol{B}_{交} 。 \tag{3-2-7}$$

(c) 对任意实数 α 有

$$\alpha(\boldsymbol{A}\cdot\boldsymbol{B})=(\alpha\boldsymbol{A})\cdot\boldsymbol{B}=\boldsymbol{A}\cdot(\alpha\boldsymbol{B}) 。 \tag{3-2-8}$$

甲　这个定义比较抽象，对于任给的量 $\boldsymbol{A}$ 和 $\boldsymbol{B}$，怎么用这个定义求得其乘积？

乙　只需3步操作：①任选一个单位制 $\mathscr{Z}$；②求出量类 $\tilde{\boldsymbol{A}}$ 和 $\tilde{\boldsymbol{B}}$ 在 $\mathscr{Z}$ 制所在族的量纲之积 $(\dim\boldsymbol{A})(\dim\boldsymbol{B})$，再由此求得满足式(3-2-6)的量类 $\boldsymbol{C}^{*}$ (亦即纤维 $\boldsymbol{C}^{\dagger}$)；③设量类 $\tilde{\boldsymbol{A}}$、$\tilde{\boldsymbol{B}}$、$\tilde{\boldsymbol{C}}$ 在 $\mathscr{Z}$ 制的单位依次为 $\hat{\boldsymbol{A}}$、$\hat{\boldsymbol{B}}$、$\hat{\boldsymbol{C}}$，由它们的终极定义方程依次读出终定系数 $k_{A终}$、$k_{B终}$ 和 $k_{C终}$，便可由下式求得量 $\boldsymbol{A}$ 与 $\boldsymbol{B}$ 之积：

$$\begin{aligned}\boldsymbol{A}\cdot\boldsymbol{B}&=(A\hat{\boldsymbol{A}})\cdot(B\hat{\boldsymbol{B}})=AB(\hat{\boldsymbol{A}}\cdot\hat{\boldsymbol{B}})=(AB)(k_{A终}{}^{-1}\boldsymbol{A}_{交})\cdot(k_{B终}{}^{-1}\boldsymbol{B}_{交})\\&=(k_{A终}k_{B终})^{-1}(AB)\boldsymbol{A}_{交}\cdot\boldsymbol{B}_{交}=(k_{A终}k_{B终})^{-1}(AB)\boldsymbol{C}_{交}=k_{C终}(k_{A终}k_{B终})^{-1}(AB)\hat{\boldsymbol{C}}\in\boldsymbol{C}^{*} 。\end{aligned} \tag{3-2-9}$$

[其中第二、四步用到式(3-2-8)，第三、六步用到式(3-2-3)，第五步用到式(3-2-7)。] 所得乘积 $\boldsymbol{A}\cdot\boldsymbol{B}$ 是数学量类 $\boldsymbol{C}^{*}$ 的元素。

下面举例说明。

例题 3-2-1　以 $\boldsymbol{a}$、$\boldsymbol{b}$、$\boldsymbol{S}$ 代表矩形的长、宽和面积，试证在 MKS 制中有量等式 $\boldsymbol{a}\cdot\boldsymbol{b}=\boldsymbol{S}$。

证明　在 MKS 制中，长度 $\tilde{\boldsymbol{l}}$ 和面积 $\tilde{\boldsymbol{S}}$ 分别是基本和导出量类，面积单位 $\hat{\boldsymbol{S}}$ 的终极定义方程为 $S=ab$ (可见系数 $k_{S终}=1$，因而 $\boldsymbol{S}_{交}=\hat{\boldsymbol{S}}$)，所依托的是矩形现象类。长度 $\tilde{\boldsymbol{l}}$ (作为基本量类)也有 $k_{l终}=1$，因而 $\boldsymbol{l}_{交}=\hat{\boldsymbol{l}}$。于是式(3-2-9)现在体现为

$$\boldsymbol{a}\cdot\boldsymbol{b}=(a\hat{\boldsymbol{l}})\cdot(b\hat{\boldsymbol{l}})=(ab)\hat{\boldsymbol{l}}\cdot\hat{\boldsymbol{l}}=ab(\boldsymbol{l}_{交}\cdot\boldsymbol{l}_{交})=ab\boldsymbol{S}_{交}=S\hat{\boldsymbol{S}}=\boldsymbol{S}\in\tilde{\boldsymbol{S}} ,$$

[其中第四步用到 $\dim\boldsymbol{S}=(\dim\boldsymbol{l})(\dim\boldsymbol{l})$ 及式(3-2-7)。] 故有量等式 $\boldsymbol{a}\cdot\boldsymbol{b}=\boldsymbol{S}$。　□

例题 3-2-2　动能 $\boldsymbol{E}$ 在国际制的数等式为 $E=mv^2/2$，求相应的量等式。

解　问题涉及的量类有能量 $\tilde{\boldsymbol{E}}$、质量 $\tilde{\boldsymbol{m}}$ 和速度 $\tilde{\boldsymbol{v}}$。因国际制是一贯制，故所有导出单位的终定系数 $k_{终}$ 皆为 1，于是由式(3-2-3)便知 $\boldsymbol{E}_{交}=\hat{\boldsymbol{E}}$，$\boldsymbol{m}_{交}=\hat{\boldsymbol{m}}$，$\boldsymbol{v}_{交}=\hat{\boldsymbol{v}}$。以 $\boldsymbol{m}$、$\boldsymbol{v}$、$\boldsymbol{E}$ 依次代表质点的质量、速度和动能，则 $\boldsymbol{m}=m\hat{\boldsymbol{m}}$，$\boldsymbol{v}=v\hat{\boldsymbol{v}}$，$\boldsymbol{E}=E\hat{\boldsymbol{E}}$，故

$$\boldsymbol{m}\boldsymbol{v}^2=(m\hat{\boldsymbol{m}})(v\hat{\boldsymbol{v}})^2=mv^2(\hat{\boldsymbol{m}}\hat{\boldsymbol{v}}^2)=mv^2(\boldsymbol{m}_{交}\boldsymbol{v}_{交}{}^2)=mv^2\boldsymbol{E}_{交}=mv^2\hat{\boldsymbol{E}}=2E\hat{\boldsymbol{E}}=2\boldsymbol{E} 。$$

[其中第四步用到 $\dim\boldsymbol{E}=(\dim\boldsymbol{m})(\dim\boldsymbol{v})^2$ 及式(3-2-7)。] 于是便得答案：与 $E=mv^2/2$ 相应的量等式是

$$\boldsymbol{E}=\boldsymbol{m}\boldsymbol{v}^2/2 。 \tag{3-2-10}$$

■

甲　我还想知道上面定义的量乘法是否也满足数的乘法所满足的运算律(交换律、结合律及分配律)。

乙　答案是肯定的，你可以在§3.3 找到有关定理及其证明。

方块$\mathscr{B}$、纤维$\boldsymbol{C}^\dagger$和截面$\mathscr{J}$不但有助于形象地表述量乘的定义，而且也非常有助于形象地对量的求幂下定义，详见§3.7。

3.2.2　量乘法是单位制族依赖的

甲　我对定义 3-2-1 还有个问题：如果改用另一单位制$\mathscr{Z}'$，求得的$\boldsymbol{A}\cdot\boldsymbol{B}$会否不一样？

乙　问得很好，先看如下定理。

定理 3-2-1　只要$\mathscr{Z}'$制与$\mathscr{Z}$制同族，量乘结果$\boldsymbol{A}\cdot\boldsymbol{B}$就一样。

证明　暂以$\boldsymbol{A}\odot\boldsymbol{B}$代表量$\boldsymbol{A}$与量$\boldsymbol{B}$关于$\mathscr{Z}'$制的乘积，则只需证明

$$\boldsymbol{A}\odot\boldsymbol{B}=\boldsymbol{A}\cdot\boldsymbol{B}\ 。\tag{3-2-11}$$

设

$$\boldsymbol{A}=A'\hat{\boldsymbol{A}}'\ ,\quad \boldsymbol{B}=B'\hat{\boldsymbol{B}}'\ ,\tag{3-2-12}$$

借用式(3-2-9)便有

$$\begin{aligned}\boldsymbol{A}\odot\boldsymbol{B}&=k'_{C终}(k'_{A终}k'_{B终})^{-1}(A'B')\hat{\boldsymbol{C}}'=k_{C终}(k_{A终}k_{B终})^{-1}(A'B')\hat{\boldsymbol{C}}/\dim\boldsymbol{C}\\&=k_{C终}(k_{A终}k_{B终})^{-1}[(AB)(\dim\boldsymbol{A})(\dim\boldsymbol{B})]\hat{\boldsymbol{C}}/\dim\boldsymbol{C}=k_{C终}(k_{A终}k_{B终})^{-1}(AB)\hat{\boldsymbol{C}}=\boldsymbol{A}\cdot\boldsymbol{B}\ ,\end{aligned}\tag{3-2-13}$$

其中第二步是因为$\mathscr{Z}'$制与$\mathscr{Z}$制同族保证:①对各个单位都有$k_{终}=k'_{终}$；②$\dim\boldsymbol{C}=\hat{\boldsymbol{C}}/\hat{\boldsymbol{C}}'$，第三步用到$\dim\boldsymbol{A}=A'/A$及$\dim\boldsymbol{B}=B'/B$，第四步用到$\dim\boldsymbol{C}=(\dim\boldsymbol{A})(\dim\boldsymbol{B})$。

这就证明了式(3-2-11)。上述证明的关键条件是$\mathscr{Z}'$制与$\mathscr{Z}$制同族。　□

甲　本小节的标题是“量的乘法是单位制族依赖的”，想必会存在用不同单位制计算两个量的乘积得出不同结果的情况。能举一个由于不同族而导致$\boldsymbol{A}\odot\boldsymbol{B}\neq\boldsymbol{A}\cdot\boldsymbol{B}$的例子吗？

乙　可以。考虑这样一个物理现象：初速为零的匀加速质点在第1**秒**内走了1**米**，则其在第1**秒**的末速$\boldsymbol{v}$在 MKS 制的数v满足

$$v=\frac{2l}{t}=\frac{2\times1}{1}=2\ ,\tag{3-2-14}$$

(这无非是初速为零的匀加速运动的时间、路程和末速关系式)，因而

$$\boldsymbol{v}=2\,\text{米/秒}\ 。\tag{3-2-15}$$

选 MKS 制为$\mathscr{Z}$制，取上述现象的1**秒**末速$\boldsymbol{v}$为量$\boldsymbol{A}$，所用时间$\boldsymbol{t}$为量$\boldsymbol{B}$，先计算$\boldsymbol{v}$与$\boldsymbol{t}$在$\mathscr{Z}$制的量乘积$\boldsymbol{v}\cdot\boldsymbol{t}$(即$\boldsymbol{A}\cdot\boldsymbol{B}$)。为此可借用式(3-2-9)，只需把式中的$\boldsymbol{C}$看作$\boldsymbol{l}$[因为$\dim\boldsymbol{l}=(\dim\boldsymbol{v})(\dim\boldsymbol{t})$]。注意到$\mathscr{Z}$制$\hat{\boldsymbol{l}}$、$\hat{\boldsymbol{v}}$、$\hat{\boldsymbol{t}}$的$k_{终}$都为 1，便有

$$\boldsymbol{v}\cdot\boldsymbol{t}=(vt)\hat{\boldsymbol{l}}=(vt)\,\text{米}\ 。\tag{3-2-16}$$

再选一个与$\mathscr{Z}$制不同族的$\mathscr{Z}'$制并计算其$\boldsymbol{v}\odot\boldsymbol{t}$(力图造出$\boldsymbol{v}\odot\boldsymbol{t}\neq\boldsymbol{v}\cdot\boldsymbol{t}$的结果)。这个$\mathscr{Z}'$制的基本量类及基本单位跟 MKS 制$\mathscr{Z}$全同，但速度单位$\hat{\boldsymbol{v}}'$有别，其定义方程在形式上也与 MKS 制相同，即

$$v'=l'/t'\quad (\text{可见}\ k_{v'终}\ \text{亦为 1}),\tag{3-2-17}$$

但其依托的现象类从 MKS 制所用的匀速运动改成初速为零的匀加速运动(正是这一不同导致$\mathscr{Z}'$与$\mathscr{Z}$制不同族)。仍考虑第1**秒**内走了1**米**这一具体现象，把$t'=1, l'=1$代入上式得

$$v'=1\ ,\tag{3-2-18}$$

意味着用$\hat{\boldsymbol{v}}'$测末速$\boldsymbol{v}$得值为1，因而$\hat{\boldsymbol{v}}'=\boldsymbol{v}=2$**米/秒**，其中第二步用到式(3-2-15)。

现在就可计算末速$\boldsymbol{v}$与时间$\boldsymbol{t}$在$\mathscr{Z}'$制的量乘积$\boldsymbol{v}\odot\boldsymbol{t}$。仿照式(3-2-16)，应有

$$\boldsymbol{v}\odot\boldsymbol{t}=(v't')\hat{\boldsymbol{l}}'=(v't')\text{米}。\tag{3-2-19}$$

与式(3-2-16)相比照，欲知$\boldsymbol{v}\odot\boldsymbol{t}$与$\boldsymbol{v}\cdot\boldsymbol{t}$是否相等，只需对比$v't'$与$vt$。注意到$t'=t=1$，配之以$v=2$[见式(3-2-14)]及$v'=1$[见式(3-2-18)]，便得$v't'=vt/2$，对比式(3-2-19)与式(3-2-16)便知$\boldsymbol{v}\odot\boldsymbol{t}=\boldsymbol{v}\cdot\boldsymbol{t}/2\neq\boldsymbol{v}\cdot\boldsymbol{t}$，此式的不等号正是两制不同族所致。

上述计算表明量的乘法是依赖于单位制族的，因而量等式在不同族的单位制中可能会有不同形式，这在某些情况下会带来令人百思不解的后果(具体例子在§3.5将会看到)。

甲 如此看来，类型③的量等式之所以是单位制族依赖的，是因为量的乘法依赖于单位制族。但是，类型②的量等式只涉及量纲指数相同的不同量类的关系，并不涉及量的乘法，这类等式也跟单位制族有关吗？

乙 当然有关。根据式(3-2-4)，量纲指数相同的不同量类的单位之间的关系取决于各该单位的$k_{终}$，而$k_{终}$依赖于单位制族。虽然这类等式不涉及乘法，但等号本身就是单位制族依赖的。§3.5之所以能够顺利破解“长期困扰的单位难题”，关键就是认识到类型②的量等式(等号本身)是单位制族依赖的。只因为长期以来人们没有注意到量等式依赖于单位制族，所以才构成难题。

甲 看到该节时我很愿意仔细拜读。

3.2.3 准同族单位制[选读]

乙 为了寻找上小节那个由于不同族而导致$\boldsymbol{A}\odot\boldsymbol{B}\neq\boldsymbol{A}\cdot\boldsymbol{B}$的例子，我们曾经颇费心机，并且有所发现：只要不改变定义方程所依托的现象类，无论如何改变$k_{终}$，结果总是$\boldsymbol{A}\odot\boldsymbol{B}=\boldsymbol{A}\cdot\boldsymbol{B}$。反复思考之后竟然得出一个重要结论：如果$\mathscr{Z}$制和$\overline{\mathscr{Z}}$制的不同族只是由于$k_{终}$不同所致，则仍有$\boldsymbol{A}\odot\boldsymbol{B}=\boldsymbol{A}\cdot\boldsymbol{B}$。于是就可以证明一个比定理3-2-1较强的定理(条件较弱而结果相同)。为便于讨论，先引入“准同族单位制”的概念。

定义 3-2-2 单位制$\mathscr{Z}$和$\overline{\mathscr{Z}}$称为**准同族单位制**，如果它们满足同族单位制定义中除“$k_{终}$相同”之外的全部条件。[“同族制”定义的条件②要求所有导出单位的定义方程(及其所依托的现象类)在两制中相同，这表明各导出单位在两制中的$k_{终}$相同。“准同族制”仅仅放弃这一要求。]

甲 这个定义不大容易理解，能举例吗？

乙 好的。可以举三个例子。

先举第1例。虽然国际制$\mathscr{Z}$的角度单位是**弧度**，但人们也常用**度**测量角度，这就已经脱离国际制了。他们其实是在使用这样一个单位制(记作$\overline{\mathscr{Z}_1}$制)，其基本量类、基本单位以及除角度单位外的所有导出单位的定义方程(和现象类)都与$\mathscr{Z}$制相同，唯独角度量类$\tilde{\boldsymbol{\alpha}}$以**度**为导出单位，所用现象类跟定义**弧度**的现象类一样(都是一圆弧夹于两半径之间)，但**弧度**和**度**的定义方程分别是$\alpha=\dfrac{l}{r}$(弧长比半径)和$\alpha=\dfrac{360}{2\pi}\times\dfrac{l}{r}\approx57.3\times\dfrac{l}{r}$(详见§11.3)。此$\overline{\mathscr{Z}_1}$制与$\mathscr{Z}$制满足定义3-2-2，所以是准同族单位制。就是说，只要把国际制的角度单位从**弧度**

改为**度**，所得单位制就是国际制的准同族制。

再举第 2 例(人为例子)。设 $\mathscr{Z}$ 是 MKS 制，$\overline{\mathscr{Z}_2}$ 制定义如下：基本量类、基本单位以及除速度单位外的所有导出单位的定义方程(和现象类)都与 $\mathscr{Z}$ 制相同，定义速度单位 $\hat{\bar{\boldsymbol{v}}}$ 所依托的现象类也跟 $\hat{\boldsymbol{v}}$ 相同，只是定义方程的 $k_{终}$ 有别。具体说，$\hat{\bar{\boldsymbol{v}}}$ 的定义方程为

$$\bar{v}=10^{-3}\bar{l}\,\bar{t}^{-1} \quad (可见\ k_{\bar{v}终}=10^{-3}\neq 1)。\tag{3-2-20}$$

当 $\bar{t}=1$，$\bar{l}=10^3$ 时上式给出 $\bar{v}=1$，可见 $\hat{\bar{\boldsymbol{v}}}$ 是每**秒**走 $\bar{\boldsymbol{l}}=10^3$**米**$=1$**千米**这样的速度，就是说，

$$\hat{\bar{\boldsymbol{v}}}=\textbf{千米/秒}=10^3\hat{\boldsymbol{v}}，即\ \ \overline{\mathscr{Z}_2}\ 制速度单位=10^3\times(\mathscr{Z}\ 制速度单位)。\tag{3-2-21}$$

虽然 $\overline{\mathscr{Z}_2}$ 制与 $\mathscr{Z}$ 制不同，也不同族，但它们满足定义 3-2-2，所以是准同族制。

最后举第三例。在涉及电磁学的相对论问题中，人们爱用一种特殊的、简单的单位制，称为“几何高斯制”，我们发现它跟 MKSA 制虽不同族，却是准同族的。利用这一特点可以解决不少问题，详见小节 5.1.3。

甲　问题是：引入准同族制概念有什么用？

乙　最大的用处体现在如下定理中。

定理 3-2-2　设 $\mathscr{Z}$ 制与 $\overline{\mathscr{Z}}$ 制准同族，将此两制各自所在的单位制族记作“$\mathscr{Z}$ 族”与“$\overline{\mathscr{Z}}$ 族”，则此两族有相同的量乘结果 $\boldsymbol{A}\cdot\boldsymbol{B}$。

证明　作为准同族的两个单位制，$\mathscr{Z}$ 制与 $\overline{\mathscr{Z}}$ 制(以及两者的所在族)有相同的基本量类，所以就有相同的量纲空间 $\mathscr{L}$ 及其上方的方块 $\mathscr{B}$ (包括每条纤维)。如能再证明 $\mathscr{Z}$ 制与 $\overline{\mathscr{Z}}$ 制还有相同的截面，即 $\mathscr{J}_{\mathscr{Z}}=\mathscr{J}_{\overline{\mathscr{Z}}}$，等价地，如能再证明对每一纤维 $\boldsymbol{Q}^\dagger$ 都有

$$\boldsymbol{Q}_{交\mathscr{Z}}=\boldsymbol{Q}_{交\overline{\mathscr{Z}}}，\tag{3-2-22}$$

其中 $\boldsymbol{Q}_{交\mathscr{Z}}\equiv\boldsymbol{Q}^\dagger\cap\mathscr{J}_{\mathscr{Z}}$，$\boldsymbol{Q}_{交\overline{\mathscr{Z}}}\equiv\boldsymbol{Q}^\dagger\cap\mathscr{J}_{\overline{\mathscr{Z}}}$，则由定义 3-2-1 便知用 $\mathscr{Z}$ 制和 $\overline{\mathscr{Z}}$ 制求得的量乘积 $\boldsymbol{A}\cdot\boldsymbol{B}$ 相等。可惜式(3-2-22)的要求太高，随便给定的两个准同族制 $\mathscr{Z}$ 和 $\overline{\mathscr{Z}}$ 通常达不到这一要求。幸亏我们有办法(用“曲线救国”的方式)满足式(3-2-22)，讨论如下。

设导出量类 $\tilde{\boldsymbol{Q}}$ 在 $\mathscr{Z}$ 制和 $\overline{\mathscr{Z}}$ 制的单位分别为 $\hat{\boldsymbol{Q}}_{\mathscr{Z}}$ 和 $\hat{\boldsymbol{Q}}_{\overline{\mathscr{Z}}}$，既然它们的终极定义方程依托于同一现象类，就总可表为

$$Q_{\mathscr{Z}}=k_{终\mathscr{Z}}J_1^{\sigma_1}\cdots J_l^{\sigma_l} \quad 和 \quad Q_{\overline{\mathscr{Z}}}=k_{终\overline{\mathscr{Z}}}\bar{J}_1^{\sigma_1}\cdots\bar{J}_l^{\sigma_l}，\tag{3-2-23}$$

其中 $J_i,\bar{J}_i\ (i=1,\cdots,l)$ 分别是用 $\mathscr{Z}$ 制和 $\overline{\mathscr{Z}}$ 制的基本单位测现象中的基本量 $\boldsymbol{J}_i,\bar{\boldsymbol{J}}_i$ 的得数。假定有这样的好事：$\mathscr{Z}$ 制和 $\overline{\mathscr{Z}}$ 制的基本单位对应相等，则 $J_i=\bar{J}_i\ (i=1,\cdots,l)$，把式(3-2-23)中的两式相除便得

$$\frac{Q_{\mathscr{Z}}}{Q_{\overline{\mathscr{Z}}}}=\frac{k_{终\mathscr{Z}}}{k_{终\overline{\mathscr{Z}}}}，\tag{3-2-24}$$

而

$$\frac{Q_{\mathscr{Z}}}{Q_{\overline{\mathscr{Z}}}}=\frac{\hat{\boldsymbol{Q}}_{\overline{\mathscr{Z}}}}{\hat{\boldsymbol{Q}}_{\mathscr{Z}}}，$$

与式(3-2-24)结合给出 $k_{终\overline{\mathscr{Z}}}\hat{\boldsymbol{Q}}_{\overline{\mathscr{Z}}}=k_{终\mathscr{Z}}\hat{\boldsymbol{Q}}_{\mathscr{Z}}$。再由式(3-2-3)便得我们希望的等式 $\boldsymbol{Q}_{交\mathscr{Z}}\equiv\boldsymbol{Q}_{交\overline{\mathscr{Z}}}$。

甲　可是通常没有这等“好事”啊，您的希望不就落空了吗？

乙　但这种好事可以被“制造”出来。关键在于，量乘法是单位制族依赖的，而且本定理的结论是“$\mathscr{Z}$族和$\overline{\mathscr{Z}}$族有相同的量乘结果”。为了证明这一结论，无须坚守定理开头所给的$\mathscr{Z}$制和$\overline{\mathscr{Z}}$制，完全可以在$\overline{\mathscr{Z}}$族中找到一个$\overline{\mathscr{Z}}'$制，它跟$\mathscr{Z}$制有一样的基本单位。于是就真有$J_i=\overline{J}_i'(i=1,\cdots,l)$这样的好事，因而就有$\boldsymbol{Q}_{交\mathscr{Z}}\equiv\boldsymbol{Q}_{交\overline{\mathscr{Z}}'}$(用以取代$\boldsymbol{Q}_{交\mathscr{Z}}\equiv\boldsymbol{Q}_{交\overline{\mathscr{Z}}}$)。只要有一对准同族制(现在是$\mathscr{Z}$制和$\overline{\mathscr{Z}}'$制)满足这一关系，定理便告证毕。　□

例题 3-2-2 已从 MKS 制的数等式$E=mv^2/2$推出它在该制所在族的量等式$\boldsymbol{E}=\boldsymbol{m}\boldsymbol{v}^2/2$[即式(3-2-10)]，现在想推出它在$\overline{\mathscr{Z}_2}$制(见不久前讲的“第 2 例”)所在族的量等式，注意到$\overline{\mathscr{Z}_2}$制与国际制准同族，如果结果也是$\boldsymbol{E}=\boldsymbol{m}\boldsymbol{v}^2/2$，就是对上述定理的一个正面验证。

例题 3-2-2′　动能在国际制$\mathscr{Z}$的数等式为$E=mv^2/2$，求其在$\overline{\mathscr{Z}_2}$制所在族的量等式。

解　问题涉及的量类有能量$\tilde{\boldsymbol{E}}$、质量$\tilde{\boldsymbol{m}}$和速度$\tilde{\boldsymbol{v}}$。以E和$\overline{E}$分别代表动能$\boldsymbol{E}$在$\mathscr{Z}$制和$\overline{\mathscr{Z}_2}$制的数(其他字母类似)。由动能$\boldsymbol{E}$在国际制的数等式$E=mv^2/2$出发，注意到$E=\overline{E}$，$m=\overline{m}$以及由式(3-2-21)得到的$v=10^3\overline{v}$，便得

$$\overline{E}=\frac{1}{2}\overline{m}(10^3\overline{v})^2=10^6\times\frac{1}{2}\overline{m}\overline{v}^2\text{。}\tag{3-2-25}$$

因为$\overline{\mathscr{Z}_2}$制与$\mathscr{Z}$制(国际制)准同族，所以两制有相同的纤维$\boldsymbol{E}^\dagger$、$\boldsymbol{m}^\dagger$和$\boldsymbol{v}^\dagger$。以$\overline{\boldsymbol{E}}_交$、$\overline{\boldsymbol{m}}_交$和$\overline{\boldsymbol{v}}_交$依次代表$\overline{\mathscr{Z}_2}$制的截面与这三条纤维的交点，注意到$k_{\overline{v}终}=10^{-3}$，由式(3-2-3)便知

$$\overline{\boldsymbol{E}}_交=\hat{\boldsymbol{E}},\quad \overline{\boldsymbol{m}}_交=\hat{\boldsymbol{m}},\quad \overline{\boldsymbol{v}}_交=10^{-3}\hat{\boldsymbol{v}}\text{。}\tag{3-2-26}$$

以$\boldsymbol{m}$、$\boldsymbol{v}$、$\boldsymbol{E}$依次代表质点的质量、速度和动能，则$\boldsymbol{m}=\overline{m}\hat{\boldsymbol{m}},\ \boldsymbol{v}=\overline{v}\hat{\boldsymbol{v}},\ \boldsymbol{E}=\overline{E}\hat{\boldsymbol{E}}$，故

$$\boldsymbol{m}\cdot\boldsymbol{v}^2=(\overline{m}\hat{\boldsymbol{m}})\cdot(\overline{v}\hat{\boldsymbol{v}})^2=\overline{m}\overline{v}^2(\hat{\boldsymbol{m}}\cdot\hat{\boldsymbol{v}}^2)=\overline{m}\overline{v}^2[\overline{\boldsymbol{m}}_交\cdot(10^3\overline{\boldsymbol{v}}_交)^2]=10^6\overline{m}\overline{v}^2\overline{\boldsymbol{m}}_交\cdot\overline{\boldsymbol{v}}_交{}^2\text{。}$$

由$\dim\boldsymbol{E}=(\dim\boldsymbol{m})(\dim\boldsymbol{v})^2$又得$\overline{\boldsymbol{E}}_交=\overline{\boldsymbol{m}}_交\cdot\overline{\boldsymbol{v}}_交^2$，代入上式便得

$$\boldsymbol{m}\cdot\boldsymbol{v}^2=10^6\overline{m}\overline{v}^2\overline{\boldsymbol{m}}_交\cdot\overline{\boldsymbol{v}}_交^2=(10^6\overline{m}\overline{v}^2)\overline{\boldsymbol{E}}_交=2\overline{E}\hat{\boldsymbol{E}}=2\boldsymbol{E}\text{，}$$

[其中第三步用到式(3-2-25)及$\overline{\boldsymbol{E}}_交=\hat{\boldsymbol{E}}$。] 所以仍有量等式$\boldsymbol{E}=\boldsymbol{m}\boldsymbol{v}^2/2$，但这是在$\overline{\mathscr{Z}_2}$制所在族成立的量等式，它跟$\mathscr{Z}$制所在族的量等式[见式(3-2-10)]完全一样，这就从一个角度验证了定理 3-2-2 的正确性。

正如刚才的“第三例”所指出的，“几何高斯制”是与 MKSA 制准同族的单位制，上述定理在涉及这两个单位制的转换时也派上了重要用场，详见小节 5.1.3。此外，上述定理在例题 7-3-3 中也有所应用，见选读 7-6。

3.2.4　量乘法满足群乘法的要求

为了便于量乘运算，我们希望全体量的集合(记作$\mathscr{Q}$)可被看作抽象代数中的群，甚至(更好地)可被看作环或域。但是，稍加考虑便会发现，由于$\mathscr{Q}$的元素之间不存在加法(只有同类量方可相加)，所以$\mathscr{Q}$既不是环，更不是域。幸好，量的乘法满足群乘法的所有要求，借助于群乘法运算的种种简便算法，就可使量的乘法变得方便快捷。

群的定义(复习)　群(group)G是一个集合，其上定义了一个“二元运算”，就是说，给定G的一对有序元素g_1和g_2，总有G的一个元素(记作g_1g_2)与之对应，称为g_1与g_2的乘

积。这种对应关系要满足以下三个条件，称为**群乘法**：

(a) 对任意元素 $g_1, g_2, g_3 \in G$，有

$$(g_1g_2)g_3 = g_1(g_2g_3)。\tag{3-2-27}$$

就是说，群乘法满足结合律。

(b) 存在**单位元**(unit element) $e \in G$，满足

$$eg = ge = g \quad (\text{对任意 } g \in G)。\tag{3-2-28}$$

(c) 每一 $g \in G$ 都有逆元(inverse element)，记作 $g^{-1} \in G$，满足

$$g^{-1}g = gg^{-1} = e。\tag{3-2-29}$$

请注意群乘法未必服从交换律，就是说，g_1g_2 未必等于 g_2g_1。服从交换律的群称为**交换群**(亦称**阿贝尔群**)。

本书定义的量乘法满足群乘法的三点要求，下面逐一验证。[此外，量的乘法还服从交换律，证明见下节(§3.3)。]

(a) 对任意元素(量) $\boldsymbol{A}, \boldsymbol{B}, \boldsymbol{C} \in \mathscr{Q}$，必有

$$(\boldsymbol{A}\cdot\boldsymbol{B})\cdot\boldsymbol{C} = \boldsymbol{A}\cdot(\boldsymbol{B}\cdot\boldsymbol{C})。\tag{3-2-27′}$$

此即服从结合律，证明亦见§3.3。

(b) 存在**单位元**，此即量 $\mathbf{1} \in \mathbb{R}$。[要用到小节 1.6.4 后半的提法——把实数集 $\mathbb{R}$ 看作一个特殊的量类(其单位总是量 $\mathbf{1} \in \mathbb{R}$)。] 为了证明 $\mathbf{1} \in \mathbb{R}$ 的确是 $\mathscr{Q}$ 的单位元，只需验证与式(3-2-28)对应的如下等式：

$$\mathbf{1}\cdot\boldsymbol{Q} = \boldsymbol{Q}\cdot\mathbf{1} = \boldsymbol{Q} \quad (\text{对任意 } \boldsymbol{Q} \in \mathscr{Q})。\tag{3-2-28′}$$

验证　上式第一个等号由“量乘满足交换律”保证，所以只需验证 $\boldsymbol{Q}\cdot\mathbf{1} = \boldsymbol{Q}$。

量 $\mathbf{1} \in \mathbb{R}$ 可认同为数 $1 \in \mathbb{R}$，故 $\boldsymbol{Q}\cdot\mathbf{1} = \boldsymbol{Q}\cdot 1 = \boldsymbol{Q}$。如果觉得这一证明不好理解，也可改用如下的、“一板一眼”的证明。

设 $\mathscr{Z}$ 为任一单位制，$\tilde{\boldsymbol{Q}}$ 在此制的终定系数为 $k_{Q终}$。因为 $\dim\boldsymbol{Q} = (\dim\boldsymbol{Q})(\dim\mathbb{R})$，所以由式(3-2-7)有 $\boldsymbol{Q}_交 = \boldsymbol{Q}_交 \cdot \mathbb{R}_交$。注意到单位 $\mathbf{1} \in \mathbb{R}$ 的终定系数为 1 (见小节1.6.4 末，选读 1-5 前)，由式(3-2-3)又知 $\mathbb{R}_交 = 1\cdot\mathbf{1} = \mathbf{1}$，于是

$$\boldsymbol{Q}\cdot\mathbf{1} = (Q\hat{\boldsymbol{Q}})\cdot\mathbf{1} = Q(\hat{\boldsymbol{Q}}\cdot\mathbf{1}) = Q(k_{Q终}{}^{-1}\boldsymbol{Q}_交 \cdot \mathbb{R}_交) = Q(k_{Q终}{}^{-1}\boldsymbol{Q}_交) = Q\hat{\boldsymbol{Q}} = \boldsymbol{Q},$$

其中第三个等号是要害——$\hat{\boldsymbol{Q}}\cdot\mathbf{1}$ 中的 $\mathbf{1}$ 之所以能被甩掉，关键在于利用 $\mathbb{R}_交 = 1\cdot\mathbf{1} = \mathbf{1}$ 把 $\mathbf{1}$ 换成了 $\mathbb{R}_交$；第四个等号再用 $\boldsymbol{Q}_交 = \boldsymbol{Q}_交 \cdot \mathbb{R}_交$ 又把 $\boldsymbol{Q}_交 \cdot \mathbb{R}_交$ 换成了 $\boldsymbol{Q}_交$ (又甩掉了 $\mathbb{R}_交$)。验证毕。

(c)每一 $\boldsymbol{Q} \in \mathscr{Q}$ 都有逆元，记作 $\boldsymbol{Q}^{-1} \in \mathscr{Q}$，满足

$$\boldsymbol{Q}^{-1}\cdot\boldsymbol{Q} = \boldsymbol{Q}\cdot\boldsymbol{Q}^{-1} = \mathbf{1}。\tag{3-2-29′}$$

验证　任取单位制 $\mathscr{Z}$，设 $\tilde{\boldsymbol{Q}}$ 在 $\mathscr{Z}$ 制(所在族)的量纲指数为 $(\sigma_1, \cdots, \sigma_l)$，则 $\boldsymbol{Q}$ 是纤维 $\boldsymbol{Q}^\dagger = (\sigma_1, \cdots, \sigma_l)$ 上的一点。以 $\mathscr{J}$ 代表 $\mathscr{Z}$ 制的截面，$\boldsymbol{Q}_交$ 代表 $\mathscr{J}$ 与纤维 $\boldsymbol{Q}^\dagger$ 的交点，则必有 $\beta \in \mathbb{R}$ 满足 $\boldsymbol{Q} = \beta\boldsymbol{Q}_交$。在图 3-2 的方块 $\mathscr{B}$ 中找到量纲指数为 $(-\sigma_1, \cdots, -\sigma_l)$ 的那条纤维，记作 $\boldsymbol{N}^\dagger$，以 $\boldsymbol{N}_交$ 代表 $\boldsymbol{N}^\dagger$ 与 $\mathscr{J}$ 的交点。因为

$$1 = \dim\mathbb{R} = (\dim\boldsymbol{Q})(\dim\boldsymbol{N}),$$

由式(3-2-7)便知 $\mathbb{R}_交 = \boldsymbol{Q}_交 \cdot \boldsymbol{N}_交$。因为单位 $\mathbf{1} \in \mathbb{R}$ 的终定系数为 1，由式(3-2-3)又知道 $\mathbb{R}_交 = \mathbf{1}$，

代入$\mathbb{R}_{交} = \boldsymbol{Q}_{交} \cdot \boldsymbol{N}_{交}$便得

$$\mathbf{1} = \boldsymbol{Q}_{交} \cdot \boldsymbol{N}_{交}。\tag{3-2-30}$$

考虑到$\boldsymbol{Q} = \beta \boldsymbol{Q}_{交}$，立即想到待找的逆元(暂记作$\boldsymbol{N}$)必定是$\boldsymbol{N} = \beta^{-1}\boldsymbol{N}_{交}$，理由是$\boldsymbol{N}$满足

$$\boldsymbol{N} \cdot \boldsymbol{Q} = \beta^{-1}\boldsymbol{N}_{交} \cdot \beta \boldsymbol{Q}_{交} = \mathbf{1}。$$

把$\boldsymbol{N}$改记作$\boldsymbol{Q}^{-1}$，自然就有式(3-2-29′)。验证毕。

既然量乘法与群乘法有相同性质，而群元乘积中的乘号通常不写，所以从现在起约定量乘记号$\cdot$可去可留，即$\boldsymbol{AB}$与$\boldsymbol{A} \cdot \boldsymbol{B}$同义。

3.2.5　量的除法是乘法的逆运算

定义 3-2-3　量的除法定义为乘法的逆运算，具体说，若$\boldsymbol{A} = \boldsymbol{B} \cdot \boldsymbol{C}$，且$\boldsymbol{B} \neq \mathbf{0} \in \tilde{\boldsymbol{B}}$，就称量$\boldsymbol{C}$是量$\boldsymbol{A}$除以量$\boldsymbol{B}$的结果，或称量$\boldsymbol{C}$是量$\boldsymbol{A}$与$\boldsymbol{B}$**之商**，记作

$$\boldsymbol{C} = \frac{\boldsymbol{A}}{\boldsymbol{B}},\qquad 也可记作\ \boldsymbol{C} = \boldsymbol{A}/\boldsymbol{B}；\tag{3-2-31}$$

或者，若$\boldsymbol{A} = \boldsymbol{B} \cdot \boldsymbol{C}$且$\boldsymbol{C} \neq \mathbf{0} \in \tilde{\boldsymbol{C}}$，也称量$\boldsymbol{B}$是量$\boldsymbol{A}$除以量$\boldsymbol{C}$的结果，或称量$\boldsymbol{B}$是量$\boldsymbol{A}$与$\boldsymbol{C}$之商，记作

$$\boldsymbol{B} = \frac{\boldsymbol{A}}{\boldsymbol{C}},\qquad 也可记作\ \boldsymbol{B} = \boldsymbol{A}/\boldsymbol{C}。\tag{3-2-32}$$

除法等式(3-2-31)也可改用量$\boldsymbol{B}$的逆元$\boldsymbol{B}^{-1}$表示：

$$\boldsymbol{A}/\boldsymbol{B} = \boldsymbol{A} \cdot \boldsymbol{B}^{-1},\tag{3-2-33}$$

证明如下。令$\boldsymbol{C} \equiv \boldsymbol{A}/\boldsymbol{B}$，由“除法是乘法的逆运算”可知

$$\boldsymbol{A} = \boldsymbol{C} \cdot \boldsymbol{B}。\tag{3-2-34}$$

如果上式中的$\boldsymbol{A}$、$\boldsymbol{B}$、$\boldsymbol{C}$都是群元，两边同乘另一群元后等号仍然成立。既然量乘法与群元乘法有相同性质，式(3-2-34)两边同乘量$\boldsymbol{B}$的逆元$\boldsymbol{B}^{-1}$后等号也必成立，结果为

$$\boldsymbol{A} \cdot \boldsymbol{B}^{-1} = (\boldsymbol{C} \cdot \boldsymbol{B}) \cdot \boldsymbol{B}^{-1} = \boldsymbol{C} \cdot (\boldsymbol{B} \cdot \boldsymbol{B}^{-1}) = \boldsymbol{C} \cdot \mathbf{1} = \boldsymbol{C} = \boldsymbol{A}/\boldsymbol{B},$$

其中第二步用到结合律，第三步用到逆元的定义式(3-2-29′)，第四步用到单位元的定义式(3-2-28′)(证毕)。

注记 3-1　式(3-2-33)可看作量的除法的等价定义。

既然量的乘除法与(交换群)的群元乘除法有相同性质，只涉及量的乘除时就可以借助于群元乘除的运算法则方便地操作。但是量的运算还有若干与群元运算不同之处。首先，在涉及同类量时，利用“量类是 1 维矢量空间”(因而可以加减及移项)以及第一章的若干定理(例如命题 1-7-3)就易于进行；其次，量的运算还涉及群元运算所没有的“求幂”运算，本书将在§3.7 讲授量的求幂定义及运算法则。

例题 3-2-3　设$\boldsymbol{A}$、$\boldsymbol{B}$和$\boldsymbol{C}$是任意量，试证

$$\frac{\boldsymbol{C} \cdot \boldsymbol{A}}{\boldsymbol{B}} = \boldsymbol{C} \cdot \frac{\boldsymbol{A}}{\boldsymbol{B}}。\tag{3-2-35}$$

证明

$$\frac{\boldsymbol{C} \cdot \boldsymbol{A}}{\boldsymbol{B}} = (\boldsymbol{C} \cdot \boldsymbol{A}) \cdot \boldsymbol{B}^{-1} = \boldsymbol{C} \cdot (\boldsymbol{A} \cdot \boldsymbol{B}^{-1}) = \boldsymbol{C} \cdot \frac{\boldsymbol{A}}{\boldsymbol{B}},$$

其中第一、三步用到式(3-2-33)，第二步用到结合律。　□

例题 3-2-4　设 $\boldsymbol{A}$ 和 $\boldsymbol{B}$ 是任意量，$\alpha\in\mathbb{R}$，试证

$$\frac{\alpha \boldsymbol{A}}{\boldsymbol{B}}=\alpha\frac{\boldsymbol{A}}{\boldsymbol{B}}。\tag{3-2-36}$$

证明　本例题可视为上个例题的特殊情形：既然上例的 $\tilde{C}$ 是任意量类，当然也可以是特殊量类——实数集 $\mathbb{R}$，于是 $\alpha\in\mathbb{R}$ 无非是量 $\boldsymbol{C}$ 的特例。□

注记 3-2　上式与命题 1-7-3(c)很类似，但该命题的 $\boldsymbol{Q}_1$ 和 $\boldsymbol{Q}_2$ 是同类量，而本例题的 $\boldsymbol{A}$ 和 $\boldsymbol{B}$ 则是任意量。

例题 3-2-5　设 $\boldsymbol{A}$ 和 $\boldsymbol{B}$ 是任意量，试证

$$(\boldsymbol{A}\cdot\boldsymbol{B})^{-1}=\boldsymbol{A}^{-1}\cdot\boldsymbol{B}^{-1}\quad(\text{积的逆等于逆的积})。\tag{3-2-37}$$

证明　由逆元定义得

$$\mathbf{1}=(\boldsymbol{A}\cdot\boldsymbol{B})^{-1}\cdot(\boldsymbol{A}\cdot\boldsymbol{B}),$$

上式中的 $\mathbf{1}$ 又可表为

$$\mathbf{1}=\mathbf{1}\cdot\mathbf{1}=(\boldsymbol{A}^{-1}\cdot\boldsymbol{A})\cdot(\boldsymbol{B}^{-1}\cdot\boldsymbol{B})=(\boldsymbol{A}^{-1}\cdot\boldsymbol{B}^{-1})(\boldsymbol{A}\cdot\boldsymbol{B}),$$

(第二式的末步用到结合律和交换律。) 故

$$(\boldsymbol{A}\cdot\boldsymbol{B})^{-1}\cdot(\boldsymbol{A}\cdot\boldsymbol{B})=(\boldsymbol{A}^{-1}\cdot\boldsymbol{B}^{-1})(\boldsymbol{A}\cdot\boldsymbol{B})。$$

两边同乘 $(\boldsymbol{A}\cdot\boldsymbol{B})^{-1}$ [以消去因子 $(\boldsymbol{A}\cdot\boldsymbol{B})$]便得 $(\boldsymbol{A}\cdot\boldsymbol{B})^{-1}=\boldsymbol{A}^{-1}\cdot\boldsymbol{B}^{-1}$。□

例题 3-2-6　设 $\boldsymbol{A}$、$\boldsymbol{B}$ 和 $\boldsymbol{C}$ 是任意量，试证

$$\frac{\boldsymbol{A}}{\boldsymbol{C}\cdot\boldsymbol{B}}=\frac{\mathbf{1}}{\boldsymbol{C}}\cdot\frac{\boldsymbol{A}}{\boldsymbol{B}}。\tag{3-2-38}$$

证明　由逆元定义得

$$\frac{\boldsymbol{A}}{\boldsymbol{C}\cdot\boldsymbol{B}}=\boldsymbol{A}\cdot(\boldsymbol{C}\cdot\boldsymbol{B})^{-1}=\boldsymbol{A}\cdot(\boldsymbol{C}^{-1}\cdot\boldsymbol{B}^{-1})=\boldsymbol{C}^{-1}\cdot(\boldsymbol{A}\cdot\boldsymbol{B}^{-1})=\frac{\mathbf{1}}{\boldsymbol{C}}\cdot\frac{\boldsymbol{A}}{\boldsymbol{B}},$$

其中第二步用到式(3-2-37)，第三步用到交换律和结合律。□

例题 3-2-7　设 $\boldsymbol{A}_1$、$\boldsymbol{A}_2$ 是同类量，以 $\boldsymbol{A}^2$ 代表 $\boldsymbol{A}\cdot\boldsymbol{A}$，试证

$$\left(\frac{\boldsymbol{A}_1}{\boldsymbol{A}_2}\right)^2=\frac{\boldsymbol{A}_1^2}{\boldsymbol{A}_2^2}。\tag{3-2-39}$$

证明　令 $\alpha\equiv\boldsymbol{A}_1/\boldsymbol{A}_2$，则式(3-2-39)左边 $=\alpha^2$；

式(3-2-39)右边 $=\dfrac{\boldsymbol{A}_1\cdot\boldsymbol{A}_1}{\boldsymbol{A}_2\cdot\boldsymbol{A}_2}=\dfrac{\alpha\boldsymbol{A}_2\cdot\alpha\boldsymbol{A}_2}{\boldsymbol{A}_2\cdot\boldsymbol{A}_2}=\dfrac{\alpha^2\boldsymbol{A}_2\cdot\boldsymbol{A}_2}{\boldsymbol{A}_2\cdot\boldsymbol{A}_2}=\alpha^2\dfrac{\boldsymbol{A}_2\cdot\boldsymbol{A}_2}{\boldsymbol{A}_2\cdot\boldsymbol{A}_2}=\alpha^2=$ 式(3-2-39)左边。□

§ 3.3　量乘法满足的运算律

定理 3-3-1　量的乘法满足以下运算律：

(1) 交换律，即

$$\boldsymbol{A}\cdot\boldsymbol{B}=\boldsymbol{B}\cdot\boldsymbol{A};\tag{3-3-1a}$$

(2) 结合律，即

$$(\boldsymbol{A}\cdot\boldsymbol{B})\cdot\boldsymbol{C}=\boldsymbol{A}\cdot(\boldsymbol{B}\cdot\boldsymbol{C});\tag{3-3-1b}$$

(3) 分配律，即

$$(\boldsymbol{A}_1+\boldsymbol{A}_2)\cdot\boldsymbol{B}=\boldsymbol{A}_1\cdot\boldsymbol{B}+\boldsymbol{A}_2\cdot\boldsymbol{B}\quad(\text{其中 }\boldsymbol{A}_1\text{ 和 }\boldsymbol{A}_2\text{ 是同类量})。\tag{3-3-1c}$$

证明　见选读 3-1。

定理 3-3-2　设量类 $\tilde{\boldsymbol{A}}$、$\tilde{\boldsymbol{B}}$、$\tilde{\boldsymbol{C}}$ 在单位制 $\mathscr{Z}$ 中有量纲关系 $\dim\boldsymbol{C}=(\dim\boldsymbol{A})(\dim\boldsymbol{B})$，以 $\boldsymbol{0}_{\tilde{A}}$、$\boldsymbol{0}_{\tilde{B}}$、$\boldsymbol{0}_{\tilde{C}}$ 依次代表 $\tilde{\boldsymbol{A}}$、$\tilde{\boldsymbol{B}}$、$\tilde{\boldsymbol{C}}$ 的零元。如果 $\boldsymbol{A}\in\tilde{\boldsymbol{A}}$ 和 $\boldsymbol{B}\in\tilde{\boldsymbol{B}}$ 满足 $\boldsymbol{A}\cdot\boldsymbol{B}=\boldsymbol{0}_{\tilde{C}}$，而且 $\boldsymbol{B}\neq\boldsymbol{0}_{\tilde{B}}$，则 $\boldsymbol{A}=\boldsymbol{0}_{\tilde{A}}$。

证明　令 $\boldsymbol{A}=A\hat{\boldsymbol{A}}$，$\boldsymbol{B}=B\hat{\boldsymbol{B}}$ (其中 $\hat{\boldsymbol{A}}$ 和 $\hat{\boldsymbol{B}}$ 分别是 $\tilde{\boldsymbol{A}}$ 和 $\tilde{\boldsymbol{B}}$ 在 $\mathscr{Z}$ 制的单位)，则

$$\boldsymbol{0}_{\tilde{C}}=\boldsymbol{A}\cdot\boldsymbol{B}=A\hat{\boldsymbol{A}}\cdot B\hat{\boldsymbol{B}}=(AB)\hat{\boldsymbol{A}}\cdot\hat{\boldsymbol{B}}。\tag{3-3-2}$$

以 $k_{A终}$ 和 $k_{B终}$ 分别代表 $\hat{\boldsymbol{A}}$ 和 $\hat{\boldsymbol{B}}$ 的终定系数，则

$$\hat{\boldsymbol{A}}\cdot\hat{\boldsymbol{B}}=[(k_{A终})^{-1}\boldsymbol{A}_{交}]\cdot[(k_{B终})^{-1}\boldsymbol{B}_{交}]=\frac{\boldsymbol{A}_{交}\cdot\boldsymbol{B}_{交}}{k_{A终}k_{B终}}=\frac{\boldsymbol{C}_{交}}{k_{A终}k_{B终}}=\frac{k_{C终}}{k_{A终}k_{B终}}\hat{\boldsymbol{C}},$$

[其中第一、四步用到式(3-2-3)，第三步用到式(3-2-7)。] 代入式(3-3-2)给出

$$\boldsymbol{0}_{\tilde{C}}=\frac{k_{C终}}{k_{A终}k_{B终}}(AB)\hat{\boldsymbol{C}},\tag{3-3-3}$$

可见 $\dfrac{k_{C终}}{k_{A终}k_{B终}}(AB)$ 是用单位 $\hat{\boldsymbol{C}}$ 测 $\boldsymbol{0}_{\tilde{C}}$ 的得数，由注记 1-11 便可知道 $\dfrac{k_{C终}}{k_{A终}k_{B终}}(AB)=0$。注意到 $k_{C终}\neq0$ 和 $B\neq0$(否则 $\boldsymbol{B}=\boldsymbol{0}_{\tilde{B}}$)，便有 $A=0$，因而 $\boldsymbol{A}=0\hat{\boldsymbol{A}}=\boldsymbol{0}_{\tilde{A}}$。 □

定理 3-3-3　设量类 $\tilde{\boldsymbol{A}}$、$\tilde{\boldsymbol{B}}$、$\tilde{\boldsymbol{C}}$ 在单位制 $\mathscr{Z}$ 中有量纲关系 $\dim\tilde{\boldsymbol{C}}=(\dim\tilde{\boldsymbol{A}})(\dim\tilde{\boldsymbol{B}})$，则

$$\boldsymbol{0}_{\tilde{A}}\cdot\boldsymbol{B}=\boldsymbol{0}_{\tilde{C}}。\tag{3-3-4}$$

证明

$$\boldsymbol{0}_{\tilde{A}}\cdot\boldsymbol{B}=(0\hat{\boldsymbol{A}})\cdot(B\hat{\boldsymbol{B}})=(0\cdot B)(\hat{\boldsymbol{A}}\cdot\hat{\boldsymbol{B}})=\boldsymbol{0}_{\tilde{C}}。$$ □

[选读 3-1]

定理 3-3-1 证明　量的乘法是借助于截面交点的乘法定义的，所以可以从交点的乘法出发做证明。

(1)先证明交点乘法满足交换律。根据定义 3-2-1 的条件(b)，$\boldsymbol{C}_{交}=\boldsymbol{A}_{交}\cdot\boldsymbol{B}_{交}$ 是量纲关系

$$\dim\boldsymbol{C}=(\dim\boldsymbol{A})(\dim\boldsymbol{B})$$

的结果，而上式显然等价于 $\dim\boldsymbol{C}=(\dim\boldsymbol{B})(\dim\boldsymbol{A})$，故又有 $\boldsymbol{C}_{交}=\boldsymbol{B}_{交}\cdot\boldsymbol{A}_{交}$，与 $\boldsymbol{C}_{交}=\boldsymbol{A}_{交}\cdot\boldsymbol{B}_{交}$ 结合便得

$$\boldsymbol{A}_{交}\cdot\boldsymbol{B}_{交}=\boldsymbol{B}_{交}\cdot\boldsymbol{A}_{交}。\tag{3-3-5}$$

可见交点乘法满足交换律。在此基础上就可证明量的乘法也满足交换律。设 $\boldsymbol{A}=A\boldsymbol{A}_{交}$，$\boldsymbol{B}=B\boldsymbol{B}_{交}$ (其中 A、B 分别代表用 $\boldsymbol{A}_{交}$、$\boldsymbol{B}_{交}$ 测 $\boldsymbol{A}$、$\boldsymbol{B}$ 的得数)，则

$$\boldsymbol{A}\cdot\boldsymbol{B}=(A\boldsymbol{A}_{交})\cdot(B\boldsymbol{B}_{交})=AB(\boldsymbol{A}_{交}\cdot\boldsymbol{B}_{交}),\tag{3-3-6}$$

类似地有

$$\boldsymbol{B}\cdot\boldsymbol{A}=(B\boldsymbol{B}_{交})\cdot(A\boldsymbol{A}_{交})=BA(\boldsymbol{B}_{交}\cdot\boldsymbol{A}_{交})=AB(\boldsymbol{A}_{交}\cdot\boldsymbol{B}_{交}),\tag{3-3-7}$$

其中末步用到式(3-3-5)。对比式(3-3-6)和(3-3-7)便得待证等式(3-3-1a)。

(2)先证明交点乘法满足结合律。设纤维 $\boldsymbol{A}^\dagger$、$\boldsymbol{B}^\dagger$、$\boldsymbol{C}^\dagger$ 在 $\mathscr{Z}$ 制的量纲指数为

$$\boldsymbol{A}^{\dagger}=(\sigma_1,\cdots,\sigma_l),\ \ \boldsymbol{B}^{\dagger}=(\rho_1,\cdots,\rho_l),\ \ \boldsymbol{C}^{\dagger}=(\tau_1,\cdots,\tau_l),\tag{3-3-8}$$

以 $\mathscr{J}$ 代表 $\mathscr{Z}$ 制的截面，令

$$\boldsymbol{E}^{\dagger}=(\sigma_1+\rho_1,\ \cdots,\ \sigma_l+\rho_l),$$

则由定义 3-2-1 条件(b)[即式(3-2-7)]得

$$\boldsymbol{A}_{交}\cdot\boldsymbol{B}_{交}=\boldsymbol{E}_{交}=\mathscr{J}\cap\boldsymbol{E}^{\dagger}=\mathscr{J}\cap(\sigma_1+\rho_1,\ \cdots,\ \sigma_l+\rho_l),$$

故

$$(\boldsymbol{A}_{交}\cdot\boldsymbol{B}_{交})\cdot\boldsymbol{C}_{交}=\boldsymbol{E}_{交}\cdot\boldsymbol{C}_{交}=\mathscr{J}\cap((\sigma_1+\rho_1)+\tau_1,\ \cdots,\ (\sigma_l+\rho_l)+\tau_l)$$
$$=\mathscr{J}\cap(\sigma_1+(\rho_1+\tau_1),\ \cdots,\ \sigma_l+(\rho_l+\tau_l))。\tag{3-3-9}$$

仿此又有

$$\boldsymbol{B}_{交}\cdot\boldsymbol{C}_{交}=\mathscr{J}\cap(\rho_1+\tau_1,\ \cdots,\ \rho_l+\tau_l),$$

故

$$\boldsymbol{A}_{交}\cdot(\boldsymbol{B}_{交}\cdot\boldsymbol{C}_{交})=\mathscr{J}\cap(\sigma_1+(\rho_1+\tau_1),\ \cdots,\ \sigma_l+(\rho_l+\tau_l))。\tag{3-3-10}$$

对比式(3-3-9)和(3-3-10)便得

$$(\boldsymbol{A}_{交}\cdot\boldsymbol{B}_{交})\cdot\boldsymbol{C}_{交}=\boldsymbol{A}_{交}\cdot(\boldsymbol{B}_{交}\cdot\boldsymbol{C}_{交}),\tag{3-3-11}$$

说明交点乘法满足结合律。在此基础上就可证明量的乘法也满足结合律。设 $\boldsymbol{A}=A\boldsymbol{A}_{交}$，$\boldsymbol{B}=B\boldsymbol{B}_{交}$，$\boldsymbol{C}=C\boldsymbol{C}_{交}$，则

$$(\boldsymbol{A}\cdot\boldsymbol{B})\cdot\boldsymbol{C}=(A\boldsymbol{A}_{交}\cdot B\boldsymbol{B}_{交})\cdot C\boldsymbol{C}_{交}=AB(\boldsymbol{A}_{交}\cdot\boldsymbol{B}_{交})\cdot C\boldsymbol{C}_{交}=ABC(\boldsymbol{A}_{交}\cdot\boldsymbol{B}_{交})\cdot\boldsymbol{C}_{交},\tag{3-3-12}$$

其中第二、三步都用到式(3-2-8)。同理又有

$$\boldsymbol{A}\cdot(\boldsymbol{B}\cdot\boldsymbol{C})=A\boldsymbol{A}_{交}\cdot(B\boldsymbol{B}_{交}\cdot C\boldsymbol{C}_{交})=A\boldsymbol{A}_{交}\cdot(BC\boldsymbol{B}_{交}\cdot\boldsymbol{C}_{交})=ABC\boldsymbol{A}_{交}\cdot(\boldsymbol{B}_{交}\cdot\boldsymbol{C}_{交}),\tag{3-3-13}$$

对比以上两式，注意到式(3-3-11)，便得待证等式(3-3-1b)。

(3)设 $\boldsymbol{A}_1=A_1\boldsymbol{A}_{交}$，$\boldsymbol{A}_2=A_2\boldsymbol{A}_{交}$，$\boldsymbol{B}=B\boldsymbol{B}_{交}$，则

$$(\boldsymbol{A}_1+\boldsymbol{A}_2)\cdot\boldsymbol{B}=(A_1\boldsymbol{A}_{交}+A_2\boldsymbol{A}_{交})\cdot B\boldsymbol{B}_{交}=(A_1+A_2)\boldsymbol{A}_{交}\cdot B\boldsymbol{B}_{交}=(A_1+A_2)B\boldsymbol{A}_{交}\cdot\boldsymbol{B}_{交},\tag{3-3-14}$$

其中第二步用到纤维 $\boldsymbol{A}^{\dagger}$ 是 1 维矢量空间，第三步用到式(3-2-8)。而

$$\boldsymbol{A}_1\cdot\boldsymbol{B}=A_1\boldsymbol{A}_{交}\cdot B\boldsymbol{B}_{交}=A_1B\ \boldsymbol{A}_{交}\cdot\boldsymbol{B}_{交},$$

同理又有

$$\boldsymbol{A}_2\cdot\boldsymbol{B}=A_2B\ \boldsymbol{A}_{交}\cdot\boldsymbol{B}_{交},$$

故

$$\boldsymbol{A}_1\cdot\boldsymbol{B}+\boldsymbol{A}_2\cdot\boldsymbol{B}=A_1B\ \boldsymbol{A}_{交}\cdot\boldsymbol{B}_{交}+A_2B\ \boldsymbol{A}_{交}\cdot\boldsymbol{B}_{交}=(A_1+A_2)B\boldsymbol{A}_{交}\cdot\boldsymbol{B}_{交}。\tag{3-3-15}$$

对比式(3-3-14)、(3-3-15)便得待证等式(3-3-1c)。 □

[选读 3-1 完]

§ 3.4 米/秒现在可理解为“米除以秒”

速度的 CGS 制单位 $\hat{\boldsymbol{v}}_{\text{CGS}}$ 是“**厘米**每**秒**”(这是由 $\hat{\boldsymbol{v}}_{\text{CGS}}$ 的定义方程推知的)，也可记作 $\hat{\boldsymbol{v}}_{\text{CGS}}\equiv$**厘米/秒**。但小节 2.1.1 的脚注(在 37 页)指出，“目前还不能把**厘米/秒**理解为**厘米**除以**秒**，因为量的乘除法尚未定义”。同理，国际制的速度单位 $\hat{\boldsymbol{v}}_{国}$ 可记作**米/秒**，但目前也

不能把**米**/**秒**理解为**米**除以**秒**。为了明确表示**厘米**/**秒**和**米**/**秒**分别只是一个整体记号(其中的/不代表除号)，暂时将它们装入尖括号内，即记作〈**厘米**/**秒**〉和〈**米**/**秒**〉。不过，既然本章已对量的乘除法下了定义，就应据此证明〈**厘米**/**秒**〉和〈**米**/**秒**〉的确分别就是"**厘米**除以**秒**"和"**米**除以**秒**"。(注：这可以看作是对定义 3-2-1 的恰当性的一个考验[2]。) 下面给出可以把〈**米**/**秒**〉理解为"**米**除以**秒**"的证明，证明中凡与单位制有关的都是指国际制，例如 $\hat{\boldsymbol{v}}$ 是指 $\hat{\boldsymbol{v}}_{国}$。

令 $\boldsymbol{u} \equiv$ "**米**除以**秒**" (因而只需证明 $\hat{\boldsymbol{v}} = \boldsymbol{u}$)，则

$$\boldsymbol{u} \cdot \textbf{秒} = \textbf{米} = \hat{\boldsymbol{l}} = \boldsymbol{l}_{交} = \boldsymbol{v}_{交} \cdot \boldsymbol{t}_{交} = \hat{\boldsymbol{v}} \cdot \hat{\boldsymbol{t}} = \hat{\boldsymbol{v}} \cdot \textbf{秒}。 \tag{3-4-1}$$

[其中第一步是因为除法是乘法的逆运算，第三步用到式(3-2-3)及 $k_{l终} = 1$，第四步用到 $\dim \boldsymbol{l} = (\dim \boldsymbol{v})(\dim \boldsymbol{t})$ 及式(3-2-7)，第五步用到式(3-2-3)及 $k_{v终} = k_{t终} = 1$。] 暂记 $\boldsymbol{l}_1 \equiv \boldsymbol{u} \cdot \textbf{秒}$，$\boldsymbol{l}_2 \equiv \hat{\boldsymbol{v}} \cdot \textbf{秒}$，则式(3-4-1)表明 $\boldsymbol{l}_1 = \boldsymbol{l}_2$，故 $\boldsymbol{l}_1 - \boldsymbol{l}_2 = 0\,\textbf{米}$，即

$$0\,\textbf{米} = \boldsymbol{u} \cdot \textbf{秒} - \hat{\boldsymbol{v}} \cdot \textbf{秒} = (\boldsymbol{u} - \hat{\boldsymbol{v}}) \cdot \textbf{秒}。\text{(第二步用到量乘运算的分配律)}$$

又因 $\textbf{秒} \neq \boldsymbol{0}$，故由定理 3-3-2 便知 $\boldsymbol{u} - \hat{\boldsymbol{v}} = \boldsymbol{0} \in \tilde{\boldsymbol{v}}$，因而 $\boldsymbol{u} = \hat{\boldsymbol{v}}$。 □

注记 3-3 其实，由小节 7.1.2 (一贯单位的"麦氏定义")可知，每个一贯制的每个导出单位都可理解为基本单位的乘除和求幂。以上只不过对一个简单特例做了验证。

[选读 3-2]

甲 您在§2.5 给出"等价单位制"定义后指出，满足该定义的两个单位制的所有单位、数等式以及全部量类的量纲均相同，因而在单位制层面等价。但是，我学完您的量乘定义后发现，在量乘的层次上，满足等价定义的两个单位制就未必等价了。以您在§2.5 所举的甲制与国际制为例，它们按定义是等价单位制，然而它们的量乘公式却有不同的形式。关键在于，作为甲制能量单位 $\hat{\boldsymbol{E}}_{甲}$ 的原始定义方程，式(2-5-2)(即 $E = mv^2/2$)右边有个非 1 的系数 1/2，改写为终极定义方程就有

$$E_{甲} = \frac{1}{2} l_{甲}{}^2 m_{甲} t_{甲}{}^{-2}, \tag{3-4-2}$$

可见能量单位的 $k_{终} = 1/2$。于是便可求得能量单位用基本单位表示的等式

$$\hat{\boldsymbol{E}}_{甲} = 2\boldsymbol{E}_{甲交} = 2\boldsymbol{l}_{甲交}{}^2 \boldsymbol{m}_{甲交} \boldsymbol{t}_{甲交}{}^{-2} = 2\hat{\boldsymbol{l}}_{甲}{}^2 \hat{\boldsymbol{m}}_{甲} \hat{\boldsymbol{t}}_{交}{}^{-2} = 2\,\textbf{米}^2 \cdot \textbf{千克} \cdot \textbf{秒}^{-2}, \tag{3-4-3}$$

其中第一步用到式(3-2-3)，第二步是因 $\dim \boldsymbol{E} = (\dim \boldsymbol{l})^2 (\dim \boldsymbol{m})(\dim \boldsymbol{t})^{-2}$ 导致 $\boldsymbol{E}_{交} = \boldsymbol{l}_{交}{}^2 \boldsymbol{m}_{交} \boldsymbol{t}_{交}{}^{-2}$ (量的 −2 次幂的准确含义见§3.7，而且此处还提前用到定义 7-1-1，读者只需暂时承认)，第三步用到式(3-2-3)以及基本量类的 $k_{终} = 1$。与国际制等式

$$\hat{\boldsymbol{E}}_{国} = \textbf{米}^2 \cdot \textbf{千克} \cdot \textbf{秒}^{-2} \tag{3-4-4}$$

相比较，式(3-4-3)右边多了个系数 2。于是，"甲制与国际制等价"的说法在单位乘积的层次上就成问题了。导致上述两式不同的"罪魁祸首"就是 $\boldsymbol{C}_{交} \equiv k_{终} \hat{\boldsymbol{C}}$ 中的 $k_{终}$。

---

[2] 定义 3-2-1 只是我们自创的量乘定义，也许另有高人会另创其他(甚至更好的)定义。但是，无论哪个自创定义，其逆运算(除法)必须能把〈**米**/**秒**〉解释为"**米**除以**秒**"。选读 3-2 中某甲的建议就未能满足这一必要条件。

因此，我建议把 $\boldsymbol{C}_{交} \equiv k_{终}\hat{\boldsymbol{C}}$ 改为 $\boldsymbol{C}_{交} \equiv \hat{\boldsymbol{C}}$，这样不但能保证两制在单位乘积的层面上也等价，而且使量乘定义大为简化(连“截面”概念都省去了)。

乙　但这会导致严重误导，先举一例。设某丁在力学范畴定义了一个新单位制，称为**丁制**，其基本量类也是 $\tilde{\boldsymbol{l}}$、$\tilde{\boldsymbol{m}}$ 和 $\tilde{\boldsymbol{t}}$，基本单位是**厘米**、**千克**和**秒**。速度，作为导出量类，其导出单位的定义方程为(依托的现象类仍是匀速直线运动)

$$v_{丁} = \frac{1}{100} l_{丁} t_{丁}^{-1} \quad (\text{此式表明丁制与 MKS 制不同族})。 \tag{3-4-5}$$

上式表明，当 $t_{丁}=1$、$l_{丁}=100$ 时 $v_{丁}=1$，可见 $\hat{\boldsymbol{v}}_{丁}$ 是每秒走100**厘米**(=1**米**)这样的速度，简称“**米**每**秒**”。

甲　也可以写成 $\hat{\boldsymbol{v}}_{丁}=1$**米**/**秒**吧?

乙　通常都这么写，但现在要倍加小心。1**米**/**秒**这个符号涉及量的除法，而除法是乘法的逆运算。偏偏现在有两种乘除法：①我们(本书)定义的乘法和除法，乘号和除号分别为 · 和 /；②你定义的乘法(相应地也有除法)，暂用 ⊙ 及 // 代表你的乘号和除号，以兹区别。“**米**每**秒**”是最清晰的提法(无非是“每秒走1**米**”的简述)，而**米**/**秒**则涉及除法定义。本节开头的必读部分已经证明我的**米**/**秒**可以理解为“**米**除以**秒**”，自然也可以把 $\hat{\boldsymbol{v}}_{丁}=1$**米**/**秒**理解为“每**秒**走1**米**”。

甲　如果换成我的除号，$\hat{\boldsymbol{v}}_{丁}$ 应如何表示?

乙　你我定义的区别在于你把我的 $\boldsymbol{C}_{交} \equiv k_{终}\hat{\boldsymbol{C}}$ 改成了 $\boldsymbol{C}_{交} \equiv \hat{\boldsymbol{C}}$。现在把 $\boldsymbol{C}$ 取作 $\boldsymbol{v}$，则分别有 $\boldsymbol{v}_{交} = k_{v终}\hat{\boldsymbol{v}}_{丁} = \frac{1}{100}\hat{\boldsymbol{v}}_{丁}$ (对我)和 $\boldsymbol{v}_{交} = \hat{\boldsymbol{v}}_{丁}$ (对你)。由于 $\hat{\boldsymbol{v}}_{丁}$ 与量乘定义无关[只取决于定义方程(3-4-5)]，你我的 $\hat{\boldsymbol{v}}_{丁}$ 相等，所以你我的 $\boldsymbol{v}_{交}$ 必然不等。把你的 $\boldsymbol{v}_{交}$ 记作 $\boldsymbol{v}_{交你}$，便有

$$\hat{\boldsymbol{v}}_{丁} = \boldsymbol{v}_{交你} = \boldsymbol{l}_{交} /\!/ \boldsymbol{t}_{交} = \hat{\boldsymbol{l}}_{丁} /\!/ \hat{\boldsymbol{t}}_{丁} = \textbf{厘米} /\!/ \textbf{秒}。 \tag{3-4-6}$$

与 $\hat{\boldsymbol{v}}_{丁}=1$**米**/**秒**对比可知 1**厘米**//**秒** =1**米**/**秒**。

甲　我看到我的建议的明显缺点了：凡遇到**厘米**/**秒**这种“量的分式”都要特别小心，最好用 // 代替 /，但为此还要先解释 // 的意义，太麻烦了。平常不可能引进记号 //，所以我的结果 $\hat{\boldsymbol{v}}_{丁}=1$**厘米**//**秒**必然会被误解为“**厘米**每**秒**”。这是一大误导。

乙　这样的误导在很多情况下(只要 $k_{终} \neq 1$)都会发生。尤其严重的是，你的除号 // 跟我的除号 / 的关系还会随 $k_{终}$ 而变。丁制之所以有

1**厘米**//**秒** =1**米**/**秒** =100**厘米**/**秒**，

是因为其速度单位的 $k_{v终} = \frac{1}{100}$。假定把 $k_{v终}$ 改为 $\frac{1}{1000}$，那么就有

1**厘米**//**秒** =1000**厘米**/**秒**。

再举一例。选读 2-1 讲过，功率在某种老的欧美单位制(此处简称“老制”)的单位是**马力**，其原始定义方程为 $P_{老} = \beta W_{老} t_{老}^{-1}$，其中 $\beta = (7.36\times10^{9})^{-1}$；终极定义方程为 $P_{老} = \beta l_{老}^{2} m_{老} t_{老}^{-3}$，故其 $k_{终} = \beta$。不难证明**马力**与**尔格**/**秒**(CGS 制的功率单位)的关系为

1**马力**$=(7.36\times10^{9})$**尔格**/**秒**。

但若用你的建议，将有**马力**=**尔格**/**秒**，会让人感到大错。为了避免错误，你可以改写为

1 **马力** = **尔格//秒**，但这时你的 // 已变为 / 的 7.36×10^9 倍了。

甲　听君一言，我更加认识到我的建议不合适了。

乙　我承认我们的定义也有你指出的缺点："等价单位制"的等价性只停留在单位制层面，一旦进入量乘层面就可能消失。不过，停留在单位制层面的等价性还是很有用的，特别是，它至少在单位制层面上允许我们用等价一贯制代替任一个非一贯的单位制，从而避免非一贯制的麻烦。　**[选读 3-2 完]**

§ 3.5　长期困扰的单位难题的破解[选读]

乙　由于人们爱用量等式却从不对它下定义，不免就在某些微妙的等式上呈现"矛盾"，令人百思不解。现在，有了量等式的定义，加上对"量等式的单位制族依赖性"有清醒的认识，就可以破解这些难题。本节介绍一个长期困扰磁学界(乃至整个物理学界)的老大难问题及其破解。

甲　这到底是个什么问题？

乙　这是关于主要磁学量的 CGSM 制单位的关系问题(不熟悉 CGSM 单位制的读者可参阅§4.3)。该问题在历史上早已存在，由张忠仕先生再次明确提出[见张忠仕(1999)]，所以不妨称之为"张忠仕问题"。问题大意如下(意思按照原文，改用本书符号)。

一方面，绝大多数磁学界人士[张忠仕(1999)引了"权威性很强的"6 篇文献]都同意以下两式(此处不妨称之为"标准答案")：

$$\textbf{高斯}=\textbf{奥斯特}\equiv\hat{\boldsymbol{H}}_{\text{CGSM}}\quad[\text{此即式(4-3-18)}],\tag{3-5-1}$$

以及

$$\hat{\boldsymbol{M}}_{\text{CGSM}}=\textbf{高斯}=\hat{\boldsymbol{B}}_{\text{CGSM}}\quad[\text{此即式(4-3-22)}];\tag{3-5-2}$$

另一方面，在与国际单位进行转换时，绝大多数文献又给出如下关系式(证明见本节末)：

$$\hat{\boldsymbol{M}}_{\text{CGSM}}=\textbf{高斯}=10^3\frac{\textbf{安}}{\textbf{米}};\tag{3-5-3}$$

$$\hat{\boldsymbol{H}}_{\text{CGSM}}=\textbf{奥斯特}=\frac{10^3}{4\pi}\frac{\textbf{安}}{\textbf{米}}。\tag{3-5-4}$$

[3]

张忠仕(1999)认为，只要承认 **高斯** = **奥斯特** [由式(3-5-1)必须承认]，则由式(3-5-3)和(3-5-4)必将导致 $1\frac{\textbf{安}}{\textbf{米}}=\frac{1}{4\pi}\frac{\textbf{安}}{\textbf{米}}$ 的荒谬结果。或者，也可把式(3-5-3)与(3-5-4)相结合而给出

$$\text{(a)}\ \hat{\boldsymbol{M}}_{\text{CGSM}}=4\pi\hat{\boldsymbol{H}}_{\text{CGSM}},\quad\text{即}\quad\text{(b)}\ \textbf{高斯}=4\pi\,\textbf{奥斯特},\tag{3-5-5}$$

从而与标准答案 **高斯** = **奥斯特** [式(3-5-1)]直接冲突。这就是难题之所在。鉴于 **高斯** = **奥斯特** 是众所周知的结论，张忠仕(1999)提出 $\hat{\boldsymbol{M}}_{\text{CGSM}}$ 不是 **高斯** 而是 4π**高斯**，即 $\hat{\boldsymbol{M}}_{\text{CGSM}}=4\pi\,\textbf{高斯}$，与式(3-5-5a)联立便得

---

[3] 除了张忠仕文所引文献外，Scott(1959)的 Table A.7A 也给出式(3-5-1)至式(3-5-4)。胡友秋(2012)的附表 3 给出式(3-5-1)和式(3-5-2)；附表 6 则给出式(3-5-3)和式(3-5-4)。此外，式(3-5-4)也可在如下教材中找到：赵凯华，陈熙谋(2011)表 9-4；赵凯华，陈熙谋(2003)表 3-4；梁灿彬(2018)表 3-6。

$$4\pi\,\textbf{高斯} = \hat{\boldsymbol{M}}_{\text{CGSM}} = 4\pi\hat{\boldsymbol{H}}_{\text{CGSM}} = 4\pi\,\textbf{奥斯特}，$$

于是仍有 **高斯** = **奥斯特**，从而与式(3-5-1)一致。然而这一建议又与另一个标准答案 $\hat{\boldsymbol{M}}_{\text{CGSM}} =$ **高斯** [式(3-5-2)]相矛盾。

甲　为什么式(3-5-1)和(3-5-2)是标准答案?

乙　因为它们是由导出单位 $\hat{\boldsymbol{H}}_{\text{CGSM}}$ 和 $\hat{\boldsymbol{M}}_{\text{CGSM}}$ 的定义方程分别推出的，详见§4.3。至少磁学界的主流采用这两个定义方程，所以至少在磁学界是标准答案。

甲　磁学界之所以把式(3-5-2)当作标准答案，是因为他们用 $M = I/l$ [见式(4-3-20)]作为 $\hat{\boldsymbol{M}}_{\text{CGSM}}$ 的定义方程。但我觉得可以通过改变定义方程来使 $\hat{\boldsymbol{M}}_{\text{CGSM}} = 4\pi$ **高斯**，不是吗?

乙　的确可以这样做(具体做法见本节末的注记 3-4)，然而其结果反倒是掩盖了本应暴露(并在本节予以彻底澄清)的一个"矛盾"。因此，我们还是采用磁学界认可的 $\hat{\boldsymbol{M}}_{\text{CGSM}}$ 的定义方程并从式(3-5-1)和(3-5-2)出发继续讲解。

张忠仕(1999)提出的关键"矛盾"是：一方面，式(3-5-1)和(3-5-2)相结合给出

$$\hat{\boldsymbol{M}}_{\text{CGSM}} = \hat{\boldsymbol{H}}_{\text{CGSM}}，\tag{3-5-6}$$

另一方面，式(3-5-3)和(3-5-4)相结合又给出

$$\hat{\boldsymbol{M}}_{\text{CGSM}} = 4\pi\hat{\boldsymbol{H}}_{\text{CGSM}}，\tag{3-5-7}$$

与式(3-5-6)"明显冲突"。然而我们认为，虽然以上两式都对，但并不冲突，因为式(3-5-6)是 CGSM 制所在族的量等式，而式(3-5-7)却是国际制所在族的量等式，表达同样物理内容的量等式在不同单位制族有不同形式是正常的(请务必牢记"量等式是单位制族依赖的")。为了表明这两个公式适用于不同的单位制族，我们改写为

$$\hat{\boldsymbol{M}}_{\text{CGSM}} \overset{\vartriangle}{=} \hat{\boldsymbol{H}}_{\text{CGSM}}，\tag{3-5-6$'$}$$

$$\hat{\boldsymbol{M}}_{\text{CGSM}} \overset{\blacktriangle}{=} 4\pi\hat{\boldsymbol{H}}_{\text{CGSM}}，\tag{3-5-7$'$}$$

其中 $\overset{\vartriangle}{=}$ 和 $\overset{\blacktriangle}{=}$ 分别是对 CGSM 制和国际制所在族成立的等号，使用这两个特殊等号之后，就可看出式(3-5-6′)与(3-5-7′)并无矛盾!

甲　我承认式(3-5-6)是 CGSM 制所在族的量等式(因为它就是在 CGSM 制内推出的)，但凭什么说式(3-5-7)是国际制所在族的量等式?

乙　这可从下面的推导过程看出：

$$\hat{\boldsymbol{H}}_{\text{CGSM}} = \frac{10^3}{4\pi}\hat{\boldsymbol{H}}_{\text{国}} \overset{\blacktriangle}{=} \frac{10^3}{4\pi}\hat{\boldsymbol{M}}_{\text{国}} = \frac{1}{4\pi}\hat{\boldsymbol{M}}_{\text{CGSM}}，\tag{3-5-8}$$

其中第一个等号，即

$$\hat{\boldsymbol{H}}_{\text{CGSM}} = \frac{10^3}{4\pi}\hat{\boldsymbol{H}}_{\text{国}}，\tag{3-5-9}$$

是同类量等式，是绝对的，不依赖于单位制族，可以利用任一适当的数等式(不一定要导出单位定义方程)来一劳永逸地证明。例如，由 $\vec{\boldsymbol{H}}$ 的安培环路定理

$$\oint \vec{H}_{\text{CGSM}} \cdot \mathrm{d}\vec{l}_{\text{CGSM}} = 4\pi I_{\text{CGSM}}\quad(\text{传导电流})\tag{3-5-10}$$

得

$$H_{\text{CGSM}} = 4\pi\frac{I_{\text{CGSM}}}{l_{\text{CGSM}}} = 4\pi\frac{10^{-1}I_{\text{国}}}{10^2 l_{\text{国}}} = \frac{4\pi}{10^3}H_{\text{国}}。\tag{3-5-11}$$

[其中第二步用到1**安培**$=10^{-1}\text{CGSM}(I)$，见式(4-1-1)。] 上式的H_{CGSM}和$H_{国}$是用量类$\tilde{\boldsymbol{H}}$的两个单位$\hat{\boldsymbol{H}}_{\text{CGSM}}$和$\hat{\boldsymbol{H}}_{国}$测量同一物理量$\boldsymbol{H}$所得的数，由此便知这两个单位的关系为式(3-5-9)。但式(3-5-8)的第二个等号就完全不同了，它说的是$\hat{\boldsymbol{H}}_{国}$等于$\hat{\boldsymbol{M}}_{国}$，而这个“等于”是站在国际制的立场得出的，因而应写成$\hat{\boldsymbol{H}}_{国}\triangleq\hat{\boldsymbol{M}}_{国}$，

甲　为什么$\hat{\boldsymbol{H}}_{国}$等于$\hat{\boldsymbol{M}}_{国}$是站在国际制立场得出的？

乙　由表4-3查得$\hat{\boldsymbol{M}}_{国}$和$\hat{\boldsymbol{H}}_{国}$(作为导出单位)的定义方程分别为

$$M_{国}\equiv\frac{p_{\text{m}国}}{V_{国}}=\frac{I_{国}S_{国}}{V_{国}}=\frac{I_{国}}{l_{国}}, \tag{3-5-12}$$

和

$$\oint\vec{H}_{国}\cdot\text{d}\vec{l}_{国}=I_{国}\quad(传导电流)\;, \tag{3-5-13}$$

后者又可改写为

$$H_{国}=\frac{I_{国}}{l_{国}}, \tag{3-5-14}$$

与式(3-5-12)对比便知

$$\hat{\boldsymbol{H}}_{国}\triangleq\hat{\boldsymbol{M}}_{国}。 \tag{3-5-15}$$

至于式(3-5-8)的第三个等号，也是同类量等式，由$\hat{\boldsymbol{M}}_{\text{CGSM}}$和$\hat{\boldsymbol{M}}_{国}$的定义方程，即$M_{\text{CGSM}}=\dfrac{I_{\text{CGSM}}}{l_{\text{CGSM}}}$[见式(4-3-20)]和$M_{国}=\dfrac{I_{国}}{l_{国}}$容易验证。

甲　我明白了。张忠仕(1999)提出的“矛盾”其实不是矛盾，但要理解这一点就必须知道“量等式是单位制族依赖的”这个结论。看来，如果对量等式不下定义(误以为理所当然地有明确含义)，就不可能知道这个结论，难怪这个“矛盾”是个长期困扰物理学家的难题。

乙　看来就是如此。

甲　虽然张忠仕(1999)提出的“矛盾”已经解决，但是，出于求知欲，我还是想知道他所引的式(3-5-3)和(3-5-4)(按本书编号)是怎么证明的。

乙　式(3-5-3)的证明如下(每步的道理留给你说明)。

$$\hat{\boldsymbol{M}}_{\text{CGSM}}\triangleq\frac{\hat{\boldsymbol{I}}_{\text{CGSM}}}{\hat{\boldsymbol{l}}_{\text{CGSM}}}{}_{(\wedge)}=\frac{10\hat{\boldsymbol{I}}_{国}}{10^{-2}\hat{\boldsymbol{l}}_{国}}{}_{(\wedge)}=10^{3}\frac{\hat{\boldsymbol{I}}_{国}}{\hat{\boldsymbol{l}}_{国}}{}_{(\wedge)}=10^{3}\frac{\textbf{安}}{\textbf{米}}{}_{(\wedge)}, \tag{3-5-16}$$

其中分数横杠右边加$_{(\wedge)}$代表这是对CGSM制定义的除法(量的乘除是单位制族依赖的，所以要注明)。而式(3-5-3)的证明再推一步就是待证的式(3-5-4):

$$\hat{\boldsymbol{H}}_{\text{CGSM}}=\frac{10^{3}}{4\pi}\hat{\boldsymbol{H}}_{国}\triangleq\frac{10^{3}}{4\pi}\hat{\boldsymbol{M}}_{国}=\frac{1}{4\pi}\hat{\boldsymbol{M}}_{\text{CGSM}}\triangleq\frac{10^{3}}{4\pi}\frac{\textbf{安}}{\textbf{米}}{}_{(\wedge)}。$$

注记 3-4　本节开头不久曾提到“可以通过改变定义方程来使$\hat{\boldsymbol{M}}_{\text{CGSM}}=4\pi$**高斯**”，现在补讲具体做法。把CGSM制的数等式$\vec{H}_{\text{CGSM}}=\vec{B}_{\text{CGSM}}-4\pi\vec{M}_{\text{CGSM}}$用于铁磁质，当它处于$\vec{H}_{\text{CGSM}}=0$的状态时有$B_{\text{CGSM}}=4\pi M_{\text{CGSM}}$，配之以$\hat{\boldsymbol{B}}_{\text{CGSM}}$的终极定义方程

$$B_{\text{CGSM}}=l_{\text{CGSM}}^{-1/2}m_{\text{CGSM}}^{1/2}t_{\text{CGSM}}^{-1}\qquad[见式(4-4-20)],$$

便得 $\hat{\boldsymbol{M}}_{\text{CGSM}}$ 的终极定义方程

$$M_{\text{CGSM}}=\frac{1}{4\pi}l_{\text{CGSM}}^{-1/2}m_{\text{CGSM}}^{1/2}t_{\text{CGSM}}^{-1}\text{。}$$

由上式读出 $\hat{\boldsymbol{M}}_{\text{CGSM}}$ 的终定系数 $k_{M终}=\dfrac{1}{4\pi}$，注意到 $\hat{\boldsymbol{B}}_{\text{CGSM}}$ 的终定系数 $k_{B终}=1$，由同量纲不同类量的认同规则[式(1-4-14)]便得 $k_{M终}\hat{\boldsymbol{M}}_{\text{CGSM}}=k_{B终}\hat{\boldsymbol{B}}_{\text{CGSM}}$，于是就有 $\hat{\boldsymbol{M}}_{\text{CGSM}}=4\pi\hat{\boldsymbol{B}}_{\text{CGSM}}$，即 $\hat{\boldsymbol{M}}_{\text{CGSM}}=4\pi$ **高斯**。但这种改法既不是磁学界主流的做法，又掩盖了本应暴露(并在本节予以彻底澄清)的那个“矛盾”，所以不宜采纳。

§ 3.6　单位乘除法也有致错可能[选读]

“单位乘除法”是指量的一个连等式，例如

$$1\,\textbf{韦}=1\,\textbf{伏}\cdot\textbf{秒}=1\,\textbf{安}\cdot\textbf{欧}\cdot\textbf{秒}=1\frac{\textbf{库}}{\textbf{秒}}\cdot\textbf{欧}\cdot\textbf{秒}=1\,\textbf{库}\cdot\textbf{欧}=\tilde{3}\times10^{9}\frac{\textbf{静库}}{\textbf{姆}}\text{，}\tag{3-6-1}$$

其中每个等号都是利用单位的相乘或相除来证明成立的。在推导量等式时，学物理的人都喜欢使用单位乘除法。然而，当连等式中涉及不同单位制的单位时，计算有可能给出错误的结果，这是人们一般并不知道的。下面就是一个例子。

在国际单位制中，量类 $\tilde{\boldsymbol{I}}$ (电流)、$\tilde{\boldsymbol{H}}$ (磁场强度)和 $\tilde{\boldsymbol{l}}$ (长度)满足量纲关系式

$$\dim\boldsymbol{I}=(\dim\boldsymbol{H})(\dim\boldsymbol{l})\text{。}\tag{3-6-2}$$

根据量乘定义 3-2-1 的式(3-2-7)，注意到对国际制的截面有 $\boldsymbol{I}_{交}=\hat{\boldsymbol{I}}_{国}$，$\boldsymbol{H}_{交}=\hat{\boldsymbol{H}}_{国}$，$\boldsymbol{l}_{交}=\hat{\boldsymbol{l}}_{国}$，便得

$$\hat{\boldsymbol{I}}_{国}=\hat{\boldsymbol{H}}_{国}\cdot\hat{\boldsymbol{l}}_{国}\text{。}\tag{3-6-3}$$

而 $\hat{\boldsymbol{H}}_{国}$ 与 $\hat{\boldsymbol{H}}_{\text{CGSM}}$ 是同类量，有绝对的同类量等式[见式(3-5-9)]:

$$\hat{\boldsymbol{H}}_{国}=\frac{4\pi}{10^{3}}\hat{\boldsymbol{H}}_{\text{CGSM}}\text{，}\tag{3-6-4}$$

类似地还有同类量等式

$$\hat{\boldsymbol{l}}_{国}=10^{2}\hat{\boldsymbol{l}}_{\text{CGSM}}\quad(\text{此即}\,\textbf{米}=10^{2}\,\textbf{厘米})\text{，}\tag{3-6-5}$$

代入式(3-6-3)得

$$\hat{\boldsymbol{I}}_{国}=\frac{4\pi}{10}\hat{\boldsymbol{H}}_{\text{CGSM}}\cdot\hat{\boldsymbol{l}}_{\text{CGSM}}\text{，}\tag{3-6-6}$$

由于量纲关系式(3-6-2)对 CGSM 制也成立，注意到在 CGSM 制的截面上有 $\boldsymbol{I}_{交}=\hat{\boldsymbol{I}}_{\text{CGSM}}$，$\boldsymbol{H}_{交}=\hat{\boldsymbol{H}}_{\text{CGSM}}$，$\boldsymbol{l}_{交}=\hat{\boldsymbol{l}}_{\text{CGSM}}$，又得

$$\hat{\boldsymbol{I}}_{\text{CGSM}}=\hat{\boldsymbol{H}}_{\text{CGSM}}\cdot\hat{\boldsymbol{l}}_{\text{CGSM}}\text{。}\tag{3-6-7}$$

代入式(3-6-6)便给出

$$\hat{\boldsymbol{I}}_{国}=\frac{4\pi}{10}\hat{\boldsymbol{I}}_{\text{CGSM}}\text{，}\tag{3-6-8}$$

熟悉以上关系式的人在使用单位乘除法时就会写出下面的连等式:

$$\hat{\boldsymbol{I}}_{国}=\hat{\boldsymbol{H}}_{国}\cdot\hat{\boldsymbol{l}}_{国}=\frac{4\pi}{10^3}\hat{\boldsymbol{H}}_{CGSM}\cdot10^2\hat{\boldsymbol{l}}_{CGSM}=\frac{4\pi}{10}\hat{\boldsymbol{H}}_{CGSM}\cdot\hat{\boldsymbol{l}}_{CGSM}=\frac{4\pi}{10}\hat{\boldsymbol{I}}_{CGSM}。\tag{3-6-9}$$

然而上式是错误的，因为 $\hat{\boldsymbol{I}}_{CGSM}$ 与 $\hat{\boldsymbol{I}}_{国}$ 满足绝对的同类量等式

$$\hat{\boldsymbol{I}}_{CGSM}=10\hat{\boldsymbol{I}}_{国}，\tag{3-6-10}$$

代入式(3-6-9)便导致

$$\hat{\boldsymbol{I}}_{国}=4\pi\hat{\boldsymbol{I}}_{国}$$

这样的错误。致错的原因在于对“量的乘法依赖于单位制族”这一重要结论认识不足，注意不够。式(3-6-9)的 $\hat{\boldsymbol{H}}_{国}\cdot\hat{\boldsymbol{l}}_{国}$ 中的乘号是国际制的乘号，于是第三个等号后面的 $\hat{\boldsymbol{H}}_{CGSM}\cdot\hat{\boldsymbol{l}}_{CGSM}$ 也是国际制的乘积(继承下来的)，然而式(3-6-7)右边的乘积却是 CGSM 制的乘积。为了区分这两种乘积，此处把式(3-6-7)明确改写为

$$\hat{\boldsymbol{I}}_{CGSM}=\hat{\boldsymbol{H}}_{CGSM}\odot\hat{\boldsymbol{l}}_{CGSM}。\tag{3-6-7$'$}$$

其中 $\odot$ 代表 CGSM 制所在族的乘号(保留 $\cdot$ 作为国际制所在族的乘号)，于是式(3-6-9)应更明确地写成

$$\hat{\boldsymbol{I}}_{国}=\hat{\boldsymbol{H}}_{国}\cdot\hat{\boldsymbol{l}}_{国}=\frac{4\pi}{10}\hat{\boldsymbol{H}}_{CGSM}\cdot\hat{\boldsymbol{l}}_{CGSM}\neq\frac{4\pi}{10}\hat{\boldsymbol{H}}_{CGSM}\odot\hat{\boldsymbol{l}}_{CGSM}=\frac{4\pi}{10}\hat{\boldsymbol{I}}_{CGSM}=4\pi\hat{\boldsymbol{I}}_{国}。\tag{3-6-11}$$

甲　这样看来，单位乘除法的结果就未必都正确了。然而人们经常运用此法，而且似乎从未听说过出错的。

乙　这至少有两点原因。第一，用单位乘除法时往往只限制在同一单位制(最常用的是国际制)内，这当然不会出错；第二，即使偶尔用到“跨制”运算，只要不涉及某些“危险”量类(例如 $\tilde{\boldsymbol{H}}$)，通常也不会出错。

§ 3.7　量 的 求 幂

设 $\boldsymbol{L}$ 和 $\boldsymbol{S}$ 分别是正方形的边长和面积。对国际制而言，长度是基本量类，面积是导出量类，其导出单位 $\hat{\boldsymbol{S}}_{国}$ (**方米**)的定义方程为 $S=L^2$ (其中 L 和 S 分别是用国际制单位测 $\boldsymbol{L}$ 和 $\boldsymbol{S}$ 所得的数)。人们都喜欢用量等式 $\boldsymbol{S}=\boldsymbol{L}^2$ 表示正方形面积与边长的关系，但此式出现量 $\boldsymbol{L}$ 的二次幂，即 $\boldsymbol{L}^2$，所以有必要对“量的若干次幂”下定义。

甲　这很容易啊：$\boldsymbol{L}^2$ 无非就是量的乘积 $\boldsymbol{L}\cdot\boldsymbol{L}$，不是已经下过定义了吗？例如，式(3-2-10)等已出现过量的平方 $\boldsymbol{v}^2$。

乙　是的，但如果把幂次从 2 改为正负实数 a，就没有这么简单了。电磁学教材常把 MKSA 制的导出单位用基本单位的幂连乘式[可参阅梁灿彬(2018)]表出：

电荷体密度单位 $=\mathbf{m}^{-3}\cdot\mathbf{s}\cdot\mathbf{A}$ (即**米**$^{-3}\cdot$**秒**$\cdot$**安**)；

电压单位 $=\mathbf{m}^{2}\cdot\mathbf{kg}\cdot\mathbf{s}^{-3}\cdot\mathbf{A}^{-1}$ (即**米**$^{2}\cdot$**千克**$\cdot$**秒**$^{-3}\cdot$**安**$^{-1}$)；

磁导率单位 $=\mathbf{m}\cdot\mathbf{kg}\cdot\mathbf{s}^{-2}\cdot\mathbf{A}^{-2}$ (即**米**$\cdot$**千克**$\cdot$**秒**$^{-2}\cdot$**安**$^{-2}$)，

等等。为了适用于所有情况，有必要对量(请注意单位也是量)的实数次幂下定义。

3.7.1　借用纤维和截面定义量的求幂

设 $\boldsymbol{Q}$ 为非零量，a 为实数，我们要给 $\boldsymbol{Q}^a$ (量 $\boldsymbol{Q}$ 的 a 次幂)下定义。(对 $\boldsymbol{Q}=\boldsymbol{0}$ 的情况，只需补上 $\boldsymbol{0}^a := \boldsymbol{0}$，其中 a 为正实数。) 取定一个单位制 $\mathscr{Z}$ 及其所在族，就可以利用纤维和截面给出量的求幂定义。图 3-4 示出 $\mathscr{Z}$ 制所在族的、由无数纤维铺成的方块 $\mathscr{B}$。设 $\boldsymbol{Q}$ 所在的纤维是

$$\boldsymbol{Q}^{\dagger}=(\sigma_1,\cdots,\sigma_l), \tag{3-7-1}$$

它与 $\mathscr{Z}$ 制截面 $\mathscr{J}$ 的交点记作 $\boldsymbol{Q}_{交}$ (见图 3-4)。既然 $\boldsymbol{Q}_{交}$ 与 $\boldsymbol{Q}$ 位于同一纤维，就存在 $\beta\in\mathbb{R}$ 使

$$\boldsymbol{Q}=\beta\boldsymbol{Q}_{交}。 \tag{3-7-2}$$

问题是：有待定义的 $\boldsymbol{Q}^a$ 应位于哪条纤维？不妨从数等式获得启发。从本节开头的面积公式 $S=L^2$ 可知，面积 S，作为边长 L 的平方，其量纲 $\dim\boldsymbol{S}$ 等于 $\boldsymbol{L}$ 的量纲的平方，即 $(\dim\boldsymbol{L}^2)=(\dim\boldsymbol{L})^2$。因此，我们猜想(约定)

$$(\dim\boldsymbol{Q}^a)=(\dim\boldsymbol{Q})^a,$$

由此又知 $\boldsymbol{Q}^a$ 的量纲指数为 $(a\sigma_1,\cdots,a\sigma_l)$。若以 $\boldsymbol{T}^{\dagger}$ 代表 $\boldsymbol{Q}^a$ 所在的纤维，则 $\boldsymbol{T}^{\dagger}=(a\sigma_1,\cdots,a\sigma_l)$。以 $\boldsymbol{T}_{交}$ 代表 $\boldsymbol{T}^{\dagger}$ 与截面 $\mathscr{J}$ 的交点，则有待定义的 $\boldsymbol{Q}^a$ 与 $\boldsymbol{T}_{交}$ 位于同一纤维，所以存在 $\alpha\in\mathbb{R}$ 使 $\boldsymbol{Q}^a=\alpha\boldsymbol{T}_{交}$。对 $\boldsymbol{Q}^a$ 下定义的任务现在归结为选择 α 的值。由 $\boldsymbol{Q}=\beta\boldsymbol{Q}_{交}$ 得 $\boldsymbol{Q}^a=(\beta\boldsymbol{Q}_{交})^a$，我们希望量的求幂运算与数的求幂尽量一样，所以猜想 $(\beta\boldsymbol{Q}_{交})^a$ 等于 $\beta^a\boldsymbol{Q}_{交}^a$ (参见图 3-4)，可见 α 应等于 β^a。于是有如下定义。

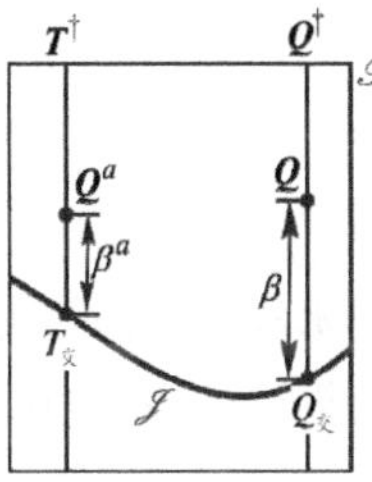

图 3-4　量的求幂示意。取幂指数 $a=1/2$

定义 3-7-1　设 $\boldsymbol{Q}=\beta\boldsymbol{Q}_{交}$，则 $\boldsymbol{Q}$ 的 a 次幂定义为

$$\boldsymbol{Q}^a := \beta^a\boldsymbol{T}_{交}, \tag{3-7-3}$$

其中 $\boldsymbol{T}_{交}$ 所在的纤维是

$$\boldsymbol{T}^{\dagger}=(a\sigma_1,\cdots,a\sigma_l)。 \tag{3-7-4}$$

这一定义的确满足“量的求幂运算与数的求幂尽量一样”的要求，请看以下定理。

定理 3-7-1　设 $\boldsymbol{Q}$ 是任意量，a、b 是实数，则对任意单位制 $\mathscr{Z}$ 有

$$\boldsymbol{Q}^{a+b}=\boldsymbol{Q}^a\cdot\boldsymbol{Q}^b。 \tag{3-7-5}$$

证明　设 $\boldsymbol{Q}=\beta\boldsymbol{Q}_{交}$，由定义 3-7-1 可知

$$\boldsymbol{Q}^a\equiv\beta^a\boldsymbol{T}_{1交},\quad \boldsymbol{Q}^b\equiv\beta^b\boldsymbol{T}_{2交},$$

其中 $\boldsymbol{T}_{1交}$、$\boldsymbol{T}_{2交}$ 所在的纤维分别是

$$\boldsymbol{T}_1^{\dagger}=(a\sigma_1,\cdots,a\sigma_l),\quad \boldsymbol{T}_2^{\dagger}=(b\sigma_1,\cdots,b\sigma_l)。 \tag{3-7-6}$$

所以

$$\boldsymbol{Q}^a\cdot\boldsymbol{Q}^b=\beta^a\beta^b\boldsymbol{T}_{1交}\cdot\boldsymbol{T}_{2交}。 \tag{3-7-7}$$

另一方面，由定义 3-7-1 又有

$$\boldsymbol{Q}^{a+b}\equiv\beta^{a+b}\boldsymbol{T}_{交}, \tag{3-7-8}$$

其中 $\boldsymbol{T}_{交}$ 所在的纤维是

$$\boldsymbol{T}^{\dagger} \equiv ((a+b)\sigma_1, \cdots, (a+b)\sigma_l) \text{。} \tag{3-7-9}$$

由式(3-7-6)和(3-7-9)看出 $\dim \boldsymbol{T} = (\dim \boldsymbol{T}_1)(\dim \boldsymbol{T}_2)$，因而 $\boldsymbol{T}_{交} = \boldsymbol{T}_{1交} \cdot \boldsymbol{T}_{2交}$，代入式(3-7-7)给出

$$\boldsymbol{Q}^a \cdot \boldsymbol{Q}^b = \beta^{a+b} \boldsymbol{T}_{交} = \boldsymbol{Q}^{a+b} \text{，}$$

[其中第二步用到式(3-7-8)。] 于是定理得证。 □

定理 3-7-2　设 $\boldsymbol{A}$、$\boldsymbol{B}$ 是任意量，a 是实数，则对任意单位制 $\mathscr{Z}$ 有

$$(\boldsymbol{A} \cdot \boldsymbol{B})^a = \boldsymbol{A}^a \cdot \boldsymbol{B}^a \text{。} \tag{3-7-10}$$

证明　设 $\boldsymbol{A}$、$\boldsymbol{B}$ 在 $\mathscr{Z}$ 制所在族的纤维分别为 $\boldsymbol{A}^{\dagger} \equiv (\sigma_1, \cdots, \sigma_l)$ 和 $\boldsymbol{B}^{\dagger} \equiv (\rho_1, \cdots, \rho_l)$。令 $\boldsymbol{C} \equiv \boldsymbol{A} \cdot \boldsymbol{B}$，则

$$\boldsymbol{C}^{\dagger} \equiv (\tau_1, \cdots, \tau_l) \text{，其中} \tau_1 \equiv \sigma_1 + \rho_1, \cdots, \sigma_l + \rho_l \text{。} \tag{3-7-11}$$

以 $\mathscr{J}$ 代表 $\mathscr{Z}$ 制的截面，$\boldsymbol{A}_{交}$、$\boldsymbol{B}_{交}$ 和 $\boldsymbol{C}_{交}$ 依次代表 $\boldsymbol{A}^{\dagger}$、$\boldsymbol{B}^{\dagger}$ 和 $\boldsymbol{C}^{\dagger}$ 与 $\mathscr{J}$ 的交点，则存在 $\beta_1, \beta_2, \beta \in \mathbb{R}$ 使得

$$\text{(a)}\ \boldsymbol{A} = \beta_1 \boldsymbol{A}_{交} \text{，} \quad \text{(b)}\ \boldsymbol{B} = \beta_2 \boldsymbol{B}_{交} \text{，} \quad \text{(c)}\ \boldsymbol{C} = \beta \boldsymbol{C}_{交} \text{，} \tag{3-7-12}$$

于是

$$\text{式(3-7-10)左边} = \boldsymbol{C}^a = (\beta \boldsymbol{C}_{交})^a \equiv \beta^a \boldsymbol{T}_{交} \text{，} \tag{3-7-13}$$

其中末步(恒等号)用到定义 3-7-1，此处的 $\boldsymbol{T}_{交}$ 是 $\mathscr{J}$ 与纤维 $\boldsymbol{T}^{\dagger} \equiv (a\tau_1, \cdots, a\tau_l)$ 的交点。

再看式(3-7-10)右边。注意到 $\boldsymbol{A} = \beta_1 \boldsymbol{A}_{交}$ 和 $\boldsymbol{B} = \beta_2 \boldsymbol{B}_{交}$，又有

$$\boldsymbol{A}^a \equiv \beta_1{}^a \boldsymbol{T}_{1交} \text{，} \quad \boldsymbol{B}^a \equiv \beta_2{}^a \boldsymbol{T}_{2交} \text{，} \tag{3-7-14}$$

其中 $\boldsymbol{T}_{1交}$ 和 $\boldsymbol{T}_{2交}$ 分别是 $\mathscr{J}$ 与纤维 $\boldsymbol{T}_1^{\dagger} \equiv (a\sigma_1, \cdots, a\sigma_l)$ 和 $\boldsymbol{T}_2^{\dagger} \equiv (a\rho_1, \cdots, a\rho_l)$ 的交点。所以

$$\text{式(3-7-10)右边} = (\beta_1{}^a \boldsymbol{T}_{1交}) \cdot (\beta_2{}^a \boldsymbol{T}_{2交}) = (\beta_1 \beta_2)^a \boldsymbol{T}_{交} \text{，} \tag{3-7-15}$$

其中第二步是因为 $\dim \boldsymbol{T} = (\dim \boldsymbol{T}_1)(\dim \boldsymbol{T}_2)$ 保证 $\boldsymbol{T}_{1交} \cdot \boldsymbol{T}_{2交} = \boldsymbol{T}_{交}$。最后，对比式(3-7-15)与(3-7-13)可知，为证明(3-7-10)只需证明 $\beta_1 \beta_2 = \beta$。证明如下：

$$\boldsymbol{C} \equiv \boldsymbol{A} \cdot \boldsymbol{B} = (\beta_1 \boldsymbol{A}_{交}) \cdot (\beta_2 \boldsymbol{B}_{交}) = (\beta_1 \beta_2) \boldsymbol{A}_{交} \cdot \boldsymbol{B}_{交} = (\beta_1 \beta_2) \boldsymbol{C}_{交} \text{，} \tag{3-7-16}$$

与式(3-7-12c)比照便知 $\beta_1 \beta_2 = \beta$。 □

定理 3-7-3　设 $\tilde{\boldsymbol{Q}}$ 是任意量类，$\boldsymbol{Q} \in \tilde{\boldsymbol{Q}}_{正}$，$a$、$b$ 是实数，则对任意单位制 $\mathscr{Z}$ 有

$$(\boldsymbol{Q}^a)^b = \boldsymbol{Q}^{ab} \text{。} \tag{3-7-17}$$

证明　设 $\boldsymbol{Q} = \beta \boldsymbol{Q}_{交}$，则由定义 3-7-1 有

$$\boldsymbol{Q}^a \equiv \beta^a \boldsymbol{T}_{交} \text{，} \tag{3-7-18}$$

其中 $\boldsymbol{T}_{交}$ 所在的纤维是

$$\boldsymbol{T}^{\dagger} = (a\sigma_1, \cdots, a\sigma_l) \text{。} \tag{3-7-19}$$

于是 $(\boldsymbol{Q}^a)^b = (\beta^a \boldsymbol{T}_{交})^b$。仿照定义 3-7-1 有

$$(\boldsymbol{Q}^a)^b = (\beta^a \boldsymbol{T}_{交})^b \equiv (\beta^a)^b \boldsymbol{U}_{交} = \beta^{ab} \boldsymbol{U}_{交} \text{，} \tag{3-7-20}$$

其中 $\boldsymbol{U}_{交}$ 所在的纤维是

$$\boldsymbol{U}^{\dagger} = (ab\sigma_1, \cdots, ab\sigma_l) \text{。} \tag{3-7-21}$$

另一方面，由定义 3-7-1 又有

$$\boldsymbol{Q}^{ab} \equiv \beta^{ab} \boldsymbol{V}_{交} \text{，} \tag{3-7-22}$$

其中 $\boldsymbol{V}_{交}$ 所在的纤维是

$$\boldsymbol{V}^{\dagger}=(ab\sigma_1,\cdots,ab\sigma_l)\text{。} \tag{3-7-23}$$

对比上式与式(3-7-21)得 $\boldsymbol{V}^{\dagger}=\boldsymbol{U}^{\dagger}$，故 $\boldsymbol{V}_{交}=\boldsymbol{U}_{交}$。再对比式(3-7-20)和式(3-7-22)便得待证等式 $(\boldsymbol{Q}^a)^b=\boldsymbol{Q}^{ab}$。 □

甲 上述定理中只有定理 3-7-3 对待求幂的量有所要求：$\boldsymbol{Q}\in\tilde{\boldsymbol{Q}}_{正}$。为何要加此限制？

乙 原因来自如下事实：设 β 为实数，则

$$(\beta^2)^{1/2}=\begin{cases}\beta, & 若\beta>0;\\ -\beta, & 若\beta<0。\end{cases}$$

假定定理 3-7-3 把 $\boldsymbol{Q}$ 放宽为任意量，而且取 $a=2$，$b=1/2$，再看推证过程。由 $\boldsymbol{Q}=\beta\boldsymbol{Q}_{交}$ 按定义得 $\boldsymbol{Q}^2\equiv\beta^2\boldsymbol{T}_{交}$，其中 $\boldsymbol{T}_{交}$ 所在的纤维是 $\boldsymbol{T}^{\dagger}=(2\sigma_1,\cdots,2\sigma_l)$。于是 $(\boldsymbol{Q}^2)^{1/2}=(\beta^2\boldsymbol{T}_{交})^{1/2}$，再由定义又有

$$(\boldsymbol{Q}^2)^{1/2}=(\beta^2\boldsymbol{T}_{交})^{1/2}\equiv(\beta^2)^{1/2}\boldsymbol{U}_{交}=\begin{cases}\beta\boldsymbol{U}_{交}, 若\beta>0;\\ -\beta\boldsymbol{U}_{交}, 若\beta<0,\end{cases} \tag{3-7-24}$$

其中 $\boldsymbol{U}_{交}$ 所在的纤维是 $\boldsymbol{U}^{\dagger}=(2\times(1/2)\sigma_1,\cdots,2\times(1/2)\sigma_l)=(\sigma_1,\cdots,\sigma_l)$。另一方面，由定义 3-7-1 又有

$$\boldsymbol{Q}^{2\times1/2}\equiv\beta^{2\times1/2}\boldsymbol{V}_{交}=\beta\boldsymbol{V}_{交}, \tag{3-7-25}$$

其中 $\boldsymbol{V}_{交}$ 所在的纤维是

$$\boldsymbol{V}^{\dagger}=(2\times(1/2)\sigma_1,\cdots,2\times(1/2)\sigma_l)=(\sigma_1,\cdots,\sigma_l)=\boldsymbol{U}^{\dagger}=\boldsymbol{Q}^{\dagger}\text{。}$$

代入式(3-7-25)得 $\boldsymbol{Q}^{2\times1/2}=\beta\boldsymbol{U}_{交}$，再与式(3-7-24)结合遂得

$$(\boldsymbol{Q}^2)^{1/2}=\begin{cases}\boldsymbol{Q}^{2\times1/2}, 若\beta>0;\\ -\boldsymbol{Q}^{2\times1/2}, 若\beta<0。\end{cases} \tag{3-7-26}$$

可见，为了避免混淆，本定理要排除 $\beta<0$ 的情况。注意到 $\boldsymbol{Q}_{交}=k_{终}\hat{\boldsymbol{Q}}$，而第一章早已约定 $k_{终}>0$ 和 $\hat{\boldsymbol{Q}}\in\tilde{\boldsymbol{Q}}_{正}$，故 $\boldsymbol{Q}_{交}\in\tilde{\boldsymbol{Q}}_{正}$。于是由 $\boldsymbol{Q}=\beta\boldsymbol{Q}_{交}$ 便知排除 $\beta<0$ 等价于排除 $\boldsymbol{Q}\in\tilde{\boldsymbol{Q}}_{负}$，所以本定理的前提是 $\boldsymbol{Q}\in\tilde{\boldsymbol{Q}}_{正}$。当然，只要实数 a 不涉及“偶数分之一”的情况，本定理也适用于 $\boldsymbol{Q}\in\tilde{\boldsymbol{Q}}_{负}$ 的情况。

定理 3-7-4 设 $\boldsymbol{Q}$ 是任意量，a 是实数，则对任意单位制 $\mathscr{Z}$ 有

$$\dim(\boldsymbol{Q}^a)=(\dim\boldsymbol{Q})^a\text{。} \tag{3-7-27}$$

证明 留给读者完成。 □

3.7.2 量的求幂的直观表述

量的求幂定义 3-7-1 比较抽象，难以看出与大家熟悉的“数的求幂”的相似性。但下述定理很好地弥补了这一不足。

定理 3-7-5 定义 3-7-1 导致以下直观结论：

(1) 幂指数 a 是正整数 z (即 $z\in\mathbb{Z}^*$，其中 $\mathbb{Z}^*$ 是正整数集)时有

$$\boldsymbol{Q}^z=\boldsymbol{Q}\cdot\boldsymbol{Q}\cdots\boldsymbol{Q}(共 z 个 \boldsymbol{Q})\text{。} \tag{3-7-28}$$

(2) 幂指数是 0 时有

$$\boldsymbol{Q}^0 = \mathbf{1} \in \mathbb{R} 。 \tag{3-7-29}$$

(3) 幂指数是负整数，即 $-z$ (其中 $z \in \mathbb{Z}^*$)时有

$$\boldsymbol{Q}^{-z} = \frac{\mathbf{1}}{\boldsymbol{Q}^z} 。\ \text{(此即量}\mathbf{1}\text{与量}\boldsymbol{Q}^z\text{的商，亦即量}\boldsymbol{Q}^z\text{的逆元)} \tag{3-7-30}$$

(4) 幂指数是 $1/z$ (正整数分之一)时有

$$\boldsymbol{Q}^{1/z} = \boldsymbol{S}，\text{其中量}\boldsymbol{S}\text{满足}\boldsymbol{S}^z = \boldsymbol{Q}，\text{且}\boldsymbol{S} \in \tilde{\boldsymbol{S}}_{\text{正}} 。 \tag{3-7-31}$$

(注：当 z 为正偶数时，对 $\boldsymbol{Q}$ 应加限制：$\boldsymbol{Q} \in \tilde{\boldsymbol{Q}}_{\text{正}}$。)

(5) 幂指数是正的分数，即 z_1/z_2，其中 $z_1, z_2 \in \mathbb{Z}^*$。

$$\boldsymbol{Q}^{z_1/z_2} = (\boldsymbol{Q}^{z_1})^{1/z_2} 。 \tag{3-7-32}$$

(注：当 z_2 为正偶数时，对 $\boldsymbol{Q}$ 应加限制：$\boldsymbol{Q} \in \tilde{\boldsymbol{Q}}_{\text{正}}$。下同。)

(6) 幂指数是负的分数，即 $-z_1/z_2$，其中 $z_1, z_2 \in \mathbb{Z}^*$，则

$$\boldsymbol{Q}^{-z_1/z_2} = \frac{\mathbf{1}}{\boldsymbol{Q}^{z_1/z_2}} 。 \tag{3-7-33}$$

证明　设 $\boldsymbol{Q} = \beta\boldsymbol{Q}_{\text{交}}$，则

(1) 当 $a = z$ 时(仅以 $z = 3$ 为例，容易推广至 z 为任意正整数的情况)，按定义有

$$\boldsymbol{Q}^3 \equiv \beta^3\boldsymbol{T}_{\text{交}}， \tag{3-7-34}$$

其中 $\boldsymbol{T}_{\text{交}}$ 所在纤维按式(3-7-4)为

$$\boldsymbol{T}^{\dagger} = (3\sigma_1, \cdots, 3\sigma_l) 。 \tag{3-7-35}$$

上式与 $\boldsymbol{Q}^{\dagger} = (\sigma_1, \cdots, \sigma_l)$ [即式(3-7-1)]结合给出 $\dim\boldsymbol{T} = (\dim\boldsymbol{Q})(\dim\boldsymbol{Q})(\dim\boldsymbol{Q})$，再用式(3-2-7)得 $\boldsymbol{T}_{\text{交}} = \boldsymbol{Q}_{\text{交}} \cdot \boldsymbol{Q}_{\text{交}} \cdot \boldsymbol{Q}_{\text{交}}$，代入式(3-7-34)便得

$$\boldsymbol{Q}^3 = \beta^3\boldsymbol{T}_{\text{交}} = \beta^3\boldsymbol{Q}_{\text{交}} \cdot \boldsymbol{Q}_{\text{交}} \cdot \boldsymbol{Q}_{\text{交}} = (\beta\boldsymbol{Q}_{\text{交}}) \cdot (\beta\boldsymbol{Q}_{\text{交}}) \cdot (\beta\boldsymbol{Q}_{\text{交}}) = \boldsymbol{Q} \cdot \boldsymbol{Q} \cdot \boldsymbol{Q} 。$$

此即待证的式(3-7-28)。

(2) 当 $a = 0$ 时，按定义有

$$\boldsymbol{Q}^0 \equiv \beta^0\boldsymbol{T}_{\text{交}}， \tag{3-7-36}$$

其中 $\boldsymbol{T}_{\text{交}}$ 所在纤维按式(3-7-4)为

$$\boldsymbol{T}^{\dagger} \equiv (0\sigma_1, \cdots, 0\sigma_l) = (0, \cdots, 0) 。 \tag{3-7-37}$$

因 $(0, \cdots, 0)$ 是无量纲(数学)量类 $\boldsymbol{T}^{\dagger}$，它由许多物理量类($\mathbb{R}$ 是其中之一)认同而得，故 $\boldsymbol{T}^{\dagger}$ 与截面的交点 $\boldsymbol{T}_{\text{交}}$ 可借助于 $\mathbb{R}$ 求得。由式(3-2-3)知 $\boldsymbol{T}_{\text{交}} = k_{\text{终}}\hat{\boldsymbol{T}}$，而 $\mathbb{R}$ 的单位 $\hat{\boldsymbol{T}}$ 为 $\mathbf{1}$，其 $k_{\text{终}}$ 也为 1，故 $\boldsymbol{T}_{\text{交}} = k_{\text{终}}\mathbf{1} = \mathbf{1}$，因而 $\beta^0\boldsymbol{T}_{\text{交}} = \mathbf{1} \in \mathbb{R}$。于是

$$\boldsymbol{Q}^0 = \beta^0\boldsymbol{T}_{\text{交}} = \mathbf{1} \in \mathbb{R} 。$$

此即待证的式(3-7-29)。

(3) 当 $a = -z$ 时(仅以 $z = 2$ 为例，容易推广至 z 为任意正整数的情况)，按定义有

$$\boldsymbol{Q}^{-2} \equiv \beta^{-2}\boldsymbol{T}_{\text{交}}， \tag{3-7-38}$$

其中 $\boldsymbol{T}_{\text{交}}$ 所在的纤维按式(3-7-4)为

$$\boldsymbol{T}^{\dagger}=(-2\sigma_1,\cdots,-2\sigma_l)\text{。} \tag{3-7-39}$$

待证的式(3-7-30)在 $z=2$ 时体现为

$$\boldsymbol{Q}^{-2}=\frac{\mathbf{1}}{\boldsymbol{Q}^{2}}\text{，} \tag{3-7-40}$$

所以只需证明 $\beta^{-2}\boldsymbol{T}_{交}=\dfrac{\mathbf{1}}{\boldsymbol{Q}^{2}}$，为此又只需证明

$$\beta^{-2}\boldsymbol{T}_{交}\cdot\boldsymbol{Q}^{2}=\mathbf{1}\text{。} \tag{3-7-41}$$

证明如下：

$$\beta^{-2}\boldsymbol{T}_{交}\cdot\boldsymbol{Q}^{2}=\beta^{-2}\boldsymbol{T}_{交}\cdot\boldsymbol{Q}\cdot\boldsymbol{Q}=\beta^{-2}\boldsymbol{T}_{交}\cdot(\beta\boldsymbol{Q}_{交})\cdot(\beta\boldsymbol{Q}_{交})=\boldsymbol{T}_{交}\cdot\boldsymbol{Q}_{交}\cdot\boldsymbol{Q}_{交}=\mathbf{1}\text{，}$$

其中末步的理由是：由 $\boldsymbol{Q}^{\dagger}=(\sigma_1,\cdots,\sigma_l)$ 及 $\boldsymbol{T}^{\dagger}\equiv(-2\sigma_1,\cdots,-2\sigma_l)$ 可知

$$(\dim\boldsymbol{T})(\dim\boldsymbol{Q})(\dim\boldsymbol{Q})=1\text{，}$$

因而 $\boldsymbol{T}_{交}\cdot\boldsymbol{Q}_{交}\cdot\boldsymbol{Q}_{交}=\mathbf{1}$。

(4) 当 $a=1/z$ 时(仅以 $z=2$ 为例，容易推广至 z 为任意正整数的情况)，按定义有

$$\boldsymbol{Q}^{1/2}\equiv\beta^{1/2}\boldsymbol{T}_{交}\text{，} \tag{3-7-42}$$

其中 $\boldsymbol{T}_{交}$ 所在的纤维按式(3-7-4)为

$$\boldsymbol{T}^{\dagger}\equiv(\sigma_1/2,\cdots,\sigma_l/2)\text{。} \tag{3-7-43}$$

待证的式(3-7-31)在 $z=2$ 时表现为

$$\boldsymbol{Q}^{1/2}=\boldsymbol{S}\text{，其中量 }\boldsymbol{S}\text{ 满足 }\boldsymbol{S}^{2}=\boldsymbol{Q}\text{，且 }\boldsymbol{S}\in\tilde{\boldsymbol{S}}_{正}\text{。} \tag{3-7-44}$$

所以只需证明 $\beta^{1/2}\boldsymbol{T}_{交}=\boldsymbol{S}$。

由量纲指数不难看出量类 $\tilde{\boldsymbol{S}}$ 就是量类 $\tilde{\boldsymbol{T}}$。由式(3-7-44)又知，所谓 $\boldsymbol{S}$，无非是平方后等于 $\boldsymbol{Q}$、自己又属于 $\tilde{\boldsymbol{S}}_{正}$(即 $\tilde{\boldsymbol{T}}_{正}$)的那个量，因此，欲证 $\beta^{1/2}\boldsymbol{T}_{交}=\boldsymbol{S}$ 只需证明

$$(\beta^{1/2}\boldsymbol{T}_{交})^{2}=\boldsymbol{Q}\text{。} \tag{3-7-45}$$

证明如下：

$$(\beta^{1/2}\boldsymbol{T}_{交})^{2}=(\beta^{1/2}\boldsymbol{T}_{交})\cdot(\beta^{1/2}\boldsymbol{T}_{交})=\beta\,\boldsymbol{T}_{交}\cdot\boldsymbol{T}_{交}=\beta\boldsymbol{Q}_{交}=\boldsymbol{Q}\text{，}$$

其中第三步是因为 $(\dim\boldsymbol{T})(\dim\boldsymbol{T})=(\dim\boldsymbol{Q})$。

甲　但 $-\beta^{1/2}\boldsymbol{T}_{交}$ 也满足 $(-\beta^{1/2}\boldsymbol{T}_{交})^{2}=\boldsymbol{Q}$ 啊，那岂不是 $\boldsymbol{Q}^{1/2}$ 也等于 $-\beta^{1/2}\boldsymbol{T}_{交}$？

乙　关键在于前提条件 $\beta>0$ 保证 $\beta^{1/2}$ 有意义且为正，导致 $-\beta^{1/2}\boldsymbol{T}_{交}\in\tilde{\boldsymbol{T}}_{负}$，不满足条件 $\boldsymbol{S}\in\tilde{\boldsymbol{S}}_{正}$。

(5) 当 $a=z_1/z_2$ 时，令定理 3-7-3 的 $a=z_1$，$b=1/z_2$，由定理直接得到

$$\boldsymbol{Q}^{z_1/z_2}=(\boldsymbol{Q}^{z_1})^{1/z_2}\text{。}$$

此即待证的式(3-7-32)。

(6) 当 $-z_1/z_2$ 时，令定理 3-7-3 的 $a=-z_1$，$b=1/z_2$，由定理直接得到

$$\boldsymbol{Q}^{-z_1/z_2}=\frac{\mathbf{1}}{\boldsymbol{Q}^{z_1/z_2}}\text{。}$$

此即待证的式(3-7-33)。　□

3.7.3 量的求幂是单位制族依赖的

甲 量的求幂定义既用到纤维又用到截面，我记得截面依赖于单位制，而纤维则依赖于单位制族。所以我想问，量的求幂定义 3-7-1 是依赖于单位制呢，还是依赖于单位制族？

乙 答案是：量的求幂是单位制族依赖的。就是说，设欲求 $\boldsymbol{Q}$ 的 a 次幂 $\boldsymbol{Q}^a$，则有两个结论：

(1)借用同族单位制 $\mathscr{Z}$ 和 $\mathscr{Z}'$ 求得的 $\boldsymbol{Q}^a$ 相同；

(2)借用不同族单位制求得的 $\boldsymbol{Q}^a$ 可能不等。

先证明结论(1)。以 $\boldsymbol{Q}^a$ 和 $(\boldsymbol{Q}^a)'$ 分别代表借用同族制 $\mathscr{Z}$ 和 $\mathscr{Z}'$ 求得的"$\boldsymbol{Q}$ 的 a 次幂"，则只需证明 $\boldsymbol{Q}^a=(\boldsymbol{Q}^a)'$，证明如下。

同族制有相同纤维，故量 $\boldsymbol{Q}$ 所在的纤维 $\boldsymbol{Q}^\dagger$ 仍可用 $\boldsymbol{Q}^\dagger=(\sigma_1,\cdots,\sigma_l)$ 表示。$\mathscr{Z}$ 制与 $\mathscr{Z}'$ 制虽然同族，但可有不同截面 $\mathscr{J}$ 和 $\mathscr{J}'$，特以 $\boldsymbol{Q}_{交}$ 和 $\boldsymbol{Q}'_{交}$ 分别代表 $\mathscr{J}$ 和 $\mathscr{J}'$ 与纤维 $\boldsymbol{Q}^\dagger$ 的交点。量 $\boldsymbol{Q}$ 作为 $\boldsymbol{Q}^\dagger$ 的一点，既可表为 $\boldsymbol{Q}=\beta\boldsymbol{Q}_{交}$，又可表为 $\boldsymbol{Q}=\beta'\boldsymbol{Q}'_{交}$，因而有

$$\beta\boldsymbol{Q}_{交}=\beta'\boldsymbol{Q}'_{交}\text{。} \tag{3-7-46}$$

再以 $\hat{\boldsymbol{Q}}$ 和 $\hat{\boldsymbol{Q}}'$ 分别代表量类 $\tilde{\boldsymbol{Q}}$ 在 $\mathscr{Z}$ 和 $\mathscr{Z}'$ 制的单位，便有 $\boldsymbol{Q}_{交}\equiv k_{终}\hat{\boldsymbol{Q}}$ 和 $\boldsymbol{Q}'_{交}\equiv k_{终}\hat{\boldsymbol{Q}}'$(请注意同族制有相同的 $k_{终}$)，于是 $\dfrac{\boldsymbol{Q}_{交}}{\boldsymbol{Q}'_{交}}=\dfrac{\hat{\boldsymbol{Q}}}{\hat{\boldsymbol{Q}}'}\equiv\dim\boldsymbol{Q}$，因而

$$\boldsymbol{Q}_{交}=\boldsymbol{Q}'_{交}\dim\boldsymbol{Q}\text{。} \tag{3-7-47}$$

根据定义 3-7-1，$\boldsymbol{Q}^a$ 和 $(\boldsymbol{Q}^a)'$ 应分别定义为

$$\boldsymbol{Q}^a:=\beta^a\boldsymbol{T}_{交}，\qquad(\boldsymbol{Q}^a)':=\beta'^a\boldsymbol{T}'_{交}， \tag{3-7-48}$$

仿照式(3-7-47)的推导可得

$$\boldsymbol{T}_{交}=\boldsymbol{T}'_{交}\dim\boldsymbol{T}=\boldsymbol{T}'_{交}(\dim\boldsymbol{Q})^a， \tag{3-7-49}$$

其中末步是因为 $\boldsymbol{T}^\dagger=(a\sigma_1,\cdots,a\sigma_l)$[见式(3-7-4)]。于是

$$\frac{\boldsymbol{Q}^a}{(\boldsymbol{Q}^a)'}=\left(\frac{\beta}{\beta'}\right)^a\frac{\boldsymbol{T}_{交}}{\boldsymbol{T}'_{交}}=\left(\frac{\beta}{\beta'}\right)^a(\dim\boldsymbol{Q})^a=(\dim\boldsymbol{Q})^{-a}(\dim\boldsymbol{Q})^a=(\dim\boldsymbol{Q})^0=1，$$

此即待证的 $\boldsymbol{Q}^a=(\boldsymbol{Q}^a)'$。注：上式的第一步用到式(3-7-48)，第二步用到式(3-7-49)，第三步是因为式(3-7-46)导致 $\dfrac{\beta}{\beta'}=\dfrac{\boldsymbol{Q}'_{交}}{\boldsymbol{Q}_{交}}$，而由式(3-7-47)又知 $\dfrac{\boldsymbol{Q}'_{交}}{\boldsymbol{Q}_{交}}=(\dim\boldsymbol{Q})^{-1}$。

结论(1)于是证毕。下面再举例说明结论(2)是正确的。

设 $\mathscr{Z}$ 和 $\mathscr{Z}'$ 是两个单位制，$\mathscr{Z}$ 是国际制(力学部分)，$\mathscr{Z}'$ 的基本量类和基本单位与国际制全同；面积 $\tilde{\boldsymbol{S}}$，作为导出量类，其单位 $\hat{\boldsymbol{S}}'$ 的定义方程也是 $S'=l'^2$，其中 l' 是长度量[用 $\mathscr{Z}'$ 制单位 $\hat{\boldsymbol{l}}'$(也是**米**)测长度的得数]，与国际制的关键区别在于它所依托的不是正方形现象类而是球面现象类，其中 l' 和 S' 依次代表球面的半径和面积(指其用 $\mathscr{Z}'$ 制测得的数)。把**米**取为有待求幂的量 $\boldsymbol{Q}$，即 $\boldsymbol{Q}=$**米**，用 $\mathscr{Z}$ 和 $\mathscr{Z}'$ 制求 $\boldsymbol{Q}$ 的二次幂，分别记作 $\boldsymbol{Q}^2$ 和 $(\boldsymbol{Q}^2)'$，亦即**米**^{2} 和 (**米**^{2})$'$，就会发现两者不等。

先求**米**^{2}。由于这是用国际制求二次幂，计算非常简单：由式(3-7-28)可知**米**$^2\equiv$**米**$\cdot$**米**，称为**方米**，故有

$$\textbf{米}^2=\textbf{方米}。\tag{3-7-50}$$

再求$(\textbf{米}^2)'$。由$\hat{\boldsymbol{S}}'$的定义方程$S'=l'^2$可知，当$l'=1$时$S'=1$。注意到此定义方程所依托的现象类是球面现象类，便知“$l'=1$”的含义是“球面的半径为1**米**”，“$S'=1$”的含义是“球面的面积等于 1 个面积单位$\hat{\boldsymbol{S}}'$”，而谁都知道半径为1**米**的球面的面积等于4π**方米**，所以有

$$\hat{\boldsymbol{S}}'=4\pi\textbf{方米}。\tag{3-7-51}$$

现在仍用式(3-7-28)求$(\textbf{米}^2)'$，但要特别注意式中的乘号是指$\mathscr{Z}'$制的乘号，最好改记作$\odot$，仿照式(3-2-9)，将其中的$\boldsymbol{A}$和$\boldsymbol{B}$都取作**米**，得

$$(\textbf{米}^2)'=\textbf{米}\odot\textbf{米}=\hat{\boldsymbol{l}}'\odot\hat{\boldsymbol{l}}'=\boldsymbol{l}'_{\text{交}}\odot\boldsymbol{l}'_{\text{交}}=\boldsymbol{S}'_{\text{交}}=\hat{\boldsymbol{S}}'=4\pi\textbf{方米}\neq\textbf{米}^2,$$

其中第一步用到式(3-7-28)，第三步是因为$\hat{\boldsymbol{l}}'$是基本单位，第五步是因为由定义方程$S'=l'^2$看出$\hat{\boldsymbol{S}}'$的$k_{\text{终}}=1$，第六步用到式(3-7-51)。

注记 3-5　对结论(1)和(2)的上述验证是借助于“求幂的直观表述”[具体是用式(3-7-28)]进行的，当然也可从定义 3-7-1 出发直接进行，讨论会略长一些，读者不妨一试。

注记 3-6 [选读]　为了验证结论(2)，我们特意改变了现象类。这跟小节 3.2.2 后半部分所构造的“不同族$\Rightarrow\boldsymbol{A}\odot\boldsymbol{B}\neq\boldsymbol{A}\cdot\boldsymbol{B}$”的例子是一脉相承的。如果不改变现象类而改变$k_{\text{终}}$，就构造不出这种例子。这一认识导致一个与定理 3-2-2 十分类似的定理：

定理 3-7-6　设$\mathscr{Z}$制与$\overline{\mathscr{Z}}$制准同族，将此两制各自所在的单位制族记作“$\mathscr{Z}$族”与“$\overline{\mathscr{Z}}$族”，则此两族有相同的量的求幂运算。

证明　定理3-2-2的证明过程已经得出如下结论：① $\mathscr{Z}$族与$\overline{\mathscr{Z}}$族有相同的量纲空间$\mathscr{L}$及其上方的方块$\mathscr{B}$；② $\overline{\mathscr{Z}}$族中总有一个$\overline{\mathscr{Z}}'$制，其截面与$\mathscr{Z}$制的截面相同，即$\mathscr{J}_{\mathscr{Z}}=\mathscr{J}_{\overline{\mathscr{Z}}'}$，因而对任一量类$\tilde{\boldsymbol{A}}$有

$$\boldsymbol{A}_{\text{交}\mathscr{Z}}\equiv\boldsymbol{A}_{\text{交}\overline{\mathscr{Z}}'},\qquad \text{其中}\quad \boldsymbol{A}_{\text{交}\mathscr{Z}}\equiv\boldsymbol{A}^\dagger\cap\mathscr{J}_{\mathscr{Z}},\quad \boldsymbol{A}_{\text{交}\overline{\mathscr{Z}}'}\equiv\boldsymbol{A}^\dagger\cap\mathscr{J}_{\overline{\mathscr{Z}}'}。\tag{3-7-52}$$

设待求幂的量为$\boldsymbol{Q}$，以$\boldsymbol{Q}^a$和$(\boldsymbol{Q}^{\overline{a}})'$分别代表借用$\mathscr{Z}$制和$\overline{\mathscr{Z}}'$制求得的$a$次幂。注意到$\boldsymbol{Q}^a$和$(\boldsymbol{Q}^{\overline{a}})'$也可看作是借用$\mathscr{Z}$族与$\overline{\mathscr{Z}}$族求得的幂，便知只需证明$\boldsymbol{Q}^a=(\boldsymbol{Q}^{\overline{a}})'$。

按照求幂定义 3-7-1，先写出

$$\boldsymbol{Q}=\beta_{\mathscr{Z}}\boldsymbol{Q}_{\text{交}\mathscr{Z}}\quad\text{和}\quad\boldsymbol{Q}=\beta_{\overline{\mathscr{Z}}'}\boldsymbol{Q}_{\text{交}\overline{\mathscr{Z}}'}。\tag{3-7-53}$$

由于式(3-7-52)的$\tilde{\boldsymbol{A}}$代表任一量类，把该式用于$\boldsymbol{Q}$便得$\boldsymbol{Q}_{\text{交}\mathscr{Z}}\equiv\boldsymbol{Q}_{\text{交}\overline{\mathscr{Z}}'}$，与式(3-7-53)结合便得$\beta_{\mathscr{Z}}=\beta_{\overline{\mathscr{Z}}'}$，简记为$\beta$，则式(3-7-53)简化为

$$\boldsymbol{Q}=\beta\boldsymbol{Q}_{\text{交}\mathscr{Z}}\quad\text{和}\quad\boldsymbol{Q}=\beta\boldsymbol{Q}_{\text{交}\overline{\mathscr{Z}}'}。\tag{3-7-53$'$}$$

于是由定义 3-7-1 得

$$\boldsymbol{Q}^a:=\beta^a\boldsymbol{T}_{\text{交}\mathscr{Z}},\qquad(\boldsymbol{Q}^{\overline{a}})':=\beta^a\boldsymbol{T}_{\text{交}\overline{\mathscr{Z}}'}。\tag{3-7-54}$$

再把$\boldsymbol{T}$看作式(3-7-52)的$\boldsymbol{A}$，又有$\boldsymbol{T}_{\text{交}\mathscr{Z}}=\boldsymbol{T}_{\text{交}\overline{\mathscr{Z}}'}$，所以就有$\boldsymbol{Q}^a=(\boldsymbol{Q}^{\overline{a}})'$。　□

第 4 章　电磁学单位制

在电磁学及电动力学的书籍和文献中，长期以来存在着多制并存的局面。历史上最早出现的是**绝对静电制**(简称**静电制**或 CGSE 制)和**绝对电磁制**(简称**电磁制**或 CGSM 制)，后来又出现**高斯制**以及各种各样的“实用化”和“有理化”单位制。现在用得最多的是 MKSA 制(国际制的力电磁部分)。本章要介绍这几种单位制的简要发展过程，着重说明它们的制定步骤以及 4 者之间的关系。

§ 4.1　概　　述

CGSE 制(静电制)和 CGSM 制(电磁制)都是把力学中的 CGS 制加以扩展、使之包含电磁学单位的结果。大致说来，电学公式(数等式)在 CGSE 制比较简单，磁学公式在 CGSM 制比较简单，这导致后来人们更偏爱一种“混合单位制”(后称**高斯制**)，其中电学量与 CGSE 制有相同单位，磁学量与 CGSM 制有相同单位，从而使大多数电磁学公式都比较简单。

电磁学单位制后来又朝着两个方向做了重要改进。

第一个改进方向是“实用化”。CGSE 制、CGSM 制和高斯制有一个共同缺点，就是不少单位存在“不实用性”。例如：①这三个单位制的功的单位[都是 **erg**(**尔格**)]由于太小而很不实用：人的肉眼每眨一下所做的功就达到数百**尔格**；②CGSM 制的电压单位由于太小而极不实用：如果用它测量日用的 220 **伏特**交流电压，所得数值竟达 2.2×10^{10} 之巨；③若以 CGSE 制的电流单位测量一个 1 千瓦的小型电热器(用于 220 伏)的电流，所得数值竟然超过 10^{10}。于是，创建“实用化”单位制的呼声早就出现而且日渐高涨。1861 年，英国成立的电气标准委员会提出了电阻单位改用 **Ω**(**欧姆**)、电压单位改用 **V**(**伏特**)的建议。1881 年在巴黎召开的第一届国际电气工程师大会批准了这一建议，并增补了电流用 **A**(**安培**)、电荷用 **C**(**库仑**)、电容用 **F**(**法拉**)等实用单位。1893 年在芝加哥召开的第四届国际电气工程师大会以决议的方式确立了一套国际性的电磁学单位，并明确给出 **A**(**安培**)与 CGSM 制电流单位[记作 **CGSM(*I*)**]的关系：

$$1\,\textbf{安培}=\frac{1}{10}\mathbf{CGSM}(\boldsymbol{I})\text{。} \tag{4-1-1}$$

第二个改进方向是“有理化”。CGSE 制、CGSM 制和高斯制的麦氏方程都含有无理数因子 4π，例如在高斯制中就有

$$\vec{\nabla}\cdot\vec{E}=4\pi\rho,\qquad \vec{\nabla}\times\vec{B}=\frac{4\pi}{c}\vec{j}+\frac{1}{c}\frac{\partial\vec{E}}{\partial t}, \tag{4-1-2}$$

此外，这个无理系数 4π 还出现在许多常用公式中，如平板电容器的电容公式 $C=S/4\pi d$ 和

螺线管内磁感应[1]公式 $B=4\pi nI$ 。为了在这些公式中去掉无理系数，英国的赫维赛(O. Heaviside)于 1882 年提出了他的“有理化”方案。应该说明，要使所有电磁学公式都不含 4π 是不可能的，改变单位制所能做到的只是将这些公式中的 4π 转移到较不常用的公式中去。例如，适当改变电荷单位就可使 $\vec{\nabla}\cdot\vec{E}=4\pi\rho$ 改为 $\vec{\nabla}\cdot\vec{E}=\rho$，但却使库仑力公式多出一个 4π 系数：

$$f=\frac{q_1q_2}{4\pi r^2}\text{。} \tag{4-1-3}$$

不过，只要能把比较常用的公式中的 4π 转移到用得较少的公式中，这种“有理化”方案就是利多于弊、得大于失。

沿着上述两个方向历经多次改进之后，终于在 1960 年的第十一届国际计量大会上以决议的方式确立了既“实用化”又“有理化”的国际单位制，其力电磁部分称为 **MKSA 制(米-千克-秒-安培制)**。

CGSE 制、CGSM 制和高斯制都只有 3 个基本单位，就是**厘米**、**克**和**秒**。MKSA 制则有 4 个基本量类——长度、质量、时间和电流，基本单位依次为**米**、**千克**、**秒**和**安培**。

制定导出单位时，有 3 个现象类(连同它们的物理公式)起着关键性的作用，依次是

1. 均匀电介质的库仑定律；
2. 长为 l、电流为 I_2 的直导线段在与它垂直的均匀磁场 B 中所受的安培力公式；
3. 均匀磁介质的毕奥-萨伐尔定律(用于电流为 I_1 的无限长直导线[2])。

这 3 个定律(公式)在不同单位制中有不尽相同的数值表达式，见表 4-1。

表 4-1　3 个定律(公式)在四个单位制的数值表达式

	库仑定律	安培力公式	毕奥-萨伐尔定律
CGSE 制	$f=\dfrac{q_1q_2}{\varepsilon r^2}$	$f=I_2Bl$	$B=\mu\dfrac{2I_1}{d}$
CGSM 制	$f=\dfrac{q_1q_2}{\varepsilon r^2}$	$f=I_2Bl$	$B=\mu\dfrac{2I_1}{d}$
高斯制	$f=\dfrac{q_1q_2}{\varepsilon r^2}$	$f=\dfrac{1}{c_{高}}I_2Bl$	$B=\dfrac{1}{c_{高}}\mu\dfrac{2I_1}{d}$
MKSA 制	$f=\dfrac{q_1q_2}{4\pi\varepsilon r^2}$	$f=I_2Bl$	$B=\dfrac{1}{4\pi}\mu\dfrac{2I_1}{d}$

读者最熟悉的是表 4-1 的第 4 行(MKSA 制)。其他三个单位制在历史上较早出现，虽然使用者在逐渐减少，但至少对本书而言还有相当学术价值。上表中每列的 4 个数等式至多

[1] “磁感应”是磁感应强度的简称。

[2] 均匀磁介质的毕奥-萨伐尔定律在国际制的数等式为 $\mathrm{d}\vec{B}=\dfrac{1}{4\pi}\mu\dfrac{I\mathrm{d}\vec{l}\times\vec{e}_r}{r^2}$，用于电流为 I_1 的无限长直导线，便知离导线为 d 处的磁感应(大小) B 服从 $B=\dfrac{1}{4\pi}\mu\dfrac{2I_1}{d}$ [推导见梁灿彬(2018)]。

只有系数——4π 或 $c_{高}$——之别，为便于系统研究，我们对每列引入一个普适系数，依次记作 $K_{库}$、$K_{毕}$ 和 $K_{安}$ (它们在每个电磁单位制都有其具体数值，在上述 4 个常用单位制的数值见表 4-2)，于是便可把每列写成一个统一公式：

1. 均匀电介质的库仑定律

$$f = K_{库}\frac{q_1 q_2}{\varepsilon r^2}。 \tag{4-1-4}$$

2. 长为 l、电流为 I_2 的直导线段在与它垂直的均匀磁场 B 中所受的安培力

$$f = K_{安} I_2 B l。 \tag{4-1-5}$$

3. 均匀磁介质的毕奥-萨伐尔定律(用于电流为 I_1 的无限长直导线)

$$B = K_{毕}\mu\frac{2I_1}{d}。 \tag{4-1-6a}$$

以 $\boldsymbol{\mu}_0$ 代表真空的磁导率，将上式用于磁导率 $\boldsymbol{\mu} = \boldsymbol{\mu}_0/2$ 的磁介质中(为了后面的需要)，得

$$B = K_{毕}\mu_0\frac{I_1}{d}。 \tag{4-1-6b}$$

本书引入这三个系数 $K_{库}$、$K_{毕}$ 和 $K_{安}$ 的目的仅为写成适用于不同单位制的普适公式。它们本身绝非什么终定系数。

表 4-2　4 个常用单位制的三个系数

	$K_{库}$	$K_{安}$	$K_{毕}$
CGSE 制	1	1	1
CGSM 制	1	1	1
高斯制	1	$1/c_{高}$	$1/c_{高}$
MKSA 制	$1/4\pi$	1	$1/4\pi$

§ 4.2　CGSE 单位制(静电制)

静电单位制的英语名称是 The electrostatic system of units (简记作 esu)，它有 3 个基本量类，即长度 $\tilde{\boldsymbol{l}}$、质量 $\tilde{\boldsymbol{m}}$ 和时间 $\tilde{\boldsymbol{t}}$，基本单位是 $\hat{\boldsymbol{l}} =$ **厘米**、$\hat{\boldsymbol{m}} =$ **克** 和 $\hat{\boldsymbol{t}} =$ **秒**。下面介绍主要导出量类的导出单位。

(a) 规定介电常量[3] $\tilde{\boldsymbol{\varepsilon}}$ 的导出单位 $\hat{\boldsymbol{\varepsilon}}$ 的定义方程为 $\varepsilon_0 = 1$，所依托的是涉及真空介电常量 $\boldsymbol{\varepsilon}_0$ 的现象类，本质上就是选 $\boldsymbol{\varepsilon}_0$ 为介电常量 $\tilde{\boldsymbol{\varepsilon}}$ 的 CGSE 制(及其同族制)单位。由此可知

$$\dim_{\text{CGSE}} \tilde{\boldsymbol{\varepsilon}} \equiv 1。 \tag{4-2-1}$$

(b) 查表 4-2 可知 CGSE 制有 $K_{库} = 1$，代入式(4-1-4)便得库仑力公式

$$f = \frac{q_1 q_2}{\varepsilon r^2}。 \tag{4-2-2a}$$

[3] 介电常量(作为物理量)的定义式见梁灿彬(2018)的式(3-31)。

当 $\varepsilon=\varepsilon_0=1$ 时(真空情况)有

$$f=\frac{q_1q_2}{r^2}\text{。} \tag{4-2-2b}$$

由于量类 $\tilde{\boldsymbol{f}}$ 和 $\tilde{\boldsymbol{r}}$ 的单位早已在 CGS 制中制定[$\hat{\boldsymbol{f}}=$ **dyn(达因)**, $\hat{\boldsymbol{l}}=$ **厘米**],所以就选上式为电荷的 CGSE 制单位 $\hat{\boldsymbol{q}}_{\text{CGSE}}$ 的定义方程，所得的单位 $\hat{\boldsymbol{q}}_{\text{CGSE}}$ 称为 **SC (静库)**，也记作 **CGSE(*q*)**。当 $r=1$， $q_1=q_2=1$ 时由式(4-2-2b)得 $f=1$，可见**静库**是这样一份电荷量，当真空中相距 1 **厘米**、电荷量相等的两个点电荷之间的库仑力为 1 **达因**时，每个点电荷的电荷量就是 1 **静库**。

从式(4-2-2b)出发不难求得电荷量类 $\tilde{\boldsymbol{q}}$ 在 CGSE 制的量纲式，推导如下：

将式(4-2-2b)的 r 改记为 l，令式中的 $q_1=q_2\equiv q$，则该式变形为

$$q^2=fl^2\text{，或}\quad q=f^{1/2}l\text{，}$$

利用定理 1-5-3 便得

$$\dim\boldsymbol{q}=(\dim\boldsymbol{f})^{1/2}(\dim\boldsymbol{l})=(\text{LMT}^{-2})^{1/2}\text{L}=\text{L}^{3/2}\text{M}^{1/2}\text{T}^{-1}\text{。} \tag{4-2-3}$$

(c) 由于时间 $\tilde{\boldsymbol{t}}$ 和电荷 $\tilde{\boldsymbol{q}}$ 的单位已有定义，自然就选下式为电流单位 $\hat{\boldsymbol{I}}_{\text{CGSE}}$ 的定义方程：

$$I=\frac{q}{t}\text{。} \tag{4-2-4}$$

所得的单位称为 **SA (静安)**，也可记作 **CGSE(*I*)**。

从式(4-2-4)出发，借助于定理 1-5-3 以及式(4-2-3)容易推出电流量类 $\tilde{\boldsymbol{I}}$ 在 CGSE 制的量纲式：

$$\dim\boldsymbol{I}=\text{L}^{3/2}\text{M}^{1/2}\text{T}^{-2}\text{。} \tag{4-2-5}$$

(d) 查表 4-2 可知 CGSE 制有 $K_{安}=1$，代入式(4-1-5)便得安培力公式

$$f=I_2Bl\text{。} \tag{4-2-6}$$

选上式为磁感应强度单位 $\hat{\boldsymbol{B}}_{\text{CGSE}}$ 的定义方程。当 $l=1$， $B=1$， $I_2=1$ 时有 $f=1$，可见，如果与磁场垂直的、长为 1 **厘米**、电流为 1 **CGSE(*I*)**的直导线段所受的安培力为 1 **达因**，该磁场的磁感应 $\boldsymbol{B}$ 就等于 $\hat{\boldsymbol{B}}_{\text{CGSE}}$。此单位无专名，可记作 **CGSE(*B*)**。

从式(4-2-6)出发，借助于式(4-2-5)不难求得磁感应量类 $\tilde{\boldsymbol{B}}$ 在 CGSE 制的量纲式：

$$\dim\boldsymbol{B}=\text{L}^{-3/2}\text{M}^{1/2}\text{。} \tag{4-2-7}$$

(e) 查表 4-2 可知 CGSE 制有 $K_{毕}=1$，代入式(4-1-6b)便得

$$B=\mu_0\frac{I_1}{d}\text{。} \tag{4-2-8}$$

选上式为磁导率单位 $\hat{\boldsymbol{\mu}}_{\text{CGSE}}$ 的定义方程。为了看出这个单位的大小，可求助于导致毕奥-萨伐尔定律的实验。在磁导率为 $\boldsymbol{\mu}=\boldsymbol{\mu}_0/2$ 的磁介质中放置一条无限长直导线，令其电流为 1 **CGSE(*I*)**，在与此线相距 1 **厘米**处($\boldsymbol{d}=1$ **厘米**)以 **CGSE(*B*)**为单位测量磁感应，发现得值为

$$B=\frac{1}{(\tilde{3}\times10^{10})^2}=\frac{1}{\tilde{9}\times10^{20}}\text{。}$$

(注： $\tilde{3}$ 是 2.99792458 的简写， $\tilde{9}\equiv\tilde{3}^2$。)

(国际单位制对长度单位“**米**”的定义是“以**米/秒**为单位测光速得数为 299792458”。)

将 $I_1=1$，$d=1$ 及 $B=\dfrac{1}{\tilde{9}\times10^{20}}$ 代入式(4-2-8)便得

$$\mu_0=\frac{1}{\tilde{9}\times10^{20}}\text{。}\tag{4-2-9}$$

也可更明确地写成

$$\mu_{0\text{CGSE}}=\frac{1}{\tilde{9}\times10^{20}}\text{。}\tag{4-2-9′}$$

这就是说，被选作磁导率单位 $\hat{\boldsymbol{\mu}}_{\text{CGSE}}$ 的是这样一种磁导率，它等于真空磁导率 $\boldsymbol{\mu}_0$ 的 $\tilde{9}\times10^{20}$ 倍。以 c_{CGS} 代表用 CGS 制的速度单位测光速所得的数，则 $c_{\text{CGS}}=\tilde{3}\times10^{10}$，故

$$\mu_{0\text{CGSE}}=\frac{1}{c_{\text{CGS}}^2}，\qquad \text{可简记作}\quad \mu_0=\frac{1}{c^2}\text{。}\tag{4-2-10}$$

注意到 $\varepsilon_{0\text{CGSE}}=1$，便有

$$\varepsilon_{0\text{CGSE}}\mu_{0\text{CGSE}}=\frac{1}{c_{\text{CGSE}}^2}，\tag{4-2-11}$$

就是说，对 CGSE 制有

$$\varepsilon_0\mu_0=\frac{1}{c^2}\text{。}\tag{4-2-11′}$$

后面将会看到，上式对 CGSM 制、高斯制和国际制也都成立。

从式(4-2-8)出发，借助于式(4-2-5)和(4-2-7)不难求得磁导率 $\tilde{\boldsymbol{\mu}}$ 在 CGSE 制的量纲式：

$$\dim\boldsymbol{\mu}=\mathrm{L}^{-2}\mathrm{T}^2\text{。}\tag{4-2-12}$$

CGSE 制的其他导出单位的定义方程与 MKSA 制相同(见表 4-3)，例如电容 C、电阻 R 和电极化强度 $\vec{P}$ 的导出单位的定义方程依次为

$$C=\frac{Q}{U},\quad R=\frac{U}{I},\quad \vec{P}=\frac{\sum\vec{p}_i}{\Delta V}\text{。}\tag{4-2-13}$$

§ 4.3　CGSM 单位制(电磁制)

电磁单位制的英语名称是 The electromagnetic system of units (简记作 emu)，其基本单位也是 $\hat{\boldsymbol{l}}=$ **厘米**、$\hat{\boldsymbol{m}}=$ **克** 和 $\hat{\boldsymbol{t}}=$ **秒**。下面介绍主要导出量类的导出单位。

(a) 规定磁导率 $\tilde{\boldsymbol{\mu}}$ 的导出单位 $\hat{\boldsymbol{\mu}}$ 的定义方程为 $\mu_0=1$，所依托的是涉及真空磁导率 $\boldsymbol{\mu}_0$ 的现象类，本质上就是选 $\boldsymbol{\mu}_0$ 为磁导率 $\tilde{\boldsymbol{\mu}}$ 的 CGSM 制(及其同族制)单位。由此可知

$$\dim_{\text{CGSM}}\tilde{\boldsymbol{\mu}}\equiv1\text{。}\tag{4-3-1}$$

(b) 查表 4-2 可知 CGSM 制有 $K_{\text{毕}}=K_{\text{安}}=1$，把式(4-1-6b)代入式(4-1-5)得

$$f=\mu_0I_1I_2\frac{l}{d}\text{。}\tag{4-3-2a}$$

上式的 f 是位于磁导率为 $\boldsymbol{\mu}=\boldsymbol{\mu}_0/2$ 的磁介质中的、长为 l、电流为 I_2 的一段直导线所受到的、与它相距为 d、平行放置、电流为 I_1 的无限长直导线的安培力。(当然，f 等等都是用 CGSM 制单位测各该量所得的数)。注意到 CGSM 制有 $\mu_0=1$，便得

$$f = I_1 I_2 \frac{l}{d} 。 \tag{4-3-2b}$$

选上式为电流的 CGSM 制单位 $\hat{\boldsymbol{I}}_{\text{CGSM}}$ 的定义方程[4]。此单位无专名，记作 **CGSM(*I*)**。为找出它与 **CGSE(*I*)** 的关系，考虑上述磁介质中的一段长为 l 、电流为 I 的直导线所受到的、与它相距为 d 、平行放置、电流亦为 I 的无限长直导线的力，由式(4-3-2b)可知此力的数值为

$$f_{\text{CGSM}} = I_{\text{CGSM}}^2 \frac{l_{\text{CGSM}}}{d_{\text{CGSM}}} 。 \tag{4-3-3}$$

字母加下标是为了明确指出它们都是用 CGSM 制单位测得的数。又因为 $\boldsymbol{l}, \boldsymbol{d}, \boldsymbol{f}$ 都是力学量，其 CGSM 制单位与 CGS 制单位一样，故上式可简化为

$$f_{\text{CGS}} = I_{\text{CGSM}}^2 \frac{l_{\text{CGS}}}{d_{\text{CGS}}} 。 \tag{4-3-3'}$$

如果改用 CGSE 制单位测量，则由式(4-2-6)和(4-2-8)得[其中第二步还用到式(4-2-10)]

$$f_{\text{CGS}} = \mu_{0\text{CGSE}} I_{\text{CGSE}}^2 \frac{l_{\text{CGS}}}{d_{\text{CGS}}} = \frac{1}{c_{\text{CGS}}^2} I_{\text{CGSE}}^2 \frac{l_{\text{CGS}}}{d_{\text{CGS}}} , \tag{4-3-4}$$

对比式(4-3-3′)和式(4-3-4)便得

$$I_{\text{CGSE}} = c_{\text{CGS}} I_{\text{CGSM}} = \tilde{3} \times 10^{10} I_{\text{CGSM}} , \tag{4-3-5}$$

因而

$$\textbf{CGSM}(\boldsymbol{I}) = c_{\text{CGS}}\, \textbf{CGSE}(\boldsymbol{I}) = \tilde{3} \times 10^{10} \textbf{CGSE}(\boldsymbol{I}) 。 \tag{4-3-6}$$

由式(4-3-2b)不难求得电流量类 $\tilde{\boldsymbol{I}}$ 在 CGSM 制的量纲式：

$$\dim \boldsymbol{I} = \text{L}^{1/2}\text{M}^{1/2}\text{T}^{-1} 。 \tag{4-3-7}$$

(c) 由于时间 $\tilde{\boldsymbol{t}}$ 和电流 $\tilde{\boldsymbol{I}}$ 的单位已有定义，自然就选下式为电荷的 CGSM 制单位 $\hat{\boldsymbol{q}}_{\text{CGSM}}$ 的定义方程：

$$q = It 。 \tag{4-3-8}$$

此单位记作 **CGSM(*q*)**。由于上式对 CGSE 制也成立，利用式(4-3-6)不难求得

$$\textbf{CGSM}(\boldsymbol{q}) = c_{\text{CGS}}\, \textbf{CGSE}(\boldsymbol{q}) = \tilde{3} \times 10^{10} \textbf{CGSE}(\boldsymbol{q}) 。 \tag{4-3-9}$$

由式(4-3-8)和(4-3-7)不难求得电荷量类 $\tilde{\boldsymbol{q}}$ 在 CGSM 制的量纲式：

$$\dim \boldsymbol{q} = \text{L}^{1/2}\text{M}^{1/2} 。 \tag{4-3-10}$$

(d) 因为已取 $K_{安} = 1$，安培力公式(4-1-5)便成为

$$f = I_2 B l 。 \tag{4-3-11}$$

选上式为磁感应的 CGSM 制单位 $\hat{\boldsymbol{B}}_{\text{CGSM}}$ 的定义方程。这一单位称为 **Gs(高斯)**，亦可记作 **CGSM(*B*)**。因为式(4-3-11)也适用于 CGSE 制，与式(4-3-6)结合不难求得

$$\textbf{CGSM}(\boldsymbol{B}) = \frac{1}{c_{\text{CGS}}} \textbf{CGSE}(\boldsymbol{B}) = \frac{1}{\tilde{3} \times 10^{10}} \textbf{CGSE}(\boldsymbol{B}) , \tag{4-3-12}$$

亦即

---

[4] $\hat{\boldsymbol{I}}_{\text{CGSM}}$ 的定义方程在其他文献都是 $f = 2I_1 I_2 l/d$ ，所依托的现象类是真空中两条平行长直导线；本书则把现象类改成磁导率为 $\mu = \mu_0/2$ 的磁介质中的两条平行长直导线，定义方程相应地改为 $f = I_1 I_2 l/d$ ，此举的作用是把 $\hat{\boldsymbol{I}}_{\text{CGSM}}$ 从非一贯单位改造为一贯单位，改造的理论依据详见选读 4-1。

$$\textbf{高斯} = \frac{1}{c_{\text{CGS}}}\,\textbf{CGSE}(\boldsymbol{B}) = \frac{1}{\tilde{3}\times 10^{10}}\,\textbf{CGSE}(\boldsymbol{B})\,。$$

由式(4-3-11)和(4-3-7)不难求得磁感应量类 $\tilde{\boldsymbol{B}}$ 在 CGSM 制的量纲式：

$$\dim \boldsymbol{B} = \mathrm{L}^{-1/2}\mathrm{M}^{1/2}\mathrm{T}^{-1}\,。\tag{4-3-13}$$

(e) 根据磁学的分子电流观点，磁场强度 $\vec{\boldsymbol{H}}$ 由下式定义：

$$\vec{H} = \vec{B} - 4\pi\vec{M}\,，\ \text{(这是 CGSM 制的数等式)}\tag{4-3-14}$$

其中 $\vec{M}$ 是磁化强度矢量。在只关心单位问题时不妨将上式写成标量形式

$$H = B - 4\pi M\,，\tag{4-3-15}$$

再把上式用于真空，得

$$H = B\,，\tag{4-3-16}$$

选上式为磁场强度的 CGSM 制单位 $\hat{\boldsymbol{H}}_{\text{CGSM}}$ 的定义方程。这一单位称为 **Oe**(**奥斯特**)，亦可记作 **CGSM(*H*)**。

由式(4-3-16)和(4-3-13)不难求得磁场强度量类 $\tilde{\boldsymbol{H}}$ 在 CGSM 制的量纲式：

$$\dim \boldsymbol{H} = \dim \boldsymbol{B} = \mathrm{L}^{-1/2}\mathrm{M}^{1/2}\mathrm{T}^{-1}\,。\tag{4-3-17}$$

当 $B=1$ 时，式(4-3-16)给出 $H=1$，可见，真空中磁感应为1**高斯**处的磁场强度就是1**奥斯特**，于是多数作者认为这两个单位相等，即

$$\textbf{高斯} = \textbf{奥斯特}\,。\tag{4-3-18}$$

然而少数谨慎的作者[例如赛纳(1959)]只说“真空中磁场强度为1**奥斯特**处的磁感应为1**高斯**”[这无非是式(4-3-16)的同义语]，就是不说“**奥斯特**等于**高斯**”。我们赞同这种审慎态度，因为**高斯**=**奥斯特**是同量纲的非同类量等式，而这种类型的量等式在文献中从未下过定义。后来我们对此自创了定义[即“同量纲的非同类量的认同规则”，见式(1-4-14)]，根据这一规则，注意到**高斯**和**奥斯特**的 $k_{终}$ 都是1[不难从式(4-3-11)和(4-3-16)推知]，才真有**高斯**=**奥斯特**。

(f) 磁介质中的磁化强度矢量 $\vec{\boldsymbol{M}}$ 定义为单位体积内的总磁矩 $\vec{\boldsymbol{p}}_{\text{m}}$，写成数等式就是

$$\vec{M} \equiv \frac{\vec{p}_{\text{m}}}{V}\,。\tag{4-3-19}$$

又因闭合电流的磁矩等于电流乘面积，故上式可改写为标量形式

$$M = \frac{IS}{V} = \frac{I}{l}\,。\tag{4-3-20}$$

选上式(指 $M = I/l$)为磁化强度的 CGSM 制单位 $\hat{\boldsymbol{M}}_{\text{CGSM}}$ 的定义方程[5]。由此式及式(4-3-7)容易求得磁化强度量类 $\tilde{\boldsymbol{M}}$ 在 CGSM 制的量纲式：

$$\dim \boldsymbol{M} = \mathrm{L}^{-1/2}\mathrm{M}^{1/2}\mathrm{T}^{-1} = \dim \boldsymbol{B} = \dim \boldsymbol{H}\,，\tag{4-3-21}$$

可见3个物理量类 $\tilde{\boldsymbol{M}}$、$\tilde{\boldsymbol{B}}$、$\tilde{\boldsymbol{H}}$ (在 CGSM 制中)属于同一个数学量类。再次使用“同量纲的非同类量的认同规则”，注意到 $\hat{\boldsymbol{M}}_{\text{CGSM}}$、$\hat{\boldsymbol{B}}_{\text{CGSM}}$、$\hat{\boldsymbol{H}}_{\text{CGSM}}$ 的 $k_{终}$ 都等于1，便有

[5] 胡友秋(2012)的附表 3 也选 $M=I/l$ 为 $\hat{\boldsymbol{M}}_{\text{CGSM}}$ 的定义方程。在我们所查的文献中，很少是明确给出 $\hat{\boldsymbol{M}}_{\text{CGSM}}$ 的定义方程的，例如，塞纳(1959)虽然给出了许多电磁学量的 CGSM 制的定义方程，但却不含 $\hat{\boldsymbol{M}}_{\text{CGSM}}$。

$$\hat{\boldsymbol{M}}_{\text{CGSM}} = \hat{\boldsymbol{B}}_{\text{CGSM}} = \hat{\boldsymbol{H}}_{\text{CGSM}}，\quad 即 \quad \hat{\boldsymbol{M}}_{\text{CGSM}} = \textbf{高斯} = \textbf{奥斯特}。 \tag{4-3-22}$$

(g) 查表 4-2 可知 CGSM 制有 $K_{库}=1$，代入式(4-1-4)便得库仑力公式

$$f = \frac{q_1 q_2}{\varepsilon r^2}。 \tag{4-3-23}$$

对真空有

$$f = \frac{q_1 q_2}{\varepsilon_0 r^2}。 \tag{4-3-24}$$

选上式为介电常量的 CGSM 制单位 $\hat{\boldsymbol{\varepsilon}}_{\text{CGSM}}$[即 **CGSM($\boldsymbol{\varepsilon}$)**]的定义方程。取 $q_1 = q_2 \equiv q$，把上式改写为

$$f_{\text{CGSM}} = \frac{q_{\text{CGSM}}{}^2}{\varepsilon_{0\text{CGSM}}\, r_{\text{CGSM}}{}^2}。 \tag{4-3-25}$$

将 $r_{\text{CGSM}} = r_{\text{CGSE}}$， $q_{\text{CGSM}} = c_{\text{CGS}}{}^{-1} q_{\text{CGSE}}$[来自式(4-3-9)]代入上式给出

$$f_{\text{CGSM}} = \frac{1}{c_{\text{CGS}}{}^2 \varepsilon_{0\text{CGSM}}} \frac{q_{\text{CGSE}}{}^2}{r_{\text{CGSE}}{}^2} = \frac{1}{c_{\text{CGS}}{}^2 \varepsilon_{0\text{CGSM}}} f_{\text{CGSE}}， \tag{4-3-26}$$

[其中末步用到式(4-2-2b)。] 注意到 $f_{\text{CGSM}} = f_{\text{CGSE}}$，便得

$$\varepsilon_{0\text{CGSM}} = \frac{1}{c_{\text{CGS}}{}^2} = \frac{1}{\tilde{9}\times 10^{20}}。 \tag{4-3-27}$$

上式表明 **CGSM($\boldsymbol{\varepsilon}$)** 是个很大的单位，它等于真空介电常量 $\boldsymbol{\varepsilon}_0$ 的 $\tilde{9}\times 10^{20}$ 倍，即

$$\textbf{CGSM}(\boldsymbol{\varepsilon}) = \tilde{9}\times 10^{20} \boldsymbol{\varepsilon}_0。 \tag{4-3-28}$$

注意到 $\mu_{0\text{CGSM}} = 1$，与式(4-3-27)结合便得

$$\varepsilon_{0\text{CGSM}} \mu_{0\text{CGSM}} = \frac{1}{c_{\text{CGSM}}^2}， \tag{4-3-29}$$

就是说，对 CGSM 制也有

$$\varepsilon_0 \mu_0 = \frac{1}{c^2}。 \tag{4-3-30}$$

由式(4-3-25)和(4-3-10)不难求得介电常量量类 $\tilde{\boldsymbol{\varepsilon}}$ 在 CGSM 制的量纲式：

$$\dim \boldsymbol{\varepsilon} = \mathrm{L}^{-2}\mathrm{T}^2。 \tag{4-3-31}$$

CGSM 制的其他导出单位的定义方程与 MKSA 制相同(见表 4-3)。

§ 4.4　静电制、电磁制中导出单位的终定方程

上两节对静电制和电磁制的主要导出单位所给出的定义方程多数都只是原始定义方程。鉴于终定方程非常重要[例如便于写出量纲式，更重要的是体现在对“量的乘积”下定义上(详见第 3 章)]，本节将介绍终定方程的推求方法。

4.4.1　静电制(CGSE 制)

例题 4-4-1　求电荷单位 $\hat{\boldsymbol{q}}_{\text{CGSE}}$ 的终定方程

为此，先复习§1.3 的简单例子。为了找到加速度量类在 CGS 制的导出单位 $\hat{\boldsymbol{a}}_{\text{CGS}}$ 的终定

方程，考虑这样一个(复合的)现象类：质点从静止开始做匀加速运动，加速度 $a\hat{\boldsymbol{a}}_{\text{CGS}}$、时间 t**秒**和末速 v **厘米/秒** 显然满足 $a=v/t$ 的关系。然后它以末速为速度做匀速运动，在 t**秒** 内走了 l**厘米**，便有 $l=vt$，代入上式便得 $a=l/t^2$。这就是 $\hat{\boldsymbol{a}}_{\text{CGS}}$ 的终定方程。

仿照上例，为了找到 $\hat{\boldsymbol{q}}_{\text{CGSE}}$ 的终定方程，我们考虑如下三个现象类的复合：

(1) 电量为 $q\hat{\boldsymbol{q}}_{\text{CGSE}}$ 的两个点电荷在真空中相距 l**厘米**，两者间的静电力 f **达因** 显然满足

$$f=q^2/l^2\text{；} \tag{4-4-1}$$

(2) 质量为 m**克** 的质点在 f **达因** 力作用下的加速度 a **厘米/秒**^{2} 显然满足

$$f=ma\text{；} \tag{4-4-2}$$

(3) 某质点从静止出发以 a **厘米/秒**^{2} 为加速度做匀加速直线运动，设它走 l **厘米**/2 所需时间为 t**秒**，则显然有

$$a=l/t^2\text{。} \tag{4-4-3}$$

以上三式联立解得

$$q=l^{3/2}m^{1/2}t^{-1}\text{。} \tag{4-4-4}$$

上式右边只涉及基本量的数，故可充当 $\hat{\boldsymbol{q}}_{\text{CGSE}}$ 的终定方程，由此还可顺手写出导出量类 $\tilde{\boldsymbol{q}}$ 在 CGSE 制的量纲式：

$$\dim\boldsymbol{q}=\mathrm{L}^{3/2}\mathrm{M}^{1/2}\mathrm{T}^{-1}\text{，与式(4-2-3)一致。} \tag{4-4-5}$$

以上讨论告诉我们，为了求得某个导出单位的终定方程，往往需要选择适当的复合现象类。以下各例题中只写出与复合现象类相应的数等式，读者应能自己想清楚参与复合的是哪些现象类。

例题 4-4-2　求电流单位 $\hat{\boldsymbol{I}}_{\text{CGSE}}$ 的终定方程

解　由 $\hat{\boldsymbol{I}}_{\text{CGSE}}$ 的原始定义方程 $I=q/t$ 以及 $\hat{\boldsymbol{q}}_{\text{CGSE}}$ 的终定方程(4-4-4)容易求得 $\hat{\boldsymbol{I}}_{\text{CGSE}}$ 的终定方程：

$$I=l^{3/2}m^{1/2}t^{-2}\text{，} \tag{4-4-6}$$

从而又可顺手写出导出量类 $\tilde{\boldsymbol{I}}$ 在 CGSE 制的量纲式：

$$\dim\boldsymbol{I}=\mathrm{L}^{3/2}\mathrm{M}^{1/2}\mathrm{T}^{-2}\text{，与式(4-2-5)一致。} \tag{4-4-7}$$

例题 4-4-3　求磁感应单位 $\hat{\boldsymbol{B}}_{\text{CGSE}}$ 的终定方程

解　把 $\hat{\boldsymbol{B}}_{\text{CGSE}}$ 的原始定义方程 $f=I_2Bl$ [即式(4-2-6)]的 I_2 简记作 I，得

$$B=fI^{-1}l^{-1}\text{，} \tag{4-4-8}$$

将 $I=l^{3/2}m^{1/2}t^{-2}$ [式(4-4-6)]及 $f=lmt^{-2}$ (这是 $\hat{\boldsymbol{f}}_{\text{CGS}}$ 的终定方程)代入上式得

$$B=l^{-3/2}m^{1/2}\text{，} \tag{4-4-9}$$

这就是 $\hat{\boldsymbol{B}}_{\text{CGSE}}$ 的终定方程，由此易得量类 $\tilde{\boldsymbol{B}}$ 在 CGSE 制的量纲式：

$$\dim\boldsymbol{B}=\mathrm{L}^{-3/2}\mathrm{M}^{1/2}\text{，与式(4-2-7)一致。} \tag{4-4-10}$$

例题 4-4-4　求磁导率单位 $\hat{\boldsymbol{\mu}}_{\text{CGSE}}$ 的终定方程

解　把 $\hat{\boldsymbol{\mu}}_{\text{CGSE}}$ 的原始定义方程 $B=\mu_0 I_1/d$ [即式(4-2-8)]的 I_1 和 d 分别改记作 I 和 l，得

$$\mu_0=B\frac{l}{I}\text{。} \tag{4-4-11}$$

将 $B = fI^{-1}l^{-1}$ [即式(4-4-8)]及 $I = l^{3/2}m^{1/2}t^{-2}$ [即式(4-4-6)]代入上式便得

$$\mu_0 = l^{-2}t^2\text{，} \tag{4-4-12}$$

这就是 $\hat{\boldsymbol{\mu}}_{\text{CGSE}}$ 的终定方程，由此易得量类 $\tilde{\boldsymbol{\mu}}$ 在 CGSE 制的量纲式：

$$\dim \boldsymbol{\mu} = \text{L}^{-2}\text{T}^2\text{，与式(4-2-12)一致。} \tag{4-4-13}$$

4.4.2　电磁制(CGSM 制)

例题 4-4-5　求电流单位 $\hat{\boldsymbol{I}}_{\text{CGSM}}$ 的终定方程。

解　$\hat{\boldsymbol{I}}_{\text{CGSM}}$ 的原始定义方程为 $f = I_1 I_2 \dfrac{l}{d}$ [即式(4-3-2b)]，令 $I_1 = I_2 = I$，得

$$I^2 = f\frac{d}{l}\text{。} \tag{4-4-14}$$

注意到 d 和 l 一样是长度量，将 $\hat{\boldsymbol{f}}_{\text{CGS}}$ 的终定方程 $f = lmt^{-2}$ 代入上式便得

$$I = l^{1/2}m^{1/2}t^{-1}\text{。} \tag{4-4-15}$$

这就是 $\hat{\boldsymbol{I}}_{\text{CGSM}}$ 的终定方程，由此易得量类 $\tilde{\boldsymbol{I}}$ 在 CGSM 制的量纲式：

$$\dim \boldsymbol{I} = \text{L}^{1/2}\text{M}^{1/2}\text{T}^{-1}\text{，与式(4-3-7)一致。} \tag{4-4-16}$$

例题 4-4-6　求电荷单位 $\hat{\boldsymbol{q}}_{\text{CGSM}}$ 的终定方程。

解　由 $\hat{\boldsymbol{q}}_{\text{CGSM}}$ 的原始定义方程 $q = It$ 以及 $\hat{\boldsymbol{I}}_{\text{CGSM}}$ 的终定方程(4-4-15)容易求得 $\hat{\boldsymbol{q}}_{\text{CGSM}}$ 的终定方程：

$$q = l^{1/2}m^{1/2}\text{，} \tag{4-4-17}$$

从而又得导出量类 $\tilde{\boldsymbol{q}}$ 在 CGSM 制的量纲式：

$$\dim \tilde{\boldsymbol{q}} = \text{L}^{1/2}\text{M}^{1/2}\text{，与式(4-3-10)一致。} \tag{4-4-18}$$

例题 4-4-7　求磁感应单位 $\hat{\boldsymbol{B}}_{\text{CGSM}}$ 的终定方程。

解　把 $\hat{\boldsymbol{B}}_{\text{CGSM}}$ 的原始定义方程 $f = I_2 Bl$ [即式(4-3-11)]中的 I_2 改写为 I 得

$$B = \frac{f}{Il}\text{。} \tag{4-4-19}$$

将 $\hat{\boldsymbol{f}}_{\text{CGS}}$ 的终定方程 $f = lmt^{-2}$ 以及 $\hat{\boldsymbol{I}}_{\text{CGSM}}$ 的终定方程 $I = l^{1/2}m^{1/2}t^{-1}$ [即式(4-4-15)]代入上式便得

$$B = l^{-1/2}m^{1/2}t^{-1}\text{，} \tag{4-4-20}$$

此即 $\hat{\boldsymbol{B}}_{\text{CGSM}}$ 的终定方程，由此易得导出量类 $\tilde{\boldsymbol{B}}$ 在 CGSM 制的量纲式：

$$\dim \boldsymbol{B} = \text{L}^{-1/2}\text{M}^{1/2}\text{T}^{-1}\text{，与式(4-3-13)一致。} \tag{4-4-21}$$

例题 4-4-8　求磁场强度单位 $\hat{\boldsymbol{H}}_{\text{CGSM}}$ 的终定方程。

解　由 $H = B$ [即式(4-3-16)]及 $B = l^{-1/2}m^{1/2}t^{-1}$ [即式(4-4-20)]便得 $\hat{\boldsymbol{H}}_{\text{CGSM}}$ 的终定方程

$$H = l^{-1/2}m^{1/2}t^{-1}\text{，} \tag{4-4-22}$$

从而易得导出量类 $\tilde{\boldsymbol{H}}$ 在 CGSM 制的量纲式：

$$\dim \boldsymbol{H} = \text{L}^{-1/2}\text{M}^{1/2}\text{T}^{-1}\text{，与式(4-3-17)一致。} \tag{4-4-23}$$

注记 4-1　磁化强度单位 $\hat{\boldsymbol{M}}_{\text{CGSM}}$ 的终定方程及量纲式已在前面求出[见式(4-3-20)及(4-3-21)]。

例题 4-4-9　求介电常量单位 $\hat{\boldsymbol{\varepsilon}}_{\text{CGSM}}$ 的终定方程。

解　令 $\hat{\boldsymbol{\varepsilon}}_{\text{CGSM}}$ 的原始定义方程 $f=\dfrac{q_1q_2}{\varepsilon_0 r^2}$ 的 $q_1=q_2\equiv q$，把 r 改写为 l，则

$$\varepsilon_0=q^2f^{-1}l^{-2}\text{。}\tag{4-4-24}$$

将 $q=l^{1/2}m^{1/2}$ [即式(4-4-17)]及 $f=lmt^{-2}$ 代入上式得

$$\varepsilon_0=l^{-2}t^2\text{，}\tag{4-4-25}$$

从而易得导出量类 $\tilde{\boldsymbol{\varepsilon}}$ 在 CGSM 制的量纲式：

$$\dim\boldsymbol{\varepsilon}=\mathrm{L}^{-2}\mathrm{T}^2\text{，与式(4-3-31)一致。}\tag{4-4-26}$$

[选读 4-1]

关于 $\hat{\boldsymbol{I}}_{\text{CGSM}}$ 的(原始)定义方程，我们能查到的中外文献都是

$$f=2I_1I_2\frac{l}{d}\text{，}\tag{4-4-27}$$

唯独本书例外——我们用的是 $f=I_1I_2\dfrac{l}{d}$ [式(4-3-2b)]，比上式少了个系数 2。这样做的理由如下。例题 4-4-5 曾求出 $\hat{\boldsymbol{I}}_{\text{CGSM}}$ 的终定方程

$$I=l^{1/2}m^{1/2}t^{-1}\text{，[见式(4-4-15)]}$$

其终定系数 $k_{终}=1$，所以 $\hat{\boldsymbol{I}}_{\text{CGSM}}$ 是个一贯单位。然而，如果采用式(4-4-27)为 $\hat{\boldsymbol{I}}_{\text{CGSM}}$ 的原始定义方程，则其终定方程必为

$$I=\frac{1}{\sqrt{2}}l^{1/2}m^{1/2}t^{-1}\text{，}\tag{4-4-28}$$

其终定系数 $k_{终}=1/\sqrt{2}$，导致 $\hat{\boldsymbol{I}}_{\text{CGSM}}$ 为非一贯单位，造成麻烦甚至错误。例如，人们喜欢把导出单位表为基本单位的幂单项式(如 $\hat{\boldsymbol{v}}_{\text{CGS}}=\textbf{厘米}\cdot\textbf{秒}^{-1}$)，这是个量等式，根据第 7 章，导出单位 $\hat{\boldsymbol{C}}$ 用基本单位 $\hat{\boldsymbol{J}}_1$、…、$\hat{\boldsymbol{J}}_l$ 的表达式为[见式(7-2-9)]

$$\hat{\boldsymbol{C}}=\frac{1}{k_{C终}}\hat{\boldsymbol{J}}_1^{\sigma_1}\cdots\hat{\boldsymbol{J}}_l^{\sigma_l}\text{，}\qquad\text{重编号为(4-4-29)}$$

所以用 CGSM 制的基本单位表达 $\hat{\boldsymbol{I}}_{\text{CGSM}}$ 的等式应为

$$\hat{\boldsymbol{I}}_{\text{CGSM}}=\sqrt{2}\ \textbf{厘米}^{1/2}\cdot\textbf{克}^{1/2}\cdot\textbf{秒}^{-1}\text{，}\tag{4-4-30}$$

然而我们查到的所有文献(只要写此式者)都写出如下等式：

$$\hat{\boldsymbol{I}}_{\text{CGSM}}=\textbf{厘米}^{1/2}\cdot\textbf{克}^{1/2}\cdot\textbf{秒}^{-1}\text{。}\tag{4-4-31}$$

当然，也只有利用本书的量乘定义(尤其是第 7 章)方可看出上式的不正确性。

甲　但是，用您的原始定义方程 $f=I_1I_2\dfrac{l}{d}$ 求得的 $\hat{\boldsymbol{I}}_{\text{CGSM}}$ 跟其他文献的 $\hat{\boldsymbol{I}}_{\text{CGSM}}$ 一样吗？

乙　完全一样。这是本书的“等价单位制”理论保证的，详见§2.5。该节指出，决定导出单位的因素有二：①选择何种现象类；②将比例系数 $k_{终}$ 选为何值。当两者“配合默契”地改变时，所得单位就能一样。具体到 $\hat{\boldsymbol{I}}_{\text{CGSM}}$，我们不但改变了比例系数 $k_{终}$，同时还改变了现象类——其他文献所用的现象类是真空中的两条平行长直载流导线，本书改用磁导率

$\mu=\mu_0/2$ 的磁介质中的两条平行长直载流导线，由于上述①、②两点"配合默契"，所以 $\hat{I}_{\text{CGSM}}$ 相同。原来的(其他文献的)CGSE 制和 CGSM 制都是非一贯制(因为某些单位为非一贯单位)，但本书的这两个制都被改造为一贯单位制(等价一贯制)。

甲　我在不同文献里曾看到同一单位制(例如国际制)中若干导出单位的定义方程并不相同，也曾想过其中是否存在对错问题。现在(根据§2.5)清楚了：只要给出相同的导出单位和量纲式，它们就是等价的，都可认为正确。这一理解对吗？

乙　对。　　**[选读 4-1 完]**

§ 4.5　高斯单位制

4.5.1　高斯制概述

高斯单位制可以看作 CGSE 制和 CGSM 制的"混合制"，其电学量类的单位与 CGSE 制相同，磁学量类的单位与 CGSM 制相同，从而兼顾了两者的优点——只含电学量(如 q、I)的公式以及只含磁学量(如 B、Φ)的公式都比较简单。当公式既含电学量又含磁学量时，虽然可能出现不为 1 的系数，但这些系数在多数情况下为 $c=\tilde{3}\times10^{10}$ 或其幂函数(如 c^3、c^{-2})，故亦不难记住(见表 4-4)。然而，所谓给定一个单位制，不仅仅是给定其全体单位(单位制不等于其全体单位的集合)，而且还应明确给出它的基本量类、基本单位和全体导出单位的定义方程，所以我们仍按照这个要求对高斯制进行介绍。由于未能找到任何文献用这种方式讲高斯制，本节的许多提法都是我们的自创看法，仅供参考。

高斯制有 3 个基本量类，即长度 $\tilde{\boldsymbol{l}}$、质量 $\tilde{\boldsymbol{m}}$ 和时间 $\tilde{\boldsymbol{t}}$，基本单位依次为**厘米**、**克**和**秒**(与 CGS 制同)。高斯制的所有力学(及几何)导出单位的定义方程也都与 CGS 制一样。下一小节将逐一介绍最基础的几个电磁学导出单位的制定过程。

既然要讲高斯制，自然会谈及电磁量类在高斯制所在族的量纲式，而这势必涉及高斯制的同族制。"同族制"的概念异常清晰，但"高斯制的同族制"却存在一个有待说明的问题。对一般的单位制(非高斯制) $\mathscr{Z}$，以 $\mathscr{Z}'$ 代表它的一个同族制。量类 $\tilde{\boldsymbol{Q}}$ 在该制所在族的量纲 $\dim\big|_{\mathscr{Z},\mathscr{Z}'}\tilde{\boldsymbol{Q}}$ 等于用 $\hat{\boldsymbol{Q}}'$ 和 $\hat{\boldsymbol{Q}}$ 分别测 $\boldsymbol{Q}$ 的得数之比。选定 $\mathscr{Z}'$ 制的基本单位后，由于导出单位的定义方程与 $\mathscr{Z}$ 制相同，便可求得所有导出单位。然而高斯制存在一个特殊之处：它的某些数等式涉及系数 $K_{\text{安}}$ 和 $K_{\text{毕}}$，它俩在高斯制 $\mathscr{Z}_{\text{高}}$ 的数值并非靠定义方程求得，又如何求得它俩在同族制 $\mathscr{Z}'_{\text{高}}$ 的数？不解决这个问题，某些量类的高斯制量纲式就含义不明、无从计算。

甲　不会吧？表 4-2 说明它俩在高斯制 $\mathscr{Z}_{\text{高}}$ 的数都是 $1/c_{\text{高}}$，而光速 $\boldsymbol{c}$ 在其同族制 $\mathscr{Z}'_{\text{高}}$ 的数 c' 很易求得，取其倒数不就是 $K_{\text{安}}$ 和 $K_{\text{毕}}$ 在 $\mathscr{Z}'_{\text{高}}$ 制的数了吗？

乙　没这么简单，关键是目前尚不肯定 $K_{\text{毕}}$ 是否准确等于 $1/c_{\text{高}}$。简述如下。磁学的首要概念是磁感应(强度) $\vec{B}$，根据用高斯制讲电磁学的教材，$\vec{B}$ 由下式(洛伦兹力公式)定义：

$$\vec{f}=\frac{1}{c}q\vec{v}\times\vec{B}\,,\tag{4-5-1}$$

其中 q 和 υ 分别是带电粒子的电荷和速度(用**静库**和**厘米/秒**测得的数)，f 是它所受的洛伦兹磁力(用**达因**测得的数)；c 是真空光速(用**厘米/秒**测得的数)。式(4-5-1)会决定一个矢量 $\vec{B}$，称为**磁感应**，其大小 B 代表用磁感应的高斯制单位[待定义，见式(4-5-20)后面一段]测得的数。

安培力是洛伦兹力的宏观表现，由上式可以推出安培力公式

$$f = \frac{1}{c_{高}} I_2 B l\,, \tag{4-5-2}$$

与式(4-1-5)对比便知高斯制的 $K_{安} = 1/c_{高}$ (这是准确等式)。但 $K_{毕}$ 就没有这么简单。磁场 $\vec{B}$ 由电流元 $I\mathrm{d}\vec{l}$ 激发，多种间接实验证明了如下的(均匀磁介质的)毕奥-萨伐尔定律：

$$\mathrm{d}\vec{B} = \frac{1}{\chi}\mu \frac{I\mathrm{d}\vec{l} \times \vec{e}_r}{r^2}\,, \tag{4-5-3}$$

其中 χ 是实验测得的系数，其值十分接近光速在高斯制的数 $\tilde{3}\times10^{10}$，所有讲高斯制的教材都会把 $1/\chi$ 直接写成 $1/c_{高}$。但是实验只能给出近似值，不可能测得 χ 精确地等于 $\tilde{3}\times10^{10}$，因而尚不敢肯定 χ 就是 $c_{高}$，我们暂时把 χ 称为**电动常数**[参见塔姆(1958)]。把上式用于电流为 I_1 的无限长直导线，便知离导线为 d 处的磁感应(大小) B 为

$$B = \frac{1}{\chi}\mu \frac{2I_1}{d}\,, \tag{4-5-4}$$

与式(4-1-6a)对比可知高斯制的 $K_{毕} = 1/\chi$。为了证明电动常数 χ 的确是(精确等于)真空光速 $\boldsymbol{c}$ 在高斯制的数，即 $\chi = c_{高}$，首先应该求它在高斯制的量纲式(希望它跟速度同量纲)。把式(4-5-4)代入式(4-1-5)得

$$f = \frac{2\mu I_1 I_2}{c\chi}\frac{l}{d}\,, \tag{4-5-5}$$

故

$$\dim_{高}\boldsymbol{\chi} = (\dim_{高}\boldsymbol{\mu})(\dim_{高}\boldsymbol{I})^2(\dim_{高}\boldsymbol{\upsilon})^{-1}(\dim_{高}\boldsymbol{f})^{-1}\,。 \tag{4-5-6}$$

提前使用后面的 $\dim_{高}\boldsymbol{\mu} = 1$ 和 $\dim_{高}\boldsymbol{I} = \mathrm{L}^{3/2}\mathrm{M}^{1/2}\mathrm{T}^{-2}$ (其得出过程不涉及 χ)，就有

$$\dim_{高}\boldsymbol{\chi} = (\mathrm{L}^{3/2}\mathrm{M}^{1/2}\mathrm{T}^{-2})^2(\mathrm{L}^{-1}\mathrm{T})(\mathrm{LMT}^{-2})^{-1} = \mathrm{LT}^{-1}\,, \tag{4-5-7}$$

可见电动常数 $\boldsymbol{\chi}$ 确实有速度的量纲。

甲　量纲是对了，但实验最多只能验证其值 χ 非常非常接近于 $\tilde{3}\times10^{10}$。恐怕还不能百分之百地证明 χ 就是光速 $\boldsymbol{c}$ 在高斯制的数吧？

乙　不错。你所要的“百分之百的证明”可在小节 4-7-2 找到。由于最终能证明“电动常数” χ 确实等于 $c_{高}$，所以今后可以意义明确地谈及高斯制的同族制，从而保证 $\dim_{高}$ 有明确含义。

4.5.2　高斯制的主要导出单位及量纲式

(a) 与 CGSE 制一样，规定介电常量 $\tilde{\varepsilon}$ 的导出单位 $\hat{\varepsilon}$ 的定义方程为 $\varepsilon_0 = 1$，所依托的是涉及真空介电常量 $\boldsymbol{\varepsilon}_0$ 的现象类，本质上就是选 $\boldsymbol{\varepsilon}_0$ 为介电常量 $\tilde{\varepsilon}$ 的高斯制(及其同族制)单位。由此可知

$$\dim_{高} \boldsymbol{\varepsilon} \equiv 1 。 \tag{4-5-8}$$

(b) 与 CGSM 制一样，规定磁导率 $\tilde{\boldsymbol{\mu}}$ 的导出单位 $\hat{\boldsymbol{\mu}}$ 的定义方程为 $\mu_0 = 1$，所依托的是涉及真空磁导率 $\boldsymbol{\mu}_0$ 的现象类，本质上就是选 $\boldsymbol{\mu}_0$ 为磁导率 $\tilde{\boldsymbol{\mu}}$ 的高斯制(及其同族制)单位。由此可知

$$\dim_{高} \boldsymbol{\mu} \equiv 1 。 \tag{4-5-9}$$

(c) 查表 4-2 可知高斯制的 $K_{库} = 1$，故由式(4-1-4)得真空中的库仑力公式

$$f = \frac{q_1 q_2}{r^2} 。 \tag{4-5-10}$$

选上式为电荷的高斯制单位 $\hat{\boldsymbol{q}}_{高}$ 的定义方程，显然有

$$\hat{\boldsymbol{q}}_{高} = \hat{\boldsymbol{q}}_{\text{CGSE}} = \textbf{SC}\,(\textbf{静库})， \tag{4-5-11}$$

因而电荷量类 $\tilde{\boldsymbol{q}}$ 在高斯制的量纲式跟它在 CGSE 制的量纲式一样：

$$\dim_{高} \boldsymbol{q} = \mathrm{L}^{3/2}\mathrm{M}^{1/2}\mathrm{T}^{-1} 。 \tag{4-5-12}$$

(d) 选 $I = \frac{q}{t}$ 为电流的高斯制单位 $\hat{\boldsymbol{I}}_{高}$ 的定义方程，自然有

$$\hat{\boldsymbol{I}}_{高} = \hat{\boldsymbol{I}}_{\text{CGSE}} \equiv \textbf{CGSE}(\boldsymbol{I})，\text{即}\ \textbf{静安} 。 \tag{4-5-13}$$

电流量类 $\tilde{\boldsymbol{I}}$ 在高斯制的量纲式显然跟它在 CGSE 制的量纲式一样：

$$\dim_{高} \boldsymbol{I} = \mathrm{L}^{3/2}\mathrm{M}^{1/2}\mathrm{T}^{-2} 。 \tag{4-5-14}$$

(e) 选式(4-5-2)为磁感应的高斯制单位 $\hat{\boldsymbol{B}}_{高}$ 的定义方程，我们来找出 $\hat{\boldsymbol{B}}_{高}$ 与 $\hat{\boldsymbol{B}}_{\text{CGSM}}$ 的关系。将式(4-5-2)明确写成

$$f_{高} = \frac{1}{c_{高}} I_{高} B_{高} l_{高}， \tag{4-5-15}$$

而 $\hat{\boldsymbol{I}}_{高} = \hat{\boldsymbol{I}}_{\text{CGSE}}$ [见式(4-5-13)]导致数等式 $I_{高} = I_{\text{CGSE}}$，故上式又可改写为

$$f_{\text{CGS}} = \frac{1}{c_{高}} I_{\text{CGSE}} B_{高} l_{\text{CGS}} 。 \tag{4-5-16}$$

由 CGSM 制的 $K_{安} = 1$ 又知式(4-1-5)可写成

$$f_{\text{CGS}} = I_{\text{CGSM}} B_{\text{CGSM}} l_{\text{CGS}} 。 \tag{4-5-17}$$

式(4-5-16)除以式(4-5-17)给出[其中第二步用到式(4-3-5)]

$$1 = \frac{1}{c_{高}} \frac{I_{\text{CGSE}}}{I_{\text{CGSM}}} \frac{B_{高}}{B_{\text{CGSM}}} = \frac{B_{高}}{B_{\text{CGSM}}} 。 \tag{4-5-18}$$

可见

$$\hat{\boldsymbol{B}}_{高} = \hat{\boldsymbol{B}}_{\text{CGSM}} = \textbf{高斯} 。 \tag{4-5-19}$$

这正是我们所期望的(高斯制的磁学量单位应与 CGSM 制相同)。

再求 $\dim_{高} \boldsymbol{B}$。把式(4-5-15)改写为

$$B = fcI^{-1}l^{-1} \quad (\text{下标“高”一律省略})，$$

便有

$$\dim_{高} \boldsymbol{B} = (\dim_{高} \boldsymbol{f})(\dim_{高} \boldsymbol{v})(\dim_{高} \boldsymbol{I})^{-1}(\dim_{高} \boldsymbol{l})^{-1} = (\mathrm{LMT}^{-2})(\mathrm{LT}^{-1})(\mathrm{L}^{3/2}\mathrm{M}^{1/2}\mathrm{T}^{-2})^{-1}\mathrm{L}^{-1}，$$

因而

$$\dim_{高} \boldsymbol{B} = \mathrm{L}^{-1/2}\mathrm{M}^{1/2}\mathrm{T}^{-1}。 \tag{4-5-20}$$

因为安培力是洛伦兹力的宏观表现，所以也可以认为 $\hat{\boldsymbol{B}}_{高}$ 的定义方程是洛伦兹力公式(4-5-1)[容易验证由此求得的 $\dim_{高}\boldsymbol{B}$ 也满足式(4-5-20)]。于是现在可以明确地说，式(4-5-1)所定义的磁感应矢量 $\vec{B}$ 的大小 B 正是用**高斯**测得的数。

(f) 有了磁感应单位 $\hat{\boldsymbol{B}}_{高}$ 就可定义磁通的单位 $\hat{\boldsymbol{\varPhi}}_{高}$。在 CGSE 制、CGSM 制(还有下面要讲的 MKSA 制)中，$\hat{\boldsymbol{\varPhi}}$ 都以

$$\varPhi = BS \tag{4-5-21}$$

为(原始)定义方程，即

$$\varPhi_{\mathrm{CGSE}} = B_{\mathrm{CGSE}} S_{\mathrm{CGS}}, \qquad \varPhi_{\mathrm{CGSM}} = B_{\mathrm{CGSM}} S_{\mathrm{CGS}}, \tag{4-5-21$'$}$$

所以 $\hat{\boldsymbol{\varPhi}}_{高}$ 自然也用此式为(原始)定义方程，即

$$\varPhi_{高} = B_{高} S_{\mathrm{CGS}} = B_{\mathrm{CGSM}} S_{\mathrm{CGS}} = \varPhi_{\mathrm{CGSM}}。 \tag{4-5-21$''$}$$

注意到 $\tilde{\boldsymbol{\varPhi}}$ 是磁学量类，上式正好验证了我们期望的结果，即 $\hat{\boldsymbol{\varPhi}}_{高} = \hat{\boldsymbol{\varPhi}}_{\mathrm{CGSM}}$。

由式(4-5-21)和(4-5-20)不难求得磁通量类 $\tilde{\boldsymbol{\varPhi}}$ 在高斯制的量纲式：

$$\dim_{高}\boldsymbol{\varPhi} = (\dim_{高}\boldsymbol{B})(\dim_{高}\boldsymbol{S}) = (\mathrm{L}^{-1/2}\mathrm{M}^{1/2}\mathrm{T}^{-1})\mathrm{L}^2 = \mathrm{L}^{3/2}\mathrm{M}^{1/2}\mathrm{T}^{-1}。 \tag{4-5-22}$$

(g) 然而电感(自感和互感)的高斯制单位却有些微妙。以自感 $\tilde{\boldsymbol{L}}$ 为例。量类 $\tilde{\boldsymbol{L}}$ 既涉及磁通 $\tilde{\boldsymbol{\varPhi}}$(磁学量类)又涉及电流 $\tilde{\boldsymbol{I}}$(电学量类)，它的单位 $\hat{\boldsymbol{L}}_{高}$ 应等于 $\hat{\boldsymbol{L}}_{\mathrm{CGSM}}$ 还是 $\hat{\boldsymbol{L}}_{\mathrm{CGSE}}$？事实上这两种选择都有人采用，详情如下。

在 CGSE 制、CGSM 制(还有下面要讲的 MKSA 制)中，$\hat{\boldsymbol{L}}$ 都以

$$L = \frac{\varPhi}{I} \tag{4-5-23}$$

为定义方程，即

$$L_{\mathrm{CGSE}} = \frac{\varPhi_{\mathrm{CGSE}}}{I_{\mathrm{CGSE}}}, \qquad L_{\mathrm{CGSM}} = \frac{\varPhi_{\mathrm{CGSM}}}{I_{\mathrm{CGSM}}}。 \tag{4-5-23$'$}$$

但对高斯制而言却有两种选择：

选择 1　为了得到

$$\hat{\boldsymbol{L}}_{高} = \hat{\boldsymbol{L}}_{\mathrm{CGSM}} \tag{4-5-24}$$

的结果，应选下式为 $\hat{\boldsymbol{L}}_{高}$ 的定义方程(读者不难验证)：

$$L = c\frac{\varPhi}{I}, \qquad c \equiv \tilde{3}\times 10^{10}, \tag{4-5-24$'$}$$

由上式易得自感量类 $\tilde{\boldsymbol{L}}$ 在高斯制的量纲式：

$$(\dim \boldsymbol{L})\big|_{选择1} = (\dim\boldsymbol{v})(\dim\boldsymbol{\varPhi})(\dim\boldsymbol{I})^{-1} = (\mathrm{LT}^{-1})(\mathrm{L}^{3/2}\mathrm{M}^{1/2}\mathrm{T}^{-1})(\mathrm{L}^{3/2}\mathrm{M}^{1/2}\mathrm{T}^{-2})^{-1},$$

故

$$(\dim \boldsymbol{L})\big|_{选择1} = \mathrm{L}; \tag{4-5-25}$$

选择 2　为了得到

$$\hat{\boldsymbol{L}}_{高} = \hat{\boldsymbol{L}}_{\mathrm{CGSE}} \tag{4-5-26}$$

的结果，则应选下式为 $\hat{\boldsymbol{L}}_{高}$ 的定义方程：

$$L = \frac{1}{c}\frac{\Phi}{I}, \qquad c \equiv \tilde{3} \times 10^{10}。 \tag{4-5-26'}$$

于是自感量类 $\tilde{\boldsymbol{L}}$ 在高斯制的量纲式变为

$$(\dim_{高} \boldsymbol{L})\big|_{选择2} = (\dim_{高} \boldsymbol{v})^{-1}(\dim_{高} \boldsymbol{\Phi})(\dim_{高} \boldsymbol{I})^{-1} = (\mathrm{L}^{-1}\mathrm{T})(\mathrm{L}^{3/2}\mathrm{M}^{1/2}\mathrm{T}^{-1})(\mathrm{L}^{3/2}\mathrm{M}^{1/2}\mathrm{T}^{-2})^{-1},$$

即

$$(\dim_{高} \boldsymbol{L})\big|_{选择2} = \mathrm{L}^{-1}\mathrm{T}^{2}。 \tag{4-5-27}$$

至今似乎尚未见到一个国际性的统一选择。苏联著名物理学家塔姆的《电学原理》是电磁理论方面的经典名著，该书从头至尾只用高斯制(完全用高斯制的书近代已不多见)，所以我们更偏爱于它的选择。该书(中译本下册)的式(65.6)与本书的式(4-5-24′)实质相同，所以得到的 $\hat{\boldsymbol{L}}_{高}$ 等于 $\hat{\boldsymbol{L}}_{\mathrm{CGSM}}$。下面列出采用这一选择的某些书目：

① 塔姆(中译本 1958)；

② Reitz, and Milford (1960), P.368, TABLE II-1；

③ Panofsky, and Phillips (1962), P.465；

④ 陈鹏万(1978), P.312, 313, 表 11-7；

⑤ 复旦大学, 上海师范大学(1979), P.418, 表 II-1；

⑥ 赵凯华, 陈熙谋(2011)P.619 的表 9-3；

⑦ 梁灿彬(2018)表 10-6。

另一方面，也有不少作者采用式(4-5-26′)作为 $\hat{\boldsymbol{L}}_{高}$ 的定义方程，下面列出某些书目：

① Scott (1959), 书末表 A.7A；

② Pugh, and Pugh (1970), P.13, Table 1-3；

③ 珀塞尔(中译本 1979), P.307 的自感电动势公式 $\mathscr{E}_1 = -L_1\dfrac{\mathrm{d}I_1}{\mathrm{d}t}$ 是这种选择的结果。

④ Pollack and Stump (2005), P.609, TABLE II；

⑤ 胡友秋(2012), P.23, P.107, P.118。

高斯制的其他多数导出单位的定义方程与国际制(指 MKSA 制)相同，少数(既涉及电学量又涉及磁学量)除外，自感就是一例，已如上述。另一个例子是磁矩，其高斯制单位的定义方程为

$$\vec{p}_{\mathrm{m}} = \frac{1}{c} I S \vec{e}_{\mathrm{n}}。 \tag{4-5-28}$$

§ 4.6　MKSA 单位制

MKSA 单位制是国际制的力、电、磁部分，有 4 个基本量类，即长度 $\tilde{\boldsymbol{l}}$、质量 $\tilde{\boldsymbol{m}}$、时间 $\tilde{\boldsymbol{t}}$ 和电流 $\tilde{\boldsymbol{I}}$，基本单位依次为**米**、**千克**、**秒**和**安培**。由式(4-1-1)及(4-3-6)可知

$$1\,\textbf{安培} = \frac{1}{10}\mathbf{CGSM}(\boldsymbol{I}) = \tilde{3} \times 10^{9}\,\mathbf{CGSE}(\boldsymbol{I}), \tag{4-6-1}$$

(a) 选$q=It$为电荷的MKSA制单位$\hat{\boldsymbol{q}}_{国}$(称为**库仑**，记作$\mathbf{C}$)的定义方程，并明确写成

$$q_{国}=I_{国}t_{国}。\tag{4-6-2}$$

因为电荷的CGSE单位$\hat{\boldsymbol{q}}_{\rm CGSE}$的定义方程也是$q=It$，利用式(4-6-1)、(4-6-2)以及

$$t_{国}=t_{\rm CGS}\ (=t_{秒})$$

便得

$$q_{\rm CGSE}=I_{\rm CGSE}t_{\rm CGS}=(\tilde{3}\times10^9 I_{国})\times t_{国}=\tilde{3}\times10^9 q_{国}，\tag{4-6-3}$$

因而

$$\hat{\boldsymbol{q}}_{国}=\tilde{3}\times10^9\hat{\boldsymbol{q}}_{\rm CGSE}，\quad 即\quad 1\,\textbf{库}=\tilde{3}\times10^9\,\textbf{静库}。\tag{4-6-3$'$}$$

(b) 查表4-2可知MKSA制的$K_{库}=\dfrac{1}{4\pi}$(“有理化”的代价)，代入式(4-1-4)便得库仑力公式

$$f=\frac{q_1q_2}{4\pi\varepsilon r^2}，\tag{4-6-4}$$

令$q\equiv q_1=q_2$，得

$$\varepsilon=\frac{1}{4\pi}\frac{q^2}{fr^2}。\tag{4-6-5}$$

因为r, f和q的MKSA制单位已有定义，原则上可取上式为$\hat{\boldsymbol{\varepsilon}}_{国}$的定义方程(相应的现象类包含4个涉及量：电荷$\boldsymbol{q}$、距离$\boldsymbol{r}$、介电常量$\boldsymbol{\varepsilon}$和库仑力$\boldsymbol{f}$)。然而这样会导致$k_{\varepsilon终}=1/4\pi\neq1$，使得连国际制都不是一贯单位制，这显然不可接受。为克服这一困难，我们借用“等价单位制”的思想(详见§2.5)，改将式(4-6-4)用于介电常量为$\boldsymbol{\varepsilon}=\boldsymbol{\varepsilon}_0/4\pi$的电介质，于是得

$$f=\frac{q^2}{\varepsilon_0 r^2}，\quad 即\quad \varepsilon_0=\frac{q^2}{fr^2}。\tag{4-6-6}$$

选上式为介电常量国际制单位$\hat{\boldsymbol{\varepsilon}}_{国}$的(原始)定义方程。为看出这个$\hat{\boldsymbol{\varepsilon}}_{国}$的大小，先把上式明确写成

$$\varepsilon_{0国}=\frac{q_{国}{}^2}{f_{国}r_{国}{}^2}，\tag{4-6-7a}$$

再设法跟$\varepsilon_{0\rm CGSE}=1$做对比。为此，把式(4-2-2a)也用于介电常量为$\boldsymbol{\varepsilon}=\boldsymbol{\varepsilon}_0/4\pi$的“电介质”，加注下标“CGSE”，得

$$\varepsilon_{0\rm CGSE}=\frac{4\pi q_{\rm CGSE}{}^2}{f_{\rm CGSE}\,r_{\rm CGSE}{}^2}。\tag{4-6-7b}$$

利用$\varepsilon_{0\rm CGSE}=1$，$q_{\rm CGSE}=10c_{国}q_{国}$[来自式(4-6-3)]，$f_{\rm CGSE}=10^5 f_{国}$(来自$1\,$**牛顿**$=10^5\,$**达因**)以及$r_{\rm CGSE}=10^2 r_{国}$，由式(4-6-7a)和(4-6-7b)便得

$$\varepsilon_{0国}=\frac{1}{(4\pi\times10^{-7})c_{国}{}^2}\approx8.9\times10^{-12}，\tag{4-6-8}$$

这意味着

$$\hat{\boldsymbol{\varepsilon}}_{国}=[(4\pi\times10^{-7})c_{国}{}^2]\boldsymbol{\varepsilon}_0\approx\frac{1}{8.9\times10^{-12}}\boldsymbol{\varepsilon}_0\approx1.1\times10^{11}\boldsymbol{\varepsilon}_0。\tag{4-6-9}$$

式(4-6-8)的第一个等号又导致一个有用的公式：

$$4\pi\varepsilon_{0国}=\frac{1}{\tilde{9}\times10^{9}}。\tag{4-6-8′}$$

(c) 选 $E=\dfrac{f}{q}$ 为电场强度的 MKSA 制单位 $\hat{\boldsymbol{E}}_{国}$ 的定义方程，并明确写成

$$E_{国}=\frac{f_{国}}{q_{国}},\tag{4-6-10}$$

因电场的 CGSE 制单位 $\hat{\boldsymbol{E}}_{CGSE}$ 的定义方程也是 $E=\dfrac{f}{q}$，即

$$E_{CGSE}=\frac{f_{CGSE}}{q_{CGSE}},$$

再由1**牛顿**$=10^5$**达因**及1**库**$=\tilde{3}\times10^9$**静库**得

$$f_{国}=10^{-5}f_{CGSE},\qquad q_{国}=\frac{1}{\tilde{3}\times10^{9}}q_{CGSE},$$

代入式(4-6-10)给出

$$E_{国}=\tilde{3}\times10^{4}E_{CGSE},\qquad 因而\qquad \hat{\boldsymbol{E}}_{国}=\frac{1}{\tilde{3}\times10^{4}}\hat{\boldsymbol{E}}_{CGSE}。\tag{4-6-11}$$

(d) 查表 4-2 可知 MKSA 制的 $K_{安}=1$，代入式(4-1-5)得安培力公式

$$f=IBl,$$

改写为

$$B_{国}=f_{国}I_{国}^{-1}l_{国}^{-1}。\tag{4-6-12}$$

选上式为磁感应的国际制单位 $\hat{\boldsymbol{B}}_{国}$ 的原始定义方程(称 $\hat{\boldsymbol{B}}_{国}$ 为**特斯拉**，记作**T**)。注意到上式也是磁感应的 CGSM 制单位(**高斯**)的定义方程，即

$$B_{CGSM}=f_{CGSM}I_{CGSM}^{-1}l_{CGSM}^{-1}。\tag{4-6-13}$$

利用 $f_{CGSM}=10^5 f_{国}$、$I_{CGSM}=10^{-1}I_{国}$[来自式(4-6-1)]以及 $l_{CGSM}=10^2 l_{国}$，由式(4-6-12)、(4-6-13)便得

$$B_{CGSM}=10^4 B_{国}。\tag{4-6-14}$$

可见

$$\hat{\boldsymbol{B}}_{国}=10^4\hat{\boldsymbol{B}}_{CGSM},\qquad 即\qquad \textbf{特斯拉}=10^4\textbf{高斯}。\tag{4-6-15}$$

(e) 查表 4-2 可知 MKSA 制的 $K_{毕}=\dfrac{1}{4\pi}$，将式(4-1-6a)用于磁导率 $\boldsymbol{\mu}=2\pi\boldsymbol{\mu}_0$ 的磁介质，把 I_1 简写为 I，得

$$\mu_0=Bd/I,$$

选此式为磁导率的国际制单位 $\hat{\boldsymbol{\mu}}_{国}$ 的定义方程，并明确写成

$$\mu_{0国}=B_{国}d_{国}/I_{国}。\tag{4-6-16}$$

注意到 CGSM 制有 $K_{毕}=1$，仍把式(4-1-6a)用于 $\boldsymbol{\mu}=2\pi\boldsymbol{\mu}_0$ 的磁介质，得

$$\mu_{0CGSM}=B_{CGSM}d_{CGSM}/4\pi I_{CGSM}。\tag{4-6-17}$$

利用 $\mu_{0\text{CGSM}}=1$、$I_{\text{CGSM}}=10^{-1}I_{国}$、$d_{\text{CGSM}}=10^{2}d_{国}$ 及 $B_{\text{CGSM}}=10^{4}B_{国}$，由式(4-6-16)、(4-6-17)便得

$$\mu_{0国}=4\pi\times10^{-7}\text{。} \tag{4-6-18}$$

上式与式(4-6-8)结合给出

$$\varepsilon_{0国}\mu_{0国}=1/c_{国}^{\;2}\text{。} \tag{4-6-19}$$

MKSA 制的其他导出单位的定义方程见表 4-3。

[选读 4-2]

如小节 2.2.2 所言，使用了数十年的国际单位制从 2019 年 5 月 20 日起已被新的国际单位制(“New SI”)代替，其中的基本单位——**安培**——因为改由普朗克常量 $\boldsymbol{h}$ 定义而跟原国际制的**安培**略有不同。两者的差别虽然极其微小，从实用的角度看可以说毫无影响，但它足以导致凡与**安培**有关的准确等式都要改为近似等式(把等号改为近似号)。就是说，本节出现的若干准确等式依次应该改写为

$$1\,\textbf{安培}\approx\frac{1}{10}\textbf{CGSM}(\boldsymbol{I})\text{，} \tag{4-6-1$'$}$$

$$\hat{\boldsymbol{q}}_{国}\approx\tilde{3}\times10^{9}\hat{\boldsymbol{q}}_{\text{CGSE}}\text{，}\quad 即 \quad 1\,\textbf{库}\approx\tilde{3}\times10^{9}\,\textbf{静库}\text{。} \tag{4-6-3$''$}$$

$$\varepsilon_{0国}\approx\frac{1}{(4\pi\times10^{-7})c_{国}^{\;2}}\text{。} \tag{4-6-8$''$}$$

$$E_{国}\approx\tilde{3}\times10^{4}E_{\text{CGSE}}\text{，}\qquad 因而 \quad \hat{\boldsymbol{E}}_{国}\approx\frac{1}{\tilde{3}\times10^{4}}\hat{\boldsymbol{E}}_{\text{CGSE}}\text{。} \tag{4-6-11$'$}$$

$$\hat{\boldsymbol{B}}_{国}\approx10^{4}\hat{\boldsymbol{B}}_{\text{CGSM}}\text{，}\quad 即 \quad \textbf{特斯拉}\approx10^{4}\,\textbf{高斯}\text{。} \tag{4-6-15$'$}$$

$$\mu_{0国}\approx4\pi\times10^{-7}\text{。} \tag{4-6-18$'$}$$

原国际制有准确等式 $\mu_{0国}=4\pi\times10^{-7}$，配以 $\varepsilon_{0国}\mu_{0国}=\dfrac{1}{c_{国}^{\;2}}$ [式(4-6-19)]便可求得 $\varepsilon_{0国}$；但新国际制的 $\mu_{0国}\approx4\pi\times10^{-7}$ 不能给出 $\mu_{0国}$ 的准确值，欲求此值只能求助于实验。2018 年的测量值为

$$\mu_{0国}\approx4\pi\times1.00000000082(20)\times10^{-7}\text{。} \tag{4-6-20}$$

由此又可借 $\varepsilon_{0国}\mu_{0国}=\dfrac{1}{c_{国}^{\;2}}$ 求得 $\varepsilon_{0国}$。

除了以上 7 个等式之外，应该把等号改为近似号的等式还有不少。　　**[选读 4-2 完]**

§ 4.7　真空麦氏方程的普适形式

4.7.1　真空麦氏方程普适形式的推证

麦氏方程是电磁学及电动力学中最重要的方程，为了适应不同的电磁单位制，本节要推导真空麦氏方程的最为普适的(适用于各种电磁单位制的)形式。

有待推证的麦氏方程的普适形式如下：

$$\vec{\nabla}\cdot\vec{E}=4\pi K_{库}\frac{\rho}{\varepsilon_0}, \tag{4-7-1a}$$

$$\vec{\nabla}\times\vec{E}=-K_{安}\frac{\partial\vec{B}}{\partial t}, \tag{4-7-1b}$$

$$\vec{\nabla}\cdot\vec{B}=0, \tag{4-7-1c}$$

$$\vec{\nabla}\times\vec{B}=4\pi K_{毕}\mu_0\vec{J}+\frac{K_{毕}}{K_{库}}\mu_0\varepsilon_0\frac{\partial\vec{E}}{\partial t}, \tag{4-7-1d}$$

下面给出这 4 个方程的推证过程。

1. 麦氏第一方程(4-7-1a)的推证。

真空库仑定律的普适形式为[见式(4-1-4)]

$$f=K_{库}\frac{q_1q_2}{\varepsilon_0 r^2}。 \tag{4-7-2}$$

由此易得点电荷 q 的电场强度公式

$$\vec{E}=K_{库}\frac{q}{\varepsilon_0 r^2}\vec{e}_r, \tag{4-7-3}$$

进而不难借球面 S 证明如下的高斯定理：

$$\oiint_S \vec{E}\cdot d\vec{S}=K_{库}\frac{q}{\varepsilon_0 r^2}\oiint_S dS=K_{库}\frac{q}{\varepsilon_0 r^2}4\pi r^2=4\pi K_{库}\frac{q}{\varepsilon_0}, \tag{4-7-4}$$

于是

$$\iiint_V(\vec{\nabla}\cdot\vec{E})\,dV=\oiint_S \vec{E}\cdot d\vec{S}=4\pi K_{库}\frac{q}{\varepsilon_0}=\frac{4\pi K_{库}}{\varepsilon_0}\iiint_V\rho\, dV\quad, \tag{4-7-5}$$

其中第一步用到高斯公式[可参阅，例如，梁灿彬等(2018)专题 15]，第二步用到式(4-7-4)，第三个等号右边的 ρ 代表电荷体密度。把闭合面 S 逐渐缩小至接近一点，便得待证等式(4-7-1a)，亦即

$$\vec{\nabla}\cdot\vec{E}=4\pi K_{库}\frac{\rho}{\varepsilon_0}。$$

2. 麦氏第二方程(4-7-1b)的推证。

式(4-7-1b)源于法拉第定律(感应电动势正比于磁通变化率)，即

$$\mathscr{E}_{感}\propto\frac{d\Phi}{dt}。 \tag{4-7-6}$$

为找出普适的比例系数，不妨考虑动生电动势。动生电动势相应的非静电力是洛伦兹磁力，其在国际单位制的表达式为

$$\vec{f}_{洛}=q\,\vec{v}\times\vec{B}。 \tag{4-7-7}$$

另一方面，洛伦兹磁力又是安培力的微观来源，而安培力的普适形式为[见式(4-1-5)]

$$f=K_{安}IBl, \tag{4-7-8}$$

所以洛伦兹磁力的普适形式应为

$$\vec{f}_{洛}=K_{安}q\,\vec{v}\times\vec{B}。 \tag{4-7-9}$$

(因国际制有 $K_{安}=1$，故上式用于国际制就还原为 $\vec{f}_{洛}=q\,\vec{v}\times\vec{B}$。) 于是动生电动势的普适形

式如下：

$$\mathscr{E}_{动} = \int \frac{1}{q} \vec{f}_{洛} \cdot \mathrm{d}\vec{l} = K_{安} \int (\vec{v} \times \vec{B}) \cdot \mathrm{d}\vec{l} = -K_{安} \frac{\mathrm{d}\Phi}{\mathrm{d}t}, \tag{4-7-10}$$

其中末步可参阅梁灿彬(2018)小节 6.3.1 末小字的推导。推广至一般的感应电动势便得

$$\mathscr{E}_{感} = -K_{安} \frac{\mathrm{d}\Phi}{\mathrm{d}t}。 \tag{4-7-11}$$

进一步，令 L 为任一闭曲线，S 是以 L 为边线的任一曲面，则

$$\iint_S (\vec{\nabla} \times \vec{E}) \cdot \mathrm{d}\vec{S} = \oint_L \vec{E} \cdot \mathrm{d}\vec{l} = \mathscr{E}_{感} = -K_{安} \frac{\mathrm{d}\Phi}{\mathrm{d}t} = -K_{安} \frac{\mathrm{d}}{\mathrm{d}t} \iint_S \vec{B} \cdot \mathrm{d}\vec{S} = -K_{安} \iint_S \frac{\partial \vec{B}}{\partial t} \cdot \mathrm{d}\vec{S}。 \tag{4-7-12}$$

其中第一步用到斯托克斯公式[可参阅，例如，梁灿彬等(2018)专题 15]，第二步用到“感生电动势是感生电场的线积分”这一结论，第三步用到式(4-7-11)，第四步用到磁通的定义，第五步是因为对时间的微分与对空间的积分可以交换顺序。

把闭曲线 L 逐渐缩小至接近一点，便得待证等式(4-7-1b)，亦即

$$\vec{\nabla} \times \vec{E} = -K_{安} \frac{\partial \vec{B}}{\partial t}。$$

3. 麦氏第三方程(4-7-1c)的推证。

毕奥-萨伐尔定律在国际单位制的形式为[可参阅梁灿彬(2018)电磁学]

$$\mathrm{d}\vec{B} = \frac{\mu_0}{4\pi} \frac{I\mathrm{d}\vec{l} \times \vec{e}_r}{r^2}。 \tag{4-7-13}$$

注意到国际单位制的 $K_{毕} = \dfrac{1}{4\pi}$，便知毕奥-萨伐尔定律的普适形式为

$$\mathrm{d}\vec{B} = K_{毕} \mu_0 \frac{I\mathrm{d}\vec{l} \times \vec{e}_r}{r^2}。 \tag{4-7-14}$$

对于国际单位制，由式(4-7-13)可以证明磁场的高斯定理：

$$\oiint_S \vec{B} \cdot \mathrm{d}\vec{S} = 0, \tag{4-7-15}$$

对比式(4-7-13)和式(4-7-14)，发现在普适情况下的 $\mathrm{d}\vec{B}$ 与国际制的 $\mathrm{d}\vec{B}$ 只有常系数的差别，便知式(4-7-15)对普适情况照样成立，利用高斯公式便得

$$\vec{\nabla} \cdot \vec{B} = 0。$$

这正是待证等式(4-7-1c)。

4. 麦氏第四方程(4-7-1d)的推证。

方程(4-7-1d)右边有两项。第一项来自安培环路定理，先复习国际制中该定理的推证。

先求无限长直载流导线激发的 $\vec{B}$。对于国际单位制，由毕奥-萨伐尔定律[式(4-7-13)]出发的计算给出载流导线外一点的磁场大小为

$$B = \frac{\mu_0 I}{2\pi d}, \tag{4-7-16}$$

其中 I 为导线电流，d 为场点与导线的距离。利用上式，可以推出对无限长直载流导线的安培环路定理：

$$\oint_L \vec{B} \cdot \mathrm{d}\vec{l} = \mu_0 I。 \tag{4-7-17}$$

对比式(4-7-13)和式(4-7-14)，可知上式的普适形式应为

$$\oint_L \vec{B}\cdot d\vec{l} = 4\pi K_{毕}\mu_0 I 。\tag{4-7-18}$$

再次利用斯托克斯公式得

$$\iint_S (\vec{\nabla}\times\vec{B})\cdot d\vec{S} = \oint_L \vec{B}\cdot d\vec{l} = 4\pi K_{毕}\mu_0 I = 4\pi K_{毕}\mu_0 \iint_S \vec{J}\cdot d\vec{S} ,\tag{4-7-19}$$

其中 $\vec{J}$ 是与电流(强度) I 相应的电流密度。把闭曲线 L 逐渐缩小至接近一点，便得

$$\vec{\nabla}\times\vec{B} = 4\pi K_{毕}\mu_0\vec{J} 。\tag{4-7-20}$$

上式是稳恒情况下成立的等式，右边就是式(4-7-1d)的右边第一项。式(4-7-1d)的右边第二项是“位移电流项”，是麦克斯韦创造性地引入的。麦克斯韦在总结、审查前人研究成果时发现，若对式(4-7-20)取散度，便得

$$\vec{\nabla}\cdot(\vec{\nabla}\times\vec{B}) = 4\pi K_{毕}\mu_0\vec{\nabla}\cdot\vec{J} ,\tag{4-7-21}$$

但旋度的散度是零，于是上式逼出

$$\vec{\nabla}\cdot\vec{J} = 0 。\tag{4-7-22}$$

然而此式与反映电荷守恒律的连续性方程

$$\vec{\nabla}\cdot\vec{J} = -\frac{\partial\rho}{\partial t}\tag{4-7-23}$$

在非稳恒状态时是有矛盾的，因为对非稳恒状态而言，电荷密度 ρ 会随时间而变，从而不会处处为零。因此，麦克斯韦认为，式(4-7-20)本来就是前人在稳恒情况下得出的，现在既然发现它在非稳恒情况下导致理论内部的非自洽性，就应对它修改。他大胆地假定，除了早已认识到的电流 I (现在叫做“传导电流”)之外还存在一种称为“位移电流”的电流 $I_{位}$，与之相应的电流密度 $\vec{J}_{位}$ 与传导电流密度 $\vec{J}$ 之和称为“全电流密度”，记作

$$\vec{J}_{全} = \vec{J} + \vec{J}_{位} ,\tag{4-7-24}$$

只要 $\vec{J}_{全}$ 满足 $\vec{\nabla}\cdot\vec{J}_{全} = 0$，用 $\vec{J}_{全}$ 代替式(4-7-20)的 $\vec{J}$ 便可消除矛盾。

为了找到位移电流密度 $\vec{J}_{位}$ 的可能表达式，他从电荷守恒律[即式(4-7-23)]出发。先将式(4-7-1a)改写为

$$\rho = \frac{\varepsilon_0}{4\pi K_{库}}\vec{\nabla}\cdot\vec{E} ,\tag{4-7-25}$$

再代入式(4-7-23)得

$$\vec{\nabla}\cdot\vec{J} = -\frac{\partial}{\partial t}\left(\frac{\varepsilon_0}{4\pi K_{库}}\vec{\nabla}\cdot\vec{E}\right) = \vec{\nabla}\cdot\left(-\frac{\varepsilon_0}{4\pi K_{库}}\frac{\partial\vec{E}}{\partial t}\right) ,\tag{4-7-26}$$

于是

$$0 = \vec{\nabla}\cdot\left(\vec{J} + \frac{\varepsilon_0}{4\pi K_{库}}\frac{\partial\vec{E}}{\partial t}\right) = \vec{\nabla}\cdot\vec{J}_{全} 。\tag{4-7-27}$$

故

$$\vec{J}_{全} = \vec{J} + \frac{\varepsilon_0}{4\pi K_{库}}\frac{\partial\vec{E}}{\partial t} 。\tag{4-7-28}$$

麦克斯韦假设式(4-7-20)应改为

$$\vec{\nabla}\times\vec{B}=4\pi K_{毕}\mu_0\vec{J}_{全},\tag{4-7-29}$$

把式(4-7-28)代入上式便得

$$\vec{\nabla}\times\vec{B}=4\pi K_{毕}\mu_0\left(\vec{J}+\frac{\varepsilon_0}{4\pi K_{库}}\frac{\partial\vec{E}}{\partial t}\right)=4\pi K_{毕}\mu_0\vec{J}+\frac{K_{毕}}{K_{库}}\mu_0\varepsilon_0\frac{\partial\vec{E}}{\partial t}。$$

此即待证的(4-7-1d)。

4.7.2　电动常数 χ 确实等于 c 在高斯制的数[选读]

本小节要通过寻求真空无源电磁场的电磁波解来证明标题中的结论。无源意味着 $\rho=0$ 和 $\vec{J}=0$，故式(4-7-1a)和式(4-7-1d)简化为

$$\vec{\nabla}\cdot\vec{E}=0\tag{4-7-1$'$a}$$

和

$$\vec{\nabla}\times\vec{B}=\frac{K_{毕}}{K_{库}}\mu_0\varepsilon_0\frac{\partial\vec{E}}{\partial t}。\tag{4-7-1$'$d}$$

对式(4-7-1b)再次取旋度得

$$\vec{\nabla}\times(\vec{\nabla}\times\vec{E})=-K_{安}\vec{\nabla}\times\frac{\partial\vec{B}}{\partial t}=-K_{安}\frac{\partial}{\partial t}\vec{\nabla}\times\vec{B}。\tag{4-7-30}$$

利用矢量场论的公式[见梁灿彬等(2018)的式(15-6-14g)，也可参阅任一本电动力学教材]

$$\vec{\nabla}\times(\vec{\nabla}\times\vec{a})=\vec{\nabla}(\vec{\nabla}\cdot\vec{a})-\nabla^2\vec{a}$$

可得

$$\vec{\nabla}\times(\vec{\nabla}\times\vec{E})=\vec{\nabla}(\vec{\nabla}\cdot\vec{E})-\nabla^2\vec{E}=-\nabla^2\vec{E},\tag{4-7-31}$$

其中末步用到式(4-7-1′a)。式(4-7-30)与式(4-7-31)联立给出

$$\nabla^2\vec{E}=K_{安}\frac{\partial}{\partial t}\vec{\nabla}\times\vec{B},\tag{4-7-32}$$

把式(4-7-1′d)代入式(4-7-32)，整理后得

$$\frac{\partial^2\vec{E}}{\partial t^2}-\frac{K_{库}}{K_{安}K_{毕}}\frac{1}{\mu_0\varepsilon_0}\nabla^2\vec{E}=0。\tag{4-7-33}$$

上式是波动方程，其解就是电磁波，而且波速为(为避免逻辑不清，暂时不用 c)

$$电磁波速=\sqrt{\frac{K_{库}}{K_{安}K_{毕}}\frac{1}{\mu_0\varepsilon_0}}。\tag{4-7-34}$$

电磁波速是非常重要的物理量，由式(4-7-34)可知本章常用的三个比例系数的组合 $\frac{K_{库}}{K_{安}K_{毕}}$ 乘以 $\frac{1}{\mu_0\varepsilon_0}$ 在任一单位制中就必然具有速度平方的量纲。具体到高斯制，有 $\varepsilon_0=\mu_0=1$，$K_{库}=1$，$K_{安}=\frac{1}{c}$，$K_{毕}=\frac{1}{\chi}$，代入式(4-7-34)便得

$$电磁波速\ c=\sqrt{\frac{1}{K_{安}K_{毕}}}=\sqrt{c\chi},$$

这就逼出 $\chi=c$，即电动常数的确等于真空光速在高斯制的数。

§ 4.8　亥维赛-洛伦兹单位制简介

高斯制在涉及电磁学时非常方便，但也存在一个缺点：在麦氏方程中出现无理数因子 4π。对高斯制有

$$K_{库}=1,\quad K_{安}=K_{毕}=\frac{1}{c}\ (\text{其中}\ c=\tilde{3}\times10^{10}),\quad \varepsilon_0=\mu_0=1,\tag{4-8-1}$$

代入式(4-7-1)便得麦氏方程在高斯制的数值表达式：

$$\vec{\nabla}\cdot\vec{E}=4\pi\rho,\tag{4-8-2a}$$

$$\vec{\nabla}\times\vec{E}=-\frac{1}{c}\frac{\partial\vec{B}}{\partial t},\tag{4-8-2b}$$

$$\vec{\nabla}\cdot\vec{B}=0,\tag{4-8-2c}$$

$$\vec{\nabla}\times\vec{B}=\frac{4\pi}{c}\vec{J}+\frac{1}{c}\frac{\partial\vec{E}}{\partial t},\tag{4-8-2d}$$

其中首、末两式都含无理数因子 4π。亥维赛关于“有理化”的建议旨在将这些公式中的 4π 转移到较不常用的公式中去，落实这一建议的结果就是**亥维赛-洛伦兹单位制**(以下简称 **HL 制**)，麦氏方程在此单位制的数值表达式简化为

$$\vec{\nabla}\cdot\vec{E}=\rho,\tag{4-8-3a}$$

$$\vec{\nabla}\times\vec{E}=-\frac{1}{c}\frac{\partial\vec{B}}{\partial t},\tag{4-8-3b}$$

$$\vec{\nabla}\cdot\vec{B}=0,\tag{4-8-3c}$$

$$\vec{\nabla}\times\vec{B}=\frac{1}{c}\vec{J}+\frac{1}{c}\frac{\partial\vec{E}}{\partial t}。\tag{4-8-3d}$$

上式与式(4-8-2)的唯一区别就是首、末两式的无理数因子 4π 已被 1 取代。再与式(4-7-1)对比，便知对 HL 制有

$$K_{库}=\frac{1}{4\pi},\quad K_{安}=\frac{1}{c}\ (\text{其中}\ c=\tilde{3}\times10^{10}),\quad K_{毕}=\frac{1}{4\pi c},\quad \varepsilon_0=\mu_0=1。\tag{4-8-4}$$

甲　HL 单位制的基本量类是哪些？是否可以介绍几个主要导出单位的定义方程？

乙　HL 单位制无非是对高斯单位制有理化的结果，因此，

① HL 制的基本量类与高斯制相同，只有如下三个：长度 $\tilde{\boldsymbol{l}}$、质量 $\tilde{\boldsymbol{m}}$ 和时间 $\tilde{\boldsymbol{t}}$，基本单位仍是**厘米、克和秒**。

② 所有力学导出单位的定义方程都与高斯制相同，因而所有力学量都与高斯制有相同单位。

③ 所有电磁学量类都是导出量类。下面介绍几个主要导出单位的定义(下标有 H 的字母代表 HL 单位制的量或数)。

1. 电荷单位 $\hat{\boldsymbol{q}}_{\mathrm{H}}$。由式(4-8-4)查得 $K_{库}=\dfrac{1}{4\pi}$ 及 $\varepsilon_0=1$，将式(4-1-4)用于真空中两个电荷量相等的点电荷便得(此即 $\hat{\boldsymbol{q}}_{\mathrm{H}}$ 的定义方程)

$$f_{\rm H}=\frac{1}{4\pi}\frac{q_{\rm H}^{\ 2}}{r_{\rm H}^{\ 2}}\text{。}\tag{4-8-5}$$

由式(4-5-10)又知对高斯制有

$$f_{高}=\frac{q_{高}^{\ 2}}{r_{高}^{\ 2}}\text{。}\tag{4-8-6}$$

对比以上两式便可看出，“有理化”并未把无理数因子 4π 从所有公式中消除，只不过把它从较常用的公式(例如麦氏方程)转移到较不常用的公式(例如库仑定律)而已。将以上两式相除，注意到力学量在两制中有相同单位(因而 $f_{\rm H}=f_{高}$，$r_{\rm H}=r_{高}$)，便得

$$1=\frac{q_{\rm H}^{\ 2}}{4\pi q_{高}^{\ 2}},$$

亦即

$$q_{\rm H}=\sqrt{4\pi}\,q_{高},\tag{4-8-7}$$

进而有单位关系

$$\hat{\boldsymbol{q}}_{\rm H}=\frac{1}{\sqrt{4\pi}}\hat{\boldsymbol{q}}_{高}\text{。}\tag{4-8-8}$$

2. 电流单位 $\hat{\boldsymbol{I}}_{\rm H}$。仿照高斯制电流单位 $\hat{\boldsymbol{I}}_{高}$ 的定义方程 $I_{高}=\dfrac{q_{高}}{t_{高}}$，取下式为 $\hat{\boldsymbol{I}}_{\rm H}$ 的定义方程：

$$I_{\rm H}=\frac{q_{\rm H}}{t_{\rm H}}\text{。}\tag{4-8-9}$$

由 $t_{\rm H}=t_{高}$ 易得 $\dfrac{I_{\rm H}}{I_{高}}=\dfrac{q_{\rm H}}{q_{高}}=\sqrt{4\pi}$，因而有

$$\hat{\boldsymbol{I}}_{\rm H}=\frac{1}{\sqrt{4\pi}}\hat{\boldsymbol{I}}_{高}\text{。}\tag{4-8-10}$$

3. 电场强度单位 $\hat{\boldsymbol{E}}_{\rm H}$。仿照高斯制电场强度单位 $\hat{\boldsymbol{E}}_{高}$ 的定义方程 $E_{高}=\dfrac{f_{高}}{q_{高}}$，取下式为 $\hat{\boldsymbol{E}}_{\rm H}$ 的定义方程：

$$E_{\rm H}=\frac{f_{\rm H}}{q_{\rm H}}\text{。}\tag{4-8-11}$$

由 $f_{\rm H}=f_{高}$ 易得 $\dfrac{E_{\rm H}}{E_{高}}=\dfrac{q_{高}}{q_{\rm H}}=\dfrac{1}{\sqrt{4\pi}}$，因而有

$$E_{\rm H}=\frac{1}{\sqrt{4\pi}}E_{高},\qquad \hat{\boldsymbol{E}}_{\rm H}=\sqrt{4\pi}\,\hat{\boldsymbol{E}}_{高}\text{。}\tag{4-8-12}$$

注意到 $\vec{\nabla}_{\rm H}=\vec{\nabla}_{高}$ (因为两制的长度单位相同)，由上式也能推出麦氏第一方程：

$$\vec{\nabla}_{\rm H}\cdot\vec{E}_{\rm H}=\frac{1}{\sqrt{4\pi}}\vec{\nabla}_{高}\cdot\vec{E}_{高}=\frac{1}{\sqrt{4\pi}}(4\pi\rho_{高})=\sqrt{4\pi}\rho_{高}=\sqrt{4\pi}\left(\frac{1}{\sqrt{4\pi}}\rho_{\rm H}\right)=\rho_{\rm H},$$

[其中第二步用到高斯制的麦氏第一方程，第四步用到由 $q_{\rm H}=\sqrt{4\pi}\,q_{高}$ 导致的 $\rho_{\rm H}=\sqrt{4\pi}\rho_{高}$。]

此即麦氏第一方程[式(4-8-3a)]，这一推导可看作是理论内部自洽性的一种验证。

4. 磁感应单位 $\hat{\boldsymbol{B}}_{\rm H}$。将式(4-1-6b)用于 HL 单位制，利用 $K_{毕}=\dfrac{1}{4\pi c}$ 及 $\mu_0=1$，得

$$B_{\rm H}=\frac{1}{4\pi c}\frac{I_{\rm H}}{d_{\rm H}}。\tag{4-8-13}$$

[请注意，本节中的所有 c 都代表真空光速在 HL 制的数，即 $c=\tilde{3}\times10^{10}$。] 上式与式(4-1-6b)用于高斯制的表达式

$$B_{高}=\frac{1}{c}\frac{I_{高}}{d_{高}}\tag{4-8-14}$$

相除，得

$$\frac{B_{\rm H}}{B_{高}}=\frac{1}{4\pi}\frac{I_{\rm H}}{I_{高}}=\frac{1}{4\pi}\frac{q_{\rm H}}{q_{高}}=\frac{1}{4\pi}\sqrt{4\pi}=\frac{1}{\sqrt{4\pi}},$$

故

$$B_{\rm H}=\frac{1}{\sqrt{4\pi}}B_{高},\tag{4-8-15}$$

进而有单位关系

$$\hat{\boldsymbol{B}}_{\rm H}=\sqrt{4\pi}\hat{\boldsymbol{B}}_{高}。\tag{4-8-16}$$

上式与 $E_{\rm H}=\dfrac{1}{\sqrt{4\pi}}E_{高}$ 结合也可推出麦氏第二方程：

$$\vec{\nabla}_{\rm H}\times\vec{E}_{\rm H}=\frac{1}{\sqrt{4\pi}}\vec{\nabla}_{高}\times\vec{E}_{高}=\frac{1}{\sqrt{4\pi}}\left(-\frac{1}{c}\frac{\partial\vec{B}_{高}}{\partial t_{高}}\right)=-\frac{1}{c\sqrt{4\pi}}\left(\sqrt{4\pi}\frac{\partial\vec{B}_{\rm H}}{\partial t_{\rm H}}\right)=-\frac{1}{c}\frac{\partial\vec{B}_{\rm H}}{\partial t_{\rm H}},$$

[其中第一步用到式(4-8-12)，第二步用到高斯制的麦氏第二方程，第三步用到式(4-8-15)。]此即麦氏第二方程[式(4-8-3b)]。

表 4-3　MKSA 制中电磁学主要导出单位的名称、定义方程及量类的量纲式

电磁学量类导出单位	定义方程	量纲式	单位名称	单位代号 中文	单位代号 国际	用基本单位表示的量等式
电荷 $\hat{q}$	$q=It$	TI	**库仑**	**库**	C	$\rm s\cdot A$
电荷体密度 $\hat{\rho}$	$\rho=q/V$	$\rm L^{-3}TI$	**库仑每立方米**	库/米^3	$\rm C/m^3$	$\rm m^{-3}\cdot s\cdot A$
电荷面密度 $\hat{\sigma}$	$\sigma=q/S$	$\rm L^{-2}TI$	**库仑每平方米**	库/米^2	$\rm C/m^2$	$\rm m^{-2}\cdot s\cdot A$
电压 $\hat{U}$，电动势 $\hat{\rm E}$	$U=A/q$	$\rm L^2MT^{-3}I^{-1}$	**伏特**	**伏**	V	$\rm m^2\cdot kg\cdot s^{-3}\cdot A^{-1}$
电场强度 $\hat{\boldsymbol{E}}$	$E=f/q$	$\rm LMT^{-3}I^{-1}$	**伏特每米**	**伏/米**	V/m	$\rm m\cdot kg\cdot s^{-3}\cdot A^{-1}$
电容 $\hat{C}$	$C=q/U$	$\rm L^{-2}M^{-1}T^4I^2$	**法拉**	**法**	F	$\rm m^{-2}\cdot kg^{-1}\cdot s^4\cdot A^2$
介电常量 $\hat{\varepsilon}$	$\varepsilon_0=q^2/fr^2$	$\rm L^{-3}M^{-1}T^4I^2$	**法拉每米**	**法/米**	F/m	$\rm m^{-3}\cdot kg^{-1}\cdot s^4\cdot A^2$
电位移 $\hat{\boldsymbol{D}}$	$\oint\!\!\oint\vec{D}\cdot{\rm d}\vec{S}=q_0$	$\rm L^{-2}TI$	**库仑每平方米**	库/米^2	$\rm C/m^2$	$\rm m^{-2}\cdot s\cdot A$

续表

电磁学量类导出单位	定义方程	量纲式	单位名称	单位代号		用基本单位表示的量等式
				中文	国际	
电偶极矩 $\hat{\boldsymbol{p}}$	$p=ql$	LTI	**库仑米**	**库米**	C·m	m·s·A
电阻 $\hat{\boldsymbol{R}}$	$R=U/I$	$L^2MT^{-3}I^{-2}$	**欧姆**	**欧**	Ω	$m^2\cdot kg\cdot s^{-3}\cdot A^{-2}$
电阻率 $\hat{\boldsymbol{\rho}}$	$\rho=RS/l$	$L^3MT^{-3}I^{-2}$	**欧姆米**	**欧米**	Ω·m	$m^3\cdot kg\cdot s^{-3}\cdot A^{-2}$
功率 $\hat{\boldsymbol{P}}$	$P=A/t$	L^2MT^{-3}	**瓦特**	**瓦**	W	$m^2\cdot kg\cdot s^{-3}$
电导 $\hat{\boldsymbol{G}}$	$G=1/R$	$L^{-2}M^{-1}T^3I^2$	**西门子**	**西**	S	$m^{-2}\cdot kg^{-1}\cdot s^3\cdot A^2$
电导率 $\hat{\boldsymbol{\gamma}}$	$\gamma=1/\rho$	$L^{-3}M^{-1}T^3I^2$	**西门子每米**	**西/米**	S/m	$m^{-3}\cdot kg^{-1}\cdot s^3\cdot A^2$
磁感应 $\hat{\boldsymbol{B}}$	$B=fI^{-1}l^{-1}$	$MT^{-2}I^{-1}$	**特斯拉**	**特**	T	$kg\cdot s^{-2}\cdot A^{-1}$
磁通 $\hat{\boldsymbol{\Phi}}$	$\Phi=BS$	$L^2MT^{-2}I^{-1}$	**韦伯**	**韦**	Wb	$m^2\cdot kg\cdot s^{-2}\cdot A^{-1}$
磁矩 $\hat{\boldsymbol{p}}_m$	$p_m=IS$	L^2I	**安培平方米**	**安米^2**	$A\cdot m^2$	$m^2\cdot A$
磁化强度 $\hat{\boldsymbol{M}}$	$\vec{M}=\dfrac{\sum\vec{p}_{mi}}{\Delta V}$	$L^{-1}I$	**安培每米**	**安/米**	A/m	$m^{-1}\cdot A$
磁场强度 $\hat{\boldsymbol{H}}$	$\oint\vec{H}\cdot d\vec{l}=I_0$	$L^{-1}I$	**安培每米**	**安/米**	A/m	$m^{-1}\cdot A$
自感 $\hat{\boldsymbol{L}}$	$L=\Phi/I$	$L^2MT^{-2}I^{-2}$	**亨利**	**亨**	H	$m^2\cdot kg\cdot s^{-2}\cdot A^{-2}$
磁导率 $\hat{\boldsymbol{\mu}}$	$\mu_0=aB/I$	$LMT^{-2}I^{-2}$	**亨利每米**	**亨/米**	H/m	$m\cdot kg\cdot s^{-2}\cdot A^{-2}$
磁阻 $\hat{\boldsymbol{R}}_m$	$R_m=l/\mu S$	$L^{-2}M^{-1}T^2I^2$	**每亨利**	**1/亨**	1/H	$m^{-2}\cdot kg^{-1}\cdot s^2\cdot A^2$
磁动势 $\hat{\mathbf{E}}_m$	$E_m=Nl$	1	**安培匝**	**安匝**	A	

表 4-4　主要电磁学公式在各单位制的形式

(说明：表中的 c 代表真空光速在各该单位制的数) [6]

	普适形式	CGSE 制 $K_库=K_安=K_毕=1$ $\varepsilon_0=1,\ \mu_0=1/c^2$	CGSM 制 $K_库=K_安=K_毕=1$ $\varepsilon_0=1/c^2,\ \mu_0=1$	高斯制 $K_库=1$ $K_安=K_毕=1/c$ $\varepsilon_0=\mu_0=1$	MKSA 制 $K_库=K_毕=1/4\pi$ $K_安=1$ $\varepsilon_0=10^7/4\pi c^2$ $\mu_0=4\pi\times10^{-7}$
库仑定律	$f=K_库\dfrac{q_1q_2}{\varepsilon_0r^2}$	$f=\dfrac{q_1q_2}{r^2}$	$f=c^2\dfrac{q_1q_2}{r^2}$	$f=\dfrac{q_1q_2}{r^2}$	$f=\dfrac{q_1q_2}{4\pi\varepsilon_0r^2}$
点电荷电场	$E=K_库\dfrac{q}{\varepsilon_0r^2}$	$E=\dfrac{q}{r^2}$	$E=c^2\dfrac{q}{r^2}$	$E=\dfrac{q}{r^2}$	$E=\dfrac{q}{4\pi\varepsilon_0r^2}$
高斯定理	$\oiint\vec{E}\cdot d\vec{S}=K_库4\pi q/\varepsilon_0$	$\oiint\vec{E}\cdot d\vec{S}=4\pi q$	$\oiint\vec{E}\cdot d\vec{S}=c^24\pi q$	$\oiint\vec{E}\cdot d\vec{S}=4\pi q$	$\oiint\vec{E}\cdot d\vec{S}=q/\varepsilon_0$
点电荷电势	$V=K_库\dfrac{q}{\varepsilon_0r}$	$V=\dfrac{q}{r}$	$V=c^2\dfrac{q}{r}$	$V=\dfrac{q}{r}$	$V=\dfrac{q}{4\pi\varepsilon_0r}$

6 表中的三个系数 $K_库$、$K_毕$ 和 $K_安$ 都可看作量 $\boldsymbol{K}_库$、$\boldsymbol{K}_毕$ 和 $\boldsymbol{K}_安$ 在不同单位制的数，于是各列都可改写为量等式。但请注意量等式是单位制族依赖的，每列的量等式都是该列所在的单位制族的量等式，各列的量等式不能互相比较。

续表

	普适形式	CGSE 制 $K_{\text{库}}=K_{\text{安}}=K_{\text{毕}}=1$ $\varepsilon_0=1,\ \mu_0=1/c^2$	CGSM 制 $K_{\text{库}}=K_{\text{安}}=K_{\text{毕}}=1$ $\varepsilon_0=1/c^2,\ \mu_0=1$	高斯制 $K_{\text{库}}=1$ $K_{\text{安}}=K_{\text{毕}}=1/c$ $\varepsilon_0=\mu_0=1$	MKSA 制 $K_{\text{库}}=K_{\text{毕}}=1/4\pi$ $K_{\text{安}}=1$ $\varepsilon_0=10^7/4\pi c^2$ $\mu_0=4\pi\times10^{-7}$
平行板电容	$C=\dfrac{\varepsilon_0 S}{K_{\text{库}}4\pi d}$	$C=\dfrac{S}{4\pi d}$	$C=\dfrac{S}{c^2 4\pi d}$	$C=\dfrac{S}{4\pi d}$	$C=\dfrac{\varepsilon_0 S}{d}$
电位移定义	$\vec{D}\equiv\varepsilon_0\vec{E}+K_{\text{库}}4\pi\vec{P}$	$\vec{D}\equiv\vec{E}+4\pi\vec{P}$	$\vec{D}\equiv c^{-2}\vec{E}+4\pi\vec{P}$	$\vec{D}\equiv\vec{E}+4\pi\vec{P}$	$\vec{D}\equiv\varepsilon_0\vec{E}+\vec{P}$
高斯定理(有介质)	$\oiint \vec{D}\cdot\mathrm{d}\vec{S}=K_{\text{库}}4\pi q_0$	$\oiint \vec{D}\cdot\mathrm{d}\vec{S}=4\pi q_0$	$\oiint \vec{D}\cdot\mathrm{d}\vec{S}=4\pi q_0$	$\oiint \vec{D}\cdot\mathrm{d}\vec{S}=4\pi q_0$	$\oiint \vec{D}\cdot\mathrm{d}\vec{S}=q_0$
介电常数定义	$\varepsilon\equiv\varepsilon_0(1+K_{\text{库}}4\pi\chi)$	$\varepsilon\equiv1+4\pi\chi$	$\varepsilon\equiv c^{-2}(1+4\pi\chi)$	$\varepsilon\equiv1+4\pi\chi$	$\varepsilon\equiv\varepsilon_0(1+\chi)$
安培力	$\mathrm{d}\vec{f}=K_{\text{安}}I\mathrm{d}\vec{l}\times\vec{B}$	$\mathrm{d}\vec{f}=I\mathrm{d}\vec{l}\times\vec{B}$	$\mathrm{d}\vec{f}=I\mathrm{d}\vec{l}\times\vec{B}$	$\mathrm{d}\vec{f}=c^{-1}\,\mathrm{d}\vec{l}\times\vec{B}$	$\mathrm{d}\vec{f}=I\mathrm{d}\vec{l}\times\vec{B}$
磁矩定义	$p_{\mathrm{m}}\equiv K_{\text{安}}IS$	$p_{\mathrm{m}}\equiv IS$	$p_{\mathrm{m}}\equiv IS$	$p_{\mathrm{m}}\equiv c^{-1}IS$	$p_{\mathrm{m}}\equiv IS$
洛伦兹力	$\vec{f}=q(\vec{E}+K_{\text{安}}\vec{v}\times\vec{B})$	$\vec{f}=q(\vec{E}+\vec{v}\times\vec{B})$	$\vec{f}=q(\vec{E}+\vec{v}\times\vec{B})$	$\vec{f}=q(\vec{E}+c^{-1}\vec{v}\times\vec{B})$	$\vec{f}=q(\vec{E}+\vec{v}\times\vec{B})$
毕奥-萨伐尔定律	$\mathrm{d}\vec{B}=K_{\text{毕}}\mu_0\dfrac{I\mathrm{d}\vec{l}\times\vec{e}_{\mathrm{r}}}{r^2}$	$\mathrm{d}\vec{B}=\dfrac{1}{c^2}\dfrac{I\mathrm{d}\vec{l}\times\vec{e}_{\mathrm{r}}}{r^2}$	$\mathrm{d}\vec{B}=\dfrac{I\mathrm{d}\vec{l}\times\vec{e}_{\mathrm{r}}}{r^2}$	$\mathrm{d}\vec{B}=\dfrac{1}{c}\dfrac{I\mathrm{d}\vec{l}\times\vec{e}_{\mathrm{r}}}{r^2}$	$\mathrm{d}\vec{B}=\dfrac{\mu_0 I\mathrm{d}\vec{l}\times\vec{e}_{\mathrm{r}}}{4\pi r^2}$
螺线管磁场	$B=K_{\text{毕}}\mu_0 4\pi nI$	$B=c^{-2}4\pi nI$	$B=4\pi nI$	$B=c^{-1}4\pi nI$	$B=\mu_0 nI$
安培环路定理	$\oint\vec{B}\cdot\mathrm{d}\vec{l}=K_{\text{毕}}\mu_0 4\pi I$	$\oint\vec{B}\cdot\mathrm{d}\vec{l}=c^{-2}4\pi I$	$\oint\vec{B}\cdot\mathrm{d}\vec{l}=4\pi I$	$\oint\vec{B}\cdot\mathrm{d}\vec{l}=c^{-1}4\pi I$	$\oint\vec{B}\cdot\mathrm{d}\vec{l}=\mu_0 I$
磁场强度定义	$\vec{H}\equiv\dfrac{\vec{B}}{\mu_0}-\dfrac{K_{\text{毕}}}{K_{\text{安}}}4\pi\vec{M}$	$\vec{H}\equiv c^2\vec{B}-4\pi\vec{M}$	$\vec{H}\equiv\vec{B}-4\pi\vec{M}$	$\vec{H}\equiv\vec{B}-4\pi\vec{M}$	$\vec{H}\equiv\dfrac{\vec{B}}{\mu_0}-\vec{M}$
环路定理(有磁质)	$\oint\vec{H}\cdot\mathrm{d}\vec{l}=K_{\text{毕}}4\pi I_0$	$\oint\vec{H}\cdot\mathrm{d}\vec{l}=4\pi I_0$	$\oint\vec{H}\cdot\mathrm{d}\vec{l}=4\pi I_0$	$\oint\vec{H}\cdot\mathrm{d}\vec{l}=c^{-1}4\pi I_0$	$\oint\vec{H}\cdot\mathrm{d}\vec{l}=I_0$
磁导率定义	$\mu\equiv\mu_0(1+\dfrac{K_{\text{毕}}}{K_{\text{安}}}4\pi\chi_{\mathrm{m}})$	$\mu\equiv c^{-2}(1+4\pi\chi_{\mathrm{m}})$	$\mu\equiv1+4\pi\chi_{\mathrm{m}}$	$\mu\equiv1+4\pi\chi_{\mathrm{m}}$	$\mu\equiv\mu_0(1+\chi_{\mathrm{m}})$
法拉第定律	$\mathscr{E}=-K_{\text{安}}\dfrac{\mathrm{d}\Phi}{\mathrm{d}t}$	$\mathscr{E}=-\dfrac{\mathrm{d}\Phi}{\mathrm{d}t}$	$\mathscr{E}=-\dfrac{\mathrm{d}\Phi}{\mathrm{d}t}$	$\mathscr{E}=-\dfrac{1}{c}\dfrac{\mathrm{d}\Phi}{\mathrm{d}t}$	$\mathscr{E}=-\dfrac{\mathrm{d}\Phi}{\mathrm{d}t}$
自感定义	$L\equiv\dfrac{1}{k_{\text{安}}}\dfrac{\Phi}{I}$	$L\equiv\dfrac{\Phi}{I}$	$L\equiv\dfrac{\Phi}{I}$	$L\equiv c\dfrac{\Phi}{I}$	$L\equiv\dfrac{\Phi}{I}$
自感电动势	$\mathscr{E}_{\text{自}}=-k_{\text{安}}{}^2L\dfrac{\mathrm{d}i}{\mathrm{d}t}$	$\mathscr{E}_{\text{自}}=-L\dfrac{\mathrm{d}i}{\mathrm{d}t}$	$\mathscr{E}_{\text{自}}=-L\dfrac{\mathrm{d}i}{\mathrm{d}t}$	$\mathscr{E}_{\text{自}}=-\dfrac{1}{c^2}L\dfrac{\mathrm{d}i}{\mathrm{d}t}$	$\mathscr{E}_{\text{自}}=-L\dfrac{\mathrm{d}i}{\mathrm{d}t}$

表 4-5　MKSA 制和高斯制中电磁学常用数等式对照表

公式名称	MKSA 制	高 斯 制
库仑定律(真空)	$f=\dfrac{1}{4\pi\varepsilon_0}\dfrac{q_1q_2}{r^2}$	$f=\dfrac{q_1q_2}{r^2}$
点电荷的电场强度(真空)	$E=\dfrac{1}{4\pi\varepsilon_0}\dfrac{q}{r^2}$	$E=\dfrac{q}{r^2}$

续表

公式名称	MKSA 制	高 斯 制
平板电容器内电场强度(真空)	$E=\dfrac{\sigma}{\varepsilon_0}$	$E=4\pi\sigma$
平板电容器内电场强度(介质)	$E=\dfrac{\sigma}{\varepsilon}$	$E=\dfrac{4\pi\sigma}{\varepsilon}$
点电荷的电势(真空)	$V=\dfrac{1}{4\pi\varepsilon_0}\dfrac{q}{r}$	$V=\dfrac{q}{r}$
平板电容器的电容(介质)	$C=\dfrac{\varepsilon S}{d}$	$C=\dfrac{\varepsilon S}{4\pi d}$
电偶极矩	$p=ql$	$p=ql$
极化强度	$\vec{P}=\sum\vec{p}_i/\Delta V$	$\vec{P}=\sum\vec{p}_i/\Delta V$
$\vec{E}$、$\vec{D}$、$\vec{P}$之间的关系	$\vec{D}=\varepsilon_0\vec{E}+\vec{P}$	$\vec{D}=\vec{E}+4\pi\vec{P}$
ε_r与χ_e的关系	$\varepsilon_r=1+\chi_e$	$\varepsilon=\varepsilon_r=1+4\pi\chi_e$
欧姆定律(不含源电路)	$U=IR$	$U=IR$
欧姆定律(含源电路)	$\mathscr{E}=U+IR$	$\mathscr{E}=U+IR$
洛伦兹力公式	$\vec{F}=q(\vec{E}+\vec{v}\times\vec{B})$	$\vec{F}=q[\vec{E}+(\vec{v}\times\vec{B})/c]$
毕奥-萨伐尔定律(真空)	$\mathrm{d}\vec{B}=\dfrac{\mu_0}{4\pi}\dfrac{I\mathrm{d}\vec{l}\times\vec{e}_r}{r^2}$	$\mathrm{d}\vec{B}=\dfrac{1}{c}\dfrac{I\mathrm{d}\vec{l}\times\vec{e}_r}{r^2}$
平行载流直导线相互作用力	$\dfrac{F}{l}=\dfrac{\mu_0}{2\pi}\dfrac{I_1I_2}{a}$	$\dfrac{F}{l}=\dfrac{1}{c^2}\dfrac{2I_1I_2}{a}$
螺线管磁场强度	$H=nI$	$H=\dfrac{4\pi}{c}nI$
螺线管磁感应强度	$B=\mu nI$	$B=\dfrac{4\pi}{c}\mu nI$
法拉第定律	$\mathscr{E}=-\dfrac{\mathrm{d}\Phi}{\mathrm{d}t}$	$\mathscr{E}=-\dfrac{1}{c}\dfrac{\mathrm{d}\Phi}{\mathrm{d}t}$
螺线管自感	$L=\mu n^2V$	$L=4\pi\mu n^2V$
电流环的磁矩	$m=IS$	$m=IS/c$
磁化强度	$\vec{M}=\sum\vec{p}_{mi}/\Delta V$	$\vec{M}=\sum\vec{p}_{mi}/\Delta V$
$\vec{B}$、$\vec{H}$、$\vec{M}$之间的关系	$\vec{B}=\mu_0(\vec{H}+\vec{M})$	$\vec{B}=\vec{H}+4\pi\vec{M}$
μ_r与χ_m的关系	$\mu_r=1+\chi_m$	$\mu=\mu_r=1+4\pi\chi_m$
电场能量密度	$w_e=\vec{D}\cdot\vec{E}/2=\varepsilon E^2/2$	$w_e=\vec{D}\cdot\vec{E}/8\pi=\varepsilon E^2/8\pi$
磁场能量密度	$w_m=\vec{B}\cdot\vec{H}/2=\mu H^2/2$	$w_m=\vec{B}\cdot\vec{H}/8\pi=\mu H^2/8\pi$
坡印廷矢量	$\vec{Y}=\vec{E}\times\vec{H}$	$\vec{Y}=c(\vec{E}\times\vec{H})/4\pi$
麦氏方程组	由普适形式(4-7-1)可得	由普适形式(4-7-1)可得

表 4-6　主要电磁学量类在高斯制的量纲式及单位名称

电磁学量类	量纲式	单位名称
电荷 q	$\mathrm{L^{3/2}M^{1/2}T^{-1}}$	静库 或 CGSE(q)
电流 I	$\mathrm{L^{3/2}M^{1/2}T^{-2}}$	静安 或 CGSE(I)
电场强度 E	$\mathrm{L^{-1/2}M^{1/2}T^{-1}}$	CGSE(E)
电位移 D	$\mathrm{L^{-1/2}M^{1/2}T^{-1}}$	CGSE(D)
电极化强度 P	$\mathrm{L^{-1/2}M^{1/2}T^{-1}}$	CGSE(P)
电势 V	$\mathrm{L^{1/2}M^{1/2}T^{-1}}$	静伏 或 CGSE(V)
电容 C	L	CGSE(C)
介电常数 ε	1	—
电阻 R	$\mathrm{L^{-1}T}$	CGSE(R)
磁感应强度 B	$\mathrm{L^{-1/2}M^{1/2}T^{-1}}$	高斯
磁化强度 M	$\mathrm{L^{-1/2}M^{1/2}T^{-1}}$	CGSM(M)
磁场强度 H	$\mathrm{L^{-1/2}M^{1/2}T^{-1}}$	奥斯特
磁感应通量 Φ	$\mathrm{L^{3/2}M^{1/2}T^{-1}}$	麦克斯韦
磁导率 μ	1	—
电感 L	L	CGSM(L)

表 4-7　主要电磁学量类的 MKSA 制和高斯制单位的关系

电磁学量类	单位关系
电荷 q	1 库 $=\tilde{3}\times10^{9}$ 静库
电流 I	1 安 $=\tilde{3}\times10^{9}$ 静安
电场强度 E	1 伏 / 米 $=\dfrac{1}{\tilde{3}\times10^{4}}$CGSE($E$)
电位移 D	1 库 / 米^2 $=\tilde{3}\times4\pi\times10^{5}$CGSE($D$)
电极化强度 P	1 库 / 米^2 $=\tilde{3}\times10^{5}$CGSE(P)
电势 V	1 伏 $=\dfrac{1}{\tilde{3}\times10^{2}}$ 静伏
电容 C	1 法 $=\tilde{9}\times10^{11}$CGSE(C)
电阻 R	1 欧 $=\dfrac{1}{\tilde{9}\times10^{11}}$CGSE($R$)
磁感应强度 B	1 特斯拉 $=10^{4}$ 高斯
磁化强度 M	1 安 / 米 $=10^{-3}$CGSM(M)
磁场强度 H	1 安 / 米 $=4\pi\times10^{-3}$ 奥斯特
磁感应通量 Φ	1 韦伯 $=10^{8}$ 麦克斯韦
电感 L	1 亨利 $=10^{9}$CGSM(L)
极化率 χ_e 及磁化率 χ_m	量纲为一，MKSA 制中的数值为高斯制中的 4π 倍

第 5 章 理论物理的特殊单位制

量子场论和粒子物理学经常涉及的物理常量是光速 $\boldsymbol{c}$ 和约化普朗克常量 $\boldsymbol{\hbar}$，若选用这样的单位制，使 $\boldsymbol{c}$ 和 $\boldsymbol{\hbar}$ 在其中的数 c 和 $\hbar$ 皆为 1 (即 $\hbar = c = 1$)，则大量公式得以简化。这样的单位制叫做**自然单位制**，在场论和粒子物理学中经常用到。此外，往往还根据所涉及的领域而将第 3 个物理常数也取为 1，例如在经常涉及统计物理学(或热力学)时选 k_{B} (玻尔兹曼常数)为 1，在经常涉及核物理学时选 m_{p} 或 m_{n} (质子或中子质量的数值)为 1，等等。另一方面，在狭义和广义相对论(后者是爱因斯坦的引力理论)文献中则经常使用**几何单位制**，其中光速 $\boldsymbol{c}$ 和引力常量 $\boldsymbol{G}$ 的数值皆为 1 (即 $c = G = 1$)。既涉及量子场论又涉及引力理论(例如量子引力论)的文献则经常使用**普朗克单位制**，其中 $c = G = \hbar = 1$。以下各节将依次介绍几何单位制、自然单位制和普朗克单位制。最后一节还要讲授原子单位制。

甲 请问“自然单位制”的“自然”一词有什么含义？

乙 这要从历史讲起(见小节 2.2.2 开头一段)。普朗克在 1899 年率先提出一种“绝对”单位制，其基本量类仍然是长度、质量和时间，但基本单位的选法能保证物理常量 $\boldsymbol{c}$ (光速)、$\boldsymbol{G}$ (引力常量)、$\boldsymbol{h}$ (普朗克常量)以及气体常量的数值皆为 1。因为这 4 个普适的物理常量都只由宇宙自然决定而与人为因素无关，所以这种单位制开始时被称为“绝对单位制”，后来又改称“自然单位制”。不妨广义地认为“自然单位制”是对一大类具有类似性质(令若干物理常量取值为 1)的单位制的总称，刚才提到的各种单位制(包括几何单位制)都可认为是自然单位制的特例。

甲 自然单位制的确能简化公式，例如，几何单位制能把狭义相对论的质能关系式 $E = mc^2$ 简化为 $E = m$；把“质能动关系式” $E^2 = m^2c^4 + p^2c^2$ 简化为 $E^2 = m^2 + p^2$，等等；但是在涉及物理量的测量和数值计算时这些单位又嫌不便，因为人们熟悉的数值都是国际单位制的数。特别是，如果手头有一个几何制(或自然制)的公式，例如 $E^2 = m^2 + p^2$，怎么知道如何补上 c 的幂次而得到它在 MKS 制的相应公式？

乙 这就需要学会物理公式(数等式)的单位制转换方法，也就是“物理常数的恢复”方法。利用量纲理论，这是不难做到的，详见第 6 章。

§ 5.1 几何单位制

几何单位制是力学范畴的单位制，由以下两个条件定义：

(A)光速 $\boldsymbol{c}$ 和当今宇宙引力常量 $\boldsymbol{G}$ 在几何制的数值皆为 1，即

$$c_{几} = G_{几} = 1；$$

(B)几何制跟 MKS 制的所有数等式都有相同形式(“数等式”专指反映某个现象类的物理规律的数等式)。

甲　我对条件(B)有个问题。设光在时间 t 内走过路程 l，这一现象在 MKS 制和几何制的数等式分别是 $l_{国}=c_{国}t_{国}$ 和 $l_{几}=c_{几}t_{几}$，的确有相同形式。但是，由于 $c_{几}=1$，第二式又可简化为 $l_{几}=t_{几}$，您还能说它跟第一式有相同形式吗？

乙　这里应做补充说明："有相同形式"是指把 $c_{几}$ 和 $G_{几}$ 留在等式内才成立。

满足以上(A)、(B)两条的"几何制"太多，杂乱无章，有碍使用。特别是，大多数量类在这些"几何制"中的单位并不相同(导致"同一量类在不同几何制的单位不同")，容易带来混乱。为了解决这一问题，我们采取如下措施：①把几何制按三种观点分类(详见下面)；②虽然每种观点中满足 $c=G=1$ 的单位制仍然很多，但我们有办法在每种观点中只挑出一个单位制，并称之为(该观点的)几何制，于是一共只有 3 个几何制，而且全部量类在这 3 个几何制的单位都相同。详细讨论如下。

5.1.1　几何单位制的三种观点

甲　MKS 单位制有 3 个基本量类，即长度 $\tilde{\boldsymbol{l}}$、质量 $\tilde{\boldsymbol{m}}$ 和时间 $\tilde{\boldsymbol{t}}$。请问：几何单位制有几个基本量类？基本单位是什么？

乙　我们认为答案有一定灵活性，可以根据不同需要采用以下三种不同观点。

第一种观点是最直观、最容易想到的：$c_{几}=G_{几}=1$ 的要求其实就是选光速 $\boldsymbol{c}$ 和当今宇宙引力常量 $\boldsymbol{G}$ 为基本单位，所以至少有两个基本量类——速度量类 $\tilde{\boldsymbol{v}}$ 和引力常量所在量类 $\tilde{\boldsymbol{G}}$。至于第三个基本量类，则可选长度 $\tilde{\boldsymbol{l}}$、质量 $\tilde{\boldsymbol{m}}$ 和时间 $\tilde{\boldsymbol{t}}$ 中之任意一个，我们选时间 $\tilde{\boldsymbol{t}}$。于是有以下说法。

几何制的观点 1 (简称"**几 1 制**")

(1a)几 1 制有 3 个基本量类：速度量类 $\tilde{\boldsymbol{v}}$、引力常量量类 $\tilde{\boldsymbol{G}}$ 和时间量类 $\tilde{\boldsymbol{t}}$。

(1b)几 1 制的基本单位是：量类 $\tilde{\boldsymbol{v}}$ 以光速 $\boldsymbol{c}$ 为单位，量类 $\tilde{\boldsymbol{G}}$ 以当今宇宙引力常量 $\boldsymbol{G}$ 为单位，时间 $\tilde{\boldsymbol{t}}$ 以**秒**为单位。

(1c)把其他量类看作导出量类，利用条件(B)便可求得各导出量类的单位(当然，对每个导出单位都要在这些数等式中指定定义方程及其依托的现象类)[1]。

甲　那么，长度 $\tilde{\boldsymbol{l}}$ 和质量 $\tilde{\boldsymbol{m}}$ 都不是基本量类了？

乙　对。在几 1 制中，$\tilde{\boldsymbol{l}}$ 和 $\tilde{\boldsymbol{m}}$ 都是导出量类。

甲　它们的导出单位 $\hat{\boldsymbol{l}}_{几}$ 和 $\hat{\boldsymbol{m}}_{几}$ 是什么？如何求得？

乙　条件(1c)已为各导出单位的制定给出了原则，下面按照一个可行的顺序逐一介绍主要导出单位的定义过程。

(1)长度量类 $\tilde{\boldsymbol{l}}$ 的导出单位 $\hat{\boldsymbol{l}}_{几}$

考虑"光在真空中运动"这一物理现象类，以 t、l、c 依次代表运动时间、所走路程以及光速在任一单位制的数，则

$$l=kct\,,\tag{5-1-1a}$$

其中比例系数 k 反映各量单位选择的任意性。对 MKS 制有 $k=1$，上式成为 $l=ct$。鉴于本

[1] 除长度和质量外的导出单位的定义方程及现象类跟 MKS 制相同。

节开头关于几何制定义的条件(B)("几何制跟 MKS 制的所有数等式有相同形式")，注意到几何制有 $c=1$，便知式(5-1-1a)对几何制可写成 $l=t$。就选此式为几何制长度单位 $\hat{\boldsymbol{l}}_{\text{几}}$ 的定义方程(既是原始定义方程又是终极定义方程)，也可更明确地表为

$$l_{\text{几}}=t_{\text{几}}\text{。}\quad\text{(仅对光子运动)}\tag{5-1-1b}$$

上式表明当 $t_{\text{几}}=1$ 时 $l_{\text{几}}=1$，可见光子在 $1\hat{\boldsymbol{t}}_{\text{几}}$ 的时间内走了 $1\hat{\boldsymbol{l}}_{\text{几}}$ 的路程。注意到 $\hat{\boldsymbol{t}}_{\text{几}}=$**秒**，便知 $\hat{\boldsymbol{l}}_{\text{几}}$ 等于光子在1**秒**内走过的路程。我们又熟知光子1**秒**走 $\tilde{3}\times10^8$**米**，所以

$$\hat{\boldsymbol{l}}_{\text{几}}=\tilde{3}\times10^8\,\textbf{米}=c_{\text{国}}\textbf{米}\text{。}\tag{5-1-2}$$

(2)加速度量类 $\tilde{\boldsymbol{a}}$ 的导出单位 $\hat{\boldsymbol{a}}_{\text{几}}$

设牛顿力学的质点从静止出发做匀加速运动，加速度为 $\boldsymbol{a}$，经时间 $\boldsymbol{t}$ 后达到光速 $\boldsymbol{c}$。[2] 以 a、t、c 依次代表量 $\boldsymbol{a}$、$\boldsymbol{t}$、$\boldsymbol{c}$ 在任一单位制的数，则

$$a=k\frac{c-0}{t}=k\frac{c}{t},\tag{5-1-3}$$

其中系数 k 反映选择各量单位的任意性。对 MKS 制有 $k=1$，上式成为 $a=ct^{-1}$。注意到几何制定义的条件(A)和(B)，便知式(5-1-3)对几何制可写成 $a=t^{-1}$。就选此式为加速度的几何制单位 $\hat{\boldsymbol{a}}_{\text{几}}$ 的定义方程(既是原始定义方程又是终极定义方程)，也可更明确地表为

$$a_{\text{几}}=t_{\text{几}}^{-1}\text{。}\tag{5-1-4}$$

为看出 $\hat{\boldsymbol{a}}_{\text{几}}$ 是多大的一个加速度，可以设法将它跟 MKS 制加速度单位 $\hat{\boldsymbol{a}}_{\text{国}}$ 做对比。上述加速过程在 MKS 制中表现为数等式

$$a_{\text{国}}=\frac{c_{\text{国}}}{t_{\text{国}}},\tag{5-1-5}$$

于是

$$\frac{\hat{\boldsymbol{a}}_{\text{几}}}{\hat{\boldsymbol{a}}_{\text{国}}}=\frac{a_{\text{国}}}{a_{\text{几}}}=c_{\text{国}}\frac{t_{\text{几}}}{t_{\text{国}}}=c_{\text{国}}=\tilde{3}\times10^8,\tag{5-1-6}$$

[其中第二步来自式(5-1-5)除以式(5-1-4)]，故

$$\hat{\boldsymbol{a}}_{\text{几}}=c_{\text{国}}\hat{\boldsymbol{a}}_{\text{国}}=c_{\text{国}}\textbf{米}/\textbf{秒}^2=\tilde{3}\times10^8\,\textbf{米}/\textbf{秒}^2\text{。}\tag{5-1-7}$$

(3)质量量类 $\tilde{\boldsymbol{m}}$ 的导出单位 $\hat{\boldsymbol{m}}_{\text{几}}$

把质量为 $\boldsymbol{m}$ 的星球看作质点，设离它 $\boldsymbol{r}$ 处的重力加速度为 $\boldsymbol{a}$。以 m、r、a 依次代表量 $\boldsymbol{m}$、$\boldsymbol{r}$、$\boldsymbol{a}$ 在任一单位制的数，则由牛顿第二定律和万有引力定律得

$$a=kG\frac{m}{r^2},\tag{5-1-8}$$

其中 k 反映各量单位选择的任意性。对 MKS 制有 $k=1$，上式成为

$$a=Gmr^{-2}\text{。}\tag{5-1-8′}$$

由几何制定义的条件(B)和(A)(要求 $G=1$)，便知式(5-1-8)对几何制可写成

$$m=ar^2,\tag{5-1-9}$$

将 r 改记为 l，而且为明确起见都添补下标"几"，便有

[2] 根据狭义相对论，质点永远不能被加速至光速，但牛顿力学不受此限制。

$$m_{几}=a_{几}l_{几}^{\ 2}，\tag{5-1-9'}$$

选上式为 $\hat{\boldsymbol{m}}_{几}$ 的定义方程。这只是原始定义方程，为求得终定方程就要把右边改为基本量(的数)。为此可利用复合现象类，具体说，设光子在 $t_{几}$ 时间内走了 $l_{几}$ 的路程，则 $l_{几}=t_{几}$ [见式(5-1-1b)]，代入式(5-1-9′)，注意到式(5-1-4)，便得

$$m_{几}=t_{几}。\tag{5-1-10}$$

这才是 $\hat{\boldsymbol{m}}_{几}$ 的终定方程。

为了看出 $\hat{\boldsymbol{m}}_{几}$ 是多大的一个质量，可以设法将它跟 MKS 制质量单位 $\hat{\boldsymbol{m}}_{国}$ 对比。式(5-1-8)在 MKS 制中表现为数等式

$$m_{国}=\frac{a_{国}l_{国}^{\ 2}}{G_{国}}，\tag{5-1-11}$$

故

$$\frac{\hat{\boldsymbol{m}}_{几}}{\hat{\boldsymbol{m}}_{国}}=\frac{m_{国}}{m_{几}}=\frac{a_{国}}{a_{几}}\left(\frac{l_{国}}{l_{几}}\right)^2\frac{1}{G_{国}}=c_{国}\left(\frac{\hat{\boldsymbol{l}}_{几}}{\hat{\boldsymbol{l}}_{国}}\right)^2\frac{1}{G_{国}}=c_{国}^{\ 3}G_{国}^{\ -1}。\tag{5-1-12}$$

[其中第三步用到式(5-1-6)，第四步用到式(5-1-2)。] 因而

$$\hat{\boldsymbol{m}}_{几}=c_{国}^{\ 3}G_{国}^{\ -1}\hat{\boldsymbol{m}}_{国}=c_{国}^{\ 3}G_{国}^{\ -1}\textbf{千克}。\tag{5-1-12'}$$

以上是准确等式，为了让读者有个数量概念，再给出下面的近似等式。利用 $c_{国}\approx3\times10^8$，$G_{国}\approx6.67\times10^{-11}$，得

$$\frac{\hat{\boldsymbol{m}}_{几}}{\hat{\boldsymbol{m}}_{国}}=c_{国}^{\ 3}G_{国}^{\ -1}\approx(3\times10^8)^3\times\frac{1}{6.67\times10^{-11}}\approx4\times10^{35}。\tag{5-1-13}$$

因而

$$\ddot{\boldsymbol{m}}_{几}\approx4\times10^{35}\hat{\boldsymbol{m}}_{国}=4\times10^{35}\textbf{千克}。\tag{5-1-13'}$$

甲　以上讨论已经把几何制讲清楚了，为什么还要有其他两种观点？

乙　刚才已经讲过，在涉及物理量的测量和数值计算时几何制公式又嫌不便，所以常要先把公式中的物理常数加以恢复，即是先把几何制的数等式转换为 MKS 制的数等式(简称**公式转换**)，然后代入具体数值。为了便于用量纲理论进行公式转换(详见第 6 章)，最好把几何制看作跟 MKS 制同族的单位制，而为此的关键就是，仿照 MKS 制，也选长度、质量和时间为基本量类。当然，为了跟观点 1 的所有单位一样，基本单位必须选得跟观点 1 的单位一致。这样就形成了几何制的观点 2，我们有以下说法。

几何制的观点 2(简称"**几 2 制**")

(2a)几 2 制有 3 个基本量类：长度 $\tilde{\boldsymbol{l}}$、质量 $\tilde{\boldsymbol{m}}$ 和时间 $\tilde{\boldsymbol{t}}$。

(2b)几 2 制的基本单位：

$$\hat{\boldsymbol{l}}_{几}=c_{国}\hat{\boldsymbol{l}}_{国}\approx3\times10^8\textbf{米}，\quad \hat{\boldsymbol{m}}_{几}=c_{国}^{\ 3}G_{国}^{\ -1}\hat{\boldsymbol{m}}_{国}\approx4\times10^{35}\textbf{千克}，\quad \hat{\boldsymbol{t}}_{几}=\textbf{秒}。$$

(2c)其他量类都是导出量类，所有导出单位的定义方程(及其依托的现象类)都跟 MKS 制相同，以保证几 2 制与 MKS 制同族。

事实上，几 2 制与几 1 制的全部单位相同，这是由以下两点保证的：①几 2 制的基本单位 $\hat{\boldsymbol{l}}_{几}$、$\hat{\boldsymbol{m}}_{几}$、$\hat{\boldsymbol{t}}_{几}$ 跟几 1 制的长度、质量、时间单位一样；②条件(B)要求几何制中所有(反映

物理规律的)数等式跟 MKS 制形式相同。

仅举一例：求几 2 制的速度单位 $\hat{\boldsymbol{v}}_{几2}$。因为在定义 MKS 制速度单位 $\hat{\boldsymbol{v}}_{国}$ 时选了"质点(粒子)匀速运动"这一现象类，并以 $v_{国}=l_{国}/t_{国}$ 为定义方程，所以定义 $\hat{\boldsymbol{v}}_{几2}$ 时也选"粒子匀速运动"现象类，并以 $v_{几2}=l_{几2}/t_{几2}$ 为定义方程。当 $t_{几2}=1$ 和 $l_{几2}=1$ 时有 $v_{几2}=1$，可见 $\hat{\boldsymbol{v}}_{几2}$ 是粒子 1 **秒**走 $\hat{\boldsymbol{l}}_{几}$ 的路程这样的速度。注意到 $\hat{\boldsymbol{l}}_{几}=\tilde{3}\times10^{8}$**米**，便知 $\hat{\boldsymbol{v}}_{几2}=\tilde{3}\times10^{8}$**米/秒**$=\boldsymbol{c}$，与 $\hat{\boldsymbol{v}}_{几1}$ 果然相等。

甲　我的理解是：条件(2a)表明几 2 制与 MKS 制有相同的基本量类；条件(2c)保证，对几 2 制而言，所有导出单位的定义方程都可选得跟 MKS 制一样，所以条件(2a)和(2c)一同保证几 2 制与 MKS 制同族，而条件(2b)则表明几 2 制跟 MKS 制是不同的单位制。于是可得结论：几 2 制与 MKS 制是两个同族的不同单位制。这个理解对吗？

乙　很对。

甲　与几 1 制不同的是，量类 $\tilde{\boldsymbol{v}}$ 和 $\tilde{\boldsymbol{G}}$ 现在成了导出量类了，是吗？

乙　是的。

甲　既然几 2 制也是一种几何制，就应满足几何制的条件(A)，即 $c_{几}=G_{几}=1$，但这是怎么保证的？

乙　刚才我已讲过一个结论："几 2 制与几 1 制的全部单位相同"(并讲了理由)，这"全部单位"当然包括速度单位 $\hat{\boldsymbol{v}}_{几}$ 和引力常量单位 $\hat{\boldsymbol{G}}_{几}$，就是说，必有

$$\hat{\boldsymbol{v}}_{几2}=\text{光速}\,\boldsymbol{c}=\tilde{3}\times10^{8}\,\frac{\textbf{米}}{\textbf{秒}}\qquad\text{和}\qquad\hat{\boldsymbol{G}}_{几2}=\text{当今宇宙引力常量}\,\boldsymbol{G}\approx(6.67\times10^{-11})\frac{\textbf{米}^{3}}{\textbf{千克}\cdot\textbf{秒}^{2}}\text{。}$$

因而就有 $c_{几2}=G_{几2}=1$。

甲　既然几 2 制跟几 1 制的全部单位相同，可否将它们看作同一个单位制？

乙　不可以。§1.3 之末讲过，一个单位制由以下三个要素构成：

①基本量类；

②基本单位；

③导出单位的定义方程及其所依托的现象类。

两个单位制只当这三个要素完全一样才算是同一个单位制。几 1 制和几 2 制连基本量类都不尽相同，所以应被看作两个不同的单位制。

甲　我明白了。还有一个问题。几 2 制是 MKS 制所在族的一个单位制，满足 $c=G=1$。我想问：MKS 制所在族中除了这个几 2 制之外还有满足 $c=G=1$ 的单位制吗？

乙　还有很多(无限多)。考虑 MKS 制所在族中的这样一个单位制，记作 $\mathscr{Z}'$，其基本单位为

$$\hat{\boldsymbol{l}}'=\alpha\hat{\boldsymbol{l}}_{几2},\quad \hat{\boldsymbol{m}}'=\alpha\hat{\boldsymbol{m}}_{几2},\quad \hat{\boldsymbol{t}}'=\alpha\hat{\boldsymbol{t}}_{几2},\quad \alpha\text{ 是任一实数，}\tag{5-1-14}$$

则 $\mathscr{Z}'$ 制速度单位 $\hat{\boldsymbol{v}}'$ 满足

$$\frac{\hat{\boldsymbol{v}}_{几}}{\hat{\boldsymbol{v}}'}=\dim\big|_{几2,\mathscr{Z}'}\boldsymbol{v}=(\dim\big|_{几2,\mathscr{Z}'}\boldsymbol{l})(\dim\big|_{几2,\mathscr{Z}'}\boldsymbol{t})^{-1}=\frac{\hat{\boldsymbol{l}}_{几2}}{\hat{\boldsymbol{l}}'}\left(\frac{\hat{\boldsymbol{t}}_{几2}}{\hat{\boldsymbol{t}}'}\right)^{-1}=\frac{1}{\alpha}\left(\frac{1}{\alpha}\right)^{-1}=1,\tag{5-1-15}$$

可见 $\hat{\boldsymbol{v}}'=\hat{\boldsymbol{v}}_{几}=\boldsymbol{c}$，因而光速 $\boldsymbol{c}$ 在 $\mathscr{Z}'$ 制的数 $c'=\dfrac{\boldsymbol{c}}{\hat{\boldsymbol{v}}'}=1$。

进一步，$\tilde{\boldsymbol{G}}$ 在 MKS 制所在族的量纲式是

$$\dim \boldsymbol{G}=(\dim \boldsymbol{l})^{3}(\dim \boldsymbol{m})^{-1}(\dim \boldsymbol{t})^{-2}, \tag{5-1-16}$$

只要式(5-1-14)成立，也必有 $\dim\Big|_{几2,\mathscr{Z}'}\boldsymbol{G}=1$，故引力常量 $\boldsymbol{G}$ 在 $\mathscr{Z}'$ 制的数也为 1。

甲　这样一来，MKS 制所在族中就有很多几何制了？

乙　虽然族中的确有很多满足 $c=G=1$ 的单位制，但是，除几 2 制外，绝大多数量类在这些制的单位都与几何制(指几 1、几 2 制)不同，把它们称为几何制容易带来混乱。因此，本书补充一个附加规定：满足几何制条件(A)、(B)的单位制只当所有量类的单位都跟几 1、几 2 制相同才被称为几何制。

甲　这些单位制虽然不被称为几何制，但它们毕竟跟 MKS 制所在族中的其他单位制有所不同，它们有特殊的共性($c=G=1$)啊。

乙　不错。为了突出这一共性，我们说 MKS 制所在族中满足 $c=G=1$ 的所有单位制构成 MKS 制族的一个子族，并命名为**几 2 子族**。由式(5-1-14)可知，每个实数 α 对应于“几 2 子族”的一个单位制，反之亦然。不妨把 α 称为这种单位制的“**参数**”，于是就可以说“几 2 子族”是 MKS 制所在族的一个“**单参数子族**”，其中参数 $\alpha=1$ 的那个单位制就是几 2 制。

式(5-1-14)还表明，对“几 2 子族”而言，

$$\dim_{几2}\boldsymbol{l}=\frac{\hat{\boldsymbol{l}}_{几2}}{\hat{\boldsymbol{l}}'}=\frac{1}{\alpha},\quad \dim_{几2}\boldsymbol{m}=\frac{\hat{\boldsymbol{m}}_{几2}}{\hat{\boldsymbol{m}}'}=\frac{1}{\alpha},\quad \dim_{几2}\boldsymbol{t}=\frac{\hat{\boldsymbol{t}}_{几2}}{\hat{\boldsymbol{t}}'}=\frac{1}{\alpha}, \tag{5-1-17}$$

因而

$$\dim_{几2}\boldsymbol{l}=\dim_{几2}\boldsymbol{m}=\dim_{几2}\boldsymbol{t}\quad (\text{对“几 2 子族”})。 \tag{5-1-18}$$

此式在小节 6.1.2 中将起到关键性的作用。

甲　观点 1 和 2 已经把几何制讲得很清楚了，为什么还要有第三种观点？

乙　不但要有，而且在很大程度上第三种观点才是最正统的观点(以下简称之为“**几 3 制**”)，中外文献在谈到几何制时所指的都是第三种观点(第一、二种观点是本书自行提出的)。除了要求 $c=G=1$ 之外，这些文献还会或明或暗地要求“速度和引力常量在几何制的量纲为 1”，这其实是几 3 制的额外要求。

甲　但我觉得文献对这个额外要求的提法不准确，因为谈到量纲时没有强调“单位制族”。量纲的定义就是“同族制的旧新单位比”，没有单位制族的概念就无法准确定义量纲。

乙　你的批评一针见血，陈述这个额外要求时应当强调“单位制族”。不妨把这个要求看作几 3 制的第(C)个条件补充到本小节开头的条件(A)、(B)之后，不过一定要采用如下的准确提法：

条件(C)　速度和引力常量在几 3 制所在族的量纲要恒等于 1。

为行文方便，我们把观点 1、2、3 的几何制所在的单位制族简称为**族 1**、**族 2** 和**族 3**。

甲　既然几 2 制跟 MKS 制是同族单位制，那么族 2 不就是 MKS 制族吗？

乙　是的，但是族 1 和族 3 则是以前没有见过的两个族。族 3 尤其特别，它只有一个基本量类。

甲　对此我有两个问题。第一，上面补充的条件(C)很重要吗？第二，为什么族 3 只有一个基本量类？感觉有点怪怪的。

乙　第一个问题的答案是：非常重要。只有满足这一要求方可保证几 3 制在同族单位制变换中永葆 $c=G=1$ 这一特色。

甲　为什么？

乙　先以族 2 为例。设 $\mathscr{Z}$ 是几 2 制(称为旧制)，$\mathscr{Z}'$ 是族 2 的另一单位制(称为新制)，以 $\hat{\boldsymbol{v}}'$ 代表 $\mathscr{Z}'$ 制的速度单位，则由(固定)量纲的定义有

$$\dim\Big|_{\mathscr{Z},\mathscr{Z}'}\boldsymbol{v}=\frac{\text{速度的旧单位}}{\text{速度的新单位}}=\frac{\boldsymbol{c}}{\hat{\boldsymbol{v}}'},$$

只要 $\dim\Big|_{\mathscr{Z},\mathscr{Z}'}\boldsymbol{v}\neq 1$，就有 $\hat{\boldsymbol{v}}'\neq\boldsymbol{c}$，从而光速 $\boldsymbol{c}$ 在 $\mathscr{Z}'$ 制的数 c' 不再等于 1：

$$c'=\frac{\boldsymbol{c}}{\hat{\boldsymbol{v}}'}\neq 1。$$

(请注意这种 $\mathscr{Z}'$ 制是 MKS 制族中“几 2 子族”以外的单位制。) 同理，只要 $\dim_{\mathscr{Z},\mathscr{Z}'}\tilde{\boldsymbol{G}}\neq 1$，引力常量在 $\mathscr{Z}'$ 制的数 G' 也不等于 1 。这就强烈表明(“几 2 子族”以外的) $\mathscr{Z}'$ 制“连一点点几何制的味道都没有”！我们希望族 3 中的任何一个单位制都有 $c=G=1$，所以观点 3 要补充并坚持条件(C)。

甲　现在请您回答我的第二个问题，即：为什么族 3 只有一个基本量类？

乙　好的。族 1 和族 2 的一个根本缺陷，就是 $\tilde{\boldsymbol{v}}$ 和 $\tilde{\boldsymbol{G}}$ 的量纲都不恒为 1——对族 1 而言，$\tilde{\boldsymbol{v}}$ 和 $\tilde{\boldsymbol{G}}$ 都是基本量类，它们的量纲是量纲式右端的自变数，可以随便取，当然不会恒为 1；对族 2 而言，$\tilde{\boldsymbol{v}}$ 的量纲式是

$$\dim\boldsymbol{v}=(\dim\boldsymbol{l})(\dim\boldsymbol{t})^{-1},\tag{5-1-19}$$

而基本量纲 $\dim\tilde{\boldsymbol{l}}$ 和 $\dim\tilde{\boldsymbol{t}}$ (作为自变数)可以任意取值，所以 $\dim\tilde{\boldsymbol{v}}$ 也不会恒为 1。对 $\dim\tilde{\boldsymbol{G}}$ 也有类似结论。

甲　但是，如果我在对自变数 $\dim\boldsymbol{l}$ 和 $\dim\boldsymbol{t}$ 取值时有意保证

$$\dim\boldsymbol{l}\equiv\dim\boldsymbol{t},\tag{5-1-20}$$

不就满足 $\dim\boldsymbol{v}\equiv 1$ 的要求了吗？

乙　是的，正因为如此，所以两个自变数 $\dim\tilde{\boldsymbol{l}}$ 和 $\dim\tilde{\boldsymbol{t}}$ 中就只有一个可以独立取值了。进一步，$\tilde{\boldsymbol{G}}$ 在族 2 的量纲式是

$$\dim\boldsymbol{G}=(\dim\boldsymbol{l})^3(\dim\boldsymbol{m})^{-1}(\dim\boldsymbol{t})^{-2},\tag{5-1-21}$$

将 $\dim\boldsymbol{l}\equiv\dim\boldsymbol{t}$ 代入上式得

$$\dim\boldsymbol{G}=(\dim\boldsymbol{m})^{-1}(\dim\boldsymbol{t}),\tag{5-1-22}$$

为使 $\dim\tilde{\boldsymbol{G}}\equiv 1$ 就得有意保证

$$\dim\boldsymbol{m}\equiv\dim\boldsymbol{t},\tag{5-1-23}$$

与式(5-1-20)结合便得

$$\dim\boldsymbol{l}\equiv\dim\boldsymbol{m}\equiv\dim\boldsymbol{t}。\tag{5-1-24}$$

于是 3 个自变数 $\dim\boldsymbol{l}$、$\dim\boldsymbol{m}$ 和 $\dim\boldsymbol{t}$ 中也就只有一个可以独立取值了。

甲　啊，所以观点 3 就只有 1 个基本量类了！

乙　是的。我们选时间 $\tilde{\boldsymbol{t}}$ 为基本量类，选**秒**为基本单位。这个单位制就是几 3 制，它的所有单位都跟几 1 和几 2 制相同。虽然上述做法保证族 3 中的所有单位制都有 $c=G=1$，

但因为除几 3 制外的各制的众多单位不同于几 1、几 2 和几 3 制，所以不称它们为几何制。

甲　听着听着，我怎么觉得这个“几 3 族”(亦即族 3)跟“几 2 子族” 越听越像啊？

乙　的确很像。你如果想从几 3 制出发构造族中的另一单位制，只需取该制的基本单位为α**秒**，可见，跟“几 2 子族”类似，“几 3 族”也是一个“单参数族”(直观地说就是“几 3 族”跟“几 2 子族”有一样的“大小”)。当然，它们也有些影响不大的区别，例如，“几 2 子族”中的每个单位制有 3 个基本量类，而“几 3 族”中的单位制只有 1 个基本量类。在通常文献中用到的“几何制”其实都是几 3 制。[3]

下面是对几 3 制的简要小结。

几何制的观点 3 (即“**几 3 制**”)

(3a)几 3 制有 1 个基本量类，我们选时间量类$\tilde{\boldsymbol{t}}$。

(3b)几 3 制的基本单位是：$\hat{\boldsymbol{t}}_{几3}=$**秒**。

(3c)除$\tilde{\boldsymbol{t}}$外的量类都是导出量类，导出单位可用下法制定。先仿照几 1 制的方法制定长度单位$\hat{\boldsymbol{l}}_{几3}$和质量单位$\hat{\boldsymbol{m}}_{几3}$[见式(5-1-1b)和(5-1-10)]，再利用$\hat{\boldsymbol{t}}_{几3}$、$\hat{\boldsymbol{l}}_{几3}$和$\hat{\boldsymbol{m}}_{几3}$并仿照几 2 制(或 MKS 制)制定其他导出单位。

(3d)族 3 (即“几 3 族”)有如下量纲式(特将 dim 明确改写为 $\dim_{几3}$)：

$$\dim_{几3}\boldsymbol{v}\equiv(\dim_{几3}\boldsymbol{t})^0\equiv 1\,,\quad \dim_{几3}\boldsymbol{G}\equiv(\dim_{几3}\boldsymbol{t})^0\equiv 1\,,\quad \dim_{几3}\boldsymbol{l}\equiv\dim_{几3}\boldsymbol{m}\equiv\dim_{几3}\boldsymbol{t}\,。\tag{5-1-25}$$

5.1.2　几何单位制的量纲空间

§1.8 讲过，选定单位制族后，全体(数学)量类的集合构成一个l维矢量空间(量纲空间)，其中l等于基本量类的个数。几何单位制由于 3 种观点的基本量类的个数不尽相同，其量纲空间的维数也就不尽相同。观点 1 和 2 的量纲空间是 3 维矢量空间，分别记作$\mathscr{L}_1$和$\mathscr{L}_2$；观点 3 的量纲空间则是 1 维矢量空间，记作$\mathscr{L}_3$。下面分别介绍这 3 个量纲空间。

观点 1 的量纲空间$\mathscr{L}_1$是 3 维矢量空间，3 个基矢依次为

$$\tilde{\boldsymbol{v}}=(1,0,0),\quad \tilde{\boldsymbol{G}}=(0,1,0),\quad \tilde{\boldsymbol{t}}=(0,0,1)\,,$$

其他矢量(指$\mathscr{L}_1$的元素，即数学量类)都可表为$\tilde{\boldsymbol{v}},\tilde{\boldsymbol{G}},\tilde{\boldsymbol{t}}$的线性组合。例如，

①长度量类$\tilde{\boldsymbol{l}}$可表为

$$\tilde{\boldsymbol{l}}=\tilde{\boldsymbol{v}}+\tilde{\boldsymbol{t}}=(1,0,1)\,,\tag{5-1-26}$$

理由如下。以 dim 代表几 1 族的量纲，由数等式$l=vt$(几何制与国际制有相同数等式) 得

$$\dim\tilde{\boldsymbol{l}}=(\dim\tilde{\boldsymbol{v}})(\dim\tilde{\boldsymbol{t}})=(\dim\tilde{\boldsymbol{v}}+\tilde{\boldsymbol{t}})\,,$$

其中第一步用到定理 1-5-3，第二步用到定理 1-8-1。再用定理 1-8-3 便知

$$\tilde{\boldsymbol{l}}=\tilde{\boldsymbol{v}}+\tilde{\boldsymbol{t}}=(1,0,0)+(0,0,1)=(1,0,1)\,。$$

②加速度量类$\tilde{\boldsymbol{a}}$可表为

$$\tilde{\boldsymbol{a}}=\tilde{\boldsymbol{v}}-\tilde{\boldsymbol{t}}=(1,0,-1)\,,\tag{5-1-27}$$

理由如下。由数等式$a=vt^{-1}$得

[3] 当然，不同作者有不同习惯，若干作者的“几 3 制”的基本量类不是时间而是长度(甚至质量)。

$$\dim\tilde{\boldsymbol{a}} = (\dim\tilde{\boldsymbol{v}})(\dim\tilde{\boldsymbol{t}})^{-1} = (\dim\tilde{\boldsymbol{v}} - \tilde{\boldsymbol{t}}),$$

其中第一步用到定理 1-5-3，第二步用到定理 1-8-1 及 1-8-2。再用定理 1-8-3 便得式(5-1-27)。

③质量量类 $\tilde{\boldsymbol{m}}$ 可表为

$$\tilde{\boldsymbol{m}} = 3\tilde{\boldsymbol{v}} - \tilde{\boldsymbol{G}} + \tilde{\boldsymbol{t}} = (3, -1, 1), \tag{5-1-28}$$

读者从数等式 $a = Gmr^{-2}$ [见式(5-1-8′)]出发不难自行证明。

观点 2 的量纲空间 $\mathscr{L}_2$ 也是 3 维矢量空间，与观点 1 的区别只在于基矢不同(故 $\mathscr{L}_2 = \mathscr{L}_1$)。观点 2 的三个基矢依次为

$$\tilde{\boldsymbol{l}} = (1,0,0), \quad \tilde{\boldsymbol{m}} = (0,1,0), \quad \tilde{\boldsymbol{t}} = (0,0,1),$$

其他矢量都可表为 $\tilde{\boldsymbol{l}}, \tilde{\boldsymbol{m}}, \tilde{\boldsymbol{t}}$ 的线性组合。例如，能量量类 $\tilde{\boldsymbol{E}}$ 可表为

$$\tilde{\boldsymbol{E}} = 2\tilde{\boldsymbol{l}} + \tilde{\boldsymbol{m}} - 2\tilde{\boldsymbol{t}} = (2, 1, -2)。$$

观点 3 的量纲空间 $\mathscr{L}_3$ 是 1 维矢量空间，它是对 3 维矢量空间 $\mathscr{L}_2$ 做了大量认同的结果(同量纲的不同物理量类都要被认为是同一个“数学量类”)。例如，$\tilde{\boldsymbol{l}}, \tilde{\boldsymbol{m}}, \tilde{\boldsymbol{t}}$ 在 $\mathscr{L}_2$ 中是 3 个不同元素，但在 $\mathscr{L}_3$ 中却是同一个元素(同一个“数学量类”)；$\mathscr{L}_2$ 的非零元素 $\tilde{\boldsymbol{v}}$ 和 $\tilde{\boldsymbol{G}}$ 在 $\mathscr{L}_3$ 中都被认同为零元，等等。把三个不同的物理量类 $\tilde{\boldsymbol{l}}, \tilde{\boldsymbol{m}}, \tilde{\boldsymbol{t}}$ 认同为一个“数学量类”的认同“桥梁”是让这三个量类的单位相等，即

$$\hat{\boldsymbol{t}} = \hat{\boldsymbol{l}} = \hat{\boldsymbol{m}}, \quad \text{即} \quad 1\,\textbf{秒} = \tilde{3}\times10^8\,\textbf{米} = c_{国}{}^3 G_{国}{}^{-1}\,\textbf{千克}, \tag{5-1-29}$$

亦即

$$1\,\textbf{秒} = \tilde{3}\times10^8\,\textbf{米} \approx 4\times10^{35}\,\textbf{千克}。 \tag{5-1-29′}$$

甲　把这三个物理量类认同的做法不难接受，但为什么要选上式作为认同桥梁？

乙　其根据就是小节 1.4.2 的“同量纲的非同类量的认同规则”，即式(1-4-14)，关键是看各有关量类的单位的终定系数 $k_{终}$。作为基本单位，$\hat{\boldsymbol{t}} = \textbf{秒}$ 的终定系数自然为 1；$\hat{\boldsymbol{l}} = \tilde{3}\times10^8\,\textbf{米}$ 和 $\hat{\boldsymbol{m}} = c_{国}{}^3 G_{国}{}^{-1}\,\textbf{千克}$ 的终定方程分别是 $l_{几} = t_{几}$ [即式(5-1-1b)]和 $m_{几} = t_{几}$ [即式(5-1-10)]，由此读出其终定系数 $k_{l终} = k_{m终} = 1$，于是由式(1-4-14)便得式(5-1-29′)。事实上，几 2 制与 MKS 制的同族性保证几 2 制是一贯制；而几 1 制和几 3 制由于全部单位都跟几 2 制相同，所以也是一贯制。

现在就可以讨论各个量类在几 3 制的单位。我们熟悉的国际单位制有 7 个基本单位，都有专名，依次为**米**、**千克**、**秒**、**安培**、**开尔文**、**摩尔**、**坎德拉**；至于众多的导出单位，多数也都被赋予了专名，例如**库仑**和**伏特**。导出单位还有另一种表示法，就是表为基本单位的幂连乘式，例如国际单位制的 $\textbf{米}^3$ (体积单位)、$\textbf{米}^{-2}\cdot\textbf{秒}\cdot\textbf{安培}$ (电荷面密度单位)、$\textbf{米}^{-3}\cdot\textbf{千克}^{-1}\cdot\textbf{秒}^4\cdot\textbf{安培}^2$ (真空介电常量单位)。几何单位制的导出单位也可仿此表为基本单位的幂连乘式。由于几 3 制只有一个基本单位(**秒**)，所谓“基本单位的幂连乘式”也就是**秒**的实数次幂。为此还要用到一个在第 7 章才讲的公式[见式(7-2-2)]，此处先简单透露：设

$$\dim\boldsymbol{C} = (\dim\boldsymbol{A})^a, \text{ 其中 } a \text{ 为实数}, \tag{5-1-30}$$

就有

$$\boldsymbol{C}_{交} = \boldsymbol{A}_{交}{}^a。 \tag{5-1-31}$$

将上式用于几 3 制，注意到所有导出量纲都可表为 $\dim \boldsymbol{t}$ 的实数次幂，例如

$$力\quad \dim \boldsymbol{f}=(\dim \boldsymbol{l})(\dim \boldsymbol{m})(\dim \boldsymbol{t})^{-2}=(\dim \boldsymbol{t})(\dim \boldsymbol{t})(\dim \boldsymbol{t})^{-2}=(\dim \boldsymbol{t})^{0},$$

$$力矩\quad \dim \boldsymbol{T}=(\dim \boldsymbol{f})(\dim \boldsymbol{l})=(\dim \boldsymbol{t})^{0}(\dim \boldsymbol{l})=(\dim \boldsymbol{t})^{1},$$

$$质量密度\quad \dim \boldsymbol{\rho}=(\dim \boldsymbol{m})(\dim \boldsymbol{l})^{-3}=(\dim \boldsymbol{t})(\dim \boldsymbol{t})^{-3}=(\dim \boldsymbol{t})^{-2},$$

便知所有物理量的单位都可表为**秒**的若干次方，例如力、速度、引力常量的单位可表为**秒**^{0} (即 1，也就是不必写单位)，力矩的单位可表为**秒**^{1} (即**秒**)，质量密度的单位可表为**秒**$^{-2}$。这种表示单位的做法还有一些其他好处，例如，①在几 3 制中，地球相对于银河系中心的速率 $\upsilon\approx 10^{-3}$ (没有单位)，这一数值($\ll 1$)强烈表明地球速率之低，使得地球观察者对宇宙观测的结果可被看作银河系中心的(假想)观察者的观测结果。②地日距离在几何制中约为 480**秒**，很直观地表明光从太阳到地球要走 8**分钟**。③地球的半径 $\boldsymbol{R}_{\oplus}$ 和质量 $\boldsymbol{M}_{\oplus}$ 在几何制中分别为 $\boldsymbol{R}_{\oplus}\approx 2\times 10^{-2}$**秒**和 $\boldsymbol{M}_{\oplus}\approx 1.5\times 10^{-11}$**秒**，一望而知 $\boldsymbol{M}_{\oplus}\ll \boldsymbol{R}_{\oplus}$，注意到引力与距离平方成反比，便知地球表面的引力场弱到使牛顿引力理论在绝大多数情况下很好地成立，不必“牛刀杀鸡”地使用广义相对论。

5.1.3　几何高斯单位制

上述几何制对于相对论力学(那里经常涉及 $\boldsymbol{c}$ 和 $\boldsymbol{G}$)非常方便，然而，一旦还涉及电磁领域，就必须补充电磁范畴的各种单位。虽然国际制早已在全世界推广，但高斯制在电磁领域中仍然是最为简单方便的一种单位制。因此，相对论学者遇到电磁问题时都愿意使用一种把几何制和高斯制相结合的单位制——几何高斯单位制。

几何高斯制的名称来自如下事实：只要把高斯制的公式(数等式)中的 c 和 G 取为 1，得到的就是该物理规律的几何高斯制表达式。例如，麦氏方程组在高斯制的数值表达式为[见式(4-8-2)]

$$\text{(a)}\ \vec{\nabla}\cdot\vec{E}=4\pi\rho,\qquad \text{(b)}\ \vec{\nabla}\times\vec{E}=-\frac{1}{c}\frac{\partial\vec{B}}{\partial t},$$

$$\text{(c)}\ \vec{\nabla}\cdot\vec{B}=0,\qquad \text{(d)}\ \vec{\nabla}\times\vec{B}=\frac{1}{c}\left(4\pi\vec{J}+\frac{\partial\vec{E}}{\partial t}\right)。\tag{5-1-32}$$

取 $c=1$ 便得

$$\text{(a)}\ \vec{\nabla}\cdot\vec{E}=4\pi\rho,\quad \text{(b)}\ \vec{\nabla}\times\vec{E}=-\frac{\partial\vec{B}}{\partial t},\quad \text{(c)}\ \vec{\nabla}\cdot\vec{B}=0,\quad \text{(d)}\ \vec{\nabla}\times\vec{B}=4\pi\vec{J}+\frac{\partial\vec{E}}{\partial t}。\tag{5-1-33}$$

这就是麦氏方程组在几何高斯制的数值表达式。第二个例子是带电恒星外部弯曲时空的线元式(Reissner-Nordstrom 解)，它在高斯制的数值表达式是[见梁灿彬，周彬(2006)]

$$\mathrm{d}s^2=-\left(1-\frac{2GM}{c^2r}+\frac{GQ^2}{c^4r^2}\right)c^2\mathrm{d}t^2+\left(1-\frac{2GM}{c^2r}+\frac{GQ^2}{c^4r^2}\right)^{-1}\mathrm{d}r^2+r^2(\mathrm{d}\theta^2+\sin^2\theta\,\mathrm{d}\varphi^2),\tag{5-1-34}$$

取 $c=G=1$ 便可得到它在几何高斯制的数值表达式

$$\mathrm{d}s^2=-\left(1-\frac{2M}{r}+\frac{Q^2}{r^2}\right)\mathrm{d}t^2+\left(1-\frac{2M}{r}+\frac{Q^2}{r^2}\right)^{-1}\mathrm{d}r^2+r^2(\mathrm{d}\theta^2+\sin^2\theta\,\mathrm{d}\varphi^2)。\tag{5-1-35}$$

甲　能给出几何高斯制的准确定义吗？

乙　可以。几何高斯制也存在三种观点，下面按每种观点给出该制的定义。

几何高斯制的观点 1 (简称“**几高 1 制**”)

定义　**几高 1 制**是满足$c=G=1$的、与高斯制同族的单位制。

根据这一定义，由公理 1-5-1 便知几高 1 制的所有数等式都跟高斯制相同。设某个现象类涉及的量有$\boldsymbol{A},\boldsymbol{B},\cdots$以及光速$\boldsymbol{c}$和引力常量$\boldsymbol{G}$，其物理规律用高斯制可以表为数等式

$$F(A_{高},B_{高},\cdots;c_{高},G_{高})=0\text{，} \tag{5-1-36a}$$

则由公理 1-5-1 便知它在几高 1 制的数等式为

$$F(A_{几高},B_{几高};\cdots,c_{几高},G_{几高})=0\text{，} \tag{5-1-36b}$$

再用$c_{几高}=G_{几高}=1$便可简化为

$$F(A_{几高},B_{几高},\cdots;1,1)=0\text{。} \tag{5-1-36c}$$

对比式(5-1-36a)和(5-1-36c)就证明了上面的结论——“把高斯制的数等式的c和G取为 1 便得几何高斯制的数等式。”

下面从几高 1 制的定义出发找出它的基本量类、基本单位和导出单位。

(a)几高 1 制的基本量类与高斯制相同，即长度$\tilde{\boldsymbol{l}}$、质量$\tilde{\boldsymbol{m}}$和时间$\tilde{\boldsymbol{t}}$等 3 个。

(b)由于要求$c_{几高}=G_{几高}=1$，几高 1 制的 3 个基本单位只有一个可以任选，我们选$\hat{\boldsymbol{t}}_{几高}=1$**秒**；其他两个由$c_{几高}=G_{几高}=1$决定，仿照几 1 制[式(5-1-2)和(5-1-12′)]，便得

$$\hat{\boldsymbol{l}}_{几高}=c_{国}\textbf{米}\text{，}\quad \hat{\boldsymbol{m}}_{几高}=c_{国}{}^{3}G_{国}{}^{-1}\textbf{千克}\text{，}\quad \hat{\boldsymbol{t}}_{几高}=1\textbf{秒}\text{。} \tag{5-1-37}$$

以下是数值近似：

$$\hat{\boldsymbol{l}}_{几高}\approx 3\times10^{8}\textbf{米}\text{，}\quad \hat{\boldsymbol{m}}_{几高}\approx 4\times10^{35}\textbf{千克}\text{，}\quad \hat{\boldsymbol{t}}_{几高}=1\textbf{秒}\text{。} \tag{5-1-37′}$$

(c)所有导出量类的量纲式以及导出单位的定义方程(及其所依托的现象类)都与高斯制相同，下面介绍主要的几个。

(1)由式(4-5-8)知$\dim_{高}\boldsymbol{\varepsilon}\equiv1$，因为几何高斯制属于高斯制所在族，故$\dim_{高}$可理解为固定量纲——旧制为高斯制，新制为几何高斯制，因而$\dim_{高}\boldsymbol{\varepsilon}\equiv1$导致

$$1=\dim\Big|_{高,几高}\boldsymbol{\varepsilon}=\frac{\hat{\boldsymbol{\varepsilon}}_{高}}{\hat{\boldsymbol{\varepsilon}}_{几高}}\text{，} \tag{5-1-38}$$

于是

$$\hat{\boldsymbol{\varepsilon}}_{几高}=\hat{\boldsymbol{\varepsilon}}_{高}=\boldsymbol{\varepsilon}_0\text{。(即 }\varepsilon_{0几高}=1\text{)} \tag{5-1-39}$$

(2)由式(4-5-12)知电荷$\tilde{\boldsymbol{q}}$的量纲式为

$$\dim\Big|_{高,几高}\boldsymbol{q}=\mathrm{L}^{3/2}\mathrm{M}^{1/2}\mathrm{T}^{-1}\text{，} \tag{5-1-40}$$

其中

$$\mathrm{L}\equiv\dim\Big|_{高,几高}\boldsymbol{l}=\frac{\hat{\boldsymbol{l}}_{高}}{\hat{\boldsymbol{l}}_{几高}}=\frac{\textbf{厘米}}{c_{国}\times(10^{2}\textbf{厘米})}=c_{国}{}^{-1}\times10^{-2}\text{；} \tag{5-1-41a}$$

$$\mathrm{M}\equiv\dim\Big|_{高,几高}\boldsymbol{m}=\frac{\hat{\boldsymbol{m}}_{高}}{\hat{\boldsymbol{m}}_{几高}}=\frac{\textbf{克}}{c_{国}{}^{3}G_{国}{}^{-1}\times(10^{3}\textbf{克})}=c_{国}{}^{-3}G_{国}\times10^{-3}\text{。} \tag{5-1-41b}$$

代入式(5-1-40)给出

$$\dim\Big|_{高,几高}\boldsymbol{q}=\mathrm{L}^{3/2}\mathrm{M}^{1/2}\mathrm{T}^{-1}=(c_{国}{}^{-1}\times10^{-2})^{3/2}(c_{国}{}^{-3}G_{国}\times10^{-3})^{1/2}=c_{国}{}^{-3}G_{国}{}^{1/2}\times10^{-9/2}\,,\tag{5-1-42}$$

与 $\dim\Big|_{高,几高}\boldsymbol{q}=\dfrac{\hat{\boldsymbol{q}}_{高}}{\hat{\boldsymbol{q}}_{几高}}$ 结合得

$$\frac{\hat{\boldsymbol{q}}_{几高}}{\hat{\boldsymbol{q}}_{高}}=c_{国}{}^{3}G_{国}{}^{-1/2}\times10^{9/2}\,,\tag{5-1-43}$$

因而

$$\hat{\boldsymbol{q}}_{几高}=c_{国}{}^{3}G_{国}{}^{-1/2}\times10^{9/2}\hat{\boldsymbol{q}}_{高}\approx(\sqrt{108}\times10^{34})\hat{\boldsymbol{q}}_{高}=(\sqrt{108}\times10^{34})\textbf{静库}。\tag{5-1-44}$$

(3)由式(4-5-6)知电流 $\tilde{\boldsymbol{I}}$ 的量纲式为

$$\dim\Big|_{高,几高}\boldsymbol{I}=\mathrm{L}^{3/2}\mathrm{M}^{1/2}\mathrm{T}^{-2}\,,\tag{5-1-45}$$

把式(5-1-41)代入上式得

$$\dim\Big|_{高,几高}\boldsymbol{I}=(c_{国}{}^{-1}\times10^{-2})^{3/2}(c_{国}{}^{-3}G_{国}\times10^{-3})^{1/2}=c_{国}{}^{-3}G_{国}{}^{1/2}\times10^{-9/2}\,,\tag{5-1-46}$$

与 $\dim\Big|_{高,几高}\boldsymbol{I}=\dfrac{\hat{\boldsymbol{I}}_{高}}{\hat{\boldsymbol{I}}_{几高}}$ 结合得

$$\hat{\boldsymbol{I}}_{几高}=c_{国}{}^{3}G_{国}{}^{-1/2}\times10^{9/2}\hat{\boldsymbol{I}}_{高}\approx(\sqrt{108}\times10^{34})\hat{\boldsymbol{I}}_{高}=(\sqrt{108}\times10^{34})\textbf{静安}。\tag{5-1-47}$$

(4)由(4-5-13)知磁感应 $\tilde{\boldsymbol{B}}$ 的量纲式为

$$\dim\Big|_{高,几高}\boldsymbol{B}=\mathrm{L}^{-1/2}\mathrm{M}^{1/2}\mathrm{T}^{-1}\,,\tag{5-1-48}$$

把式(5-1-41)代入上式得

$$\dim\Big|_{高,几高}\boldsymbol{B}=(c_{国}{}^{-1}\times10^{-2})^{-1/2}(c_{国}{}^{-3}G_{国}\times10^{-3})^{1/2}=c_{国}{}^{-1}G_{国}{}^{1/2}\times10^{-1/2}\,,\tag{5-1-49}$$

与 $\dim\Big|_{高,几高}\boldsymbol{B}=\dfrac{\hat{\boldsymbol{B}}_{高}}{\hat{\boldsymbol{B}}_{几高}}$ 结合得

$$\hat{\boldsymbol{B}}_{几高}=c_{国}G_{国}{}^{-1/2}\times10^{1/2}\hat{\boldsymbol{B}}_{高}\approx\frac{2\times10^{14}}{\sqrt{3}}\hat{\boldsymbol{B}}_{高}=\frac{2\times10^{14}}{\sqrt{3}}\textbf{高斯}。\tag{5-1-50}$$

(5)由(4-5-17)知磁导率 $\tilde{\boldsymbol{\mu}}$ 的量纲式为

$$\dim\Big|_{高,几高}\boldsymbol{\mu}=1\,,\tag{5-1-51}$$

可见

$$\hat{\boldsymbol{\mu}}_{几高}=\hat{\boldsymbol{\mu}}_{高}=\boldsymbol{\mu}_0\quad(\text{即 }\mu_{0几高}=1)。\tag{5-1-52}$$

(6)由(4-5-19)知磁通 $\tilde{\boldsymbol{\Phi}}$ 的量纲式为

$$\dim\Big|_{高,几高}\boldsymbol{\Phi}=\mathrm{L}^{3/2}\mathrm{M}^{1/2}\mathrm{T}^{-1}。\tag{5-1-53}$$

把式(5-1-41)代入上式得

$$\dim\Big|_{高,几高}\boldsymbol{\Phi}=(c_{国}{}^{-1}\times10^{-2})^{3/2}(c_{国}{}^{-3}G_{国}\times10^{-3})^{1/2}=c_{国}{}^{-3}G_{国}{}^{1/2}\times10^{-9/2}。\tag{5-1-54}$$

与 $\dim\Big|_{高,几高}\boldsymbol{\Phi}=\dfrac{\hat{\boldsymbol{\Phi}}_{高}}{\hat{\boldsymbol{\Phi}}_{几高}}$ 结合得

$$\hat{\boldsymbol{\Phi}}_{几高}=c_{国}{}^{3}G_{国}{}^{-1/2}\times10^{9/2}\hat{\boldsymbol{\Phi}}_{高}\approx(\sqrt{108}\times10^{34})\hat{\boldsymbol{\Phi}}_{高}。\tag{5-1-55}$$

几何高斯制的观点 2(简称“**几高 2 制**”) [选读]

定义　**几高 2 制**是满足$c=G=1$的、与 MKSA 制准同族的单位制(“准同族制”见小节 3.2.3)，其全部单位跟几高 1 制相同。

现在从上述定义出发找出几高 2 制的基本量类、基本单位和导出单位。

(a)既然与 MKSA 制准同族，几高 2 制的基本量类必定与 MKSA 制相同，即长度$\tilde{\boldsymbol{l}}$、质量$\tilde{\boldsymbol{m}}$、时间$\tilde{\boldsymbol{t}}$和电流$\tilde{\boldsymbol{I}}$等 4 个。

(b)既然几高 2 制的全部单位要跟几高 1 制相同，4 个基本单位只能是

$$\begin{aligned}&\hat{\boldsymbol{l}}_{几高}=c_{国}\textbf{米}\approx 3\times 10^{8}\textbf{米},\quad \hat{\boldsymbol{m}}_{几高}=c_{国}{}^{3}G_{国}{}^{-1}\textbf{千克}\approx 4\times 10^{35}\textbf{千克},\\&\hat{\boldsymbol{t}}_{几高}=1\textbf{秒},\quad \hat{\boldsymbol{I}}_{几高}=c_{国}{}^{3}G_{国}{}^{-1/2}\times 10^{9/2}\textbf{静安}\approx(\sqrt{108}\times 10^{34})\textbf{静安}。\end{aligned}\tag{5-1-56}$$

(c)所有导出量类的量纲式都与 MKSA 制相同，但由于几高 2 制跟 MKSA 制只是准同族(而不是同族)，其定义方程跟 MKSA 制在终定系数$k_{终}$上可能有所差别，原因：为了保证由 MKSA 制的定义方程求得的导出单位与几高 1 制相同，只好在定义方程右边添补适当的$k_{终}$。

以$\hat{\boldsymbol{\varepsilon}}_{几高2}$为例。如果不添补$k_{终}$，就是说，如果就用$\hat{\boldsymbol{\varepsilon}}$的 MKSA 制的定义方程作为$\hat{\boldsymbol{\varepsilon}}_{几高2}$的定义方程，仿照式(4-6-7a)(只把下标的“国”改为“几高”)，得

$$\varepsilon_{0几高}=\frac{q_{几高}{}^{2}}{f_{几高}r_{几高}{}^{2}}。\tag{5-1-57}$$

(请注意左边的$\varepsilon_{0几高}$可能不等于正确的$\varepsilon_{0几高2}$。) 上式除以式(4-6-7a)给出

$$\frac{\varepsilon_{0几高}}{\varepsilon_{0国}}=\left(\frac{q_{几高}}{q_{国}}\right)^{2}\left(\frac{f_{几高}}{f_{国}}\right)^{-1}\left(\frac{r_{几高}}{r_{国}}\right)^{-2}。\tag{5-1-58}$$

为求上式左边，先计算右边的三个因子。

1. $\dfrac{q_{几高}}{q_{国}}=\dfrac{q_{几高}}{q_{高}}\dfrac{q_{高}}{q_{国}}$。因为前已求得

$$\frac{q_{几高}}{q_{高}}=c_{国}{}^{-3}G_{国}{}^{1/2}\times 10^{-9/2}\quad[见式(5\text{-}1\text{-}43)],$$

又早已知道[见式(4-6-3′)]

$$\frac{q_{高}}{q_{国}}=\frac{\textbf{库}}{\textbf{静库}}=\tilde{3}\times 10^{9}=10c_{国},\tag{5-1-59}$$

所以

$$\frac{q_{几高}}{q_{国}}=\frac{q_{几高}}{q_{高}}\frac{q_{高}}{q_{国}}=(c_{国}{}^{-3}G_{国}{}^{1/2}\times 10^{-9/2})\times 10c_{国}=c_{国}{}^{-2}G_{国}{}^{1/2}\times 10^{-7/2}。\tag{5-1-60}$$

2. $\dfrac{f_{几高}}{f_{国}}=\dfrac{f_{几高}}{f_{高}}\dfrac{f_{高}}{f_{国}}=\dfrac{f_{几高}}{f_{高}}\times 10^{5}$，用到$1\textbf{牛顿}=10^{5}\textbf{达因}$。因为

$$\frac{f_{几高}}{f_{高}}=\dim\Big|_{高,几高}\boldsymbol{f}=\mathrm{LMT}^{-2}=(c_{国}{}^{-1}\times 10^{-2})(c_{国}{}^{-3}G_{国}\times 10^{-3})=c_{国}{}^{-4}G_{国}\times 10^{-5},$$

[其中第三步用到式(5-1-41)。] 所以

$$\frac{f_{几高}}{f_{国}}=\frac{f_{几高}}{f_{高}}\times 10^5=c_{国}{}^{-4}G_{国}。\qquad(5\text{-}1\text{-}61)$$

3.
$$\frac{r_{几高}}{r_{国}}=\frac{l_{几高}}{l_{国}}=\frac{1}{\tilde{3}\times 10^8}=\frac{1}{c_{国}},\qquad(5\text{-}1\text{-}62)$$

代入式(5-1-58)得

$$\frac{\varepsilon_{0几高}}{\varepsilon_{0国}}=\left(\frac{q_{几高}}{q_{国}}\right)^2\left(\frac{f_{几高}}{f_{国}}\right)^{-1}\left(\frac{r_{几高}}{r_{国}}\right)^{-2}=(c_{国}{}^{-2}G_{国}{}^{1/2}\times 10^{-7/2})^2\times(c_{国}{}^{-4}G_{国})^{-1}\times c_{国}{}^2=c_{国}{}^2\times 10^{-7},$$

于是

$$\varepsilon_{0几高}=c_{国}{}^2\times 10^{-7}\varepsilon_{0国}=c_{国}{}^2\times 10^{-7}\frac{1}{(4\pi\times 10^{-7})c_{国}{}^2}=\frac{1}{4\pi}\neq 1。\qquad(5\text{-}1\text{-}63)$$

[其中第二步用到式(4-6-8)。] 这个不等于 1 的 $\varepsilon_{0几高}$ 显然不等于 $\varepsilon_{0几高1}$ [因为式(5-1-39)告诉我们 $\varepsilon_{0几高1}=1$]，所以不是正确的 $\varepsilon_{0几高2}$。为保证求得 $\varepsilon_{0几高2}=\varepsilon_{0几高1}$ (亦即 $\hat{\boldsymbol{\varepsilon}}_{几高2}=\hat{\boldsymbol{\varepsilon}}_{几高1}$)，就要在定义方程(5-1-57)右边添补一个 $k_{\varepsilon终}$，其值应为 $k_{\varepsilon终}=4\pi$。添补此 $k_{\varepsilon终}$ 后的定义方程改为[等号左边现在写成 $\varepsilon_{0几高2}$，以区别于式(5-1-57)的(不正确的) $\varepsilon_{0几高}$]

$$\varepsilon_{0几高2}=4\pi\frac{q_{几高}{}^2}{f_{几高}r_{几高}{}^2},\qquad(5\text{-}1\text{-}64)$$

读者不难看出这样就能保证 $\varepsilon_{0几高2}=1=\varepsilon_{0几高1}$。

甲　我明白了，几高 2 制之所以只能做到与 MKSA 制准同族(而非同族)，关键原因就在于两者的定义方程必须有个 $k_{\varepsilon终}$ 的系数之别。

乙　是的。不过 $\varepsilon_{0几高2}$ 只是一个例子，还存在其他例子，例如 $\mu_{0几高2}$。注意到 $\hat{\boldsymbol{\mu}}$ 在 MKSA 制的定义方程为[见式(4-6-16)]

$$\mu_{0国}=\frac{d_{国}B_{国}}{I_{国}},\qquad(5\text{-}1\text{-}65)$$

便知 $\hat{\boldsymbol{\mu}}$ 在几高 2 制的定义方程应为

$$\mu_{0几高2}=k_{\mu终}\frac{d_{几高}B_{几高}}{I_{几高}}。\qquad(5\text{-}1\text{-}66)$$

利用 $\mu_{0国}=4\pi\times 10^{-7}$ [见式(4-6-18)]，读者应能自行求得应添补的 $k_{\mu终}=\frac{1}{4\pi}$。

[选读 5-1]

本选读讨论如何从几高制的量等式出发找出它的数等式，借此进一步熟悉准同族制的概念和用法。

甲　我还记得，两个准同族的单位制有相同的量等式，但是，由于某些 $k_{终}$ 不同，几高 2 制与 MKSA 制的数等式不一定相同吧？

乙　是的，准同族制有相同量等式，但数等式不一定相同。不过请注意，由于几高 2 制与几高 1 制有完全相同的单位，所以两者就有相同的数等式(对每个现象类的各个涉及量用相同单位测量，所得的数之间的关系当然相同)。

甲　既然如此，假定我想写出几何高斯制的某个数等式，就既可用几高 1 制也可用几高 2 制来写。由于几高 1 制与高斯制同族，只要我熟悉高斯制公式，就能很快写出。然而，我们(国人)熟悉的不是高斯制而是国际制，虽然能马上写出该现象类在国际制的数等式，但它可能不同于几高 2 制的数等式，这时该怎么办？

乙　可以先写出该现象类在国际制所在族的量等式，再逐步导出它在几高 2 制的数等式。下面是一个有助于理解的例题。

例题 5-1-1　介电常量为 $\boldsymbol{\varepsilon}$ 的均匀电介质中的库仑定律在国际制族的量等式为

$$\boldsymbol{f}=\frac{\boldsymbol{q}_1\boldsymbol{q}_2}{4\pi\boldsymbol{\varepsilon}\boldsymbol{r}^2}\,, \tag{5-1-67}$$

(因国际制是一贯制，其量等式与数等式形式相同，读者应能从熟悉的数等式 $f=q_1q_2/4\pi\varepsilon r^2$ 得出上式。) 求上式在几高 2 制的数等式。

解　因几高 2 制与国际制准同族，由定理 3-2-2 可知式(5-1-67)也是几高 2 制的量等式。以 $\boldsymbol{q}=q_{几高2}\hat{\boldsymbol{q}}_{几高2}$、 $\boldsymbol{f}=f_{几高2}\hat{\boldsymbol{f}}_{几高2}$、 $\boldsymbol{\varepsilon}=\varepsilon_{几高2}\hat{\boldsymbol{\varepsilon}}_{几高2}$ 和 $\boldsymbol{r}=r_{几高2}\hat{\boldsymbol{r}}_{几高2}$ 代入上式得

$$(q_1)_{几高2}(q_2)_{几高2}\hat{\boldsymbol{q}}^2_{几高2}=4\pi(f_{几高2}\hat{\boldsymbol{f}}_{几高2})(\varepsilon_{几高2}\hat{\boldsymbol{\varepsilon}}_{几高2})(r_{几高2}\hat{\boldsymbol{r}}_{几高2})^2\,。 \tag{5-1-68}$$

令

$$\eta_q\equiv\frac{\hat{\boldsymbol{q}}_{几高2}}{\hat{\boldsymbol{q}}_{国}}\,,\quad \eta_f\equiv\frac{\hat{\boldsymbol{f}}_{几高2}}{\hat{\boldsymbol{f}}_{国}}\,,\quad \eta_\varepsilon\equiv\frac{\hat{\boldsymbol{\varepsilon}}_{几高2}}{\hat{\boldsymbol{\varepsilon}}_{国}}\,,\quad \eta_l\equiv\frac{\hat{\boldsymbol{l}}_{几高2}}{\hat{\boldsymbol{l}}_{国}}=\frac{r_{国}}{r_{几高2}}\,, \tag{5-1-69}$$

代入上式得

$$\begin{aligned}(q_1)_{几高2}(q_2)_{几高2}(\eta_q\hat{\boldsymbol{q}}_{国})^2&=4\pi(f_{几高2}\eta_f\hat{\boldsymbol{f}}_{国})(\varepsilon_{几高2}\eta_\varepsilon\hat{\boldsymbol{\varepsilon}}_{国})(r_{几高2}\eta_l\hat{\boldsymbol{l}}_{国})^2\\&=4\pi(f_{几高2}\varepsilon_{几高2}r_{几高2}{}^2)(\eta_f\eta_\varepsilon\eta_l{}^2)(\hat{\boldsymbol{f}}_{国}\hat{\boldsymbol{\varepsilon}}_{国}\hat{\boldsymbol{l}}_{国}{}^2)\,。\end{aligned} \tag{5-1-70}$$

因国际制是一贯制(各单位的 $k_{终}$ 皆为 1)，故由 $\dim\boldsymbol{q}=(\dim\boldsymbol{f})^{1/2}(\dim\boldsymbol{\varepsilon})^{1/2}(\dim\boldsymbol{l})$ [以及式(3-2-7)和(3-2-3)]得

$$\hat{\boldsymbol{q}}_{国}=\hat{\boldsymbol{f}}_{国}{}^{1/2}\hat{\boldsymbol{\varepsilon}}_{国}{}^{1/2}\hat{\boldsymbol{l}}_{国}\,, \tag{5-1-71}$$

代入式(5-1-70)又可把该式简化为数等式

$$(q_1)_{几高2}(q_2)_{几高2}\eta_q{}^2=4\pi(f_{几高2}\varepsilon_{几高2}r_{几高2}{}^2)(\eta_f\eta_\varepsilon\eta_l{}^2)\,。 \tag{5-1-72}$$

现在应求出 η_q、 η_f、 η_ε 和 η_l 的值。由式(5-1-60)得

$$\eta_q\equiv\frac{\hat{\boldsymbol{q}}_{几高2}}{\hat{\boldsymbol{q}}_{国}}=c_{国}{}^2G_{国}{}^{-1/2}\times10^{7/2}\,, \tag{5-1-73a}$$

由式(5-1-61)得

$$\eta_f\equiv\frac{\hat{\boldsymbol{f}}_{几高2}}{\hat{\boldsymbol{f}}_{国}}=c_{国}{}^4G_{国}{}^{-1}\,, \tag{5-1-73b}$$

此外还有

$$\eta_\varepsilon\equiv\frac{\hat{\boldsymbol{\varepsilon}}_{几高2}}{\hat{\boldsymbol{\varepsilon}}_{国}}=\frac{\boldsymbol{\varepsilon}_0}{\hat{\boldsymbol{\varepsilon}}_{国}}=\frac{1}{(4\pi\times10^{-7})c_{国}{}^2}\quad [第三步用到式(4\text{-}6\text{-}8)], \tag{5-1-73c}$$

再由式(5-1-37)又可求得

$$\eta_l \equiv \frac{\hat{\boldsymbol{l}}_{几高2}}{\hat{\boldsymbol{l}}_{国}} = \frac{c_{国}\textbf{米}}{\textbf{米}} = c_{国}\text{。} \tag{5-1-73d}$$

代入式(5-1-72)给出

$$(q_1)_{几高2}(q_2)_{几高2}(c_{国}{}^2 G_{国}{}^{-1/2} \times 10^{7/2})^2 = 4\pi(f_{几高2}\varepsilon_{几高2}r_{几高2}{}^2)\left[(c_{国}{}^4 G_{国}{}^{-1})\frac{1}{(4\pi\times10^{-7})c_{国}{}^2}\times c_{国}{}^2\right], \tag{5-1-74}$$

于是就有

$$(q_1)_{几高2}(q_2)_{几高2} = f_{几高2}\varepsilon_{几高2}r_{几高2}{}^2,$$

去掉下标“几高 2”，便可改写为如下的数等式：

$$f = \frac{q_1 q_2}{\varepsilon r^2}\text{。} \tag{5-1-75}$$

这就是待找的几高 2 制的数等式，它果然跟几高 1 制相应的数等式一样。 ■

在上述例题的基础上就可把整个流程按如下几步讲解。第一步，写出所关心的现象类在 MKSA 制的量等式，又因为几高 2 制与 MKSA 制准同族，所以它也是几高 2 制的量等式；第二步，用几高 2 制的单位表出这个量等式中的各量(例如例题 5-1-1 的 $\boldsymbol{q} = q_{几高2}\hat{\boldsymbol{q}}_{几高2}$)；第三步，用 MKSA 制单位表出几高 2 制的单位(例如 $\hat{\boldsymbol{q}}_{几高2} = \eta_q \hat{\boldsymbol{q}}_{国}$)；第四步，利用 MKSA 制是一贯制找出式中涉及的各单位的关系式(对上例就是 $\hat{\boldsymbol{q}}_{国} = \hat{\boldsymbol{f}}_{国}{}^{1/2}\hat{\boldsymbol{\varepsilon}}_{国}{}^{1/2}\hat{\boldsymbol{l}}_{国}$)，以此摘除所得量等式中的所有 MKSA 制单位[利用 $\hat{\boldsymbol{q}}_{国} = \hat{\boldsymbol{f}}_{国}{}^{1/2}\hat{\boldsymbol{\varepsilon}}_{国}{}^{1/2}\hat{\boldsymbol{l}}_{国}$ 把式(5-1-72)变为数等式(5-1-74)]，从而把量等式变为数等式，这正是待求的几高 2 制的数等式。 **[选读 5-1 完]**

几何高斯制的观点 3 (简称“**几高 3 制**”)

定义　几高 3 制是满足以下条件的单位制：

(A) $c = G = \varepsilon_0 = 1$，而且量类 $\tilde{\boldsymbol{v}}$、$\tilde{\boldsymbol{G}}$ 和 $\tilde{\boldsymbol{\varepsilon}}$ 在几高 3 制所在族的量纲恒为 1，即 $\dim_{几高3}\tilde{\boldsymbol{v}} \equiv 1$，$\dim_{几高3}\tilde{\boldsymbol{G}} \equiv 1$，$\dim_{几高3}\tilde{\boldsymbol{\varepsilon}} \equiv 1$；

(B) 所有单位均与几高 1 制(及几高 2 制)相同；

(C) 基本量类只有时间 $\tilde{\boldsymbol{t}}$ 一个，基本单位为**秒**。

§ 5.2　朴素的自然单位制

理论物理中存在着各种各样的“自然单位制”。比较早期的自然单位制是取光速 $c_{自}=1$ 和约化普朗克常数 $\hbar_{自}=1$，我们称之为“朴素的自然单位制”。这样的自然制只适用于力学范畴。为了扩大适用范围，又构建出“拓展的自然单位制”。例如，为了包括热力学，人们把玻尔兹曼常数 k_B 也取为 1 (取 $k_{B自}=1$)；为了包括电磁学，又把真空介电常数 ε_0 取为 1 (取 $\varepsilon_{0自}=1$)，等等。本节只讨论朴素的自然单位制，拓展的自然制将在下节介绍。

朴素的自然单位制是满足以下两个条件的单位制：

(A)光速 $\boldsymbol{c}$ 和约化普朗克常量 $\boldsymbol{\hbar}$ 在自然制的数值皆为 1，即

$$c_{自} = \hbar_{自} = 1;$$

(B)自然制跟 MKS 制的所有数等式有相同形式(“数等式”专指反映某个现象类的物理规律的数等式)。

5.2.1　朴素自然单位制的三种观点

甲　关于自然制的基本量类，是否也存在三种观点？

乙　是的。第一种观点也是最直观、最容易想到的：$c_{自}=\hbar_{自}=1$ 的要求就是选光速 $\boldsymbol{c}$ 和约化普朗克常量 $\boldsymbol{\hbar}$ 为两个基本单位，所以至少有两个基本量类——速度量类 $\tilde{\boldsymbol{v}}$ 和普朗克常量所在量类 $\tilde{\boldsymbol{h}}$。至于第三个基本量类，则有非常大的任意性，我们遵循目前多数文献的做法，选能量 $\tilde{\boldsymbol{E}}$ 为第三个基本量类，选 $\mathbf{GeV}=10^9\,\mathbf{eV}$ 为第三个基本单位。于是有以下说法。

朴素自然制的观点 1 (简称“自 1 制”)

(1a)朴素自然制有 3 个基本量类：速度量类 $\tilde{\boldsymbol{v}}$、普朗克常量所在量类 $\tilde{\boldsymbol{h}}$ 和能量量类 $\tilde{\boldsymbol{E}}$。

(1b)朴素自然制的基本单位是：量类 $\tilde{\boldsymbol{v}}$ 以光速 $\boldsymbol{c}$ 为单位，量类 $\tilde{\boldsymbol{h}}$ 以 $\boldsymbol{\hbar}$ 为单位，量类 $\tilde{\boldsymbol{E}}$ 以 **GeV** 为单位。

(1c)把其他量类看作导出量类，利用条件(B)便可求得各导出量类的单位[4]。

甲　那么，长度 $\tilde{\boldsymbol{l}}$、质量 $\tilde{\boldsymbol{m}}$、时间 $\tilde{\boldsymbol{t}}$ 就都不是基本量类了？

乙　对。在观点 1 中，$\tilde{\boldsymbol{l}}$、$\tilde{\boldsymbol{m}}$、$\tilde{\boldsymbol{t}}$ 都是导出量类。下面按照一个可行的顺序逐一介绍主要导出单位的定义过程。

(1)质量量类 $\tilde{\boldsymbol{m}}$ 的导出单位 $\hat{\boldsymbol{m}}_{自}$

质量和能量的关系在 MKS 制的形式为

$$E_{国}=m_{国}c_{国}^{\ 2}，\tag{5-2-1}$$

因为自然制的数等式与 MKS 制一样，所以也有 $E_{自}=m_{自}c_{自}^{\ 2}$。注意到 $c_{自}=1$，便得

$$m_{自}=E_{自}，\tag{5-2-2}$$

上式就可充当 $\hat{\boldsymbol{m}}_{自}$ 的终定方程。为看出 $\hat{\boldsymbol{m}}_{自}$ 是多大的一个质量，可先用以上两式相除：

$$\frac{E_{国}}{E_{自}}=\frac{m_{国}}{m_{自}}c_{国}^{\ 2}=\frac{m_{国}}{m_{自}}\times(\tilde{3}\times10^8)^2。\tag{5-2-3}$$

利用 $1\,\mathbf{Gev}\approx1.6\times10^{-10}$ **焦耳**，又得

$$\frac{E_{国}}{E_{自}}=\frac{\hat{E}_{自}}{\hat{E}_{国}}=\frac{\mathbf{Gev}}{\textbf{焦耳}}\approx1.6\times10^{-10}，\tag{5-2-4}$$

与式(5-2-3)联立求得

$$\frac{m_{国}}{m_{自}}=\frac{1.6\times10^{-10}}{\tilde{9}\times10^{16}}\approx1.8\times10^{-27}，\tag{5-2-5}$$

故

$$\frac{\hat{\boldsymbol{m}}_{自}}{\hat{\boldsymbol{m}}_{国}}=\frac{m_{国}}{m_{自}}\approx1.8\times10^{-27}，$$

注意到 $\hat{\boldsymbol{m}}_{国}=1$ **千克**，便得

---

[4] 除长度、质量和时间外的导出单位的定义方程及现象类跟 MKS 制相同。

$$\hat{\boldsymbol{m}}_{自} \approx 1.8\times10^{-27}\text{千克}。 \tag{5-2-6}$$

(2)时间量类 $\tilde{t}$ 的导出单位 $\hat{t}_{自}$

根据波粒二象性，微观粒子可被看作波，其能量 E 与波的周期 t 的关系在 MKS 制为

$$E_{国}=h_{国}\nu_{国}=\frac{2\pi\hbar_{国}}{t_{国}}，(其中 \nu 是频率) \tag{5-2-7}$$

在自然制则为

$$E_{自}=2\pi\hbar_{自}/t_{自}=2\pi t_{自}^{-1}。 \tag{5-2-8}$$

原则上可选

$$t_{自}=2\pi E_{自}^{-1} \tag{5-2-9}$$

为 $\hat{t}_{自}$ 的终定方程。但是，上式表明 $\hat{t}_{自}$ 的终定系数 $k_{t终}=2\pi\neq1$，使 $\hat{t}_{自}$ 成为非一贯单位。为了避免由非一贯单位带来的麻烦，我们设法另寻现象类以摆脱 2π。刚才的现象类是某个波源(记作 A)测量自己发射的波，测得的能量和频率分别为 $\boldsymbol{E}_{A}$ 和 $\boldsymbol{\nu}_{A}$，所以有量等式

$$\boldsymbol{E}_{A}=\boldsymbol{h}\boldsymbol{\nu}_{A}=(2\pi\boldsymbol{\hbar})\boldsymbol{\nu}_{A}。 \tag{5-2-10}$$

现在改用某观察者 B 测量此波的频率，假定 B 与 A 的相对速率为 $\boldsymbol{u}$，则波的多普勒效应导致 B 测得的频率 $\boldsymbol{\nu}_{B}$ 不等于 $\boldsymbol{\nu}_{A}$，两者的关系为 $\boldsymbol{\nu}_{B}=\chi\boldsymbol{\nu}_{A}$，其中的系数 χ(“红移因子”)取决于相对速率 $\boldsymbol{u}$ 等因素。适当选择 $\boldsymbol{u}$ 可使 $\boldsymbol{\nu}_{B}=2\pi\boldsymbol{\nu}_{A}$，与式(5-2-10)结合便得

$$\boldsymbol{E}_{A}=\boldsymbol{\hbar}\boldsymbol{\nu}_{B}。 \tag{5-2-11}$$

请注意，为了消除 2π，上式的能量 $\boldsymbol{E}$ 和频率 $\boldsymbol{\nu}$ 分别是由 A 和 B 测量的，这是我们所选的新现象类的一个特别之处。明确这点之后，可把上式简写为

$$\boldsymbol{E}=\boldsymbol{\hbar}\boldsymbol{\nu}， \tag{5-2-11$'$}$$

它在 MKS 制和自然制的数等式分别为

$$(a)\ E_{国}=\hbar_{国}\nu_{国}=\hbar_{国}/t_{国}，\quad (b)\ E_{自}=\hbar_{自}\nu_{自}=\hbar_{自}/t_{自}=1/t_{自}。 \tag{5-2-12}$$

上式又可改写为

$$(a)\ t_{国}=\hbar_{国}/E_{国}，\quad (b)\ t_{自}=E_{自}^{-1}， \tag{5-2-12$'$}$$

选用上式的(b)为 $\hat{t}_{自}$ 的终定方程，则 $\hat{t}_{自}$ 就是一贯单位。

为看出 $\hat{t}_{自}$ 是多大的一段时间，将上式的(a)、(b)相除，得

$$\frac{t_{国}}{t_{自}}=\hbar_{国}\frac{E_{自}}{E_{国}}\approx\hbar_{国}\frac{1}{1.6\times10^{-10}}\approx1.05\times10^{-34}\times\frac{1}{1.6\times10^{-10}}\approx6.58\times10^{-25}，$$

其中第二步用到式(5-2-4)，第三步用到 $\hbar_{国}\approx1.05\times10^{-34}$。于是

$$\frac{\hat{t}_{自}}{\hat{t}_{国}}=\frac{t_{国}}{t_{自}}\approx6.58\times10^{-25}，$$

因而

$$\hat{t}_{自}\approx6.58\times10^{-25}\text{秒}。 \tag{5-2-13}$$

(3)长度量类 $\tilde{l}$ 的导出单位 $\hat{l}_{自}$

与几何制类似，自然制也要求 $c=1$，因此，对光子运动也有与 $l_{几}=t_{几}$ 类似的

$$l_{自}=t_{自}\quad(仅对光子运动)。\tag{5-2-14}$$

上式表明，当 $t_{自}=1$ 时 $l_{自}=1$，可见 $\hat{\boldsymbol{l}}_{自}$ 是光子在 6.58×10^{-25} **秒** (此即 $\hat{\boldsymbol{t}}_{自}$)内所走的路程。我们又熟知光子每**秒**走 $\tilde{3}\times10^{8}$ **米**，所以

$$\hat{\boldsymbol{l}}_{自}\approx(6.58\times10^{-25})\times(3\times10^{8}\,\textbf{米})\approx1.97\times10^{-16}\,\textbf{米}。\tag{5-2-15}$$

有了质量、时间和长度的自然制单位，利用自然制的条件(B)(自然制中所有数等式都跟 MKS 制一样)，便可逐一求得其他导出单位。例如，

$$加速度单位\ \hat{\boldsymbol{a}}_{自}\approx4.6\times10^{32}\,\textbf{米/秒}，\qquad 力的单位\ \hat{\boldsymbol{f}}_{自}\approx8.19\times10^{5}\,\textbf{牛顿}。\tag{5-2-16}$$

甲　明白了。我还猜想，为了便于自然制与国际制的公式转换，自然制也要有观点 2。

乙　不错。

朴素自然制的观点 2 (简称“**自 2 制**”)

(2a)自 2 制有 3 个基本量类：长度 $\tilde{\boldsymbol{l}}$、时间 $\tilde{\boldsymbol{t}}$ 和质量 $\tilde{\boldsymbol{m}}$。

(2b)自 2 制的基本单位是：$\hat{\boldsymbol{l}}_{自}\approx1.97\times10^{-16}$ **米**，$\hat{\boldsymbol{t}}_{自}\approx6.58\times10^{-25}$ **秒**，$\hat{\boldsymbol{m}}_{自}\approx1.8\times10^{-27}$ **千克**。

(2c)其他量类都是导出量类，所有导出单位的定义方程(及其所依托的现象类)都选得跟 MKS 制相同。

跟几何制一样，①条件(2a)和(2c)保证自 2 制跟 MKS 制同族；②自 2 制与自 1 制的全部单位相同。

甲　仿照几 2 制，我猜想 MKS 制族中也有一个“自 **2** 子族”，其中所有单位制都满足 $c=\hbar=1$，对吗？

乙　很对。先考虑 MKS 制族中的这样一个单位制，记作 $\mathscr{Z}'$，其基本单位为

$$\hat{\boldsymbol{l}}'=\alpha\hat{\boldsymbol{l}}_{自2}，\quad \hat{\boldsymbol{m}}'=\alpha^{-1}\hat{\boldsymbol{m}}_{自2}，\quad \hat{\boldsymbol{t}}'=\alpha\hat{\boldsymbol{t}}_{自2}，(\alpha\ 是任一实数)\tag{5-2-17}$$

则 $\mathscr{Z}'$ 制的速度单位 $\hat{\boldsymbol{v}}'$ 满足

$$\frac{\hat{\boldsymbol{v}}_{自}}{\hat{\boldsymbol{v}}'}=\dim\Big|_{自2,\mathscr{Z}'}\boldsymbol{v}=(\dim\Big|_{自2,\mathscr{Z}'}\boldsymbol{l})(\dim\Big|_{自2,\mathscr{Z}'}\boldsymbol{t})^{-1}=\frac{\hat{\boldsymbol{l}}_{自2}}{\hat{\boldsymbol{l}}'}\left(\frac{\hat{\boldsymbol{t}}_{自2}}{\hat{\boldsymbol{t}}'}\right)^{-1}=\frac{1}{\alpha}\left(\frac{1}{\alpha}\right)^{-1}=1，\tag{5-2-18}$$

可见 $\hat{\boldsymbol{v}}'=\hat{\boldsymbol{v}}_{自}=\boldsymbol{c}$，因而光速 $\boldsymbol{c}$ 在 $\mathscr{Z}'$ 制的数 $c'=\dfrac{\boldsymbol{c}}{\hat{\boldsymbol{v}}'}=1$。

进一步，$\boldsymbol{\hbar}$ 在 MKS 制族的量纲式是

$$\dim\boldsymbol{\hbar}=(\dim\boldsymbol{l})^{2}(\dim\boldsymbol{m})(\dim\boldsymbol{t})^{-1}，\tag{5-2-19}$$

只要式(5-2-17)成立，则也有 $\dim\Big|_{自2,\mathscr{Z}'}\boldsymbol{\hbar}=1$，故约化普朗克常量 $\boldsymbol{\hbar}$ 在 $\mathscr{Z}'$ 制的数也为 1。

因此，MKS 制族中满足式(5-2-17)的单位制都有 $c=\hbar=1$，这些单位制的集合就称为**自 2 子族**。同样，除自 2 制外，绝大多数量类在这些制的单位都与自然制(指自 1、自 2 制)不同，把它们称为自然制可能带来混乱。因此，我们补充一个附加规定：满足自然制条件(A)、(B)的单位制只当所有量类的单位都跟自 1、自 2 制相同才可称为自然制。

式(5-2-17)还表明，对“自 2 子族”而言，

$$\dim_{自2}\boldsymbol{l}=\frac{\hat{\boldsymbol{l}}_{自2}}{\hat{\boldsymbol{l}}'}=\frac{1}{\alpha}，\quad \dim_{自2}\boldsymbol{m}=\frac{\hat{\boldsymbol{m}}_{自2}}{\hat{\boldsymbol{m}}'}=\alpha，\quad \dim_{自2}\boldsymbol{t}=\frac{\hat{\boldsymbol{t}}_{自2}}{\hat{\boldsymbol{t}}'}=\frac{1}{\alpha}，\tag{5-2-20}$$

因而

$$\dim_{自2}\boldsymbol{l}=(\dim_{自2}\boldsymbol{m})^{-1}=\dim_{自2}\boldsymbol{t}\quad（对“自 2 子族”）。\tag{5-2-21}$$

此式在小节 6.2.2 中将起到关键性作用。

甲　我还猜想，为了保证自然制在同族单位制变换中永葆 $c=\hbar=1$ 这一特色，还要有观点 3，而且对 $\tilde{\boldsymbol{v}}$ 和 $\tilde{\boldsymbol{h}}$ 的量纲也要提出要求。对吗？

乙　对。与几何制类似，自然制的族 1 和族 2 的一个根本缺陷，就是 $\tilde{\boldsymbol{v}}$ 和 $\tilde{\boldsymbol{h}}$ 的量纲都不恒为 1。以族 2 为例，由 $\tilde{\boldsymbol{v}}$ 的量纲式 $\dim\boldsymbol{v}=(\dim\boldsymbol{l})(\dim\boldsymbol{t})^{-1}$ 可知，只有在对自变数(基本量纲) $\dim\boldsymbol{l}$ 和 $\dim\boldsymbol{t}$ 取值时有意让 $\dim\boldsymbol{l}\equiv\dim\boldsymbol{t}$，方可保证 $\dim\boldsymbol{v}\equiv 1$。进一步，$\tilde{\boldsymbol{h}}$ 的量纲式是

$$\dim\boldsymbol{h}=(\dim\boldsymbol{l})^2(\dim\boldsymbol{m})(\dim\boldsymbol{t})^{-1},\tag{5-2-22}$$

将 $\dim\boldsymbol{l}\equiv\dim\boldsymbol{t}$ 代入上式得

$$\dim\boldsymbol{h}=(\dim\boldsymbol{m})(\dim\boldsymbol{t}),\tag{5-2-23}$$

为使 $\dim\boldsymbol{h}\equiv 1$ 就得有意保证

$$\dim\boldsymbol{m}\equiv(\dim\boldsymbol{t})^{-1},\tag{5-2-24}$$

与 $\dim\boldsymbol{l}\equiv\dim\boldsymbol{t}$ 结合便得

$$\dim\boldsymbol{l}\equiv(\dim\boldsymbol{m})^{-1}\equiv\dim\boldsymbol{t}。\tag{5-2-25}$$

于是 3 个自变数 $\dim\boldsymbol{l}$、$\dim\boldsymbol{m}$ 和 $\dim\boldsymbol{t}$ 中只有一个可以独立取值。

甲　所以自然制的观点 3 也只有 1 个基本量类了。

乙　是的，于是就有以下说法。

朴素自然制的观点 3 (简称“**自 3 制**”)

(3a)自 3 制有 1 个基本量类，我们选能量量类 $\tilde{\boldsymbol{E}}$。[5]

(3b)自 3 制的基本单位是 **GeV**。

(3c)把其他量类看作导出量类，利用条件(D)便可求得各导出单位。

(3d)族 3 有如下量纲式：

$$\dim_{自3}\boldsymbol{v}\equiv(\dim_{自3}\boldsymbol{E})^0\equiv 1,\dim_{自3}\boldsymbol{h}\equiv(\dim_{自3}\boldsymbol{E})^0\equiv 1,\dim_{自3}\boldsymbol{l}\equiv(\dim_{自3}\boldsymbol{m})^{-1}\equiv\dim_{自3}\boldsymbol{t}\equiv(\dim_{自3}\boldsymbol{E})^{-1}。\tag{5-2-26}$$

5.2.2　朴素自然单位制的量纲空间

与几何制类似，自然制由于 3 种观点的基本量类的个数不尽相同，其量纲空间的维数也不尽相同。观点 1 和 2 的量纲空间是 3 维矢量空间，分别记作 $\mathscr{L}_1$ 和 $\mathscr{L}_2$；观点 3 的量纲空间则是 1 维矢量空间，记作 $\mathscr{L}_3$，它是对 3 维矢量空间 $\mathscr{L}_2$ 做了大量认同的结果(同量纲的不同物理量类都要被认为是同一个“数学量类”)。例如，$\mathscr{L}_2$ 的非零元素 $\tilde{\boldsymbol{v}}$ 和 $\tilde{\boldsymbol{h}}$ 在 $\mathscr{L}_3$ 中都被认同为零元。由式(5-2-26)的第 3 式又知量类 $\tilde{\boldsymbol{E}}^{-1}$、$\tilde{\boldsymbol{l}}$ 和 $\tilde{\boldsymbol{t}}$ 在 $\mathscr{L}_3$ 中有相同量纲，即

$$\dim_{自3}\boldsymbol{E}^{-1}\equiv\dim_{自3}\boldsymbol{t}\equiv\dim_{自3}\boldsymbol{l}。\tag{5-2-27}$$

从 $\hat{\boldsymbol{t}}$ 的终定方程 $t_{自}=E_{自}{}^{-1}$[即式(5-2-12′b)]读出 $k_{t终}=1$；再由 $t_{自}=E_{自}{}^{-1}$ 与 $l_{自}=t_{自}$[即式(5-2-14)]

[5] 不同作者有不同习惯，若干作者的自 3 制基本量类不是能量而是其他量类，关键是只有一个基本量类。

结合所得的$\hat{\boldsymbol{l}}$的终定方程$l_{自}=E_{自}{}^{-1}$读出$k_{l终}=1$。根据小节1.4.2的“同量纲非同类量的认同规则”，即式(1-4-14)，便知两者的认同桥梁是让它们的单位相等，即$\hat{\boldsymbol{l}}_{自}=\hat{\boldsymbol{t}}_{自}$。又因$\tilde{\boldsymbol{E}}$是基本量类，其$k_{终}$必定为1，故

$$1\,(\mathbf{GeV})^{-1}\approx 1.97\times 10^{-16}\textbf{米}\approx 6.58\times 10^{-25}\textbf{秒}。\tag{5-2-28}$$

参照对几何制(观点3)的讨论，注意到自然制(观点3)的唯一基本单位是**GeV**，便知所有物理量的单位都可表为**GeV**的若干次方，即$(\mathbf{GeV})^{\gamma}$，其中γ由该物理量类的量纲式决定。下面以10个量类作为例子，为找到它们的自然制单位，先写出量纲式：

(1) 时间t与能量E有数的关系式$t=E^{-1}$[源自式(5-2-12′b)]，故

$$时间\quad \dim\boldsymbol{t}=(\dim\boldsymbol{E})^{-1}。\tag{5-2-29}$$

(2) 长度l与时间t有数的关系式$l=t$(源自$v=lt^{-1}$)，注意到式(5-2-29)，得

$$长度\quad \dim\boldsymbol{l}=(\dim\boldsymbol{E})^{-1}。\tag{5-2-30}$$

(3) 质量m与能量E有数的关系式$m=E$(源自质能关系式$E=mc^2$)，故

$$质量\quad \dim\boldsymbol{m}=\dim\boldsymbol{E}。\tag{5-2-31}$$

(4) 加速度a与时间t有数的关系式$a=vt^{-1}$，注意到式(5-2-29)，得

$$加速度\quad \dim\boldsymbol{a}=\dim\boldsymbol{E}。\tag{5-2-32}$$

(5) 力f与质量m及加速度a有数的关系式$f=ma$，注意到式(5-2-31)和(5-2-32)，有

$$力\quad \dim\boldsymbol{f}=(\dim\boldsymbol{E})^{2}。\tag{5-2-33}$$

(6) 力矩T与力f有数的关系式$T=fl$，注意到式(5-2-33)和(5-2-30)，得

$$力矩\quad \dim\boldsymbol{T}=\dim\boldsymbol{E}。\tag{5-2-34}$$

(7) 动量p与质量m有数的关系式$p=mv$，注意到式(5-2-31)，得

$$动量\quad \dim\boldsymbol{p}=\dim\boldsymbol{E}。\tag{5-2-35}$$

(8) 角动量$\varLambda$与动量p有数的关系式$\varLambda=rp$，注意到式(5-2-30)和(5-2-35)，得

$$角动量\quad \dim\boldsymbol{\varLambda}=(\dim\boldsymbol{E})^{0}=1。\tag{5-2-36}$$

(9) 质量密度ρ与质量m有数的关系式$\rho=mV^{-1}=ml^{-3}$，注意到式(5-2-31)和(5-2-30)，得

$$质量密度\quad \dim\boldsymbol{\rho}=(\dim\boldsymbol{E})^{4}。\tag{5-2-37}$$

(10) 压强$p_{压}$与力f有数的关系式$p_{压}=fS^{-1}=fl^{-2}$，注意到式(5-2-33)和(5-2-30)，得

$$压强\quad \dim\boldsymbol{p}_{压}=(\dim\boldsymbol{E})^{4}。\tag{5-2-38}$$

由以上各式可知，时间和长度的自然制单位是$(\mathbf{GeV})^{-1}$；质量、加速度、力矩和动量的自然制单位是**GeV**；力的自然制单位是$(\mathbf{GeV})^{2}$；质量密度和压强的自然制单位是$(\mathbf{GeV})^{4}$；速度、普朗克常量和角动量的自然制单位是$(\mathbf{GeV})^{0}=1$。

表5-1给出8个主要物理量类的自然单位与国际单位的转换关系。

表 5-1　主要物理量的自然单位与国际单位的转换

物理量	量纲式		自然单位与国际单位的转换
	国际单位制	自然单位制	
长度	L	$(\dim \boldsymbol{E})^{-1}$	$1\,(\mathbf{GeV})^{-1}=1.97\times10^{-16}$**米**
质量	M	$\dim \boldsymbol{E}$	$1\,(\mathbf{GeV})=1.8\times10^{-27}$**千克**
时间	T	$(\dim \boldsymbol{E})^{-1}$	$1\,(\mathbf{GeV})^{-1}=6.58\times10^{-25}$**秒**
速度	LT^{-1}	$(\dim \boldsymbol{E})^{0}$	$1\,(\mathbf{GeV})^{0}=\tilde{3}\times10^{8}$**米/秒**
力	LMT^{-2}	$(\dim \boldsymbol{E})^{2}$	$1\,(\mathbf{GeV})^{2}=8.19\times10^{5}$**牛顿**
动量	LMT^{-1}	$\dim \boldsymbol{E}$	$1\,(\mathbf{GeV})=5.39\times10^{-19}$**焦耳·米/秒**
角动量	L^2MT^{-1}	$(\dim \boldsymbol{E})^{0}$	$1\,(\mathbf{GeV})^{0}=1.06\times10^{-34}$**焦耳·秒**
能量	L^2MT^{-2}	$\dim \boldsymbol{E}$	$1\,(\mathbf{GeV})=1.6\times10^{-10}$**焦耳**

§5.3　拓展的自然单位制

量子场论和粒子物理学除了经常涉及 $\boldsymbol{c}$ 和 $\boldsymbol{\hbar}$ 外，还经常涉及电磁领域，该领域的常见物理常量有真空介电常量 $\boldsymbol{\varepsilon}_0$ 和真空磁导率 $\boldsymbol{\mu}_0$。涉及电磁领域的自然单位制最好让 $\boldsymbol{c}$、$\boldsymbol{\hbar}$、$\boldsymbol{\varepsilon}_0$ 和 $\boldsymbol{\mu}_0$ 的数值都为 1。不过，由于①自然制的数等式要与国际制(现在是指 MKSA 制)相同；②MKSA 制有如下的熟知公式：

$$\varepsilon_0\mu_0=1/c^2\,, \tag{5-3-1}$$

因此，在 $\varepsilon_{0自}$、$\mu_{0自}$ 和 $c_{自}$ 这三个数中，任意两个为 1 都会导致第三个为 1，于是有以下定义。

拓展的自然单位制是满足以下两个条件的单位制：

(A) 光速 $\boldsymbol{c}$、约化普朗克常量 $\boldsymbol{\hbar}$ 以及真空介电常量 $\boldsymbol{\varepsilon}_0$ 在自然制的数值皆为 1，即

$$c_{自}=\hbar_{自}=\varepsilon_{0自}=1\,;$$

(B)自然制中所有数等式都跟 MKSA 制的数等式有相同形式(“数等式”专指反映某个现象类的物理规律的数等式)。

拓展自然制的观点 1

(1a)拓展自然制有 4 个基本量类：速度量类 $\tilde{\boldsymbol{v}}$、普朗克量类 $\tilde{\boldsymbol{h}}$、介电常量量类 $\tilde{\boldsymbol{\varepsilon}}$ 和能量量类 $\tilde{\boldsymbol{E}}$。

(1b)拓展自然制的基本单位是：量类 $\tilde{\boldsymbol{v}}$ 以光速 $\boldsymbol{c}$ 为单位，量类 $\tilde{\boldsymbol{h}}$ 以 $\boldsymbol{\hbar}$ 为单位，量类 $\tilde{\boldsymbol{\varepsilon}}$ 以 $\boldsymbol{\varepsilon}_0$ 为单位，量类 $\tilde{\boldsymbol{E}}$ 以 **GeV** 为单位。

(1c)把其他量类看作导出量类，利用条件(B)便可求得各导出量类的单位。

朴素的自然制只适用于力学范畴，拓展的自然制则把适用对象拓展到包括电磁领域，所以基本量类要从 3 个拓展为 4 个。不难看出，拓展自然制在力学范畴内的导出单位都与朴素自然制相同，所以只需介绍其在电磁领域的主要导出单位。

(1)电荷 $\tilde{\boldsymbol{q}}$ 的导出单位 $\hat{\boldsymbol{q}}_{自}$

仿照库仑定律的国际制形式

$$f_{国}=\frac{q_{1国}q_{2国}}{4\pi\varepsilon_{0国}r_{国}^{2}},\tag{5-3-2}$$

便可写出它在自然制的形式

$$f_{自}=\frac{q_{1自}q_{2自}}{4\pi\varepsilon_{0自}r_{自}^{2}}。$$

考虑到① $\varepsilon_{0自}=1$，② r 可改写为 l，③不妨令 $q_{1自}=q_{2自}\equiv q_{自}$，便得

$$f_{自}=\frac{q_{自}^{2}}{4\pi l_{自}^{2}},$$

因而

$$q_{自}=(4\pi f_{自})^{1/2}l_{自}。\tag{5-3-3}$$

取上式为 $\hat{\boldsymbol{q}}_{自}$ 的(原始)定义方程(依托于“真空中两个静止点电荷现象类”)。由于式(5-3-2)也可改写为

$$q_{国}=(4\pi\varepsilon_{0国}f_{国})^{1/2}l_{国},$$

两式相除得

$$\frac{q_{国}}{q_{自}}=\left(\varepsilon_{0国}\frac{f_{国}}{f_{自}}\right)^{1/2}\frac{l_{国}}{l_{自}},\tag{5-3-4}$$

因而

$$\frac{\hat{\boldsymbol{q}}_{自}}{\hat{\boldsymbol{q}}_{国}}=\frac{q_{国}}{q_{自}}=\left(\varepsilon_{0国}\frac{\hat{\boldsymbol{f}}_{自}}{\hat{\boldsymbol{f}}_{国}}\right)^{1/2}\frac{\hat{\boldsymbol{l}}_{自}}{\hat{\boldsymbol{l}}_{国}}。\tag{5-3-5}$$

利用 $\varepsilon_{0国}\approx 8.9\times10^{-12}$ [式(4-6-8)]、$\hat{\boldsymbol{f}}_{自}\approx 8.19\times10^{5}$**牛顿** [式(5-2-16)] 以及 $\hat{\boldsymbol{l}}_{自}=1.97\times10^{-16}$**米** [式(5-2-15)]，代入上式得

$$\frac{\hat{\boldsymbol{q}}_{自}}{\hat{\boldsymbol{q}}_{国}}=\frac{q_{国}}{q_{自}}\approx\left(8.9\times10^{-12}\times\frac{8.19\times10^{5}\,\textbf{牛顿}}{\textbf{牛顿}}\right)^{1/2}\frac{1.97\times10^{-16}\,\textbf{米}}{\textbf{米}}\approx 5.32\times10^{-19},\tag{5-3-6}$$

所以

$$\hat{\boldsymbol{q}}_{自}\approx 5.32\times10^{-19}\hat{\boldsymbol{q}}_{国}。$$

注意到 $\hat{\boldsymbol{q}}_{国}=$**库仑**，便得

$$\hat{\boldsymbol{q}}_{自}\approx 5.32\times10^{-19}\,\textbf{库仑}。\tag{5-3-7}$$

(2)电流 $\tilde{\boldsymbol{I}}$ 的导出单位 $\hat{\boldsymbol{I}}_{自}$

由国际制的熟知关系

$$I_{国}=q_{国}/t_{国}$$

得

$$I_{自}=q_{自}/t_{自}。\tag{5-3-8}$$

选上式为 $\hat{\boldsymbol{I}}_{自}$ 的(原始)定义方程(依托于“载流导线现象类”)。两式相除得

$$\frac{I_{国}}{I_{自}}=\frac{q_{国}}{q_{自}}\frac{t_{自}}{t_{国}}。\tag{5-3-9}$$

把式(5-3-6)及式(5-2-13)代入上式得

$$\frac{\hat{\boldsymbol{I}}_{自}}{\hat{\boldsymbol{I}}_{国}}=\frac{I_{国}}{I_{自}}\approx(5.32\times10^{-19})\times\left(\frac{10^{25}}{6.58}\right)\approx 8\times10^{5},$$

因而

$$\hat{\boldsymbol{I}}_{自}\approx 8\times10^{5}\textbf{安}。\tag{5-3-10}$$

(3)电场强度 $\tilde{\boldsymbol{E}}$ 的导出单位 $\hat{\boldsymbol{E}}_{自}$

仿照国际制，应取下式为 $\hat{\boldsymbol{E}}_{自}$ 的定义方程 (依托于“试探电荷在静电场中”现象类)：

$$E_{自}=f_{自}/q_{自},\tag{5-3-11}$$

故

$$\frac{\hat{\boldsymbol{E}}_{自}}{\hat{\boldsymbol{E}}_{国}}=\frac{E_{国}}{E_{自}}=\frac{f_{国}}{f_{自}}\frac{q_{自}}{q_{国}}\approx(8.19\times10^{5})\times\frac{10^{19}}{5.32}\approx 1.54\times10^{24}。$$

[其中第三步用到式(5-2-16)及(5-3-6)。] 因而

$$\hat{\boldsymbol{E}}_{自}\approx 1.54\times10^{24}\textbf{伏/米}。\tag{5-3-12}$$

(4)磁感应 $\tilde{\boldsymbol{B}}$ 的导出单位 $\hat{\boldsymbol{B}}_{自}$

$\hat{\boldsymbol{B}}_{自}$ 的定义方程(依托于“横向载流导线在静磁场中”现象类)：

$$B_{自}=\frac{f_{自}}{I_{自}l_{自}}。\tag{5-3-13}$$

故

$$\frac{\hat{\boldsymbol{B}}_{自}}{\hat{\boldsymbol{B}}_{国}}=\frac{B_{国}}{B_{自}}=\frac{f_{国}}{f_{自}}\frac{I_{自}}{I_{国}}\frac{l_{自}}{l_{国}}\approx(8.19\times10^{5})\times\frac{1}{8\times10^{5}}\times\frac{1}{1.97\times10^{-16}}\approx 5.2\times10^{15},$$

$$\hat{\boldsymbol{B}}_{自}\approx 5.2\times10^{15}\,\mathbf{T}\,(\textbf{特斯拉})。\tag{5-3-14}$$

(5) 磁通 $\tilde{\boldsymbol{\Phi}}$ 的导出单位 $\hat{\boldsymbol{\Phi}}_{自}$

$\hat{\boldsymbol{\Phi}}_{自}$ 的定义方程(依托于“闭合平面曲线在磁场中”现象类)：

$$\Phi_{自}=B_{自}S_{自}。\tag{5-3-15}$$

故

$$\frac{\hat{\boldsymbol{\Phi}}_{自}}{\hat{\boldsymbol{\Phi}}_{国}}=\frac{\Phi_{国}}{\Phi_{自}}=\frac{B_{国}}{B_{自}}\left(\frac{l_{国}}{l_{自}}\right)^{2}\approx(5.2\times10^{5})\times(1.97\times10^{-16})^{2}\approx 2\times10^{-26},$$

$$\hat{\boldsymbol{\Phi}}_{自}\approx 2\times10^{-26}\,\mathbf{Wb}\,(\textbf{韦伯})。\tag{5-3-16}$$

为了便于与 MKSA 制的公式转换，对拓展自然制也要引入观点 2。

拓展自然制的观点 2

(2a)拓展自然制有 4 个基本量类：长度 $\tilde{\boldsymbol{l}}$ 、质量 $\tilde{\boldsymbol{m}}$ 、时间 $\tilde{\boldsymbol{t}}$ 和电流 $\tilde{\boldsymbol{I}}$ 。

(2b)拓展自然制的基本单位是：

$\hat{\boldsymbol{l}}_{自}=1.97\times10^{-16}$**米**，$\hat{\boldsymbol{t}}_{自}=6.58\times10^{-25}$**秒**，$\hat{\boldsymbol{m}}_{自}\approx1.8\times10^{-27}$**千克**，$\hat{\boldsymbol{I}}_{自}\approx8\times10^{5}$**安**。

(2c)把其他量类看作导出量类，利用条件(B)便可求得各导出量类的单位。

上述条件(2a)和(2c)保证拓展自然制(观点 2)跟 MKSA 制同族。拓展自然制的观点 2 和观点 1 的全部单位完全相同。

甲　为了保证拓展自然制在同族单位制变换中永葆$c=\hbar=\varepsilon_0=1$这一特色，还应该有观点 3，而且对$\tilde{\boldsymbol{v}}$、$\tilde{\boldsymbol{h}}$和$\tilde{\boldsymbol{\varepsilon}}$的量纲也要提出要求。是吗？

乙　是的。与朴素的自然制很像，不过现在除了要保证$\dim\boldsymbol{v}\equiv1$和$\dim\boldsymbol{h}\equiv1$外还要保证$\dim\boldsymbol{\varepsilon}\equiv1$。与朴素自然制类似，$\dim\boldsymbol{v}\equiv1$和$\dim\boldsymbol{h}\equiv1$导致

$$\dim\boldsymbol{l}\equiv(\dim\boldsymbol{m})^{-1}\equiv\dim\boldsymbol{t}\ ; \tag{5-3-17}$$

由表 4-3 查得

$$\dim\boldsymbol{\varepsilon}=(\dim\boldsymbol{l})^{-3}(\dim\boldsymbol{m})^{-1}(\dim\boldsymbol{t})^{4}(\dim\boldsymbol{I})^{2}\ , \tag{5-3-18}$$

将式(5-3-17)代入式(5-3-18)给出

$$\dim\boldsymbol{\varepsilon}=(\dim\boldsymbol{t})^{2}(\dim\boldsymbol{I})^{2}\ , \tag{5-3-19}$$

因此，为使$\dim\boldsymbol{\varepsilon}\equiv1$就得有意保证

$$\dim\boldsymbol{I}\equiv(\dim\boldsymbol{t})^{-1}, \tag{5-3-20}$$

所以对拓展自然制有

$$\dim\boldsymbol{l}\equiv(\dim\boldsymbol{m})^{-1}\equiv\dim\boldsymbol{t}\equiv(\dim\boldsymbol{I})^{-1}\ 。 \tag{5-3-21}$$

于是 4 个自变数$\dim\boldsymbol{l}$、$\dim\boldsymbol{m}$、$\dim\boldsymbol{t}$和$\dim\boldsymbol{I}$中只有一个可以独立取值。

甲　所以拓展自然制的观点 3 也只有 1 个基本量类了。

乙　是的，于是就有以下说法。

拓展自然制的观点 3

(3a)自然制有 1 个基本量类，我们选能量量类$\tilde{\boldsymbol{E}}$。

(3b)自然制的基本单位是**GeV**。

(3c)把其他量类看作导出量类，利用条件(B)便可求得各导出单位。

(3d)族 3 满足如下量纲式：

$$\dim\boldsymbol{v}\equiv(\dim\boldsymbol{E})^{0}\equiv1\ ,\quad \dim\boldsymbol{h}\equiv(\dim\boldsymbol{E})^{0}\equiv1\ ,\quad \dim\boldsymbol{\varepsilon}\equiv(\dim\boldsymbol{E})^{0}\equiv1\ 。 \tag{5-3-22}$$

(3e)文献中的“自然制”通常都是自 3 制(所谓“自 3 制”，关键在于只有一个基本量类，但不一定选能量，不同作者有不同习惯。)

§5.4　普朗克单位制

5.4.1　朴素的普朗克单位制

(朴素的)普朗克单位制是力学范畴的一种非常特殊的单位制，由以下两个条件定义：

(A)光速$\boldsymbol{c}$和当今宇宙引力常量$\boldsymbol{G}$以及约化普朗克常量$\boldsymbol{\hbar}$在普朗克制的数值皆为 1，即

$$c_{普}=G_{普}=\hbar_{普}=1\ ;$$

(B)普朗克制跟 MKS 制的所有数等式有相同形式(“数等式”专指反映某个现象类的物理规律的数等式)。

关于普朗克单位制的基本量类，也存在 3 种观点。

普朗克制的观点 1 (简称“**普 1 制**”)

这种观点是最直观、最容易想到的：选引力常量量类 $\tilde{\boldsymbol{G}}$、普朗克常量量类 $\tilde{\boldsymbol{\hbar}}$ 和速度量类 $\tilde{\boldsymbol{v}}$ 为基本量类，并分别取 $\boldsymbol{G}$、$\boldsymbol{\hbar}$ 和 $\boldsymbol{c}$ 为基本单位；但要得到各导出单位的终定方程却还需费一番周折。先考虑长度、质量和时间，请注意它们的单位 $\hat{\boldsymbol{l}}_{普}$、$\hat{\boldsymbol{m}}_{普}$、$\hat{\boldsymbol{t}}_{普}$ 都是导出单位。为了制定这些导出单位，必须首先重温§1.3 的一段，它说明如何在以下两种情况[即情况(c1)和(c2)]下找到导出单位 $\hat{\boldsymbol{C}}$ 的定义方程：

(c1) $\tilde{\boldsymbol{C}}$ 与基本量类有直接关系。这是指存在某种只涉及量类 $\tilde{\boldsymbol{C}}$ 和基本量类 $\tilde{\boldsymbol{J}}_1$、…、$\tilde{\boldsymbol{J}}_l$ 的现象类，服从如下物理规律：

$$C = kJ_1^{\sigma_1}\cdots J_l^{\sigma_l} \quad [\text{此即式(1-3-11)，}k\text{ 就是后来的 }k_{终}],$$

其中 J_1、…、J_l 是以基本单位测问题中的基本量 $\boldsymbol{J}_1$、…、$\boldsymbol{J}_l$ 所得的数，C 是以 $\tilde{\boldsymbol{C}}$ 的任一单位 $\hat{\boldsymbol{C}}$ 测问题中的量 $\boldsymbol{C}$ 所得的数，$\sigma_1,\cdots,\sigma_l$ 是实数，k 是反映选择 $\hat{\boldsymbol{C}}$ 的任意性的系数。指定 k 值便定义了导出单位 $\hat{\boldsymbol{C}}$。

(c2) $\tilde{\boldsymbol{C}}$ 与基本量类只有间接关系。这是指存在这样的现象类，它除涉及导出量类 $\tilde{\boldsymbol{C}}$ 和基本量类 $\tilde{\boldsymbol{J}}_1$、…、$\tilde{\boldsymbol{J}}_l$ 外还涉及导出量类 $\tilde{\boldsymbol{A}}_1$、…、$\tilde{\boldsymbol{A}}_n$ (其导出单位已有定义)，且以基本单位测基本量、以导出单位测 $\boldsymbol{A}_1,\cdots,\boldsymbol{A}_n$、以 $\tilde{\boldsymbol{C}}$ 的任一单位测 $\boldsymbol{C}$ 所得的数 J_1、…、J_l；A_1、…、A_n；C 满足

$$C = k_{原}A_1^{\rho_1}\cdots A_n^{\rho_n}J_1^{\tau_1}\cdots J_l^{\tau_l}, \qquad [\text{此即式(1-3-12)}]$$

其中 ρ_1、…、ρ_n 及 τ_1、…、τ_l 为实数。指定上式的 $k_{原}$ 值便定义了量类 $\tilde{\boldsymbol{C}}$ 的导出单位 $\hat{\boldsymbol{C}}$。

以上(c1)和(c2)都是§1.3 的引文。不难看出，待建单位制的第一个导出单位只能靠(c1)的方法定义。对于以长度和时间为基本量类的单位制，自然可以把速度选作第一导出量类，因为公式 $v = l/t$ 可以充当导出单位 $\hat{\boldsymbol{v}}$ 的定义方程；至于其他导出单位，则可用(c1)或(c2)相继定义。然而普朗克制观点 1 却非常特别。如果你试图首先定义 $\hat{\boldsymbol{l}}_{普}$，就要找到一个现象类(物理规律)，它只涉及量 $\boldsymbol{l}$ 和基本量 $\boldsymbol{G}$、$\boldsymbol{\hbar}$ 和 $\boldsymbol{c}$，然而这样的现象类不易找到；如果你试图首先定义 $\hat{\boldsymbol{m}}_{普}$ 和 $\hat{\boldsymbol{t}}_{普}$，也会遇到类似困难。看来§1.3 的(c1)和(c2)并未穷尽所有情况，我们现在面临的情况应该列为(c3)，克服困难的办法是设法列出若干个(含有 c、G、$\hbar$ 的)数等式，然后联立求解。具体说，考虑以下现象类：

1. 设质量同为 $\boldsymbol{m}$ 的两个质点相距为 $\boldsymbol{l}$，则它们的牛顿引力能 $\boldsymbol{E}_1$ 在 MKS 制的表达式为

$$E_1 = -Gm^2/l, \tag{5-4-1}$$

而其中任一质点的静能 $\boldsymbol{E}_2$ 可表为

$$E_2 = mc^2。 \tag{5-4-2}$$

2. 设真空中波长恰为 $\boldsymbol{l}$ 的光子的周期为 $\boldsymbol{t}$，则

$$l = ct, \tag{5-4-3}$$

而该光子的能量 $\boldsymbol{E}_3$ 可表为

$$E_3 = h\nu = 2\pi\hbar/t = 2\pi c\hbar/l \text{。} \tag{5-4-4}$$

因为 E_1 依赖于 m 而 E_3 不依赖，所以总可选适当的 m 使得 $-E_1 = E_3/2\pi$，进而有

$$Gm^2/l = c\hbar/l \text{，}$$

于是

$$m = \sqrt{\frac{c\hbar}{G}} \text{。} \tag{5-4-5}$$

另一方面，因为 E_1 依赖于 l 而 E_2 不依赖，所以总可选适当的 l 使得 $-E_1 = E_2$，进而有

$$\frac{Gm^2}{l} = mc^2 \text{，}$$

于是

$$l = \frac{Gm}{c^2} \text{。} \tag{5-4-6}$$

因为 E_1 和 E_3 均反比于 l，为求得式(5-4-6)而调整 l 值时不会改变关系 $-E_1 = E_3/2\pi$，所以式(5-4-5)和式(5-4-6)可以同时成立，因而可用两式联立以求得

$$l = \sqrt{\frac{G\hbar}{c^3}} \text{。} \tag{5-4-7}$$

最后，再将式(5-4-7)代入式(5-4-3)便得

$$t = \sqrt{\frac{G\hbar}{c^5}} \text{。} \tag{5-4-8}$$

式(5-4-5)、式(5-4-7)和式(5-4-8)都是 MKS 制的数等式，但条件(B)要求它们对普朗克制也成立。为明确起见，特给式中的数都添补下标“普”：

$$l_{普} = \sqrt{\frac{G_{普}\hbar_{普}}{c_{普}^{\ 3}}}, \quad m_{普} = \sqrt{\frac{c_{普}\hbar_{普}}{G_{普}}}, \quad t_{普} = \sqrt{\frac{G_{普}\hbar_{普}}{c_{普}^{\ 5}}} \text{。} \tag{5-4-9}$$

甲　我看出点门道了：这三个式子右边都只含基本量(相应的数)，所以就可以充当普朗克制(观点 1)的导出单位 $\hat{\boldsymbol{l}}_{普}$、$\hat{\boldsymbol{m}}_{普}$、$\hat{\boldsymbol{t}}_{普}$ 的定义方程，而且是终定方程。对吗？

乙　很对。

甲　注意到条件(A)，上式岂不是又可化简为

$$l_{普} = 1, \quad m_{普} = 1, \quad t_{普} = 1 \tag{5-4-10}$$

吗？

乙　是啊。

甲　把上式看作导出单位的定义方程，令我很是不解——等号右边完全不含基本量的信息，也就看不出导出量对基本量的依赖关系，那么又怎能确定导出单位？

乙　产生这种疑惑的原因在于，你忽略了这些数等式背后所依托的现象类，而导出量对基本量的依赖关系恰恰包含在支配这些现象类的物理规律中。先展示用这个思路确定导出单位 $\hat{\boldsymbol{m}}_{普}$ 的方法。$\hat{\boldsymbol{m}}_{普}$ 的终定方程 $m_{普} = 1$ 所依托的现象类是前述两个现象类的复合，它们分别是相同质量的质点之间的牛顿引力能 $\boldsymbol{E}_1$ 和真空中光子的能量 $\boldsymbol{E}_3$，两者的复合方式是要求两质点间的距离等于光子的波长，同时要求 $\boldsymbol{E}_1$ 和 $\boldsymbol{E}_3$ 满足关系

$$-\boldsymbol{E}_1 = \boldsymbol{E}_3/2\pi\text{。}$$

由物理规律可知，在此复合现象类中，两质点的质量 $\boldsymbol{m}$ 必为一确定量(就是上文提到“总可选适当的 m ”所代表的质量 $\boldsymbol{m}$)。在此基础上就可用下法找到 $\hat{\boldsymbol{m}}_{普}$ 。所谓“ $\hat{\boldsymbol{m}}_{普}$ 的定义方程”，无非是用以给 $\hat{\boldsymbol{m}}_{普}$ 下定义的数等式，现在此式为 $m_{普}=1$ ，而 $m_{普}$ 就是用单位 $\hat{\boldsymbol{m}}_{普}$ 测此质量(指 $\boldsymbol{m}$)的得数，得数为 1 表明此质量 $\boldsymbol{m}$ 就是 $\hat{\boldsymbol{m}}_{普}$ ，即

$$\hat{\boldsymbol{m}}_{普} = \boldsymbol{m}\text{。} \tag{5-4-5$'$}$$

因此，欲知 $\hat{\boldsymbol{m}}_{普}$ 有多大，只需弄清 $\boldsymbol{m}$ 有多大，而为此可借助 MKS 制。上文已导出，在 MKS 制中，描述此物理现象的数等式是式(5-4-5)。为与普朗克制的数等式有所区别，现在明确记为

$$m_{国} = \sqrt{\frac{c_{国}\hbar_{国}}{G_{国}}}\text{。} \tag{5-4-11}$$

故

$$m_{国} \approx \sqrt{\frac{(3\times10^{8})(1.05\times10^{-34})}{6.67\times10^{-11}}} \approx 2.2\times10^{-8}\text{，} \tag{5-4-12}$$

因而

$$\boldsymbol{m} = m_{国}\hat{\boldsymbol{m}}_{国} \approx 2.2\times10^{-8}\,\textbf{千克}\text{。} \tag{5-4-13}$$

就是说，在这个复合现象类中，两质点的质量只能是 2.2×10^{-8} **千克**，与式(5-4-5′)结合便知

$$\hat{\boldsymbol{m}}_{普} \approx 2.2\times10^{-8}\,\textbf{千克}\text{。} \tag{5-4-14}$$

甲　这就巧妙地求得普朗克制的质量单位了。长度和时间单位也可同理求得吧？

乙　是的。由式(5-4-7)及式(5-4-8)分别得

$$l_{国} = \sqrt{\frac{G_{国}\hbar_{国}}{c_{国}^{\ 3}}} \approx \sqrt{\frac{(6.67\times10^{-11})\times(1.05\times10^{-34})}{(3\times10^{8})^{3}}} \approx 1.6\times10^{-35}\text{，}$$

及

$$t_{国} = \sqrt{\frac{G_{国}\hbar_{国}}{c_{国}^{\ 5}}} \approx \sqrt{\frac{(6.67\times10^{-11})\times(1.05\times10^{-34})}{(3\times10^{8})^{5}}} \approx 5.4\times10^{-44}\text{，}$$

仿照从式(5-4-12)至式(5-4-14)的推理便可求得 $\hat{\boldsymbol{l}}_{普}$ 和 $\hat{\boldsymbol{t}}_{普}$ 。我把这 3 个导出单位一同列出如下：

$$\hat{\boldsymbol{l}}_{普} \approx 1.6\times10^{-35}\,\textbf{米}\text{，}\quad \hat{\boldsymbol{m}}_{普} \approx 2.2\times10^{-8}\,\textbf{千克}\text{，}\quad \hat{\boldsymbol{t}}_{普} \approx 5.4\times10^{-44}\,\textbf{秒}\text{。}$$

读者早已熟悉本书的符号习惯，例如，粗体字母顶上加“hat”代表单位，所以能明白 $\hat{\boldsymbol{l}}_{普}$ 、$\hat{\boldsymbol{m}}_{普}$ 和 $\hat{\boldsymbol{t}}_{普}$ 依次是长度、质量和时间的普朗克制单位。然而文献中不可能出现这种记号。鉴于这三个特殊量的重要性，文献中把它们依次称为**普朗克长度**、**普朗克质量**和**普朗克时间**，并依次记作 $\boldsymbol{l}_{\mathrm{P}}$ 、 $\boldsymbol{m}_{\mathrm{P}}$ 和 $\boldsymbol{t}_{\mathrm{P}}$ 。为便于读者查阅，我们列出如下三式：

$$\text{普朗克长度}\ \boldsymbol{l}_{\mathrm{P}} \equiv \hat{\boldsymbol{l}}_{普} \approx 1.6\times10^{-35}\,\textbf{米}\text{，} \tag{5-4-15a}$$

$$\text{普朗克质量}\ \boldsymbol{m}_{\mathrm{P}} \equiv \hat{\boldsymbol{m}}_{普} \approx 2.2\times10^{-8}\,\textbf{千克}\text{，} \tag{5-4-15b}$$

$$\text{普朗克时间}\ \boldsymbol{t}_{\mathrm{P}} \equiv \hat{\boldsymbol{t}}_{普} \approx 5.4\times10^{-44}\,\textbf{秒}\text{。} \tag{5-4-15c}$$

以上三式中，等号“≡”左边是文献的符号，右边是本书的符号，下同。

以普朗克长度$\boldsymbol{l}_\mathrm{P}$为例，作为一个量，它在不同单位制的数当然可以不同。若问量$\boldsymbol{l}_\mathrm{P}$在普朗克制的数，按本书的习惯应记作$l_{\mathrm{P普}}$，由于$\boldsymbol{l}_\mathrm{P}$就是普朗克制的长度单位，自然有$l_{\mathrm{P普}}=1$；但用得最多的是$\boldsymbol{l}_\mathrm{P}$在MKS制的数，理应记作$l_{\mathrm{P国}}$，其值应为

$$l_{\mathrm{P国}}=\frac{\boldsymbol{l}_\mathrm{P}}{\hat{\boldsymbol{l}}_{国}}\approx\frac{1.6\times10^{-35}\textbf{米}}{\textbf{米}}=1.6\times10^{-35}，也可表为 l_{\mathrm{P国}}=\sqrt{\frac{G_{国}\hbar_{国}}{c_{国}^{\ 3}}}\approx1.6\times10^{-35}。\qquad(5\text{-}4\text{-}16a)$$

同理还有

$$m_{\mathrm{P国}}=\frac{\boldsymbol{m}_\mathrm{P}}{\hat{\boldsymbol{m}}_{国}}\approx\frac{2.2\times10^{-8}\textbf{千克}}{\textbf{千克}}=2.2\times10^{-8}，也可表为 m_{\mathrm{P国}}=\sqrt{\frac{c_{国}\hbar_{国}}{G_{国}}}\approx2.2\times10^{-8}。\qquad(5\text{-}4\text{-}16b)$$

$$t_{\mathrm{P国}}=\frac{\boldsymbol{t}_\mathrm{P}}{\hat{\boldsymbol{t}}_{国}}\approx\frac{5.4\times10^{-44}\textbf{秒}}{\textbf{秒}}=5.4\times10^{-44}，也可表为 t_{\mathrm{P国}}=\sqrt{\frac{G_{国}\hbar_{国}}{c_{国}^{\ 5}}}\approx5.4\times10^{-44}。\qquad(5\text{-}4\text{-}16c)$$

注记 5-1 ①普朗克长度$\boldsymbol{l}_\mathrm{P}$大约只有质子直径的$10^{-20}$倍，物理学家普遍相信这是物理上的最小长度——小于这个长度时就连空间的概念也失去意义。普朗克制特别适用于超弦理论，因为弦长约为$\boldsymbol{l}_\mathrm{P}$。②普朗克时间$\boldsymbol{t}_\mathrm{P}$等于光子走一个$\boldsymbol{l}_\mathrm{P}$所需的时间，$\boldsymbol{l}_\mathrm{P}$是如此之小而光速是如此之大，可见$\boldsymbol{t}_\mathrm{P}$一定非常之小。普朗克制特别适用于超弦理论的另一个原因，是弦振动的周期取$\boldsymbol{t}_\mathrm{P}$的量级。③普朗克质量$\boldsymbol{m}_\mathrm{P}$大约等于一个跳蚤(准确说是跳蚤蛋)的质量。

注记 5-2 广义相对论的奇点定理证明，①质量够大的恒星的晚期坍缩必然导致时空奇点(终极奇点)；②宇宙创生时的大爆炸也是时空奇点(原初奇点)。奇点的(极其奇特的)奇性表明，经典广义相对论[6]在时空曲率足够大时失效，所以极早期宇宙应该存在一个临界时刻，记作t_C，经典广义相对论在时段$[0,t_\mathrm{C}]$($t=0$是大爆炸时刻)内并不成立，应代之以一个全新的关于引力的量子理论(称为**量子引力论**，即 quantum gravity)。虽然许多前沿学者致力于创立这门新理论，并且不断取得进展，但至今仍未建立起完整的理论来。在量子引力论尚未建立的今天，我们无法考虑奇点及其极近处(时段$[0,t_\mathrm{C}]$内)的问题而只能从临界时刻t_C开始讨论。如何估计这一t_C值？由于问题涉及时空、引力和量子论，t_C应取决于基本常数c、G和$\hbar$，而由这三个常数组成的有时间量纲的“唯一”量是普朗克时间$\boldsymbol{t}_\mathrm{P}\sim10^{-44}$**秒**，所以就取$t_{\mathrm{P国}}$作为临界时刻$t_\mathrm{C}$，即认为经典广义相对论适用与否的粗略界限就是$\boldsymbol{t}_\mathrm{P}\sim10^{-44}$**秒**[更详细的讨论可参见梁灿彬，周彬(2006)的选读 10-3-1]。宇宙学所能讨论的只是$\boldsymbol{t}_\mathrm{P}\sim10^{-44}$**秒**以后的宇宙演化史。

有了式(5-4-15)的 3 个单位，配以条件(B)，便可将 MKS 制中除$\tilde{\boldsymbol{G}}$、$\tilde{\boldsymbol{h}}$和$\tilde{\boldsymbol{v}}$外的所有导出量类的单位的终定方程照搬过来作为该量类的普朗克制单位的(原始)定义方程。具体说，设某量类$\tilde{\boldsymbol{Q}}$的 MKS 制单位的终定方程为

$$Q_{国}=l_{国}^{\ \lambda}\,m_{国}^{\ \mu}\,t_{国}^{\ \tau}，\qquad(5\text{-}4\text{-}17)$$

则可把

[6] “经典广义相对论”是指爱因斯坦创立的、完全没有“量子味道”的广义相对论。在现代文献中，“经典”就是“非量子”的同义词。

$$Q_{普} = l_{普}{}^{\lambda} m_{普}{}^{\mu} t_{普}{}^{\tau} \tag{5-4-18}$$

取作 $\hat{\boldsymbol{Q}}_{普}$ 的(原始)定义方程，而后再将 $\hat{\boldsymbol{l}}_{普}$、$\hat{\boldsymbol{m}}_{普}$、$\hat{\boldsymbol{t}}_{普}$ 的终定方程——式(5-4-10) ——代入式(5-4-18)，便得 $\hat{\boldsymbol{Q}}_{普}$ 的终定方程(依托于涉及 $\hat{\boldsymbol{Q}}_{普}$ 的某个现象类)

$$Q_{普} = 1。\tag{5-4-19}$$

甲　要想知道上式定义出的 $\hat{\boldsymbol{Q}}_{普}$ 有多大，是否也应考察其依托的(复合)现象类，借用 MKS 制算出其中的量 $\boldsymbol{Q}$，然后与 $\boldsymbol{Q}$ 在普朗克制的数 $Q_{普} = 1$ 相比来得到 $\hat{\boldsymbol{Q}}_{普} = \boldsymbol{Q}$？

乙　原则上当然是的，不过对于一般的情况，所论现象类有可能是大量现象类的复合，如此“追根溯源”未免过于烦琐。现在给出一种求 $\hat{\boldsymbol{Q}}_{普}$ 的简便方法。为此，须先强调一点：每个定义方程都依托于一个现象类，所谓“将定义方程照搬过来”，照搬的不仅是定义方程本身，还包括其背后的现象类。式(5-4-17)和式(5-4-18)所依托的是同一个现象类，涉及的是同一组量 $\boldsymbol{Q}$、$\boldsymbol{l}$、$\boldsymbol{m}$、$\boldsymbol{t}$，于是有

$$\boldsymbol{Q} = Q_{国}\hat{\boldsymbol{Q}}_{国} = Q_{普}\hat{\boldsymbol{Q}}_{普}, \quad \boldsymbol{l} = l_{国}\hat{\boldsymbol{l}}_{国} = l_{普}\hat{\boldsymbol{l}}_{普}, \quad \boldsymbol{m} = m_{国}\hat{\boldsymbol{m}}_{国} = m_{普}\hat{\boldsymbol{m}}_{普}, \quad \boldsymbol{t} = t_{国}\hat{\boldsymbol{t}}_{国} = t_{普}\hat{\boldsymbol{t}}_{普},$$

进而

$$\frac{\hat{\boldsymbol{Q}}_{普}}{\hat{\boldsymbol{Q}}_{国}} = \frac{Q_{国}}{Q_{普}}, \quad \frac{\hat{\boldsymbol{l}}_{普}}{\hat{\boldsymbol{l}}_{国}} = \frac{l_{国}}{l_{普}}, \quad \frac{\hat{\boldsymbol{m}}_{普}}{\hat{\boldsymbol{m}}_{国}} = \frac{m_{国}}{m_{普}}, \quad \frac{\hat{\boldsymbol{t}}_{普}}{\hat{\boldsymbol{t}}_{国}} = \frac{t_{国}}{t_{普}}。\tag{5-4-20}$$

将式(5-4-17)与式(5-4-18)相比，得

$$\frac{Q_{国}}{Q_{普}} = \left(\frac{l_{国}}{l_{普}}\right)^{\lambda}\left(\frac{m_{国}}{m_{普}}\right)^{\mu}\left(\frac{t_{国}}{t_{普}}\right)^{\tau}。\tag{5-4-21}$$

再将式(5-4-20)代入式(5-4-21)，得

$$\frac{\hat{\boldsymbol{Q}}_{普}}{\hat{\boldsymbol{Q}}_{国}} = \left(\frac{\hat{\boldsymbol{l}}_{普}}{\hat{\boldsymbol{l}}_{国}}\right)^{\lambda}\left(\frac{\hat{\boldsymbol{m}}_{普}}{\hat{\boldsymbol{m}}_{国}}\right)^{\mu}\left(\frac{\hat{\boldsymbol{t}}_{普}}{\hat{\boldsymbol{t}}_{国}}\right)^{\tau},$$

因而

$$\hat{\boldsymbol{Q}}_{普} = \left(\frac{\hat{\boldsymbol{l}}_{普}}{\hat{\boldsymbol{l}}_{国}}\right)^{\lambda}\left(\frac{\hat{\boldsymbol{m}}_{普}}{\hat{\boldsymbol{m}}_{国}}\right)^{\mu}\left(\frac{\hat{\boldsymbol{t}}_{普}}{\hat{\boldsymbol{t}}_{国}}\right)^{\tau}\hat{\boldsymbol{Q}}_{国}。\tag{5-4-22}$$

与式(5-4-15)结合又得

$$\begin{aligned}\hat{\boldsymbol{Q}}_{普} &= \left(\frac{1.6\times10^{-35}\textbf{米}}{\textbf{米}}\right)^{\lambda}\left(\frac{2.2\times10^{-8}\textbf{千克}}{\textbf{千克}}\right)^{\mu}\left(\frac{5.4\times10^{-44}\textbf{秒}}{\textbf{秒}}\right)^{\tau}\hat{\boldsymbol{Q}}_{国} \\ &= \left(1.6\times10^{-35}\right)^{\lambda}\left(2.2\times10^{-8}\right)^{\mu}\left(5.4\times10^{-44}\right)^{\tau}\hat{\boldsymbol{Q}}_{国}。\end{aligned}\tag{5-4-23}$$

至此，普朗克制观点 1 已构建完毕。

甲　但我还有个问题。先把普朗克制观点 1 所在的单位制族简称为族 1，上文已推出，任一导出量类 $\tilde{\boldsymbol{Q}}$ 的导出单位在族 1 的终定方程为式(5-4-19)，即 $Q_{普} = 1$，那么，根据定理 1-5-3 就能推出 $\dim\boldsymbol{Q} = 1$，然而这显然是错的，它竟然意味着所有导出量类都是无量纲量类!

乙　出错的原因在于，在定理 1-5-3 的证明过程中，有一步是给式(1-5-29)加撇而得式

(1-5-31)，而这一步不适用于普朗克制的观点 1，因为终定方程(5-4-19)只对普朗克制成立而对其他同族制不成立。

甲　可是“终定方程形式相同”是单位制族定义所要求的啊！？

乙　是的，但这里有一个微妙之处：式(5-4-19)作为终定方程，其等号右边原本是基本量所对应的数 $G_{普}$、$\hbar_{普}$、$c_{普}$ 的(系数为 1 的)幂单项式，只因为这 3 个数都是 1 而化成了 1；然而到了其他的同族制，由于 $\tilde{\boldsymbol{G}}$、$\tilde{\boldsymbol{h}}$、$\tilde{\boldsymbol{v}}$ 是基本量类，其单位选择要有所变化，所以不再有 $G'=h'=v'=1$，自然也就没有 $Q'=1$ 了。

由此可见，要想得到正确结果，须将式(5-4-19)恢复为显含 $G_{普}$、$\hbar_{普}$、$c_{普}$ 的形式。先考虑 $\tilde{\boldsymbol{l}}$、$\tilde{\boldsymbol{m}}$、$\tilde{\boldsymbol{t}}$。仔细观察上文的推导过程不难发现，式(5-4-9)就是恢复了 $G_{普}$、$\hbar_{普}$、$c_{普}$ 的结果。然后，对于一般的情况，只需将式(5-4-9)而不是式(5-4-10)代入式(5-4-18)，结果为

$$Q_{普}=\left(\frac{G_{普}\hbar_{普}}{c_{普}{}^{3}}\right)^{\frac{\lambda}{2}}\left(\frac{c_{普}\hbar_{普}}{G_{普}}\right)^{\frac{\mu}{2}}\left(\frac{G_{普}\hbar_{普}}{c_{普}{}^{5}}\right)^{\frac{\tau}{2}}=G_{普}{}^{(\lambda-\mu+\tau)/2}\,\hbar_{普}{}^{(\lambda+\mu+\tau)/2}\,c_{普}{}^{(-3\lambda+\mu-5\tau)/2}\,。\tag{5-4-24}$$

以上式作为 $\hat{\boldsymbol{Q}}_{普}$ 的终定方程，重新应用定理 1-5-3，便可得到正确的量纲式：

$$\dim\boldsymbol{Q}=(\dim\tilde{\boldsymbol{G}})^{(\lambda-\mu+\tau)/2}\,(\dim\tilde{\boldsymbol{h}})^{(\lambda+\mu+\tau)/2}\,(\dim\tilde{\boldsymbol{v}})^{(-3\lambda+\mu-5\tau)/2}\,。\tag{5-4-25}$$

以上是普朗克制的观点 1。

普朗克制的观点 2 (简称“**普 2 制**”)

与几何制以及自然制的精神相同，普 2 制也是 MKS 制的同族制。具体地说，就是选长度 $\tilde{\boldsymbol{l}}$、质量 $\tilde{\boldsymbol{m}}$ 和时间 $\tilde{\boldsymbol{t}}$ 为基本量类，并分别取 1.6×10^{-35} **米**、2.2×10^{-8} **千克** 和 5.4×10^{-44} **秒** 为基本单位，选其他量类作为导出量类，并将其在 MKS 制的定义方程(连同现象类)取为普 2 制的导出单位的定义方程(及现象类)。这样便可得到所有导出单位，而且可以证明普 2 制与普 1 制的所有单位均相同。不再赘述。

现在逐步过渡到观点 3(简称普 3 制)。仿照几何制及自然制的精神，似乎也应补充条件(C)——引力常量量类、普朗克常量量类以及速度量类在普 3 制所在族(简称族 3)的量纲要恒等于 1；然而本节末尾将会阐明，这样的表述不够确切。因此，不如采取另一种思路，即从普 2 制所在族(简称族 2)出发，在其中挑出满足 $c=G=\hbar=1$ 的所有单位制，看看它们构成的子集(也就是“普 2 子族”)有什么特点。

族 2 是 MKS 制所在族，故有熟知的量纲式

$$\begin{cases}\text{(a)}\ \dim\boldsymbol{G}=(\dim\boldsymbol{l})^{3}(\dim\boldsymbol{m})^{-1}(\dim\boldsymbol{t})^{-2},\\ \text{(b)}\ \dim\boldsymbol{h}=(\dim\boldsymbol{l})^{2}(\dim\boldsymbol{m})^{1}(\dim\boldsymbol{t})^{-1},\\ \text{(c)}\ \dim\boldsymbol{v}=(\dim\boldsymbol{l})^{1}(\dim\boldsymbol{m})^{0}(\dim\boldsymbol{t})^{-1}。\end{cases}\tag{5-4-26}$$

量纲是正实数，其对数有意义。对上式取对数得

$$\begin{cases}\text{(a)}\ \ln(\dim\boldsymbol{G})=3\ln(\dim\boldsymbol{l})-\ln(\dim\boldsymbol{m})-2\ln(\dim\boldsymbol{t}),\\ \text{(b)}\ \ln(\dim\boldsymbol{h})=2\ln(\dim\boldsymbol{l})+\ln(\dim\boldsymbol{m})-\ln(\dim\boldsymbol{t}),\\ \text{(c)}\ \ln(\dim\boldsymbol{v})=\ln(\dim\boldsymbol{l})+0\ln(\dim\boldsymbol{m})-\ln(\dim\boldsymbol{t})。\end{cases}$$

上式可浓缩为一个矩阵等式

$$\begin{bmatrix}\ln(\dim \boldsymbol{G})\\ \ln(\dim \boldsymbol{h})\\ \ln(\dim \boldsymbol{v})\end{bmatrix}=\begin{bmatrix}3 & -1 & -2\\ 2 & 1 & -1\\ 1 & 0 & -1\end{bmatrix}\begin{bmatrix}\ln(\dim \boldsymbol{l})\\ \ln(\dim \boldsymbol{m})\\ \ln(\dim \boldsymbol{t})\end{bmatrix}, \tag{5-4-27}$$

右边方阵的逆方阵为

$$\frac{1}{2}\begin{bmatrix}1 & 1 & -3\\ -1 & 1 & 1\\ 1 & 1 & -5\end{bmatrix},$$

故

$$\begin{bmatrix}\ln(\dim \boldsymbol{l})\\ \ln(\dim \boldsymbol{m})\\ \ln(\dim \boldsymbol{t})\end{bmatrix}=\frac{1}{2}\begin{bmatrix}1 & 1 & -3\\ -1 & 1 & 1\\ 1 & 1 & -5\end{bmatrix}\begin{bmatrix}\ln(\dim \boldsymbol{G})\\ \ln(\dim \boldsymbol{h})\\ \ln(\dim \boldsymbol{v})\end{bmatrix}, \tag{5-4-28}$$

亦即

$$\begin{cases}\ln(\dim \boldsymbol{l})=\dfrac{1}{2}\ln(\dim \boldsymbol{G})+\dfrac{1}{2}\ln(\dim \boldsymbol{h})-\dfrac{3}{2}\ln(\dim \boldsymbol{v}),\\ \ln(\dim \boldsymbol{m})=-\dfrac{1}{2}\ln(\dim \boldsymbol{G})+\dfrac{1}{2}\ln(\dim \boldsymbol{h})+\dfrac{1}{2}\ln(\dim \boldsymbol{v}),\\ \ln(\dim \boldsymbol{t})=\dfrac{1}{2}\ln(\dim \boldsymbol{G})+\dfrac{1}{2}\ln(\dim \boldsymbol{h})-\dfrac{5}{2}\ln(\dim \boldsymbol{v})。\end{cases}$$

最后再取 e 指数，便有

$$\begin{cases}\dim \tilde{\boldsymbol{l}}=(\dim \tilde{\boldsymbol{G}})^{1/2}(\dim \tilde{\boldsymbol{h}})^{1/2}(\dim \tilde{\boldsymbol{v}})^{-3/2},\\ \dim \tilde{\boldsymbol{m}}=(\dim \tilde{\boldsymbol{G}})^{-1/2}(\dim \tilde{\boldsymbol{h}})^{1/2}(\dim \tilde{\boldsymbol{v}})^{1/2},\\ \dim \tilde{\boldsymbol{t}}=(\dim \tilde{\boldsymbol{G}})^{1/2}(\dim \tilde{\boldsymbol{h}})^{1/2}(\dim \tilde{\boldsymbol{v}})^{-5/2}。\end{cases} \tag{5-4-29}$$

设旧制 $\mathscr{Z}$ 是上文所述的那个以 $\hat{\boldsymbol{l}}_{普}\approx 1.6\times 10^{-35}$**米**，$\hat{\boldsymbol{m}}_{普}\approx 2.2\times 10^{-8}$**千克**，$\hat{\boldsymbol{t}}_{普}\approx 5.4\times 10^{-44}$**秒** 为基本单位的普朗克制(此即普 2 制)，那么通过与几何制类似的讨论便可知道，新制 $\mathscr{Z}'$ 满足 $c=G=\hbar=1$ 当且仅当

$$\dim\big|_{普2,\,\mathscr{Z}'}\boldsymbol{G}=\dim\big|_{普2,\,\mathscr{Z}'}\boldsymbol{h}=\dim\big|_{普2,\,\mathscr{Z}'}\boldsymbol{v}=1, \tag{5-4-30}$$

代入式(5-4-29)，得

$$\dim\big|_{普2,\,\mathscr{Z}'}\boldsymbol{l}=\dim\big|_{普2,\,\mathscr{Z}'}\boldsymbol{m}=\dim\big|_{普2,\,\mathscr{Z}'}\boldsymbol{t}=1, \tag{5-4-31}$$

可见新制 $\mathscr{Z}'$ 与旧制 $\mathscr{Z}$ 连基本单位也毫无差别；换句话说，$\mathscr{Z}'$ 和 $\mathscr{Z}$ 就是同一个单位制。由此可见，族 2 中的“普 2 子族”是个独点子族(只有一个元素的子族)。在这个子族中，没有一个单位是允许改变的。因此，类比于几何制的讨论便不难相信，普 3 制只能有零个基本量类。

甲　这太不可思议了！没有基本量类意味着所有量类都是导出量类，那么它们的导出单位还能制定吗？导出单位的终定方程右边必须都是基本量(相应的数)啊！在没有基本单位

的前提下制定导出单位不是“无中生有”吗！？

乙　别忙，这种“无中生有”的“戏法”其实刚才已经“变”过一次——在讲普 1 制时。由于$\tilde{\boldsymbol{l}}$、$\tilde{\boldsymbol{m}}$和$\tilde{\boldsymbol{t}}$是导出量类，它们的导出单位都属于情况(c3)。当时的做法就是设法对某些导出量列出若干公式(构造复合现象类)，然后联立求解。

甲　当时我也觉得有点突兀，但普 1 制好赖还有 3 个基本量类($\tilde{\boldsymbol{G}}$、$\tilde{\boldsymbol{h}}$和$\tilde{\boldsymbol{v}}$)，而现在普 3 制连一个基本量类也没有，就更令我萌生“无中生有”的感觉了。

乙　这不奇怪，开始时有点别扭是正常的。现在，完全照搬讲普 1 制时构造的那个复合现象类，同样可得任一导出量类$\tilde{\boldsymbol{Q}}$的导出单位$\hat{\boldsymbol{Q}}_{普}$的定义方程，此即式(5-4-19)。必须重申：式(5-4-19)看似平庸，但信息都隐含在它所依托的现象类中，而且$\hat{\boldsymbol{Q}}_{普}$的大小也须借此计算。现在就可小结如下。

普朗克制的观点 3 (普 3 制)

(a)没有基本量类；

(b)没有基本单位；

(c)任一量类$\tilde{\boldsymbol{Q}}$都是导出量类，其单位$\hat{\boldsymbol{Q}}_{普}$的终定方程为式(5-4-19)。[7]

下面讨论族 3。根据单位制族的定义，单位制在族内变换时，能改变的只有基本单位。而普朗克制观点 3 没有基本单位，于是就完全不能改变；换句话说，族 3 中只有一个元素，就是普朗克制本身。进一步地，若考虑任一量类$\tilde{\boldsymbol{Q}}$在族 3 的量纲$\dim \boldsymbol{Q}$，由于旧、新单位制都只能取为普朗克制自己，就只能有$\dim \boldsymbol{Q} \equiv 1$。不过这还不是最本质的。§1.4 说过“量纲是变数”，这是因为旧、新两制的取法具有一定的任意性；但现在，在族 3 中不存在任何的任意性，所以量纲也就不再是变数，而是常数，而且还是等于 1 的常数。这就意味着，一般情况下所说的“量纲关系是变数之间的关系”对族 3 变得没有意义(若是强行去写量纲关系，写出来的也只是$1 \equiv 1$的恒等式)，进而量纲理论也就不适用于普朗克制的观点3。无独有偶：Π定理中甲组量的个数m必须小于等于基本量的个数l，即$m \leqslant l$ [见式(8-1-3)]，此式偏偏不适用于普朗克制观点 3，因为其$l=0$，所以应用Π定理时不许使用普朗克制(观点 3)。这就从另一个角度说明量纲理论不适用于普朗克制的观点3。

总之，普朗克制观点 3 是一个极其特别的单位制。

最后，我们重新回顾上文曾经试图提出过的条件(C)。“恒等于 1 ”的原本含义是：导出量纲在一般情况下是基本量纲的函数，而“恒等于 1 ”这一条件则要求它是常值函数；但在族 3 中，任一量纲本来就是常数(等于 1)而不是函数，于是“恒”字作为对函数提出的条件无意义。正因为如此，我们前面曾说“这样的表述不够确切”。

注记 5-3　普朗克单位制是最彻底的自然单位制——它的所有单位都由 3 个基本物理常量构成，而基本常量是纯自然的，与人为制定的各种标准原器不同，基本物理常量丝毫不涉及人为因素。

注记 5-4　普朗克单位制在量子引力论中非常有用，但在其他方面却很不方便：普朗克长度、时间和质量都实在太小，不但对日常生活很不实用，就是在核物理的研究中也会嫌

[7] 此处的“任一量类$\tilde{\boldsymbol{Q}}$”也包括$\tilde{\boldsymbol{G}}$、$\tilde{\boldsymbol{h}}$和$\tilde{\boldsymbol{v}}$，而且读者可自行验证如此定义出的单位正是$\boldsymbol{G}$、$\boldsymbol{h}$和$\boldsymbol{c}$。

它太过麻烦。

5.4.2　拓展的普朗克单位制

朴素的普朗克单位制只适用于力学范畴。一旦涉及热力学和电磁学，就要用到拓展的普朗克单位制。为了拓展到热力学和电磁学，还要在 $c_{普}=G_{普}=\hbar_{普}=1$ 的基础上把以下两个常量的数也设定为 1，这两个常量是：玻尔兹曼常量 $\boldsymbol{k}_{\mathrm{B}}$ 和库仑常量 $\boldsymbol{\chi}_{\mathrm{e}}\equiv(4\pi\boldsymbol{\varepsilon}_0)^{-1}$ (此式的乘除用国际制族的乘除法)。就是说，拓展的普朗克单位制由以下两个条件定义：

(A)光速 $\boldsymbol{c}$、引力常量 $\boldsymbol{G}$、约化普朗克常量 $\boldsymbol{\hbar}$ 以及玻尔兹曼常量 $\boldsymbol{k}_{\mathrm{B}}$ 和库仑常量 $\boldsymbol{\chi}_{\mathrm{e}}$ 在拓展普朗克制的数值皆为 1，即

$$c_{普}=G_{普}=\hbar_{普}=k_{\mathrm{B}普}=\chi_{\mathrm{e}普}=1;$$

(B)拓展普朗克制跟国际制(的力、热、电磁部分)的所有数等式有相同形式。

由于国际制的力、热、电磁部分有 5 个基本量类(即长度 $\tilde{\boldsymbol{l}}$、质量 $\tilde{\boldsymbol{m}}$、时间 $\tilde{\boldsymbol{t}}$、温度 $\tilde{\boldsymbol{\theta}}$ 和电流 $\tilde{\boldsymbol{I}}$)，所以拓展普朗克制也应有 5 个基本量类。关于基本量类的选择，也存在 3 种观点，与朴素的普朗克制的 3 种观点对应。

拓展普朗克制的观点 1 (简称"拓普 1 制")

这种观点是最直观、最容易想到的：选引力常量量类 $\tilde{\boldsymbol{G}}$、普朗克常量量类 $\tilde{\boldsymbol{h}}$、速度量类 $\tilde{\boldsymbol{v}}$、玻尔兹曼常量量类 $\tilde{\boldsymbol{k}}_{\mathrm{B}}$ 和库仑常量量类 $\tilde{\boldsymbol{\chi}}_{\mathrm{e}}$ 为基本量类，并分别取 $\boldsymbol{G}$、$\boldsymbol{\hbar}$、$\boldsymbol{c}$、$\boldsymbol{k}_{\mathrm{B}}$ 和 $\boldsymbol{\chi}_{\mathrm{e}}$ 为基本单位。于是长度 $\tilde{\boldsymbol{l}}$、质量 $\tilde{\boldsymbol{m}}$、时间 $\tilde{\boldsymbol{t}}$、温度 $\tilde{\boldsymbol{\theta}}$ 和电荷 $\tilde{\boldsymbol{q}}$ 都是导出量类，应该找出它们各自在"拓普 1 制"的单位。仿照上小节把长度、质量和时间的普朗克制单位依次称为普朗克长度、普朗克质量和普朗克时间的称谓方法，此处也把尚待定义的温度和电荷单位分别称为**普朗克温度**(记作 $\boldsymbol{\theta}_{\mathrm{P}}$)和**普朗克电荷**(记作 $\boldsymbol{q}_{\mathrm{P}}$)，亦即 $\boldsymbol{\theta}_{\mathrm{P}}\equiv\hat{\boldsymbol{\theta}}_{普}$，$\boldsymbol{q}_{\mathrm{P}}=\hat{\boldsymbol{q}}_{普}$。为了寻求 $\hat{\boldsymbol{\theta}}_{普}$ 和 $\hat{\boldsymbol{q}}_{普}$ 的适当定义，我们在国际制量纲式(5-4-26)的基础上补上 $\boldsymbol{k}_{\mathrm{B}}$ 和 $\boldsymbol{\chi}_{\mathrm{e}}$ 的量纲式：

$$\begin{cases}(\mathrm{a})\ \dim\boldsymbol{G}=(\dim\boldsymbol{l})^3(\dim\boldsymbol{m})^{-1}(\dim\boldsymbol{t})^{-2}(\dim\boldsymbol{\theta})^0(\dim\boldsymbol{I})^0,\\(\mathrm{b})\ \dim\boldsymbol{h}=(\dim\boldsymbol{l})^2(\dim\boldsymbol{m})^1(\dim\boldsymbol{t})^{-1}(\dim\boldsymbol{\theta})^0(\dim\boldsymbol{I})^0,\\(\mathrm{c})\ \dim\boldsymbol{v}=(\dim\boldsymbol{l})^1(\dim\boldsymbol{m})^0(\dim\boldsymbol{t})^{-1}(\dim\boldsymbol{\theta})^0(\dim\boldsymbol{I})^0,\\(\mathrm{d})\ \dim\boldsymbol{k}_{\mathrm{B}}=(\dim\boldsymbol{l})^2(\dim\boldsymbol{m})^1(\dim\boldsymbol{t})^{-2}(\dim\boldsymbol{\theta})^{-1}(\dim\boldsymbol{I})^0,\\(\mathrm{e})\ \dim\boldsymbol{\chi}_{\mathrm{e}}=(\dim\boldsymbol{l})^3(\dim\boldsymbol{m})^1(\dim\boldsymbol{t})^{-4}(\dim\boldsymbol{\theta})^0(\dim\boldsymbol{I})^{-2}。\end{cases}\tag{5-4-32}$$

取对数并改写成矩阵形式，得

$$\begin{bmatrix}\ln(\dim\boldsymbol{G})\\\ln(\dim\boldsymbol{h})\\\ln(\dim\boldsymbol{v})\\\ln(\dim\boldsymbol{k}_{\mathrm{B}})\\\ln(\dim\boldsymbol{\chi}_{\mathrm{e}})\end{bmatrix}=\begin{bmatrix}3&-1&-2&0&0\\2&1&-1&0&0\\1&0&-1&0&0\\2&1&-2&-1&0\\3&1&-4&0&-2\end{bmatrix}\begin{bmatrix}\ln(\dim\boldsymbol{l})\\\ln(\dim\boldsymbol{m})\\\ln(\dim\boldsymbol{t})\\\ln(\dim\boldsymbol{\theta})\\\ln(\dim\boldsymbol{I})\end{bmatrix},\tag{5-4-33}$$

上式右边方阵的逆方阵为

$$\begin{bmatrix} 1/2 & 1/2 & -3/2 & 0 & 0 \\ -1/2 & 1/2 & 1/2 & 0 & 0 \\ 1/2 & 1/2 & -5/2 & 0 & 0 \\ -1/2 & 1/2 & 5/2 & -1 & 0 \\ -1/2 & 0 & 3 & 0 & -1/2 \end{bmatrix}, \tag{5-4-34}$$

故有逆变换

$$\begin{bmatrix} \ln(\dim \boldsymbol{l}) \\ \ln(\dim \boldsymbol{m}) \\ \ln(\dim \boldsymbol{t}) \\ \ln(\dim \boldsymbol{\theta}) \\ \ln(\dim \boldsymbol{I}) \end{bmatrix} = \begin{bmatrix} 1/2 & 1/2 & -3/2 & 0 & 0 \\ -1/2 & 1/2 & 1/2 & 0 & 0 \\ 1/2 & 1/2 & -5/2 & 0 & 0 \\ -1/2 & 1/2 & 5/2 & -1 & 0 \\ -1/2 & 0 & 3 & 0 & -1/2 \end{bmatrix} \begin{bmatrix} \ln(\dim \boldsymbol{G}) \\ \ln(\dim \boldsymbol{h}) \\ \ln(\dim \boldsymbol{v}) \\ \ln(\dim \boldsymbol{k}_{\mathrm{B}}) \\ \ln(\dim \boldsymbol{\chi}_{\mathrm{e}}) \end{bmatrix}, \tag{5-4-35}$$

因而

$$\begin{cases} \ln(\dim \boldsymbol{l}) = \frac{1}{2}\ln(\dim \boldsymbol{G}) + \frac{1}{2}\ln(\dim \boldsymbol{h}) - \frac{3}{2}\ln(\dim \boldsymbol{v}) + 0\ln(\dim \boldsymbol{k}_{\mathrm{B}}) + 0\ln(\dim \boldsymbol{\chi}_{\mathrm{e}}), \\ \ln(\dim \boldsymbol{m}) = \frac{-1}{2}\ln(\dim \boldsymbol{G}) + \frac{1}{2}\ln(\dim \boldsymbol{h}) + \frac{1}{2}\ln(\dim \boldsymbol{v}) + 0\ln(\dim \boldsymbol{k}_{\mathrm{B}}) + 0\ln(\dim \boldsymbol{\chi}_{\mathrm{e}}), \\ \ln(\dim \boldsymbol{t}) = \frac{1}{2}\ln(\dim \boldsymbol{G}) + \frac{1}{2}\ln(\dim \boldsymbol{h}) - \frac{5}{2}\ln(\dim \boldsymbol{v}) + 0\ln(\dim \boldsymbol{k}_{\mathrm{B}}) + 0\ln(\dim \boldsymbol{\chi}_{\mathrm{e}}), \\ \ln(\dim \boldsymbol{\theta}) = \frac{-1}{2}\ln(\dim \boldsymbol{G}) + \frac{1}{2}\ln(\dim \boldsymbol{h}) + \frac{5}{2}\ln(\dim \boldsymbol{v}) - \ln(\dim \boldsymbol{k}_{\mathrm{B}}) + 0\ln(\dim \boldsymbol{\chi}_{\mathrm{e}}), \\ \ln(\dim \boldsymbol{I}) = \frac{-1}{2}\ln(\dim \boldsymbol{G}) + 0\ln(\dim \boldsymbol{h}) + 3\ln(\dim \boldsymbol{v}) + 0\ln(\dim \boldsymbol{k}_{\mathrm{B}}) - \frac{1}{2}\ln(\dim \boldsymbol{\chi}_{\mathrm{e}})。 \end{cases} \tag{5-4-36}$$

再取 e 指数得

$$\begin{cases} \text{(a)} \dim \boldsymbol{l} = (\dim \boldsymbol{G})^{1/2}(\dim \boldsymbol{h})^{1/2}(\dim \boldsymbol{v})^{-3/2}(\dim \boldsymbol{k}_{\mathrm{B}})^{0}(\dim \boldsymbol{\chi}_{\mathrm{e}})^{0}, \\ \text{(b)} \dim \boldsymbol{m} = (\dim \boldsymbol{G})^{-1/2}(\dim \boldsymbol{h})^{1/2}(\dim \boldsymbol{v})^{1/2}(\dim \boldsymbol{k}_{\mathrm{B}})^{0}(\dim \boldsymbol{\chi}_{\mathrm{e}})^{0}, \\ \text{(c)} \dim \boldsymbol{t} = (\dim \boldsymbol{G})^{1/2}(\dim \boldsymbol{h})^{1/2}(\dim \boldsymbol{v})^{-5/2}(\dim \boldsymbol{k}_{\mathrm{B}})^{0}(\dim \boldsymbol{\chi}_{\mathrm{e}})^{0}, \\ \text{(d)} \dim \boldsymbol{\theta} = (\dim \boldsymbol{G})^{-1/2}(\dim \boldsymbol{h})^{1/2}(\dim \boldsymbol{v})^{5/2}(\dim \boldsymbol{k}_{\mathrm{B}})^{-1}(\dim \boldsymbol{\chi}_{\mathrm{e}})^{0}, \\ \text{(e)} \dim \boldsymbol{I} = (\dim \boldsymbol{G})^{-1/2}(\dim \boldsymbol{h})^{0}(\dim \boldsymbol{v})^{3}(\dim \boldsymbol{k}_{\mathrm{B}})^{0}(\dim \boldsymbol{\chi}_{\mathrm{e}})^{-1/2}。 \end{cases} \tag{5-4-37}$$

上式的(e)和(c)相乘给出电荷的量纲式：

$$\dim \boldsymbol{q} = (\dim \boldsymbol{h})^{1/2}(\dim \boldsymbol{v})^{1/2}(\dim \boldsymbol{\chi}_{\mathrm{e}})^{-1/2}\text{ 。} \tag{5-4-38}$$

利用定义 7-1-1 及定义 3-2-1 之(b)，注意到国际制是一贯制，得单位关系式

$$\hat{\boldsymbol{q}}_{国} = \sqrt{\hat{\boldsymbol{h}}_{国}\hat{\boldsymbol{v}}_{国}\hat{\boldsymbol{\chi}}_{\mathrm{e}国}^{-1}}\text{ 。} \tag{5-4-39}$$

普朗克电荷 $\boldsymbol{q}_{\mathrm{P}}$ 也就是电荷的普朗克制单位，即 $\boldsymbol{q}_{\mathrm{P}} \equiv \hat{\boldsymbol{q}}_{普}$。以 $q_{\mathrm{P}国}$ 代表 $\boldsymbol{q}_{\mathrm{P}} \equiv \hat{\boldsymbol{q}}_{普}$ 在国际制的数，便有 $\boldsymbol{q}_{\mathrm{P}} \equiv \hat{\boldsymbol{q}}_{普} = q_{\mathrm{P}国}\hat{\boldsymbol{q}}_{国}$，因而

$$\hat{\boldsymbol{q}}_{国} = \hat{\boldsymbol{q}}_{普}/q_{\mathrm{P}国}\text{ 。} \tag{5-4-40}$$

上式是式(5-4-39)左边的 $\hat{\boldsymbol{q}}_{国}$ 的待用表达式，再求式(5-4-39)右边每个单位的待用表达式：

因 $\hat{\boldsymbol{h}}_{普}=\boldsymbol{\hbar}=\hbar_{国}\hat{\boldsymbol{h}}_{国}$，故

$$\hat{\boldsymbol{h}}_{国}=\hat{\boldsymbol{h}}_{普}/\hbar_{国}\text{，} \tag{5-4-41a}$$

因 $\hat{\boldsymbol{v}}_{普}=\boldsymbol{c}=c_{国}\hat{\boldsymbol{v}}_{国}$，故

$$\hat{\boldsymbol{v}}_{国}=\hat{\boldsymbol{v}}_{普}/c_{国}\text{，} \tag{5-4-41b}$$

因 $1=\chi_{e普}=\boldsymbol{\chi}_{e}/\hat{\boldsymbol{\chi}}_{e普}$，故 $\hat{\boldsymbol{\chi}}_{e普}=\boldsymbol{\chi}_{e}=\chi_{e国}\hat{\boldsymbol{\chi}}_{e国}$，因而 $\hat{\boldsymbol{\chi}}_{e国}=\hat{\boldsymbol{\chi}}_{e普}/\chi_{e国}$。由 $\boldsymbol{\chi}_{e}\equiv(4\pi\boldsymbol{\varepsilon}_{0})^{-1}$ 又知 $\chi_{e国}\equiv(4\pi\varepsilon_{0国})^{-1}$，于是有

$$\hat{\boldsymbol{\chi}}_{e国}=(4\pi\varepsilon_{0国})\hat{\boldsymbol{\chi}}_{e普}\text{。} \tag{5-4-41c}$$

将式(5-4-40)及(5-4-41)分别代入式(5-4-39)的左边和右边得

$$\frac{\hat{\boldsymbol{q}}_{普}}{q_{P国}}=\sqrt{\frac{\hat{\boldsymbol{h}}_{普}}{\hbar_{国}}\frac{\hat{\boldsymbol{v}}_{普}}{c_{国}}(4\pi\varepsilon_{0国}\hat{\boldsymbol{\chi}}_{e普})^{-1}}\text{。} \tag{5-4-42}$$

由拓展普朗克制定义的条件(B)可知：①量纲式(5-4-38)对拓展普朗克制也适用；②拓展普朗克制也是一贯制，所以也有与式(5-4-39)类似的量等式

$$\hat{\boldsymbol{q}}_{普}=\sqrt{\hat{\boldsymbol{h}}_{普}\hat{\boldsymbol{v}}_{普}\hat{\boldsymbol{\chi}}_{e普}^{-1}}\text{。} \tag{5-4-43}$$

把式(5-4-43)代入式(5-4-42)，消去 $\hat{\boldsymbol{h}}_{普}\hat{\boldsymbol{v}}_{普}\hat{\boldsymbol{\chi}}_{e普}^{-1}$ 便得

$$q_{P国}=\sqrt{4\pi\varepsilon_{0国}\hbar_{国}c_{国}}\text{。} \tag{5-4-44}$$

进而求得普朗克电荷

$$\boldsymbol{q}_{P}=q_{P国}\hat{\boldsymbol{q}}_{国}=\sqrt{4\pi\varepsilon_{0国}\hbar_{国}c_{国}}\ \textbf{库}=\sqrt{(9\times10^{9})^{-1}\times(1.05\times10^{-34})\times(3\times10^{8})}\ \textbf{库}\approx1.87\times10^{-18}\ \textbf{库}\text{。} \tag{5-4-45}$$

下面求普朗克温度 $\boldsymbol{\theta}_{P}\equiv\hat{\boldsymbol{\theta}}_{普}$。把式(5-4-37d)单独写成下式：

$$\dim\boldsymbol{\theta}=(\dim\boldsymbol{G})^{-1/2}(\dim\boldsymbol{h})^{1/2}(\dim\boldsymbol{v})^{5/2}(\dim\boldsymbol{k}_{B})^{-1}\text{，} \tag{5-4-46}$$

仿照求 $\boldsymbol{q}_{P}\equiv\hat{\boldsymbol{q}}_{普}$ 的方法，读者应能求出 $\boldsymbol{\theta}_{P}\equiv\hat{\boldsymbol{\theta}}_{普}$：

$$\begin{aligned}\boldsymbol{\theta}_{P}\equiv\hat{\boldsymbol{\theta}}_{普}=\theta_{P国}\hat{\boldsymbol{\theta}}_{国}&=\sqrt{\frac{\hbar_{国}c_{国}^{5}}{G_{国}k_{B国}^{2}}}\ \textbf{开尔文}\\&=\sqrt{\frac{(1.05\times10^{-34})\times(3\times10^{8})^{5}}{(6.67\times10^{-11})\times(1.38\times10^{-23})^{2}}}\ \textbf{开尔文}\approx1.42\times10^{32}\ \textbf{开尔文}\text{。}\end{aligned} \tag{5-4-47}$$

以上是拓展普朗克单位制观点 1 的介绍，观点 2 和观点 3 的讨论与朴素普朗克制的相应观点非常类似，留给读者思考。

§ 5.5　原子单位制

原子单位制广泛应用于原子物理学和量子化学等经常涉及电子的领域。鉴于电子在这些领域的特殊重要性，索性选质量量类 $\tilde{\boldsymbol{m}}$ 和电荷量类 $\tilde{\boldsymbol{q}}$ 为基本量类，选电子的质量 $\boldsymbol{m}_{e}$ 和电荷(加

负号) $-\boldsymbol{q}_e$(即 $-\boldsymbol{e}$)[8]为基本单位。此外，普朗克常数经常出现于这些领域，所以在原子单位制中还指定 $\hbar=1$，这实质上是把普朗克常量所在量类 $\tilde{\boldsymbol{h}}$ 选为第三个基本量类，把约化普朗克常量 $\boldsymbol{\hbar}$ 选为第三个基本单位。(反之，光速在此领域不常涉及，所以不取 $c=1$。) 另一方面，虽然国际单位制已经在国际上流行，但上述领域更为常用的是高斯单位制，所以人们约定原子单位制的数等式要跟高斯制一致。综上所述，原子单位制由以下两个条件定义：

(A)电子质量 $\boldsymbol{m}_e$、电荷(加负号)$-\boldsymbol{q}_e$ 以及约化普朗克常量 $\boldsymbol{\hbar}$ 在原子单位制的数值皆为 1，即

$$m_{e原}=-q_{e原}=\hbar_{原}=1\text{；} \tag{5-5-1}$$

(B)原子单位制跟高斯单位制的所有数等式都有相同形式。

§1.3 之末曾强调一个单位制由三个要素构成，下面给出原子单位制的三要素：

(a)基本量类：①质量量类 $\tilde{\boldsymbol{m}}$；②电荷量类 $\tilde{\boldsymbol{q}}$；③普朗克常量所在量类 $\tilde{\boldsymbol{h}}$。

(b)基本单位：

$$①\ \hat{\boldsymbol{m}}_{原}\equiv\text{电子质量}\approx 9.1094\times10^{-28}\,\textbf{克}\text{，} \tag{5-5-2}$$

$$②\ \hat{\boldsymbol{q}}_{原}\equiv-\boldsymbol{q}_e\approx 4.8064\times10^{-10}\,\textbf{静库}\text{，} \tag{5-5-3}$$

$$③\ \hat{\boldsymbol{h}}_{原}=\boldsymbol{\hbar}\text{。} \tag{5-5-4}$$

(c)其他量类都是导出量类，利用条件(B)便可求得各个导出单位。

下面介绍如何由此出发制定几个主要导出量类的单位。

对于普通的单位制，第一个导出单位只能靠§1.3 的(c1)定义。例如，对于以长度和时间为基本量类的单位制，自然可以把速度选作第一导出量类，因为公式 $v=l/t$ 可以充当导出单位 $\hat{\boldsymbol{v}}$ 的定义方程；至于其他导出单位，则可酌情用(c1)或(c2)逐一定义。然而原子单位制非常特别，长度和时间在此制都不是基本量类，而作为基本量类之一的电荷、质量和普朗克常量，跟其他物理量类相联系的密切程度远低于长度、时间跟这些量类联系的密切程度，于是竟然找不到满足情况(c1)的导出量类。例如，假定想定义能量的导出单位 $\hat{\boldsymbol{E}}$，当然要尽量寻找那些公式(描述某个现象类的物理规律)，其中既含能量又含基本量 $\boldsymbol{m}$ (质量)和 $\boldsymbol{q}$ (电荷)，但是能找到的公式中除了含有能量和基本量外还含有单位尚未定义的导出量，例如，光子的能量为

$$E=2\pi\hbar\nu\text{，}$$

其中除了有待定义单位的导出量 $\boldsymbol{E}$ 和基本量 $\boldsymbol{\hbar}$ 外还有单位尚未定义的导出量(频率 $\boldsymbol{\nu}$)，所以既不属于情况(c1)也不属于情况(c2)。事实上，你无法找到一个公式，它只含能量和基本量。其他任何导出量也如此。这跟普朗克制(观点 1 及观点 3)很像，所以也可仿照普朗克制的做法——对若干导出量列出某些公式，然后联立求解。具体地说，考虑以下三个物理现象类：

1. 设电荷量皆为 $q(>0)$ 的两个点电荷(记作 q_1 和 q_2)相距为 l，则此系统的静电能 E_1 为

$$E_1=\frac{q^2}{l}\text{；(高斯制的数等式，下同。)} \tag{5-5-5}$$

2. 频率为 ν 的光子的周期为 $t=1/\nu$，调节 ν 使此光子在(一个周期的)时间 t 内恰好从 q_1

[8] 电子带负电，而电荷量类的单位必须为正电荷，故应取 $-\boldsymbol{q}_e$ 为电荷单位。

飞到 q_2，则

$$l = ct \,, \tag{5-5-6}$$

此光子的能量 E_2 当然为

$$E_2 = h\nu = \frac{h}{t} \,, \tag{5-5-7}$$

3. 设质量为 m 的质点的静能为 E_3，则显然有

$$E_3 = mc^2 \,, \tag{5-5-8}$$

与式(5-5-6)结合得

$$E_3 = \frac{ml^2}{t^2} \text{。} \tag{5-5-9}$$

适当选 q 总可使 $E_1 = E_2$；适当选 m 又可使 $E_2 = E_3$。令

$$E \equiv E_1 = E_2 = E_3 \,,$$

便有

$$\begin{cases} E = \dfrac{q^2}{l}, \\ E = \dfrac{h}{t}, \\ E = \dfrac{ml^2}{t^2}\text{。} \end{cases}$$

取对数得

$$\begin{cases} \ln E + \ln l + 0 = 2\ln q \,, \\ \ln E + 0 + \ln t = \ln h \,, \\ \ln E - 2\ln l + 2\ln t = \ln m \text{。} \end{cases} \tag{5-5-10}$$

把 q、m 和 $h = 2\pi\hbar$ 看作已知数，上式就是关于三个未知数 $\ln E$、$\ln l$ 和 $\ln t$ 的三个非齐次线性代数方程，其系数行列式为

$$\varDelta = \begin{vmatrix} 1 & 1 & 0 \\ 1 & 0 & 1 \\ 1 & -2 & 2 \end{vmatrix} = 1 \,,$$

$\varDelta \neq 0$ 保证上列方程组有唯一解，此即

$$\ln E = \frac{\varDelta_1}{\varDelta} = 4\ln q + \ln m - 2\ln h \,,$$

$$\ln l = \frac{\varDelta_2}{\varDelta} = 2\ln h - \ln m - 2\ln q \,,$$

$$\ln t = \frac{\varDelta_3}{\varDelta} = 3\ln h - 4\ln q - \ln m \,,$$

取反对数后给出

$$(a)\ E=\frac{mq^4}{h^2},\quad (b)\ l=\frac{h^2}{mq^2},\quad (c)\ t=\frac{h^3}{mq^4}。\tag{5-5-11}$$

由原子单位制的条件(B)可知，数等式(5-5-11)不但对高斯制成立，对原子制也成立，于是有

$$(a)\ E_{高}=\frac{m_{高}q_{高}^{\ 4}}{h_{高}^{\ 2}},\quad (b)\ l_{高}=\frac{h_{高}^{\ 2}}{m_{高}q_{高}^{\ 2}},\quad (c)\ t_{高}=\frac{h_{高}^{\ 3}}{m_{高}q_{高}^{\ 4}};\tag{5-5-12}$$

$$(a)\ E_{原}=\frac{m_{原}q_{原}^{\ 4}}{h_{原}^{\ 2}},\quad (b)\ l_{原}=\frac{h_{原}^{\ 2}}{m_{原}q_{原}^{\ 2}},\quad (c)\ t_{原}=\frac{h_{原}^{\ 3}}{m_{原}q_{原}^{\ 4}}。\tag{5-5-13}$$

上式的(a)、(b)和(c)右边都只含基本量(的数)，左边各只含一个导出量，依次是能量 $\boldsymbol{E}$ 、长度 $\boldsymbol{l}$ 和时间 $\boldsymbol{t}$ ，所以可以充当原子单位制中三个导出单位——$\hat{\boldsymbol{E}}_{原}$、$\hat{\boldsymbol{l}}_{原}$、$\hat{\boldsymbol{t}}_{原}$——的终定方程。

(1)求原子制的长度单位 $\hat{\boldsymbol{l}}_{原}$ 。

式(5-5-12b)与(5-5-13b)相除给出

$$\frac{l_{高}}{l_{原}}=\left(\frac{h_{高}}{h_{原}}\right)^2\left(\frac{m_{原}}{m_{高}}\right)\left(\frac{q_{原}}{q_{高}}\right)^2。\tag{5-5-14}$$

上式右边的三个因子可分别求之如下。

① 由

$$\hbar_{高}\approx 1.0546\times 10^{-27},\quad \hbar_{原}=1\tag{5-5-15}$$

得

$$\frac{h_{高}}{h_{原}}\approx 1.0546\times 10^{-27};\tag{5-5-16}$$

② 由

$$\hat{\boldsymbol{m}}_{原}\approx 9.1094\times 10^{-28}\textbf{克},\quad \hat{\boldsymbol{m}}_{高}=1\textbf{克}\tag{5-5-17}$$

得

$$\frac{m_{原}}{m_{高}}=\frac{\hat{\boldsymbol{m}}_{高}}{\hat{\boldsymbol{m}}_{原}}\approx\frac{1}{9.1094\times 10^{-28}};\tag{5-5-18}$$

③ 由

$$\hat{\boldsymbol{q}}_{高}=1\,\textbf{CGSE}(\boldsymbol{q}),\quad \hat{\boldsymbol{q}}_{原}\approx 4.8064\times 10^{-10}\textbf{CGSE}(\boldsymbol{q})\ [见式(5\text{-}5\text{-}3)]\tag{5-5-19}$$

得

$$\frac{q_{原}}{q_{高}}=\frac{\hat{\boldsymbol{q}}_{高}}{\hat{\boldsymbol{q}}_{原}}\approx\frac{1}{4.8064\times 10^{-10}}。\tag{5-5-20}$$

代入式(5-5-14)给出

$$\frac{l_{高}}{l_{原}}=(1.0546\times 10^{-27})^2\frac{1}{9.1094\times 10^{-28}}\left(\frac{1}{4.8064\times 10^{-10}}\right)^2\approx 5.285\times 10^{-9},\tag{5-5-21}$$

因而

$$\frac{\hat{\boldsymbol{l}}_{原}}{\hat{\boldsymbol{l}}_{高}}=\frac{l_{高}}{l_{原}}\approx 5.285\times 10^{-9},$$

注意到 $\hat{\boldsymbol{l}}_{高}=1$ **厘米**，便得

$$\hat{\boldsymbol{l}}_{原} \approx 5.285\times10^{-9}\,\textbf{厘米}。\tag{5-5-22}$$

上式表明原子单位制的长度单位是一种微观长度，而且正好适用于原子、分子物理学等微观领域。(试与普朗克制的长度单位$\hat{\boldsymbol{l}}_{普}$对比，$\hat{\boldsymbol{l}}_{普}$比$\hat{\boldsymbol{l}}_{原}$还小 26 个量级，对原子领域太不适用！)其实这一长度单位非常有物理意义，它等于原子的玻尔半径。

甲　这倒很有意思，但怎么看出这个结论？

乙　熟悉玻尔原子模型的读者都知道玻尔半径$\boldsymbol{R}_{B}$(在国际制的数)的如下表达式[见胡镜寰等(1989)P.39]：

$$R_{B国}=\frac{4\pi\varepsilon_{0国}\hbar_{国}^{\ 2}}{m_{e国}e_{国}^{\ 2}},\tag{5-5-23}$$

其中$m_{e国}$和$e_{国}$分别是电子的质量和电荷[此处的e就是q_{e}，代表电子电荷在所论单位制的数]，$\varepsilon_{0国}$是真空介电常数，$\hbar_{国}$是约化普朗克常数(均指在国际制的数)。利用国际制与高斯制的单位关系不难转换为高斯制的玻尔半径表达式：

$$R_{B高}=\frac{\varepsilon_{0高}\hbar_{高}^{\ 2}}{m_{e高}e_{高}^{\ 2}}=\frac{\hbar_{高}^{\ 2}}{m_{e高}e_{高}^{\ 2}},\tag{5-5-24}$$

既然所有数等式在原子单位制和高斯单位制都有相同形式，玻尔半径在原子制的表达式就是

$$R_{B原}=\frac{\hbar_{原}^{\ 2}}{m_{e原}e_{原}^{\ 2}}=\frac{1}{m_{e原}e_{原}^{\ 2}},\tag{5-5-25}$$

其中$m_{e原}$和$e_{原}$分别是电子质量和电荷在原子制的数值，注意到$e_{原}$就是式(5-5-1)的$q_{e原}$，由该式可知$m_{e原}=1$，$e_{原}=-1$，代入上式便得

$$R_{B原}=1,$$

因而

$$\boldsymbol{R}_{B}=\hat{\boldsymbol{l}}_{原}。\tag{5-5-26}$$

(2)求原子制的时间单位$\hat{\boldsymbol{t}}_{原}$。

由式(5-5-12c)和(5-5-13c)得

$$\frac{t_{高}}{t_{原}}=\left(\frac{h_{高}}{h_{原}}\right)^{3}\left(\frac{m_{原}}{m_{高}}\right)\left(\frac{q_{原}}{q_{高}}\right)^{4}。$$

把式(5-5-16)、(5-5-18)和(5-5-20)代入得

$$\frac{t_{高}}{t_{原}}\approx(1.0546\times10^{-27})^{3}\frac{1}{9.1094\times10^{-28}}\left(\frac{1}{4.8064\times10^{-10}}\right)^{4}\approx2.413\times10^{-17},\tag{5-5-27}$$

因而

$$\frac{\hat{\boldsymbol{t}}_{原}}{\hat{\boldsymbol{t}}_{高}}=\frac{t_{高}}{t_{原}}\approx2.413\times10^{-17},$$

注意到$\hat{\boldsymbol{t}}_{高}=1$**秒**，便得

$$\hat{\boldsymbol{t}}_{原} \approx 2.413\times10^{-17}\textbf{秒}\text{。} \tag{5-5-28}$$

上式表明原子单位制的时间单位非常之小(但仍比普朗克制的时间单位$\hat{\boldsymbol{t}}_{普}$大 27 个量级！)。

(3)求原子制的能量单位$\hat{\boldsymbol{W}}_{原}$。

由式(5-5-12a)和(5-5-13a)，再利用式(5-5-16)、(5-5-18)和(5-5-20)，得

$$\frac{E_{高}}{E_{原}}=\left(\frac{\hbar_{原}}{\hbar_{高}}\right)^2\left(\frac{m_{高}}{m_{原}}\right)\left(\frac{q_{高}}{q_{原}}\right)^4\approx\left(\frac{1}{1.0546\times10^{-27}}\right)^2(9.1094\times10^{-28})(4.8064\times10^{-10})^4\approx4.371\times10^{-11},$$

因而

$$\frac{\hat{\boldsymbol{E}}_{原}}{\hat{\boldsymbol{E}}_{高}}=\frac{E_{高}}{E_{原}}\approx4.371\times10^{-11},$$

注意到$\hat{\boldsymbol{E}}_{高}=1$**尔格**，便得

$$\hat{\boldsymbol{E}}_{原}\approx4.371\times10^{-11}\textbf{尔格}\text{。} \tag{5-5-29}$$

(4)求原子制的速度单位$\hat{\boldsymbol{v}}_{原}$。

既然已经求得$\hat{\boldsymbol{l}}_{原}$和$\hat{\boldsymbol{t}}_{原}$，自然可选下式为$\hat{\boldsymbol{v}}_{原}$的定义方程：

$$v_{原}=\frac{l_{原}}{t_{原}}\text{。} \tag{5-5-30}$$

(但请注意这只是原始定义方程而不是终定方程，因为右边涉及非基本量的数。)

注意到下式也成立：

$$v_{高}=\frac{l_{高}}{t_{高}},$$

便有

$$\frac{\hat{\boldsymbol{v}}_{原}}{\hat{\boldsymbol{v}}_{高}}=\frac{v_{高}}{v_{原}}=\frac{l_{高}}{l_{原}}\frac{t_{原}}{t_{高}}\approx(5.285\times10^{-9})\times\frac{1}{2.413\times10^{-17}}\approx2.190\times10^{8},$$

其中第三步用到式(5-5-21)和式(5-5-27)。已知$\hat{\boldsymbol{v}}_{高}=1$**厘米/秒**，故

$$\hat{\boldsymbol{v}}_{原}\approx2.190\times10^{8}\textbf{厘米/秒}\text{。} \tag{5-5-31}$$

下面讨论又一个有趣的问题。光速作为速度量类的一个元素，当然可以用原子制的速度单位$\hat{\boldsymbol{v}}_{原}$来测量，得数自然记作$c_{原}$。有趣的是，这个$c_{原}$竟然跟精细结构常数互为倒数，证明如下。精细结构常量$\boldsymbol{\alpha}$在国际制的数值表达式为

$$\alpha_{国}=\frac{1}{4\pi\varepsilon_{0国}}\frac{e_{国}^{\;2}}{\hbar_{国}c_{国}}\approx\frac{1}{137}, \tag{5-5-32}$$

利用国际制与高斯制的单位关系不难转换为高斯制的数值表达式：

$$\alpha_{高}=\frac{e_{高}^{\;2}}{\hbar_{高}c_{高}}\approx\frac{1}{137}, \tag{5-5-33}$$

因而精细结构常量在原子制的数值表达式就是

$$\alpha_{原}=\frac{e_{原}{}^{2}}{\hbar_{原}c_{原}}。\tag{5-5-34}$$

注意到$\hbar_{原}=1$，$e_{原}=-1$，代入上式便得

$$\alpha_{原}=\frac{1}{c_{原}}。\tag{5-5-35}$$

可见$c_{原}$与$\alpha_{原}$的确互为倒数。这一结果也可从另一角度求得。以$\boldsymbol{c}$代表光速，则由

$$\boldsymbol{c}=c_{高}\hat{\boldsymbol{v}}_{高}=c_{原}\hat{\boldsymbol{v}}_{原}$$

得

$$\frac{c_{原}}{c_{高}}=\frac{\hat{\boldsymbol{v}}_{高}}{\hat{\boldsymbol{v}}_{原}}\approx\frac{1}{2.190\times10^{8}},\tag{5-5-36}$$

因而

$$c_{原}\approx\frac{c_{高}}{2.190\times10^{8}}\approx\frac{3\times10^{10}}{2.190\times10^{8}}\approx137\approx\frac{1}{\alpha_{原}}。$$

(5)求原子制的磁感应单位$\hat{\boldsymbol{B}}_{原}$。

结果为

$$\hat{\boldsymbol{B}}_{原}\approx1.72\times10^{7}\hat{\boldsymbol{B}}_{高}=1.72\times10^{7}\textbf{高斯},\tag{5-5-37}$$

推导留给读者。提示：可用如下公式：

①因$f=\frac{1}{c}IBl$对两制(高斯制和原子制)都成立，故

$$\frac{\hat{\boldsymbol{B}}_{原}}{\hat{\boldsymbol{B}}_{高}}=\frac{B_{高}}{B_{原}}=\frac{c_{高}}{c_{原}}\frac{f_{高}}{f_{原}}\frac{I_{原}}{I_{高}}\frac{l_{原}}{l_{高}}。\tag{5-5-38}$$

②由式(5-5-36)得

$$\frac{c_{高}}{c_{原}}\approx2.190\times10^{8},\tag{5-5-39}$$

③由式(5-5-21)得

$$\frac{l_{原}}{l_{高}}\approx(5.285\times10^{-9})^{-1},\tag{5-5-40}$$

④因$I=qt^{-1}$对两制都成立，故

$$\frac{I_{原}}{I_{高}}=\frac{q_{原}}{q_{高}}\frac{t_{高}}{t_{原}}。\tag{5-5-41}$$

由式(5-5-20)和式(5-5-27)查得$\frac{q_{原}}{q_{高}}$和$\frac{t_{高}}{t_{原}}$，代入上式便可求得$\frac{I_{原}}{I_{高}}$的数值。

⑤为求$\frac{f_{高}}{f_{原}}$，可利用$f=ma$以及$a=lt^{-2}$对两制都成立的事实。

⑥把以上几步求得的$\frac{c_{高}}{c_{原}}$、$\frac{f_{高}}{f_{原}}$、$\frac{I_{原}}{I_{高}}$和$\frac{l_{原}}{l_{高}}$代入式(5-5-38)，便得待证等式(5-5-37)。

第 6 章　单位制之间的公式转换

几何制、自然制和普朗克制的重要优点是简化公式，但在涉及物理量的测量和数值计算时又嫌不便。利用量纲理论可以方便地把物理公式的非国际制形式转换为国际制形式。

§ 6.1　几何制到国际制的公式转换

转换的方法很多，此处介绍两种，分别称为法 1 和法 2。我们更推荐法 2。时间不够的读者可以直接阅读并使用法 2。

6.1.1　几何制到国际制的公式转换(法 1)

为了便于公式转换，对几何制最好采用观点 2——这时几何制与国际制(指力学范畴，即 MKS 制)是同族单位制，区别只来自基本单位的不尽相同：

$$\hat{\boldsymbol{l}}_{国}=1\,\textbf{米},\qquad \hat{\boldsymbol{m}}_{国}=1\,\textbf{千克},\qquad \hat{\boldsymbol{t}}_{国}=1\,\textbf{秒}\text{；}\tag{6-1-1a}$$

$$\hat{\boldsymbol{l}}_{几}\approx 3\times10^{8}\,\textbf{米},\qquad \hat{\boldsymbol{m}}_{几}\approx 4\times10^{35}\,\textbf{千克},\qquad \hat{\boldsymbol{t}}_{几}=1\,\textbf{秒}\text{。}\tag{6-1-1b}$$

任一力学量 $\boldsymbol{Q}$ 在国际制所在族的量纲式可以表为

$$\dim\boldsymbol{Q}=(\dim\boldsymbol{l})^{\lambda}(\dim\boldsymbol{m})^{\mu}(\dim\boldsymbol{t})^{\tau}\text{。}\tag{6-1-2}$$

作为量纲式，上式中的每个量纲都是可变量纲，不过，一旦选定了该族中的两个特定单位制(这里当然是指几 2 制 $\mathscr{Z}_{几}$ 和国际制 $\mathscr{Z}_{国}$)，这四个可变量纲就成为固定量纲，因为，例如 $\dim\boldsymbol{Q}$ 现在成为

$$\dim\Big|_{\mathscr{Z}_{几},\mathscr{Z}_{国}}\boldsymbol{Q}\equiv\hat{\boldsymbol{Q}}_{几}/\hat{\boldsymbol{Q}}_{国}=Q_{国}/Q_{几}=\text{常数，}$$

于是式(6-1-2)成为固定量纲的关系式：

$$\dim\Big|_{\mathscr{Z}_{几},\mathscr{Z}_{国}}\boldsymbol{Q}=(\dim\Big|_{\mathscr{Z}_{几},\mathscr{Z}_{国}}\boldsymbol{l})^{\lambda}(\dim\Big|_{\mathscr{Z}_{几},\mathscr{Z}_{国}}\boldsymbol{m})^{\mu}(\dim\Big|_{\mathscr{Z}_{几},\mathscr{Z}_{国}}\boldsymbol{t})^{\tau}\text{。}\tag{6-1-2$'$}$$

以下出现的量纲都是 $\mathscr{Z}_{几}$ 和 $\mathscr{Z}_{国}$ 之间的固定量纲，只为简洁而略去 $\Big|_{\mathscr{Z}_{几},\mathscr{Z}_{国}}$。[因而仍把式(6-1-2′)写成式(6-1-2)那样，但请记住现在处理的都是固定量纲。]

利用

$$\dim\boldsymbol{t}=\hat{\boldsymbol{t}}_{几}/\hat{\boldsymbol{t}}_{国}=(1\,\textbf{秒})/(1\,\textbf{秒})=1\tag{6-1-3}$$

可将式(6-1-2)简化为

$$\dim\boldsymbol{Q}=(\dim\boldsymbol{l})^{\lambda}(\dim\boldsymbol{m})^{\mu}\text{。}\tag{6-1-4}$$

由 $l=vt$ 得

$$\dim\boldsymbol{l}=(\dim\boldsymbol{v})(\dim\boldsymbol{t})=\dim\boldsymbol{v}\text{，}\tag{6-1-5}$$

其中末步用到式(6-1-3)。利用 $f=ma$ 及 $f=Gm_1m_2/r^2$，注意到 $\dim\boldsymbol{t}=1$，又得

$$\dim \boldsymbol{m} = (\dim \boldsymbol{v})(\dim \boldsymbol{l})^2(\dim \boldsymbol{G})^{-1} = (\dim \boldsymbol{v})^3(\dim \boldsymbol{G})^{-1}，$$

代入式(6-1-4)给出

$$\dim \boldsymbol{Q} = (\dim \boldsymbol{v})^{\lambda+3\mu}(\dim \boldsymbol{G})^{-\mu}。 \tag{6-1-6}$$

注意到 $\dim \boldsymbol{v} = c_{国}/c_{几} = c_{国}$、 $\dim \boldsymbol{G} = G_{国}/G_{几} = G_{国}$，便有

$$\dim \boldsymbol{Q} = c_{国}^{\lambda+3\mu} G_{国}^{-\mu}， \tag{6-1-7}$$

再同 $\dim \boldsymbol{Q} = Q_{国}/Q_{几}$ 结合又得

$$Q_{几} = c_{国}^{-(\lambda+3\mu)} G_{国}^{\mu} Q_{国}。 \tag{6-1-8}$$

上式使公式转换(从几何制到国际制)变得很容易(只需选一个适当的量 $\boldsymbol{Q}$)，下面举5例说明。

甲　根据公理 1-5-1，数等式在同族单位制中有相同形式。既然几 2 制与国际制同族，公式形式就应一样，为什么还有公式转换的问题？

乙　公式形式在两制中虽然相同，但由于 $c_{几} = G_{几} = 1$，常数 c 及 G 在几何制公式中就不会显示，在寻找国际制形式时你就看不出哪里应该补上 $c_{国}$ 和 $G_{国}$。所以要利用式(6-1-8)来帮助寻找。也正因为如此，所以几何制到国际制的公式转换也称为“物理常数的恢复”。

例题 6-1-1　已知洛伦兹变换(第一式)的几何制形式为 $t' = \gamma(t - vx)$，求其国际制形式。

解　先把已知等式明确写成

$$t'_{几} = \gamma(t_{几} - v_{几} x_{几})。 \tag{6-1-9}$$

洛伦兹变换是同一物理事件在两个惯性系 K 和 K′ 的时空坐标之间的变换。以 $\boldsymbol{v}$ 代表 K 系与 K′ 系之间的相对速度，$\boldsymbol{t}$ 和 $\boldsymbol{x}$ 代表该事件在 K 系的时间和空间坐标，$\boldsymbol{t}'$ 代表该事件在 K′ 系的时间坐标，则上式的 $v_{几}$、$t_{几}$、$x_{几}$ 和 $t'_{几}$ 依次代表上述各量在几何制的数。

上式左边只有一项，右边括号内有两项。我们逐项变换。对第一项有

$$t_{几} \equiv \boldsymbol{t}/\hat{\boldsymbol{t}}_{几} = \boldsymbol{t}/\hat{\boldsymbol{t}}_{国} \equiv t_{国}，$$

其中第二步用到式(6-1-1a,b)。同理还有 $t'_{几} = t'_{国}$，所以式(6-1-9)变为

$$t'_{国} = \gamma(t_{国} - v_{几} x_{几})。 \tag{6-1-10}$$

再来变换括号中的第二项。关键是如何选择量 $\boldsymbol{Q}$ 。由于待变换的是 $v_{几} x_{几}$，最简单的想法是先选 $\boldsymbol{Q} \equiv \boldsymbol{v}$，这时有 $\dim \boldsymbol{Q} = \dim \boldsymbol{v} = \dim \boldsymbol{l}$ [第二步用到式(6-1-5)]，与式(6-1-4)对比读出 $\lambda = 1, \mu = 0$，由式(6-1-8)得 $v_{几} = c_{国}^{-1} v_{国}$。再选 $\boldsymbol{Q} \equiv \boldsymbol{x}$，有 $\dim \boldsymbol{Q} = \dim \boldsymbol{l}$，与式(6-1-4)对比读出 $\lambda = 1, \mu = 0$，由式(6-1-8)得 $x_{几} = c_{国}^{-1} x_{国}$，与 $v_{几} = c_{国}^{-1} v_{国}$ 结合得

$$v_{几} x_{几} = c_{国}^{-2} v_{国} x_{国}。 \tag{6-1-11}$$

代入式(6-1-10)便得

$$t'_{国} = \gamma\left(t_{国} - \frac{1}{c_{国}^{2}} v_{国} x_{国}\right)， \tag{6-1-12}$$

去掉下标则得

$$t' = \gamma\left(t - \frac{1}{c^2} vx\right)。 \tag{6-1-12′}$$

此即洛伦兹变换(第一式)的国际制形式。 ■

甲　您的做法是把待变换的 $v_{几} x_{几}$ 项中的两个因子($v_{几}$ 和 $x_{几}$)分别变换，但是否也可以

把 $v_{几}x_{几}$ 项整体地变？

乙　当然可以，而且，如果待变换的项含有多个因子，整体变换更为省事。下面做一示范。由于是第一次，讲道理会多占些篇幅，但学会后就很省事。

引入辅助量 $\boldsymbol{Q}\equiv\boldsymbol{v}\cdot\boldsymbol{x}$ (用国际制所在族的量乘)，其中 $\boldsymbol{v}$ 就是两系的相对速度，$\boldsymbol{x}$ 就是所论事件在 K 系的空间坐标。设量类 $\tilde{\boldsymbol{Q}}$ 在两制的单位是 $\hat{\boldsymbol{Q}}_{几}$ 和 $\hat{\boldsymbol{Q}}_{国}$，则

$$Q_{几}=\boldsymbol{Q}/\hat{\boldsymbol{Q}}_{几}，\qquad Q_{国}=\boldsymbol{Q}/\hat{\boldsymbol{Q}}_{国}。\tag{6-1-13}$$

以 $\mathscr{I}_{国}$ 和 $\mathscr{I}_{几}$ 分别代表国际制和几 2 制的截面，$\boldsymbol{Q}_{交国}$、$\boldsymbol{v}_{交国}$ 和 $\boldsymbol{x}_{交国}$ 依次代表纤维 $\boldsymbol{Q}^{\dagger}$、$\boldsymbol{v}^{\dagger}$ 和 $\boldsymbol{x}^{\dagger}$ 与 $\mathscr{I}_{国}$ 的交点(类似地可以理解 $\boldsymbol{Q}_{交几}$、$\boldsymbol{v}_{交几}$ 和 $\boldsymbol{x}_{交几}$ 的含义，请注意同族制有相同纤维)。由 $\boldsymbol{Q}\equiv\boldsymbol{v}\cdot\boldsymbol{x}$ 可知

$$\dim\boldsymbol{Q}=(\dim\boldsymbol{v})(\dim\boldsymbol{l})=(\dim\boldsymbol{l})^2，[第二步用到式(6\text{-}1\text{-}5)]\tag{6-1-14}$$

故由式(3-2-7)得 $\boldsymbol{Q}_{交国}=\boldsymbol{v}_{交国}\cdot\boldsymbol{x}_{交国}$。注意到国际制是一贯制，又得 $\hat{\boldsymbol{Q}}_{国}=\hat{\boldsymbol{v}}_{国}\cdot\hat{\boldsymbol{x}}_{国}$，类似地还有 $\hat{\boldsymbol{Q}}_{几}=\hat{\boldsymbol{v}}_{几}\cdot\hat{\boldsymbol{x}}_{几}$。与 $\boldsymbol{Q}\equiv\boldsymbol{v}\cdot\boldsymbol{x}$ 一起代入式(6-1-13)便得

$$\text{(a)}\ Q_{几}=\frac{\boldsymbol{v}\cdot\boldsymbol{x}}{\hat{\boldsymbol{v}}_{几}\cdot\hat{\boldsymbol{l}}_{几}}=v_{几}x_{几}\qquad 及\qquad \text{(b)}\ Q_{国}=\frac{\boldsymbol{v}\cdot\boldsymbol{x}}{\hat{\boldsymbol{v}}_{国}\cdot\hat{\boldsymbol{l}}_{国}}=v_{国}x_{国}。\tag{6-1-15}$$

[请注意上式(a)的 $v_{几}x_{几}$ 正是式(6-1-10)的 $v_{几}x_{几}$。] 对比式(6-1-14)与式(6-1-4)便可读出 $\lambda=2$ 和 $\mu=0$，代入式(6-1-8)得 $Q_{国}=c_{国}^{\ 2}Q_{几}$，故

$$Q_{几}=\frac{1}{c_{国}^{\ 2}}Q_{国}=\frac{1}{c_{国}^{\ 2}}v_{国}x_{国}，$$

其中第二步用到式(6-1-15b)。再与(6-1-15a)结合又得式(6-1-11)。殊途同归。

例题 6-1-2　相对论质能动关系式的几何制形式为 $E^2=m^2+p^2$，求其国际制形式。

解　题中的 m、E 和 p 依次代表质点的质量、能量和动量。先把等式 $E^2=m^2+p^2$ 明确改写为

$$1=\left(\frac{m_{几}}{E_{几}}\right)^2+\left(\frac{p_{几}}{E_{几}}\right)^2。\tag{6-1-16}$$

首先引入辅助量 $\boldsymbol{Q}_1\equiv\boldsymbol{m}\cdot\boldsymbol{E}^{-1}$，并以 $\hat{\boldsymbol{Q}}_{1国}$ 和 $\hat{\boldsymbol{Q}}_{1几}$ 分别代表量类 $\tilde{\boldsymbol{Q}}_1$ 在两制中的单位，则由 $\dim\boldsymbol{Q}_1=(\dim\boldsymbol{m})(\dim\boldsymbol{E})^{-1}$ 以及国际制是一贯制易知 $\hat{\boldsymbol{Q}}_{1国}=\hat{\boldsymbol{m}}_{国}\cdot\hat{\boldsymbol{E}}_{国}^{\ -1}$ 及 $\hat{\boldsymbol{Q}}_{1几}=\hat{\boldsymbol{m}}_{几}\cdot\hat{\boldsymbol{E}}_{几}^{\ -1}$，故

$$Q_{1国}=\frac{\boldsymbol{m}\cdot\boldsymbol{E}^{-1}}{\hat{\boldsymbol{m}}_{国}\cdot\hat{\boldsymbol{E}}_{国}^{\ -1}}=\frac{m_{国}}{E_{国}}，\quad 同理还有\quad Q_{1几}=\frac{\boldsymbol{m}\cdot\boldsymbol{E}^{-1}}{\hat{\boldsymbol{m}}_{几}\cdot\hat{\boldsymbol{E}}_{几}^{\ -1}}=\frac{m_{几}}{E_{几}}。\tag{6-1-17}$$

由 $\boldsymbol{Q}_1\equiv\boldsymbol{m}\cdot\boldsymbol{E}^{-1}$ 可知

$$\dim\boldsymbol{Q}_1=(\dim\boldsymbol{m})(\dim\boldsymbol{E})^{-1}=(\dim\boldsymbol{m})[(\dim\boldsymbol{m})(\dim\boldsymbol{v})^2]^{-1}=(\dim\boldsymbol{l})^{-2}，$$

其中最后一步用到式(6-1-5)。将上式与式(6-1-4)对比读出 $\lambda=-2,\ \mu=0$，代入式(6-1-8)得 $Q_{1几}=c_{国}^{\ 2}Q_{1国}$，再与式(6-1-17)结合又得

$$\frac{m_{几}}{E_{几}}=c_{国}^{\ 2}\frac{m_{国}}{E_{国}}。\tag{6-1-18}$$

再引入辅助量$\boldsymbol{Q}_2 \equiv \boldsymbol{p}\cdot\boldsymbol{E}^{-1}$，以$\hat{\boldsymbol{Q}}_{2国}$和$\hat{\boldsymbol{Q}}_{2几}$分别代表量类$\tilde{\boldsymbol{Q}}_2$在两制中的单位，则不难证明$\hat{\boldsymbol{Q}}_{2国}=\hat{\boldsymbol{p}}_{国}\cdot\hat{\boldsymbol{E}}_{国}{}^{-1}$及$\hat{\boldsymbol{Q}}_{2几}=\hat{\boldsymbol{p}}_{几}\cdot\hat{\boldsymbol{E}}_{几}{}^{-1}$，因而

$$Q_{2国}=\frac{\boldsymbol{p}\cdot\boldsymbol{E}^{-1}}{\hat{\boldsymbol{p}}_{国}\cdot\hat{\boldsymbol{E}}_{国}{}^{-1}}=\frac{p_{国}}{E_{国}},\quad \text{同理还有}\quad Q_{2几}=\frac{\boldsymbol{p}\cdot\boldsymbol{E}^{-1}}{\hat{\boldsymbol{p}}_{几}\cdot\hat{\boldsymbol{E}}_{几}{}^{-1}}=\frac{p_{几}}{E_{几}}。\tag{6-1-19}$$

由$\boldsymbol{Q}_2 \equiv \boldsymbol{p}\cdot\boldsymbol{E}^{-1}$可知

$$\dim\boldsymbol{Q}_2=(\dim\boldsymbol{p})(\dim\boldsymbol{E})^{-1}=(\dim\boldsymbol{m})(\dim\boldsymbol{v})[(\dim\boldsymbol{m})(\dim\boldsymbol{v})^2]^{-1}=(\dim\boldsymbol{l})^{-1},$$

与式(6-1-4)对比读出$\lambda=-1,\ \mu=0$，代入式(6-1-8)得$Q_{2几}=c_{国}Q_{2国}$，故

$$\frac{p_{几}}{E_{几}}=c_{国}\frac{p_{国}}{E_{国}}。\tag{6-1-20}$$

把式(6-1-18)、(6-1-20)代入(6-1-16)得

$$1=c_{国}{}^4\frac{m_{国}{}^2}{E_{国}{}^2}+c_{国}{}^2\frac{p_{国}{}^2}{E_{国}{}^2}。$$

所以质能动关系式的国际制形式为

$$E^2=m^2c^4+p^2c^2。\tag{6-1-21}$$

■

例题 6-1-3　质量为$\boldsymbol{M}$的施瓦西黑洞的视界半径(亦称**施瓦西半径**)$\boldsymbol{R}$在几何制的数值表达式为$R_{几}=2M_{几}$，求其国际制形式。

解　引入辅助量$\boldsymbol{Q}\equiv\boldsymbol{R}/2\boldsymbol{M}$，以$\hat{\boldsymbol{Q}}_{国}$和$\hat{\boldsymbol{Q}}_{几}$分别代表量类$\tilde{\boldsymbol{Q}}$在两制的单位，则不难证明$\hat{\boldsymbol{Q}}_{国}=\hat{\boldsymbol{l}}_{国}/\hat{\boldsymbol{m}}_{国}$及$\hat{\boldsymbol{Q}}_{几}=\hat{\boldsymbol{l}}_{几}/\hat{\boldsymbol{m}}_{几}$，因而

$$Q_{国}=\frac{\boldsymbol{Q}}{\hat{\boldsymbol{Q}}_{国}}=\frac{\boldsymbol{R}}{2\boldsymbol{M}}\cdot\frac{\hat{\boldsymbol{m}}_{国}}{\hat{\boldsymbol{l}}_{国}}=\frac{R_{国}}{2M_{国}},\tag{6-1-22a}$$

同理还有

$$Q_{几}=\frac{R_{几}}{2M_{几}}=1。(\text{第二步用到}\ R_{几}=2M_{几})\tag{6-1-22b}$$

由$\boldsymbol{Q}\equiv\boldsymbol{R}/2\boldsymbol{M}$可知$\dim\boldsymbol{Q}=(\dim\boldsymbol{l})(\dim\boldsymbol{m})^{-1}$，与式(6-1-4)对比读出$\lambda=1,\ \mu=-1$，代入式(6-1-8)得$Q_{几}=c_{国}{}^2G_{国}{}^{-1}Q_{国}$，再与式(6-1-22)结合便得

$$R_{国}=\frac{2G_{国}M_{国}}{c_{国}{}^2}。$$

所以施瓦西半径的国际制形式为

$$R=\frac{2GM}{c^2}。$$

■

例题 6-1-4　2 维闵氏线元在几何制的表达式为$\mathrm{d}s^2=-\mathrm{d}t^2+\mathrm{d}x^2$ [对闵氏线元不熟悉的读者可参阅梁灿彬，曹周键(2013)]，求其在国际制的表达式。

解　把已知等式$\mathrm{d}s^2=-\mathrm{d}t^2+\mathrm{d}x^2$明确写成

$$\mathrm{d}s_{几}{}^2=-\mathrm{d}t_{几}{}^2+\mathrm{d}x_{几}{}^2。\tag{6-1-23}$$

由例题 6-1-1 的讨论可知 $\mathrm{d}t_{几}=\mathrm{d}t_{国}$，故可先把上式改写为

$$\mathrm{d}s_{几}{}^2=-\mathrm{d}t_{国}{}^2+\mathrm{d}x_{几}{}^2, \tag{6-1-24}$$

再设法把 $\mathrm{d}x_{几}{}^2$ 和 $\mathrm{d}s_{几}{}^2$ 转换为 $\mathrm{d}x_{国}{}^2$ 和 $\mathrm{d}s_{国}{}^2$。

先转换 $\mathrm{d}x_{几}{}^2$。仿照前面几个例题，应该引入辅助量 $\boldsymbol{Q}$，它在几何制和国际制的数分别为 $Q_{几}=\mathrm{d}x_{几}{}^2$ 和 $Q_{国}=\mathrm{d}x_{国}{}^2$。从形式上看，这个量应该是 $(\mathrm{d}\boldsymbol{x})^2$，然而 $\mathrm{d}\boldsymbol{x}$ 是“量 $\boldsymbol{x}$ 的微分”，而“量的微分”没有意义(本书也不打算赋予定义)。不过可用下法完成本例题。物理工作者喜欢用很小的数 Δx 近似代替非零无限小数 $\mathrm{d}x$，我们也不妨把式(6-1-24)改写为

$$\Delta s_{几}{}^2=-\Delta t_{国}{}^2+\Delta x_{几}{}^2。 \tag{6-1-24$'$}$$

引入辅助量 $\boldsymbol{Q}\equiv(\Delta\boldsymbol{x})^2\equiv(\boldsymbol{x}_2-\boldsymbol{x}_1)^2$ (其中 $\boldsymbol{x}_1$ 和 $\boldsymbol{x}_2$ 是“相差甚小的长度量”)，则 $\boldsymbol{Q}$ 在国际制的数为 $Q_{国}=\boldsymbol{Q}/\hat{\boldsymbol{Q}}_{国}=(\Delta\boldsymbol{x})^2/\hat{\boldsymbol{l}}_{国}{}^2=\Delta x_{国}{}^2$，同理还有 $Q_{几}=\Delta x_{几}{}^2$。由 $\boldsymbol{Q}\equiv(\Delta\boldsymbol{x})^2$ 可知量类 $\tilde{\boldsymbol{Q}}$ 在国际制所在族的量纲式为 $\dim\boldsymbol{Q}=(\dim\boldsymbol{l})^2$，与式(6-1-4)对比读出 $\lambda=2,\ \mu=0$，代入式(6-1-8)便得 $Q_{几}=c_{国}{}^{-2}Q_{国}$，故 $\Delta x_{几}{}^2=\dfrac{1}{c_{国}{}^2}\Delta x_{国}{}^2$，因而

$$\mathrm{d}x_{几}{}^2=\frac{1}{c_{国}{}^2}\mathrm{d}x_{国}{}^2。 \tag{6-1-25}$$

由式(6-1-24)又知量类 $\mathrm{d}\tilde{\boldsymbol{s}}^2$ 与 $\mathrm{d}\tilde{\boldsymbol{x}}^2$ 同量纲，故又有

$$\mathrm{d}s_{几}{}^2=\frac{1}{c_{国}{}^2}\mathrm{d}s_{国}{}^2, \tag{6-1-26}$$

将上两式代入式(6-1-24)便得

$$\frac{1}{c_{国}{}^2}\mathrm{d}s_{国}{}^2=-\,\mathrm{d}t_{国}{}^2+\frac{1}{c_{国}{}^2}\mathrm{d}x_{国}{}^2。$$

去掉下标就是

$$\mathrm{d}s^2=-\,c^2\mathrm{d}t^2+\mathrm{d}x^2。 \tag{6-1-27}$$

此即 2 维闵氏线元在国际制的表达式。 ■

例题 6-1-5 质量为 $\boldsymbol{M}$ 的静态球对称恒星外部时空的弯曲情况在几何制中由如下的施瓦西线元描述：

$$\mathrm{d}s^2=-\left(1-\frac{2M}{r}\right)\mathrm{d}t^2+\left(1-\frac{2M}{r}\right)^{-1}\mathrm{d}r^2+r^2(\mathrm{d}\theta^2+\sin^2\theta\,\mathrm{d}\varphi^2), \tag{6-1-28}$$

(其中 t,r,θ,φ 是施瓦西坐标，请注意此处的 r 不是例 6-1-3 的 R)，求其国际制形式。

解 先将式(6-1-28)明确写成

$$\mathrm{d}s_{几}{}^2=-\left(1-\frac{2M_{几}}{r_{几}}\right)\mathrm{d}t_{几}{}^2+\left(1-\frac{2M_{几}}{r_{几}}\right)^{-1}\mathrm{d}r_{几}{}^2+r_{几}{}^2(\mathrm{d}\theta^2+\sin^2\theta\,\mathrm{d}\varphi^2)。 \tag{6-1-29}$$

由例题 6-1-4 知

$$\mathrm{d}r_{几}{}^2=\frac{1}{c_{国}{}^2}\mathrm{d}r_{国}{}^2,\qquad \mathrm{d}s_{几}{}^2=\frac{1}{c_{国}{}^2}\mathrm{d}s_{国}{}^2,\qquad \mathrm{d}t_{几}{}^2=\mathrm{d}t_{国}{}^2。 \tag{6-1-30}$$

再设 $\boldsymbol{Q}\equiv 2\boldsymbol{M}/\boldsymbol{r}$，则不难相信它在几何制和国际制的数分别为

$$Q_{几} = 2M_{几}/r_{几}\,, \qquad Q_{国} = 2M_{国}/r_{国}\,。 \tag{6-1-31}$$

由 $\boldsymbol{Q} \equiv 2\boldsymbol{M}/\boldsymbol{r}$ 可知 $\dim\boldsymbol{Q} = (\dim\boldsymbol{m})(\dim\boldsymbol{l})^{-1}$，与式(6-1-4)对比读出 $\lambda = -1,\ \mu = 1$，代入式(6-1-8)得 $Q_{几} = c_{国}^{-2}G_{国}Q_{国}$，再与式(6-1-31)结合便得

$$\frac{2M_{几}}{r_{几}} = \frac{2G_{国}M_{国}}{c_{国}^{\,2}r_{国}}\,。 \tag{6-1-32}$$

将式(6-1-30)、(6-1-32)代入式(6-1-29)给出

$$\frac{1}{c_{国}^{\,2}}\mathrm{d}s_{国}^{\,2} = -\left(1-\frac{2G_{国}M_{国}}{c_{国}^{\,2}r_{国}}\right)\mathrm{d}t_{国}^{\,2} + \left(1-\frac{2G_{国}M_{国}}{c_{国}^{\,2}r_{国}}\right)^{-1}\frac{1}{c_{国}^{\,2}}\mathrm{d}r_{国}^{\,2} + \frac{1}{c_{国}^{\,2}}r_{国}^{\,2}(\mathrm{d}\theta^2 + \sin^2\theta\,\mathrm{d}\varphi^2)\,。 \tag{6-1-33}$$

以 $c_{国}^{\,2}$ 乘上式，去掉下标，便知施瓦西线元的国际制形式为

$$\mathrm{d}s^2 = -\left(1-\frac{2GM}{c^2r}\right)c^2\mathrm{d}t^2 + \left(1-\frac{2GM}{c^2r}\right)^{-1}\mathrm{d}r^2 + r^2(\mathrm{d}\theta^2 + \sin^2\theta\,\mathrm{d}\varphi^2)\,。 \tag{6-1-34}$$

■

甲　您的上述转换方法虽然正确，但我曾看到一种更简单的做法：只要所给的几何制公式含有两项，而且在国际制中两项量纲不平衡(即不等)，就给第二项添补含 c 和 G 的适当因子使之跟第一项量纲平衡，从而也就转换成了国际制公式。

乙　是的，这正是下面要介绍的法 2。

6.1.2　几何制到国际制的公式转换(法 2)

法 2 的理论基础与法 1 相比要复杂一些，但用起来会比法 1 简单得多。对理论感到不好理解的读者，不妨先记住结论，并通过以下各例题学会应用。

本法用几何制观点 2 (与国际制同族)。设待转换的几何制数等式 $f(Q_1,\cdots,Q_n)$ 为幂多项式，仅以两项为例(容易推广至多项)，即假定

$$f(Q_1,\cdots,Q_n) = f_1(Q_1,\cdots,Q_n) + f_2(Q_1,\cdots,Q_n)\,, \tag{6-1-35}$$

其中 $Q_1,\cdots,Q_n$ 是有关各量 $\boldsymbol{Q}_1,\cdots,\boldsymbol{Q}_n$ 在几何制的数。如果上述两项在国际制中量纲不平衡，就只需对第二项添补一个含 c 和 G 的适当系数 χ 以使它跟第一项量纲平衡。现在设法求 χ。

设量 $\boldsymbol{f}_1$、$\boldsymbol{f}_2$ 和 $\boldsymbol{\chi}$ 在几 2 制的数依次为 f_1、f_2 和 χ。式(6-1-35)表明 $\boldsymbol{f}_1$ 和 $\boldsymbol{f}_2$ 在“几 2 子族”(详见§5.1，“几何制观点 2”之末)中的量纲相等，即

$$\dim_{几2}\boldsymbol{f}_1 = \dim_{几2}\boldsymbol{f}_2\,。 \tag{6-1-36}$$

设 $\boldsymbol{f}_1$ 和 $\boldsymbol{f}_2$ 在国际制的量纲式分别为

$$\text{(a)}\ \dim_{国}\boldsymbol{f}_1 = \mathrm{L}^{\lambda_1}\mathrm{M}^{\mu_1}\mathrm{T}^{\tau_1}\,, \qquad \text{(b)}\ \dim_{国}\boldsymbol{f}_2 = \mathrm{L}^{\lambda_2}\mathrm{M}^{\mu_2}\mathrm{T}^{\tau_2}\,, \tag{6-1-37}$$

(请注意 $\dim_{国}$ 与 $\dim_{几2}$ 的区别：量纲是旧新单位比，选定旧制后，$\dim_{国}$ 允许新制跑遍国际制族，而 $\dim_{几2}$ 只允许新制跑遍“几 2 子族”。) 上式的(a)暗示 $\boldsymbol{f}_1$ 的国际制单位的终定方程取如下形式：

$$f_1 = l^{\lambda_1}m^{\mu_1}t^{\tau_1}\,, \tag{6-1-38}$$

此式对“几 2 子族”(作为国际制所在族的子族)也成立，由此便得“几 2 子族”的量纲关系

$$\dim_{几2}\boldsymbol{f}_1 = (\dim_{几2}\boldsymbol{l})^{\lambda_1}(\dim_{几2}\boldsymbol{m})^{\mu_1}(\dim_{几2}\boldsymbol{t})^{\tau_1}\,。 \tag{6-1-39}$$

把 $\dim_{几2}\boldsymbol{l}=\dim_{几2}\boldsymbol{m}=\dim_{几2}\boldsymbol{t}$ [见式(5-1-24)]代入便得

$$\dim_{几2}\boldsymbol{f}_1=(\dim_{几2}\boldsymbol{t})^{\lambda_1+\mu_1+\tau_1}\text{，}\tag{6-1-40a}$$

同理还有

$$\dim_{几2}\boldsymbol{f}_2=(\dim_{几2}\boldsymbol{t})^{\lambda_2+\mu_2+\tau_2}\text{，}\tag{6-1-40b}$$

与式(6-1-36)结合给出

$$\lambda_1+\mu_1+\tau_1=\lambda_2+\mu_2+\tau_2\text{，}$$

等价于

$$\tau_2-\tau_1=-(\lambda_2-\lambda_1)-(\mu_2-\mu_1)\text{。}\tag{6-1-41}$$

引入简化记号

$$x\equiv\lambda_2-\lambda_1,\quad y\equiv\mu_2-\mu_1\text{，}\tag{6-1-42}$$

利用式(6-1-37)便得

$$\frac{\dim_{国}\boldsymbol{f}_2}{\dim_{国}\boldsymbol{f}_1}=\mathrm{L}^{\lambda_2-\lambda_1}\mathrm{M}^{\mu_2-\mu_1}\mathrm{T}^{-(\lambda_2-\lambda_1)-(\mu_2-\mu_1)}=\left(\frac{\mathrm{L}}{\mathrm{T}}\right)^x\left(\frac{\mathrm{M}}{\mathrm{T}}\right)^y\text{。}\tag{6-1-43}$$

上式表明 $\dfrac{\dim_{国}\boldsymbol{f}_2}{\dim_{国}\boldsymbol{f}_1}$ 总可表为 $\dfrac{\mathrm{L}}{\mathrm{T}}$ 和 $\dfrac{\mathrm{M}}{\mathrm{T}}$ 的幂单项式，这个结果很有用，因为 $\dfrac{\mathrm{L}}{\mathrm{T}}$ 和 $\dfrac{\mathrm{M}}{\mathrm{T}}$ 分别等于 $\boldsymbol{c}$ 和 $\boldsymbol{c}^3/\boldsymbol{G}$ 的量纲：

$$\frac{\mathrm{L}}{\mathrm{T}}=\dim_{国}\boldsymbol{c}\text{，}\qquad\frac{\mathrm{M}}{\mathrm{T}}=\dim_{国}\left(\frac{\boldsymbol{c}^3}{\boldsymbol{G}}\right)\text{，}\tag{6-1-44}$$

式(6-1-43)右边不为 1 表明 $\boldsymbol{f}_1$ 与 $\boldsymbol{f}_2$ 量纲不平衡(不等)，给 f_2 添补系数 χ 的目的就是使 $\boldsymbol{f}_1$ 与 $\boldsymbol{\chi}\boldsymbol{f}_2$ 量纲相等[1]，故量 $\boldsymbol{\chi}$ 应满足

$$1=\frac{\dim_{国}(\boldsymbol{\chi}\boldsymbol{f}_2)}{\dim_{国}\boldsymbol{f}_1}=(\dim_{国}\boldsymbol{\chi})\frac{\dim_{国}\boldsymbol{f}_2}{\dim_{国}\boldsymbol{f}_1}=(\dim_{国}\boldsymbol{\chi})\left(\frac{\mathrm{L}}{\mathrm{T}}\right)^x\left(\frac{\mathrm{M}}{\mathrm{T}}\right)^y=(\dim_{国}\boldsymbol{\chi})(\dim_{国}\boldsymbol{c})^x(\dim_{国}\boldsymbol{c}^3/\boldsymbol{G})^y\text{，}$$

[其中第二步用到“量乘积的量纲等于量纲的乘积”(由量乘定义 3-2-1 不难证明)，第三步用到式(6-1-43)，第四步用到式(6-1-44)及定理 3-7-4。] 于是

$$\dim_{国}\boldsymbol{\chi}=(\dim_{国}\boldsymbol{c})^{-x}(\dim_{国}\boldsymbol{c}^3/\boldsymbol{G})^{-y}=\dim_{国}[\boldsymbol{c}^{-x}(\boldsymbol{c}^3/\boldsymbol{G})^{-y}]\text{，}\tag{6-1-45}$$

可见量乘积 $\boldsymbol{c}^{-x}(\boldsymbol{c}^3/\boldsymbol{G})^{-y}$ 与量 $\boldsymbol{\chi}$ 位于同一纤维，因而两者只能差到一个无量纲系数 α，即

$$\boldsymbol{\chi}=\alpha[\boldsymbol{c}^{-x}(\boldsymbol{c}^3/\boldsymbol{G})^{-y}]\text{。}\tag{6-1-46}$$

上式的 $\boldsymbol{\chi}$ 虽然能使 $\dfrac{\dim_{国}\boldsymbol{\chi}\boldsymbol{f}_2}{\dim_{国}\boldsymbol{f}_1}=1$，但未必能通过“回得去”这一关。“回得去”是指：如果把转换结果中的 c 和 G 再取为 1，应能还原几何制形式。为了这个“回得去”，系数 α 就非 1 不可。于是便得如下结论：为使第一、二项(在国际制)量纲平衡，必须且只需给 f_2 添补如下系数：

$$f_2\text{应补的系数}=c^{-x}\left(\frac{c^3}{G}\right)^{-y}\text{。}\tag{6-1-47}$$

[1] 量的乘除和求幂一律用国际制族的。

法 2 至此阐述完毕。虽然此法的理论阐述比法 1 略长，但它有许多优于法 1 的长处。例如，①由下面的各个例子可以看出，用法 2 解决问题往往比用法 1 快得多；②非常便于从几何制推广至普朗克制，见§6.3。

下面对小节 6.1.1 的 5 个例题用法 2 重新解决一遍，你会看到比用法 1 快捷得多。

例题 6-1-1　已知洛伦兹变换(第一式)的几何制形式为 $t' = \gamma(t - vx)$，求其国际制形式。

解(法 2)　先把待转换公式改写为 $t' - \gamma t + \gamma vx = 0$。第一、二项的国际制量纲显然平衡，所以只需配平第三项。注意到(以下的 dim 均指在国际制的量纲)

$$\frac{\dim(\gamma vx)}{\dim(\gamma t)} = \frac{(\mathrm{L/T})\mathrm{L}}{\mathrm{T}} = \left(\frac{\mathrm{L}}{\mathrm{T}}\right)^2,$$

与式(6-1-42b)对比读出 $x = 2,\ y = 0$，由式(6-1-47)便知应给第三项(即 γvx)添补系数 c^{-2}，故几何制公式 $t' = \gamma(t - vx)$ 转换为如下的国际制形式：

$$t' = \gamma\left(t - \frac{1}{c^2}vx\right)。$$

比法 1 省事不少。■

例题 6-1-2　相对论质能动关系式的几何制形式为 $E^2 = m^2 + p^2$，求其国际制形式。

解(法 2)　把待转换公式改写为 $E^2 - m^2 - p^2 = 0$。先以第一项为标准配平第二项。注意到

$$\frac{\dim(m^2)}{\dim(E^2)} = \frac{\mathrm{M}^2}{[\mathrm{M}(\mathrm{L/T})^2]^2} = \left(\frac{\mathrm{L}}{\mathrm{T}}\right)^{-4},$$

与式(6-1-42b)对比读出 $x = -4,\ y = 0$，由式(6-1-47)便知应给第二项添补系数 c^4，即从 m^2 转换为 m^2c^4。再以第一项为准配平第三项。注意到

$$\frac{\dim(p^2)}{\dim(E^2)} = \frac{[\mathrm{M}(\mathrm{L/T})]^2}{[\mathrm{M}(\mathrm{L/T})^2]^2} = \left(\frac{\mathrm{L}}{\mathrm{T}}\right)^{-2},$$

读出 $x = -2,\ y = 0$，故应给第三项添补系数 c^2，即从 p^2 转换为 p^2c^2。于是几何制公式 $E^2 = m^2 + p^2$ 转换为国际制形式

$$E^2 = m^2c^4 + p^2c^2。$$

■

例题 6-1-3　质量为 $\boldsymbol{M}$ 的施瓦西黑洞的视界半径(施瓦西半径) $\boldsymbol{R}$ 在几何制的数值表达式为 $R = 2M$，求其国际制形式。

解(法 2)　先把待转换公式改写为 $R - 2M = 0$。注意到

$$\frac{\dim(2M)}{\dim R} = \frac{\mathrm{M}}{\mathrm{L}} = \left(\frac{\mathrm{L}}{\mathrm{T}}\right)^{-1}\frac{\mathrm{M}}{\mathrm{T}},$$

与式(6-1-42b)对比读出 $x = -1,\ y = 1$，由式(6-1-47)便知应给第二项添补系数 $c\dfrac{G}{c^3} = \dfrac{G}{c^2}$，即从 $2M$ 转换为 $\dfrac{2GM}{c^2}$，故视界半径的国际制表达式为

$$R = \frac{2GM}{c^2}。$$

■

例题 6-1-4　2 维闵氏线元的几何制表达式为 $ds^2=-dt^2+dx^2$，求其在国际制的表达式。

解(法 2)　先把待转换公式改写为 $ds^2+dt^2-dx^2=0$。第一、三项的国际制量纲显然平衡，所以只需配平第二项。注意到

$$\frac{\dim(dt^2)}{\dim(dx^2)}=\frac{T^2}{L^2}=\left(\frac{L}{T}\right)^{-2},$$

与式(6-1-42b)对比读出 $x=-2,\ y=0$，由式(6-1-47)便知应给第二项添补系数 c^2，故几何制公式 $ds^2=-dt^2+dx^2$ 转换为如下的国际制形式：

$$ds^2=-c^2dt^2+dx^2。$$ ■

例题 6-1-5　质量为 $\boldsymbol{M}$ 的静态球对称恒星外部时空的弯曲情况在几何制中由如下的施瓦西线元描述：

$$ds^2=-\left(1-\frac{2M}{r}\right)dt^2+\left(1-\frac{2M}{r}\right)^{-1}dr^2+r^2(d\theta^2+\sin^2\theta\, d\varphi^2),$$

求其国际制形式。

解(法 2)　把待转换公式改写为

$$ds^2+\left(1-\frac{2M}{r}\right)dt^2-\left(1-\frac{2M}{r}\right)^{-1}dr^2-r^2(d\theta^2+\sin^2\theta\, d\varphi^2)=0。$$

先将括号内的 $2M/r$ 与 1 配平。因为

$$\dim\left(\frac{2M}{r}\right)=\frac{M}{L}=\left(\frac{L}{T}\right)^{-1}\frac{M}{T},$$

由此读出 $x=-1,\ y=1$，所以应给 $\frac{2M}{r}$ 添补系数 $c(G/c^3)=G/c^2$，故 $1-\frac{2M}{r}$ 转换为 $1-\frac{2GM}{c^2r}$。

再设法配平各平方项，发现只有第二项与其他项不平衡。注意到

$$\frac{\dim\left[\left(1-\frac{2GM}{c^2r}\right)dt^2\right]}{\dim(ds^2)}=\frac{T^2}{L^2}=\left(\frac{L}{T}\right)^{-2},$$

由此读出 $x=-2,\ y=0$，故应给第二项添补系数 c^2，于是可得施瓦西线元的国际制形式：

$$ds^2=-\left(1-\frac{2GM}{c^2r}\right)c^2dt^2+\left(1-\frac{2GM}{c^2r}\right)^{-1}dr^2+r^2(d\theta^2+\sin^2\theta\, d\varphi^2)。$$ ■

§6.2　(朴素)自然制到国际制的公式转换

与几何制类似，此处也介绍法 1 和法 2。

6.2.1　(朴素)自然制到国际制的公式转换(法 1)

对(朴素的)自然制采用观点 2 (自 2 制)，则自然制与国际制同族，区别只来自基本单位的不同。然而在模仿§6.1(几何制到国际制的转换)的做法时出现如下困难：由§5.2 可知，自 2 制的基本单位是

$$\hat{\boldsymbol{l}}_{\text{自}}=1.97\times10^{-16}\textbf{米}，\quad \hat{\boldsymbol{m}}_{\text{自}}\approx1.8\times10^{-27}\textbf{千克}，\quad \hat{\boldsymbol{t}}_{\text{自}}=6.58\times10^{-25}\textbf{秒}，\tag{6-2-1}$$

三者中没有一个与国际制基本单位相同(而§6.1中则有 $\hat{\boldsymbol{t}}_{\text{几}}=\hat{\boldsymbol{t}}_{\text{国}}=1$**秒**可供利用)，两制之间的公式转换多有不便。为了克服困难，不妨采用取巧办法：改选上式的基本单位，使得新的长度单位为 $\hat{\boldsymbol{l}}'_{\text{自}}=\hat{\boldsymbol{l}}_{\text{国}}=1$**米**。

甲　可是，这样一来，它就连自然制也不是了，因为(由§5.2可知)自然制的长度单位必须是 $\hat{\boldsymbol{l}}_{\text{自}}=1.97\times10^{-16}$**米**啊！

乙　你说得很对。不过，近半个多世纪以来，自然制经历了若干演变，最原始的自3制的基本量类本来就是长度(这至少是一种常见选择)，基本单位就是 $\hat{\boldsymbol{l}}_{\text{自}}=1$**米**，相应地，质量和时间单位分别是

$$\hat{\boldsymbol{m}}_{\text{自}}\approx3.5\times10^{-43}\textbf{千克}，\qquad \hat{\boldsymbol{t}}_{\text{自}}\approx(3\times10^{8})^{-1}\textbf{秒}。\tag{6-2-2}$$

后来，随着高能物理的发展，人们逐渐改用能量为基本量类，**GeV**为基本单位[相应地，质量和时间单位改为 $\hat{\boldsymbol{m}}_{\text{自}}\approx1.8\times10^{-27}$**千克**和 $\hat{\boldsymbol{t}}_{\text{自}}=6.58\times10^{-25}$**秒**]。为了与时俱进，本书第5章的自然制讲的是这个新版本。但是，既然新版本不便于公式转换，而所有数等式在新老版本都有相同形式，就不妨采用老版本进行转换。

甲　我只知道同族制有相同的数等式，但新老版本也同族吗？

乙　也同族。说穿了，老版本无非是新版本的“自2子族”的一个元素(第5章已约定不称它为自然制，本小节暂称之为**自**$'$2制)，所以跟新版本的自2制同族。

甲　我记得新版本的“自2子族”是个单参子族，既然老版本(自$'$2制)是这个子族的一员，那么它的参数值 α 是什么？

乙　这很简单：新老版本的长度单位分别是 $\hat{\boldsymbol{l}}_{\text{自}}=1.97\times10^{-16}$**米**和 $\hat{\boldsymbol{l}}'_{\text{自}}=1$**米**，由式(5-2-17)便知此 α 值为

$$\alpha=\frac{\hat{\boldsymbol{l}}'_{\text{自}}}{\hat{\boldsymbol{l}}_{\text{自2}}}\approx\frac{1\textbf{米}}{1.97\times10^{-16}\textbf{米}}\approx\frac{1}{1.97\times10^{-16}},$$

然后又可由式(5-2-17)求得

$$\hat{\boldsymbol{m}}'_{\text{自}}=\frac{\hat{\boldsymbol{m}}_{\text{自2}}}{\alpha}\approx(1.97\times10^{-16})\times(1.8\times10^{-27}\textbf{千克})\approx3.5\times10^{-43}\textbf{千克},$$

$$\hat{\boldsymbol{t}}'_{\text{自}}=\alpha\hat{\boldsymbol{t}}_{\text{自2}}\approx\frac{1}{1.97\times10^{-16}}\times(6.58\times10^{-25}\textbf{秒})\approx\frac{1}{3\times10^{8}}\textbf{秒}。$$

以上两式跟式(6-2-2)完全相同。

现在就可以讲解从自然制到国际制的公式转换方法1。

任一物理量 $\boldsymbol{Q}$ 在国际制所在族的量纲式可以表为

$$\dim\boldsymbol{Q}=(\dim\boldsymbol{l})^{\lambda}(\dim\boldsymbol{m})^{\mu}(\dim\boldsymbol{t})^{\tau},\tag{6-2-3}$$

跟小节6.1.1开头一样，上式的每个量纲都是可变量纲，不过，一旦选定了该族中的两个特定单位制[这里是指自然制(老版本，即**自**$'$2制) $\mathscr{Z}'_{\text{自}}$ 和国际制 $\mathscr{Z}_{\text{国}}$]，这些可变量纲就成为固定量纲，因为，例如 $\dim\boldsymbol{Q}$ 现在成为

$$\dim\Big|_{\mathscr{Z}'_{自},\mathscr{Z}_{国}} \boldsymbol{Q} \equiv \frac{\hat{\boldsymbol{Q}}_{自}}{\hat{\boldsymbol{Q}}_{国}} = \frac{Q_{国}}{Q_{自}} = 常数 \quad (\hat{\boldsymbol{Q}}_{自}和Q_{自}是\hat{\boldsymbol{Q}}'_{自}和Q'_{自}的简写),$$

于是式(6-2-3)成为固定量纲的关系式：

$$\dim\Big|_{\mathscr{Z}'_{自},\mathscr{Z}_{国}} \boldsymbol{Q} = (\dim\Big|_{\mathscr{Z}'_{自},\mathscr{Z}_{国}} \boldsymbol{l})^{\lambda}(\dim\Big|_{\mathscr{Z}'_{自},\mathscr{Z}_{国}} \boldsymbol{m})^{\mu}(\dim\Big|_{\mathscr{Z}'_{自},\mathscr{Z}_{国}} \boldsymbol{t})^{\tau} 。\tag{6-2-3$'$}$$

以下出现的量纲都是$\mathscr{Z}'_{自}$和$\mathscr{Z}_{国}$之间的固定量纲，只为简洁而略去$\Big|_{\mathscr{Z}'_{自},\mathscr{Z}_{国}}$。[因而式(6-2-3′)仍写成式(6-2-3)那样，但请记住现在处理的都是固定量纲。]

因$\hat{\boldsymbol{l}}'_{自} = 1$米$= \hat{\boldsymbol{l}}_{国}$，故$\dim \boldsymbol{l} = \hat{\boldsymbol{l}}'_{自}/\hat{\boldsymbol{l}}_{国} = 1$，于是式(6-2-3)简化为

$$\dim \boldsymbol{Q} = (\dim \boldsymbol{m})^{\mu}(\dim \boldsymbol{t})^{\tau} 。\tag{6-2-4}$$

由$E = mc^2$及$E = h\nu$又得

$$\dim \boldsymbol{m} = (\dim \boldsymbol{h})(\dim \boldsymbol{t})^{-1}(\dim \boldsymbol{v})^{-2} = (\dim \boldsymbol{h})[(\dim \boldsymbol{l})^{-1}(\dim \boldsymbol{v})](\dim \boldsymbol{v})^{-2} = (\dim \boldsymbol{h})(\dim \boldsymbol{v})^{-1},$$

再利用

$$\dim \boldsymbol{t} = (\dim \boldsymbol{l})(\dim \boldsymbol{v})^{-1} = (\dim \boldsymbol{v})^{-1},\tag{6-2-5}$$

代入式(6-2-4)便有

$$\dim \boldsymbol{Q} = (\dim \boldsymbol{h})^{\mu}(\dim \boldsymbol{v})^{-(\tau+\mu)} = \left(\frac{\hbar_{国}}{\hbar_{自}}\right)^{\mu}\left(\frac{c_{国}}{c_{自}}\right)^{-(\tau+\mu)} = \hbar_{国}{}^{\mu} c_{国}{}^{-(\tau+\mu)},$$

与$\dim \boldsymbol{Q} = \dfrac{Q_{国}}{Q_{自}}$结合便得

$$Q_{自} = \hbar_{国}{}^{-\mu} c_{国}{}^{\tau+\mu} Q_{国} 。\tag{6-2-6}$$

上式使公式转换(从自然制到国际制)变得非常容易，下面举例说明。

注记 6-1　以下各例均仿照“几何制转国际制”中引入辅助量$\boldsymbol{Q}$的做法，我们甚至不写出量$\boldsymbol{Q}$的表达式，只给出它在自然制和国际制的数等式。

例题 6-2-1　静质量为$\boldsymbol{m}$的微观粒子的康普顿波长在自然制的数等式为$\lambda = 1/m$，求其国际制形式。

解　已知的等式实为

$$\lambda_{自} m_{自} = 1 。\tag{6-2-7}$$

引入这样一个辅助量$\boldsymbol{Q}$，它在自然制的数为

$$Q_{自} = \lambda_{自} m_{自},\tag{6-2-8a}$$

注意到自′2 制与国际制同族，而数等式在同族制形式相同，便知量$\boldsymbol{Q}$在国际制的数为

$$Q_{国} = \lambda_{国} m_{国},\tag{6-2-8b}$$

由上式又知$\dim \boldsymbol{Q} = (\dim \boldsymbol{l})(\dim \boldsymbol{m}) = \dim \boldsymbol{m}$，与式(6-2-4)对比读出$\mu = 1, \tau = 0$，代入式(6-2-6)便得

$$Q_{自} = \hbar_{国}{}^{-1} c_{国} Q_{国},$$

与式(6-2-8)、(6-2-7)结合给出

$$1 = \hbar_{国}{}^{-1} c_{国} \lambda_{国} m_{国},$$

故

$$\lambda_{国}=\hbar_{国}/c_{国}m_{国},$$

可见国际制的康普顿波长公式为

$$\lambda=\hbar/mc。\tag{6-2-9}$$

■

例题 6-2-2　位置和动量的不确定关系在自然制的形式为$\Delta p\,\Delta x\geqslant\pi$，求其国际制形式。

解　已知的等式实为

$$\Delta p_{自}\,\Delta x_{自}\geqslant\pi。\tag{6-2-10}$$

引入这样一个辅助量$\boldsymbol{Q}$，它在自然制的数为

$$Q_{自}=\frac{\Delta p_{自}\,\Delta x_{自}}{\pi},\tag{6-2-11a}$$

则由公理 1-5-1 可知它在国际制的数为

$$Q_{国}=\frac{\Delta p_{国}\,\Delta x_{国}}{\pi},\tag{6-2-11b}$$

上式表明

$$\dim\boldsymbol{Q}=[(\dim\boldsymbol{m})(\dim\boldsymbol{v})](\dim\boldsymbol{l})=(\dim\boldsymbol{m})(\dim\boldsymbol{t})^{-1}，\ [末步用到式(6\text{-}2\text{-}5)]$$

与式(6-2-4)对比读出$\mu=1,\tau=-1$，代入式(6-2-6)得$Q_{自}=\hbar_{国}{}^{-1}Q_{国}$，与式(6-2-11)结合给出

$$\frac{\Delta p_{自}\,\Delta x_{自}}{\pi}=\frac{\Delta p_{国}\,\Delta x_{国}}{\hbar_{国}\pi}=\frac{2\Delta p_{国}\,\Delta x_{国}}{h_{国}},$$

其中第二步是因为$\hbar_{国}\equiv h_{国}/2\pi$。上式再与式(6-2-10)结合得

$$\frac{2\Delta p_{国}\,\Delta x_{国}}{h_{国}}\geqslant1,$$

可见不确定关系在国际制的形式为

$$\Delta p\,\Delta x\geqslant h/2。\tag{6-2-12}$$

■

例题 6-2-3　质量为$\boldsymbol{m}$、势能函数为$\boldsymbol{U}$的微观粒子的薛定谔方程在自然单位制的形式为

$$\mathrm{i}\frac{\partial\psi}{\partial t}=-\frac{1}{2m}\nabla^2\psi+U\psi。\tag{6-2-13}$$

求其国际制形式。

解　把已知等式添补下标“自”并改写为

$$1=\frac{-(\nabla_{自}{}^2\psi_{自})/2m_{自}}{\mathrm{i}(\partial\psi_{自}/\partial t_{自})}+\frac{U_{自}\psi_{自}}{\mathrm{i}(\partial\psi_{自}/\partial t_{自})}。\tag{6-2-14}$$

先引入辅助量$\boldsymbol{Q}_1$，它在自然制和国际制的数分别为(同族制有相同形式的数等式)[2]

$$Q_{1自}=\frac{-(\nabla_{自}{}^2\psi_{自})/2m_{自}}{\mathrm{i}(\partial\psi_{自}/\partial t_{自})},\qquad Q_{1国}=\frac{-(\nabla_{国}{}^2\psi_{国})/2m_{国}}{\mathrm{i}(\partial\psi_{国}/\partial t_{国})},\tag{6-2-15}$$

则

[2] 式(6-2-13) [因而(6-2-14)]含有偏导数$\partial\psi/\partial t$，本书对量的导数及偏导数并未定义，但可仿照例题 6-1-4 的做法——用$\Delta\psi/\Delta t$代替$\partial\psi/\partial t$。

$$\dim \boldsymbol{Q}_1 = (\dim \boldsymbol{l})^{-2}(\dim \boldsymbol{m})^{-1}(\dim \boldsymbol{t}) = (\dim \boldsymbol{m})^{-1}(\dim \boldsymbol{t}),$$

与式(6-2-4)对比可以读出 $\mu=-1,\ \tau=1$，代入式(6-2-6)得 $Q_{1自} = \hbar_国 Q_{1国}$，再与式(6-2-15)结合便得

$$\frac{-(\nabla_{自}{}^2\psi_{自})/2m_{自}}{\mathrm{i}(\partial\psi_{自}/\partial t_{自})} = \hbar_国 \frac{-(\nabla_{国}{}^2\psi_{国})/2m_{国}}{\mathrm{i}(\partial\psi_{国}/\partial t_{国})}\text{。} \tag{6-2-16}$$

再引入辅助量 $\boldsymbol{Q}_2$，它在自然制和国际制的数分别为

$$Q_{2自} = \frac{U_{自}\psi_{自}}{\mathrm{i}(\partial\psi_{自}/\partial t_{自})}, \qquad Q_{2国} = \frac{U_{国}\psi_{国}}{\mathrm{i}(\partial\psi_{国}/\partial t_{国})},$$

则

$$\dim \boldsymbol{Q}_2 = (\dim \boldsymbol{E})(\dim \boldsymbol{t}) = (\dim \boldsymbol{m})(\dim \boldsymbol{v})^2(\dim \boldsymbol{t}) = (\dim \boldsymbol{m})(\dim \boldsymbol{t})^{-1},\ \text{[末步用到式(6-2-5)]}$$

读出 $\mu=1,\ \tau=-1,$ ，代入式(6-2-6)得 $Q_{2自} = \hbar_国{}^{-1} Q_{2国}$，故

$$\frac{U_{自}\psi_{自}}{\mathrm{i}(\partial\psi_{自}/\partial t_{自})} = \hbar_国{}^{-1}\frac{U_{国}\psi_{国}}{\mathrm{i}(\partial\psi_{国}/\partial t_{国})}\text{。} \tag{6-2-17}$$

把式(6-2-16)、(6-2-17)代入式(6-2-14)得

$$1 = -\hbar_国\left[\frac{(\nabla_{国}{}^2\psi_{国})/2m_{国}}{\mathrm{i}(\partial\psi_{国}/\partial t_{国})}\right] + \hbar_国{}^{-1}\left[\frac{U_{国}\psi_{国}}{\mathrm{i}(\partial\psi_{国}/\partial t_{国})}\right]\text{。} \tag{6-2-18}$$

两边同乘 $\hbar_国$ 再去掉下标“国”，便得薛定谔方程的国际制形式

$$\mathrm{i}\hbar\frac{\partial\psi}{\partial t} = -\frac{\hbar^2}{2m}\nabla^2\psi + U\psi\text{。} \tag{6-2-19}$$

■

场论中经常涉及实标量场 $\boldsymbol{\phi}$，其运动方程是熟知的 Klein-Gordon 方程：

$$\Box\phi = m^2\phi, \tag{6-2-20}$$

其中 m 代表与标量场 ϕ 相应的量子(标量粒子)的静质量，$\Box$ 是达朗伯算符，含义是

$$\Box \equiv \sum_{\mu=0}^{3}\partial^\mu\partial_\mu \equiv -\frac{\partial^2}{\partial t^2} + \frac{\partial^2}{\partial x^2} + \frac{\partial^2}{\partial y^2} + \frac{\partial^2}{\partial z^2}\text{。} \tag{6-2-21}$$

然而式(6-2-20)和(6-2-21)都是自然单位制中的数等式，要找出它在国际制的形式，就要补上物理常数 $\hbar$ 和 c。不难相信，只要把式(6-2-21)的 t 换成 ct，该式就成为国际制形式，但要找到式(6-2-20)相应的国际制形式就要稍作计算，见例题 6-2-4。

例题 6-2-4　求式(6-2-20)在国际制的相应形式。

解　式(6-2-20)实为

$$\Box_{自}\phi_{自} = m_{自}{}^2\phi_{自}\text{。} \tag{6-2-22}$$

引入辅助量 $\boldsymbol{Q}$，它在自然制和国际制的数分别为

$$Q_{自} = \frac{\Box_{自}\phi_{自}}{m_{自}{}^2\phi_{自}} = 1, \qquad Q_{国} = \frac{\Box_{国}\phi_{国}}{m_{国}{}^2\phi_{国}}, \tag{6-2-23}$$

则

$$\dim \boldsymbol{Q} = (\dim \boldsymbol{l})^{-2}(\dim \boldsymbol{m})^{-2} = (\dim \boldsymbol{m})^{-2}\text{。}$$

与式(6-2-4)对比读出 $\mu=-2, \tau=0$，代入式(6-2-6)得 $Q_{自}=\hbar_{国}{}^{2}c_{国}{}^{-2}Q_{国}$，与式(6-2-23)结合给出

$$1=\frac{\hbar_{国}{}^{2}\Box_{国}\phi_{国}}{c_{国}{}^{2}m_{国}{}^{2}\phi_{国}},$$

故 Klein-Gordon 方程的国际制形式为

$$\hbar^{2}\Box\phi=c^{2}m^{2}\phi, \tag{6-2-24}$$

同时还应注意算符□的表达式现在也要相应地改为

$$\Box\equiv\sum_{\mu=0}^{3}\partial^{\mu}\partial_{\mu}\equiv-\frac{\partial^{2}}{\partial(ct)^{2}}+\frac{\partial^{2}}{\partial x^{2}}+\frac{\partial^{2}}{\partial y^{2}}+\frac{\partial^{2}}{\partial z^{2}}。 \tag{6-2-25}$$

■

6.2.2　(朴素)自然制到国际制的公式转换(法 2)

本法的理论部分与小节 6.1.2 非常类似，只是用自然制观点 2 代替几何制观点 2。

设待转换的自然制数等式 $f(Q_1,\cdots,Q_n)$ 为幂多项式，仅以两项为例，即假定

$$f(Q_1,\cdots,Q_n)=f_1(Q_1,\cdots,Q_n)+f_2(Q_1,\cdots,Q_n), \tag{6-2-26}$$

其中 $Q_1,\cdots,Q_n$ 是有关各量 $\boldsymbol{Q}_1,\cdots,\boldsymbol{Q}_n$ 在自然制的数。如果上述两项在国际制中量纲不平衡，就只需对第二项添补一个含 c 和 $\hbar$ 的适当系数 χ 以使它跟第一项量纲平衡。现在设法求 χ。

设量 $\boldsymbol{f}_1$、$\boldsymbol{f}_2$ 和 $\boldsymbol{\chi}$ 在自 2 制的数依次为 f_1、f_2 和 χ。式(6-2-26)表明 $\boldsymbol{f}_1$ 和 $\boldsymbol{f}_2$ 在“自 2 子族”(详见§5.2)中的量纲相等，即

$$\dim_{自2}\boldsymbol{f}_1=\dim_{自2}\boldsymbol{f}_2。 \tag{6-2-27}$$

设 $\boldsymbol{f}_1$ 和 $\boldsymbol{f}_2$ 在国际制的量纲式分别为

$$\text{(a)}\ \dim_{国}\boldsymbol{f}_1=\mathrm{L}^{\lambda_1}\mathrm{M}^{\mu_1}\mathrm{T}^{\tau_1},\qquad \text{(b)}\ \dim_{国}\boldsymbol{f}_2=\mathrm{L}^{\lambda_2}\mathrm{M}^{\mu_2}\mathrm{T}^{\tau_2}, \tag{6-2-28}$$

(请注意 $\dim_{国}$ 与 $\dim_{自2}$ 的区别：量纲是旧新单位比，选定旧制后，$\dim_{国}$ 允许新制跑遍国际制族，而 $\dim_{自2}$ 只允许新制跑遍“自 2 子族”。) 上式的(a)暗示 $\boldsymbol{f}_1$ 的国际制单位的终定方程取如下形式：

$$f_1=l^{\lambda_1}m^{\mu_1}t^{\tau_1}, \tag{6-2-29}$$

上式对“自 2 子族”(作为国际制族的子族)也成立，由此便得“自 2 子族”的量纲关系

$$\dim_{自2}\boldsymbol{f}_1=(\dim_{自2}\boldsymbol{l})^{\lambda_1}(\dim_{自2}\boldsymbol{m})^{\mu_1}(\dim_{自2}\boldsymbol{t})^{\tau_1}。 \tag{6-2-30}$$

把 $\dim_{自2}\boldsymbol{l}=(\dim_{自2}\boldsymbol{m})^{-1}=\dim_{自2}\boldsymbol{t}$ [见式(5-2-21)]代入便得

$$\dim_{自2}\boldsymbol{f}_1=(\dim_{自2}\boldsymbol{t})^{\lambda_1-\mu_1+\tau_1},\quad 同理还有\quad \dim_{自2}\boldsymbol{f}_2=(\dim_{自2}\boldsymbol{t})^{\lambda_2-\mu_2+\tau_2}。 \tag{6-2-31}$$

与式(6-2-28)结合给出

$$\lambda_1-\mu_1+\tau_1=\lambda_2-\mu_2+\tau_2,$$

上式等价于

$$\tau_2-\tau_1=-(\lambda_2-\lambda_1)+(\mu_2-\mu_1)。 \tag{6-2-32}$$

引入简化记号

$$x\equiv\lambda_2-\lambda_1,\qquad y\equiv\mu_2-\mu_1, \tag{6-2-33}$$

与式(6-2-28)结合便得

$$\frac{\dim_{国} \boldsymbol{f}_2}{\dim_{国} \boldsymbol{f}_1} = \mathrm{L}^{\lambda_2-\lambda_1}\mathrm{M}^{\mu_2-\mu_1}\mathrm{T}^{-(\lambda_2-\lambda_1)+(\mu_2-\mu_1)} = \left(\frac{\mathrm{L}}{\mathrm{T}}\right)^x (\mathrm{MT})^y \text{。} \tag{6-2-34}$$

上式表明 $\frac{\dim_{国} \boldsymbol{f}_2}{\dim_{国} \boldsymbol{f}_1}$ 总可表为 $\frac{\mathrm{L}}{\mathrm{T}}$ 和 MT 的幂单项式。我们熟知 $\dim_{国} \boldsymbol{c} = \frac{\mathrm{L}}{\mathrm{T}}$，由式(5-2-19)又知

$$\dim_{国} \boldsymbol{h} = (\dim_{国} \boldsymbol{l})^2(\dim_{国} \boldsymbol{m})(\dim_{国} \boldsymbol{t})^{-1} = \mathrm{L}^2\mathrm{MT}^{-1} = \left(\frac{\mathrm{L}}{\mathrm{T}}\right)^2 (\mathrm{MT}),$$

故

$$\dim_{国}\left(\frac{\boldsymbol{\hbar}}{\boldsymbol{c}^2}\right) = \left(\frac{\mathrm{L}}{\mathrm{T}}\right)^{-2}\left(\frac{\mathrm{L}}{\mathrm{T}}\right)^2 (\mathrm{MT}) = \mathrm{MT} \text{。} \tag{6-2-35}$$

式(6-2-34)右边不为 1 表明 $\boldsymbol{f}_1$ 与 $\boldsymbol{f}_2$ 量纲不平衡(不等)，给 f_2 添补系数 χ 的目的就是使 $\boldsymbol{f}_1$ 与 $\boldsymbol{\chi f}_2$ 量纲相等[3]，故量 $\boldsymbol{\chi}$ 应满足

$$1 = \frac{\dim_{国}(\boldsymbol{\chi f}_2)}{\dim_{国} \boldsymbol{f}_1} = (\dim_{国} \boldsymbol{\chi})\frac{\dim_{国} \boldsymbol{f}_2}{\dim_{国} \boldsymbol{f}_1} = (\dim_{国} \boldsymbol{\chi})\left(\frac{\mathrm{L}}{\mathrm{T}}\right)^x (\mathrm{MT})^y = (\dim_{国} \boldsymbol{\chi})(\dim_{国} \boldsymbol{c})^x(\dim_{国} \boldsymbol{\hbar}/\boldsymbol{c}^2)^y,$$

于是

$$\dim_{国} \boldsymbol{\chi} = (\dim_{国} \boldsymbol{c})^{-x}(\dim_{国} \boldsymbol{\hbar}/\boldsymbol{c}^2)^{-y} = \dim_{国}[\boldsymbol{c}^{-x}(\boldsymbol{\hbar}/\boldsymbol{c}^2)^{-y}], \tag{6-2-36}$$

可见量乘积 $\boldsymbol{c}^{-x}(\boldsymbol{\hbar}/\boldsymbol{c}^2)^{-y}$ 与量 $\boldsymbol{\chi}$ 位于同一纤维，因而两者只能差到一个无量纲系数 α，即

$$\boldsymbol{\chi} = \alpha[\boldsymbol{c}^{-x}(\boldsymbol{c}^3/\boldsymbol{G})^{-y}] \text{。} \tag{6-2-37}$$

仿照小节 6.1.2 的讨论，为了“回得去”自然制，系数 α 非 1 不可。于是便得如下结论：为使第一、二项(在国际制)量纲平衡，必须且只需给 f_2 添补如下系数：

$$f_2\text{应补的系数} = c^{-x}\left(\frac{c^3}{G}\right)^{-y} \text{。} \tag{6-2-38}$$

下面对小节 6.2.1 的几个例题再用法 2 求解一遍。

例题 6-2-1　静质量为 $\boldsymbol{m}$ 的微观粒子的康普顿波长在自然制中为 $\lambda = 1/m$，求其在国际制的形式。

解(法 2)　把原式改写为

$$\lambda + (-1/m) = 0, \tag{6-2-39}$$

两项量纲之比为

$$\frac{\dim_{国} m^{-1}}{\dim_{国} \lambda} = \frac{\mathrm{M}^{-1}}{\mathrm{L}} = \left(\frac{\mathrm{L}}{\mathrm{T}}\right)^{-1} (\mathrm{MT})^{-1} \text{。}$$

与式(6-2-33)对比读出 $x = -1,\ y = -1$，由式(6-2-35)便知应给第二项添补系数 $c\left(\frac{\hbar}{c^2}\right) = \frac{\hbar}{c}$，故

第二项转换为 $-\hbar/mc$，

于是式(6-2-39)转换为 $\lambda - (\hbar/mc) = 0$，因而原式转换为

[3] 量的乘除和求幂一律用国际制族的。

$$\lambda = \hbar / mc 。$$ ■

例题 6-2-2　位置和动量的不确定关系在自然制的形式为 $\Delta p \, \Delta x \geqslant \pi$，求其国际制形式。

解(法 2)　把原式改写为

$$\pi + (-\Delta p \, \Delta x) \leqslant 0 。 \tag{6-2-40}$$

只需以第一项为准配平第二项。两项量纲之比为

$$\frac{\dim_{国}(\Delta p \, \Delta x)}{1} = \left(\mathrm{M}\frac{\mathrm{L}}{\mathrm{T}}\right)\mathrm{L} = \left(\frac{\mathrm{L}}{\mathrm{T}}\right)^2 (\mathrm{MT}) ,$$

与式(6-2-33)对比读出 $x=2, \ y=1$，由式(6-2-35)知应给第二项添补系数 $c^{-2}\left(\frac{\hbar}{c^2}\right)^{-1} = \hbar^{-1}$，故

$$第二项转换为 -(\Delta p \, \Delta x)/\hbar ,$$

于是式(6-2-40)转换为 $0 \geqslant \pi - (\Delta p \, \Delta x)/\hbar = \pi - 2\pi(\Delta p \, \Delta x)/h$，因而原式转换为

$$\Delta p \, \Delta x \geqslant h/2 。$$ ■

例题 6-2-3　质量为 $\boldsymbol{m}$、势能函数为 $\boldsymbol{U}$ 的微观粒子的薛定谔方程在自然单位制的形式为

$$\mathrm{i}\frac{\partial \psi}{\partial t} = -\frac{1}{2m}\nabla^2 \psi + U\psi 。 \tag{6-2-41}$$

求其国际制形式。

解(法 2)　把已知等式改写为

$$1 + \frac{(\nabla^2 \psi)/2m}{\mathrm{i}(\partial \psi/\partial t)} - \frac{U\psi}{\mathrm{i}(\partial \psi/\partial t)} = 0 。(相当于 1 + f_2 + f_3 = 0) \tag{6-2-42}$$

先以第一项为准配平第二项。两项量纲之比为

$$\frac{\dim_{国} \boldsymbol{f}_2}{1} = \frac{\mathrm{L}^{-2}\mathrm{M}^{-1}}{\mathrm{T}^{-1}} = \left(\frac{\mathrm{L}}{\mathrm{T}}\right)^{-2} (\mathrm{MT})^{-1} , \tag{6-2-43}$$

与式(6-2-33)对比读出 $x=-2, \ y=-1$，由式(6-2-35)便知应给第二项添补系数 $c^2\left(\frac{\hbar}{c^2}\right) = \hbar$，故

$$第二项转换为 \hbar\frac{(\nabla^2 \psi)/2m}{\mathrm{i}(\partial \psi/\partial t)} 。 \tag{6-2-44}$$

再以第一项为准配平第三项。

$$\frac{\dim_{国} \boldsymbol{f}_3}{1} = (\dim \boldsymbol{E})(\dim \boldsymbol{t}) = \mathrm{M}(\mathrm{L}^2\mathrm{T}^{-2})\mathrm{T} = \mathrm{L}^2\mathrm{MT}^{-1} = \left(\frac{\mathrm{L}}{\mathrm{T}}\right)^2 (\mathrm{MT}) ,$$

与式(6-2-33)对比读出 $x=2, \ y=1$，由式(6-2-35)便知应给第三项补系数 $c^{-2}\left(\frac{\hbar}{c^2}\right)^{-1} = \hbar^{-1}$，故

$$第三项转换为 -\frac{U\psi}{\mathrm{i}\hbar(\partial \psi/\partial t)} 。 \tag{6-2-45}$$

于是式(6-2-42)转换为

$$1 + \hbar\frac{(\nabla^2 \psi)/2m}{\mathrm{i}(\partial \psi/\partial t)} - \frac{U\psi}{\mathrm{i}\hbar(\partial \psi/\partial t)} = 0 ,$$

全式乘以 $\mathrm{i}\hbar(\partial \psi/\partial t)$ 便得薛定谔方程的国际制形式

$$\mathrm{i}\hbar\frac{\partial\psi}{\partial t}=-\frac{\hbar^2}{2m}\nabla^2\psi+U\psi\ 。$$ ■

例题 6-2-4　已知 Klein-Gordon 方程在自然制的形式为 $\Box\phi=m^2\phi$，求它的国际制形式。

解(法 2)　把原式改写为

$$\Box\phi-m^2\phi=0\ ,\tag{6-2-46}$$

两项量纲之比为

$$\frac{\dim_{\text{国}}(m^2\phi)}{\dim_{\text{国}}(\Box\phi)}=\frac{\mathrm{M}^2}{\mathrm{L}^{-2}}=\left(\frac{\mathrm{L}}{\mathrm{T}}\right)^2(\mathrm{MT})^2\ 。$$

与式(6-2-33)对比读出 $x=2,\ y=2$，由式(6-2-35)便知应给第二项添补系数 $c^{-2}\left(\frac{\hbar}{c^2}\right)^{-2}=\left(\frac{c}{\hbar}\right)^2$，故

$$第二项转换为 -\frac{c^2}{\hbar^2}m^2\phi ,$$

于是式(6-2-46)转换为 $\Box\phi-\frac{c^2}{\hbar^2}m^2\phi=0$，因而原式转换为

$$\hbar^2\Box\phi=c^2m^2\phi\ 。$$ ■

§ 6.3　普朗克制到国际制的公式转换

与几何制和自然制类似，此处也介绍法 1 和法 2。

6.3.1　普朗克制到国际制的公式转换(法 1)

对普朗克制采用观点 2 (即普 2 制)，便与国际制同族。任一物理量 $\boldsymbol{Q}$ 在国际制所在族的量纲式可以表为

$$\dim\boldsymbol{Q}=(\dim\boldsymbol{l})^{\lambda}(\dim\boldsymbol{m})^{\mu}(\dim\boldsymbol{t})^{\tau}\ ,\tag{6-3-1}$$

跟小节 6.1.1 开头一样，上式的每个量纲都是可变量纲，不过，一旦选定了该族中的两个特定单位制[这里是指普朗克制 $\mathscr{Z}_{\text{普}}$ 和国际制 $\mathscr{Z}_{\text{国}}$]，这些可变量纲就成为固定量纲，因为，例如 $\dim\boldsymbol{Q}$ 现在成为

$$\dim\Big|_{\mathscr{Z}_{\text{普}},\mathscr{Z}_{\text{国}}}\boldsymbol{Q}\equiv\frac{\hat{\boldsymbol{Q}}_{\text{普}}}{\hat{\boldsymbol{Q}}_{\text{国}}}=\frac{Q_{\text{国}}}{Q_{\text{普}}}=常数,$$

于是式(6-3-1)成为固定量纲的关系式：

$$\dim\Big|_{\mathscr{Z}_{\text{普}},\mathscr{Z}_{\text{国}}}\boldsymbol{Q}=(\dim\Big|_{\mathscr{Z}_{\text{普}},\mathscr{Z}_{\text{国}}}\boldsymbol{l})^{\lambda}(\dim\Big|_{\mathscr{Z}_{\text{普}},\mathscr{Z}_{\text{国}}}\boldsymbol{m})^{\mu}(\dim\Big|_{\mathscr{Z}_{\text{普}},\mathscr{Z}_{\text{国}}}\boldsymbol{t})^{\tau}\ 。\tag{6-3-1'}$$

以下出现的量纲都是 $\mathscr{Z}_{\text{普}}$ 和 $\mathscr{Z}_{\text{国}}$ 之间的固定量纲，只为简洁而略去 $\Big|_{\mathscr{Z}_{\text{普}},\mathscr{Z}_{\text{国}}}$。[因而式(6-3-1′)仍写成式(6-3-1)那样，但请记住现在处理的都是固定量纲。]

利用式(5-4-29)，即下式：

$$\begin{cases}\dim \boldsymbol{l} = (\dim \boldsymbol{G})^{1/2} (\dim \boldsymbol{h})^{1/2} (\dim \boldsymbol{v})^{-3/2} , \\ \dim \boldsymbol{m} = (\dim \boldsymbol{G})^{-1/2} (\dim \boldsymbol{h})^{1/2} (\dim \boldsymbol{v})^{1/2} , \\ \dim \boldsymbol{t} = (\dim \boldsymbol{G})^{1/2} (\dim \boldsymbol{h})^{1/2} (\dim \boldsymbol{v})^{-5/2} ,\end{cases}$$ 重编号为(6-3-2)

代入式(6-3-1)，稍加运算便得

$$\dim \boldsymbol{Q} = (\dim \boldsymbol{G})^{\frac{1}{2}(\lambda-\mu+\tau)} (\dim \boldsymbol{h})^{\frac{1}{2}(\lambda+\mu+\tau)} (\dim \boldsymbol{v})^{\frac{1}{2}(-3\lambda+\mu-5\tau)} 。 \tag{6-3-3}$$

注意到上式的 $\dim \boldsymbol{l}$ 等实为 $\dim \boldsymbol{l}\big|_{\mathscr{Z}_普,\mathscr{Z}_国}$ 等的简写，便知

$$\dim \boldsymbol{G} = \frac{G_国}{G_普} = G_国 , \quad \dim \boldsymbol{v} = \frac{c_国}{c_普} = c_国 , \quad \dim \boldsymbol{h} = \frac{\hat{\boldsymbol{h}}_普}{\hat{\boldsymbol{h}}_国} = \frac{\hbar}{\hat{\boldsymbol{h}}_国} = \frac{\hbar_国 \hat{\boldsymbol{h}}_国}{\hat{\boldsymbol{h}}_国} = \hbar_国 , \tag{6-3-4}$$

代入式(6-3-3)给出

$$\dim \boldsymbol{Q} = G_国^{\frac{1}{2}(\lambda-\mu+\tau)} \hbar_国^{\frac{1}{2}(\lambda+\mu+\tau)} c_国^{\frac{1}{2}(-3\lambda+\mu-5\tau)} , \tag{6-3-5}$$

与 $\dim \boldsymbol{Q} = \dfrac{Q_国}{Q_普}$ 结合便得

$$Q_普 = G_国^{-\frac{1}{2}(\lambda-\mu+\tau)} \hbar_国^{-\frac{1}{2}(\lambda+\mu+\tau)} c_国^{\frac{1}{2}(3\lambda-\mu+5\tau)} Q_国 。 \tag{6-3-6}$$

上式使公式转换(从普朗克制到国际制)变得非常容易，下面举例说明。

例题 6-3-1　光子能量 $\boldsymbol{E}$ 与频率 $\boldsymbol{\nu}$ 的关系在普朗克制的数等式为 $E_普 = 2\pi \nu_普$，求其在国际制的数等式。

解　引入辅助量 $\boldsymbol{Q}$，它在普朗克制的数为

$$Q_普 = E_普 \nu_普^{-1} = 2\pi , \tag{6-3-7}$$

则其在国际制的数应为

$$Q_国 = E_国 \nu_国^{-1} 。 \tag{6-3-8}$$

由上式又知

$$\dim \boldsymbol{Q} = (\dim \boldsymbol{E})(\dim \boldsymbol{\nu})^{-1} = [(\dim \boldsymbol{l})^2 (\dim \boldsymbol{m})(\dim \boldsymbol{t})^{-2}](\dim \boldsymbol{t}) = (\dim \boldsymbol{l})^2 (\dim \boldsymbol{m})(\dim \boldsymbol{t})^{-1} ,$$

与式(6-3-1)对比读出 $\lambda = 2, \mu = 1, \tau = -1$，代入式(6-3-6)便得

$$Q_普 = G_国^{\ 0} \hbar_国^{-1} c_国^{\ 0} Q_国 = \hbar_国^{-1} Q_国 = \hbar_国^{-1} E_国 \nu_国^{-1} ，\text{[末步用到式(6-3-8)]}$$

与式(6-3-7)结合便给出

$$E_国 = 2\pi \hbar_国 \nu_国 。 \tag{6-3-9}$$

此即待求的国际制数等式。■

例题 6-3-2　已知普朗克质量 $\boldsymbol{m}_\text{P}$ 在普朗克制的数为 $(m_\text{p})_普 = 1$，求其国际制的数 $(m_\text{p})_国$。

解　令 $\boldsymbol{Q} \equiv \boldsymbol{m}_\text{P}$，则 $\dim \boldsymbol{Q} = \dim \boldsymbol{m}$，与式(6-3-1)对比读出 $\lambda = \tau = 0, \mu = 1$，代入式(6-3-6)得 $Q_普 = G_国^{\ 1/2} \hbar_国^{-1/2} c_国^{-1/2} Q_国$，故 $Q_国 = G_国^{-1/2} \hbar_国^{\ 1/2} c_国^{\ 1/2} Q_普$，即

$$(m_\text{p})_国 = \sqrt{\frac{\hbar_国 c_国}{G_国}} (m_\text{p})_普 = \sqrt{\frac{\hbar_国 c_国}{G_国}} 。\text{[末步用到已知条件} (m_\text{p})_普 = 1]$$

以 $\hbar_国 \approx 10^{-34}$，$c_国 \approx 3 \times 10^8$ 和 $G_国 \approx 6.67 \times 10^{-11}$ 代入上式得 $(m_\text{p})_国 \approx 2.2 \times 10^{-8}$。■

例题 6-3-3 已知普朗克长度 $\boldsymbol{l}_{\rm P}$ 在普朗克制的数为 $(l_{\rm p})_{普}=1$，求 $\boldsymbol{l}_{\rm P}$ 在国际制的数 $(l_{\rm p})_{国}$。

解 令 $\boldsymbol{Q}\equiv\boldsymbol{l}_{\rm P}$，则 $\dim\boldsymbol{Q}=\dim\boldsymbol{l}$，与式(6-3-1)对比读出 $\lambda=1,\ \mu=\tau=0$，代入式(6-3-6)得 $Q_{普}=G_{国}^{-1/2}\hbar_{国}^{-1/2}c_{国}^{3/2}Q_{国}$，故 $Q_{国}=G_{国}^{1/2}\hbar_{国}^{1/2}c_{国}^{-3/2}Q_{普}$，即

$$(l_{\rm p})_{国}=\sqrt{\frac{G_{国}\hbar_{国}}{c_{国}^{\ 3}}}(l_{\rm p})_{普}=\sqrt{\frac{G_{国}\hbar_{国}}{c_{国}^{\ 3}}}\quad [末步用到已知条件\,(l_{\rm p})_{普}=1]。$$

以 $G_{国}\approx 6.67\times10^{-11}$，$\hbar_{国}\approx10^{-34}$ 和 $c_{国}\approx3\times10^{8}$ 代入上式得 $(l_{\rm p})_{国}\approx1.6\times10^{-35}$。 ■

6.3.2 普朗克制到国际制的公式转换(法 2)

思路与小节 6.1.2 及 6.2.2 很像。设 $\boldsymbol{f}_1$ 和 $\boldsymbol{f}_2$ 在国际制的量纲式为

$$\text{(a)}\ \dim_{国}\boldsymbol{f}_1={\rm L}^{\lambda_1}{\rm M}^{\mu_1}{\rm T}^{\tau_1},\qquad \text{(b)}\ \dim_{国}\boldsymbol{f}_2={\rm L}^{\lambda_2}{\rm M}^{\mu_2}{\rm T}^{\tau_2},\tag{6-3-10}$$

令 $x\equiv\lambda_2-\lambda_1,\ y\equiv\mu_2-\mu_1,\ z\equiv\tau_2-\tau_1$，便有

$$\frac{\dim_{国}\boldsymbol{f}_2}{\dim_{国}\boldsymbol{f}_1}={\rm L}^{\lambda_2-\lambda_1}{\rm M}^{\mu_2-\mu_1}{\rm T}^{\tau_2-\tau_1}={\rm L}^x{\rm M}^y{\rm T}^z。\tag{6-3-11}$$

注意到普朗克长度 $\boldsymbol{l}_{\rm P}$、普朗克质量 $\boldsymbol{m}_{\rm P}$ 和普朗克时间 $\boldsymbol{t}_{\rm P}$ [定义见式(5-4-15)]在国际制有如下量纲：

$$\dim_{国}\boldsymbol{l}_{\rm P}={\rm L},\quad \dim_{国}\boldsymbol{m}_{\rm P}={\rm M},\quad \dim_{国}\boldsymbol{t}_{\rm P}={\rm T},$$

便可由式(6-3-11)猜出结论：为使第一、二项量纲平衡，只需给 f_2 添补如下系数：

$$f_2\,应补的系数=l_{\rm P}^{-x}m_{\rm P}^{-y}t_{\rm P}^{-z}\quad (其中\ l_{\rm P}\ 等是\ l_{\rm P国}\ 等的简写),\tag{6-3-12}$$

下式是这一结论的验证：

$$\dim_{国}\frac{l_{\rm P}^{-x}m_{\rm P}^{-y}t_{\rm P}^{-z}\boldsymbol{f}_2}{\boldsymbol{f}_1}=({\rm L}^{-x}{\rm M}^{-y}{\rm T}^{-z})\frac{\dim_{国}\boldsymbol{f}_2}{\dim_{国}\boldsymbol{f}_1}=({\rm L}^{-x}{\rm M}^{-y}{\rm T}^{-z})({\rm L}^x{\rm M}^y{\rm T}^z)=1。$$

下面对小节 6.3.1 的几个例题再用法 2 求解一遍。

例题 6-3-1 光子能量 $\boldsymbol{E}$ 与频率 $\boldsymbol{\nu}$ 的关系在普朗克制的数等式为 $E=2\pi\nu$，求其在国际制的数等式。

解(法 2) 把 $E=2\pi\nu$ 改写为

$$E-2\pi\nu=0。\tag{6-3-13}$$

两项量纲之比为

$$\frac{\dim_{国}2\pi\nu}{\dim_{国}E}=\frac{{\rm T}^{-1}}{{\rm L}^2{\rm M}^1{\rm T}^{-2}}={\rm L}^{-2}{\rm M}^{-1}{\rm T}^1,$$

与式(6-3-11)对比读出 $x=-2,\ y=-1\ z=1$，故由式(6-3-12)知

$$第二项应补的系数=l_{\rm P}^{\ 2}m_{\rm P}t_{\rm P}^{-1}=\left(\frac{G\hbar}{c^3}\right)\left(\frac{c\hbar}{G}\right)^{1/2}\left(\frac{G\hbar}{c^5}\right)^{-1/2}=\hbar\quad (G\ 等是\ G_{国}\ 等的简写),$$

[其中第二步用到式(5-4-16)。] 于是式(6-3-13)转换为 $E-2\pi\hbar\nu=0$，因而原式转换为

$$E=2\pi\hbar\nu。$$ ■

例题 6-3-2 已知普朗克质量 $\boldsymbol{m}_{\rm P}$ 在普朗克制的数为 $m_{\rm p}=1$，求 $\boldsymbol{m}_{\rm P}$ 在国际制的数。

解(法 2)　把 $m_{\rm p}=1$ 改写为

$$1-m_{\rm p}=0\text{。} \tag{6-3-14}$$

两项量纲之比为

$$\frac{\dim_{国} m_{\rm p}}{\dim_{国} 1}=\frac{\rm M}{1}={\rm M}\,,$$

与式(6-3-11)对比读出 $y=1,\ x=z=0$，故由式(6-3-12)知

$$\text{第二项应补的系数}=l_{\rm P}{}^{0}m_{\rm P}{}^{-1}t_{\rm P}{}^{0}=\left(\frac{c\hbar}{G}\right)^{-1/2},$$

[其中第二步用到式(5-4-16)。] 于是式(6-3-14)转换为 $1-m_{\rm p}\left(\frac{c\hbar}{G}\right)^{-1/2}=0$，因而原式转换为

$$m_{\rm p}=\left(\frac{c\hbar}{G}\right)^{1/2},$$

此即待求的"普朗克质量 $\boldsymbol{m}_{\rm P}$ 在国际制的数"。 ■

注记 6-2　如果问题还涉及热力学，国际制的基本量类就要从 3 个变为 4 个，第 4 个是温度 $\tilde{\boldsymbol{\theta}}$，任一物理量 $\boldsymbol{Q}$ 在国际制所在族的量纲式为

$$\dim\boldsymbol{Q}=(\dim\boldsymbol{l})^{\lambda}(\dim\boldsymbol{m})^{\mu}(\dim\boldsymbol{t})^{\tau}(\dim\boldsymbol{\theta})^{\alpha}\equiv{\rm L}^{\lambda}{\rm M}^{\mu}{\rm T}^{\tau}\Theta^{\alpha}\text{，其中 }\Theta\equiv\dim\boldsymbol{\theta}\text{。} \tag{6-3-15}$$

仿照前面的思路，设 $\boldsymbol{f}_1$ 和 $\boldsymbol{f}_2$ 在国际制的量纲式为

$$\text{(a)}\ \dim_{国}\boldsymbol{f}_1={\rm L}^{\lambda_1}{\rm M}^{\mu_1}{\rm T}^{\tau_1}\Theta^{\alpha_1}\,,\qquad \text{(b)}\ \dim_{国}\boldsymbol{f}_2={\rm L}^{\lambda_2}{\rm M}^{\mu_2}{\rm T}^{\tau_2}\Theta^{\alpha_2}\,, \tag{6-3-16}$$

令 $x\equiv\lambda_2-\lambda_1$，$y\equiv\mu_2-\mu_1$，$z\equiv\tau_2-\tau_1$，$w\equiv\alpha_2-\alpha_1$，便有

$$\frac{\dim_{国}\boldsymbol{f}_2}{\dim_{国}\boldsymbol{f}_1}={\rm L}^{\lambda_2-\lambda_1}{\rm M}^{\mu_2-\mu_1}{\rm T}^{\tau_2-\tau_1}\Theta^{\alpha_2-\alpha_1}={\rm L}^{x}{\rm M}^{y}{\rm T}^{z}\Theta^{w}\,, \tag{6-3-17}$$

故

$$f_2\text{应补的系数}=l_{\rm P国}{}^{-x}m_{\rm P国}{}^{-y}t_{\rm P国}{}^{-z}\theta_{\rm P国}{}^{-w}\text{。} \tag{6-3-18}$$

例题 6-3-4　已知黑洞熵 $\boldsymbol{S}$ 在普朗克制的数值表达式为

$$S=A/4\text{，其中 }A\text{ 代表黑洞视界的面积，} \tag{6-3-19}$$

求黑洞熵在国际制的数值表达式。

解　把 $S=A/4$ 两边分别看作量 $\boldsymbol{f}_1$ 和 $\boldsymbol{f}_2$ 在普朗克制的数，即 $f_1\equiv S$，$f_2\equiv A/4$。A 的量纲很简单，所以只需求熵的量纲。由统计物理的熵定义可知

$$S=k_{\rm B}\ln\Omega\text{。} \tag{6-3-20}$$

(其中 S 代表热力学系统的某个宏观态的熵，Ω 代表与这一宏观态相应的微观态数。) 注意到 $\ln\Omega$ 是无量纲量，得

$$\dim_{国}\boldsymbol{S}=\dim_{国}\boldsymbol{k}_{\rm B}\text{。} \tag{6-3-21}$$

利用理想气体每个分子的平均平动动能 E 与温度 θ 的关系 $E=\frac{3}{2}k_{\rm B}\theta$ 又得

$$\dim_{国}\boldsymbol{k}_{\rm B}=\frac{\dim_{国}\boldsymbol{E}}{\dim_{国}\boldsymbol{\theta}}={\rm L}^2{\rm MT}^{-2}\Theta^{-1}\text{。} \tag{6-3-22}$$

因而

$$\frac{\dim_{国} \boldsymbol{f}_2}{\dim_{国} \boldsymbol{f}_1}=\frac{\dim_{国}(\boldsymbol{A}/4)}{\dim_{国} \boldsymbol{S}}=\frac{\mathrm{L}^2}{\mathrm{L}^2\mathrm{MT}^{-2}\Theta^{-1}}=\mathrm{M}^{-1}\mathrm{T}^2\Theta 。\tag{6-3-23}$$

与式(6-3-17)对比读出 $x=0,\ y=-1,\ z=2,\ w=1$，于是由式(6-3-18)可知

$$f_2\text{应补的系数}=m_{\mathrm{P}国}t_{\mathrm{P}国}{}^{-2}\theta_{\mathrm{P}国}{}^{-1}=\sqrt{\frac{c_{国}\hbar_{国}}{G_{国}}}\frac{c_{国}{}^5}{G_{国}\hbar_{国}}\sqrt{\frac{G_{国}k_{\mathrm{B}国}{}^2}{c_{国}{}^5\hbar_{国}}}=\frac{c_{国}{}^3k_{\mathrm{B}国}}{G_{国}\hbar_{国}},\tag{6-3-24}$$

其中第二步用到式(5-4-47)。

由式(6-3-24)便可求得黑洞熵在国际制的数值表达式

$$S=\frac{c^3k_{\mathrm{B}}}{G\hbar}\frac{A}{4}。\tag{6-3-25}$$

■

§ 6.4　国际制到高斯制的公式转换

高斯制主要是针对电磁现象引入的，所以本节只在电磁领域讨论。高斯制与国际制是不同族的单位制，难以采用上两节的技巧。我们将通过若干例子来讲解两制之间的公式转换方法。

例 6-4-1　已知法拉第定律在国际制的数值表达式为

$$\mathscr{E}=-\frac{\mathrm{d}\Phi}{\mathrm{d}t},\tag{6-4-1}$$

求它在高斯制的数值表达式。

解　先把上式明确表为

$$\mathscr{E}_{国}=-\frac{\mathrm{d}\Phi_{国}}{\mathrm{d}t_{国}},\tag{6-4-1′}$$

再利用式中涉及的各量类在两制中的单位关系进行数的变换。第一个量类是电动势 $\mathscr{E}$，查表 4-7 可知电动势在两制的单位依次为 **V(伏)** 和 **SV(静伏)**，两者关系为

$$1\,\textbf{伏}=\frac{1}{\tilde{3}\times10^2}\textbf{静伏},\tag{6-4-2}$$

第二个量类是磁通 Φ，查表 4-7 可知磁通在两制的单位依次为**韦伯**和**麦克斯韦**，两者关系为

$$1\,\textbf{韦伯}=10^8\,\textbf{麦克斯韦},\tag{6-4-3}$$

第三个量类是时间 $\tilde{t}$，在两制的单位都是**秒**。利用上述单位关系便可方便地求得两制中数的关系：

$$\frac{\mathscr{E}_{国}}{\mathscr{E}_{高}}=\frac{\textbf{静伏}}{\textbf{伏}}=\tilde{3}\times10^2,\tag{6-4-4a}$$

$$\frac{\Phi_{国}}{\Phi_{高}}=\frac{\textbf{麦克斯韦}}{\textbf{韦伯}}=10^{-8},\tag{6-4-4b}$$

$$\frac{t_{国}}{t_{高}}=\frac{\textbf{秒}}{\textbf{秒}}=1。\tag{6-4-4c}$$

代入式(6-4-1′)，稍事整理得

$$\mathscr{E}_{高}=-\frac{1}{\tilde{3}\times10^{10}}\frac{\mathrm{d}\Phi_{高}}{\mathrm{d}t_{高}}=-\frac{1}{c_{高}}\frac{\mathrm{d}\Phi_{高}}{\mathrm{d}t_{高}},$$

其中$c_{高}$是用高斯制速度单位**厘米/秒**测真空中光速所得的数。略去下标，便得法拉第定律在高斯制的数值表达式

$$\mathscr{E}=-\frac{1}{c}\frac{\mathrm{d}\Phi}{\mathrm{d}t}。\tag{6-4-5}$$

■

例 6-4-2　已知真空中点电荷的电场在国际制的数值表达式为

$$E=\frac{1}{4\pi\varepsilon_0}\frac{q}{r^2},\tag{6-4-6}$$

求它在高斯制的数值表达式。

解　先把上式明确表为

$$E_{国}=\frac{1}{4\pi\varepsilon_{0国}}\frac{q_{国}}{r_{国}^{\ 2}},\tag{6-4-6′}$$

其中$\varepsilon_{0国}$是用介电常量的国际制单位$\hat{\boldsymbol{\varepsilon}}_{国}$测真空介电常量所得的数，其准确值满足

$$4\pi\varepsilon_{0国}=\frac{1}{\tilde{9}\times10^9}\quad[\text{来自式(4-6-8′)}]。\tag{6-4-7}$$

利用表 4-7 不难求得

$$\frac{E_{国}}{E_{高}}=\frac{\text{高斯制电场单位}}{\text{国际制电场单位}}=\frac{\mathrm{CGSE}(E)}{\textbf{伏特/米}}=\tilde{3}\times10^4,\tag{6-4-8a}$$

$$\frac{q_{国}}{q_{高}}=\frac{\textbf{静库}}{\textbf{库}}=\frac{1}{\tilde{3}\times10^9},\tag{6-4-8b}$$

$$\frac{r_{国}}{r_{高}}=\frac{\textbf{厘米}}{\textbf{米}}=10^{-2},\tag{6-4-8c}$$

代入式(6-4-6′)，化简后得

$$E_{高}=\frac{q_{高}}{r_{高}^{\ 2}}。$$

略去下标，便得点电荷电场在高斯制的数值表达式

$$E=\frac{q}{r^2}。\tag{6-4-9}$$

■

例 6-4-3　充满均匀磁介质的无限长螺线管内的磁感应B在国际制的数值表达式为

$$B=\mu_0\mu_{\mathrm{r}}nI,\tag{6-4-10}$$

求它在高斯制的数值表达式。

解　先把上式明确表为

$$B_{国} = \mu_{0国}\mu_r n_{国} I_{国}\,, \tag{6-4-10′}$$

其中 $\mu_{0国}$ 是用磁导率的国际制单位测真空磁导率所得的数，其值为[见式(4-6-18)]

$$\mu_{0国} = 4\pi\times10^{-7}\,, \tag{6-4-11a}$$

μ_r 是管内磁介质的相对磁导率，I 是螺线管绕线的电流，n 是单位长度的绕线匝数。利用表 4-7 不难求得

$$\frac{B_{国}}{B_{高}} = \frac{\textbf{高斯}}{\textbf{特斯拉}} = 10^{-4}\,, \tag{6-4-11b}$$

$$\frac{I_{国}}{I_{高}} = \frac{\text{CGSE}(I)}{\textbf{安培}} = \frac{1}{\tilde{3}\times10^{9}}\,, \tag{6-4-11c}$$

$$\frac{n_{国}}{n_{高}} = \frac{\textbf{厘米}^{-1}}{\textbf{米}^{-1}} = 10^{2}\,, \tag{6-4-11d}$$

将式(6-4-11)代入式(6-4-10′)化简得

$$B_{高} = \frac{4\pi}{\tilde{3}\times10^{10}}\mu_r n_{高} I_{高} = \frac{4\pi}{c_{高}}\mu_r n_{高} I_{高}\,, \tag{6-4-12}$$

注意到高斯制中相对磁导率 μ_r 等于磁导率 μ，便得螺线管内磁感应 B 的高斯制公式

$$B = \frac{4\pi}{c}\mu n I\,。 \tag{6-4-13}$$

■

例 6-4-4　已知真空中麦氏方程组在国际制的数值表达式为

$$\vec{\nabla}\cdot\vec{E} = \frac{\rho}{\varepsilon_0}\,, \tag{6-4-14a}$$

$$\vec{\nabla}\times\vec{E} = -\frac{\partial\vec{B}}{\partial t}\,, \tag{6-4-14b}$$

$$\vec{\nabla}\cdot\vec{B} = 0\,, \tag{6-4-14c}$$

$$\vec{\nabla}\times\vec{B} = \mu_0\vec{J} + \frac{1}{c^2}\frac{\partial\vec{E}}{\partial t}\,。 \tag{6-4-14d}$$

求这一方程组在高斯制的数值表达式。

解　我们依次逐个解决。

(a) 先把麦氏第一方程[式(6-4-14a)]明确表为

$$\vec{\nabla}_{国}\cdot\vec{E}_{国} = \frac{\rho_{国}}{\varepsilon_{0国}}\,, \tag{6-4-14′a}$$

这里应该强调的是求导算符 $\vec{\nabla}$ 也要区分 $\vec{\nabla}_{国}$ 和 $\vec{\nabla}_{高}$，理由如下。算符 $\vec{\nabla}$ 可以借助于直角坐标系 $\{x, y, z\}$ 的三个单位矢量 $\vec{i}$、$\vec{j}$、$\vec{k}$ 表为

$$\vec{\nabla} = \vec{i}\frac{\partial}{\partial x} + \vec{j}\frac{\partial}{\partial y} + \vec{k}\frac{\partial}{\partial z}\,, \tag{6-4-15}$$

式中的 $\vec{i}$、$\vec{j}$、$\vec{k}$ 与单位制无关(其大小恒为 1，方向也不随单位制而变)，但 $\vec{\nabla}$ 的“分量”则因含有坐标而依赖于单位制，x、y、z 对国际制和高斯制分别是以**米**和**厘米**为单位测得的数，

所以

$$\frac{\partial}{\partial x_{国}}=10^2\frac{\partial}{\partial x_{高}},\quad \frac{\partial}{\partial y_{国}}=10^2\frac{\partial}{\partial y_{高}},\quad \frac{\partial}{\partial z_{国}}=10^2\frac{\partial}{\partial z_{高}},\tag{6-4-16}$$

因而

$$\vec{\nabla}_{国}=10^2\vec{\nabla}_{高}。\tag{6-4-17}$$

查表 4-7 可知电场强度 $\vec{E}$ 在国际制和高斯制的单位关系为

$$1\ \frac{\textbf{伏特}}{\textbf{米}}=\frac{1}{\tilde{3}\times 10^4}\text{CGSE}(E),\tag{6-4-18}$$

故有

$$\vec{E}_{国}=\tilde{3}\times 10^4\vec{E}_{高},\tag{6-4-19}$$

上式跟式(6-4-17)结合得

$$式(6\text{-}4\text{-}14'a)左边=\vec{\nabla}_{国}\cdot\vec{E}_{国}=10^2\vec{\nabla}_{高}\cdot(\tilde{3}\times 10^4\vec{E}_{高})=\tilde{3}\times 10^6\vec{\nabla}_{高}\cdot\vec{E}_{高}。\tag{6-4-20}$$

再来变换式(6-4-14′a)的右边，其中的 $\rho_{国}$ 是电荷体密度在国际制的数。以 q 代表小体积 Ω 内的电荷量，则

$$\rho=\frac{q}{\Omega},\tag{6-4-21}$$

故

$$\frac{\rho_{国}}{\rho_{高}}=\frac{q_{国}}{q_{高}}\frac{\Omega_{高}}{\Omega_{国}}=\frac{1}{\tilde{3}\times 10^9}\times 10^6=\frac{1}{\tilde{3}\times 10^3},\tag{6-4-22}$$

其中第二步用到式(6-4-8b)。再次利用关于 $\varepsilon_{0国}$ 的等式(6-4-7)便有

$$式(6\text{-}4\text{-}14'a)右边=\frac{\rho_{国}}{\varepsilon_{0国}}=\frac{\rho_{高}}{\tilde{3}\times 10^3}\times(4\pi\times\tilde{9}\times 10^9)=4\pi\times\tilde{3}\times 10^6\rho_{高}。\tag{6-4-23}$$

上式与式(6-4-20)对比给出

$$\vec{\nabla}_{高}\cdot\vec{E}_{高}=4\pi\rho_{高}。$$

去掉下标便得麦氏第一方程在高斯制的数值表达式

$$\vec{\nabla}\cdot\vec{E}=4\pi\rho。\tag{6-4-24}$$

(b) 先把麦氏第二方程[式(6-4-14b)]明确表为

$$\vec{\nabla}_{国}\times\vec{E}_{国}=-\frac{\partial\vec{B}_{国}}{\partial t_{国}},\tag{6-4-14'b}$$

利用式(6-4-17)和式(6-4-19)可将上式左边改写为

$$式(6\text{-}4\text{-}14'b)左边=\tilde{3}\times 10^6\vec{\nabla}_{高}\times\vec{E}_{高}。\tag{6-4-25}$$

另一方面，式(6-4-11b)与 $t_{国}=t_{高}$ 结合便得

$$式(6\text{-}4\text{-}14'b)右边=-\frac{\partial\vec{B}_{国}}{\partial t_{国}}=-10^{-4}\frac{\partial\vec{B}_{高}}{\partial t_{高}},\tag{6-4-26}$$

与式(6-4-25)联立乃得

$$\vec{\nabla}_{高}\times\vec{E}_{高}=-\frac{1}{\tilde{3}\times 10^{10}}\frac{\partial\vec{B}_{高}}{\partial t_{高}}=-\frac{1}{c_{高}}\frac{\partial\vec{B}_{高}}{\partial t_{高}},$$

略去下标便得麦氏第二方程在高斯制的形式

$$\vec{\nabla}\times\vec{E}=-\frac{1}{c}\frac{\partial\vec{B}}{\partial t}\text{。}\tag{6-4-27}$$

(c) 麦氏第三方程右边为零，不难相信该方程在变换到高斯制后形式不变，仍为

$$\vec{\nabla}\cdot\vec{B}=0\text{。}$$

(d) 先把麦氏第四方程[式(6-4-14d)]明确表为

$$\vec{\nabla}_{国}\times\vec{B}_{国}=\mu_{0国}\vec{J}_{国}+\frac{1}{c_{国}^{2}}\frac{\partial\vec{E}_{国}}{\partial t_{国}}\text{。}\tag{6-4-14′d}$$

利用式(6-4-17)和式(6-4-11b)可将上式左边改写为

$$\text{式(6-4-14′d)左边}=10^{-2}\vec{\nabla}_{高}\times\vec{B}_{高}\text{。}\tag{6-4-28}$$

式(6-4-14′d)右边第一项涉及电流密度 $\vec{J}$，其大小定义为与 $\vec{J}$ 正交的单位面积的电流(强度) I，故

$$\frac{J_{国}}{J_{高}}=\frac{I_{国}}{I_{高}}\frac{S_{高}}{S_{国}}=\frac{I_{国}}{I_{高}}\times10^{4}\text{。}\tag{6-4-29}$$

与式(6-4-11c)结合得

$$\frac{J_{国}}{J_{高}}=\frac{I_{国}}{I_{高}}\times10^{4}=\frac{1}{\tilde{3}\times10^{9}}\times10^{4}=\frac{1}{\tilde{3}\times10^{5}}\text{。}\tag{6-4-30}$$

式(6-4-11a)与式(6-4-30)结合又得

$$\text{式(6-4-14′d)右边第一项}=(4\pi\times10^{-7})\times\frac{\vec{J}_{高}}{\tilde{3}\times10^{5}}=\frac{4\pi}{\tilde{3}\times10^{12}}\vec{J}_{高}\text{。}\tag{6-4-31}$$

再用式(6-4-8a)又可求得

$$\text{式(6-4-14′d)右边第二项}=\frac{1}{c_{国}^{2}}\frac{\partial\vec{E}_{国}}{\partial t_{国}}=\frac{1}{(\tilde{3}\times10^{8})^{2}}\frac{\partial(\tilde{3}\times10^{4}\vec{E}_{高})}{\partial t_{高}}=\frac{1}{\tilde{3}\times10^{12}}\frac{\partial\vec{E}_{高}}{\partial t_{高}}\text{。}\tag{6-4-32}$$

式(6-4-28)、(6-4-31)和(6-4-32)结合，注意到 $c_{高}=\tilde{3}\times10^{10}$，给出

$$\vec{\nabla}_{高}\times\vec{B}_{高}=\frac{4\pi}{c_{高}}\vec{J}_{高}+\frac{1}{c_{高}}\frac{\partial\vec{E}_{高}}{\partial t_{高}}\text{。}$$

略去下标便得麦氏第四方程在高斯制的形式

$$\vec{\nabla}\times\vec{B}=\frac{1}{c}\left(4\pi\vec{J}+\frac{\partial\vec{E}}{\partial t}\right)\text{。}\tag{6-4-33}$$

最后，为便于查找，我们再把求得的麦氏方程组在高斯制的形式总列如下：

$$\vec{\nabla}\cdot\vec{E}=4\pi\rho\text{。}\tag{6-4-34a}$$

$$\vec{\nabla}\times\vec{E}=-\frac{1}{c}\frac{\partial\vec{B}}{\partial t}\text{。}\tag{6-4-34b}$$

$$\vec{\nabla}\cdot\vec{B}=0\text{，}\tag{6-4-34c}$$

$$\vec{\nabla}\times\vec{B}=\frac{1}{c}\left(4\pi\vec{J}+\frac{\partial\vec{E}}{\partial t}\right)\text{。}\tag{6-4-34d}$$

■

第 7 章　量纲配平因子和量等式

§ 7.1　单位转换因子和量纲配平因子

7.1.1　单位转换因子

§1.3 开头讲过，欧姆定律的数值表达式的最一般形式为

$$U = kIR \quad [\text{此即式(1-3-3)}], \tag{7-1-1}$$

其中 k 是依赖于各量单位搭配的系数，它能保证右边的数等于用所选单位测左边的量 $\boldsymbol{U}$ 的得数，只当式中各量的单位搭配适当时才等于 1。这个 k 就是单位转换因子的具体例子。当式中的 $k=1$ 时，也说该式没有单位转换因子。

定义 7-1-1　数等式的形式取决于式中各量的单位搭配，为确保数等式两边相等而添补的因子(是某一个数)称为**单位转换因子**。

注记 7-1　式(7-1-1)也可改写为 $IR = k^{-1}U$，这个 k^{-1} 也可看作单位转换因子。可见，单位转换因子的倒数也是单位转换因子。

下面是单位转换因子的其他一些例子。

(1)设长度、时间单位为**米**、**秒**，速度单位为**迈**(即**英里/时**)，则有数等式

$$\upsilon_{\text{迈}} \approx 2.25\,(l_{\text{米}}/t_{\text{秒}}), \tag{7-1-2}$$

其中的 2.25 是单位转换因子；

(2)以 $\boldsymbol{W}$ 和 $\boldsymbol{Q}$ 分别代表功和热量，则有数等式

$$W_{\text{焦}} = J_{\text{焦/卡}} Q_{\text{卡}}, \tag{7-1-3}$$

其中 $J_{\text{焦/卡}}$ (热功当量 $\boldsymbol{J} \approx 4.18$**焦/卡** 在国际制的数)是单位转换因子；

(3)以 $\boldsymbol{m}_1$、$\boldsymbol{m}_2$ 代表距离为 $\boldsymbol{r}$ 的两物体的质量，$\boldsymbol{f}$ 代表它们之间的万有引力，则有数等式

$$f_{\text{国}} = G_{\text{国}} \frac{m_{1\text{国}} m_{2\text{国}}}{r_{\text{国}}^{\,2}}, \tag{7-1-4}$$

其中 $G_{\text{国}} \approx 6.67 \times 10^{-11}$ (引力常数)是单位转换因子；

(4)以 $\boldsymbol{E}$ 和 $\boldsymbol{\nu}$ 分别代表量子的能量和频率，则有数等式

$$E_{\text{国}} = h_{\text{国}} \nu_{\text{国}}, \tag{7-1-5}$$

其中 $h_{\text{国}} \approx 6.6 \times 10^{-34}$ (普朗克常数)是单位转换因子；

(5)以 $\boldsymbol{q}_1$、$\boldsymbol{q}_2$ 代表距离为 $\boldsymbol{r}$ 的两电荷的电荷量，$\boldsymbol{f}$ 代表它们之间的库仑力，则有数等式

$$f_{\text{国}} = \frac{1}{4\pi\varepsilon_{0\text{国}}} \frac{q_{1\text{国}} q_{2\text{国}}}{r_{\text{国}}^{\,2}}, \tag{7-1-6}$$

其中 $(4\pi\varepsilon_{0国})^{-1} = \tilde{9}\times 10^9$ 是单位转换因子。

6. 以 $\boldsymbol{W}$、$\boldsymbol{t}$ 和 $\boldsymbol{P}$ 依次代表功、时间和功率，则有数等式

$$P_{马力} = (736)^{-1} W_{焦耳} / t_{秒}, \tag{7-1-7}$$

其中 $(736)^{-1}$ 是单位转换因子。

甲　式(7-1-8)其实是某个老单位制中功率的导出单位的定义方程。这是否说明导出单位定义方程的系数 k 也可看作单位转换因子？

乙　是的，只不过大多数定义方程的系数 k 为 1，所以就不称之为单位转换因子而已。

总之，单位转换因子很容易理解，但下面引入的“量纲配平因子”就要认真阅读了。

7.1.2　量纲配平因子

第 1 章注记 1-5 讲过，引力常量 $\boldsymbol{G}$ 原本“出身于”比例系数 G，只因要维护公理 1-5-1 (即“数等式在同族制有相同形式”)，才被人为地“升格”为量。

甲　是的，我还清楚地记得。而且还有若干类似的情况，例如普朗克常量 $\boldsymbol{h}$ 和玻尔兹曼常量 $\boldsymbol{k}_B$。

乙　很好。它们的共性(之一)是“出身于”比例系数，就是说，第一次“亮相”时是以比例系数的身份出现的，后来才被“升格”为量。升格的实质原因是要维护公理 1-5-1，只是因为人们普遍不注意区分量和数，所以从未在文献中出现这种“升格”的提法。

甲　是啊，过去我们都熟知 G 是引力常量，都以为它天生就是个量，从未想过它是怎么从比例系数升格为量的。

乙　如果只停留在“G 是比例系数”的阶段，万有引力定律

$$f = G m_1 m_2 / r^2 \tag{7-1-8}$$

的等号两边就有不同量纲(请注意，作为纯数，上式中的 G 的量纲为 1)，而这种量纲不平衡正是数等式在变到另一个同族制时改变形式的“罪魁祸首”。只有把数 G 升格为量 $\boldsymbol{G}$，方可保证两边量纲平衡，从而保证公理 1-5-1 成立。所以我们把这种由比例系数升格而来的量 ($\boldsymbol{G}$、$\boldsymbol{h}$、$\boldsymbol{k}_B$、……)称为“**量纲配平因子**”，简称“**配平因子**”。

下面再举一个虽然平凡但却很有教益的例子。设有一个单位制，暂名 X 制，其基本量类不但有长度 $\tilde{\boldsymbol{l}}$，而且有面积 $\tilde{\boldsymbol{a}}$；长度的基本单位是**米**，面积的基本单位是**亩**。设用**米**和**亩**分别测量某正方形的边长和面积得数为 l_X 和 a_X，请你写出 a_X 与 l_X 的关系式。

甲　上网查得 1 **亩** = 666.7 **米**^{2}，由此不难求得下式：

$$a_X = (666.7)^{-1} l_X{}^2 \cong 0.0015\, l_X{}^2 。\tag{7-1-9}$$

乙　很对。再设 X' 是与 X 制同族的单位制，其长度基本单位改为**千米**，面积基本单位改为 10 **亩**，用这两个单位测正方形的长度和面积所得的数分别记作 $l_{X'}$ 和 $a_{X'}$，则有

$$a_{X'} = 0.15\, l_{X'}{}^2 。\tag{7-1-10}$$

以上两式是同一规律在两个同族单位制的数值表达式，但是，由于 $0.0015 \neq 0.15$，两式形式不同。为了维护公理 1-5-1，就有必要引进一个新量，暂记作 $\boldsymbol{k}$，把 0.0015 和 0.15 看作是量 $\boldsymbol{k}$ 分别在 X 制和 X' 制的数，并分别改记为 k_X 和 $k_{X'}$，则上述两式就可表为

$$a_X = k_X l_X{}^2\,, \qquad a_{X'} = k_{X'} l_{X'}{}^2\,。$$

去掉下标便得到一个统一的数等式：

$$a = kl^2\,, \tag{7-1-11}$$

因而满足公理 1-5-1。可见这个量 $\boldsymbol{k}$ 也是个配平因子。

甲　请您再说说它是如何配平量纲的。

乙　好的，所谓配平量纲，当然是指在 X 和 X' 制所在族的量纲。由于长度和面积在该族都是基本量类，以 $\dim\boldsymbol{l}$ 和 $\dim\boldsymbol{a}$ 分别代表它们的量纲(都是基本量纲)，则由式(7-1-11)得

$$\dim\boldsymbol{k} = (\dim\boldsymbol{a})(\dim\boldsymbol{l})^{-2}\,。 \tag{7-1-12}$$

或者，你也可以引入记号 L 和 A 分别代表 $\dim\boldsymbol{l}$ 和 $\dim\boldsymbol{a}$，从而把上式改写为更简洁的形式：

$$\dim\boldsymbol{k} = \mathrm{AL}^{-2}\,。$$

如果不升格为量 $\boldsymbol{k}$，则由于数 k 的量纲为 1，式(7-1-11)左右两边的量纲分别是 $\dim\boldsymbol{a}$ 和 $(\dim\boldsymbol{l})^2$，两者就不等，量纲就不平衡！

甲　可是，$\dim\boldsymbol{a}$ 不是正好等于 $(\dim\boldsymbol{l})^2$ 吗？两边量纲也相等啊。

乙　在许多单位制(例如国际制)中，长度是基本量类，面积是导出量类，这时自然有 $\dim\boldsymbol{a} = (\dim\boldsymbol{l})^2$。但现在说的是 X 制，面积和长度在 X 制都是基本量类，$\dim\boldsymbol{a}$ 是基本量纲，$(\dim\boldsymbol{l})^2$ 则是另一基本量纲的平方，两者怎能相等？相等意味着：一旦选定长度单位，面积单位就被定死了。然而基本单位是可以任意选定的！

甲　啊，是我刚才糊涂了。我还想再问一个问题。考虑这样一个单位制，暂名 Y 制，其中长度 $\tilde{\boldsymbol{l}}$ 是基本量类，基本单位仍为 $\hat{\boldsymbol{l}}_Y =$ **米**，面积是导出量类，导出单位是 $\hat{\boldsymbol{a}}_Y \neq$ **米**^{2}，则面积与边长的数的关系将为

$$a_Y = k l_Y{}^2 \quad (\text{比例系数 } k \text{ 取决于 } \hat{\boldsymbol{a}}_Y), \tag{7-1-13}$$

可否说这个系数 k 是配平因子？

乙　这是严重的误解。请注意实质：我们把 $\boldsymbol{G}$、$\boldsymbol{h}$ 以及刚才引进的新量 $\boldsymbol{k}$ 称为配平因子，是因为它们具有如下的共性：它们本是比例系数，只因要维护公理 1-5-1 而升格为量。这些量才可以被称为配平因子。

甲　那么，为什么不可以把式(7-1-13)中的 k 也升格为量？

乙　虽然都是面积和边长的关系，但咱俩的例子有着本质的不同。在我的例子中(X 制)，长度和面积都是基本量类，单位早有定义(正如万有引力定律中左右两边各量的单位早有定义那样)，变换到同族制后两边的单位原则上都要变，导致比例系数改变，所以才有必要升格为量(以维护公理 1-5-1)；而你的情况呢？

甲　我有点明白了：面积在 Y 制中是导出量类而不是基本量类，式(7-1-13)中的 a_Y 取决于导出单位 $\hat{\boldsymbol{a}}_Y$，所以该式其实就是 $\hat{\boldsymbol{a}}_Y$ 的定义方程，与式(7-1-11)的确不一样。

乙　很对，但还要深入一步地说清楚。咱俩例子的根本区别在于，你的式(7-1-13)实质上就是导出单位 $\hat{\boldsymbol{a}}_Y$ 的定义方程。根据同族单位制的定义，导出单位的定义方程在同族制中相同，所以你的式(7-1-13)中的 k 不变，因而根本没必要(也不可能)看作某个量在 Y 制的数。

甲　现在我完全明白了。虽然都是比例系数，都记作 k，但“此 k 非彼 k 也”。我还弄

懂并记住了如下重要结论：

任何定义方程的系数 k 都不能(也无须)升格为量，它永远是一个数(系数)。

乙　很好。这是个非常重要的结论。

甲　细观前面几个配平因子($\boldsymbol{G}$、$\boldsymbol{h}$、$\boldsymbol{k}_{\mathrm{B}}$)以及刚刚引进的配平因子 $\boldsymbol{k}$ ，发现它们都是常量，这种“常量性”是不是配平因子的另一个共性？

乙　是的。不过，谈及“常量”(或常数)时应该明确它“常于什么”。例如，设变数 y 与 x 成正比，就可写成 $y=ax$ ，其中 a 是常数，它“常于 x”，含义是：虽然 x 可以改变，但 a 不随之而变。用于具体问题，仍以引力常量 $\boldsymbol{G}$ 为例，要讲清它的“常量性质”，就要用到“现象类”的概念(可参阅§2.4)。正在讨论(或有待解决)的问题总会涉及某个现象类。万有引力是两个物体之间的引力，把(地球附近的)任意两个物体的总体称为一个“二体现象”，则所有二体现象的集合就是一个“二体现象类”。无论你关心这个现象类中的哪一个现象，引力常量 $\boldsymbol{G}$ 完全相同，所以可以说 $\boldsymbol{G}$ 是“常于上述二体现象类中的每一具体现象的”物理常量。

甲　仿此可知，面积与边长关系所涉及的现象类就是各种正方形的集合，而每个正方形就是这个“方形现象类”中的一个现象。于是就可以说， $a=kl^2$ 中的 $\boldsymbol{k}$ 是“常于方形现象类中的每个现象”的常量。对吗？

乙　很对。事实上，当我们面对式(7-1-9)的 0.0015 和式(7-1-10)的 0.15 时，虽然它们互不相等，但我们都知道这两个数对不同的正方形是一样的(两者的不同纯粹来自基本单位的差异)。可见，我们早已默认当时引进的配平因子 $\boldsymbol{k}$ 是“常于方形现象类中的具体现象”的。

甲　既然如此，这个 $\boldsymbol{k}$ 不也是个物理常量吗？

乙　你涉及微妙问题了——什么是物理常量？似乎从未有人对“物理常量”一词下过明确定义，这一概念是物理工作者(包括顶尖物理学家)依靠某种“共同直觉”约定俗成的。配平因子虽然是“常于某个现象类中的具体现象”的常量，但有不少配平因子(包括刚才谈及的 $\boldsymbol{k}$)都不会被列入物理常量的清单。

为了更便于判断，下面对配平因子下一个明确的定义。

定义 7-1-2　满足以下三个条件的量称为**配平因子**：

①“出身于”比例系数；

②只为维护公理 1-5-1 才被升格为量(配平因子指的是这个量)；

③在下述意义上是个常量：它“常于”某个现象类中的每一具体现象。

注记 7-2　以下几节还将对上述三个条件做进一步的讨论。

甲　请您再谈谈单位转换因子和量纲配平因子的区别与联系。

乙　好的。所有量纲配平因子都是量，例如 $\boldsymbol{G}$、$\boldsymbol{h}$ 和 $\boldsymbol{k}_{\mathrm{B}}$；而所有单位转换因子都是数，从这个角度看来两者很不相同。然而，如果取配平因子在某个单位制的数，那么所有配平因子都变为单位转换因子，但反之不然。[例如，所有定义方程的系数 k 都是单位转换因子，但都不是配平因子。] 以 $\mathscr{U}$ 代表全体单位转换因子的集合， $\mathscr{P}$ 代表全体配平因子(指其数)的集合，则 $\mathscr{P}$ 是 $\mathscr{U}$ 的子集，即 $\mathscr{P}\subset\mathscr{U}$ 。再以 $\mathscr{D}$ 代表全体导出单位定义方程的系数构成的集合，则也有 $\mathscr{D}\subset\mathscr{U}$ 。但由以上讨论可知，作为 $\mathscr{U}$ 的两个子集， $\mathscr{P}$ 和 $\mathscr{D}$ 一定不会相交，即 $\mathscr{P}\cap\mathscr{D}=\varnothing$ ($\mathscr{P}$ 与 $\mathscr{D}$ 的交集是空集)。这一认识至关紧要。许多量纲书都讲单位转换因子(units-conversion factor)，只有本书还加讲量纲配平因子。将子集 $\mathscr{P}\subset\mathscr{U}$ 拿出来单独讲非常必要，因为在使用 Π 定理时，配平因子在绝大多数情况下都必须列为涉及量(详见小节 11.1.2)，而非配平因子的单位转换因子却不应列入。最明显的例子就是定义方程的系数 k，它是绝对不能添补为涉及量的。

甲　为什么？

乙　要想充当涉及量，它首先必须是个量，而定义方程的系数 k 是数而不是量。

甲　那为什么不能把它升格为量？啊！我想起来了！刚才我还说过我认识到一个重要结论：**任何定义方程的系数 k 都不能(也无须)升格为量，它永远是一个数(系数)。**

乙　而且它在同族单位制中还是个常数。如果有人硬是要把它升格为量，那也只能是个无量纲常量，让它充当涉及量只能是成事不足败事有余。

[选读 7-1]

甲　我觉得配平因子很有趣，也很重要。还有其他配平因子吗？

乙　除了 $\boldsymbol{G}$、$\boldsymbol{h}$ 和 $\boldsymbol{k}_{\mathrm{B}}$ 外还有很多，这里再讲两个。第一个例子就是阿伏伽德罗常量。

甲　我正好有个问题：我对阿伏伽德罗常量 $\boldsymbol{N}_{\mathrm{A}}$ 的理解一直不够清楚。读完§2.2 后，明确知道了阿伏伽德罗数 N_{A} 的含义——它无非是质量为 12 克的碳-12 所含的原子数($\approx 6.02\times10^{23}$)。既然它天生就是一个数，为什么还会有阿伏伽德罗常量？

乙　这个问题用本书的语言可以阐述得一清二楚。“物质的量(amount of substance)”是个量类(而且是国际制的 7 个基本量类之一)，我们记作 $\tilde{\boldsymbol{s}}$。以 s 代表某系统的“物质的量”在某单位制的数，N 代表该系统的微粒数，则不难相信 $N\propto s$，也可改写为数等式

$$N=ks \quad , \tag{7-1-14}$$

其中的比例系数 k 反映量类 $\tilde{\boldsymbol{s}}$ 的单位选择的任意性。以下选国际制。注意到量类 $\tilde{\boldsymbol{s}}$ 的国际制单位是**摩尔**，便知 $s=1$ 意味着量 $\boldsymbol{s}=1$ **摩尔**，而**摩尔**的定义是：

含有大约 6.02×10^{23} 个微粒的系统的“物质的量”定义为一个**摩尔**，

因而式(7-1-14)中的 N 应约为 6.02×10^{23}，将 $s=1$ 及 $N\approx6.02\times10^{23}$ 代入式(7-1-14)便得

$$k=\text{阿伏伽德罗数}\approx6.02\times10^{23}\text{。} \tag{7-1-15}$$

然而，这个 k 天生就是个比例系数，所以式(7-1-14)的两边量纲不平衡(左边是一个数，属于量类 $\mathbb{R}$，量纲为 1；而只要坚持把 k 看作比例系数，其量纲也必为 1，故右边的量纲等于基本量纲 $\dim\tilde{\boldsymbol{s}}$，当然不恒为 1)，所以必须把 k 升格为量，本应记作 $\boldsymbol{k}$，为与习惯记号一致，改记作 $\boldsymbol{N}_{\mathrm{A}}$，此即阿伏伽德罗常量，其量纲为

$$\dim\boldsymbol{N}_{\mathrm{A}}=(\dim\tilde{\boldsymbol{s}})^{-1}\text{。} \tag{7-1-16}$$

甲　如此说来，阿伏伽德罗常量也是个配平因子。这种讲法太清楚、太精辟了！又因为式(7-1-14)左边的单位是“**个**”，右边 s 的单位是**摩尔**，所以 $\boldsymbol{N}_{\mathrm{A}}$ (由式中的 k 升格而得)的单位必定是**个/摩尔**，但**个**字按惯例可以不写，所以 $\boldsymbol{N}_{\mathrm{A}}$ 的单位就是**摩尔**$^{-1}$，亦即 $\mathbf{mol}^{-1}$。

乙　很对。

甲　还有个小问题。由阿伏伽德罗数升格而得的量理应称为“阿伏伽德罗量”，为什么又称之为阿伏伽德罗常量？

乙　定义 7-1-2 的第③条要求配平因子要“常于”某个现象类中的每一现象。现在的

现象类是指("物质的量"为1**摩尔**的)所有物质系统的集合，其中每个系统是一个具体现象。既然1**摩尔**的任何物质系统都含有$N_A \approx 6.02\times10^{23}$个微粒，所以$\boldsymbol{N}_A$的确"常于"这个现象类的每个现象。

再讲第二个例子——我们在分形(fractal)理论中也找到一个有趣的配平因子。"门格海绵"是分形的一种，它的维度n是个分数(而且是无理数)，等于$\ln 20/\ln 3$，即

$$n=(\ln 20/\ln 3)\approx 2.73。$$

设门格海绵的边长$\boldsymbol{L}$用 MKS 单位测得的数为$L(>1)$，则根据分形理论，它的体积在 MKS 制的数V应等于边长L的维数次方，即

$$V=L^n。\tag{7-1-17}$$

如果改用与 MKS 制同族的 CGS 制，则边长变为$L'=10^2L$和$V'=10^6V$，代入式(7-1-17)得

$$V'=10^{6-2n}L'^n。\tag{7-1-18}$$

以上两个数等式有不同形式(系数前者为 1，后者为10^{6-2n})，违背公理 1-5-1。这当然也是量纲不平衡所致。事实上，式(7-1-17)就是个"量纲不平衡"的数等式。[根据定理 1-5-1，由式(7-1-17)可得$\dim\boldsymbol{V}=(\dim\boldsymbol{l})^n\approx(\dim\boldsymbol{l})^{2.73}$，与正确答案$\dim\boldsymbol{V}=(\dim\boldsymbol{l})^3$相悖。] 为了维护公理 1-5-1，就应添补配平因子。首先，令$k=1$并将式(7-1-17)改写为

$$V=kL^n\;;\tag{7-1-19}$$

其次，令$k'=10^{6-2n}$并将式(7-1-18)改写为

$$V'=k'L'^{\,n}\;;\tag{7-1-20}$$

最后，把k(及k')分别看作某个物理量$\boldsymbol{H}$在 MKS 制和 CGS 制的数，即$k=H_{\text{MKS}}$和$k'=H_{\text{CGS}}$，便得

$$V_{\text{MKS}}=H_{\text{MKS}}L_{\text{MKS}}{}^n \quad 和 \quad V_{\text{CGS}}=H_{\text{CGS}}L_{\text{CGS}}{}^n\;,\tag{7-1-21}$$

去掉下标，以上两式就取如下的相同形式(因而维护了公理 1-5-1):

$$V=HL^n。\tag{7-1-22}$$

请注意门格海绵是一种自相似形体，根据分形理论，无论其边长L有多大差别，上式中的L的幂次都是$\boldsymbol{n}$。而且，特别值得一提的是，上式中的系数H也跟海绵的边长无关，用量纲理论的语言来说，把各种边长的门格海绵的集合看作一个现象类(每种边长的门格海绵是其中的一个具体现象)，就可以说量$\boldsymbol{H}$是"常于这个现象类的具体现象"的量(满足配平因子定义的第③条)，所以也是个配平因子。 **[选读 7-1 完]**

注记 7-3 谈到量纲就必定涉及单位制族，可见所有配平因子(无论它们是否被列入物理常量的行列)都诞生于物理学家构建单位制之后。请注意区分"单位"和"单位制"："单位"的出现比"单位制"理论的创立要早很多。第一个"单位制(CGS 制)"创建于 19 世纪，此前的物理学家(比如伽利略)早已对若干物理量类(例如长度、质量、时间、速度、加速度)的单位有明确认识并经常使用。此外还有不少物理量类虽然出现在单位制创立之后，但其定义无须依赖于单位制。所以全部物理量类可以按其定义是否依赖于单位制而分为两大类：

(A)**非配平因子式的物理量类**(不依赖于单位制)，例如长度、质量、时间、速度、电荷、电流、电场强度、能量、动量、角动量、温度等。

(B)**配平因子式的物理量类**(依赖于单位制)。

[选读 7-2]

本选读旨在对配平因子 $\boldsymbol{G}$ 做深入一步的讨论。

力 $\tilde{\boldsymbol{f}}$ 出现在以下两个基本定律中：

①牛顿第二定律　　$f \propto ma$ ；　　(7-1-23)

②万有引力定律　　$f \propto m_1 m_2 r^{-2}$ ，　　(7-1-24)

式中的英文字母代表用任意单位测各该量所得的数。补上比例系数，就可改写为等式：

①牛顿第二定律　　$f = \varGamma ma$ ；　　(7-1-25)

②万有引力定律　　$f = G(m_1 m_2 / r^2)$ 。　　(7-1-26)

设某单位制的基本量类是 $\tilde{\boldsymbol{l}}$、$\tilde{\boldsymbol{m}}$、$\tilde{\boldsymbol{t}}$ ，则力 $\tilde{\boldsymbol{f}}$ 是导出量类，为了制定导出单位 $\hat{\boldsymbol{f}}$ ，应选择定义方程。只要以上两式右边各量的单位已先此而制定，原则上任选一式都能定义 $\hat{\boldsymbol{f}}$ 。众所周知，国际制(及 CGS 制)选式(7-1-25)并指定 $\varGamma = 1$，因而

$$f_{国} = m_{国} a_{国} \tag{7-1-27}$$

就是 $\hat{\boldsymbol{f}}_{国}$ 的定义方程，由此易得 $\tilde{\boldsymbol{f}}$ 在国际制所在族的量纲式：

$$(\dim \boldsymbol{f})_{国} = \mathrm{LMT}^{-2} 。 \tag{7-1-28}$$

这时式(7-1-26)的比例系数(引力常数 G)就只能由实验确定。实验测得 $G = 6.67 \times 10^{-11}$ (对国际制)。为维护公理 1-5-1，必须把引力常数 G 升格为引力常量 $\boldsymbol{G}$ (并把 $G = 6.67 \times 10^{-11}$ 看作量 $\boldsymbol{G}$ 在国际制的数)，这就是本书介绍的第一个配平因子。由式(7-1-26)及式(7-1-27)易得

$$\dim \boldsymbol{G} = \mathrm{L}^3 \mathrm{M}^{-1} \mathrm{T}^{-2} 。 \tag{7-1-29}$$

然而，原则上也可选式(7-1-26)(并指定 $G = 1$)为 $\hat{\boldsymbol{f}}$ 的定义方程，我们把这种单位制戏称为“伪国际制”，其基本单位与国际制一样，只是力的单位 $\hat{\boldsymbol{f}}_{伪}$ 改用下式为定义方程：

$$f_{伪} = \frac{m_{1伪} m_{2伪}}{r_{伪}^{\ 2}} \left(= \frac{m_{1国} m_{2国}}{r_{国}^{\ 2}} \right) 。 \tag{7-1-30}$$

上式导致 $\tilde{\boldsymbol{f}}$ 在“伪国际制”所在族的量纲与式(7-1-28)不同：

$$(\dim \boldsymbol{f})_{伪} = \mathrm{L}^{-2} \mathrm{M}^2 \neq \mathrm{L}^3 \mathrm{M}^{-1} \mathrm{T}^{-2} = (\dim \boldsymbol{f})_{国} 。 \tag{7-1-31}$$

这时式(7-1-25)的 $\varGamma$ 不能再任意指定，只能由理论或实验给出。由

$$f_{伪} = \varGamma_{伪} m_{伪} a_{伪} \tag{7-1-32}$$

和 $f_{国} = m_{国} a_{国} = m_{伪} a_{伪}$ 易得

$$\varGamma_{伪} = \frac{f_{伪}}{f_{国}} ， \tag{7-1-33}$$

再由

$$f_{国} = 6.67 \times 10^{-11} \times \frac{m_{1国} m_{2国}}{r_{国}^{\ 2}} \quad 和 \quad f_{伪} = \frac{m_{1国} m_{2国}}{r_{国}^{\ 2}} \tag{7-1-34}$$

又得 $\dfrac{f_{伪}}{f_{国}} = \dfrac{1}{6.67 \times 10^{-11}}$ ，代入式(7-1-33)便得

$$\varGamma_{伪}=\frac{f_{伪}}{f_{国}}=\frac{1}{6.67\times10^{-11}}=\frac{1}{G_{国}}。\tag{7-1-35}$$

式(7-1-32)和式(7-1-30)(的第一个等号)分别是牛顿第二定律和万有引力定律在“伪国际制”的数值表达式。不难看出，式(7-1-32)(作为数等式)在同族制中形式不同，所以也要把$\varGamma$升格为量$\boldsymbol{\varGamma}$，升格后当然也是配平因子。 **[选读 7-2 完]**

7.1.3 配平因子对现象类的依赖性

定义 7-1-2 的条件③指出，配平因子在下述意义上是个常量：它“常于”某个现象类中的每一具体现象。由此可知配平因子“天生”就是依赖于现象类的。谈到某个量是配平因子时，应该说明(至少心中清楚)它所“常于”的是哪个现象类。

[选读 7-3]

甲 我对您在选读 7-2 前讲的“非配平因子式物理量类”中的“速度”这个量类很感兴趣，因为它也“出身于”比例系数。物理人都知道，匀速运动所走的路程l正比于时间t，即$l\propto t$，要写成等式就要补上比例系数υ：$l=\upsilon t$，为什么不把速度$\boldsymbol{\upsilon}$也看作配平因子？

乙 按照定义 7-1-2，配平因子必须满足三个条件：①“出身于”比例系数；②为维护公理 1-5-1 而被升格为量；③在下述意义上是个常量：它“常于”某个现象类中的每一具体现象。请你先检查速度是否满足第③条。

甲 定义速度时涉及的是“匀速运动粒子”这个现象类。说到这里我大概明白了：这个现象类中的每个具体现象(做匀速运动的粒子)完全可以有不同的速度，所以速度并不“常于”这个现象类中的每一现象。就是说，速度不满足第③个条件。

乙 对。这时应该做的就不是把比例系数υ强行升格为一个常量，而是定义一个新的量类(速度量类$\tilde{\boldsymbol{\upsilon}}$)，它对上述现象类中的不同现象表现为不同的(各种各样的)量值$\boldsymbol{\upsilon}\in\tilde{\boldsymbol{\upsilon}}$。

甲 我明白了。不过我忽然想到，如果不谈一般的速度而专谈光的速度$\boldsymbol{c}$，我觉得它至少满足第③条，所以，光速$\boldsymbol{c}$是否也是配平因子？

乙 你想得很好。只要把现象类限制为光子做各种可能运动的现象的集合，光速$\boldsymbol{c}$的确满足配平因子条件的第③条。此外，作为速度$\boldsymbol{\upsilon}$的特例，光速$\boldsymbol{c}$当然也满足第①条；至于第②条，注意到光速在国际制和 CGS 制有不同数值，为维护公理 1-5-1 也必须被升格为量$\boldsymbol{c}$。所以可得结论：光速$\boldsymbol{c}$也是个配平因子。 **[选读 7-3 完]**

7.1.4 配平因子还依赖于物理理论[选读]

甲 牛顿引力论认为物体之间存在万有引力，其表达式中的比例系数G被升格为配平因子$\boldsymbol{G}$。但是在爱因斯坦的广义相对论中，引力体现为时空弯曲，引力常数G本应没有意义。令我不解的是，作为爱因斯坦方程的一个真空解的施瓦西线元

$$\mathrm{d}s^2=-\left(1-\frac{2GM}{c^2r}\right)(c\mathrm{d}t)^2+\left(1-\frac{2GM}{c^2r}\right)^{-1}\mathrm{d}r^2+r^2(\mathrm{d}\theta^2+\sin^2\theta\,\mathrm{d}\theta^2)\tag{7-1-36}$$

却含有G，这如何理解？

乙 你已经涉及配平因子“所依赖的物理理论”这个问题。配平因子$\boldsymbol{G}$是在牛顿引力论这一物理理论中引入的，在广义相对论(作为另一物理理论)中确实没有直接的物理意义。

但是由于广义相对论在很弱的引力场中应该近似回到牛顿引力论，所以两者仍有联系，正是这种“藕断丝连”的关系使得 $\boldsymbol{G}$ 在广义相对论中必然出现。就以式(7-1-36)的施瓦西真空解为例吧，在求得此解的过程中会出现一个积分常数 C。[见梁灿彬，周彬(2006)小节 8.3.2，但该书用几何单位制，因其 $G=1$ 而被隐藏，不过，一旦转换为国际制，G 就自然显露。] 利用施瓦西线元“越远越接近平直”的性质，便知 r 很大时牛顿引力论近似适用，注意到 C(作为积分常数)与 r 无关，便可在 r 很大处确定 C 值，其中当然含有 G。你看，正是这种“藕断丝连”关系使得引力常数 G 所依赖的物理理论得以从牛顿引力论拓展到广义相对论。

甲　我懂了。进一步的问题是，爱因斯坦场方程是广义相对论的运动方程，其表达式也含 G，这又怎么解释？

乙　同样是“藕断丝连”的结果。爱因斯坦在构思这个场方程时特别注意到牛顿引力论应是广义相对论的弱(引力)场低速近似，发现牛顿引力论的潮汐力表达式提供了寻求(猜测)这个场方程的重要线索。潮汐力表达式当然含有引力常数 G，正是这种“藕断丝连”的关系使他找到的引力场方程也含有 G，详见梁灿彬，周彬(2006)§7.7(但仍要先把其中的几何制公式转换为国际制公式)。

§ 7.2　量等式与数等式形式相同的条件

从本节开始，本章以下各节将在第 3 章的基础上讨论有关量等式的深入一步的问题。

7.2.1　用基本单位表示导出单位

设 $\dim \boldsymbol{C} = (\dim \boldsymbol{A})^2$，自然可改写为 $\dim \boldsymbol{C} = (\dim \boldsymbol{A})(\dim \boldsymbol{A})$，因而由式(3-2-7)有

$$\boldsymbol{C}_{交} = \boldsymbol{A}_{交} \cdot \boldsymbol{A}_{交} = \boldsymbol{A}_{交}{}^2 。\tag{7-2-1}$$

但是，如果已知 $\dim \boldsymbol{C} = (\dim \boldsymbol{A})^{1/2}$ 而欲求 $\boldsymbol{C}_{交}$ 与 $\boldsymbol{A}_{交}$ 的关系，就没有已知公式可用，所以对定义 3-2-1(b)还要做如下补充。

定义 7-2-1　设 $\dim \boldsymbol{C} = (\dim \boldsymbol{A})^a$，其中 a 为实数，就把 $\boldsymbol{C}_{交}$ 定义为 $\boldsymbol{A}_{交}{}^a$，即

$$\boldsymbol{C}_{交} := \boldsymbol{A}_{交}{}^a 。\tag{7-2-2}$$

下面就要用到这个定义。

设单位制 $\mathscr{Z}$ 有 l 个基本量类，基本单位为 $\hat{\boldsymbol{J}}_1, \cdots, \hat{\boldsymbol{J}}_l$。我们想用这些基本单位表出任意导出单位 $\hat{\boldsymbol{C}}$。请注意这个有待寻找的表达式是个量等式，而且属于类型③。物理书上经常遇到这种表达式，但只有到了本书第 3 章(在定义了量的乘积和求幂之后)才真正具有意义。

先看一个简单特例。设量类 $\tilde{\boldsymbol{C}}$ 在 $\mathscr{Z}$ 制的量纲式为

$$\dim \boldsymbol{C} = (\dim \boldsymbol{J}_1)^{\sigma_1} (\dim \boldsymbol{J}_2)^{\sigma_2} ,\tag{7-2-3}$$

则 $\hat{\boldsymbol{C}}$ 的终定方程必为

$$C = k_{C终} J_1{}^{\sigma_1} J_2{}^{\sigma_2} 。\tag{7-2-4}$$

把量类 $\tilde{\boldsymbol{J}}_1$、$\tilde{\boldsymbol{J}}_2$ 及 $\tilde{\boldsymbol{C}}$ 所在的纤维依次记作 $\boldsymbol{J}_1{}^\dagger$、$\boldsymbol{J}_2{}^\dagger$ 及 $\boldsymbol{C}^\dagger$。以 $\mathscr{J}$ 代表 $\mathscr{Z}$ 制的截面；以 $\boldsymbol{J}_{1交}$、$\boldsymbol{J}_{2交}$ 及 $\boldsymbol{C}_{交}$ 依次代表 $\mathscr{J}$ 与纤维 $\boldsymbol{J}_1{}^\dagger$、$\boldsymbol{J}_2{}^\dagger$ 及 $\boldsymbol{C}^\dagger$ 的交点，则由 $\boldsymbol{C}_{交}$ 的定义[式(3-2-3)]可知

$$\boldsymbol{C}_{交}=k_{C终}\hat{\boldsymbol{C}}, \quad \boldsymbol{J}_{1交}=\hat{\boldsymbol{J}}_1, \quad \boldsymbol{J}_{2交}=\hat{\boldsymbol{J}}_2。 \tag{7-2-5}$$

把$\boldsymbol{J}_1$和$\boldsymbol{J}_2$看作定义 3-2-1 的$\boldsymbol{A}$和$\boldsymbol{B}$，利用式(3-2-7)及(7-2-2)不难求得

$$\boldsymbol{C}_{交}=\boldsymbol{J}_{1交}^{\sigma_1}\cdot\boldsymbol{J}_{2交}^{\sigma_2}。 \tag{7-2-6}$$

与式(7-2-5)结合给出$k_{C终}\hat{\boldsymbol{C}}=\hat{\boldsymbol{J}}_1^{\sigma_1}\cdot\hat{\boldsymbol{J}}_2^{\sigma_2}$，故

$$\hat{\boldsymbol{C}}=\frac{1}{k_{C终}}\hat{\boldsymbol{J}}_1^{\sigma_1}\cdot\hat{\boldsymbol{J}}_2^{\sigma_2}。 \tag{7-2-7}$$

这就是用基本单位$\hat{\boldsymbol{J}}_1$、$\hat{\boldsymbol{J}}_2$表出导出单位$\hat{\boldsymbol{C}}$的表达式。

不难将以上推导过程及结论推广至一般情况，设$\hat{\boldsymbol{C}}$的终定方程为

$$C=k_{C终}J_1^{\sigma_1}\cdots J_l^{\sigma_l}, \tag{7-2-8}$$

则$\hat{\boldsymbol{C}}$可用基本单位$\hat{\boldsymbol{J}}_1$、…、$\hat{\boldsymbol{J}}_l$表为

$$\hat{\boldsymbol{C}}=\frac{1}{k_{C终}}\hat{\boldsymbol{J}}_1^{\sigma_1}\cdots\hat{\boldsymbol{J}}_l^{\sigma_l}。 \tag{7-2-9}$$

上式就是用基本单位表示导出单位的一般表达式。

以上两式结合又给出量等式

$$\boldsymbol{C}=C\hat{\boldsymbol{C}}=k_{C终}J_1^{\sigma_1}\cdots J_l^{\sigma_l}\frac{1}{k_{C终}}\hat{\boldsymbol{J}}_1^{\sigma_1}\cdots\hat{\boldsymbol{J}}_l^{\sigma_l}=(J_1\hat{\boldsymbol{J}}_1)^{\sigma_1}\cdots(J_l\hat{\boldsymbol{J}}_l)^{\sigma_l},$$

因而

$$\boldsymbol{C}=\boldsymbol{J}_1^{\sigma_1}\cdots\boldsymbol{J}_l^{\sigma_l}。 \tag{7-2-10}$$

上式就是与数等式(7-2-8)相应的量等式。

7.2.2　一贯单位的“麦氏定义”

小节 2.1.2 早已讲过：①麦克斯韦和开尔文早在 19 世纪就提出了“**一贯单位**”的概念。由于他们的定义要用到量等式，所以推迟至本章才讲；②我们给出了“一贯单位”的等价定义(定义 2-1-1)——终定系数$k_{终}=1$的导出单位称为**一贯单位**。下面先介绍他们的定义，再证明两个定义的等价性。

定义7-2-2(“麦氏定义”[1])　在一个单位制中，**一贯单位**(记作$\hat{\boldsymbol{C}}$)是这样一种导出单位，它可以表为基本单位的、系数为 1 的幂单项式，即

$$\hat{\boldsymbol{C}}=\hat{\boldsymbol{J}}_1^{\sigma_1}\cdots\hat{\boldsymbol{J}}_l^{\sigma_l}。\text{(其中乘除和求幂都用该单位制所在族的定义)} \tag{7-2-11}$$

举例来说，CGS 制的速度和加速度单位都是一贯单位，因为它们都可表为基本单位的、系数为 1 的幂单项式：$\hat{\boldsymbol{v}}_{\text{CGS}}=$**厘米**$\cdot$**秒**$^{-1}$，$\hat{\boldsymbol{a}}_{\text{CGS}}=$**厘米**$\cdot$**秒**$^{-2}$。事实上，CGS 制是一贯单位制，因为它的每个导出单位都满足式(7-2-11)。

定义 2-1-1 与定义 7-1-2 是等价定义，证明很简单：由式(7-2-9)立即看出

$$\hat{\boldsymbol{C}}=\hat{\boldsymbol{J}}_1^{\sigma_1}\cdots\hat{\boldsymbol{J}}_l^{\sigma_l} \Leftrightarrow k_{C终}=1。 \quad \text{(证毕)}$$

---

[1] 麦氏等人的一贯单位定义要用到量的幂单项式，但当时(以及直至本书出版前)量乘法及量的求幂并无定义，所以他们的定义只能依赖于物理直觉。正文中的“麦氏定义”其实是本书对麦氏定义的全新表述。

[选读 7-4]

甲　但我能举出一个反例来说明上述两个定义不等价。考虑单位制 $\mathscr{Z}$，其基本量类和基本单位与 CGS 制全同，其加速度单位 $\hat{\boldsymbol{a}}_{\mathscr{Z}}$ 用下述方法定义。取初速为零的匀加速直线运动现象类，设质点在 t **秒**内走了 l **厘米**，选下式为 $\hat{\boldsymbol{a}}_{\mathscr{Z}}$ 的终定方程:

$$a = l/t^2 \text{，} \tag{7-2-12}$$

则 $\hat{\boldsymbol{a}}_{\mathscr{Z}}$ 的 $k_{终}=1$，由定义 2-1-1 可知 $\hat{\boldsymbol{a}}_{\mathscr{Z}}$ 是一贯单位。然而，由 CGS 制的匀加速运动公式 $l = at^2/2$ 不难得知 $\hat{\boldsymbol{a}}_{\mathscr{Z}} = 2\hat{\boldsymbol{a}}_{\text{CGS}}$，因而

$$\hat{\boldsymbol{a}}_{\mathscr{Z}} = 2\,\textbf{厘米}\,/\,\textbf{秒}^2 \text{。} \tag{7-2-13}$$

上式就是用基本单位表出导出单位 $\hat{\boldsymbol{a}}_{\mathscr{Z}}$ 的量等式，其右边是基本单位的、系数非 1 的幂单项式，于是由定义 7-1-2 又知 $\hat{\boldsymbol{a}}_{\mathscr{Z}}$ 不是一贯单位。两个定义结论相反，所以并不等价。

乙　你的质疑很尖锐，但你忘了一个关键结论：量的乘除法是单位制族依赖的，而 $\mathscr{Z}$ 制跟 CGS 制并不同族。

甲　为什么不同族？$\hat{\boldsymbol{a}}_{\mathscr{Z}}$ 与 $\hat{\boldsymbol{a}}_{\text{CGS}}$ 有完全一样的终定方程[即式(7-2-12)]啊。

乙　但两者依托于不同的现象类。$\hat{\boldsymbol{a}}_{\text{CGS}}$ 所依托的是个复合现象类，由以下两个现象类复合而成：①初速为零的质点做匀加速运动，t **秒**内的速度增量为 v **厘米/秒**，其加速度 a 满足 $a = kv/t$，取 $k=1$ 便得 $a = v/t$，选此式为 $\hat{\boldsymbol{a}}_{\text{CGS}}$ 的原始定义方程；②另一质点以 v **厘米/秒**的速度做匀速直线运动，t **秒**内走了 l **厘米**，便有 $v = l/t$，代入 $a = v/t$ 给出 $a = l/t^2$，虽然与式(7-2-12)一样，但依托的现象类不同——正如你刚才所云，$\hat{\boldsymbol{a}}_{\mathscr{Z}}$ 所依托的是初速为零的匀加速运动现象类，无复合可言。所以 $\mathscr{Z}$ 制跟 CGS 制并非同族单位制，因而 $\mathscr{Z}$ 制所在族的乘除法有别于 CGS 制的乘除法。为区分起见，CGS 制所在族的乘号和除号仍用 $\cdot$ 和 $/$；而 $\mathscr{Z}$ 制所在族的乘号和除号则改用 $\odot$ 和 $/\!\!/$，于是下式才是 $\mathscr{Z}$ 制所在族的、用基本单位表示导出单位 $\hat{\boldsymbol{a}}_{\mathscr{Z}}$ 的量等式:

$$\hat{\boldsymbol{a}}_{\mathscr{Z}} = \textbf{厘米} /\!\!/ \textbf{秒}^2 \text{。} \tag{7-2-14}$$

上式右边的系数为 1，说明 $\mathscr{Z}$ 制的确是一贯制。你关于两定义不等价的“证明”不成立。

[选读 7-4 完]

7.2.3　量等式与数等式形式相同的条件

我们多次讲过，物理书上的公式绝大多数都是数等式，不幸的是，有太多人误以为它们是量等式。现在，在我们对量等式下了定义之后，自然要问：这些数等式可以看作量等式吗？答案是：一贯单位制(例如国际制)的数等式都可被改看作量等式，但非一贯单位制却不一定。下面的定理将对此做出详细讨论。

数等式虽然种类繁多，但绝大多数都是(或可改写为[2])幂多项式，所以下面的定理只对幂多项式给出证明。

定理 7-2-1　设 $A, B, C, \cdots$ 是量 $\boldsymbol{A}, \boldsymbol{B}, \boldsymbol{C}, \cdots$ 在某单位制 $\mathscr{Z}$ 的数。给定一个由 $A, B, C, \cdots$ 组成的数等式(设为幂多项式)，能把它看作($\mathscr{Z}$ 制所在族的)量等式的充分条件是：等式涉及

[2] 必要时可展开为泰勒级数。

的每个单位都是一贯单位。

证明　幂多项式的每一项都是幂单项式，可以分别讨论，所以只需对幂单项式做出证明。为具体起见，只讨论如下形式的幂单项式(不难推广至一般情况)：

$$C = \alpha A^{\tau_1} B^{\tau_2} , \tag{7-2-15}$$

其中τ_1、τ_2和α都是实数。根据定理 1-5-3，由上式易见

$$\dim \boldsymbol{C} = (\dim \boldsymbol{A})^{\tau_1} (\dim \boldsymbol{B})^{\tau_2} 。 \tag{7-2-16}$$

设$\hat{\boldsymbol{A}}$、$\hat{\boldsymbol{B}}$、$\hat{\boldsymbol{C}}$是量类$\tilde{\boldsymbol{A}}$、$\tilde{\boldsymbol{B}}$、$\tilde{\boldsymbol{C}}$在$\mathscr{Z}$制的单位，其终定系数依次为$k_{A终}$、$k_{B终}$、$k_{C终}$，再以$\boldsymbol{A}_{交}$、$\boldsymbol{B}_{交}$、$\boldsymbol{C}_{交}$依次代表单位制$\mathscr{Z}$的截面与纤维$\boldsymbol{A}^{\dagger}$、$\boldsymbol{B}^{\dagger}$、$\boldsymbol{C}^{\dagger}$的交点，则由式(3-2-7)及(7-2-2)不难得出

$$\boldsymbol{C}_{交} = \boldsymbol{A}_{交}{}^{\tau_1} \cdot \boldsymbol{B}_{交}{}^{\tau_2} 。 \tag{7-2-17}$$

再由式(3-2-3)又知

$$\boldsymbol{A}_{交} = k_{A终} \hat{\boldsymbol{A}}, \qquad \boldsymbol{B}_{交} = k_{B终} \hat{\boldsymbol{B}}, \qquad \boldsymbol{C}_{交} = k_{C终} \hat{\boldsymbol{C}} \ ,$$

故

$$\boldsymbol{C}_{交} = (k_{A终} \hat{\boldsymbol{A}})^{\tau_1} \cdot (k_{B终} \hat{\boldsymbol{B}})^{\tau_2} = k_{A终}{}^{\tau_1} k_{B终}{}^{\tau_2} (\hat{\boldsymbol{A}}^{\tau_1} \cdot \hat{\boldsymbol{B}}^{\tau_2}) , \tag{7-2-18}$$

(其中末步用到定理 3-7-2，只需把定理中的量$\boldsymbol{A}$看作实数$k_{终}$。) 因而

$$\hat{\boldsymbol{C}} = \frac{\boldsymbol{C}_{交}}{k_{C终}} = \frac{k_{A终}{}^{\tau_1} k_{B终}{}^{\tau_2}}{k_{C终}} \hat{\boldsymbol{A}}^{\tau_1} \cdot \hat{\boldsymbol{B}}^{\tau_2} 。$$

于是

$$\boldsymbol{C} = C\hat{\boldsymbol{C}} = (\alpha A^{\tau_1} B^{\tau_2}) \frac{k_{A终}{}^{\tau_1} k_{B终}{}^{\tau_2}}{k_{C终}} \hat{\boldsymbol{A}}^{\tau_1} \cdot \hat{\boldsymbol{B}}^{\tau_2}$$

$$= \frac{k_{A终}{}^{\tau_1} k_{B终}{}^{\tau_2}}{k_{C终}} \alpha (A^{\tau_1} \hat{\boldsymbol{A}}^{\tau_1})(B^{\tau_2} \hat{\boldsymbol{B}}^{\tau_2}) = \frac{k_{A终}{}^{\tau_1} k_{B终}{}^{\tau_2}}{k_{C终}} \alpha \boldsymbol{A}^{\tau_1} \boldsymbol{B}^{\tau_2} , \tag{7-2-19}$$

(其中末步再次用到定理 3-7-2。) 可见，如果$\hat{\boldsymbol{A}}, \hat{\boldsymbol{B}}, \hat{\boldsymbol{C}}$都是一贯单位(即$k_{A终} = k_{B终} = k_{C终} = 1$)，便有量等式

$$\boldsymbol{C} = \alpha \boldsymbol{A}^{\tau_1} \boldsymbol{B}^{\tau_2} 。 \tag{7-2-20}$$

上式与数等式$C = \alpha A^{\tau_1} B^{\tau_2}$形式相同。 □

[选读 7-5]

本书多处用到的公理 1-5-1 出自第 1 章。当时由于未能给出非常严格的证明，所以称之为公理。然而，现在有了量等式，特别是有了为证明定理 7-2-1 而推出的式(7-2-19)，似乎有望把这个公理升格为定理，下面试着对此“定理”做一证明。

“定理 1-5-1” (由公理 1-5-1 升格而得) 反映物理规律的数等式(数值表达式)在同族单位制$\mathscr{Z}$和$\mathscr{Z}'$中有相同形式。

“定理 1-5-1”试证明　为具体起见，不妨仍以数等式$C = \alpha A^{\tau_1} B^{\tau_2}$ [式(7-2-15)]为例给出证明。设此式是$\mathscr{Z}$制所在族的某个量等式[暂记作“式(∗)”]在$\mathscr{Z}$制的数等式，$\mathscr{Z}'$是$\mathscr{Z}$制的任一同族制，则只需证明“式(∗)”在$\mathscr{Z}'$制的数等式为

$$C' = \alpha A'^{\tau_1} B'^{\tau_2} \text{ ,} \tag{7-2-21}$$

以下分两种情况讨论。

情况 1　$\mathscr{Z}$ 制是一贯制(或者，至少量类 $\tilde{\boldsymbol{A}}, \tilde{\boldsymbol{B}}, \tilde{\boldsymbol{C}}$ 在 $\mathscr{Z}$ 制的单位 $\hat{\boldsymbol{A}}, \hat{\boldsymbol{B}}, \hat{\boldsymbol{C}}$ 是一贯单位)。这时由定理 7-2-1 可知“式(∗)”必为这样的量等式：

$$\boldsymbol{C} = \alpha \boldsymbol{A}^{\tau_1} \boldsymbol{B}^{\tau_2} \quad [\text{此即前面的式(7-2-20)}]。 \tag{7-2-22}$$

$\mathscr{Z}'$ 制既然与 $\mathscr{Z}$ 制同族，也必然是一贯制(或者，至少量类 $\tilde{\boldsymbol{A}}, \tilde{\boldsymbol{B}}, \tilde{\boldsymbol{C}}$ 在 $\mathscr{Z}'$ 制的单位 $\hat{\boldsymbol{A}}', \hat{\boldsymbol{B}}', \hat{\boldsymbol{C}}'$ 是一贯单位)，由定理 7-2-1 便知量等式(7-2-22)跟它在 $\mathscr{Z}'$ 制的数等式有相同形式，因而数等式必为式(7-2-21)。

情况 2　$\mathscr{Z}$ 制不属于情况 1，就是说，$k_{A终}$、$k_{B终}$、$k_{C终}$ 不全为 1，则由定理 7-2-1 的证明过程可知与 $C = \alpha A^{\tau_1} B^{\tau_2}$ 相应的量等式为式(7-2-19)，简写为

$$\boldsymbol{C} = \frac{k_{A终}{}^{\tau_1} k_{B终}{}^{\tau_2}}{k_{C终}} \alpha \boldsymbol{A}^{\tau_1} \boldsymbol{B}^{\tau_2} \text{ 。} \tag{7-2-23}$$

以 $\boldsymbol{A}'_{交}$、$\boldsymbol{B}'_{交}$、$\boldsymbol{C}'_{交}$ 依次代表 $\mathscr{Z}'$ 制的截面与纤维 $\tilde{\boldsymbol{A}}^{\dagger}$、$\boldsymbol{B}^{\dagger}$、$\boldsymbol{C}^{\dagger}$ 的交点，注意到

$$\boldsymbol{A}'_{交} = k_{A终} \hat{\boldsymbol{A}}' \text{ ,} \quad \boldsymbol{B}'_{交} = k_{B终} \hat{\boldsymbol{B}}' \text{ ,} \quad \boldsymbol{C}'_{交} = k_{C终} \hat{\boldsymbol{C}}' \text{ ,}$$

便有 $\boldsymbol{A} = A'\hat{\boldsymbol{A}}' = A' k_{A终}{}^{-1} \boldsymbol{A}'_{交}$，同理还有 $\boldsymbol{B} = B' k_{B终}{}^{-1} \boldsymbol{B}'_{交}$ 及 $\boldsymbol{C} = C' k_{C终}{}^{-1} \boldsymbol{C}'_{交}$，代入式(7-2-23)，略加计算便得待证等式(7-2-21)。 □

注记 7-4　上面的“试证明”似乎已将公理 1-5-1 升格为定理 1-5-1，但这个证明存在逻辑循环：证明中用了定理 7-2-1，定理 7-2-1 的证明又用了定理 1-5-3，而定理 1-5-3 的证明必须用公理 1-5-1。因此，公理 1-5-1 并未能升格为定理。 **[选读 7-5 完]**

§ 7.3　验证定理 7-2-1 的众多例子

下面举出一系列例子，用以验证定理 7-2-1 的正确性。其实前面的例题 3-2-1 和例题 3-2-2 就已经是两个验证的例子。下面你还将看到几个由于非一贯单位而导致的量等式与数等式形状不同的例子，其中一个竟然出现在用高斯制讲电磁学的重要公式—— $\vec{D} \equiv \vec{E} + 4\pi\vec{P}$ ——中，详见例题 7-3-5。

7.3.1　国际制的例子

例题 7-3-1　国际制 $\mathscr{Z}_{国}$ 是一贯单位制(各导出单位都是一贯单位，即它们的 $k_{终}$ 都为 1)，例如，电荷单位 **C** (**库**)的定义方程为

$$q = It \text{ 。} \tag{7-3-1}$$

对 $\mathscr{Z}_{国}$ 而言，电流和时间都是基本量类，故上式既是**库**的原始定义方程又是**库**的终定方程。将此式看作式(7-2-8)在 $k_{C终} = 1$ 的特例(现在是 $k_{q终} = 1$)，由式(7-2-10)便可得到用基本量 $\boldsymbol{I}$ 和 $\boldsymbol{t}$ 表出导出量 $\boldsymbol{q}$ 的表达式：

$$\boldsymbol{q} = \boldsymbol{I}\boldsymbol{t} \text{ 。} \tag{7-3-2}$$

可见量等式[指式(7-3-2)]与相应的数等式[指式(7-3-1)]的确有相同形式。这是导出单位**库**的

$k_{终}=1$(**库**是一贯单位)的必然结果。 ■

再举两个非一贯制的例子。

例题 7-3-2 功和能是同一个量类($\tilde{w}=\tilde{E}$)，在国际制中是导出量类，导出单位$\hat{\boldsymbol{w}}_{国}=\hat{\boldsymbol{E}}_{国}$的原始定义方程是$w=fl$(功等于力乘位移，所依托的现象类是“做功现象类”)，由此推得其终定方程为$E=l^2mt^{-2}$，可见$k_{E终}=1$，因而$\hat{\boldsymbol{w}}_{国}=\hat{\boldsymbol{E}}_{国}$是个一贯单位，称为**焦耳**。由$w=fl$还可推出动能公式$E=mv^2/2$。假定有人定义另一单位制，其基本量类和基本单位与国际制相同，导出单位除功能单位外与国际制一样，但功能单位的原始定义方程改为$E=mv^2/2$(所依托的是“运动质点现象类”)，我们来寻求与这个数等式相应的量等式。

由原始定义方程$E=mv^2/2$可得终定方程$E=l^2mt^{-2}/2$，由此读出$k_{E终}=1/2$。注意到$\dim\boldsymbol{E}=(\dim\boldsymbol{m})(\dim\boldsymbol{v}^2)$，由式(3-2-7)及式(7-2-2)得$\boldsymbol{E}_{交}=\boldsymbol{m}_{交}\cdot\boldsymbol{v}_{交}{}^2$，而$\boldsymbol{E}_{交}=k_{E终}\hat{\boldsymbol{E}}=\hat{\boldsymbol{E}}/2$，$\boldsymbol{m}_{交}=\hat{\boldsymbol{m}}$，$\boldsymbol{v}_{交}=\hat{\boldsymbol{v}}$，故$\hat{\boldsymbol{E}}/2=\hat{\boldsymbol{m}}\cdot\hat{\boldsymbol{v}}^2$，因而动能

$$\boldsymbol{E}=E\hat{\boldsymbol{E}}=\left(mv^2/2\right)2\,\hat{\boldsymbol{m}}\cdot\hat{\boldsymbol{v}}^2=m\hat{\boldsymbol{m}}\cdot v^2\hat{\boldsymbol{v}}^2,$$

于是有$\boldsymbol{E}=\boldsymbol{m}\cdot\boldsymbol{v}^2$。请注意这个量等式与相应的数等式$E=mv^2/2$形式不同，这当然是因为$\hat{\boldsymbol{E}}$不是一贯单位($k_{E终}=1/2\neq1$)的缘故。 ■

例题 7-3-3 定义一个新单位制$\mathscr{Z}'$，其基本量类及基本单位与国际制$\mathscr{Z}$全同，但电荷单位(作为导出单位)$\hat{\boldsymbol{q}}'$的定义方程改为(所依托的仍为“载流导线现象类”)

$$q'=2It\text{。}\tag{7-3-3}$$

我们称此单位为**仑**。把上式明确改写为

$$q_{仑}=2I_{安}t_{秒}\text{，(这说明}\textbf{仑}\text{的}k_{终}=2\neq1)\tag{7-3-4}$$

当$I_{安}=1$，$t_{秒}=1$时上式给出$q_{仑}=2$，说明1**安**的载流导线在1**秒**内流过的电荷等于 2**仑**。可见

$$1\,\textbf{库}=2\,\textbf{仑},\tag{7-3-5}$$

与1**库**=1**安**·**秒**结合便得

$$1\,\textbf{仑}=\frac{1}{2}\textbf{安}\cdot\textbf{秒}\text{。}\tag{7-3-6}$$

于是

$$\boldsymbol{q}=q_{仑}\textbf{仑}=2I_{安}t_{秒}\frac{1}{2}\textbf{安}\cdot\textbf{秒}=(I_{安}\textbf{安})\cdot(t_{秒}\textbf{秒}),\tag{7-3-7}$$

因而仍有量等式

$$\boldsymbol{q}=\boldsymbol{I}\boldsymbol{t}\text{。}\tag{7-3-8}$$

上式与数等式(即$q_{仑}=2I_{安}t_{秒}$)形式不同，根据定理 7-2-1，至少有一个单位非一贯，而此处正是**仑**。 ■

[选读 7-6]

甲 您的做法虽然简单，但我认为隐藏着一个微妙的问题。新单位制$\mathscr{Z}'$与国际制$\mathscr{Z}_{国}$互不同族，而量乘号和等号都是“单位制族依赖”的，所以要特别小心。首先，虽然例题 7-3-1 和例题 7-3-3 求得的都是量等式$\boldsymbol{q}=\boldsymbol{I}\boldsymbol{t}$，但它们其实有所区别。例题 7-3-1 求得的$\boldsymbol{q}=\boldsymbol{I}\boldsymbol{t}$

[即式(7-3-2)]的等号和乘号都是 $\mathscr{Z}_{国}$ 族的；而例题 7-3-3 求得的 $\boldsymbol{q}=\boldsymbol{It}$ [即式(7-3-8)]的等号和乘号都应该是 $\mathscr{Z}'$ 族的。为了更明确起见，特用符号≙和≙分别代表 $\mathscr{Z}_{国}$ 和 $\mathscr{Z}'$ 族的等号；用 $\boldsymbol{I}\cdot\boldsymbol{t}$ 和 $\boldsymbol{I}*\boldsymbol{t}$ 代表 $\mathscr{Z}_{国}$ 和 $\mathscr{Z}'$ 族的量乘号，则式(7-3-2)和(7-3-8)可分别明确表为

$$\boldsymbol{q}\triangleq\boldsymbol{I}\cdot\boldsymbol{t} \tag{7-3-2'}$$

和

$$\boldsymbol{q}\triangleq\boldsymbol{I}*\boldsymbol{t}\text{。} \tag{7-3-8'}$$

采用这种符号后，您的式(7-3-6)就应明确写成

$$1\,\textbf{仑}=\frac{1}{2}\textbf{库}\triangleq\frac{1}{2}\textbf{安}\cdot\textbf{秒}\,, \tag{7-3-6'}$$

(因为**库**=**安**·**秒**对 $\mathscr{Z}_{国}$ 族成立。) 于是式(7-3-7)成为

$$\boldsymbol{q}=q_{仑}\textbf{仑}\triangleq 2I_{安}t_{秒}\frac{1}{2}\textbf{安}\cdot\textbf{秒}=(I_{安}\textbf{安})\cdot(t_{秒}\textbf{秒})=\boldsymbol{I}\cdot\boldsymbol{t}\,,$$

最后求得的仍是 $\mathscr{Z}_{国}$ 族的“量等式” $\boldsymbol{q}\triangleq\boldsymbol{I}\cdot\boldsymbol{t}$，而不是我们应求的 $\mathscr{Z}'$ 族的“量等式” $\boldsymbol{q}\triangleq\boldsymbol{I}*\boldsymbol{t}$。

乙　你的警惕性很高，能充分注意到 $\mathscr{Z}'$ 制与国际制 $\mathscr{Z}_{国}$ 不同族的事实，值得表扬。但是，你却没有注意到 $\mathscr{Z}'$ 制与国际制 $\mathscr{Z}_{国}$ 是准同族单位制，因为两者的唯一区别是电荷单位，而区别的起因是定义方程的 $k_{终}$ 不同(请注意现象类是一样的)。而根据定理 3-2-2，准同族制有相同的量乘结果，所以 $\boldsymbol{q}\triangleq\boldsymbol{I}\cdot\boldsymbol{t}$ 与 $\boldsymbol{q}\triangleq\boldsymbol{I}*\boldsymbol{t}$ 是一回事，都可以写成 $\boldsymbol{q}=\boldsymbol{It}$，引入你的特别符号是多余的。　　**[选读 7-6 完]**

7.3.2　高斯制的例子[选读]

下面两例要讨论电位移 $\tilde{\boldsymbol{D}}$、电极化强度 $\tilde{\boldsymbol{P}}$ 和电场强度 $\tilde{\boldsymbol{E}}$ 的高斯制单位之间的关系。为便于讨论，有必要对用高斯制表述的电磁学的有关内容做一简要复习。先复习 $\tilde{\boldsymbol{E}}$、$\tilde{\boldsymbol{P}}$ 和 $\tilde{\boldsymbol{D}}$ 作为物理量(或说“作为物理概念”)的定义。静电场强度 $\tilde{\boldsymbol{E}}$ 的定义是单位试探电荷所受的静电力(详见稍后关于“一式二用”的脚注):

$$\vec{E}:=\frac{\vec{f}}{q}\text{。} \tag{7-3-9}$$

电极化 $\tilde{\boldsymbol{P}}$ 的定义是电介质中单位体积的电矩矢量和。以 $\vec{p}$ 代表体积 V 内的电矩矢量和，便有

$$\vec{P}:=\frac{\vec{p}}{V}\text{。} \tag{7-3-10}$$

电位移 $\tilde{\boldsymbol{D}}$ 的定义则由如下思路获得。根据高斯定理，介质中的电场 $\vec{E}$ 对任一闭合面 S 的通量满足

$$\oiint_S \vec{E}\cdot\mathrm{d}\vec{S}=4\pi(q+q')\,, \tag{7-3-11}$$

其中 q 和 q' 分别是闭合面 S 内的自由电荷和极化电荷，而后者又可表为[推导见任一(用高斯制的)电磁学教材，例如珀塞尔(1979)]

$$q'=-\oiint_S \vec{P}\cdot\mathrm{d}\vec{S}\,, \tag{7-3-12}$$

代入式(7-3-11)得

$$\oiint_S (\vec{E}+4\pi\vec{P})\cdot \mathrm{d}\vec{S}=4\pi q\ 。\tag{7-3-13}$$

引入一个称为电位移的矢量场

$$\vec{D}:=\vec{E}+4\pi\vec{P}\ ,\tag{7-3-14}$$

便有

$$\oiint_S \vec{D}\cdot \mathrm{d}\vec{S}=4\pi q\ 。\tag{7-3-15}$$

式(7-3-14)就是电位移 $\vec{D}$ (作为一个物理量)的定义。虽然以上各式都涉及矢量，但在讨论单位问题时不妨只写出相应的标量形式，例如不妨把式(7-3-10)写成

$$P:=\frac{p}{V}\ 。\tag{7-3-10$'$}$$

还应强调，以上各式都是数等式而非量等式，例如上式的 P 代表的是用电极化这个量类的高斯制单位 $\hat{\boldsymbol{P}}_{高}$ 测量问题中的电极化 $\vec{\boldsymbol{P}}$ 这个量所得的数。类似地，不妨把式(7-3-14)写成

$$D:=E+4\pi P\ 。\tag{7-3-14$'$}$$

作为对比，请注意数等式(7-3-14)在国际制(指 MKSA 制，下同)中的对应等式是

$$\vec{D}:=\varepsilon_0\vec{E}+\vec{P}\ ,\tag{7-3-16}$$

也可写成标量等式

$$D:=\varepsilon_0 E+P\ ,\tag{7-3-16$'$}$$

其中 ε_0 是用介电常量的国际制单位 $\hat{\boldsymbol{\varepsilon}}_{国}$ 测真空介电常量 $\boldsymbol{\varepsilon}_0$ 所得的数，其值为

$$\varepsilon_{0国}=\frac{1}{(4\pi\times 10^{-7})c_{国}^{\ 2}}\approx 8.9\times 10^{-12}\ 。\ \text{(此乃数等式，不应在右边补单位！)}\tag{7-3-17}$$

电位移 $\tilde{\boldsymbol{D}}$ 和电极化 $\tilde{\boldsymbol{P}}$ 本是两个不同的物理量类，但由式(7-3-16′)可知它们在国际制中量纲相同($\dim\boldsymbol{D}=\dim\boldsymbol{P}=\mathrm{L^{-2}TI}$)，因而共用一条纤维 $(-2,0,1,1)^\dagger$ (4 维矢量空间 $\mathscr{L}_{国}$ 上方的纤维)。高斯制则更为复杂，由式(7-3-14′)可知 $\tilde{\boldsymbol{E}}$、$\tilde{\boldsymbol{P}}$ 和 $\tilde{\boldsymbol{D}}$ 在高斯制有相同量纲

$$(\dim\boldsymbol{D}=\dim\boldsymbol{P}=\dim\boldsymbol{E}=\mathrm{L^{-1/2}M^{1/2}T^{-1}}),$$

即三个物理量类共用一条纤维 $(-1/2,1/2,-1)^\dagger$ (3 维矢量空间 $\mathscr{L}_{高}$ 上方的纤维)。我们要讨论它们的单位 $\hat{\boldsymbol{E}}_{高}$、$\hat{\boldsymbol{P}}_{高}$ 和 $\hat{\boldsymbol{D}}_{高}$ 以及这三个单位的关系。静电场强度 $\vec{\boldsymbol{E}}$ [作为物理量(或物理概念)]由式(7-3-9)定义，由于力和电荷的高斯制单位(作为导出单位)已先此而制定[力的单位的定义方程是 $f=ma=ml/t^2$ ，电荷单位的定义方程是式(4-5-10)]，所以所有文献都选式(7-3-9)作为 $\hat{\boldsymbol{E}}_{高}$ 的(原始)定义方程。式(7-3-9)既是 $\vec{\boldsymbol{E}}$ 这一物理量的定义式又是导出单位 $\hat{\boldsymbol{E}}_{高}$ 的定义方程，我们称之为“一式二用”[3]。类似地，电极化 $\vec{\boldsymbol{P}}$ (作为物理量)由式(7-3-10′)定义，由于

[3] 对“一式二用”可作如下理解。首先，$\vec{E}:=\vec{f}/q$ 表明有待定义的物理量(电场强度 $\vec{E}$)是个矢量，其方向与其所在点的试探电荷 $\boldsymbol{q}$ 所受的静电力 $\vec{\boldsymbol{f}}$ 相同。再谈其大小，即 $E:=f/q$ 。这是高斯制的数等式，式中的 q 和 f 分别代表以**静库**和**达因**测 $\boldsymbol{q}$ 和 $\boldsymbol{f}$ 的得数，把比值 f/q 解释为(定义为)电场强度 $\boldsymbol{E}$ 这个量以其高斯制单位 $\hat{\boldsymbol{E}}_{高}$ 测得的数。于是 $E:=f/q$ 既是量 $\boldsymbol{E}$ 的定义式又是单位 $\hat{\boldsymbol{E}}_{高}$ 的定义方程。不妨说，“一式二用”就是用一个公式一举完成“给量下定义”和“给该量的单位下定义”这个双重任务。

体积V和电偶极矩q的高斯制单位(作为导出单位)已先此而制定(电矩单位的定义方程是$p=ql$)，所以所有文献都选式(7-3-10′)作为$\hat{\boldsymbol{P}}_{高}$的(原始)定义方程(也是“一式二用”)。由这两个单位的原始定义方程可以推出它们的终定方程:

$$E_{高}=l^{-1/2}m^{1/2}t^{-1}\,, \tag{7-3-18}$$

$$P_{高}=l^{-1/2}m^{1/2}t^{-1}\,, \tag{7-3-19}$$

此处的l、m、t就是式(7-2-8)的J_1、J_2、J_3，作为式(7-2-9)的特例，$\hat{\boldsymbol{E}}_{高}$和$\hat{\boldsymbol{P}}_{高}$可用基本单位表为

$$\hat{\boldsymbol{E}}_{高}=\hat{\boldsymbol{P}}_{高}=(\textbf{厘米})^{-1/2}\cdot\textbf{克}^{1/2}\cdot\textbf{秒}^{-1}\quad\text{(量乘和求幂都按高斯制族)。} \tag{7-3-20}$$

然而$\hat{\boldsymbol{D}}_{高}$的情况比$\hat{\boldsymbol{E}}_{高}$和$\hat{\boldsymbol{P}}_{高}$较为复杂，因为不同文献对$\hat{\boldsymbol{D}}_{高}$的原始定义方程有不同选择，主要有两种，分别在下面的例题 7-3-4 和例题 7-3-5 中讨论。

例题 7-3-4　因为真空有$P_{高}=0$，所以式(7-3-14′)在真空中简化为

$$D_{高}=E_{高}\,。 \tag{7-3-21}$$

不少文献选上式为$\hat{\boldsymbol{D}}_{高}$的原始定义方程。由上式及式(7-3-18)便得$\hat{\boldsymbol{D}}_{高}$的终定方程:

$$D_{高}=l^{-1/2}m^{1/2}t^{-1}\,, \tag{7-3-22}$$

可见$\hat{\boldsymbol{D}}_{高}$、$\hat{\boldsymbol{E}}_{高}$和$\hat{\boldsymbol{P}}_{高}$的$k_{终}$都为 1(即$k_{D终}=k_{E终}=k_{P终}=1$)，因而[作为式(7-2-9)的特例]

$$\hat{\boldsymbol{D}}_{高}=\hat{\boldsymbol{E}}_{高}=\hat{\boldsymbol{P}}_{高}=(\textbf{厘米})^{-1/2}\cdot\textbf{克}^{1/2}\cdot\textbf{秒}^{-1}\,。 \tag{7-3-23}$$

根据定理 7-2-1，涉及$\boldsymbol{D}$的量等式应与相应的数等式[即式(7-3-14′)]形式相同。事实的确如此，因为量$\boldsymbol{D}$满足

$$\boldsymbol{D}=D_{高}\hat{\boldsymbol{D}}_{高}=(E_{高}+4\pi P_{高})\hat{\boldsymbol{D}}_{高}=E_{高}\hat{\boldsymbol{E}}_{高}+4\pi P_{高}\hat{\boldsymbol{P}}_{高}\,,$$

[其中第二步用到式(7-3-14′)，第三步用到$\hat{\boldsymbol{D}}_{高}=\hat{\boldsymbol{E}}_{高}=\hat{\boldsymbol{P}}_{高}$。] 因而有量等式

$$\boldsymbol{D}-\boldsymbol{E}+4\pi\boldsymbol{P}\,, \tag{7-3-24}$$

它果然与相应的数等式(7-3-14′)形式相同。

然而，另有不少文献对$\hat{\boldsymbol{D}}_{高}$的原始定义方程采取另一选择，见下例。

例题 7-3-5　不少文献[例如赛纳(1959)]选下式作为$\hat{\boldsymbol{D}}_{高}$的原始定义方程:

$$\oiint_S \vec{D}_{高}\cdot \mathrm{d}\vec{S}_{高}=4\pi q_{高}\quad\text{[此即式(7-3-15)]}\,, \tag{7-3-25}$$

在只关心单位问题时不妨改写为

$$D_{高}=4\pi q_{高}/S_{高}\,。 \tag{7-3-26}$$

由此不难证明这样定义的$\hat{\boldsymbol{D}}_{高}$的终定方程为

$$D_{高}=4\pi l^{-1/2}m^{1/2}t^{-1}\,, \tag{7-3-27}$$

可见$k_{D终}=4\pi\neq 1$，故由式(7-2-9)可知$\hat{\boldsymbol{D}}_{高}$用基本单位的表达式为

$$\hat{\boldsymbol{D}}_{高}=\frac{1}{4\pi}(\textbf{厘米})^{-1/2}\cdot\textbf{克}^{1/2}\cdot\textbf{秒}^{-1}\,。 \tag{7-3-28}$$

根据定理 7-2-1，由于$k_{D终}\neq 1$，涉及$\boldsymbol{D}$、$\boldsymbol{E}$和$\boldsymbol{P}$的量等式与相应的数等式[即式(7-3-14′)]有可能形式不同。事实的确如此：由式(7-3-28)及(7-3-20)可知现在的$\hat{\boldsymbol{D}}_{高}$与$\hat{\boldsymbol{E}}_{高}$及$\hat{\boldsymbol{P}}_{高}$的关系为

$$\hat{\boldsymbol{D}}_{高}=\hat{\boldsymbol{E}}_{高}/4\pi=\hat{\boldsymbol{P}}_{高}/4\pi\,, \tag{7-3-29}$$

故

$$\boldsymbol{D}=D_{高}\hat{\boldsymbol{D}}_{高}=(E_{高}+4\pi P_{高})\frac{1}{4\pi}\hat{\boldsymbol{E}}_{高}=\frac{1}{4\pi}E_{高}\hat{\boldsymbol{E}}_{高}+P_{高}\hat{\boldsymbol{P}}_{高},$$

[其中第二步用到式(7-3-14′)及(7-3-29)，第三步用到式(7-3-20)。] 因而有量等式

$$\boldsymbol{D}=\frac{1}{4\pi}\boldsymbol{E}+\boldsymbol{P}\ , \tag{7-3-30}$$

与相应的数等式(7-3-14′)形式果然不同！

甲　这确实出人意料。长期以来，大多数人(包括读本书以前的我)都以为物理书的公式是量等式，而用高斯制讲电磁学的书[例如塔姆(中译本 1958)和珀塞尔(1979)]都有如下公式[即式(7-3-14)]:

$$\vec{D}:=\vec{E}+4\pi\vec{P}\ ,$$

所以总把此式看作量等式。现在看来，必须(也只能)把它看作数等式，与之相应的量等式竟然是人人都未曾见过的等式

$$\vec{\boldsymbol{D}}=\frac{1}{4\pi}\vec{\boldsymbol{E}}+\vec{\boldsymbol{P}}\ 。 \tag{7-3-30′}$$

乙　是的。不过上式成立的前提是选式(7-3-25)为 $\hat{\boldsymbol{D}}_{高}$ 的原始定义方程。如果改选式(7-3-21) (即例题 7-3-4 的选择)，就不会出现这种“惊人”的结果。

甲　根据§1.3 末的小结，一个单位制由三个要素(基本量类、基本单位和导出单位的定义方程)构成，例题 7-3-4 和 7-3-5 虽然都称为“高斯制”，但两者的 $\hat{\boldsymbol{D}}_{高}$ 有不同的定义方程，它们应该是两个不同的单位制。对吗？

乙　很对。为明确区分起见，暂时依次称之为“高 **a** 制”和“高 **b** 制”。这两个高斯制非但不同族，而且也不是准同族，所以量等式在两制中可能有不同形式。式(7-3-24)与式(7-3-30)就是一例。然而，高 a 制和高 b 制却是互相等价的——它们是一对等价单位制。

甲　这太难接受了！对比式(7-3-23)和(7-3-28)发现两制的 $\hat{\boldsymbol{D}}_{高}$ 不等(差了 4π 倍)，而等价单位制要求各个单位对应相等！

乙　你这是受了这两个量等式的“欺骗”。高 a 制和高 b 制既非同族也非准同族，它们的乘法和求幂定义并不相同。式(7-3-23)和(7-3-28)依次用了高 a 制和高 b 制的乘法和求幂法，所以“对比”两式不会给出正确结果。为了理解“两制是等价单位制”的结论，请复习§2.5。该节指出，为找到等价单位制，既要改变现象类又要改变定义方程，而且当这两种改变“配合默契”时就可造出等价单位制。从高 a 制改为高 b 制时的确是既改变终定方程[从式(7-3-22)变为式(7-3-27)]又改变现象类(从真空变为介质中包含电荷的闭合面)。

甲　但您怎么知道它们配合默契？

乙　只需证明 $\hat{\boldsymbol{D}}_{高a}=\hat{\boldsymbol{D}}_{高b}$。先把式(7-3-25)明确写成

$$\oiint_S \vec{D}_{高b}\cdot d\vec{S}_{高}=4\pi q_{高}\ , \tag{7-3-25′}$$

但式(7-3-25)对高 a 制也成立(任何用高斯制写的电磁学教材都有此式)，故又有

$$\oiint_S \vec{D}_{高a}\cdot d\vec{S}_{高}=4\pi q_{高}\ , \tag{7-3-25″}$$

比较以上两式就逼出 $D_{高a}=D_{高b}$，而量 $\boldsymbol{D}$ 只有一个，故有 $\hat{\boldsymbol{D}}_{高a}=\hat{\boldsymbol{D}}_{高b}$。所以，你说的“不

等”不是两制的 $\hat{\boldsymbol{D}}_{高}$ 不等，而是式(7-3-23)与(7-3-28)的量乘号不一样。除 $\hat{\boldsymbol{D}}_{高}$ 外的所有单位在两制中当然相等，所以高 a 制与高 b 制互为等价单位制。

甲　我现在懂了，而且觉得很有意思——高 a 制竟然是非一贯的高 b 制的等价一贯制！

乙　我还想借题发挥。作为非一贯制，高 b 制还有另一个等价一贯制，不妨称为高 c 制。高 b 制之所以非一贯，根本原因是 $\hat{\boldsymbol{D}}_{高b}$ 的原始定义方程

$$D = 4\pi q/S \qquad \text{重编号为(7-3-31)}$$

中含有系数 4π。与上式相应的现象类的物理图像是：半径为 $\boldsymbol{r}$ 的带电金属球埋在均匀无限电介质中，取金属球表面任一点 P 为场点(见图 7-1)，则该点的电位移 $\boldsymbol{D}\big|_P$ 与金属球的自由电荷 $\boldsymbol{q}$ 及金属球表面积 $\boldsymbol{S}$ (在高 b 制的数)的关系必定满足上式。先把上式明确改写为

$$D\big|_P = 4\pi q/S\ 。 \qquad (7\text{-}3\text{-}31a)$$

为了消除这个 4π，可以选用一个新的现象类——物理图像不变，只把场点改选为介质中距球心为 $r_{新} = \sqrt{4\pi} r$ 的点 $P_{新}$ (仍见图 7-1)。以 $\boldsymbol{S}_{新}$ 代表过 $P_{新}$ 点的同心球面的面积，则用高 b 制测 $\boldsymbol{S}_{新}$ 的得数 $S_{新} = 4\pi S$，故

$$D\big|_{P_{新}} = q/S \quad (\text{高 b 制的数等式})。 \qquad (7\text{-}3\text{-}31b)$$

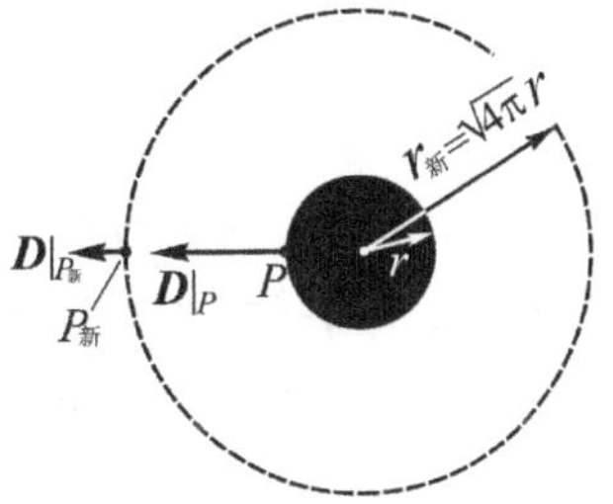

图 7-1　黑圆代表金属球，外面是均匀无限电介质

选用上式为 $\hat{\boldsymbol{D}}_{高c}$ 的定义方程(于是 $\hat{\boldsymbol{D}}_{高c} = \hat{\boldsymbol{D}}_{高b}$)，约定除 $\hat{\boldsymbol{D}}_{高c}$ 外的所有单位的定义方程与高 b 制一样，则高 c 制就是一贯制。小结：从高 b 制到高 c 制的过渡中，我们对 $\hat{\boldsymbol{D}}_{高}$ 既改变现象类又改变定义方程，得到的新单位制(高 c 制)与高 b 制有完全一样的单位集合，所以两制等价——高 c 制是高 b 制的等价一贯制。

可见非一贯制的等价一贯制可以不止一个(高 a 制和高 c 制都是高 b 制的等价一贯制)。

7.3.3　几何制的例子[选读]

根据小节 5.1.1，几何制有 3 种观点，应看作 3 个不同的单位制(而且互不同族)。

例题 7-3-6　洛伦兹变换的第一式在几何制中为

$$t'_{几} = \gamma(t_{几} - v_{几} x_{几})\ , \qquad (7\text{-}3\text{-}32)$$

这是几何制的数等式，求与它相应的量等式。

解法 1　用几何制的观点 3 求解。量纲空间 $\mathscr{L}_3$ 是 1 维矢量空间，只有 1 个基矢，我们取为 $\tilde{\boldsymbol{t}}$，其他矢量都可表为 $\tilde{\boldsymbol{t}}$ 的实数倍，例如，

$$\text{速度量类}\ \tilde{\boldsymbol{v}} = \text{引力常量量类}\ \tilde{\boldsymbol{G}} = \text{力量类}\ \tilde{\boldsymbol{f}} = 0\cdot\tilde{\boldsymbol{t}}\ ,$$

$$\text{即}\quad \dim\boldsymbol{v} = \dim\boldsymbol{G} = \dim\boldsymbol{f} = (\dim\boldsymbol{t})^0\ ,$$

$$\text{长度量类}\ \tilde{\boldsymbol{l}} = \text{质量量类}\ \tilde{\boldsymbol{m}} = \text{功量类}\ \tilde{\boldsymbol{w}} = \text{力矩量类}\ \tilde{\boldsymbol{T}} = \text{动量量类}\ \tilde{\boldsymbol{p}} = 1\cdot\tilde{\boldsymbol{t}}\ ,$$

$$\text{即}\quad \dim\boldsymbol{l} = \dim\boldsymbol{m} = \dim\boldsymbol{w} = \dim\boldsymbol{T} = (\dim\boldsymbol{t})^1\ ,$$

$$\text{角动量量类}\ \tilde{\boldsymbol{\Lambda}} = \text{面积量类}\ \tilde{\boldsymbol{S}} = 2\cdot\tilde{\boldsymbol{l}}\ ,$$

$$\text{即}\quad \dim\boldsymbol{\Lambda} = \dim\boldsymbol{S} = (\dim\boldsymbol{t})^2\ ,$$

$$\text{体积量类}\ \tilde{\boldsymbol{V}} = 3\cdot\tilde{\boldsymbol{l}}\ 。$$

$$\text{即}\quad \dim\boldsymbol{V}=(\dim\boldsymbol{t})^3,$$

$$\text{加速度量类}\ \tilde{\boldsymbol{a}}=-1\cdot\tilde{\boldsymbol{t}},$$

$$\text{即}\quad \dim\boldsymbol{a}=(\dim\boldsymbol{t})^{-1},$$

$$\text{质量密度量类}\ \tilde{\boldsymbol{\rho}}=\text{压强量类}\ \tilde{\boldsymbol{P}}=-2\cdot\tilde{\boldsymbol{l}},$$

$$\text{即}\quad \dim\boldsymbol{\rho}=\dim\boldsymbol{P}=(\dim\boldsymbol{t})^{-2}。$$

可见，在观点 3 中，许多纤维(数学量类)都对应于多个物理量类。以 $\boldsymbol{C}_\sigma^\dagger$ 代表量纲指数为 σ 的那条纤维，便有

$$\boldsymbol{C}_0^\dagger=\tilde{\boldsymbol{v}}=\tilde{\boldsymbol{G}}=\tilde{\boldsymbol{f}}=\cdots,\tag{7-3-33}$$

$$\boldsymbol{C}_1^\dagger=\tilde{\boldsymbol{l}}=\tilde{\boldsymbol{t}}=\tilde{\boldsymbol{m}}=\tilde{\boldsymbol{w}}=\tilde{\boldsymbol{T}}=\tilde{\boldsymbol{p}}=\cdots,\tag{7-3-34}$$

$$\boldsymbol{C}_2^\dagger=\tilde{\boldsymbol{A}}=\tilde{\boldsymbol{S}}=\cdots,\tag{7-3-35}$$

$$\boldsymbol{C}_{-1}^\dagger=\tilde{\boldsymbol{a}}=\cdots,\tag{7-3-36}$$

$$\boldsymbol{C}_{-2}^\dagger=\tilde{\boldsymbol{\rho}}=\tilde{\boldsymbol{P}}=\cdots,\tag{7-3-37}$$

等等。现在把几 3 制的截面 $\mathscr{J}$ 与纤维 $\boldsymbol{C}_\sigma^\dagger$ 的交点记作 $\boldsymbol{C}_\sigma^{\text{交}}$，根据选定交点的规则，考虑到以上各个量类的单位都为一贯单位(它们的 $k_{\text{终}}$ 都等于 1)，便得

$$\boldsymbol{C}_1^{\text{交}}\equiv\hat{\boldsymbol{l}}=\hat{\boldsymbol{m}}=\hat{\boldsymbol{t}}=\cdots\quad[\text{根据§3.2 的情况 2，即式(3-2-4)}],\tag{7-3-38}$$

$$\boldsymbol{C}_0^{\text{交}}\equiv\hat{\boldsymbol{v}}=\hat{\boldsymbol{G}}=\hat{\boldsymbol{f}}=\cdots=\boldsymbol{1}\in\mathbb{R}\quad[\text{根据§3.2 的情况 4，即式(3-2-5)}]。\tag{7-3-39}$$

在此基础上便可对本例题求解。

用 $\boldsymbol{C}_1^{\text{交}}$ 同乘式(7-3-32)两边，得

$$t'_{\text{几}}\boldsymbol{C}_1^{\text{交}}=\gamma(t_{\text{几}}-v_{\text{几}}x_{\text{几}})\boldsymbol{C}_1^{\text{交}}\quad(\text{下标“几”代表“几 3”}),\tag{7-3-40}$$

利用 $\boldsymbol{C}_1^{\text{交}}\equiv\hat{\boldsymbol{l}}=\hat{\boldsymbol{t}}$ [见式(7-3-38)]把上式化为

$$t'_{\text{几}}\hat{\boldsymbol{t}}_{\text{几}}=\gamma(t_{\text{几}}\hat{\boldsymbol{t}}_{\text{几}}-v_{\text{几}}x_{\text{几}}\hat{\boldsymbol{l}}_{\text{几}}),$$

$x_{\text{几}}\hat{\boldsymbol{l}}_{\text{几}}$ 就是量 $\boldsymbol{x}$，而 $t_{\text{几}}\hat{\boldsymbol{t}}_{\text{几}}$ 就是量 $\boldsymbol{t}$，故

$$\boldsymbol{t}'=\gamma(\boldsymbol{t}-v_{\text{几}}\boldsymbol{x})。\tag{7-3-41}$$

从式(7-3-39)又知 $\hat{\boldsymbol{v}}_{\text{几}}=\boldsymbol{1}$，故可在上式的 $v_{\text{几}}$ 后面平添一个 $\hat{\boldsymbol{v}}_{\text{几}}$，即

$$\boldsymbol{t}'=\gamma(\boldsymbol{t}-v_{\text{几}}\hat{\boldsymbol{v}}_{\text{几}}\boldsymbol{x}),$$

于是求得

$$\boldsymbol{t}'=\gamma(\boldsymbol{t}-\boldsymbol{v}\boldsymbol{x})。\tag{7-3-42}$$

这就是与式(7-3-32)相应的量等式。

甲　式(7-3-42)与相应的数等式(7-3-32)形式相同，的确验证了定理 7-2-1 的结论。不过上述验证是借几何制的观点 3 进行的，我还想知道用其他两种观点如何验证。

乙　好的，请看解法 2。

解法 2　(本解法适用于几何制三种观点之任一)

以 $\hat{\boldsymbol{t}}_{\text{几}}$ 乘式(7-3-32)两边，注意到 $t'_{\text{几}}\hat{\boldsymbol{t}}_{\text{几}}=\boldsymbol{t}'$ 及 $t_{\text{几}}\hat{\boldsymbol{t}}_{\text{几}}=\boldsymbol{t}$，得

$$\boldsymbol{t}'=\gamma\left(\boldsymbol{t}-v_{\text{几}}x_{\text{几}}\hat{\boldsymbol{t}}_{\text{几}}\right)=\gamma\left(\boldsymbol{t}-\frac{v_{\text{几}}\hat{\boldsymbol{v}}_{\text{几}}}{c_{\text{几}}\hat{\boldsymbol{v}}_{\text{几}}}x_{\text{几}}\hat{\boldsymbol{t}}_{\text{几}}\right)=\gamma\left(\boldsymbol{t}-\frac{\boldsymbol{v}}{\boldsymbol{c}}x_{\text{几}}\hat{\boldsymbol{t}}_{\text{几}}\right),\tag{7-3-43}$$

其中第二步用到 $c_{几}=1$ 以及 $\hat{\boldsymbol{v}}_{几}/\hat{\boldsymbol{v}}_{几}=1$，第三步是因为 $v_{几}\hat{\boldsymbol{v}}_{几}$ 是与数 $v_{几}$ 相应的量 $\boldsymbol{v}$，而 $c_{几}\hat{\boldsymbol{v}}_{几}$ 则是与数 $c_{几}$ 相应的量 $\boldsymbol{c}$。

另一方面，无论采用哪种观点，按照量的除法的定义，均有 $\boldsymbol{t}_{交}=\boldsymbol{l}_{交}/\boldsymbol{v}_{交}$，又因为几何制(无论哪种观点)是一贯制，所以

$$\hat{\boldsymbol{t}}_{几}=\frac{\hat{\boldsymbol{l}}_{几}}{\hat{\boldsymbol{v}}_{几}}\ ,\tag{7-3-44}$$

将上式以及 $c_{几}=1$ 一同代入式(7-3-43)给出

$$\boldsymbol{t}'=\gamma\left(\boldsymbol{t}-\frac{\boldsymbol{v}}{\boldsymbol{c}}\frac{x_{几}\hat{\boldsymbol{l}}_{几}}{c_{几}\hat{\boldsymbol{v}}_{几}}\right),$$

注意到 $x_{几}\hat{\boldsymbol{l}}_{几}$ 就是数 x 相应的量 $\boldsymbol{x}$，最终便得

$$\boldsymbol{t}'=\gamma\left(\boldsymbol{t}-\frac{\boldsymbol{v}}{\boldsymbol{c}}\frac{\boldsymbol{x}}{\boldsymbol{c}}\right)。\tag{7-3-45}$$

甲　哟！上式恐怕不能说是跟数等式 $t'_{几}=\gamma(t_{几}-v_{几}x_{几})$ 形式相同吧？

乙　你说形式不同，关键在于式(7-3-45)右边多了两个 $\boldsymbol{c}$。但请注意数等式 $t'_{几}=\gamma(t_{几}-v_{几}x_{几})$ 在形式上可以“自我变换”(但实质不变)，例如可以“白加”两个 c (因为 $c_{几}=1$)而变形为

$$t'_{几}=\gamma\left(t_{几}-\frac{v_{几}}{c_{几}}\frac{x_{几}}{c_{几}}\right)。\tag{7-3-46}$$

于是就可说量等式(7-3-45)与数等式(7-3-46)形式一样了。

甲　我还有个问题。上文提到解法 2 适用于 3 个观点中之任一个，那么式(7-3-45)自然应适用于观点 3，但是它的形式与式(7-3-42)不一样啊？

乙　$\boldsymbol{c}$ 就是几何制的 $\hat{\boldsymbol{v}}$，而恰恰在观点 3 中有 $\hat{\boldsymbol{v}}=\boldsymbol{1}$ [见式(7-3-39)]，于是式(7-3-45)就可化为式(7-3-42)。

§ 7.4　量乘的物理图像

§3.2 已经对量的乘法下了一个纯数学的严格定义。为了阐明这个数学定义的物理内涵，本节介绍量的乘法的物理(或几何)图像。

定义 7-4-1　设某现象类涉及量类 $\tilde{\boldsymbol{A}}$、$\tilde{\boldsymbol{B}}$、$\tilde{\boldsymbol{C}}$ (其中 $\tilde{\boldsymbol{A}}$、$\tilde{\boldsymbol{B}}$ 为输入量类，$\tilde{\boldsymbol{C}}$ 为输出量类)，且对任选的单位 $\hat{\boldsymbol{A}}$、$\hat{\boldsymbol{B}}$、$\hat{\boldsymbol{C}}$ 有数等式

$$C=\mu AB,\tag{7-4-1}$$

(其中 μ 既取决于单位 $\hat{\boldsymbol{A}}$、$\hat{\boldsymbol{B}}$、$\hat{\boldsymbol{C}}$ 又取决于现象类，但与该类中的具体现象无关)，则该类的任一现象中的输入量 $\boldsymbol{A}$ 与 $\boldsymbol{B}$ 之积定义为该现象中的输出量 $\boldsymbol{C}$，即

$$\boldsymbol{A}\cdot\boldsymbol{B}:=\boldsymbol{C}。\tag{7-4-2}$$

甲　这样一来，关于量的乘法，您前后下过两个定义(定义 3-2-1 和 7-4-1)，它们互相等价吗？

乙　只在满足一定条件时方才等价，详见稍后。在等价性获得证明之前，为明确区分起见，暂把本节定义的量乘记号从·改为 *，于是式(7-4-2)暂时改记为

$$\boldsymbol{A} * \boldsymbol{B} := \boldsymbol{C} \text{。} \tag{7-4-2$'$}$$

甲　定义 3-2-1 包含(a)、(b)、(c)三点内容，其中(c)是指式(3-2-8)，即

$$\alpha(\boldsymbol{A}\cdot\boldsymbol{B}) = (\alpha\boldsymbol{A})\cdot\boldsymbol{B} = \boldsymbol{A}\cdot(\alpha\boldsymbol{B}) \text{。} \qquad \text{重编号为(7-4-3)}$$

为什么现在的定义 7-4-1 没提这个条件？

乙　因为本定义已经巧妙地把它隐含于自身了。

甲　我怎么看不出来？

乙　由定义 7-4-1 可知 $\boldsymbol{A}*\boldsymbol{B}=\boldsymbol{B}*\boldsymbol{A}$ (乘法 * 也服从交换律)，只要能证明

$$(\alpha\boldsymbol{A})*(\beta\boldsymbol{B}) = (\alpha\beta)\boldsymbol{A}*\boldsymbol{B} \text{，} \tag{7-4-4}$$

(见命题 7-4-1 及其证明)，就不难证明与式(7-4-3)相应的下式：

$$\alpha(\boldsymbol{A}*\boldsymbol{B}) = (\alpha\boldsymbol{A})*\boldsymbol{B} = \boldsymbol{A}*(\alpha\boldsymbol{B}) \text{。} \tag{7-4-3$'$}$$

甲　为什么？

乙　取式(7-4-4)的 $\beta=1$，得 $\alpha(\boldsymbol{A}*\boldsymbol{B})=(\alpha\boldsymbol{A})*\boldsymbol{B}$，这就证明了式(7-4-3′)的第一个等号。再取式(7-4-4)的 $\alpha=1$ 又得 $\boldsymbol{A}*(\beta\boldsymbol{B})=\beta(\boldsymbol{A}*\boldsymbol{B})$，此式其实就是待证的第二个等号。

命题 7-4-1　式(7-4-4)对任意量 $\boldsymbol{A}$、$\boldsymbol{B}$ 和任意实数 α、β 成立。

证明　设某现象类以 $\tilde{\boldsymbol{A}}$、$\tilde{\boldsymbol{B}}$ 为输入量类、以 $\tilde{\boldsymbol{C}}$ 为输出量类，而且满足式(7-4-1)。任取该类的一个现象，其输入量 $\boldsymbol{A}$、$\boldsymbol{B}$ 与输出量 $\boldsymbol{C}$ 自然满足 $\boldsymbol{C}=\boldsymbol{A}*\boldsymbol{B}$。令 $\boldsymbol{A}_1\equiv\alpha\boldsymbol{A}$，$\boldsymbol{B}_1\equiv\beta\boldsymbol{B}$。在该现象类中挑出以 $\boldsymbol{A}_1$、$\boldsymbol{B}_1$ 为输入量的那个现象，由定义 7-4-1 可知其输出量 $\boldsymbol{C}_1=\boldsymbol{A}_1*\boldsymbol{B}_1$。任选单位制 $\mathscr{Z}$，以 A、B、C 和 A_1、B_1、C_1 依次代表用 $\mathscr{Z}$ 制单位 $\hat{\boldsymbol{A}}$、$\hat{\boldsymbol{B}}$、$\hat{\boldsymbol{C}}$ 测 $\boldsymbol{A}$、$\boldsymbol{B}$、$\boldsymbol{C}$ 和 $\boldsymbol{A}_1$、$\boldsymbol{B}_1$、$\boldsymbol{C}_1$ 的得数，则

$$C_1 = \mu A_1 B_1 = \mu(\alpha A)(\beta B) = \alpha\beta(\mu AB) = \alpha\beta C \text{，} \tag{7-4-5}$$

其中第一、四步用到式(7-4-1)，第二步用到 $\boldsymbol{A}_1\equiv\alpha\boldsymbol{A}$ 和 $\boldsymbol{B}_1\equiv\beta\boldsymbol{B}$。于是

$$\boldsymbol{C}_1 = C_1\hat{\boldsymbol{C}} = \alpha\beta C\hat{\boldsymbol{C}} = \alpha\beta\boldsymbol{C} \text{，}$$

注意到 $\boldsymbol{C}_1=\boldsymbol{A}_1*\boldsymbol{B}_1=(\alpha\boldsymbol{A})*(\beta\boldsymbol{B})$ 及 $\boldsymbol{C}=\boldsymbol{A}*\boldsymbol{B}$，便得待证的式(7-4-4)。 □

甲　现在可以讨论两个定义的等价问题了吧？

乙　讨论前还必须清醒地认识到，根据各自的定义，两者有一个重要区别：$\boldsymbol{A}\cdot\boldsymbol{B}$ 是单位制族依赖的；而 $\boldsymbol{A}*\boldsymbol{B}$ 则是现象类依赖的。

甲　我对前者已经清楚，请重点谈谈后者。

乙　好的。“现象类依赖”是指：设现象类 $\mathscr{X}_1$ 和 $\mathscr{X}_2$ 都以 $\tilde{\boldsymbol{A}}$、$\tilde{\boldsymbol{B}}$ 为输入量类，以 $\tilde{\boldsymbol{C}}$ 为输出量类，则两者给出的 $\boldsymbol{A}*\boldsymbol{B}$ 可能不等。例如，设 $\mathscr{X}_1$ 和 $\mathscr{X}_2$ 分别代表“载流导线现象类”和“并联阻丝现象类”(见图 2-2)，它们都满足 $q=\mu It$ (只是两者的 μ 不同)。由定义 7-4-1 得

$$\boldsymbol{I}*\boldsymbol{t} := \boldsymbol{q} \text{。} \tag{7-4-6}$$

对 $\mathscr{X}_1$，我们熟知，当输入量为 $\boldsymbol{I}=1$**安**和 $\boldsymbol{t}=1$**秒**时输出量为 $\boldsymbol{q}=1$**库**，代入上式给出**安** * **秒** = **库**。但若改用 $\mathscr{X}_2$(“并联阻丝现象类”)，由于 $\boldsymbol{I}$ 代表每条电阻丝的电流而 $\boldsymbol{q}$ 代表流过主干导线的电荷，$\boldsymbol{I}=1$**安**意味着输出量为 $\boldsymbol{q}=(1+1)$**库** $=2$**库**，代入式(7-4-6)将给出

安 $*$ **秒** $=2$ **库** 的不同结果。

甲　应该说这个“不同结果”是个错误结果！

乙　这样说还早了些。关键在于，从定义 7-4-1 可以一眼看出 $*$ 依赖于现象类，但定义本身并未告诉你该选哪个现象类(“各类平权”)。只当你把它看作是量乘定义 3-2-1 的某种“物理图像”时，方能判断该选哪个现象类。

甲　看来您要讲两个定义等价的条件了。

乙　是的，只在满足下述的“融洽性条件”后两者方才等价。$\boldsymbol{A}\cdot\boldsymbol{B}$ 是单位制族依赖的，而单位制族又密切依赖于其中各个导出单位的定义方程及其所依托的现象类。另一方面，$\boldsymbol{A}*\boldsymbol{B}$ 当然是现象类依赖的。于是两个定义都涉及现象类。为区分起见，我们把 $\boldsymbol{A}\cdot\boldsymbol{B}$ 和 $\boldsymbol{A}*\boldsymbol{B}$ 所涉及的现象类分别称为**单位现象类**和**量乘现象类**。“融洽性条件”要求量乘现象类与单位现象类一样(是同一个现象类)。

甲　照此说来，如果不满足“融洽性条件”，就可能出现 $\boldsymbol{A}\cdot\boldsymbol{B}\neq\boldsymbol{A}*\boldsymbol{B}$ 了？

乙　的确如此，仍以刚才的现象类 $\mathscr{X}_1$(载流导线现象类)和 $\mathscr{X}_2$(并联阻丝现象类)为例。

(A)先谈单位现象类

假定选 $q=It$ 为电荷单位 $\hat{\boldsymbol{q}}$ 的定义方程，选 $\mathscr{X}_1$ 或 $\mathscr{X}_2$ 为单位现象类，则定义出的 $\hat{\boldsymbol{q}}$ 会有不同。

(A1)先选 $\mathscr{X}_1$(我们最熟悉的)，当 $t=1$，$I=1$ 时由 $q=It$ 得 $q=1$，可见 $\hat{\boldsymbol{q}}$ 等于1**安**的电流在1**秒**内流过的电荷，故

$$\hat{\boldsymbol{q}}=\textbf{库}，(\text{选 } q=It \text{ 为定义方程，} \mathscr{X}_1 \text{ 为单位现象类}) \tag{7-4-7}$$

作为式(7-2-9)的特例(把 $\hat{\boldsymbol{q}}$ 看作该式的 $\hat{\boldsymbol{C}}$)，注意到 $k_{q终}=1$，便得

$$\textbf{安}\cdot\textbf{秒}=\textbf{库}。 \tag{7-4-8}$$

(A2)再选 $\mathscr{X}_2$，当 $t=1$，$I=1$ 时由 $q=It$ 仍得 $q=1$，但此 q 代表主干导线通过的电荷 $\boldsymbol{q}$ 用 $\hat{\boldsymbol{q}}$ 测得的数，即 $q=\boldsymbol{q}/\hat{\boldsymbol{q}}$，而 $\boldsymbol{q}=2$ **库**，故 $\hat{\boldsymbol{q}}=\boldsymbol{q}/q=2$ **库** $/1$，因而

$$\hat{\boldsymbol{q}}=2\,\textbf{库}。(\text{选 } q=It \text{ 为定义方程，} \mathscr{X}_2 \text{ 为单位现象类。}) \tag{7-4-9}$$

作为式(7-2-9)的特例(把 $\hat{\boldsymbol{q}}=2$ **库** 看作该式的 $\hat{\boldsymbol{C}}$)，注意到 $k_{q终}=1$，便得

$$\textbf{安}\cdot\textbf{秒}=2\,\textbf{库}。 \tag{7-4-10}$$

(B)再谈量乘现象类

(B1)先选 $\mathscr{X}_1$，当输入量是1**安**和1**秒**时输出量显然为1**库**，所以

$$\textbf{安}*\textbf{秒}=\textbf{库}。 \tag{7-4-11}$$

(B2)再选 $\mathscr{X}_2$，当输入量是1**安**和1**秒**时输出量(通过干线的电荷)为2**库**，所以

$$\textbf{安}*\textbf{秒}=2\,\textbf{库}。 \tag{7-4-12}$$

对比上述的**(A)**和**(B)**，便得结论：

当且仅当单位现象类与量乘现象类融洽(一样)时有安·秒＝安∗秒。

略加推广还有

当且仅当单位现象类与量乘现象类融洽(一样)时有 $\boldsymbol{I}\cdot\boldsymbol{t}=\boldsymbol{I}*\boldsymbol{t}$。

甲　上述讨论非常有助于理解。不过，这也只是特例而已，下面您该对“满足融洽性

条件的两定义等价”给出一个一般性的证明了吧？

乙　是的，证明如下。任取单位制 $\mathscr{Z}$（设其基本量类为 $\tilde{\boldsymbol{J}}_1,\cdots,\tilde{\boldsymbol{J}}_l$），以 $\hat{\boldsymbol{A}}$、$\hat{\boldsymbol{B}}$ 和 $\hat{\boldsymbol{C}}$ 依次代表量类 $\tilde{\boldsymbol{A}}$、$\tilde{\boldsymbol{B}}$ 和 $\tilde{\boldsymbol{C}}$ 在 $\mathscr{Z}$ 制的单位，设 $\hat{\boldsymbol{A}}$、$\hat{\boldsymbol{B}}$ 在该制的终定方程为

$$A = k_{A终}J_1^{\sigma_{A1}}\cdots J_l^{\sigma_{Al}}, \qquad B = k_{B终}J_1^{\sigma_{B1}}\cdots J_l^{\sigma_{Bl}}, \tag{7-4-13}$$

其中 $J_1,\cdots,J_l$ 是 $\mathscr{Z}$ 制的基本量在 $\mathscr{Z}$ 制的数。

将式(7-4-13)代入式(7-4-1)得

$$C = \mu k_{A终}k_{B终}J_1^{\sigma_{A1}+\sigma_{B1}}\cdots J_l^{\sigma_{Al}+\sigma_{Bl}}, \tag{7-4-14}$$

上式用到式(7-4-1)，即 $C=\mu AB$，但请特别注意式中的 μ 是现象类依赖的。以 $\mathscr{X}_{单}$ 和 $\mathscr{X}_{量}$ 分别代表所选的单位现象类和量乘现象类，则 μ 便有 $\mu_{单}$ 与 $\mu_{量}$ 的区别。现在要代入的 $C=\mu AB$ 中的 μ 是 $\mu_{单}$，故式(7-4-14)应明确写成

$$C = \mu_{单}k_{A终}k_{B终}J_1^{\sigma_{A1}+\sigma_{B1}}\cdots J_l^{\sigma_{Al}+\sigma_{Bl}}, \tag{7-4-14$'$}$$

由此读出

$$k_{C终} = \mu_{单}k_{A终}k_{B终}。 \tag{7-4-15}$$

由定义 3-2-1 有

$$\begin{aligned}\boldsymbol{A}\cdot\boldsymbol{B} &= (A\hat{\boldsymbol{A}})\cdot(B\hat{\boldsymbol{B}}) = AB(\hat{\boldsymbol{A}}\cdot\hat{\boldsymbol{B}}) = (AB)(k_{A终}{}^{-1}\boldsymbol{A}_{交})\cdot(k_{B终}{}^{-1}\boldsymbol{B}_{交}) = (k_{A终}k_{B终})^{-1}(AB)\boldsymbol{A}_{交}\cdot\boldsymbol{B}_{交}\\ &= (k_{A终}k_{B终})^{-1}AB\boldsymbol{C}_{交} = k_{C终}(k_{A终}k_{B终})^{-1}AB\hat{\boldsymbol{C}} = \mu_{单}AB\hat{\boldsymbol{C}},\end{aligned} \tag{7-4-16}$$

[此式在末步之前就是式(3-2-9)照录。] 其中末步用到式(7-4-15)。

再由定义 7-4-1 又有

$$\boldsymbol{A}*\boldsymbol{B} = \boldsymbol{C} = C\hat{\boldsymbol{C}} = \mu_{量}AB\hat{\boldsymbol{C}}。 \tag{7-4-17}$$

[其中第三步用到式(7-4-1)，但因为现在涉及以 * 为记号的量乘，所以式(7-4-1)应明确写成 $C=\mu_{量}AB$。] 上式与式(7-4-16)对比便知

$$\boldsymbol{A}\cdot\boldsymbol{B} = \boldsymbol{A}*\boldsymbol{B} \quad 当且仅当\ \mu_{量}=\mu_{单}。 \tag{7-4-18}$$

于是就可得出结论：满足融洽性条件是保证上述两定义等价的充分条件。

甲　既然有“$\boldsymbol{A}\cdot\boldsymbol{B}=\boldsymbol{A}*\boldsymbol{B}$ 当且仅当 $\mu_{量}=\mu_{单}$”的结论，融洽性条件不也是两定义等价的必要条件吗？

乙　不是。只要挖空心思，就能找到具有相同 μ 值的两个不同现象类。分别选这两个现象类充当单位现象类和量乘现象类，就有 $\mu_{量}=\mu_{单}$，由式(7-4-18)便得 $\boldsymbol{A}\cdot\boldsymbol{B}=\boldsymbol{A}*\boldsymbol{B}$，即两定义等价。可见“满足融洽性条件”只是“两定义等价”的充分条件而不是必要条件。

注记 7-5　从以上证明可知，所谓两定义“等价”只是指 $\boldsymbol{A}\cdot\boldsymbol{B}=\boldsymbol{A}*\boldsymbol{B}$，在其他某些方面，两者仍有若干区别。以 MKSA 制为例，设 $\boldsymbol{A}^*=(0,1,0,1)$（质量乘电流），$\boldsymbol{B}^*=(1,0,1,0)$（长度乘时间），由于“质量乘电流”和“长度乘时间”没有物理意义，找不到一个以 $\boldsymbol{A}$ 和 $\boldsymbol{B}$ 为输入量的现象类，所以 $\boldsymbol{A}*\boldsymbol{B}$ 不存在；但是，生硬套用定义 3-2-1 总可得出一个 $\boldsymbol{A}\cdot\boldsymbol{B}$ 来。对这种情况，我们会自然地说，因为不存在 $\boldsymbol{A}*\boldsymbol{B}$，所以 $\boldsymbol{A}\cdot\boldsymbol{B}$ 是没有物理图像的。定义 7-4-1 的真正用处是：凡是有图像的 $\boldsymbol{A}\cdot\boldsymbol{B}$，其物理图像都可由定义 7-4-1 提供。

第 8 章　*Π* 定理及其威力

§ 8.1　*Π* 定理

8.1.1　*Π* 定理及其证明

量纲理论有一个威力巨大的定理，叫做 ***Π* 定理**[*Π* 是希腊字母，读作 pai(汉语拼音)]，是 E.Buckingham 于 1914 年发表的[见 Buckingham(1914)]。该定理的粗略内容是：任何一个涉及 n 个物理量(指它们的数)的方程都等价于一个只涉及较少个无量纲量的方程。这一等价性使物理问题得以简化，在不少情况下甚至可以利用这一定理(配以适当的物理思辨)直接解决问题。

设问题涉及 n 个物理量，它们在某单位制 $\mathscr{Z}$ 的数 $Q_1,\cdots,Q_n$ 满足物理方程

$$f(Q_1,\cdots,Q_n)=0\text{，}(f\text{ 代表某函数关系})\tag{8-1-1}$$

我们希望对这一方程进行简化。为便于陈述定理，先做一点铺垫。

设所关心的问题涉及 n 个量(简称**涉及量**，同一量类的不同量要单算)。选定某个单位制 $\mathscr{Z}$ 后，可把这 n 个涉及量分为甲、乙两组，其中甲组共有 $m(\le n)$ 个量，记作 $\boldsymbol{A}_1,\cdots,\boldsymbol{A}_m$；其余 $n-m$ 个量属于乙组，记作 $\boldsymbol{B}_1,\cdots,\boldsymbol{B}_{n-m}$。这一分组要满足两个条件：

(a)每一 $\boldsymbol{B}_j$ $(j=1,\cdots,n-m)$ 的量纲可表为 $\boldsymbol{A}_1,\cdots,\boldsymbol{A}_m$ 的量纲的幂连乘式(也说“**$\boldsymbol{B}_j$ 可用 $\boldsymbol{A}_1,\cdots,\boldsymbol{A}_m$ 量纲表出**”)，即

$$\dim\boldsymbol{B}_j=(\dim\boldsymbol{A}_1)^{x_{1j}}\cdots(\dim\boldsymbol{A}_m)^{x_{mj}}\text{，}\quad j=1,\cdots,n-m\text{。}\tag{8-1-2}$$

其中 $x_{1j},\cdots,x_{mj}$ 为实数；

(b)甲组各量在量纲上独立，即任一甲组量不能用组内其他量做量纲表出。

易见条件(b)导致

$$m\leqslant l(\equiv\text{单位制}\mathscr{Z}\text{的基本量类的个数})\text{。}\tag{8-1-3}$$

甲　对任给的 n 个涉及量，满足条件(a)、(b)的分组一定可以实现吗？

乙　答案是肯定的，证明见小节 8.1.2。

下面就可讲述 *Π* 定理。

***Π* 定理**　选定单位制 $\mathscr{Z}$ 后，设问题的 n 个涉及量中有 m 个属于甲组，则

(a)可以(且仅可以)构造 $n-m$ 个独立的无量纲量 $\Pi_1,\cdots,\Pi_{n-m}$；

(b)涉及量服从的物理规律的数值表达式(物理方程)

$$f(A_1,\cdots,A_m;B_1,\cdots,B_{n-m})=0\tag{8-1-4}$$

可被改写为如下的无量纲形式：

$$F(\Pi_1,\cdots,\Pi_{n-m})=0\quad(F\text{ 代表某函数关系})\text{。}\tag{8-1-5}$$

证明　设量$\boldsymbol{A}_1,\cdots,\boldsymbol{A}_m;\boldsymbol{B}_1,\cdots,\boldsymbol{B}_{n-m}$在单位制$\mathscr{Z}$的数为$A_1,\cdots,A_m$；$B_1,\cdots,B_{n-m}$，用下式定义$n-m$个数：

$$\Pi_j := B_j A_1^{-x_{1j}}\cdots A_m^{-x_{mj}}, \qquad j=1,\cdots,n-m, \tag{8-1-6}$$

则它们相应的$n-m$个量$\boldsymbol{\Pi}_j\ (j=1,\cdots,n-m)$的量纲为

$$\dim\boldsymbol{\Pi}_j=(\dim\boldsymbol{B}_j)(\dim\boldsymbol{A}_1)^{-x_{1j}}\cdots(\dim\boldsymbol{A}_m)^{-x_{mj}}$$
$$=[(\dim\boldsymbol{A}_1)^{x_{1j}}\cdots(\dim\boldsymbol{A}_m)^{x_{mj}}][(\dim\boldsymbol{A}_1)^{-x_{1j}}\cdots(\dim\boldsymbol{A}_m)^{-x_{mj}}]=1, \qquad j=1,\cdots,n-m,$$

可见Π_j是$\mathscr{Z}$制所在族的无量纲量，因而式(8-1-6)定义了$n-m$个无量纲量$\Pi_1,\cdots,\Pi_{n-m}$。

设$\mathscr{Z}'$是与$\mathscr{Z}$同族的单位制，$\boldsymbol{A}_i\ (i=1,\cdots,m)$及$\boldsymbol{B}_j$在$\mathscr{Z}'$制的数分别为$A_i'$及$B_j'$。注意到数等式在同族制形式相同(这是公理 1-5-1 的结论)，便可写出与式(8-1-6)相应的等式

$$\Pi_j'=B_j'A_1'^{-x_{1j}}\cdots A_m'^{-x_{mj}}, \qquad j=1,\cdots,n-m。$$

而Π_j是无量纲量又保证在同族单位制转换时Π_j不变，故

$$\Pi_j=\Pi_j'=B_j'A_1'^{-x_{1j}}\cdots A_m'^{-x_{mj}}, \qquad j=1,\cdots,n-m。 \tag{8-1-6'}$$

令

$$\gamma_i\equiv A_i'/A_i, \tag{8-1-7}$$

则由量纲定义式(1-4-1)并配以量与数的反比关系式(1-1-9)可知γ_i就是量类$\tilde{\boldsymbol{A}}_i$(在给定同族制$\mathscr{Z}$和$\mathscr{Z}'$后)的量纲$\dim\big|_{\mathscr{Z},\mathscr{Z}'}\boldsymbol{A}_i$。因为$\tilde{\boldsymbol{A}}_i\ (i=1,\cdots,m)$彼此量纲独立，所以每个量纲$\gamma_i$都可任选。今特选

$$\gamma_i=1/A_i, \qquad i=1,\cdots,m,$$

便得

$$A_1'=A_2'=\cdots=A_m'=1, \tag{8-1-8}$$

于是式(8-1-6')导致

$$\Pi_j=B_j', \quad j=1,\cdots,n-m。 \tag{8-1-9}$$

另一方面，式(8-1-4)在新制$\mathscr{Z}'$中改取如下形式：

$$f(A_1',\cdots,A_m';B_1',\cdots,B_{n-m}')=0。$$

请注意上式的函数关系f与式(8-1-4)的函数关系f一样，因为$\mathscr{Z}$和$\mathscr{Z}'$是同族单位制，而物理规律的数值表达式在同族单位制中有相同形式(公理 1-5-1)。

把式(8-1-8)及(8-1-9)代入上式便得

$$f(1,\cdots,1;\Pi_1,\cdots,\Pi_{n-m})=0,$$

所以存在某个函数关系F使

$$F(\Pi_1,\cdots,\Pi_{n-m})=0。 \tag{8-1-10}$$

再证明至多只能构造$n-m$个独立的无量纲量。先以$n-m=2$为例。“只能造 2 个独立无量纲量”的**定义**是：设已按式(8-1-6)构造了Π_1、Π_2，则任何第三个无量纲量Π_3总可用Π_1、Π_2表出，即存在函数关系h使得$\Pi_3=h(\Pi_1,\Pi_2)$。[1] 例如，Π_1和Π_2的乘积$\Pi_1\Pi_2$也

---

[1] 严格地说，对h的要求还有一条，详见选读 8-2。

是无量纲量，但却不是独立的无量纲量。现在就可根据这个定义证明“至多只能构造 $n-m$ 个独立的无量纲量”的结论。仍以 $n-m=2$ 为例，设在构造了两个无量纲量 Π_1、Π_2 后还能构造第三个无量纲量 Π_3，则 Π_3 的最一般形式为

$$\Pi_3=\psi(A_1,\cdots,A_m;B_1,B_2)\,, \tag{8-1-11}$$

其中 $A_1,\cdots,A_m$ 和 B_1,B_2 分别是各该量在 $\mathscr{Z}$ 制的数，ψ 是某个函数关系。上式是在 $\mathscr{Z}$ 制成立的数等式，如果改用同族制 $\mathscr{Z}'$，上式将改为

$$\Pi_3'=\psi(A_1',\cdots,A_m';B_1',B_2')\,。$$

Π_3 为无量纲量保证 $\Pi_3'=\Pi_3$，所以上式成为

$$\Pi_3=\psi(A_1',\cdots,A_m';B_1',B_2')\,。$$

把式(8-1-8)和(8-1-9)代入上式便得

$$\Pi_3=\psi(1,\cdots,1;\Pi_1,\Pi_2)=h(\Pi_1,\Pi_2)\,,$$

其中 h 为某个函数关系。根据上述定义，Π_3 就是不独立的无量纲量。 □

注记 8-1　如果重点关心某个乙组量(设为 $\boldsymbol{B}_1$)，就可将其相应的无量纲量 Π_1 从方程

$$F(\Pi_1,\cdots,\Pi_{n-m})=0$$

中解出，即

$$\Pi_1=\phi(\Pi_2,\cdots,\Pi_{n-m})\,, \tag{8-1-12}$$

其中 ϕ 代表某个函数关系。由式(8-1-6)又得

$$\Pi_1=B_1A_1^{-x_{11}}\cdots A_m^{-x_{m1}}\,,$$

两式结合得

$$B_1=A_1^{x_{11}}\cdots A_m^{x_{m1}}\phi(\Pi_2,\cdots,\Pi_{n-m})\,。 \tag{8-1-13}$$

上式在应用 Π 定理时非常方便。

[选读 8-1]

甲　在 Π 定理的证明中，您说过“今特选 $\gamma_i=1/A_i$，使得 $A_i'=1$ [见式(8-1-8)]”。我的问题是：选 $\gamma_i=1/A_i$ 就是选 $\mathscr{Z}'$ 制使 $\dim\big|_{\mathscr{Z},\mathscr{Z}'}\boldsymbol{A}_i=A_i^{-1}$，但您怎么知道满足此式的同族制 $\mathscr{Z}'$ 一定存在？

乙　问得好。严格说这是应该证明的(不过直觉上一般都能接受)。补证如下。

不失一般性，假定 $\mathscr{Z}$ 制的基本量类是 $\tilde{\boldsymbol{l}}$、$\tilde{\boldsymbol{m}}$ 和 $\tilde{\boldsymbol{t}}$，寻找同族制 $\mathscr{Z}'$ 的任务可归结为寻找其基本单位 $\hat{\boldsymbol{l}}'$、$\hat{\boldsymbol{m}}'$ 和 $\hat{\boldsymbol{t}}'$。设甲组量 $\boldsymbol{A}_i$ 的量纲指数为 $(\sigma_{i1},\sigma_{i2},\sigma_{i3})$，含义是

$$\dim\big|_{\mathscr{Z},\mathscr{Z}'}\boldsymbol{A}_i=\mathrm{L}^{\sigma_{i1}}\mathrm{M}^{\sigma_{i2}}\mathrm{T}^{\sigma_{i3}}\,, \tag{8-1-14}$$

其中

$$\mathrm{L}\equiv\dim\big|_{\mathscr{Z},\mathscr{Z}'}\boldsymbol{l}\equiv\frac{\hat{\boldsymbol{l}}}{\hat{\boldsymbol{l}}'},\quad \mathrm{M}\equiv\dim\big|_{\mathscr{Z},\mathscr{Z}'}\boldsymbol{m}\equiv\frac{\hat{\boldsymbol{m}}}{\hat{\boldsymbol{m}}'},\quad \mathrm{T}\equiv\dim\big|_{\mathscr{Z},\mathscr{Z}'}\boldsymbol{t}\equiv\frac{\hat{\boldsymbol{t}}}{\hat{\boldsymbol{t}}'}\,。 \tag{8-1-15}$$

如能找到 L、M、T 使 $\dim\big|_{\mathscr{Z},\mathscr{Z}'}\boldsymbol{A}_i=A_i^{-1}$ 成立，则问题得证。此要求等价于下列方程组有解：

$$A_i^{-1}=\mathrm{L}^{\sigma_{i1}}\mathrm{M}^{\sigma_{i2}}\mathrm{T}^{\sigma_{i3}}\,, \tag{8-1-14$'$}$$

对上式取对数得线性方程组

$$\sigma_{i1}\ln\mathrm{L}+\sigma_{i2}\ln\mathrm{M}+\sigma_{i3}\ln\mathrm{T}=\ln A_i^{-1}\,,\quad i=1,\cdots,m\,。 \tag{8-1-16}$$

利用线性代数定理“n 元非齐次线性方程组有解的充要条件是其系数矩阵的秩等于增广矩

阵的秩”，用于方程组(8-1-16)，“n元”就是3元(未知数是$\ln L$、$\ln M$和$\ln T$)。不难证明，无论$m=3$、$m=2$还是$m=1$，系数矩阵的秩(依次为3、2、1)都等于增广矩阵的秩，所以有解。设(L,M,T)是一组解。由式(8-1-15)又知$\hat{\boldsymbol{l}}'=\hat{\boldsymbol{l}}L^{-1}$，$\hat{\boldsymbol{m}}'=\hat{\boldsymbol{m}}M^{-1}$，$\hat{\boldsymbol{t}}'=\hat{\boldsymbol{t}}T^{-1}$，以$\hat{\boldsymbol{l}}'$、$\hat{\boldsymbol{m}}'$和$\hat{\boldsymbol{t}}'$为基本单位所“撑起”的新单位制$\mathscr{Z}'$必定满足$\dim\big|_{\mathscr{Z},\mathscr{Z}'}\boldsymbol{A}_i=A_i^{-1}$。证毕。　**[选读 8-1 完]**

8.1.2　应用Π定理的具体步骤

在涉及量较少(n较小)的情况下，不难依靠物理直觉判断哪些量可以选作甲组量(下面的例题 8-2-1 就是这种情况)。对于较为复杂的问题，靠直觉判断不太容易，现在介绍一种“旱涝保收”的“死”方法，由此不但能知道可选哪些量为甲组量，而且能用甲组量A_1、…、A_m的量纲来表出每一乙组量B_j的量纲，从而就可定义$n-m$个无量纲量Π_1、…、Π_{n-m}。

步骤 1　选定一个单位制族，从n个涉及量在该族的量纲式读出量纲指数。把每个涉及量所在的量类看成是l维矢量空间$\mathscr{L}$(量纲空间)的一个元素(矢量)，便有n个矢量，其中最多只有l个独立。将这n个矢量排成l行n列矩阵，称为**量纲矩阵**。

步骤 2　利用线性代数求出它的列秩(即线性无关的最大列数)，记作m(显然有$m\le l$)。挑出线性无关的m列，也就是挑出了m个量纲独立的涉及量，把它们选作甲组量，记为$\boldsymbol{A}_1,\cdots,\boldsymbol{A}_m$；其他$n-m$个量为乙组量，记作$\boldsymbol{B}_1,\cdots,\boldsymbol{B}_{n-m}$。

步骤 3　把每个乙组量$\boldsymbol{B}_j$ $(j=1,\cdots,n-m)$的量纲表为甲组量的量纲的幂连乘式，即写出形如式(8-1-2)的量纲关系式。为此，只需确定式中的指数$x_{1j},\cdots,x_{mj}$。既然这些指数要满足式(8-1-2)，由此式出发就有

$$\dim\tilde{\boldsymbol{B}}_j=[\dim(x_{1j}\tilde{\boldsymbol{A}}_1)]\cdots[\dim(x_{mj}\tilde{\boldsymbol{A}}_m)]=\dim(x_{1j}\tilde{\boldsymbol{A}}_1+\cdots+x_{mj}\tilde{\boldsymbol{A}}_m)\,,\tag{8-1-17}$$

其中第一步用到定理 1-8-2，第二步用到定理 1-8-1。把量类$\tilde{\boldsymbol{A}}_i$和$\tilde{\boldsymbol{B}}_j$分别表为量纲空间$\mathscr{L}$的元素[见式(1-8-4)的上行]：

$$\tilde{\boldsymbol{A}}_i=(\sigma_{1i},\cdots,\sigma_{li})\in\mathscr{L},\qquad i=1,\cdots,m\,,\tag{8-1-18}$$

$$\tilde{\boldsymbol{B}}_j=(\rho_{1j},\cdots,\rho_{lj})\in\mathscr{L},\qquad j=1,\cdots,n-m\,,\tag{8-1-19}$$

将定理 1-8-3 用于式(8-1-17)便得

$$\begin{aligned}\tilde{\boldsymbol{B}}_j&=x_{1j}\tilde{\boldsymbol{A}}_1+\cdots+x_{mj}\tilde{\boldsymbol{A}}_m=x_{1j}(\sigma_{11},\cdots,\sigma_{l1})+\cdots+x_{mj}(\sigma_{1m},\cdots,\sigma_{lm})=\\&(\sigma_{11}x_{1j}+\cdots+\sigma_{1m}x_{mj},\cdots,\sigma_{l1}x_{1j}+\cdots+\sigma_{lm}x_{mj})\,。\end{aligned}\tag{8-1-20}$$

[其中末步用到量类加法和数乘法的定义，即式(1-8-4)和(1-8-5)。] 与式(8-1-19)联立便给出如下l个分量方程：

$$\sigma_{11}x_{1j}+\cdots+\sigma_{1m}x_{mj}=\rho_{1j},\quad\cdots,\quad\sigma_{l1}x_{1j}+\cdots+\sigma_{lm}x_{mj}=\rho_{lj}\,,\tag{8-1-21}$$

简写为

$$\sum_{i=1}^{m}\sigma_{ki}x_{ij}=\rho_{kj},\quad k=1,\cdots,l\,;\ j=1,\cdots,n-m\,。\tag{8-1-21$'$}$$

上式中的σ_{ki}以及ρ_{kj}(对每个j)均为已知，而且由σ_{ki}排成的l行m列矩阵的秩为m，故线性方程组(8-1-21′)有一组唯一解$x_{1j},\cdots,x_{mj}$。于是$\boldsymbol{B}_j$的确可以按式(8-1-2)的形式表为甲组量纲的幂连乘式

$$\dim \tilde{\boldsymbol{B}}_j = \dim(x_{1j}\tilde{\boldsymbol{A}}_1 + \cdots + x_{mj}\tilde{\boldsymbol{A}}_m) =$$

$$[\dim(x_{1j}\tilde{\boldsymbol{A}}_1)]\cdots[\dim(x_{mj}\tilde{\boldsymbol{A}}_m)] = (\dim \tilde{\boldsymbol{A}}_1)^{x_{1j}} \cdots (\dim \tilde{\boldsymbol{A}}_m)^{x_{mj}} 。 \tag{8-1-22}$$

由此就可用式(8-1-6)定义 $n-m$ 个无量纲量 $\varPi_1, \cdots, \varPi_{n-m}$。

上述步骤 3 的陈述从理论上证明了满足分组条件(a)、(b)的分组一定可以实现，并给出了可行的实现方案。不过，这种方法执行起来往往比较冗长，下面的例题 8-2-2 和例题 8-2-3 介绍了一种较为省事的实现方法。

§ 8.2　显示 $\varPi$ 定理威力的三道例题

例题 8-2-1　用 $\varPi$ 定理证明勾股定理。

证明　首先关心直角三角形的面积。三角形由两个内角以及两角间的边长决定，故直角三角形的面积 $\boldsymbol{S}$ 取决于斜边长和一个锐角(图 8-1 的 $\boldsymbol{c}$ 和 $\boldsymbol{\alpha}$)。可见本问题的涉及量为 $\boldsymbol{S}$、$\boldsymbol{c}$ 和 $\boldsymbol{\alpha}$，故 $n=3$。选国际单位制为 $\mathscr{Z}$。因

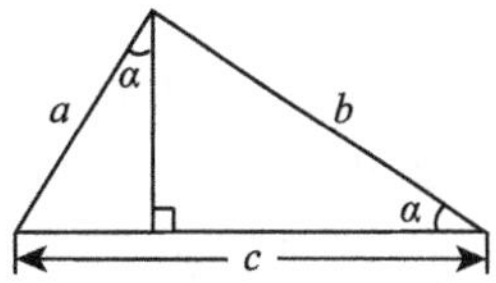

图 8-1　勾股定理证明用图

$\dim \boldsymbol{c} = \mathrm{L}$，$\dim \boldsymbol{S} = \mathrm{L}^2$，$\dim \boldsymbol{\alpha} = 1$ (即 $\boldsymbol{\alpha}$ 为无量纲量)，

故 $\tilde{\boldsymbol{S}}$ 和 $\tilde{\boldsymbol{\alpha}}$ 都可用 $\tilde{\boldsymbol{c}}$ 量纲表出：

$$\dim \boldsymbol{S} = (\dim \boldsymbol{c})^2, \qquad \dim \boldsymbol{\alpha} = (\dim \boldsymbol{c})^0 。$$

因此，可选 $\boldsymbol{c}$ 为甲组量($m=1$)，选 $\boldsymbol{S}$ 和 $\boldsymbol{\alpha}$ 为乙组量($n-m=2$)。于是由 $\varPi$ 定理可以定义两个无量纲量 $\varPi_1$、$\varPi_2$。以 S 和 c 分别代表用国际制单位测面积 $\boldsymbol{S}$ 和斜边长 $\boldsymbol{c}$ 所得的数，则由式(8-1-6)得 $\varPi_1 := Sc^{-2}$；$\varPi_2 := \alpha$。再由式(8-1-13)便得 $S = c^2\phi(\varPi_2)$，即

$$S = c^2\phi(\alpha) 。 \tag{8-2-1}$$

用斜边的垂线将原三角形分成两个较小的直角三角形，两者也各有一个锐角 α。以 $\boldsymbol{a}$、$\boldsymbol{b}$ 和 $\boldsymbol{S}_1$、$\boldsymbol{S}_2$ 分别代表两者的斜边长和面积，仿照式(8-2-1)又有

$$S_1 = a^2\phi(\alpha), \qquad S_2 = b^2\phi(\alpha) 。$$

再由 $S = S_1 + S_2$ 便得

$$c^2\phi(\alpha) = a^2\phi(\alpha) + b^2\phi(\alpha) ,$$

因而

$$c^2 = a^2 + b^2 ,$$

此即勾股定理。　□

甲　我有一个问题。在勾股定理的推导过程中，能得到最终结论的一个重要原因是：$\phi(\alpha)$ 对三个不同的直角三角形是同一个函数(这样才能消掉)。然而这是为什么呢？难道可以直接肯定，这个连具体形式都不知道的函数一定与三角形的大小无关吗？

乙　为回答你的问题，必须使用“现象类”的概念(详见§2.4)。$\varPi$ 定理所讨论的“物理问题”其实都是对一个现象类说的[从式(8-1-1)开始就针对一个现象类]，其结论适用于该类中的所有现象。例如，“求单摆周期”问题涉及各种单摆(不同摆长、摆锤质量等)，它们构成一个“单摆现象类”。由 $\varPi$ 定理求得的单摆周期公式 $T = f(l, g) = 2\pi\sqrt{l/g}$ (详见例题

10-1-5)是每个(小角度)单摆都遵循的物理规律，适用于各种不同摆长和摆锤质量的单摆。进一步地，F 是由 f 衍生的函数关系，而 ϕ 又是由 F 衍生的函数关系，故它们也都适用于每一个具体现象，即它们的形式与具体现象无关。

甲 那我懂了。在本例题中，所论的现象类就是“直角三角形现象类”，其中有各种直角三角形，它们“可大可小”(由斜边长 $\boldsymbol{c}$ 决定)、“可胖可瘦”(由锐角 $\boldsymbol{\alpha}$ 决定)，但面积公式(8-2-1)永远适用，进而 $\phi(\alpha)$ 的函数关系对于每个直角三角形也都相同。

乙 说得很对。补充一点：常规的数学推导给出如下的直角三角形面积公式：

$$S=c^2\left(\frac{1}{2}\sin\alpha\cos\alpha\right);$$

与式(8-2-1)对比可知

$$\phi(\alpha)=\frac{1}{2}\sin\alpha\cos\alpha\ ,$$

其形式的确与具体的直角三角形无关。这至少从一个侧面验证了量纲理论的正确性。

[选读 8-2]

另外，在结论“至多能构造 $n-m$ 个独立无量纲量”的证明中也会涉及现象类。关键在于，在无量纲量的独立性定义中(仍以 $n-m=2$ 为例)，严格地说，对函数关系 h 的要求应再加上一条——“且其形式与具体现象无关”；否则便会有含糊之处。因为，作为两个实数，Π_1、Π_2 之间总会差到一个实数因子，即总存在某实数 r 满足 $\Pi_2=r\Pi_1$，这当然是一种函数关系，但总不能说 Π_1、Π_2 也不互相独立吧？关键在于，由式(8-1-6)得

$$r=\frac{\Pi_2}{\Pi_1}=\frac{B_2A_1^{-x_{12}}\cdots A_m^{-x_{m2}}}{B_1A_1^{-x_{11}}\cdots A_m^{-x_{m1}}}=B_1^{-1}B_2A_1^{x_{11}-x_{12}}\cdots A_m^{x_{m1}-x_{m2}}\ ,$$

于是 r 依赖于 $A_1,\cdots,A_m;B_1,\cdots,B_{n-m}$ 的值，就是依赖于具体现象，也就不满足对 h 的上述附加要求。然而，式(8-1-11)的 Π_3 的情况却不同：该式中的函数关系 ψ 是 Π_3 (这个物理概念)的定义，其形式当然与具体现象无关，于是由 ψ 衍生出的 h 也就与具体现象无关，满足附加要求，因而正文中的证明正确。　　**[选读 8-2 完]**

[选读 8-3]

甲 勾股定理是欧氏几何学的定理。但是例题 8-2-1 的讨论似乎也适用于非欧几何，这岂不是会得出“勾股定理在非欧几何中也成立”这一错误结论吗？

乙 例题 8-2-1 的讨论对非欧几何不适用。关键原因有两点，先以球面几何为例阐述。

首先，球面几何的直角三角形面积除依赖于斜边长和锐角之外，还依赖于球面的半径 $\boldsymbol{R}$。于是涉及量增加为 4 个，即 $\boldsymbol{S}$、$\boldsymbol{c}$、$\boldsymbol{R}$ 和 $\boldsymbol{\alpha}$，而且只有一个是量纲独立的，因为量类 $\tilde{\boldsymbol{S}}$、$\tilde{\boldsymbol{R}}$ 和 $\tilde{\boldsymbol{\alpha}}$ 都可用量类 $\tilde{\boldsymbol{c}}$ 做量纲表出：

$$\dim\boldsymbol{S}=(\dim\boldsymbol{c})^2,\quad \dim\boldsymbol{R}=(\dim\boldsymbol{c})^1,\quad \dim\boldsymbol{\alpha}=(\dim\boldsymbol{c})^0=1\,。$$

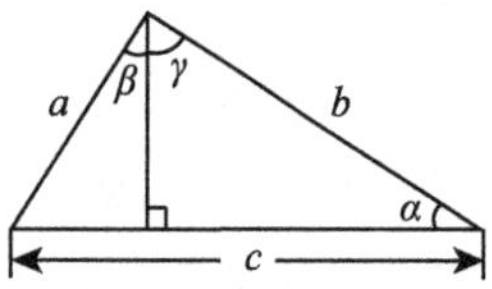

图 8-2　球面上的三角形

所以仍可选择 $\boldsymbol{c}$ 为甲组量，但乙组量则由 2 个增至 $\boldsymbol{S}$、$\boldsymbol{R}$ 和 $\boldsymbol{\alpha}$ 等 3 个(故 $n-m=3$)，因而可以定义 3 个无量纲量，即

$$\Pi_1:=Sc^{-2},\quad \Pi_2:=Rc^{-1},\quad \Pi_3:=\alpha\,。$$

再由式(8-1-13)便得

$$S=c^2\phi(\varPi_2^{-1},\varPi_3)=c^2\phi(c/R,\ \alpha)。$$

其次，在球面几何中，三角形内角和大于π，于是在图 8-2 中有 $\alpha+\gamma>\pi-\pi/2=\pi/2$；但 $\beta+\gamma=\pi/2$ 仍然成立，故 $\alpha>\beta$。这样一来，对两个小的直角三角形分别有

$$S_1=a^2\phi(a/R,\ \beta),\qquad S_2=b^2\phi(b/R,\ \alpha)。$$

在面积相加时无法消去函数 ϕ，可见原证明不适用于球面几何。

对于一般的非欧几何，情况是类似的，也有两个关键点：①面积依赖于其他参数(它们用以表征空间的曲率)，进而其量纲是长度量纲的幂次，于是它们在未知函数 ϕ 中会与斜边长搅在一起；②三角形内角和一般不等于π，导致 $\beta\neq\alpha$。上述两点均会导致 ϕ 无法被消去，从而使原证明失效。 **[选读 8-3 完]**

在讲第二道例题前，先简介一点背景情况。1993 年出品的美国科幻大片《侏罗纪公园》描述了一幅恐怖情景，故事发生在哥斯达黎加以西的一个虚构岛屿上。某博士为了赚取大钱，利用凝结在树脂化石(琥珀)中的史前蚊子体内的恐龙血液提取到恐龙的遗传基因，竟把该岛建成一个恐龙公园。后来，由于电脑失控，全部恐龙逃出控制区。人们纷纷逃命，却因为跑不过恐龙而死伤无数，只有四人幸免。但是，我们好奇地问：人真的跑不过恐龙吗？其实，英国的生物力学家 R. McNeill Alexander 教授早已(在 1976 年就)用科学手段回答了这个问题，给出了“人比恐龙跑得快”的答案。这当然是一个极难的工作，因为有关资料少得可怜：只有从化石中取得的两个数据——恐龙的平均腿长(臀部高度) $\boldsymbol{h}$ 和平均步幅 $\boldsymbol{\lambda}$ (来自恐龙的脚印化石)，由此怎能求得恐龙跑步的速率 $\boldsymbol{v}$？他从资料中找到某些四足动物(例如马和大象)和两足动物(例如人)的 $\boldsymbol{h}$、$\boldsymbol{\lambda}$ 值以及它们的速率 $\boldsymbol{v}$，但由此又如何推断恐龙的 $\boldsymbol{v}$？他用量纲分析最终竟然解决了问题，得出了“恐龙的速率只有1.0～3.6**米/秒**、因而远小于人的跑步速率”的结论。他为此在《自然》杂志发表的短文(Nature，vol. 261, May13, 1976)使他一举成名。在下面的例题中，我们将从教学法的角度(与他当时的思考角度有不少差别)详细介绍如何用 $\varPi$ 定理解决这一问题的。

例题 8-2-2 人真的跑不过恐龙吗？

解 问题的涉及量有：恐龙的臀高 $\boldsymbol{h}$ 和步幅 $\boldsymbol{\lambda}$、恐龙跑步的速率 $\boldsymbol{v}$ 以及重力加速度 $\boldsymbol{g}$，故 $n=4$。现在按小节 8.1.2 的“三步曲”进行计算。

第一步，选国际单位制，设以上各量的数依次为 h、λ、v 和 g。这 4 个量都有极为简单的量纲式，容易排成量纲矩阵

$$\begin{array}{c} \\ \mathrm{L} \\ \mathrm{T} \end{array}\begin{array}{c} \begin{array}{cccc} h & v & g & \lambda \end{array} \\ \begin{bmatrix} 1 & 1 & 1 & 1 \\ 0 & -1 & -2 & 0 \end{bmatrix} \end{array}。\tag{8-2-2}$$

第二步，由前 2 列的行列式非零可知上述矩阵的列秩 $m=2$，而且前 2 列线性独立，故可选 $\boldsymbol{h}$ 和 $\boldsymbol{v}$ 为甲组量，$\boldsymbol{g}$ 和 $\boldsymbol{\lambda}$ 为乙组量，即 $\boldsymbol{A}_1=\boldsymbol{h},\ \boldsymbol{A}_2=\boldsymbol{v}$；$\boldsymbol{B}_1=\boldsymbol{g},\ \boldsymbol{B}_2=\boldsymbol{\lambda}$。

第三步，设法把每个乙组量类的量纲表为甲组量纲的幂连乘式。先设

$$\dim\boldsymbol{\lambda}=(\dim\boldsymbol{h})^{x_1}(\dim\boldsymbol{v})^{x_2}，\tag{8-2-3}$$

我们采用比小节 8.1.2 的第三步更为简捷的方法。由量纲矩阵读出

$$\dim\boldsymbol{h}=\mathrm{L}^1\mathrm{M}^0\mathrm{T}^0，\ \dim\boldsymbol{v}=\mathrm{L}^1\mathrm{M}^0\mathrm{T}^{-1}，\ \dim\boldsymbol{g}=\mathrm{L}^1\mathrm{M}^{-2}\mathrm{T}^0，\ \dim\boldsymbol{\lambda}=\mathrm{L}^1\mathrm{M}^0\mathrm{T}^0，\tag{8-2-4}$$

故式(8-2-3)可改写为

$$\mathrm{L}^1\mathrm{M}^0\mathrm{T}^0 = (\mathrm{L}^1\mathrm{M}^0\mathrm{T}^0)^{x_1}(\mathrm{L}^1\mathrm{M}^0\mathrm{T}^{-1})^{x_2} = \mathrm{L}^{x_1+x_2}\mathrm{M}^0\mathrm{T}^{-x_2}，$$

等式两边的对应量纲指数必须相等，故 $x_2=0$， $x_1+x_2=1$，因而 $x_1=1$， $x_2=0$，代入式(8-2-3)得 $\dim\boldsymbol{\lambda}=\dim\boldsymbol{h}$，因而借用式(8-1-6)可定义无量纲量

$$\Pi_1 := \frac{\lambda}{h}。\tag{8-2-5}$$

再设

$$\dim\boldsymbol{g} = (\dim\boldsymbol{h})^{x_1}(\dim\boldsymbol{v})^{x_2}，\tag{8-2-6}$$

与式(8-2-4)结合给出

$$\mathrm{L}^1\mathrm{T}^{-2} = (\mathrm{L}^1\mathrm{T}^0)^{x_1}(\mathrm{L}^1\mathrm{T}^{-1})^{x_2} = \mathrm{L}^{x_1+x_2}\mathrm{T}^{-x_2}，$$

解得 $x_2=2$，$x_1=-1$，于是式(8-2-6)成为

$$\dim\boldsymbol{g} = (\dim\boldsymbol{h})^{-1}(\dim\boldsymbol{v})^2，\tag{8-2-7}$$

故又可定义另一个无量纲量

$$\Pi_2 := \frac{gh}{v^2}。\tag{8-2-8}$$

引入

$$\Pi_2' \equiv \Pi_2^{-1} = \frac{v^2}{gh}，\tag{8-2-8$'$}$$

则式(8-1-12)给出 $\Pi_1=\phi(\Pi_2')$，即

$$\frac{\lambda}{h} = \phi\left(\frac{v^2}{gh}\right)。\tag{8-2-9}$$

于是难题归结为如何找到这个函数关系 ϕ。Alexander 教授的做法十分成功：从若干种动物的 h、λ 和 v 值求得它们的 Π_1 和 Π_2'，分别以 $\lg\Pi_2'$ 和 $\lg\Pi_1$ 为横、纵坐标画图(每种动物对应于图中的一点)，画完之后竟然惊喜地发现所有这些点几乎都落在同一条曲线上！(相应的函数关系是 $\lg\Pi_1 = 2.3+0.31\lg\Pi_2'$。) 现在，利用恐龙的臀高 h 和步幅 λ 求得恐龙的 Π_1，便可由曲线读出恐龙的 Π_2'，因而求得恐龙的速率。这一速率($1.0\sim3.6\ \mathbf{m/s}$)竟然比人的跑步速率小得多，于是结论与《侏罗纪公园》相反，人们可以容易地逃脱恐龙的追赶！ ■

述评　回过头来再看解题过程是颇有教益的。一开始的问题是：欲求 v 与 h、λ 及 g 的函数关系，即 $f(v,h,\lambda,g)=0$，涉及 4 个变数，太难了！利用 Π 定理变为两个变数，而且都无量纲，就只需找出两者的函数关系，即 $\Pi_2'=\phi(\Pi_1)$，好办多了，因为现在可以利用动物的函数曲线！

在讲第三道例题之前，先简介一点历史事实。英国著名流体力学专家泰勒爵士(Sir Geoffrey I. Taylor)从 1941 年开始对“高强度爆炸的冲击波(blast wave)”问题做过非常详尽的研究[当时尚未有“原子弹”(atomic bomb)一词]，并且找到了爆炸所释放的能量的公式。[见泰勒后来解密发表的原始文献 Taylor(1950, Part I)，该文写于 1941 年。] 二战结束前不久的 1945 年 7 月 16 日，美国在新墨西哥州的阿拉莫戈多(Alamogordo, New Mexico)附近试爆了世界第一颗原子弹(三周后才在日本广岛投放第一颗毁灭性原子弹)，称为“三位一体核

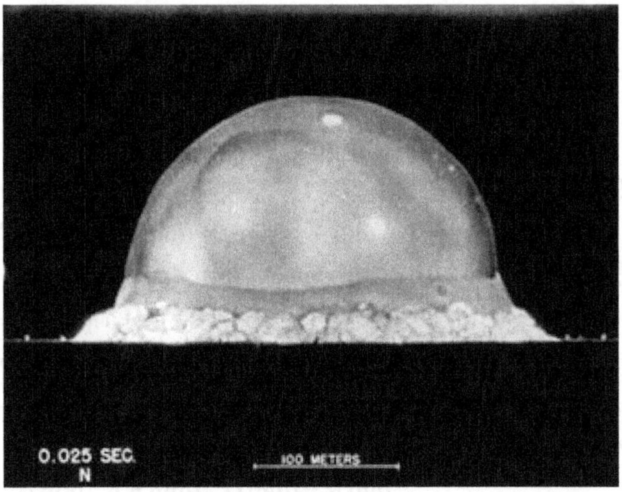

图 8-3　世界第一颗原子弹的"蘑菇云"的一张照片，半球下面的水平线是地面
(美国"三位一体"试验时拍摄，1945 年)

试验"(Trinity nuclear test)，并将爆炸过程拍成电影。然而，由于严格保密，泰勒无从取得任何有关技术资料，因而无法用他的公式估算爆炸释放的能量。大约两年后的 1947 年，出于宣传的目的，美国政府允许把爆炸过程的系列照片公之于众(虽然其他资料仍属密件)，图 8-3 就是其中的一张。这使泰勒如获至宝，立即以原来的理论研究为基础对这颗原子弹做了细致入微的推敲考证，最后得出了自己对这颗原子弹所释放的能量的估算值[见 Taylor (1950, Part II)]。美国 FBI(联邦调查局)的情报人员对此既惊诧又紧张，因为泰勒的估算值竟然与一直绝密的美国官方估算值非常接近。有关的历史故事还可参阅孙博华(2016)。

这个问题其实是显示 Π 定理在物理和工程应用中的巨大威力的好例子。利用量纲分析，加上某些物理思辨并借用照片给出的数据，的确可以求得该原子弹释放能量的粗略估算值。下面的例题将略去泰勒当年的详尽研究而介绍从 Π 定理出发的估算方法。这是一种经过教学法加工的简化讲法。

例题 8-2-3　第一颗原子弹爆炸能量的估算[2]。

解　泰勒首先对爆炸问题做了理想化的讨论。他假定爆炸会以无限集中的形式突然释放出有限数额的能量，计算了爆炸点周围空气的运动和压强，发现一个球状冲击波(超热的火球)从爆炸点出发向外传播[见 Taylor(1950, Part I)]。经过研究，他认为问题的涉及量有这样的 5 个($n=5$)：①爆炸释放的能量 $\boldsymbol{E}$；②从爆炸开始算起的时间 $\boldsymbol{t}$；③时刻 $\boldsymbol{t}$ 的"蘑菇云"(火球)半径 $\boldsymbol{R}$；④火球外面正常大气的密度 $\boldsymbol{\rho}$；⑤空气的热容比 $\boldsymbol{\gamma}$ (反映空气的可压缩性，$\gamma \equiv C_p/C_V$，其中 C_p 和 C_V 分别是定压热容和定容热容)。现在分步介绍推导过程。

第一步，选用国际单位制。(只限于力学范畴，故基本量类个数 $l=3$。泰勒当年选 CGS 制。) 从 5 个涉及量在该制的量纲式读出量纲指数，并且排成如下的量纲矩阵：

$$\begin{array}{c} \\ \mathrm{L} \\ \mathrm{M} \\ \mathrm{T} \end{array} \begin{array}{c} \begin{array}{ccccc} t & E & \rho & R & \gamma \end{array} \\ \begin{bmatrix} 0 & 2 & -3 & 1 & 0 \\ 0 & 1 & 1 & 0 & 0 \\ 1 & -2 & 0 & 0 & 0 \end{bmatrix} \end{array}。\tag{8-2-10}$$

第二步，由前 3 列的行列式非零可知上述矩阵的列秩 $m=3$，而且前 3 列线性独立，故

[2] 赵凯华(2008) P.79-82 对本例的问题也有很详细和精彩的讨论。

可选$\boldsymbol{t}$、$\boldsymbol{E}$、$\boldsymbol{\rho}$为甲组量，$\boldsymbol{R}$、$\boldsymbol{\gamma}$为乙组量，即

$$\boldsymbol{A}_1=\boldsymbol{t},\quad \boldsymbol{A}_2=\boldsymbol{E},\quad \boldsymbol{A}_3=\boldsymbol{\rho};\quad \boldsymbol{B}_1=\boldsymbol{R},\quad \boldsymbol{B}_2=\boldsymbol{\gamma}。$$

第三步，设法把每个乙组量类的量纲表为甲组量纲的幂连乘式。设

$$\dim \boldsymbol{B}_1=(\dim \boldsymbol{A}_1)^{x_1}(\dim \boldsymbol{A}_2)^{x_2}(\dim \boldsymbol{A}_3)^{x_3},$$

亦即

$$\dim \boldsymbol{R}=(\dim \boldsymbol{t})^{x_1}(\dim \boldsymbol{E})^{x_2}(\dim \boldsymbol{\rho})^{x_3},\tag{8-2-11}$$

由量纲矩阵[式(8-2-10)]读出$\dim\boldsymbol{R}$、$\dim\boldsymbol{t}$、$\dim\boldsymbol{E}$和$\dim\boldsymbol{\rho}$，便可将上式改写为

$$\mathrm{L}^1\mathrm{M}^0\mathrm{T}^0=(\mathrm{L}^0\mathrm{M}^0\mathrm{T}^1)^{x_1}(\mathrm{L}^2\mathrm{M}^1\mathrm{T}^{-2})^{x_2}(\mathrm{L}^{-3}\mathrm{M}^1\mathrm{T}^0)^{x_3}=\mathrm{L}^{2x_2-3x_3}\mathrm{M}^{x_2+x_3}\mathrm{T}^{x_1-2x_2},$$

等式两边的对应量纲指数必须相等，故$2x_2-3x_3=1$，$x_2+x_3=0$，$x_1-2x_2=0$，解得

$$x_1=2/5,\quad x_2=1/5,\ x_3=-1/5,\tag{8-2-12}$$

代入式(8-2-11)给出

$$\dim \boldsymbol{R}=(\dim \boldsymbol{t})^{2/5}(\dim \boldsymbol{E})^{1/5}(\dim \boldsymbol{\rho})^{-1/5}。\tag{8-2-13}$$

另一方面，由定义可知热容比$\tilde{\boldsymbol{\gamma}}$是无量纲量类(量纲指数全部为零)，故

$$\dim \boldsymbol{\gamma}=(\dim \boldsymbol{t})^{0}(\dim \boldsymbol{E})^{0}(\dim \boldsymbol{\rho})^{0}。\tag{8-2-14}$$

利用式(8-2-13)和(8-2-14)就可定义两个无量纲量

$$\Pi_1 := Rt^{-2/5}E^{-1/5}\rho^{1/5}=R\left(\frac{\rho}{t^2E}\right)^{1/5},\tag{8-2-15}$$

$$\Pi_2 := \gamma。\tag{8-2-16}$$

由Π定理可知Π_1和Π_2满足某个方程$F(\Pi_1,\Pi_2)=0$，故可把Π_1表为Π_2的函数：

$$\Pi_1=\phi(\Pi_2)。\tag{8-2-17}$$

注意到式(8-2-15)和(8-2-16)，便得

$$R=\left(\frac{t^2E}{\rho}\right)^{1/5}\phi(\gamma)。\tag{8-2-18}$$

泰勒在1941年就得到了这一公式[即Taylor(1950, Part I)第1页的无编号公式]。以此为基础，他对强度较小的爆炸理论做了详细的研究和计算，从空气的热容比$\gamma=1.4$出发求得[见Taylor(1950, Part I)的式(38)]

$$\phi(\gamma)=(0.926)^{-2/5}\approx 1.03,\tag{8-2-19}$$

即$\phi(\gamma)$与1极其接近。取$\phi(\gamma)=1$，则式(8-2-18)简化为

$$R=\left(\frac{t^2E}{\rho}\right)^{1/5}。\tag{8-2-20}$$

可见爆炸释放的能量值E只依赖于$\boldsymbol{t}$、$\boldsymbol{R}$和$\boldsymbol{\rho}$三个量的数值。以上是泰勒的纯理论研究结果。第一颗原子弹爆炸后，虽然泰勒很想对其释放的能量E做出估算，但由于无法获得有关数据(关键是找不到一个时刻t，该时刻的R是已知数)，就连很粗略的估算也不可能。情况在两年后的1947年才发生根本改观，因为他获得了美国公布的原子弹爆炸电影的系列照片(从照片读出的数据见表8-1)。我们不妨先利用图8-3的那张照片做个粗略估算。对式(8-2-20)取对数得

$$\log_{10}E=5\log_{10}R-2\log_{10}t+\log_{10}\rho。\tag{8-2-21}$$

由图 8-3 查得 $t=0.025(\mathrm{s})$ 时 $R=130$(**米**)，再把大气密度 ρ 估计为 1.25 (**千克/米**^{3}) (泰勒就是这样取的)，代入上式便得

$$\log_{10}E=5\times\log_{10}(130)-2\times\log_{10}(0.025)+\log_{10}(1.25)=13.87,$$

因而 $E=7.4\times10^{13}$(**焦**)。一千吨 TNT 炸药爆炸时放出的能量是 4.18×10^{12} **焦**，所以第一颗原子弹放出的能量是

$$E=7.4\times10^{13}\,\textbf{焦}=\frac{7.4\times10^{13}}{4.18\times10^{12}}\,\textbf{千吨}=17.8\,\textbf{千吨}。$$

这与美国官方后来公布的估计值(18~20 千吨)非常接近。■

表 8-1　第一颗原子弹爆炸 t 毫秒后的“蘑菇云”半径 R (单位：米)

t	$R(t)$	t	$R(t)$	t	$R(t)$	t	$R(t)$	t	$R(t)$
0.10	11.1	0.80	34.2	1.50	44.4	3.53	61.1	15.0	106.5
0.24	19.9	0.94	36.3	1.65	46.0	3.80	62.9	25.0	130.0
0.38	25.4	1.08	38.9	1.79	46.9	4.07	64.3	34.0	145.0
0.52	28.8	1.22	41.0	1.93	48.7	4.34	65.6	53.0	175.0
0.66	31.9	1.36	42.8	3.26	59.0	4.61	67.3	62.0	185.0

[选读 8-4]

以上是经过教学法加工的讲法。泰勒当年的研究则要复杂得多。注意到第一颗原子弹的强度远大于 Taylor(1950, Part I)前面大半部分所研究的爆炸的强度，他觉得必须用系列照片的数据来检验式(8-2-20)的 $R\sim t$ 关系是否适用(该式表明 $t\propto R^{5/2}$)，为此他用表 8-1 的数据画出 $\frac{5}{2}\log_{10}R$ 与 $\log_{10}t$ 的关系曲线，发现的确非常接近于斜率为 45° 的直线，与 $t\propto R^{5/2}$ 吻合得很好(见图 8-4)。空气在室温下的热容比 $\gamma=1.4$。利用照片的数据，他在默认 $\gamma=1.4$ 的前提下求得的 E (折合为**吨**)为

$$E=16800\,\textbf{吨}。$$

然而 γ 的数值在甚强爆炸(指第一颗原子弹)的高温下会对 1.4 有所偏离(因而会随着时间的增大而改变)，偏离来自不止一种原因[详见 Taylor(1950, Part II)]，经过分析和计算，他又做了第二种选择：取 $\gamma=1.29$，求得

$$E=23700\,\textbf{吨}。$$

他问自己：上述两种估算值哪个更可信？经过反复思考，他在文中表示了如下看法：由于某种原因，γ 值在高温下会减小，但另外一些原因又会使 γ 值在高温下增大。如果这两种反方向的效应不能互相抵消，γ 值就会

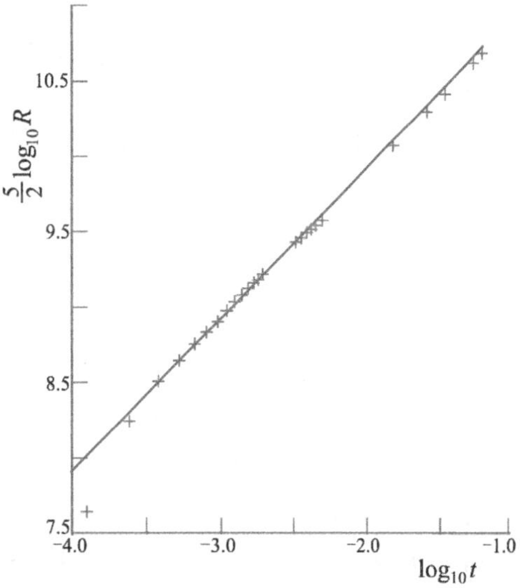

图 8-4　反映 $t\propto R^{5/2}$ 关系的对数曲线图

在爆炸过程中随着时间的增大而改变，γ 就是 t 的函数，$R \propto t^{5/2}$ 的关系就不会准确成立[这可由式(8-2-18)看出]。然而第一颗原子弹的照片数据竟然如此出乎意料地支持这一比例关系(仍见图 8-4)，恐怕就说明上述两种效应的确互相抵消干净。于是他得出结论：由 $\gamma = 1.4$ 出发得出的结果(即 $E = 16800$ **吨**)更为可信。

[选读 8-4 完]

注记 8-2　2020 年的 8 月 4 日，存放在黎巴嫩首都贝鲁特港口的 2750 吨硝酸铵意外发生严重爆炸，死亡百余人，30 万人无家可归。荷兰的特温特教授利用 Taylor 的方法以及网上获得的现场视频很快就估算出这次爆炸放出的能量约为 300 吨当量的 TNT 炸药。

§ 8.3　Π 定理应用的几种情况

把 Π 定理用于具体问题时的一个重要数字是 $n-m$，它等于该问题涉及的无量纲量的个数。我们按 $n-m$ 的大小分为几种情况讨论。

情况 1　$n-m=1$ 的情况

这时只有一个乙组量，因而只有一个无量纲量 Π，故式(8-1-5)现在成为 $F(\Pi)=0$，由此可以解出 Π 值，可见 Π = 常数。为突出其常数性，改记作 $\Pi \equiv C_0$。这时式(8-1-13)简化为

$$B_1 = C_0 A_1^{x_{11}} \cdots A_m^{x_{m1}}。\tag{8-3-1}$$

所以 Π 定理可以把乙组量 $\boldsymbol{B}_1$ 确定到只差一个无量纲常数因子 C_0 的程度。更有甚者，在绝大多数物理情况下 C_0 的量级为 1 (理由见稍后的注记 8-3)。

下面是 $n-m=1$ 情况的一个简单例子。

例题 8-3-1　质量为 $\boldsymbol{m}$ 的物体从高度 $\boldsymbol{h}$ 处由静止开始自由下落，求下落时间 $\boldsymbol{t}$。

注记 8-3　解题的第一步是选定适当的涉及量。下落时间 $\boldsymbol{t}$、高度 $\boldsymbol{h}$ 和重力加速度 $\boldsymbol{g}$ 当然是涉及量，至于质量 $\boldsymbol{m}$，伽利略当年通过在比萨斜塔的自由下落实验认为 $\boldsymbol{t}$ 与 $\boldsymbol{m}$ 无关，但许多反对者对此并不相信。

解　为慎重起见，我们把 $\boldsymbol{t}$、$\boldsymbol{h}$、$\boldsymbol{g}$、$\boldsymbol{m}$ 都选为涉及量，故 $n=4$。用 CGS 单位制或国际单位制的力学部分(两者同族)，则 $l=3$，故量纲矩阵为 3 行 4 列矩阵：

$$\begin{array}{c} \\ \mathrm{L} \\ \mathrm{M} \\ \mathrm{T} \end{array}\begin{array}{c} \begin{array}{cccc} h & g & m & t \end{array} \\ \begin{bmatrix} 1 & 1 & 0 & 0 \\ 0 & 0 & 1 & 0 \\ 0 & -2 & 0 & 1 \end{bmatrix} \end{array}，\tag{8-3-2}$$

易见此矩阵的列秩 $m=3$，而且 h、g、m 所在的 3 列线性独立，t 所在列可由它们线性表出，故可选 $\boldsymbol{h}$、$\boldsymbol{g}$、$\boldsymbol{m}$ 为甲组量(即 $\boldsymbol{A}_1=\boldsymbol{h}$，$\boldsymbol{A}_2=\boldsymbol{g}$，$\boldsymbol{A}_3=\boldsymbol{m}$)，选 $\boldsymbol{t}$ 为乙组量。仿照式(8-1-20)，对量类 $\tilde{\boldsymbol{t}}$ 可以写出

$$(0,0,1)=\tilde{\boldsymbol{t}}=x_1\tilde{\boldsymbol{h}}+x_2\tilde{\boldsymbol{g}}+x_3\tilde{\boldsymbol{m}}=x_1(1,0,0)+x_2(1,0,-2)+x_3(0,1,0)=(x_1+x_2,\ x_3,\ -2x_2)，$$

解得 $x_1=\dfrac{1}{2}$，$x_2=-\dfrac{1}{2}$，$x_3=0$，因而

$$\dim\tilde{\boldsymbol{t}} = (\dim\tilde{\boldsymbol{h}})^{1/2}(\dim\tilde{\boldsymbol{g}})^{-1/2}(\dim\tilde{\boldsymbol{m}})^{0}, \tag{8-3-3}$$

故可按式(8-1-6)定义 1 个无量纲量(而且必为常数)

$$\Pi := th^{-1/2}g^{1/2} = t\sqrt{g/h}\ 。\tag{8-3-4}$$

把 Π 改记作 C_0 (以突出其常数性)，便可求得下落时间

$$t = C_0\sqrt{h/g}\ 。\tag{8-3-5}$$

由此可得结论：①t 与质量无关；②t 与 $\sqrt{h}$ 成正比，与 $\sqrt{g}$ 成反比。

■

但用量纲分析无法求得上例的 C_0 值。由解析方法(求解运动方程)求得的结果为

$$t = \sqrt{2h/g}\,,$$

可见

$$C_0 = \sqrt{2}\ 。\tag{8-3-6}$$

注记 8-4　上式表明上例的 C_0 的量级的确为 1。事实上，对 $n-m=1$ 的绝大多数问题，无量纲常数 C_0 都是量级大致为 1 的常数，理由如下。假定不用量纲分析而用通常方法讨论同一问题，就要动用该领域的一个或多个方程，不妨称之为运动方程(某些作者称为“**统治方程**”，即 governing equation，也译作“**控制方程**”)。为了求得最后结果，总要对运动方程进行一番运算。不少运动方程都含有比 1 大得多或小得多的数(简称之为“特大”和“特小”的数)，它们都与物理常量(在所用单位制中的数)有关，例如静电场强度表达式

$$E = \frac{1}{4\pi\varepsilon_0}\frac{q_1q_2}{r^2}$$

中的 $\varepsilon_0 \approx 8.9\times10^{-12}$ 就很小于 1，洛伦兹变换式

$$t' = \gamma(t - vx/c^2), \qquad \gamma \equiv (1 - v^2/c^2)^{-1/2}$$

中的 $c = \tilde{3}\times10^8$ 则很大于 1。请注意它们在方程中是作为某个物理量(的数)而不是作为系数出现的。只要在运算中不人为地加进特大和特小的数，运算结果中的系数(只指系数而不是指方程中的物理常数)就只能大约是 1 的量级。因此，如果用量纲分析解决问题，只要你的做法正确(不人为地加进特大或特小的数)，就不会出现特大和特小的系数。以上的论证虽然谈不上严格，但至少是合理的，而且经验表明应用 Π 定理所得的结果中的常系数的量级大致上都是 1 。[3] 请注意这个“大致上”，事实上有些系数能达到几十甚至几百(或是其倒数)，但是与特大数(例如 10^8)相较，也可说是量级大致为 1 。后面将会看到大量例子。

情况 2　$n-m=2$ 的情况

这时共有两个乙组量，因而可构造两个无量纲量 Π_1 和 Π_2，式(8-1-5)现在表现为 $F(\Pi_1,\Pi_2)=0$，也可改写为 $\Pi_1=\phi(\Pi_2)$，其中 ϕ 代表某种函数关系。这一结果给出的信息通常小于只有一个无量纲量时的信息。虽然如此，对此情况进行量纲分析往往也大有用处，因为它把 n 个涉及量满足的(比较复杂的)方程化为只含两个无量纲量的、简单得多的方程，

---

[3] 本注记的论述主要来自 Bridgman(1931)。但 Gibbings(2011)在 P.121 说了几句反对的话，大意是：“C_0 量级为 1”是严重误导的说法，因为 C_0 在某些情况下可以高达 10^{15} 以及低至 10^{-12} 。

对理论研究和指导实验设计往往起到重要的作用(§10.2 的例子有很强的说服力)。

此外，对于不少 $n-m=2$ 的具体问题，巧妙地把所得结果 $\Pi_1=\phi(\Pi_2)$ 与某些物理思辨(或实验)相结合还可以大大强化结果。[不妨戏称为“量纲分析不够，物理思辨(或实验)搭够”。]“原子弹释放能量的估算”就是一个很好的例子，下面是又一个有趣的例子。

例题 8-3-2　电子二极管的热阴极发出的电子在管内电场作用下不断到达阳极，这一电场是以下两个电场的叠加：①阳极与阴极之间的外加电压相应的电场；②管内空间电荷分布贡献的电场。(电路刚接通时，阴极发出的电子除到达阳极外还会逐渐积聚在管内空间中，达到稳态时，空间电荷分布不变。) 试问：稳态时管内电流密度 $\boldsymbol{j}$ 与什么物理量有关？利用 Π 定理找出 $\boldsymbol{j}$ 对这些量的依赖关系。

注记 8-5　只在以下近似情况下讨论：(a)阴阳两极可看作平行板电容器的两板，边缘效应可以忽略；(b)电子初速为零；(c)管内电场强度在阴极表面为零(实际情况与此略有岐离)。

解　选用高斯单位制，有 $l=3$。选 z 轴垂直于极板，并从阴极指向阳极，约定阴极的 $z=0$。以 $\boldsymbol{V}$ 代表管内的电势，则 V 是 z 的函数，约定 $V|_{z=0}=0$。根据对稳态时的物理考虑，电流密度 $\boldsymbol{j}$ 与 z、$\boldsymbol{V}$ 以及电子的电荷 $\boldsymbol{e}$、质量 $\boldsymbol{m}$ 都有关系，故 $n=5$。查表 4-6 可得各量在高斯制的量纲，因而有量纲矩阵

$$\begin{array}{c} \\ \mathrm{L} \\ \mathrm{M} \\ \mathrm{T} \end{array}\begin{array}{c} \begin{array}{ccccc} e & m & V & j & z \end{array} \\ \begin{bmatrix} 3/2 & 0 & 1/2 & -1/2 & 1 \\ 1/2 & 1 & 1/2 & 1/2 & 0 \\ -1 & 0 & -1 & -2 & 0 \end{bmatrix} \end{array}, \tag{8-3-7}$$

由前三列的行列式非零可知此矩阵的列秩 $m=3$，而且 e、m、V 所在的 3 列线性独立，其他两列可由它们线性表出，故可选 $\boldsymbol{e}$、$\boldsymbol{m}$、$\boldsymbol{V}$ 为甲组量，选 $\boldsymbol{j}$、$\boldsymbol{z}$ 为乙组量。先对量类 $\tilde{\boldsymbol{j}}$ 写出等式

$$\left(-\frac{1}{2},\frac{1}{2},-2\right)=\tilde{\boldsymbol{j}}=x_1\tilde{\boldsymbol{e}}+x_2\tilde{\boldsymbol{m}}+x_3\tilde{\boldsymbol{V}}=x_1\left(\frac{3}{2},\frac{1}{2},-1\right)+x_2(0,1,0)+x_3\left(\frac{1}{2},\frac{1}{2},-1\right)$$
$$=\left(\frac{3x_1}{2}+\frac{x_3}{2},\ \frac{x_1}{2}+x_2+\frac{x_3}{2},\ -x_1-x_3\right),$$

[按照式(8-1-21)，此处的 3 个系数本应记作 x_{11}、x_{21}、x_{31}，但太麻烦，所以简记作 x_1、x_2、x_3。]
解得 $x_1=-\dfrac{3}{2}$，$x_2=-\dfrac{1}{2}$，$x_3=\dfrac{7}{2}$，因而

$$\dim\boldsymbol{j}=(\dim\boldsymbol{e})^{-3/2}(\dim\boldsymbol{m})^{-1/2}(\dim\boldsymbol{V})^{7/2}\text{。} \tag{8-3-8}$$

再对量类 $\tilde{\boldsymbol{z}}$ 写出等式

$$(1,0,0)=\tilde{\boldsymbol{z}}=x_1\tilde{\boldsymbol{e}}+x_2\tilde{\boldsymbol{m}}+x_3\tilde{\boldsymbol{V}},$$

[此处的 x_1、x_2、x_3 是式(8-1-21)的 x_{12}、x_{22}、x_{32} 的简写，应注意区别于上面关于 $\tilde{\boldsymbol{j}}$ 的 x_1、x_2、x_3。]
用量纲矩阵把上式具体化为

$$(1,0,0)=\left(\frac{3x_1}{2}+\frac{x_3}{2},\ \frac{x_1}{2}+x_2+\frac{x_3}{2},\ -x_1-x_3\right),$$

由此解得 $x_1=1,\ x_2=0,\ x_3=-1$，因而

$$\dim \boldsymbol{z} = (\dim \boldsymbol{e})^1 (\dim \boldsymbol{m})^0 (\dim \boldsymbol{V})^{-1}\text{。} \tag{8-3-9}$$

于是可按式(8-1-6)定义 2 个无量纲量

$$\Pi_1 := je^{3/2}m^{1/2}V^{-7/2}\text{，}\qquad \Pi_2 := ze^{-1}V = \frac{Vz}{e}\text{。} \tag{8-3-10}$$

为方便起见，用无量纲量 $\Pi_1^{\ 2} \equiv j^2e^3mV^{-7}$ 代替无量纲量 Π_1，则 $\Pi_1^{\ 2}$ 与 Π_2 应有函数关系 $\Pi_1^{\ 2} = \phi(\Pi_2)$，即

$$j^2e^3mV^{-7} = \phi\left(\frac{Vz}{e}\right),$$

故

$$j^2 = \frac{V^7}{me^3}\phi\left(\frac{Vz}{e}\right)\text{。} \tag{8-3-11}$$

单靠量纲分析无从得知函数关系 ϕ，而 ϕ 中含有变数 V、z、e，所以从上式完全看不出 j 对 V、z、e 有怎样的依赖关系，唯一可以得到的结论是，当 V、z、e 一定时 j 与 $\sqrt{m}$ 成反比。但是，如果再添补如下的物理思辨，就能猜出函数关系 ϕ，从而大大强化结果。

(1)电子沿 z 向的运动服从能量守恒定律——动能与电势能 eV (其中 $e<0$ [4])之和不随 z 值而变。以 v 代表电子的速度，注意到电子初速为零以及 $V|_{z=0}=0$，便有 $0 = mv^2/2 + eV$，因而

$$v = [-2(e/m)V]^{1/2}\text{，} \tag{8-3-12}$$

说明 v 对 e 和 m 的依赖方式是只依赖于两者的比值 e/m，此结果非常重要。

(2)电子管内的电势 V 服从泊松方程

$$\frac{\mathrm{d}^2V}{\mathrm{d}z^2} = -4\pi\rho\text{，} \tag{8-3-13}$$

其中 ρ 是管内电荷密度，它与电流密度 j 的关系为 $j=\rho v$，故 $\rho = j/v$，代入上式得

$$\frac{\mathrm{d}^2V}{\mathrm{d}z^2} = -4\pi\frac{j}{v}\text{，} \tag{8-3-14}$$

上式与式(8-3-12)结合可看作某个现象类的物理规律(微分方程)，此现象类的涉及量有 V、z、j 和 e/m，可见 j 对 e 和 m 的依赖方式也只能依赖于两者的比值 e/m。为保证这一结果，式(8-3-11)的函数关系 ϕ 只能取如下形式：

$$\phi\left(\frac{Vz}{e}\right) = -C_0^{\ 2}\left(\frac{Vz}{e}\right)^{-4}\quad (\text{其中 } C_0>0 \text{ 是某常数})\text{。} \tag{8-3-15}$$

把上式代入式(8-3-11)后给出

$$j^2 = -\frac{V^7}{me^3}C_0^{\ 2}\left(\frac{e}{Vz}\right)^4 = C_0^{\ 2}\frac{-e}{m}\frac{V^3}{z^4}\text{。} \tag{8-3-16}$$

于是求得最后结果

[4] 电子电荷为负，即 $\boldsymbol{e}\in\tilde{\boldsymbol{q}}_{负}$，而 $\hat{\boldsymbol{q}}_{高}\in\tilde{\boldsymbol{q}}_{正}$，故 $e=\boldsymbol{e}/\hat{\boldsymbol{q}}_{高}<0$ (详见小节 1.6.1)。

$$j = C_0 \sqrt{\frac{-e}{m}} \frac{V^{3/2}}{z^2} 。 \tag{8-3-17}$$

■

注记 8-6　富拉索夫的《电子管》上册中用常规方法细致地推出了一个“3/2 次方定律”，实质上指的就是 $j \propto V^{3/2}$，可见式(8-3-17)是正确的。事实上，该书的定量结果是

$$j = \frac{\sqrt{2}}{9\pi} \sqrt{\frac{e}{m}} \frac{V^{3/2}}{z^2} \quad (该书的 e>0 而我们的 e<0)。 \tag{8-3-18}$$

与式(8-3-17)相同，而且它连常数 C_0 也给出了具体数值：

$$C_0 = \sqrt{2}/9\pi 。 \tag{8-3-19}$$

情况 3　$n-m>2$ 的情况

这时的无量纲量多于两个，它们满足式(8-1-5)，即

$$F(\Pi_1, \cdots, \Pi_{n-m}) = 0 ，$$

给出的信息量更少。但它毕竟把含有 n 个涉及量的方程简化为只含较少的无量纲量的方程，对理论研究和指导实验设计往往也能起到重要的作用(详见第 10 章)。

情况 4　$n-m=0$ 的情况

这意味着 n 个涉及量在量纲上互相独立，因而连一个无量纲量也不能构造，这时 Π 定理没有直接的应用价值。然而，如果有实验(或理论)证实这 n 个涉及量之间存在某种关系，就往往提供一种暗示——将会有反映新的物理现象的物理常量出现，从而很可能带来物理上的新发现。这方面的详细讨论和例子可以在第 9 章的§9.5 找到。

§ 8.4　Π 定理应用的若干技巧

8.4.1　“十字删除法”

定义 8-4-1　如果两个量纲矩阵给出的无量纲量相同，就说它们是**等价的**。

定理 8-4-1　若量纲矩阵的某行只有一个元素非零，则删除该元素所在行、列后的矩阵与原矩阵等价。

注记 8-7　根据上述定理进行删除可以简化矩阵，我们称之为**“十字删除法”**，用起来非常方便。例如，如果懂得“十字删除法”，例题 8-3-1 的量纲矩阵[式(8-3-2)]就可简化为

$$\begin{array}{c} \\ \mathrm{L} \\ \mathrm{M} \\ \mathrm{T} \end{array} \begin{array}{c} \begin{matrix} h & g & t \end{matrix} \\ \begin{bmatrix} 1 & 1 & 0 \\ 0 & 0 & 0 \\ 0 & -2 & 1 \end{bmatrix} \end{array} , \tag{8-3-2'}$$

马上看出下落时间与质量无关，往后的计算就可简化。

证明[选读]

首先，该元素所在列所代表的那个涉及量[对式(8-3-2)就是 m]必为甲组量，因为其余涉及量关于该元素所在行[对式(8-3-2)就是第 2 行]所代表的基本量纲的指数均为零，不可能把

该涉及量做量纲表出。其次，既然该涉及量是甲组量(之一)，就应能与其他甲组量[对式(8-3-2)就是 $\boldsymbol{h}$ 和 $\boldsymbol{g}$]一起把各乙组量做量纲表出，而该元素所在行的其他元素皆为 0，表出式中该涉及量的量纲[对式(8-3-2)就是 $\dim\tilde{\boldsymbol{m}}$]的全部幂指数只能为零，于是构造出来的所有无量纲量都不会含有此“涉及量”，意味着它在该物理规律表达式中不会出现，因而根本就不是问题的涉及量，理应把它从涉及量的队伍中剔除。由此可见，“十字删除法”其实是一种快速发现冗余涉及量、从而将它删除的方法。□

8.4.2　化量纲矩阵为行最简形矩阵

小节 8.1.2 介绍了一种“旱涝保收”的“死”方法，包含 3 个步骤，在应用 Π 定理时可谓万无一失，但在执行第二、三步时往往耗时较多。本小节要介绍一种较为省时省事的巧办法，它能把步骤 2 和 3 一同解决。步骤 3 要用甲组量对每个乙组量做量纲表出，表出式右边的各个指数(即 $x_{1j},\cdots,x_{mj}$)必须事先求出，而为此就得求解线性代数方程组[式(8-1-21)]：

$$
\begin{aligned}
&\sigma_{11}x_{1j}+\sigma_{12}x_{2j}+\cdots+\sigma_{1m}x_{mj}=\rho_{1j}\,,\\
&\cdots\cdots\\
&\sigma_{l1}x_{1j}+\sigma_{l2}x_{2j}+\cdots+\sigma_{lm}x_{mj}=\rho_{lj}\,,
\end{aligned}
\tag{8-4-1}
$$

根据高等代数，为了便于求解，可对方程组施以初等变换，所得的(较简单的)新方程组必为原方程组的同解方程组。在借用矩阵求解时，此法体现为对增广矩阵施以行初等变换。受此启发，我们发现对现在的问题有一个简化技巧，只需对量纲矩阵做适当的行初等变换，便能快捷地选定甲、乙组量并写出用甲组量对每个乙组量的量纲表出式。为了尽量降低读者理解此法的难度，我们先举数例，然后再对其理论根据详加证明。

例题 8-4-1　对某物理问题已经列出了量纲矩阵(对各个量类的物理意义不必理会)

$$
\begin{array}{c}
\\ \mathrm{L}\\ \mathrm{M}\\ \mathrm{T}
\end{array}
\begin{array}{c}
\begin{array}{cccccc} a & \theta & \kappa & h & v & C \end{array}\\
\begin{bmatrix}
1 & 2 & -1 & 2 & 1 & -3\\
0 & 1 & 0 & 1 & 0 & 0\\
0 & -2 & -1 & -3 & -1 & 0
\end{bmatrix}
\end{array},
\tag{8-4-2}
$$

试用行初等变换法完成步骤 2 和 3。

解　对此矩阵施以行初等变换如下：

$$
\begin{bmatrix}
1 & 2 & -1 & 2 & 1 & -3\\
0 & 1 & 0 & 1 & 0 & 0\\
0 & -2 & -1 & -3 & -1 & 0
\end{bmatrix}
\to
\begin{bmatrix}
1 & 0 & -2 & -1 & 0 & -3\\
0 & 1 & 0 & 1 & 0 & 0\\
0 & -2 & -1 & -3 & -1 & 0
\end{bmatrix}
\to
\begin{bmatrix}
1 & 0 & -2 & -1 & 0 & -3\\
0 & 1 & 0 & 1 & 0 & 0\\
0 & 0 & -1 & -1 & -1 & 0
\end{bmatrix}
\to
$$

$$
\to
\begin{bmatrix}
1 & 0 & -2 & -1 & 0 & -3\\
0 & 1 & 0 & 1 & 0 & 0\\
0 & 0 & 1 & 1 & 1 & 0
\end{bmatrix}
\to
\begin{bmatrix}
1 & 0 & 0 & 1 & 2 & -3\\
0 & 1 & 0 & 1 & 0 & 0\\
0 & 0 & 1 & 1 & 1 & 0
\end{bmatrix},
$$

[第一步是第 3 行加到第 1 行上(作为新的第 1 行)；第二步是用第 2 行的 2 倍加到第 3 行(作为新 3 行)；第三步是第 3 行乘以 (−1)；第四步是用第 3 行的 2 倍加到第 1 行(作为新 1 行)]，便得结果矩阵

$$\begin{matrix} a & \theta & \kappa & h & v & C \end{matrix}$$
$$\begin{bmatrix} 1 & 0 & 0 & 1 & 2 & -3 \\ 0 & 1 & 0 & 1 & 0 & 0 \\ 0 & 0 & 1 & 1 & 1 & 0 \end{bmatrix}, \tag{8-4-2$'$}$$

此矩阵满足下列要求：第 $i\,(=1,2,3)$ 行左起第一个非零元都为 1，而且，(i)其列序号依次为 $1,2,3$；(ii)其所在列的其余元素均为零。根据稍后就要证明的定理，此矩阵的前 3 列可被选为甲组量，后 3 列为乙组量，可用甲组量 $\boldsymbol{a},\boldsymbol{\theta},\boldsymbol{\kappa}$ 做量纲表出如下：

$$\begin{aligned} \dim\boldsymbol{h} &= (\dim\boldsymbol{a})^1(\dim\boldsymbol{\theta})^1(\dim\kappa)^1\,, \\ \dim\boldsymbol{v} &= (\dim\boldsymbol{a})^2(\dim\boldsymbol{\theta})^0(\dim\boldsymbol{\kappa})^1\,, \\ \dim\boldsymbol{C} &= (\dim\boldsymbol{a})^{-3}(\dim\boldsymbol{\theta})^0(\dim\boldsymbol{\kappa})^0\,。\end{aligned} \tag{8-4-3}$$

■

甲　我看出点门道了。以 $\dim\boldsymbol{v}$ 为例，等号右边的 $\dim\boldsymbol{a}$ 、$\dim\boldsymbol{\theta}$ 和 $\dim\boldsymbol{\kappa}$ 的指数 2、0、1 依次就是 $\tilde{\boldsymbol{v}}$ 所在列的 3 个元素。

乙　很对。再看一道例题。

例题 8-4-2　用行初等变换重做例题 8-3-2。

解　该例题的量纲矩阵是

$$\begin{matrix} & e & m & V & j & z \end{matrix}$$
$$\begin{matrix} \mathrm{L} \\ \mathrm{M} \\ \mathrm{T} \end{matrix}\begin{bmatrix} 3/2 & 0 & 1/2 & -1/2 & 1 \\ 1/2 & 1 & 1/2 & 1/2 & 0 \\ -1 & 0 & -1 & -2 & 0 \end{bmatrix} \quad \text{[此即式(8-3-7)]。} \tag{8-4-4}$$

为便于使用这种技巧，先重排各列的顺序为

$$\begin{matrix} & z & m & V & e & j \end{matrix}$$
$$\begin{matrix} \mathrm{L} \\ \mathrm{M} \\ \mathrm{T} \end{matrix}\begin{bmatrix} 1 & 0 & 1/2 & 3/2 & -1/2 \\ 0 & 1 & 1/2 & 1/2 & 1/2 \\ 0 & 0 & -1 & -1 & -2 \end{bmatrix}。 \tag{8-4-5}$$

对此矩阵实施行初等变换如下：

$$\begin{bmatrix} 1 & 0 & 1/2 & 3/2 & -1/2 \\ 0 & 1 & 1/2 & 1/2 & 1/2 \\ 0 & 0 & -1 & -1 & -2 \end{bmatrix} \to \begin{bmatrix} 1 & 0 & 0 & 1 & -3/2 \\ 0 & 1 & 1/2 & 1/2 & 1/2 \\ 0 & 0 & -1 & -1 & -2 \end{bmatrix} \to \begin{bmatrix} 1 & 0 & 0 & 1 & -3/2 \\ 0 & 1 & 0 & 0 & -1/2 \\ 0 & 0 & -1 & -1 & -2 \end{bmatrix},$$

[第一步是用第 3 行的 1/2 倍加到第 1 行；第二步是用第 3 行的 1/2 倍加到第 2 行。] 现在只需再用 −1 乘第 3 行，便得结果矩阵

$$\begin{array}{ccccc} z & m & V & e & j \end{array}$$
$$\begin{bmatrix} 1 & 0 & 0 & 1 & -3/2 \\ 0 & 1 & 0 & 0 & -1/2 \\ 0 & 0 & 1 & 1 & 2 \end{bmatrix}\text{。} \tag{8-4-5$'$}$$

于是可选前 3 列为甲组量，第 4、5 列为乙组量，它们可被甲组量 $\boldsymbol{h}$、$\boldsymbol{m}$、$\boldsymbol{t}$ 做如下的量纲表出：

$$\dim \boldsymbol{e} = (\dim \boldsymbol{z})^1 (\dim \boldsymbol{m})^0 (\dim \boldsymbol{V})^1 , \tag{8-4-6}$$

$$\dim \boldsymbol{j} = (\dim \boldsymbol{z})^{-3/2} (\dim \boldsymbol{m})^{-1/2} (\dim \boldsymbol{V})^2 \text{。} \tag{8-4-7}$$

甲　但这两个量纲关系式与例题 8-3-2 的结果[即式(8-3-8)、(8-3-9)]不一样，难道两者等价吗？

乙　是等价的。例题 8-3-2 利用所得量纲关系定义了两个无量纲量，即

$$\Pi_1 \equiv j e^{3/2} m^{1/2} V^{-7/2}, \qquad \Pi_2 \equiv z e^{-1} V = \frac{Vz}{e} \quad [\text{此即式(8-3-10)}], \tag{8-4-8}$$

现在也可以用式(8-4-6)、(8-4-7)定义两个无量纲量：

$$\Pi_1' \equiv \frac{e}{zV}, \qquad \Pi_2' \equiv \frac{j z^{3/2} m^{1/2}}{V^2} \text{。} \tag{8-4-9}$$

不难验证

$$\Pi_1 = \Pi_1'^{3/2} \Pi_2' , \qquad \Pi_2 = \Pi_1'^{-1} ,$$

可见 (Π_1, Π_2) 与 (Π_1', Π_2') 等价。■

下面的例题与上两个例题有一点小小的不同。

例题 8-4-3　某物理问题有量纲矩阵(对各个量类的物理意义不必理会)

$$\begin{array}{c} \\ \mathrm{L} \\ \mathrm{M} \\ \mathrm{T} \end{array} \begin{array}{c} \begin{array}{ccccc} l & W & E & \delta & A \end{array} \\ \begin{bmatrix} 1 & 1 & -1 & 1 & 2 \\ 0 & 1 & 1 & 0 & 0 \\ 0 & -2 & -2 & 0 & 0 \end{bmatrix} \end{array}, \tag{8-4-10}$$

解　对此矩阵实施行初等变换(第一步是第 1 行减去第 2 行作为新 1 行；第二步是第 3 行加上第 2 行的 2 倍作为新 3 行。)，便得结果矩阵

$$\begin{array}{ccccc} l & W & E & \delta & A \end{array}$$
$$\begin{bmatrix} 1 & 0 & -2 & 1 & 2 \\ 0 & 1 & 1 & 0 & 0 \\ 0 & 0 & 0 & 0 & 0 \end{bmatrix}, \tag{8-4-10$'$}$$

根据稍后就要证明的定理，此矩阵的前 2 列可被选为甲组量，后 3 列为乙组量，可用甲组量 $\boldsymbol{l}$ 和 $\boldsymbol{W}$ 做量纲表出：

$$\dim \boldsymbol{E} = (\dim \boldsymbol{l})^{-2} (\dim \boldsymbol{W})^1 , \quad \dim \boldsymbol{\delta} = (\dim \boldsymbol{l})^1 (\dim \boldsymbol{W})^0 , \quad \dim \boldsymbol{A} = (\dim \boldsymbol{l})^2 (\dim \boldsymbol{W})^0 \text{。}$$ ■

这道题与前两例的一个主要不同，在于其结果矩阵的最下面一行全部元素为零，其结果是甲组量个数从 3 减为 2，亦即比基本量个数少 1。

甲 但我还有个问题。在上述3道例题的结果矩阵中，甲组量所在列都恰好排在最左边，这是在实施初等变换之前刻意排列的结果。这就意味着在运用这种技巧之前必须判明哪些是甲组量，而这正是前面所讲的三个步骤的第二步。如此说来，这种技巧岂不是只相当于换一种手法完成第三步吗？

乙 其实并非如此。上述 3 道例题是为了让你容易入手而挑选的简单情况。事实上，行初等变换与列的次序无关，你事先可以随意安排各列顺序，只要用行初等变换变为“行最简形矩阵”(定义见下一行)，便可一望而知哪些列可选为甲组量。以刚才的例题 8-4-2 为例，假定一开始就把式(8-4-11)的列排法改为如下形式：

$$\begin{array}{c} \\ \mathrm{L} \\ \mathrm{M} \\ \mathrm{T} \end{array}\begin{array}{c} \begin{matrix} e & \quad j & \quad V & z & m \end{matrix} \\ \begin{bmatrix} 3/2 & -1/2 & 1/2 & 1 & 0 \\ 1/2 & 1/2 & 1/2 & 0 & 1 \\ -1 & -2 & -1 & 0 & 0 \end{bmatrix} \end{array}, \tag{8-4-11}$$

对它施以行初等变换便得结果矩阵

$$\begin{array}{c} \begin{matrix} e & \quad j & V & z & m \end{matrix} \\ \begin{bmatrix} 1 & -3/2 & 0 & 1 & 0 \\ 0 & -1/2 & 0 & 0 & 1 \\ 0 & 7/2 & 1 & -1 & 0 \end{bmatrix} \end{array},$$

只要挑出所有满足如下条件的列：①该列只有一个非零元素，且为 1；②满足此条件的各列中，非零元素属于不同的行”，这些列对应的量就是甲组量，其他列为乙组量。观察上述矩阵，只有 1、5、3 列满足此条件，所以 $\boldsymbol{e}$、$\boldsymbol{m}$、$\boldsymbol{V}$ 为甲组量，其他为乙组量。现在就可以有目的地把第 5、3 列改排在第 2 列的前面，成为如下的最终矩阵：

$$\begin{array}{c} \begin{matrix} e & m & V & \quad j & \quad z \end{matrix} \\ \begin{bmatrix} 1 & 0 & 0 & -3/2 & 1 \\ 0 & 1 & 0 & -1/2 & 0 \\ 0 & 0 & 1 & 7/2 & -1 \end{bmatrix} \end{array},$$

这就满足下面要讲的“行最简形矩阵”的定义，从而便于用甲组量对乙组量做量纲表出。

以上是对这种方法的举例说明，下面讲此法的理论依据。

定义 8-4-2 行最简形矩阵是满足如下三条的矩阵；

1. 任一非零行位于任一零行的上方；
2. 各非零行左起第一个非零元(称为**主元**)的列序号关于行序号严格递增；
3. 各主元均为 1，且其所在列的其余元素均为零。

定理 8-4-2 量纲矩阵(l 行 n 列)在通过行初等变换化为行最简形之后，有

(1) 各主元(设为 m 个)所在列相应的量(从左至右依次记为 $\boldsymbol{A}_1, \cdots, \boldsymbol{A}_m$)可选为甲组量；

(2) 其余各列相应的量(记为 $\boldsymbol{B}_1, \cdots, \boldsymbol{B}_{n-m}$)则是乙组量；

(3) 设任一乙组量 $\boldsymbol{B}_j\ (j=1,\cdots,n-m)$ 所在列为

$$\begin{bmatrix} r_{1j} \\ \vdots \\ r_{mj} \\ 0 \\ \vdots \\ 0 \end{bmatrix},$$

(上面 m 个元素可能为零，也可能非零，但下面的 $l-m$ 个元素必定为零；这是行最简形矩阵的要求)，则

$$\dim \boldsymbol{B}_j = (\dim \boldsymbol{A}_1)^{r_{1j}} \cdots (\dim \boldsymbol{A}_m)^{r_{mj}} \text{。} \tag{8-4-12}$$

证明[选读]

本证明一律用大写花体英文字母代表矩阵。以 $\mathscr{M}$ 记原量纲矩阵，$\mathscr{N}$ 记相应的行最简形矩阵。

1. 从 $\mathscr{M}$ 中挑出与 $\boldsymbol{A}_1, \cdots, \boldsymbol{A}_m$ 对应的列(亦即各主元所在列)，将它们单独排成一个 l 行 m 列矩阵，并在排列时保持其相对位置关系不变。将所得矩阵记作 $\mathscr{A}$，即有

$$\mathscr{A} = \left[\tilde{\boldsymbol{A}}_1, \cdots, \tilde{\boldsymbol{A}}_m\right]，[\text{其中每个量类符号(例如 } \tilde{\boldsymbol{A}}_1 \text{)代表一列}] \tag{8-4-13}$$

例如，例题 8-4-3 的 $\mathscr{A} = \begin{bmatrix} 1 & 1 \\ 0 & 1 \\ 0 & -2 \end{bmatrix}$。

由于行初等变换与列无关，其余各列存在与否不会影响变换结果。因此，若对 $\mathscr{A}$ 进行将 $\mathscr{M}$ 化为 $\mathscr{N}$ 的操作，则一定会得到 $\mathscr{N}$ 中与 $\boldsymbol{A}_1, \cdots, \boldsymbol{A}_m$ 所对应的列(按相对位置不变)排成的矩阵，亦即各主元所在列(按相对位置不变)排成的矩阵。将该矩阵记作 $\mathscr{F}$，则根据行最简形矩阵的定义，有

$$\mathscr{F} = \begin{bmatrix} \mathscr{I}_m \\ \mathscr{O}_{(l-m)\times m} \end{bmatrix}, \tag{8-4-14}$$

其中 $\mathscr{I}_m$ 代表 m 阶单位矩阵，$\mathscr{O}_{(l-m)\times m}$ 代表 $l-m$ 行 m 列的零矩阵。例如，例题 8-4-3 的 $\mathscr{F}$ 就是 $\mathscr{F} = \begin{bmatrix} 1 & 0 \\ 0 & 1 \\ 0 & 0 \end{bmatrix} = \begin{bmatrix} \mathscr{I}_2 \\ \mathscr{O}_{(3-2)\times 2} \end{bmatrix}$。以 R 代表矩阵的秩，则显然有 $\mathrm{R}(\mathscr{F}) = m$；根据线性代数，初等变换不改变秩，故

$$\mathrm{R}(\mathscr{A}) = \mathrm{R}(\mathscr{F}) = m \text{。}$$

线性代数还有结论：向量组线性无关，当且仅当其排成的矩阵的秩等于组中向量的个数。由此可知，$\tilde{\boldsymbol{A}}_1, \cdots, \tilde{\boldsymbol{A}}_m$ (作为量纲空间中的向量)线性无关，因而 $\boldsymbol{A}_1, \cdots, \boldsymbol{A}_m$ 量纲独立，故可被选为甲组量。

2. 对任一 $\boldsymbol{B}_j$，考虑矩阵

$$\mathscr{M}_j \equiv [\tilde{\boldsymbol{A}}_1, \cdots, \tilde{\boldsymbol{A}}_m; \ \tilde{\boldsymbol{B}}_j] = [\mathscr{A}, \tilde{\boldsymbol{B}}_j] \text{。} \tag{8-4-15}$$

上文已指出，各列的存在与否不会影响行初等变换的结果。与之类似，各列的位置也不会

影响行初等变换的结果。于是不难相信，若对 $\mathscr{M}_j$ 进行将 $\mathscr{M}$ 化为 $\mathscr{N}$ 的操作，则一定会得到

$$\begin{bmatrix} \mathscr{I}_m & \vec{r} \\ \mathscr{O}_{(l-m)\times m} & \vec{0} \end{bmatrix} \equiv \mathscr{N}_j \ , \tag{8-4-16}$$

其中 $\vec{r}_j \equiv [r_{1j},\cdots,r_{mj}]^{\mathrm{T}}$ (T 代表矩阵转置)是某个 m 维列向量，$\vec{0} \equiv [0,\cdots,0]^{\mathrm{T}}$ 代表 $l-m$ 维零向量。例如，把例题 8-4-3 的第 1 个乙组量 $\boldsymbol{E}$ 取作 $\boldsymbol{B}_1$，则

$$\mathscr{N}_2 = \begin{bmatrix} 1 & 0 & -2 \\ 0 & 1 & 1 \\ 0 & 0 & 0 \end{bmatrix}，其中 \begin{bmatrix} 1 & 0 \\ 0 & 1 \end{bmatrix} = \mathscr{I}_2 \ , \ \begin{bmatrix} 0 & 0 \end{bmatrix} = \mathscr{O}_{(3-2)\times 2} \ , \ \begin{bmatrix} -2 \\ 1 \end{bmatrix} = \vec{r} \ , \ [0] = \vec{0}。$$

因为显然有 $\mathrm{R}(\mathscr{N}_j) = m$，仿照上文的讨论，便有

$$\mathrm{R}(\mathscr{M}_j) = \mathrm{R}(\mathscr{N}_j) = m \ \Rightarrow \ \tilde{\boldsymbol{A}}_1,\cdots,\tilde{\boldsymbol{A}}_m;\tilde{\boldsymbol{B}}_j \text{ 线性相关。}$$

而上文已证得 $\tilde{\boldsymbol{A}}_1,\cdots,\tilde{\boldsymbol{A}}_m$ 线性无关，可见，导致 $\tilde{\boldsymbol{A}}_1,\cdots,\tilde{\boldsymbol{A}}_m;\tilde{\boldsymbol{B}}_j$ 线性相关的“罪魁祸首”就是 $\tilde{\boldsymbol{B}}_j$，亦即 $\tilde{\boldsymbol{B}}_j$ 一定可由 $\tilde{\boldsymbol{A}}_1,\cdots,\tilde{\boldsymbol{A}}_m$ 线性表出。因为量类的“量纲独立”等价于把它们看作量纲空间的向量时“线性无关”，所以 $\tilde{\boldsymbol{B}}_j$ 一定可由 $\tilde{\boldsymbol{A}}_1,\cdots,\tilde{\boldsymbol{A}}_m$ 量纲表出，因而必为乙组量。

3. 既然 $\tilde{\boldsymbol{B}}_j$ 可由 $\tilde{\boldsymbol{A}}_1,\cdots,\tilde{\boldsymbol{A}}_m$ 量纲表出，就有

$$\dim \boldsymbol{B}_j = (\dim \boldsymbol{A}_1)^{x_{1j}} \cdots (\dim \boldsymbol{A}_m)^{x_{mj}} \ , \tag{8-4-17}$$

其中 $x_{ij}(i=1,\cdots,m;\ j=1,\cdots,n-m)$ 是 $m\times(n-m)$ 个待求实数。要想求得 x_{ij}，须求解由下列 $n-m$ 个线性代数方程构成的方程组:

$$\tilde{\boldsymbol{A}}_1 x_{1j} + \cdots + \tilde{\boldsymbol{A}}_m x_{mj} = \tilde{\boldsymbol{B}}_j \ , \qquad j=1,\cdots,n-m \ , \tag{8-4-18}$$

其中 $\tilde{\boldsymbol{A}}_1,\cdots,\tilde{\boldsymbol{A}}_m;\tilde{\boldsymbol{B}}_j$ 理解为量纲空间的列向量。将上式写成矩阵方程的形式，便得

$$\mathscr{A}\mathscr{X} = \mathscr{B} \ , \tag{8-4-19}$$

其中

$$\mathscr{X} \equiv \begin{bmatrix} x_{11} & \cdots & x_{1,n-m} \\ \vdots & & \vdots \\ x_{m1} & \cdots & x_{m,n-m} \end{bmatrix}, \qquad \mathscr{B} \equiv [\tilde{\boldsymbol{B}}_1,\cdots,\tilde{\boldsymbol{B}}_{n-m}]。$$

例如，例题 8-4-3 有

$$\mathscr{X} = \begin{bmatrix} x_{11} & x_{12} & x_{13} \\ x_{21} & x_{22} & x_{23} \end{bmatrix}, \ \mathscr{B} = \begin{bmatrix} \tilde{\boldsymbol{E}} & \tilde{\boldsymbol{\delta}} & \tilde{\boldsymbol{A}} \end{bmatrix} = \begin{bmatrix} -2 & 1 & 2 \\ 1 & 0 & 0 \\ 0 & 0 & 0 \end{bmatrix}。$$

为求解方程(8-4-19)，将 $\mathscr{M}$ 的各列改变顺序，使得任一乙组量的所在列都位于甲组量所在列的右侧，所得的新矩阵为

$$\mathscr{M}' \equiv [\tilde{\boldsymbol{A}}_1,\cdots,\tilde{\boldsymbol{A}}_m;\ \tilde{\boldsymbol{B}}_1,\cdots,\tilde{\boldsymbol{B}}_{n-m}] = [\mathscr{A},\mathscr{B}]。 \tag{8-4-20}$$

根据与上文相同的理由，若对 $\mathscr{M}'$ 实施将 $\mathscr{M}$ 化为 $\mathscr{N}$ 的操作，就会得到

$$\begin{bmatrix} \mathscr{I}_m & \mathscr{R} \\ \mathscr{O}_{(l-m)\times m} & \mathscr{O}_{(l-m)\times(n-m)} \end{bmatrix} \equiv \mathscr{N}' \ , \tag{8-4-21}$$

其中

$$\mathscr{R} \equiv [\vec{r}_1, \cdots, \vec{r}_{n-m}] = \begin{bmatrix} r_{11} & \cdots & r_{1,n-m} \\ \vdots & & \vdots \\ r_{m1} & \cdots & r_{m,n-m} \end{bmatrix},$$

例如，例题 8-4-3 的 $\mathscr{R} = \begin{bmatrix} r_{11} & r_{12} & r_{13} \\ r_{21} & r_{22} & r_{23} \end{bmatrix}$。另一方面，根据线性代数理论，对矩阵做行初等变换相当于用某个特定方阵左乘该矩阵。因此，$\mathscr{M}'$ 可通过行初等变换化为 $\mathscr{N}'$ 便意味着：存在某方阵 $\mathscr{P}$，使得

$$\mathscr{P}\mathscr{M}' = \mathscr{N}'\text{。} \tag{8-4-22}$$

将式(8-4-20)和式(8-4-21)代入式(8-4-22)，得

$$\mathscr{P}[\mathscr{A}, \mathscr{B}] = \begin{bmatrix} \mathscr{I}_m & \mathscr{R} \\ \mathscr{O}_{(l-m)\times m} & \mathscr{O}_{(l-m)\times(n-m)} \end{bmatrix} \Leftrightarrow [\mathscr{P}\mathscr{A}, \mathscr{P}\mathscr{B}] = \begin{bmatrix} \mathscr{I}_m & \mathscr{R} \\ \mathscr{O}_{(l-m)\times m} & \mathscr{O}_{(l-m)\times(n-m)} \end{bmatrix}$$

$$\Leftrightarrow \begin{cases} \mathscr{P}\mathscr{A} = \begin{bmatrix} \mathscr{I}_m \\ \mathscr{O}_{(l-m)\times m} \end{bmatrix} \\ \mathscr{P}\mathscr{B} = \begin{bmatrix} \mathscr{R} \\ \mathscr{O}_{(l-m)\times(n-m)} \end{bmatrix} \end{cases}\text{。} \tag{8-4-23}$$

现在用 $\mathscr{P}$ 左乘式(8-4-19)，注意到 $\mathscr{P}(\mathscr{A}\mathscr{X}) = (\mathscr{P}\mathscr{A})\mathscr{X}$，再利用式(8-4-23)，便得

$$\begin{bmatrix} \mathscr{I}_m \\ \mathscr{O}_{(l-m)\times m} \end{bmatrix} \mathscr{X} = \begin{bmatrix} \mathscr{R} \\ \mathscr{O}_{(l-m)\times(n-m)} \end{bmatrix} \Leftrightarrow \begin{bmatrix} \mathscr{I}_m \mathscr{X} \\ \mathscr{O}_{(l-m)\times m}\mathscr{X} \end{bmatrix} = \begin{bmatrix} \mathscr{R} \\ \mathscr{O}_{(l-m)\times(n-m)} \end{bmatrix} \Leftrightarrow \begin{cases} \mathscr{X} = \mathscr{R} \\ \mathscr{O}_{(l-m)\times(n-m)} = \mathscr{O}_{(l-m)\times(n-m)} \end{cases}\text{。} \tag{8-4-24}$$

上式最右端的第二个等式恒成立，而第一个等式则表明

$$x_{ij} = r_{ij}, \quad i = 1, \cdots, m;\ j = 1, \cdots, n-m\ ; \tag{8-4-25}$$

代入式(8-4-17)，便得待证的式(8-4-12)。 □

注记 8-8　虽然在命题的证明中，各乙组量均被排列在甲组量的右侧，但这只是为了便于应用线性代数的矩阵理论。把初等变换法用于 Π 定理解题时，不必在列出量纲矩阵时刻意挑出乙组量并且将它们排在右侧，因为行初等变换与列的排列次序无关。事实上，初等变换法的一大优点正是无须事先辨别、挑选甲组量(反之，传统做法则须特意从量纲矩阵中挑出一个最大线性无关组作为甲组)，一旦将量纲矩阵化为行最简形，便可一望而知。

注记 8-9　在列出量纲矩阵时，矩阵左边会标明各行所对应的基本量纲(如 L, M, T)，以明示各个指数是关于哪个基本量纲的指数。然而，一旦开始做行初等变换，此标志便不再需要，可以“过河拆桥”。尤其是，如果对调两行，完全不必注意哪个基本量纲被调到了哪一行，因为我们所追求的只是各乙组量关于甲组量(而不是关于基本量)的量纲关系，而按初等变换法求得的关系的正确性已被上述命题所确保。这也可以算是初等变换法的一个优点。与之相对比，传统做法一直到列出关于 x_{ij} 的方程时都必须注意各量纲指数分别对应于哪个基本量纲，否则方程就错。

第 9 章　量纲分析用于物理学

本章举出大量例子，以显示量纲分析在物理学各个分支的应用。“例题”二字左侧带星号(*)的是重点(或很有趣的)例子。

§ 9.1　用于质点和刚体力学

例题 9-1-1　恒力作用下的质点从静止出发走过直线路程 $\boldsymbol{l}$，求其末速 $\boldsymbol{v}$。

解法 1　问题涉及的物理量有路程 $\boldsymbol{l}$、末速 $\boldsymbol{v}$、恒力 $\boldsymbol{f}$ 和质量 $\boldsymbol{m}$，故 $n=4$。选国际制所在族，从 4 个涉及量在该制的量纲式读出量纲指数，就可排成量纲矩阵

$$\begin{array}{c} \\ \mathrm{L} \\ \mathrm{M} \\ \mathrm{T} \end{array}\begin{array}{c} \begin{matrix} l & m & f & v \end{matrix} \\ \begin{bmatrix} 1 & 0 & 1 & 1 \\ 0 & 1 & 1 & 0 \\ 0 & 0 & -2 & -1 \end{bmatrix} \end{array}。\tag{9-1-1}$$

由前 3 列的行列式非零可知此矩阵的列秩 $m=3$，而且 l、m、f 所在的 3 列线性独立，v 所在列可由它们线性表出，故可选 $\boldsymbol{l}$、$\boldsymbol{m}$、$\boldsymbol{f}$ 为甲组量(即 $\boldsymbol{A}_1=\boldsymbol{l}$，$\boldsymbol{A}_2=\boldsymbol{m}$，$\boldsymbol{A}_3=\boldsymbol{f}$)，选 $\boldsymbol{v}$ 为乙组量。为把 $\boldsymbol{v}$ 的量纲表为甲组量纲的幂连乘式，先对量类 $\tilde{\boldsymbol{v}}$ 写出等式

$$\begin{aligned}(1,0,-1)=\tilde{\boldsymbol{v}}=x_1\tilde{\boldsymbol{l}}+x_2\tilde{\boldsymbol{m}}+x_3\tilde{\boldsymbol{f}}=\\ x_1(1,0,0)+x_2(0,1,0)+x_3(1,1,-2)=\\ (x_1+x_3,\ x_2+x_3,\ -2x_3),\end{aligned}\tag{9-1-2}$$

解得 $x_1=1/2$，$x_2=-1/2$，$x_3=1/2$，因而 $\boldsymbol{v}$ 可由甲组量做如下的量纲表出：

$$\dim\boldsymbol{v}=(\dim\boldsymbol{l})^{1/2}(\dim\boldsymbol{m})^{-1/2}(\dim\boldsymbol{f})^{1/2}。\tag{9-1-3}$$

于是可按式(8-1-6)定义 1 个无量纲量

$$\Pi := vl^{-1/2}m^{1/2}f^{-1/2},$$

故

$$v=\Pi\sqrt{\frac{f}{m}l}。$$

本例题属于§8.3 的**情况 1**，即 $n-m=1$ 的情况，由§8.3 的讨论可知 Π 为常数，改记作 C_0 (以突出其常数性)，便得

$$v=C_0\sqrt{\frac{f}{m}l}。\tag{9-1-4}$$

用量纲分析无法求得 C_0，由常规理论可得 $C_0=1/\sqrt{2}$。 ■

解法 2 (用行初等变换，见小节 8.4.2)　对矩阵(9-1-1)施以行初等变换

$$\begin{bmatrix}1&0&1&1\\0&1&1&0\\0&0&-2&-1\end{bmatrix}\to\begin{bmatrix}1&0&0&1/2\\0&1&1&0\\0&0&-2&-1\end{bmatrix}\to\begin{bmatrix}1&0&0&1/2\\0&1&1&0\\0&0&1&1/2\end{bmatrix}\to\begin{bmatrix}1&0&0&1/2\\0&1&0&-1/2\\0&0&1&1/2\end{bmatrix},$$

[第一步是用第 3 行的 (1/2) 倍加到第 1 行；第二步是用 (−1/2) 乘第 3 行；第三步是用第 3 行乘以 (−1) 后加到第 2 行]，便得结果矩阵

$$\begin{array}{cccc} l & m & f & v \end{array}$$
$$\begin{bmatrix}1&0&0&1/2\\0&1&0&-1/2\\0&0&1&1/2\end{bmatrix}。\tag{9-1-1′}$$

根据定理 8-4-2，由上式看出可选 $\boldsymbol{l}$、$\boldsymbol{m}$、$\boldsymbol{f}$ 为甲组量，选 $\boldsymbol{v}$ 为乙组量，而且 $\boldsymbol{v}$ 可用甲组量做量纲表出，表达式正是式(9-1-3)。此后的做法及结果同解法 1。■

例题 9-1-2　质量为 $\boldsymbol{m}$ 的物体从高度 $\boldsymbol{h}$ 处由静止开始自由下落，求下落时间 $\boldsymbol{t}$ 。

解　已详述于§8.3(例题 8-3-1)。■

例题 9-1-3　求质点的动能 $\boldsymbol{E}_\text{K}$ 与动量 $\boldsymbol{p}$ 的关系。

解　由物理常识可知涉及量除了有动能 $\boldsymbol{E}_\text{K}$ 和动量 $\boldsymbol{p}$ 外还应有质量 $\boldsymbol{m}$ ，它们在国际制所在族的量纲矩阵为

$$\begin{array}{c|ccc} & p & m & E_\text{k} \\ \hline \text{L} & 1 & 0 & 2 \\ \text{M} & 1 & 1 & 1 \\ \text{T} & -1 & 0 & -2 \end{array}\quad。\tag{9-1-5}$$

对此矩阵施以行初等变换

$$\begin{bmatrix}1&0&2\\1&1&1\\-1&0&-2\end{bmatrix}\to\begin{bmatrix}1&0&2\\1&1&1\\0&0&0\end{bmatrix}\to\begin{bmatrix}1&0&2\\0&-1&1\\0&0&0\end{bmatrix},$$

(第一步是用第 1 行加到第 3 行；第二步是用第 1 行减去第 2 行作为新的第 2 行。) 再用 −1 乘第二行，便得结果矩阵

$$\begin{array}{ccc} p & m & E_\text{k} \end{array}$$
$$\begin{bmatrix}1&0&2\\0&1&-1\\0&0&0\end{bmatrix}。\tag{9-1-5′}$$

由此看出可选 $\boldsymbol{p}$、$\boldsymbol{m}$ 为甲组量，并可用它们对乙组量 $\boldsymbol{E}_\text{K}$ 做量纲表出：

$$\dim \boldsymbol{E}_\text{K} = (\dim \boldsymbol{p})^2 (\dim \boldsymbol{m})^{-1},\tag{9-1-6}$$

因而可定义 1 个无量纲量

$$\varPi := \frac{E_\text{K} m}{p^2}。\tag{9-1-7}$$

此时的 $\varPi$ 必为常数，改记作 C_0 ，便得

$$E_\text{K} = C_0 p^2 / m。\tag{9-1-8}$$

与标准答案 $E_K = p^2/2m$ 对比，可知 $C_0 = 1/2$。

例题 9-1-4　求匀速圆周运动质点的向心加速度。

解　涉及量有圆周运动的半径 $\boldsymbol{R}$、速度 $\boldsymbol{v}$ 和加速度 $\boldsymbol{a}$，故 $n=3$。选国际制所在族，得量纲矩阵

$$\begin{array}{c} \\ \mathrm{L} \\ \mathrm{M} \\ \mathrm{T} \end{array} \begin{array}{c} \begin{matrix} R & v & a \end{matrix} \\ \begin{bmatrix} 1 & 1 & 1 \\ 0 & 0 & 0 \\ 0 & -1 & -2 \end{bmatrix} \end{array}。$$

易见此矩阵的列秩 $m=2$，而且 R、v 所在的 2 列线性独立，a 所在列可由它们线性表出，故可选 $\boldsymbol{R}$、$\boldsymbol{v}$ 为甲组量(即 $A_1 = \boldsymbol{R}$，$A_2 = \boldsymbol{v}$)，选 $\boldsymbol{a}$ 为乙组量。先对量类 $\tilde{\boldsymbol{a}}$ 写出等式

$$(1,0,-2) = \tilde{\boldsymbol{a}} = x_1\tilde{\boldsymbol{R}} + x_2\tilde{\boldsymbol{v}} = x_1(1,0,0) + x_2(1,0,-1) = (x_1+x_2,\ 0,\ -x_2),$$

解得 $x_1=-1,\ x_2=2$，因而

$$\dim \boldsymbol{a} = (\dim \boldsymbol{R})^{-1}(\dim \boldsymbol{v})^2,$$

故可定义 1 个无量纲量 $\Pi := aRv^{-2}$，而且必为常数，改记作 C_0，便得

$$a = C_0 v^2/R, \tag{9-1-9}$$

可见向心加速度 a 与速度平方成正比，与半径 R 成反比。遗憾的是量纲分析无法给出常数 C_0，只知道它大致有 1 的量级。由常规做法可知 $C_0=1$。■

***例题 9-1-5**　求单摆周期的表达式。

解　单摆由摆球和摆臂组成，设摆球质量为 $\boldsymbol{M}$，摆臂长度为 $\boldsymbol{l}$，摆臂质量可以忽略。由物理考虑可知，对于给定的单摆，运动情况(因而周期 $\boldsymbol{T}$)由重力加速度 $\boldsymbol{g}$ 以及初始摆角 $\boldsymbol{\alpha}_0$ 决定。所以本问题共有 5 个涉及量，即 $n=5$。用国际单位制，量纲矩阵为

$$\begin{array}{c} \\ \mathrm{L} \\ \mathrm{M} \\ \mathrm{T} \end{array} \begin{array}{c} \begin{matrix} l & M & T & g & \alpha_0 \end{matrix} \\ \begin{bmatrix} 1 & 0 & 0 & 1 & 0 \\ 0 & 1 & 0 & 0 & 0 \\ 0 & 0 & 1 & -2 & 0 \end{bmatrix} \end{array}。 \tag{9-1-10}$$

第 2 行只有一个非零元素，由“十字删除法”(见小节 8.4.1)可知，删去该元素所在的行和列所得的矩阵与原矩阵等价，此新矩阵为

$$\begin{array}{c} \\ \mathrm{L} \\ \mathrm{T} \end{array} \begin{array}{c} \begin{matrix} l & T & g & \alpha_0 \end{matrix} \\ \begin{bmatrix} 1 & 0 & 1 & 0 \\ 0 & 1 & -2 & 0 \end{bmatrix} \end{array}。 \tag{9-1-10$'$}$$

由此立即读出 $\dim \boldsymbol{g} = (\dim \boldsymbol{l})(\dim \boldsymbol{T})^{-2}$，$\dim \boldsymbol{\alpha}_0 = 1$，因而可选 $\boldsymbol{l}$、$\boldsymbol{T}$ 为甲组量，$\boldsymbol{g}$、$\boldsymbol{\alpha}_0$ 为乙组量，并构造如下两个无量纲量：

$$\Pi_1 := \frac{g}{l}T^2, \qquad \Pi_2 := \alpha_0。 \tag{9-1-11}$$

令 $\Pi_1' \equiv \sqrt{\Pi_1}$，则 $\Pi_1' = \sqrt{\dfrac{g}{l}}T$。由 $\Pi_1' = \phi(\Pi_2)$ 得

$$T=\sqrt{\frac{l}{g}}\phi(\alpha_0)。\tag{9-1-12}$$

可见周期与摆球质量无关，这在物理上不是显然的，但列出量纲矩阵后由“十字删除法”可以一望而知。

下一步的问题是如何确定函数 $\phi(\alpha_0)$。由物理考虑不难相信 $\phi(\alpha_0)=\phi(-\alpha_0)$，即 $\phi(\alpha_0)$ 是偶函数。默认 $\phi(\alpha_0)$ 在 $\alpha_0=0$ 处展为泰勒级数时收敛，便有

$$\phi(\alpha_0)=\phi(0)+\frac{1}{2}\phi''(0)\alpha_0{}^2+\frac{1}{4!}\phi^{(4)}(0)\alpha_0{}^4+\cdots。\tag{9-1-13}$$

当 α_0 足够小($\alpha_0 \ll 1$)时有 $\phi(\alpha_0)\approx\phi(0)$，故式(9-1-12)给出

$$T\approx\phi(0)\sqrt{l/g}。\tag{9-1-14}$$

可见在初始角 α_0 足够小时周期与 α_0 也无关。用量纲分析通常只能做到这一步，无法进一步确定 $\phi(0)$ 的数值。

如果不用量纲分析而改用实验来确定周期对有关各量的依赖关系，即确定函数关系 $T(M,l,g,\alpha_0)$ 的具体形式，而且如果对每个自变数都做大小不同的 10 次实验，则共要进行 10^4 次实验；然而，量纲分析把待定函数从 4 元函数简化为一元函数 $\phi(\alpha_0)$ [见式(9-1-12)]，只需做 10 次实验。进一步说，如果 α 足够小，可取 $\phi(\alpha_0)\approx\phi(0)$，用一次实验来确定 $\phi(0)$ 的数值便已足够，结果为 2π，即

$$T\approx 2\pi\sqrt{l/g}。\tag{9-1-15}$$ ■

***例题 9-1-6**　求行星绕日公转的周期。

解　从物理考虑可知，涉及量有公转周期 $\boldsymbol{T}$、公转轨道(椭圆)的半长轴长度 $\boldsymbol{D}$、行星质量 $\boldsymbol{m}_1$、太阳质量 $\boldsymbol{m}_2$ 和引力常量 $\boldsymbol{G}$，故 $n=5$。选国际制所在族，量纲矩阵为

$$\begin{array}{c} \\ \mathrm{L} \\ \mathrm{M} \\ \mathrm{T} \end{array}\begin{array}{c} \begin{array}{ccccc} D & m_2 & T & G & m_1 \end{array} \\ \begin{bmatrix} 1 & 0 & 0 & 3 & 0 \\ 0 & 1 & 0 & -1 & 1 \\ 0 & 0 & 1 & -2 & 0 \end{bmatrix} \end{array}。$$

这已经是行最简形矩阵，由此看出可选 $\boldsymbol{D}$、$\boldsymbol{m}_2$、$\boldsymbol{T}$ 为甲组量，$\boldsymbol{G}$、$\boldsymbol{m}_1$ 为乙组量，两者可用甲组量做量纲表出：

$$\dim\boldsymbol{G}=(\dim\boldsymbol{D})^3(\dim\boldsymbol{m}_2)^{-1}(\dim\boldsymbol{T})^{-2}；\qquad \dim\boldsymbol{m}_1=\dim\boldsymbol{m}_2，$$

故可定义 2 个无量纲量：

$$\Pi_1 := GD^{-3}m_2T^2，\qquad \Pi_2 := m_1/m_2 \tag{9-1-16}$$

这两个无量纲量之间有函数关系 $\Pi_1=\phi(\Pi_2)$，即

$$\Pi_1=\phi(m_1/m_2)。$$

与式(9-1-16)联立便得

$$T^2=\frac{D^3}{Gm_2}\phi\left(\frac{m_1}{m_2}\right)。\tag{9-1-17}$$

上式表明行星周期的平方 T^2 与轨道半长轴的立方 D^3 成正比，这正是开普勒在 1619 年发现的第三定律。不过，$T^2\propto D^3$ 只是定律的第一个内容，第二个内容(T 与行星质量 m_1 无关)

无法由量纲分析推出，见注记 9-1。■

甲　行星质量 $\boldsymbol{m}_1$ 远小于太阳质量 $\boldsymbol{m}_2$，是否可以利用这一条件近似地得到“T 与 m_1 无关”的结论？

乙　利用条件 $(m_1/m_2)\ll 1$ 可对函数 $\phi(m_1/m_2)$ 做泰勒展开并只保留低阶项：

$$\phi(m_1/m_2)\approx\phi(0)+\phi'(0)(m_1/m_2)\ ,$$

但上式右边仍与 $\boldsymbol{m}_1$ 有关，除非右边只保留第一项，即认为

$$\phi(m_1/m_2)\approx\phi(0)\ 。$$

注记 9-1　默认行星质量远小于太阳质量，即 $m_1\ll m_2$，则由解析推导可得

$$T^2=4\pi^2\frac{D^3}{Gm_2}\ ,\tag{9-1-18}$$

可见式(9-1-17)中的 $\phi(m_1/m_2)=4\pi^2$，说明行星公转周期与行星质量 m_1 无关，这是用量纲分析无法得到的结果。严格说来，开普勒第三定律的内容是

$$T^2=C_1D^3\ ,\tag{9-1-19}$$

其中 C_1 对太阳系为常数(因而 T 与行星质量 m_1 无关)，也不妨表为 $C_1=C_1(m_2)$。

注记 9-2　既然式(9-1-18)是行星质量 m_1 远小于太阳质量 m_2 的近似结果，自然要问：如果行星质量不可忽略，对该式应做怎样的修正？这其实是个二体问题，理论力学早有解答。但我们更感兴趣的是：由量纲分析能够得到这个修正解吗？答案是肯定的，前提是对二体问题的基础知识较为熟悉。现在的情况与例题 9-1-6 一样，涉及量有 $\boldsymbol{T}$、$\boldsymbol{D}$、$\boldsymbol{m}_1$、$\boldsymbol{m}_2$、$\boldsymbol{G}$ 等 5 个，故 $n=5$；而量纲矩阵的列秩 $m=3$，故 $n-m=2$，难以求得确切解。然而，如果对二体问题的基础知识比较熟悉，就会知道二体问题取决于两个重要物理量(只写出数等式)：

(1)二体系统的约化质量

$$\mu\equiv\frac{m_1m_2}{m_1+m_2}\ ;\tag{9-1-20}$$

(2)二体相对于质心系的总角动量

$$\vec{J}\equiv\mu\vec{r}\times\frac{\mathrm{d}\vec{r}(t)}{\mathrm{d}t},\quad \vec{r}(t)\text{ 是 }m_1\text{ 相对于 }m_2\text{ 的位矢。}\tag{9-1-21}$$

由万有引力表达式不难看出，二体问题的有心力势为

$$V(r)=-\frac{\alpha}{r},\quad \text{其中 }\alpha\equiv Gm_1m_2,\ \ r\equiv|\vec{r}|,\tag{9-1-22}$$

但二体的运动完全由如下定义的有效势 $U(r)$ 决定：

$$U(r)\equiv V(r)+\frac{J^2}{2\mu r^2},\quad J\equiv|\vec{J}|\ 。\tag{9-1-23}$$

在此基础上就可用量纲分析求得确切解，见下面的例题。

***例题 9-1-7**　求行星绕日公转周期在行星质量不可忽略时的修正公式。

解　设法把原来的 5 个涉及量 $\boldsymbol{T}$、$\boldsymbol{D}$、$\boldsymbol{m}_1$、$\boldsymbol{m}_2$、$\boldsymbol{G}$ 重新组合为 4 个，就能保证 $n-m=1$，从而求得几乎确切的解(只差到一个常系数)。$\boldsymbol{T}$ 和 $\boldsymbol{D}$ 是必须保留的，但 $\boldsymbol{m}_1$、$\boldsymbol{m}_2$ 和 $\boldsymbol{G}$ 却可重新组合为两个涉及量，即 $\boldsymbol{\mu}$ 和 $\boldsymbol{\alpha}$，因为，正如上述，二体的运动完全由有效势 $U(r)$ 决定，而由式(9-1-23)以及式(9-1-22)、(9-1-21)可知 $U(r)$ 只取决于 $\boldsymbol{\mu}$ 和 $\boldsymbol{\alpha}$。这 4 个涉及量($\boldsymbol{T}$、$\boldsymbol{D}$、$\boldsymbol{\mu}$、$\boldsymbol{\alpha}$)

在国际制所在族排成如下的量纲矩阵：

$$\begin{array}{c} \\ \mathrm{L} \\ \mathrm{M} \\ \mathrm{T} \end{array} \begin{array}{c} \begin{matrix} D & \mu & T & \alpha \end{matrix} \\ \begin{bmatrix} 1 & 0 & 0 & 3 \\ 0 & 1 & 0 & 1 \\ 0 & 0 & 1 & -2 \end{bmatrix} \end{array}, \tag{9-1-24}$$

由此可直接读出

$$\dim \boldsymbol{\alpha} = (\dim \boldsymbol{D})^3 (\dim \boldsymbol{\mu})^1 (\dim \boldsymbol{T})^{-2} 。\tag{9-1-25}$$

于是可构造一个无量纲量

$$\Pi := \alpha D^{-3} \mu^{-1} T^2 , \tag{9-1-26}$$

且其为常数，改记作 C_0，便有

$$T^2 = C_0 \frac{\mu D^3}{\alpha} 。\tag{9-1-27}$$

再将 $\mu \equiv \dfrac{m_1 m_2}{m_1 + m_2}$ 及 $\alpha \equiv G m_1 m_2$ 代入上式，得

$$T^2 = C_0 \frac{D^3}{G(m_1 + m_2)} , \tag{9-1-28}$$

此即为开普勒第三定律的修正公式。由常规的解析推导可得

$$T^2 = 4\pi^2 \frac{D^3}{G(m_1 + m_2)} , \tag{9-1-29}$$

可见本例题的解法无误，而且 $C_0 = 4\pi^2$。 ■

注记 9-3　当 $m_1 \ll m_2$ 时，式(9-1-29)分母的 m_1 可被忽略，故

$$T^2 = 4\pi^2 \frac{D^3}{G m_2} ,$$

这就回到了我们已熟悉的开普勒第三定律[即式(9-1-18)]。

§ 9.2　用于流体力学

例题 9-2-1 [漆安慎等(1997)§11.4 例题 3]　水库放水、水塔经管道给城市输水以及用吊瓶为病人输液等操作有一个共同特点，就是液体从大容器经小孔流出。由此可提炼出如下模型：装有液体(视作理想流体)的大容器下部有一小孔，液面与小孔的竖直距离为 $\boldsymbol{h}$，小孔的线度很小于 $\boldsymbol{h}$。求在重力场中液体从小孔流出的速度 $\boldsymbol{v}$。

解　涉及量为 $\boldsymbol{v}$、$\boldsymbol{h}$ 和重力加速度 $\boldsymbol{g}$。选国际制所在族，不难验证

$$\dim \boldsymbol{v} = (\dim \boldsymbol{h})^{1/2} (\dim \boldsymbol{g})^{1/2} ,$$

故可定义 1 个无量纲量

$$\Pi := v h^{-1/2} g^{-1/2} = \frac{v}{\sqrt{gh}} ,$$

因而

$$v = \Pi\sqrt{gh}\text{。}$$

■

注意到 Π 为常数，便知 v 与 $\sqrt{gh}$ 成正比，可惜用量纲分析无从求得比例常数 Π 。漆安慎等(1997)用常规方法求得 $v = \sqrt{2gh}$ (与自由落体的末速公式无异)，可见 $\Pi = \sqrt{2}$ 。

例题 9-2-2 [漆安慎等(1997)§11.2 例题 2]　图 9-1 是水坝横截面示意图。设水坝长度(垂直于纸面)为 $\boldsymbol{L}$ ，水深为 $\boldsymbol{H}$ ，水密度为 $\boldsymbol{\rho}$ ，重力加速度为 $\boldsymbol{g}$ ，求水作用于坝身的水平推力 $\boldsymbol{F}$ 。

图 9-1　水坝横截面图

解　取涉及量为 $\boldsymbol{F}$、$\boldsymbol{\rho}$、$\boldsymbol{g}$、$\boldsymbol{L}$、$\boldsymbol{H}$ 。选国际制所在族，得量纲矩阵

$$\begin{array}{c} \\ \mathrm{L} \\ \mathrm{M} \\ \mathrm{T} \end{array}\begin{array}{c} \begin{array}{ccccc} \rho & g & L & F & H \end{array} \\ \begin{bmatrix} -3 & 1 & 1 & 1 & 1 \\ 1 & 0 & 0 & 1 & 0 \\ 0 & -2 & 0 & -2 & 0 \end{bmatrix} \end{array}\text{。}$$

对此矩阵施以行初等变换：

$$\begin{bmatrix} -3 & 1 & 1 & 1 & 1 \\ 1 & 0 & 0 & 1 & 0 \\ 0 & -2 & 0 & -2 & 0 \end{bmatrix} \to \begin{bmatrix} 0 & 1 & 1 & 4 & 1 \\ 1 & 0 & 0 & 1 & 0 \\ 0 & 1 & 0 & 1 & 0 \end{bmatrix} \to \begin{bmatrix} 0 & 0 & -1 & -3 & -1 \\ 1 & 0 & 0 & 1 & 0 \\ 0 & 1 & 0 & 1 & 0 \end{bmatrix},$$

(其中第一步是用第 2 行的 3 倍加到第 1 行，再用 −1/2 乘第 3 行；第二步是用第 3 行减去第 1 行的结果作为新第 1 行。) 再用 (−1) 乘第 1 行，便得结果矩阵

$$\begin{array}{c} \begin{array}{ccccc} \rho & g & L & F & H \end{array} \\ \begin{bmatrix} 0 & 0 & 1 & 3 & 1 \\ 1 & 0 & 0 & 1 & 0 \\ 0 & 1 & 0 & 1 & 0 \end{bmatrix} \end{array}\text{。}$$

故可选 $\boldsymbol{L}$、$\boldsymbol{\rho}$、$\boldsymbol{g}$ 为甲组量，选 $\boldsymbol{F}$、$\boldsymbol{H}$ 为乙组量，它们可用甲组量做量纲表出：

$$\dim \boldsymbol{F} = (\dim \boldsymbol{L})^3(\dim \boldsymbol{\rho})(\dim \boldsymbol{g}), \qquad \dim \boldsymbol{H} = \dim \boldsymbol{L},$$

因而可定义 2 个无量纲量：

$$\Pi_1 := FL^{-3}\rho^{-1}g^{-1} = \frac{F}{L^3\rho g},$$

及

$$\Pi_2 := HL^{-1} = H/L\text{。}$$

再由 $\Pi_1 = \phi(\Pi_2)$ 便得

$$F = L^3\rho g\phi(H/L)\text{。} \tag{9-2-1}$$

从物理思辨，我们相信水平推力 F 应与坝长 L 成正比，由此就可猜出 $\phi(H/L) \propto (H/L)^2$ (这样方可保证 $F \propto L$)。令 C_0 为常数，便有 $\phi(H/L) = C_0(H/L)^2$ ，代入式(9-2-1)就给出

$$F = C_0\rho gLH^2\text{。} \tag{9-2-2}$$

漆安慎等(1997)用常规方法求得的结果为 $F = \rho gLH^2/2$ ，可见上式的 $C_0 = 1/2$ 。■

甲　解题的第一步是选定涉及量。您选的涉及量中为什么没有水坝侧面的水平倾角(图 9-1 中的 α)？

乙　涉及量的选定是在用 Π 定理时的一个非常关键的问题，它甚至能影响到解题的成败或结论的强弱。但是本例题的问题较为简单，因为待求量 $\boldsymbol{F}$ 是推力的水平分量，计算时两度出现的 $\sin\alpha$ 互相抵消[见漆安慎等(1997)]。不过由此也可看到，使用 Π 定理时往往是要配之以物理思辨的。如果事先不能肯定 $\boldsymbol{\alpha}$ 不起作用，就只好把它也列入涉及量，结果是多出一个无量纲量 $\Pi_3 \equiv \alpha$，三个无量纲量的关系将由 $\Pi_1 = \phi(\Pi_2)$ 变为

$$\Pi_1 = \phi(\Pi_2, \Pi_3) = \phi(H/L, \alpha), \tag{9-2-3}$$

为保证 $F \propto L$ 就应猜测

$$\phi(H/L, \alpha) = C_0 (H/L)^2 \bar{\phi}(\alpha) \quad (\bar{\phi}\text{ 是某种函数关系}), \tag{9-2-4}$$

于是结果就复杂化为

$$F = C_0 \rho g L H^2 \bar{\phi}(\alpha)。 \tag{9-2-5}$$

例题 9-2-3　理想气体的物态方程。

解　涉及量有分子质量 $\boldsymbol{m}$、分子数密度 $\boldsymbol{n}$、绝对温度 $\boldsymbol{T}$、玻尔兹曼常量 $\boldsymbol{k}_\mathrm{B}$ 和压强 $\boldsymbol{p}$。在国际制所在族的量纲矩阵为

$$\begin{array}{c} \\ \mathrm{L} \\ \mathrm{M} \\ \mathrm{T} \\ \Theta \end{array}\begin{array}{c} \begin{array}{ccccc} m & n & T & k_\mathrm{B} & p \end{array} \\ \begin{bmatrix} 0 & -3 & 0 & 2 & -1 \\ 1 & 0 & 0 & 1 & 1 \\ 0 & 0 & 0 & -2 & -2 \\ 0 & 0 & 1 & -1 & 0 \end{bmatrix} \end{array}。$$

易见此矩阵的列秩 $m=4$，而且前 4 列线性独立，故可选 $\boldsymbol{m}$、$\boldsymbol{n}$、$\boldsymbol{T}$、$\boldsymbol{k}_\mathrm{B}$ 为甲组量，选 $\boldsymbol{p}$ 为乙组量。对量类 $\tilde{\boldsymbol{p}}$ 写出等式

$$\begin{aligned}(-1,1,-2,0) = \tilde{\boldsymbol{p}} &= x_1\tilde{\boldsymbol{m}} + x_2\tilde{\boldsymbol{n}} + x_3\tilde{\boldsymbol{T}} + x_4\tilde{\boldsymbol{k}}_\mathrm{B} \\ &= x_1(0,1,0,0) + x_2(-3,0,0,0) + x_3(0,0,0,1) + x_4(2,1,-2,-1) \\ &= (-3x_2+2x_4,\ x_1+x_4,\ -2x_4,\ x_3-x_4),\end{aligned}$$

解得 $x_1 = 0,\ x_2 = x_3 = x_4 = 1$，故

$$\dim \boldsymbol{p} = (\dim \boldsymbol{n})(\dim \boldsymbol{T})(\dim \boldsymbol{k}_\mathrm{B}),$$

因而可定义 1 个无量纲量

$$\Pi := pn^{-1}k_\mathrm{B}^{-1}T^{-1} = p/nk_\mathrm{B}T,$$

把 Π 改记为 C_0，便得

$$p = C_0 n k_\mathrm{B} T。$$

以 N、V 分别代表总分子数和体积，则 $n = N/V$，代入上式给出

$$pV = C_0 N k_\mathrm{B} T。$$

特别地，对 1 **摩尔** 的理想气体而言，$N = N_\mathrm{A} = 6.02\times10^{23}$，$V$ 是摩尔体积，故

$$pV = C_0 N_\mathrm{A} k_\mathrm{B} T, \tag{9-2-6}$$

再令

$$R \equiv C_0 N_A k_B ,\tag{9-2-7}$$

便有

$$pV = RT 。\tag{9-2-8}$$

这就是1**摩尔**的理想气体的物态方程。式(9-2-7)中的C_0无法用量纲分析确定。由常规讨论可知

$$R \equiv N_A k_B \quad (可见 C_0 = 1)。\tag{9-2-9}$$

此R称为**摩尔气体常数**，相应的量

$$\boldsymbol{R} \equiv N_A \boldsymbol{k}_B \tag{9-2-10}$$

称为**摩尔气体常量**。■

***例题 9-2-4**　求水面波的传播速度的表达式。

注记 9-4　本例题属于流体动力学管辖的领域，其统治方程皆为已知，但由于涉及的各种因素颇多，求解相当复杂。瑞利是用量纲分析讨论深水情况下水面波速的第一人，他在Nature(1915)，vol. 95，P.66 的文章中只写下这样一句话：

“在深水的表面传播的周期性水波的传播速度与波长的开方根成正比。”

物理量随时间的振动(周期性运动)在空间的传播称为波，水面波则是贴近水面的水颗粒(水滴)的上下振动在水平面上的传播。水面波的传播导致水面偏离水平面，而重力则力图使之恢复水平状态。另一方面，水面上还存在着表面张力，它力图把水面的任何弯曲加以展平。所以重力和表面张力是决定水面波速的两个重要因素。不过，对地球表面的水波而言，重力远超过表面张力的影响，这种水波称为**重力波**[gravity wave，为了防止跟广义相对论的“引力波”(gravitational wave)混为一谈，我们建议改称为**重力水面波**]。在我们能查到的文献中，除了赵凯华(2008)之外的文献[例如瑞利(1915)、Bridgman(1931)和某些中文流体力学教材]都只讨论重力水面波，而且根本不把表面张力系数$\boldsymbol{\gamma}$列为涉及量。

例题 9-2-4 解　除重力和表面张力外，水面波的波长、水的深度以及水的密度、可压缩性和黏滞性等等流体属性也会进入流体动力学的统治方程，因而对水面波速也会有所影响。利用物理素养进行分析，发现水的可压缩性和黏滞性等因素的影响可以忽略。

(A)先讨论重力水面波。这时的涉及量有水面波速$\boldsymbol{v}$、波长$\boldsymbol{\lambda}$、水的密度$\boldsymbol{\rho}$、重力加速度$\boldsymbol{g}$以及水的深度$\boldsymbol{h}$，即$n=5$。选国际制所在族，有量纲矩阵

$$\begin{array}{c} \\ \mathrm{L} \\ \mathrm{M} \\ \mathrm{T} \end{array}\begin{array}{c} \begin{matrix} \lambda & \rho & v & g & h \end{matrix} \\ \begin{bmatrix} 1 & -3 & 1 & 1 & 1 \\ 0 & 1 & 0 & 0 & 0 \\ 0 & 0 & -1 & -2 & 0 \end{bmatrix} \end{array}。\tag{9-2-11}$$

上式第二行只有一个元素非零，故可用“十字删除法”删去第二行和第二列而得等价矩阵

$$\begin{array}{c} \\ \mathrm{L} \\ \mathrm{M} \end{array}\begin{array}{c} \begin{matrix} \lambda & v & g & h \end{matrix} \\ \begin{bmatrix} 1 & 1 & 1 & 1 \\ 0 & -1 & -2 & 0 \end{bmatrix} \end{array}。$$

对上列矩阵施以行初等变换[先用第 2 行加到第 1 行上，再用(−1)乘第二行]得结果矩阵

$$\begin{array}{cccc} \lambda & v & g & h \end{array}$$
$$\begin{bmatrix} 1 & 0 & -1 & 1 \\ 0 & 1 & 2 & 0 \end{bmatrix}, \tag{9-2-11$'$}$$

故可选 $\boldsymbol{\lambda}$ 和 $\boldsymbol{v}$ 为甲组量，且乙组量 $\boldsymbol{g}$ 和 $\boldsymbol{h}$ 可用甲组量做如下量纲表出：

$$\dim \boldsymbol{g} = (\dim \boldsymbol{\lambda})^{-1}(\dim \boldsymbol{v})^2, \quad \dim \boldsymbol{h} = \dim \boldsymbol{\lambda}, \tag{9-2-12}$$

因而可构造 2 个无量纲量：

$$\Pi_1 := \frac{g\lambda}{v^2}, \qquad \Pi_2 := \frac{h}{\lambda}。 \tag{9-2-13}$$

由 $\Pi_1^{-1} = \phi(\Pi_2^{-1})$ 得

$$v^2 = g\lambda\phi(\lambda/h), \tag{9-2-14}$$

或者，也可由 $\Pi_1^{-1} = \psi(\Pi_2)$ 得

$$v^2 = g\lambda\psi(h/\lambda)。 \tag{9-2-14$'$}$$

以上两式表明水的密度 $\boldsymbol{\rho}$ 对波速 $\boldsymbol{v}$ 并无影响，这是当然的，因为“十字删除法”已经删掉 $\boldsymbol{\rho}$ 的所在列。从物理上也不难理解：假定密度翻一番，则每个水颗粒的质量也翻一番，于是其加速度(因而速度)不变——密度翻番的效应被质量翻番效应所抵消。

然而，以上两式给出的结论非常有限(只说明 v^2 与 g 成正比)。为了进一步挖掘它们的内涵，可以讨论两种极端情况：①“深水情况”，即 $h \gg \lambda$ (水的深度很大于波长)的情况；②“浅水情况”，即 $h \ll \lambda$ (水的深度很小于波长)的情况。

情况 1　深水情况

此时有 $\lambda/h \ll 1$，即 λ/h 在 0 附近。选用式(9-2-14)并将其中的 $\phi(\lambda/h)$ 在 0 附近做泰勒展开，得

$$v^2 = g\lambda\,[\phi(0) + \phi'(0)(\lambda/h) + \phi''(0)(\lambda/h)^2/2 + \cdots]。 \tag{9-2-15}$$

把深水情况看作 $h \to \infty$ 的极限，便得

$$v^2\big|_{深} = g\lambda \lim_{h\to\infty}[\phi(0) + \phi'(0)(\lambda/h) + \phi''(0)(\lambda/h)^2/2 + \cdots] = g\lambda\phi(0)。 \tag{9-2-16}$$

由 $g>0$、$\lambda>0$ 和 $v^2>0$ 可知 $\phi(0)>0$，将 $\phi(0)$ 改记为 C_1^2 (并约定 $C_1>0$)，则上式导致

$$v\big|_{深} = C_1\sqrt{g\lambda}, \tag{9-2-17}$$

上式就是深水重力水面波的波速与波长及重力加速度的关系，与瑞利的结论“波速与波长的开方根成正比”吻合，但应补充“表面张力可以忽略”这一前提条件。$v\big|_{深}$ 与波长有关表明深水重力波是色散的。

情况 2　“浅水情况”

此时有 $h/\lambda \ll 1$，宜将式(9-2-14′)在 0 附近做泰勒展开：

$$\begin{aligned} v^2 &= g\lambda\,[\psi(0) + \psi'(0)(h/\lambda) + \psi''(0)(h/\lambda)^2/2 + \cdots] \\ &= g\lambda\psi(0) + gh\psi'(0) + g\psi''(0)(h^2/\lambda)/2 + \cdots。 \end{aligned} \tag{9-2-18}$$

把浅水情况看作 $\lambda \to \infty$ 的极限。为保证 v 仍为有限值，必须有 $\psi(0)=0$，故

$$v^2\big|_{浅} = \lim_{\lambda\to\infty}[gh\psi'(0) + g\psi''(0)(h^2/\lambda)/2 + \cdots] = gh\,\psi'(0)。 \tag{9-2-19}$$

由 $g>0$、$h>0$ 和 $v^2>0$ 可知 $\psi(0)>0$，将 $\psi(0)$ 改记为 C_2^2 (并约定 $C_2>0$)，则上式导致

$$v\big|_{浅}=C_2\sqrt{gh}\ , \tag{9-2-20}$$

可见浅水时的重力水面波的波速v与深度h的开方根成正比，而与波长无关(因而浅水重力波没有色散)。上式与赵凯华(2008)一致。

甲　我有个问题：浅水条件$h/\lambda \ll 1$也可看作是$h\to 0$的极限情形，但若对式(9-2-18)取$h\to 0$的极限，却会得到

$$v^2\big|_{浅}=\lim_{h\to 0}[g\lambda\psi(0)+gh\psi'(0)+g\psi''(0)(h^2/\lambda)/2+\cdots]=g\lambda\psi(0)\ ,$$

令$C_3^{\ 2}\equiv\psi(0)$，便得

$$v^2\big|_{浅}=g\lambda C_3^{\ 2}\ , \tag{9-2-21}$$

因而就有$v\big|_{浅}\propto\sqrt{g\lambda}$的结果，但这是深水情况的结论，对浅水肯定不对！

乙　如果你再仔细阅读上文的正确解法，就会发现你的$C_3^{\ 2}\equiv\psi(0)$其实等于零，于是你的结果实际上是$v^2\big|_{浅}=0$。这一结果也不能算错——无非是取近似时砍项太狠而已(h本应是个很小的正数，你却取成$h=0$)。其实，如果对正确结果[式(9-2-20)]取$h\to 0$的极限，得到的也正是$v\big|_{浅}=0$；另一方面，从物理图像来看，你的结果也恰恰反映出“如果水太浅，水波会传播不动”这一事实。最后，从物理出发考虑，取$h\to 0$不如取$\lambda\to\infty$恰当。试想，真做实验时，若希望达到浅水情况，更容易的做法也是增大波长而不是过分地减小深度。总之，你的做法在数学上没有错，但在物理上不恰当，因而得到了在数学上没错而在物理上不恰当的结果。

如果不用量纲分析而用常规解方程的方法，则能求得重力水面波的波速的解析表达式：

$$v=\frac{1}{\sqrt{2\pi}}\sqrt{g\lambda\tanh\frac{2\pi h}{\lambda}}\ 。\tag{9-2-22}$$

对深水情况，由$\dfrac{\lambda}{h}\ll 1$可知$\tanh\dfrac{2\pi h}{\lambda}\approx 1$，故

$$v\approx\frac{1}{\sqrt{2\pi}}\sqrt{g\lambda}\ , \tag{9-2-23}$$

验证了式(9-2-17)，并给出该式的$C_1=\dfrac{1}{\sqrt{2\pi}}$。对浅水情况，由$\dfrac{\lambda}{h}\gg 1$可知$\tanh\dfrac{2\pi h}{\lambda}\approx\dfrac{2\pi h}{\lambda}$，故

$$v\approx\frac{1}{\sqrt{2\pi}}\sqrt{g\lambda\frac{2\pi h}{\lambda}}=\sqrt{gh}\ , \tag{9-2-24}$$

验证了式(9-2-20)，并给出该式的$C_2=1$。

(B)再讨论表面张力水面波。这时重力的影响与表面张力相较可以忽略，涉及量应为波速$\boldsymbol{v}$、波长$\boldsymbol{\lambda}$、水的密度$\boldsymbol{\rho}$以及水的深度$\boldsymbol{h}$，即仍有$n=5$。选国际制所在族，有量纲矩阵

$$\begin{array}{c} \\ \mathrm{L} \\ \mathrm{M} \\ \mathrm{T}\end{array}\begin{array}{c}\begin{array}{ccccc}\lambda & \rho & v & \gamma & h\end{array}\\ \begin{bmatrix}1 & -3 & 1 & 0 & 1\\ 0 & 1 & 0 & 1 & 0\\ 0 & 0 & -1 & -2 & 0\end{bmatrix}\end{array}。\tag{9-2-25}$$

对此矩阵施以行初等变换：

$$\begin{bmatrix}1 & -3 & 1 & 0 & 1\\0 & 1 & 0 & 1 & 0\\0 & 0 & -1 & -2 & 0\end{bmatrix}\rightarrow\begin{bmatrix}1 & 0 & 1 & 3 & 1\\0 & 1 & 0 & 1 & 0\\0 & 0 & -1 & -2 & 0\end{bmatrix}\rightarrow\begin{bmatrix}1 & 0 & 0 & 1 & 1\\0 & 1 & 0 & 1 & 0\\0 & 0 & 1 & 2 & 0\end{bmatrix},$$

[第一步是用第 2 行的 3 倍加到第 1 行；第二步是用第 3 行加到第 1 行，再用 (–1) 乘第 3 行。]
便得结果矩阵

$$\begin{matrix}\lambda & \rho & \upsilon & \gamma & h\end{matrix}$$
$$\begin{bmatrix}1 & 0 & 0 & 1 & 1\\0 & 1 & 0 & 1 & 0\\0 & 0 & 1 & 2 & 0\end{bmatrix}。\tag{9-2-25'}$$

因而可构造 2 个无量纲量：

$$\varPi_1 := \frac{\gamma}{\lambda\rho\upsilon^2}, \qquad \varPi_2 := \frac{\lambda}{h}。\tag{9-2-26}$$

由 $\varPi_1^{-1} = \phi(\varPi_2)$ 得

$$\upsilon^2 = \frac{\gamma}{\lambda\rho}\phi(\lambda/h)。\tag{9-2-27}$$

上式说明波速的平方 υ^2 正比于表面张力系数 γ 而反比于水的密度 ρ。为了得到进一步的结果，仍应讨论两种极端情况。但浅水情况不易讨论，此处只讨论深水情况。

深水时有 $\frac{\lambda}{h} \ll 1$，仿照深水重力水面波的讨论，对 $\phi\left(\frac{\lambda}{h}\right)$ 做泰勒展开，得

$$\upsilon^2 = \frac{\gamma}{\lambda\rho}[\phi(0) + \phi'(0)(\lambda/h) + \phi''(0)(\lambda/h)^2/2 + \cdots]。\tag{9-2-28}$$

取上式在 $h \to \infty$ 的极限，便得

$$\upsilon^2\big|_{深} = \frac{\gamma}{\lambda\rho}\lim_{h\to\infty}[\phi(0) + \phi'(0)(\lambda/h) + \phi''(0)(\lambda/h)^2/2 + \cdots] = \frac{\gamma}{\lambda\rho}\phi(0)。\tag{9-2-29}$$

由 $\lambda > 0$、$\rho > 0$、$\gamma > 0$ 和 $\upsilon^2 > 0$ 可知 $\phi(0) > 0$，仍将此 $\phi(0)$ 改记作 C_0^2 [约定 $C_0 > 0$，但请注意此 C_0 并非式(9-2-16)的 C_0]，又得

$$\upsilon = C_0\sqrt{\gamma/\lambda\rho}。\tag{9-2-30}$$

此结果与赵凯华(2008)一致。 ■

鉴于流体力学是量纲分析的“演武场”和“丰收地”，本书还将另辟一章(第 10 章)对 $\varPi$ 定理在流体力学中的更多应用实例做详细讲解。

§ 9.3 用于电磁学

***例题 9-3-1** 试证以下两个命题：

1. 静电场中初速为零的带电粒子的运动轨道与其质量无关。
2. 初速为零的带电粒子在静电场和静磁场并存的空间中运动时，①其轨道与其质量有

关；②若在质量改变时电场反比地变，则质点轨道不变。

证明　先证明命题 1。以 x_1, x_2, x_3 代表粒子的直角坐标，t 代表时间，则运动轨道由函数 $x_1(t), x_2(t), x_3(t)$ 决定。首先关心 $\boldsymbol{x}_1$，导致 $\boldsymbol{x}_1$ 随 t 而变的“原因量”有：粒子的质量 $\boldsymbol{m}$、电荷 $\boldsymbol{q}$、电场的大小 $\boldsymbol{E}$、电场的方位角 $\boldsymbol{\varphi}_1, \boldsymbol{\varphi}_2$、粒子的初始径矢长度 $\boldsymbol{R}_0$ 及方位角 $\boldsymbol{\theta}_{01}, \boldsymbol{\theta}_{02}$，加上 $\boldsymbol{x}_1$ 及 $\boldsymbol{t}$，共 10 个涉及量，即 $n=10$。选国际制所在族，除了 4 个方位角为无量纲量之外，各涉及量的量纲可从表 4-3 查得。略去 4 个无量纲量(方位角)后的量纲矩阵为

$$\begin{array}{c} \\ \mathrm{L} \\ \mathrm{M} \\ \mathrm{T} \\ \mathrm{I} \end{array}\begin{array}{c} \begin{matrix} m & q & E & t & x_1 & R_0 \end{matrix} \\ \begin{bmatrix} 0 & 0 & 1 & 0 & 1 & 1 \\ 1 & 0 & 1 & 0 & 0 & 0 \\ 0 & 1 & -3 & 1 & 0 & 0 \\ 0 & 1 & -1 & 0 & 0 & 0 \end{bmatrix} \end{array}。\tag{9-3-1}$$

对上列矩阵实施行初等变换

$$\begin{bmatrix} 0 & 0 & 1 & 0 & 1 & 1 \\ 1 & 0 & 1 & 0 & 0 & 0 \\ 0 & 1 & -3 & 1 & 0 & 0 \\ 0 & 1 & -1 & 0 & 0 & 0 \end{bmatrix} \to \begin{bmatrix} 0 & 0 & 1 & 0 & 1 & 1 \\ 1 & 0 & 1 & 0 & 0 & 0 \\ 0 & 0 & -2 & 1 & 0 & 0 \\ 0 & 1 & -1 & 0 & 0 & 0 \end{bmatrix} \to \begin{bmatrix} 0 & 0 & 1 & 0 & 1 & 1 \\ 1 & 0 & 1 & 0 & 0 & 0 \\ 0 & 0 & 0 & 1 & 2 & 2 \\ 0 & 1 & -1 & 0 & 0 & 0 \end{bmatrix}$$

$$\to \begin{bmatrix} 0 & 0 & 1 & 0 & 1 & 1 \\ -1 & 0 & 0 & 0 & 1 & 1 \\ 0 & 0 & 0 & 1 & 2 & 2 \\ 0 & 1 & 0 & 0 & 1 & 1 \end{bmatrix}。$$

[第一步是用第 4 行减第 3 行后乘以 –1 作为新的第 3 行；第二步是用第 1 行的 2 倍加到第 3 行；第三步是用第 1 行减第 2 行作为新 2 行，再用第 1 行加到第 4 行]，最后再用 –1 乘第 2 行，便得结果矩阵

$$\begin{array}{c} \begin{matrix} m & q & E & t & x_1 & R_0 \end{matrix} \\ \begin{bmatrix} 0 & 0 & 1 & 0 & 1 & 1 \\ 1 & 0 & 0 & 0 & -1 & -1 \\ 0 & 0 & 0 & 1 & 2 & 2 \\ 0 & 1 & 0 & 0 & 1 & 1 \end{bmatrix} \end{array},\tag{9-3-1'}$$

由此看出可选 $\boldsymbol{E}$、$\boldsymbol{m}$、$\boldsymbol{t}$、$\boldsymbol{q}$ 为甲组量，其余 2 个为乙组量，可用甲组量做量纲表出：

$$\dim \boldsymbol{x}_1 = \dim \boldsymbol{R}_0 = (\dim \boldsymbol{E})(\dim \boldsymbol{m})^{-1}(\dim \boldsymbol{t})^2(\dim \boldsymbol{q}),\tag{9-3-2}$$

故可定义 2 个无量纲量

$$\Pi_1 := \frac{m}{qEt^2}x_1, \qquad \Pi_2 := \frac{m}{qEt^2}R_0,\tag{9-3-3}$$

此外还有 4 个无量纲量 $\boldsymbol{\varphi}_1, \boldsymbol{\varphi}_2, \boldsymbol{\theta}_{01}, \boldsymbol{\theta}_{02}$。于是 Π 定理的 $\Pi_1 = \phi(\Pi_2, \cdots, \Pi_{n-m})$ 现在表现为

$$\frac{m}{qEt^2}x_1 = \phi_1(\Pi_2, \{角\}),$$ 其中 $\{角\}$ 代表 4 个方位角的集合，ϕ_1 是某函数关系。

因而

$$x_1 = \frac{qEt^2}{m}\phi_1(\Pi_2, \{角\}), \tag{9-3-4}$$

同理，对 x_2, x_3 也有完全一样的公式，故可综合表为

$$x_i(t) = \frac{qEt^2}{m}\phi_i(\Pi_2, \{角\}), \qquad i=1,2,3。 \tag{9-3-5}$$

上式其实就是粒子运动轨道的参数式(又称参数方程)，其中的参数 t 代表时间。设质量从 m 变为 $\bar{m} = \alpha m$，只要把参数 t 改为 $\bar{t} = \sqrt{\alpha} t$，则式(9-3-5)右边 ϕ_i 前的系数 $\dfrac{qEt^2}{m}$ 和 ϕ_i 内的 Π_2 都不变，即

$$\frac{qE\bar{t}^2}{\bar{m}} = \frac{qEt^2}{m}, \quad \bar{\Pi}_2 = \frac{\bar{m}}{qE\bar{t}^2}R_0 = \frac{m}{qEt^2}R_0 = \Pi_2, \tag{9-3-6}$$

所以新粒子的轨道参数式为

$$\bar{x}_i(\bar{t}) = \frac{qE\bar{t}^2}{\bar{m}}\phi_i(\Pi_2, \{角\}) = \frac{qEt^2}{m}\phi_i(\Pi_2, \{角\}) = x_i(t), \qquad i=1,2,3。$$

可见新旧粒子轨道相同。但应该注意，新旧粒子到达轨道的指定点所用的时间不同：$\bar{t} = \sqrt{\alpha} t$，当 $\alpha > 1$ 时 $\bar{t} > t$，即质量较大的粒子运动较慢，这是很合理的。

再证明命题 2。关心 $\boldsymbol{x}_1$ 时，“原因量”还应增加 3 个：磁场大小 $\boldsymbol{B}$ 及其方位角 $\boldsymbol{\varphi}_{B1}, \boldsymbol{\varphi}_{B2}$。从表 4-3 可查得 $\boldsymbol{B}$ 在国际制的量纲式：

$$\dim \boldsymbol{B} = (\dim \boldsymbol{m})(\dim \boldsymbol{t})^{-2}(\dim \boldsymbol{I})^{-1},$$

与熟知的量纲关系 $\dim \boldsymbol{I} = (\dim \boldsymbol{q})(\dim \boldsymbol{t})^{-1}$ 联立给出

$$\dim \boldsymbol{B} = (\dim \boldsymbol{m})(\dim \boldsymbol{t})^{-1}(\dim \boldsymbol{q})^{-1}, \tag{9-3-7}$$

故可定义新的无量纲量

$$\Pi_B \equiv B\frac{qt}{m}。 \tag{9-3-8}$$

此外还有 6 个角度无量纲量，即命题 1 原有的 4 个角度加上现在(命题 2)新添的两个方位角 $\boldsymbol{\varphi}_{B1}, \boldsymbol{\varphi}_{B2}$。式(9-3-3)保持不变，但式(9-3-5)变为

$$x_i(t) = \frac{qEt^2}{m}\phi_i(\Pi_2, \Pi_B, \{角\}), \qquad i=1,2,3。 \tag{9-3-9}$$

其中 {角} 现在代表 6 个方位角的集合。上式右边两处含有质量 m：第一处是函数关系 ϕ_i 外面的 t^2/m；第二处是函数关系 ϕ_i 里面的 t/m [由式(9-3-8)知 Π_B 依赖于 t/m]。在改变质量时无法通过改变 t 使得这两处都不变，所以此时质量变化会导致粒子轨迹发生改变，此即待证命题 2 的①。然而，如果让电场也同时改变，结果就会不同：设质量从 m 变为 $\bar{\bar{m}} = \alpha m$，只要把参数 t 改为 $\bar{\bar{t}} = \alpha t$，同时让电场从 E 变为 $\bar{\bar{E}} = E/\alpha$，便有

$$\frac{q\bar{\bar{E}}\bar{\bar{t}}^2}{\bar{\bar{m}}} = \frac{qEt^2}{m}, \quad \bar{\bar{\Pi}}_2 = \Pi_2, \quad \bar{\bar{\Pi}}_B = \Pi_B, \tag{9-3-10}$$

所以 $\bar{\bar{x}}_i(\bar{\bar{t}}) = x_i(t)$，即新旧轨道重合。这就证明了待证命题 2 的②。 ■

***例题 9-3-2**　直长导线中的高频电流存在趋肤效应，等效于导线截面积变小，因而发热功率变大。以 $\boldsymbol{P}$ 代表长度为 $\boldsymbol{l}$、半径为 $\boldsymbol{R}$ 的导线段的发热功率(单位时间的发热量)，试问 $\boldsymbol{P}$

都同什么物理量有关？求出 $\boldsymbol{P}$ 对这些量的依赖关系。

解　由于趋肤效应，电流密度 $\boldsymbol{j}$ 在导线截面上并不均匀，而是从表面到内部按指数规律递减。从物理上考虑，发热功率 $\boldsymbol{P}$ 既取决于导线段的性质(长度 $\boldsymbol{l}$ 、半径 $\boldsymbol{R}$ 、电导率 $\boldsymbol{\gamma}$ 和磁导率 $\boldsymbol{\mu}$)又取决于电流的情况(角频率 $\boldsymbol{\omega}$ 、表面电流密度 $\boldsymbol{j}$ 的峰值 $\boldsymbol{J}$)。以 p 代表导线电流的热功率密度，则热功率 $P=\int p\mathrm{d}V$ ，其中 V 是长为 l 的一段导线的有效体元，即

$$\mathrm{d}V\equiv\text{导线长度}\times\text{周长}\times\text{径向长度元}\equiv l\cdot 2\pi R\cdot\mathrm{d}z\text{，}\tag{9-3-11}$$

(其中 z 是从表面算起的径向距离。) 令 $\varLambda\equiv lR$，便有

$$P=2\pi\varLambda\int p\mathrm{d}z\text{。}\tag{9-3-12}$$

右边的积分不会与 l 及 R 有关，故上式表明

$$P\propto\varLambda\text{。}\tag{9-3-13}$$

选国际制所在单位制族，由表 4-3 可以列出如下量纲矩阵：

$$\begin{array}{c} \\ \mathrm{L}\\ \mathrm{M}\\ \mathrm{T}\\ \mathrm{I}\end{array}\begin{array}{c}\begin{array}{cccccc}\varLambda & P & \omega & J & \mu & \gamma\end{array}\\ \begin{bmatrix}2 & 2 & 0 & -2 & 1 & -3\\ 0 & 1 & 0 & 0 & 1 & -1\\ 0 & -3 & -1 & 0 & -2 & 3\\ 0 & 0 & 0 & 1 & -2 & 2\end{bmatrix}\end{array}\text{，}\tag{9-3-14}$$

对上列矩阵施以行初等变换：

$$\begin{bmatrix}2 & 2 & 0 & -2 & 1 & -3\\ 0 & 1 & 0 & 0 & 1 & -1\\ 0 & -3 & -1 & 0 & -2 & 3\\ 0 & 0 & 0 & 1 & -2 & 2\end{bmatrix}\to\begin{bmatrix}1 & 1 & 0 & -1 & 1/2 & -3/2\\ 0 & 1 & 0 & 0 & 1 & -1\\ 0 & 3 & 1 & 0 & 2 & -3\\ 0 & 0 & 0 & 1 & -2 & 2\end{bmatrix}\to\begin{bmatrix}1 & 1 & 0 & 0 & -3/2 & 1/2\\ 0 & 1 & 0 & 0 & 1 & -1\\ 0 & 0 & 1 & 0 & -1 & 0\\ 0 & 0 & 0 & 1 & -2 & 2\end{bmatrix}$$

$$\to\begin{bmatrix}-1 & 0 & 0 & 0 & 5/2 & -3/2\\ 0 & 1 & 0 & 0 & 1 & -1\\ 0 & 0 & 1 & 0 & -1 & 0\\ 0 & 0 & 0 & 1 & -2 & 2\end{bmatrix}\text{。}$$

[第一步是用1/2 乘第 1 行，再用 –1 乘第 3 行；第二步是用第 4 行加到第 1 行，再用第 2 行的 –3 倍加到第 3 行；第三步是用第 2 行减第 1 行作为新的第 1 行]，最后再用 –1 乘第 1 行，便得结果矩阵

$$\begin{array}{c}\begin{array}{cccccc}\varLambda & P & \omega & J & \mu & \gamma\end{array}\\ \begin{bmatrix}1 & 0 & 0 & 0 & -5/2 & 3/2\\ 0 & 1 & 0 & 0 & 1 & -1\\ 0 & 0 & 1 & 0 & -1 & 0\\ 0 & 0 & 0 & 1 & -2 & 2\end{bmatrix}\end{array}\text{，}\tag{9-3-14'}$$

由此看出可选 $\boldsymbol{\varLambda}$、$\boldsymbol{P}$、$\boldsymbol{\omega}$、$\boldsymbol{J}$ 为甲组量，其余 2 个为乙组量，可用甲组量量纲表出如下：

$$\dim\boldsymbol{\mu}=(\dim\boldsymbol{\varLambda})^{-5/2}(\dim\boldsymbol{P})(\dim\boldsymbol{\omega})^{-1}(\dim\boldsymbol{J})^{-2}\text{，}\tag{9-3-15}$$

$$\dim\boldsymbol{\gamma}=(\dim\boldsymbol{\varLambda})^{3/2}(\dim\boldsymbol{P})^{-1}(\dim\boldsymbol{J})^{2}\text{。}\tag{9-3-16}$$

为了应用 $P\propto\varLambda$[即式(9-3-13)]这一有利关系，先把以上两式改写为

$$\dim \boldsymbol{P}=(\dim \boldsymbol{\mu})(\dim \boldsymbol{\Lambda})^{5/2}(\dim \boldsymbol{\omega})(\dim \boldsymbol{J})^{2}, \tag{9-3-15'}$$

$$(\dim \boldsymbol{\Lambda})^{3/2}=(\dim \boldsymbol{\gamma})(\dim \boldsymbol{P})(\dim \boldsymbol{J})^{-2}, \tag{9-3-16'}$$

再由式(9-3-15)和(9-3-16)求得

$$\dim \boldsymbol{\Lambda}=(\dim \boldsymbol{\mu})^{-1}(\dim \boldsymbol{\omega})^{-1}(\dim \boldsymbol{\gamma})^{-1}, \tag{9-3-17}$$

将上式代入式(9-3-15′)给出

$$\dim \boldsymbol{P}=(\dim \boldsymbol{\mu})^{-3/2}(\dim \boldsymbol{\omega})^{-3/2}(\dim \boldsymbol{\gamma})^{-5/2}(\dim \boldsymbol{J})^{2}\text{。} \tag{9-3-18}$$

以上两式表明，也可认为$\boldsymbol{\mu}$、$\boldsymbol{\omega}$、$\boldsymbol{\gamma}$、$\boldsymbol{J}$是甲组量而$\boldsymbol{P}$、$\boldsymbol{\Lambda}$是乙组量，于是可定义两个无量纲量：

$$\Pi_1 := PJ^{-2}\mu^{3/2}\omega^{3/2}\gamma^{5/2}, \tag{9-3-19}$$

$$\Pi_2 := \Lambda\mu\omega\gamma\text{。} \tag{9-3-20}$$

由$\Pi_1=\phi(\Pi_2)$得

$$P=J^2\mu^{-3/2}\omega^{-3/2}\gamma^{-5/2}\phi(\Pi_2)=J^2\frac{1}{\sqrt{\mu^3\omega^3\gamma^5}}\phi(\Lambda\mu\omega\gamma), \tag{9-3-21}$$

由式(9-3-13)知道$P\propto\Lambda$，故$\phi(\Lambda\mu\omega\gamma)$只能取$C_0\Lambda\mu\omega\gamma$的形式(其中$C_0$为无量纲常数)，代入式(9-3-21)便得

$$P=C_0J^2\Lambda\frac{1}{\sqrt{\mu\omega\gamma^3}}=C_0J^2lR\frac{1}{\sqrt{\mu\omega\gamma^3}}\text{。} \tag{9-3-22}$$

于是我们用量纲分析(配以物理思辨)找到了热功率P与J、l、R、μ、ω、γ的定量关系，唯有常数C_0无从得知。常规计算表明$C_0=\pi/\sqrt{2}$，详见封小超(1987)。■

例题 9-3-3　平行板电容器两板之间有一静电力$\boldsymbol{f}$。(a)在其他因素一定时，$\boldsymbol{f}$与每板(内壁)的电荷面密度$\boldsymbol{\sigma}$以及板间电介质的介电常量$\boldsymbol{\varepsilon}$有何关系？(b)设板间距离为$\boldsymbol{d}$，每板面积为$\boldsymbol{S}$，当$d^2\ll S$(物理上相当于边缘效应可忽略)时，$\boldsymbol{f}$与$\boldsymbol{\sigma}$、$\boldsymbol{\varepsilon}$、$\boldsymbol{d}$、$\boldsymbol{S}$又有何关系？

解　从物理上考虑，涉及量应有$\boldsymbol{f}$、$\boldsymbol{\sigma}$、$\boldsymbol{\varepsilon}$、$\boldsymbol{d}$和$\boldsymbol{S}$，即$n=5$。选 MKSA 制所在族，由表 4-3 查得量纲矩阵

$$\begin{array}{c} \\ \mathrm{L} \\ \mathrm{M} \\ \mathrm{T} \\ \mathrm{I} \end{array}\begin{array}{c} \begin{array}{ccccc} d & f & \sigma & S & \varepsilon \end{array} \\ \begin{bmatrix} 1 & 1 & -2 & 2 & -3 \\ 0 & 1 & 0 & 0 & -1 \\ 0 & -2 & 1 & 0 & 4 \\ 0 & 0 & 1 & 0 & 2 \end{bmatrix}\end{array}\text{。} \tag{9-3-23}$$

对上述矩阵实施“行初等变换”如下：

$$\begin{bmatrix} 1 & 1 & -2 & 2 & -3 \\ 0 & 1 & 0 & 0 & -1 \\ 0 & -2 & 1 & 0 & 4 \\ 0 & 0 & 1 & 0 & 2 \end{bmatrix}\to\begin{bmatrix} -1 & 0 & 2 & -2 & 2 \\ 0 & 1 & 0 & 0 & -1 \\ 0 & 0 & 1 & 0 & 2 \\ 0 & 0 & 1 & 0 & 2 \end{bmatrix}\to\begin{bmatrix} 1 & 0 & 0 & 2 & 2 \\ 0 & 1 & 0 & 0 & -1 \\ 0 & 0 & 1 & 0 & 2 \\ 0 & 0 & 1 & 0 & 2 \end{bmatrix},$$

[第一步是用第 2 行减第 1 行作为新 1 行，再用第 2 行的 2 倍加到第 3 行；第二步是用第 3 行的 2 倍减第 1 行作为新 1 行]，最后再用第 3 行减第 4 行作为新的第 4 行，便得结果矩阵

$$\begin{matrix} d & f & \sigma & S & \varepsilon \end{matrix}$$

$$\begin{bmatrix} 1 & 0 & 0 & 2 & 2 \\ 0 & 1 & 0 & 0 & -1 \\ 0 & 0 & 1 & 0 & 2 \\ 0 & 0 & 0 & 0 & 0 \end{bmatrix}。\tag{9-3-23′}$$

由此看出可选$\boldsymbol{d}$、$\boldsymbol{f}$、$\boldsymbol{\sigma}$为甲组量，其余 2 个为乙组量，可用甲组量量纲表出如下：

$$\dim \boldsymbol{S} = (\dim \boldsymbol{d})^2 ,\tag{9-3-24}$$

$$\dim \boldsymbol{\varepsilon} = (\dim \boldsymbol{d})^2 (\dim \boldsymbol{f})^{-1} (\dim \boldsymbol{\sigma})^2 。\tag{9-3-25}$$

于是可定义两个无量纲量：

$$\Pi_1 := Sd^{-2} = \frac{S}{d^2}, \qquad \Pi_2 := \varepsilon d^{-2} f \sigma^{-2} = \frac{f\varepsilon}{\sigma^2 d^2}。\tag{9-3-26}$$

(a)令$\Pi_1' \equiv \Pi_1^{-1} = d^2/S$，由$\Pi_2 = \phi(\Pi_1')$得

$$f = \frac{\sigma^2 d^2}{\varepsilon}\phi\left(\frac{d^2}{S}\right)。\tag{9-3-27}$$

上式说明：在板间距离d和每板面积S一定时f与电荷面密度σ^2成正比，与介电常数ε成反比。由于函数符号ϕ中含有面积S(及距离d)，由上式不能得出关于f与S(及d)的关系。

但是，从物理上考虑，当距离d的平方远小于面积S时边缘效应可被忽略，f与S以及f与d的关系应该水落石出。这就是下面要讨论的(b)。

(b)若边缘效应可以忽略，则一板内壁的电场E及面密度σ都不随点而变，故内壁电荷为σS，因而内壁所受的静电力正比于面积S，以C_0代表比例系数，便得

$$\phi\left(\frac{d^2}{S}\right) = C_0 \frac{S}{d^2},\tag{9-3-28}$$

代入式(9-3-27)得

$$f = C_0 \frac{\sigma^2 S}{\varepsilon}。\tag{9-3-29}$$

可见f与d无关，与σ、S、ε的关系如上式所示。 ■

例题 9-3-4[Ipsen(1960)P.128 习题 3]　电容器的电容$\boldsymbol{C}$与它的尺度$\boldsymbol{l}$以及所充介质的介电常量$\boldsymbol{\varepsilon}$有关。如果考虑边缘效应，$\boldsymbol{C}$还依赖于电容器外的真空介电常量$\boldsymbol{\varepsilon}_0$。(a)若边缘效应可以忽略，求$\boldsymbol{C}$对$\boldsymbol{l}$的依赖关系；(b)若边缘效应不可忽略，求$\boldsymbol{C}$对$\boldsymbol{l}$、$\boldsymbol{\varepsilon}$及$\boldsymbol{\varepsilon}_0$的依赖关系。(注：此题的“尺度”含义模糊，但可参见我们补写的注记 9-5。)

解

(a)涉及量为$\boldsymbol{C}$、$\boldsymbol{l}$及$\boldsymbol{\varepsilon}$。选国际单位制，有量纲矩阵

$$\begin{matrix} & l & \varepsilon & C \\ \mathrm{L} & 1 & -3 & -2 \\ \mathrm{M} & 0 & -1 & -1 \\ \mathrm{T} & 0 & 4 & 4 \\ \mathrm{I} & 0 & 2 & 2 \end{matrix},\tag{9-3-30}$$

上列矩阵的第二、三、四行都互成比例，可用减法使第三、四行为 0，故矩阵简化为

$$\begin{array}{c} \\ \mathrm{L} \\ \mathrm{M} \end{array}\begin{array}{c} \begin{array}{ccc} l & \varepsilon & C \end{array} \\ \begin{bmatrix} 1 & -3 & -2 \\ 0 & -1 & -1 \end{bmatrix} \end{array}。$$

对上列矩阵施以行初等变换：先用 (–1) 乘第二行，再用第二行的 3 倍加到第 1 行，便得结果矩阵

$$\begin{array}{c} \begin{array}{ccc} l & \varepsilon & C \end{array} \\ \begin{bmatrix} 1 & 0 & 1 \\ 0 & 1 & 1 \end{bmatrix} \end{array}, \tag{9-3-30′}$$

由此看出可选 $\boldsymbol{l}$、$\boldsymbol{\varepsilon}$ 为甲组量，并可用它们对乙组量 $\boldsymbol{C}$ 做量纲表出：

$$\dim \boldsymbol{C} = (\dim \boldsymbol{l})(\dim \boldsymbol{\varepsilon}), \tag{9-3-31}$$

因而可定义 1 个无量纲量 $\Pi := Cl^{-1}\varepsilon^{-1}$，故

$$C = \Pi \varepsilon l 。 \tag{9-3-32}$$

由 Π 为常数便知 C 与 ε 及 l 成正比。

(b)不难看出仍可选 $\boldsymbol{l}$、$\boldsymbol{\varepsilon}$ 为甲组量，选 $\boldsymbol{C}$、$\boldsymbol{\varepsilon}_0$ 为乙组量，因而可定义 2 个无量纲量

$$\Pi_1 := Cl^{-1}\varepsilon^{-1}, \qquad \Pi_2 := \frac{\varepsilon_0}{\varepsilon}。$$

再由 $\Pi_1 = \phi(\Pi_2)$ 便得

$$C = l\varepsilon\phi\left(\frac{\varepsilon_0}{\varepsilon}\right)。$$

由于无从得知函数关系 ϕ，上式除了表明 C 与 l 成正比之外，似乎给不出更多结论。这也是可以理解的，因为边缘效应本来就难于定量讨论。 ■

注记 9-5　本例题选自 Ipsen(1960)P.128 的习题 3，该题讨论的是相当一般的电容器[1]，题目中的一个重要物理量是“电容器的尺度 $\boldsymbol{l}$”，但该书并未非常明确地解释“尺度 $\boldsymbol{l}$”的含义。下面以最常见的三种电容器为例对此做出解释，同时检验上述结果[指式(9-3-32)]。

①平板电容器的电容为

$$C = \frac{\varepsilon S}{d} \quad (d\text{ 和 }S\text{ 分别是两板内壁距离和一板面积})。$$

令 $l \equiv \dfrac{S}{d}$，便得 $C = l\varepsilon$，这正是取 $\Pi = 1$ 时的式(9-3-32)。

②球形电容器的电容为

$$C = 4\pi\varepsilon \frac{R_1 R_2}{R_2 - R_1} \quad (R_1\text{ 和 }R_2\text{ 分别是内球半径和外球内半径})。$$

令 $l \equiv \dfrac{R_1 R_2}{R_2 - R_1}$，便得 $C = 4\pi l\varepsilon$，这正是取 $\Pi = 4\pi$ 时的式(9-3-32)。

③圆柱电容器的电容为

---

[1] 但并不一般到由两个任意形状导体构成的电容器[见梁灿彬等(2018)的专题 8]，否则“电容器内所充介质”的提法失去意义。

$$C = 2\pi\varepsilon \frac{L}{\ln(R_2/R_1)}$$ （L 为柱长，R_1 和 R_2 分别是内柱半径和外柱内半径)。

令 $l \equiv L$，便得 $C = \frac{2\pi}{\ln(R_2/R_1)} l\varepsilon$，这正是取 $\Pi = \frac{2\pi}{\ln(R_2/R_1)}$ 时的式(9-3-32)。

例题 9-3-5 电子在均匀恒定磁场 $\boldsymbol{B}$ 中运动。设电子的初速 $\boldsymbol{u}$ 与 $\boldsymbol{B}$ 正交，则电子做圆周运动，试证圆周半径 R 满足

$$R \propto \frac{mu}{Be}, \tag{9-3-33}$$

其中 e 和 m 分别是电子的电荷和质量。

解 涉及量有 $\boldsymbol{e}$、$\boldsymbol{m}$、$\boldsymbol{R}$、$\boldsymbol{u}$、$\boldsymbol{B}$，在国际制族的量纲矩阵为

$$\begin{array}{c} \\ \mathrm{L} \\ \mathrm{M} \\ \mathrm{T} \\ \mathrm{I} \end{array} \begin{array}{c} \begin{array}{ccccc} R & m & u & e & B \end{array} \\ \begin{bmatrix} 1 & 0 & 1 & 0 & 0 \\ 0 & 1 & 0 & 0 & 1 \\ 0 & 0 & -1 & 1 & -2 \\ 0 & 0 & 0 & 1 & -1 \end{bmatrix} \end{array}, \tag{9-3-34}$$

对上述矩阵施以行初等变换：

$$\begin{bmatrix} 1 & 0 & 1 & 0 & 0 \\ 0 & 1 & 0 & 0 & 1 \\ 0 & 0 & -1 & 1 & -2 \\ 0 & 0 & 0 & 1 & -1 \end{bmatrix} \to \begin{bmatrix} 1 & 0 & 0 & 1 & -2 \\ 0 & 1 & 0 & 0 & 1 \\ 0 & 0 & 1 & 0 & 1 \\ 0 & 0 & 0 & 1 & -1 \end{bmatrix} \to \begin{bmatrix} 1 & 0 & 0 & 0 & -1 \\ 0 & 1 & 0 & 0 & 1 \\ 0 & 0 & 1 & 0 & 1 \\ 0 & 0 & 0 & 1 & -1 \end{bmatrix},$$

[第一步是用第 3 行加到第 1 行，再用第 4 行减第 3 行作为新的第 3 行；第二步是用第 4 行的 −1 倍加到第 1 行]，结果矩阵为

$$\begin{array}{c} \begin{array}{ccccc} R & m & u & e & B \end{array} \\ \begin{bmatrix} 1 & 0 & 0 & 0 & -1 \\ 0 & 1 & 0 & 0 & 1 \\ 0 & 0 & 1 & 0 & 1 \\ 0 & 0 & 0 & 1 & -1 \end{bmatrix} \end{array}, \tag{9-3-34'}$$

由此看出可选 $\boldsymbol{R}$、$\boldsymbol{m}$、$\boldsymbol{u}$、$\boldsymbol{e}$ 为甲组量，并可用它们对乙组量 $\boldsymbol{B}$ 做量纲表出：

$$\dim \boldsymbol{B} = (\dim \boldsymbol{R})^{-1}(\dim \boldsymbol{m})(\dim \boldsymbol{u})(\dim \boldsymbol{e})^{-1},$$

因而可定义 1 个无量纲量

$$\Pi := BRm^{-1}u^{-1}e = \frac{BRe}{mu},$$

注意到 Π 为常数，便有式(9-3-33)。 ■

例题 9-3-6 均匀磁介质中有一条形磁铁，磁偶极矩为 $\boldsymbol{p}_{\mathrm{m}}$，求它在远处激发的磁场 $\boldsymbol{B}$。

解 涉及量除 $\boldsymbol{p}_{\mathrm{m}}$ 及 $\boldsymbol{B}$ 外还应有：①磁介质的磁导率 $\boldsymbol{\mu}$；②场点与磁铁所在点的距离 $\boldsymbol{r}$；③场点与磁铁所在点连线跟磁偶极矩的夹角 $\boldsymbol{\theta}$ (看作无量纲量)，故 $n=5$，在国际制族的量纲矩阵为

$$\begin{array}{c} \\ \mathrm{L} \\ \mathrm{M} \\ \mathrm{T} \\ \mathrm{I} \end{array}\begin{array}{c} \begin{array}{ccccc} r & B & p_{\mathrm{m}} & \mu & \theta \end{array} \\ \begin{bmatrix} 1 & 0 & 2 & 1 & 0 \\ 0 & 1 & 0 & 1 & 0 \\ 0 & -2 & 0 & -2 & 0 \\ 0 & -1 & 1 & -2 & 0 \end{bmatrix} \end{array}, \tag{9-3-35}$$

此矩阵的第二、三行互成比例，可用第二行的 2 倍加到第 3 行而使之全为 0，去掉第 3 行便得(其实这很自然，因为本题与时间毫无关系)

$$\begin{array}{c} \\ \mathrm{L} \\ \mathrm{M} \\ \mathrm{I} \end{array}\begin{array}{c} \begin{array}{ccccc} r & B & p_{\mathrm{m}} & \mu & \theta \end{array} \\ \begin{bmatrix} 1 & 0 & 2 & 1 & 0 \\ 0 & 1 & 0 & 1 & 0 \\ 0 & -1 & 1 & -2 & 0 \end{bmatrix} \end{array}。$$

再对此矩阵施以行初等变换：

$$\begin{bmatrix} 1 & 0 & 2 & 1 & 0 \\ 0 & 1 & 0 & 1 & 0 \\ 0 & -1 & 1 & -2 & 0 \end{bmatrix} \to \begin{bmatrix} 1 & 0 & 2 & 1 & 0 \\ 0 & 1 & 0 & 1 & 0 \\ 0 & 0 & 1 & -1 & 0 \end{bmatrix} \to \begin{bmatrix} 1 & 0 & 0 & 3 & 0 \\ 0 & 1 & 0 & 1 & 0 \\ 0 & 0 & 1 & -1 & 0 \end{bmatrix},$$

[第一步是用第 2 行加到第 3 行；第二步是用第 3 行的 (−2) 倍加到第 1 行]，便得结果矩阵

$$\begin{array}{c} \begin{array}{ccccc} r & B & p_{\mathrm{m}} & \mu & \theta \end{array} \\ \begin{bmatrix} 1 & 0 & 0 & 3 & 0 \\ 0 & 1 & 0 & 1 & 0 \\ 0 & 0 & 1 & -1 & 0 \end{bmatrix} \end{array}, \tag{9-3-35'}$$

由此看出可选 $\boldsymbol{r}$、$\boldsymbol{B}$、$\boldsymbol{p}_{\mathrm{m}}$ 为甲组量，并可用它们对乙组量 $\boldsymbol{\mu}$ 和 $\boldsymbol{\theta}$ 做量纲表出：

$$\dim\boldsymbol{\mu} = (\dim\boldsymbol{r})^3(\dim\boldsymbol{B})(\dim\boldsymbol{p}_{\mathrm{m}})^{-1}, \quad \dim\boldsymbol{\theta} = (\dim\boldsymbol{r})^0(\dim\boldsymbol{B})^0(\dim\boldsymbol{p}_{\mathrm{m}})^0 = 1, \tag{9-3-36}$$

因而可定义 2 个无量纲量

$$\Pi_1 := \mu r^{-3}B^{-1}p_{\mathrm{m}} = \frac{\mu p_{\mathrm{m}}}{Br^3}, \qquad \Pi_2 := \theta 。$$

令 $\Pi_1' \equiv \Pi_1^{-1} = \dfrac{Br^3}{\mu p_{\mathrm{m}}}$，由 $\Pi_1' = \phi(\Pi_2)$ 得

$$\frac{Br^3}{\mu p_{\mathrm{m}}} = \phi(\theta),$$

故

$$B = \frac{\mu p_{\mathrm{m}}}{r^3}\phi(\theta) 。 \tag{9-3-37}$$

遗憾的是量纲分析无法给出 $\phi(\theta)$ 的函数形式。 ■

注记 9-6　由解析方法可知条形磁铁在远区激发的磁场 $\vec{B}$ 是球坐标 r 和 θ 的函数[参见梁灿彬(2018)式(5-40)]：

$$\vec{B}(r,\theta) = \frac{\mu p_{\mathrm{m}}}{4\pi r^3}(\vec{e}_r 2\cos\theta + \vec{e}_\theta \sin\theta), \tag{9-3-38}$$

其中 $\vec{e}_r$ (或 $\vec{e}_\theta$)是沿 r (或 θ)增大方向的单位矢。上式是矢量等式，其大小为

$$B(r,\theta)=\frac{\mu p_{\mathrm{m}}}{4\pi r^3}[(\vec{e}_r 2\cos\theta+\vec{e}_\theta\sin\theta)\cdot(\vec{e}_r 2\cos\theta+\vec{e}_\theta\sin\theta)]^{1/2}=\frac{\mu p_{\mathrm{m}}}{4\pi r^3}\sqrt{1+3\cos^2\theta}\ , \tag{9-3-39}$$

可见式(9-3-37)的

$$\phi(\theta)=\frac{1}{4\pi}\sqrt{1+3\cos^2\theta}\ 。\tag{9-3-40}$$ ■

例题 9-3-7 电动力学告诉我们，带电粒子在加速运动时会产生电磁辐射。试用量纲分析求出辐射总功率 $\boldsymbol{P}$ 的表达式。

解 涉及量显然有总功率 $\boldsymbol{P}$、粒子电荷 $\boldsymbol{q}$ 和加速度 $\boldsymbol{a}$。此外，我们熟知电磁辐射以光速传播，所以还应把光速 $\boldsymbol{c}$ 纳入涉及量中，因而 $n=4$。选高斯制所在族，由表 4-6 查得量纲矩阵为

$$\begin{array}{c} \\ \mathrm{L} \\ \mathrm{M} \\ \mathrm{T} \end{array}\begin{array}{c} \begin{array}{cccc} c & a & q & P \end{array} \\ \begin{bmatrix} 1 & 1 & 3/2 & 2 \\ 0 & 0 & 1/2 & 1 \\ -1 & -2 & -1 & -3 \end{bmatrix} \end{array}。\tag{9-3-41}$$

对此矩阵施以行初等变换：

$$\begin{bmatrix} 1 & 1 & 3/2 & 2 \\ 0 & 0 & 1/2 & 1 \\ -1 & -2 & -1 & -3 \end{bmatrix}\to\begin{bmatrix} 1 & 1 & 3/2 & 2 \\ 0 & 0 & 1/2 & 1 \\ 0 & -1 & 1/2 & -1 \end{bmatrix}\to\begin{bmatrix} 1 & 0 & 2 & 1 \\ 0 & 0 & 1 & 2 \\ 0 & 1 & -1/2 & 1 \end{bmatrix}$$

$$\to\begin{bmatrix} 1 & 0 & 2 & 1 \\ 0 & 1 & -1/2 & 1 \\ 0 & 0 & 1 & 2 \end{bmatrix}\to\begin{bmatrix} 1 & 0 & 0 & -3 \\ 0 & 1 & 0 & 2 \\ 0 & 0 & 1 & 2 \end{bmatrix},$$

(第一步是第 1 行加到第 3 行；第二步是第 3 行加到第 1 行，再用 2 乘第 2 行，再用 (−1) 乘第 3 行；第三步是把第 2、3 行互换；第四步是用第 3 行的 (−2) 倍加到第 1 行，再用第 3 行的1/2 倍加到第 2 行。) 得到的结果矩阵为

$$\begin{array}{c} \begin{array}{cccc} c & a & q & P \end{array} \\ \begin{bmatrix} 1 & 0 & 0 & -3 \\ 0 & 1 & 0 & 2 \\ 0 & 0 & 1 & 2 \end{bmatrix} \end{array},\tag{9-3-42}$$

故可取 $\boldsymbol{c}$、$\boldsymbol{a}$、$\boldsymbol{q}$ 为甲组量，并可用它们对乙组量 $\boldsymbol{P}$ 做量纲表出：

$$\dim\boldsymbol{P}=(\dim\boldsymbol{c})^{-3}(\dim\boldsymbol{a})^2(\dim\boldsymbol{q})^2\ ,\tag{9-3-43}$$

因而可定义 1 个无量纲量

$$\Pi:=\frac{Pc^3}{q^2a^2}\ 。\tag{9-3-44}$$

这个 Π 必为常数，改记作 C_0，乃得

$$P=C_0\frac{q^2a^2}{c^3}\ 。\tag{9-3-45}$$

只剩常数 C_0 无法用量纲分析确定。由解析计算可知 $C_0=2/3$。 ■

作为本节的最后一道例题，下面要寻求带电粒子的电磁质量的表达式。鉴于不少读者

对电磁质量知之不详甚至一无所知，这里先做一简介。先设粒子不带电，其质量为 m_0，速度为 $\vec{v}$ (且 $v \ll c$)，则它有动量 $\vec{G}=m_0\vec{v}$。但若粒子带电，就会在周围激发电磁场。这个电磁场可以分解为“近区场”和“远区场”两部分[不妨以电偶极辐射为例，可参阅梁灿彬(2018)小节 9.4.1]。只要粒子做加速运动，远区场就是辐射场，其大小与距离 r 成反比，它把能量辐射到无限远。近区场虽然也随时间 t 而变，但每一时刻与静电场性质相同，例如其大小与 r^2 成反比。无论粒子做怎样的运动(包括加速运动)，其近区场都仍然像静止粒子的静电场那样依附于这个粒子，所以近区场又称为粒子的**自场**。自场与带电粒子的关系可以说是“永远共存，不离不弃”。作为电磁场，自场当然也有动量(和能量)，而且会随粒子速度改变而改变。理论表明，当 $v \ll c$ 时，自场的动量为

$$\vec{G}_{自}=\mu\vec{v}\,, \tag{9-3-46}$$

式中

$$\mu \equiv \frac{4W_0}{3c^2} \quad (高斯制), \tag{9-3-47}$$

其中 c 为光速；W_0 是带电粒子静止时的能量。

根据牛顿力学，为改变不带电粒子的速度就必须施力，此力的冲量等于粒子动量的微小变化 $\Delta(m_0\vec{v})$。然而，式(9-3-46)表明，当粒子带电时，为改变其速度所需的力的冲量应在 $\Delta(m_0\vec{v})$ 的基础上增加 $\Delta(\mu\vec{v})$。这就是说，带电粒子由于携带着自场而有较大的惯性，相应地，其质量也就由不带电时的 m_0 增大为 $m=m_0+\mu$，所以就把 μ 称为带电粒子的**电磁质量**，改记为 m_{EM}，便有 $m=m_0+m_{EM}$。由于带电粒子与其自场永远共存，所以一切测量质量的方法测得的都只能是粒子的总质量 m。电磁质量 m_{EM} 和“裸质量” m_0 是不能分别测得的。为求得 m_{EM} 与粒子电荷的关系式，可先求 W_0。给定 q 后，W_0 还跟 q 在粒子上的分布有关。假设粒子是半径为 R 的球体，电荷 q 在球面上均匀分布，则球外的静电场为 $E=q/r^2$ (高斯制)，其场能密度为 $E^2/8\pi=q^2/8\pi r^4$，故

$$W_0=\iiint_{球外}\frac{1}{8\pi}E^2\mathrm{d}V=\frac{q^2}{8\pi}\iiint_{球外}\left(\frac{1}{r^2}\right)^2 r^2\sin\theta\,\mathrm{d}r\mathrm{d}\theta\mathrm{d}\varphi=\frac{q^2}{8\pi}4\pi\int_R^\infty r^{-2}\mathrm{d}r=\frac{q^2}{2R}\,。 \tag{9-3-48}$$

上式代入式(9-3-47)便得电磁质量的表达式

$$m_{EM}=\frac{2q^2}{3Rc^2} \quad (高斯制)。 \tag{9-3-49}$$

以上是在牛顿力学和经典电动力学范畴内的电磁质量概念。

甲　哇！我觉得上式自身存在着严重矛盾。近代粒子物理学是建筑在点模型基础上的，点粒子的半径 $R=0$，于是 m_{EM} 只能是无限大！您刚才推出上式时用了一个假设——“粒子是半径为 R 的球体，电荷 q 在球面上均匀分布”。恐怕正是这个假设惹的祸吧？

乙　你问得很好。不过我不用这个假设也能推出上式(于是这个严重矛盾仍然存在)，为此只需利用 Π 定理。请看如下例题。

***例题 9-3-8**　求带电粒子电磁质量的表达式。

解　假定我们并不知道式(9-3-49)，首先想到的涉及量就只有粒子电荷 $\boldsymbol{q}$、粒子半径 $\boldsymbol{R}$ 和电磁质量 $\boldsymbol{m}_{EM}$。由于默认粒子位于真空，似乎没有别的涉及量了。选用高斯制所在族，

有量纲矩阵

$$\begin{array}{c} \\ \mathrm{L} \\ \mathrm{M} \\ \mathrm{T} \end{array}\begin{array}{c} R\ \ m_{\mathrm{EM}}\ \ q \\ \begin{bmatrix} 1 & 0 & 3/2 \\ 0 & 1 & 3/2 \\ 0 & 0 & -1 \end{bmatrix} \end{array}。\tag{9-3-50}$$

此矩阵满秩(行列式非零)，所以三个涉及量都属于甲组量，没有乙组量，无法求解[2]。看来还应有至少一个其他涉及量。

甲　从式(9-3-49)可知，这个应补的涉及量当然是c。但是，如果不知道式(9-3-49)，还真难想到应该把c添补进去，因为自场类似于静电场，与光速似乎扯不上关系。

乙　这要求你有较好的物理修养。加速带电粒子周围的电磁场虽然分为“近区场”和“远区场”，而且“近区场”类似于静电场，但并不就是静电场，它与“远区场”同样因为以光速传播而有推迟效应[见梁灿彬(2018)]。事实上，远区的辐射场也是要经过近区才能到达远区的，所以光速必须是涉及量。补上后的量纲矩阵为

$$\begin{array}{c} \\ \mathrm{L} \\ \mathrm{M} \\ \mathrm{T} \end{array}\begin{array}{c} R\ \ m_{\mathrm{EM}}\ \ c\ \ \ q \\ \begin{bmatrix} 1 & 0 & 1 & 3/2 \\ 0 & 1 & 0 & 1/2 \\ 0 & 0 & -1 & -1 \end{bmatrix} \end{array}。\tag{9-3-51}$$

对此矩阵施以行初等变换(第 3 行加到第 1 行，再用 −1 乘第 3 行)便得结果矩阵

$$\begin{array}{c} R\ \ m_{\mathrm{EM}}\ \ c\ \ \ q \\ \begin{bmatrix} 1 & 0 & 0 & 1/2 \\ 0 & 1 & 0 & 1/2 \\ 0 & 0 & 1 & 1 \end{bmatrix} \end{array},$$

故可取$\boldsymbol{R}$、$\boldsymbol{m}_{\mathrm{EM}}$和$\boldsymbol{c}$为甲组量，$\boldsymbol{q}$为乙组量，可用甲组量量纲表出为

$$\dim\boldsymbol{q}=(\dim\boldsymbol{R})^{1/2}(\dim\boldsymbol{m}_{\mathrm{EM}})^{1/2}(\dim\boldsymbol{c}),\tag{9-3-52}$$

于是可定义 1 个无量纲量

$$\varPi:=\frac{q}{c\sqrt{Rm_{\mathrm{EM}}}}，\ 即\ \ \varPi^2\equiv\frac{q^2}{c^2Rm_{\mathrm{EM}}}。\tag{9-3-53}$$

把无量纲常数$1/\varPi^2$记作C_0，便得

$$m_{\mathrm{EM}}=C_0\frac{q^2}{Rc^2}。\tag{9-3-54}$$

只有无量纲常数C_0无法求得。■

甲　现在我算是服了。利用量纲分析，无须依赖任何假设就能得出点粒子的m_{EM}为无限大的严酷结论。看来电磁质量问题必然会导致严重矛盾。

乙　是的。Feynman(1965)指出，这一困难是对麦氏电磁理论的严酷挑战(正是这个电磁理论认为电磁场有能量和动量)，即使利用近代的量子场论和狭义相对论也未能克服困难。

---

[2] 用“十字删除法”还可一望而知删除第 3 行第 3 列后只剩一个 2×2 单位矩阵，信息全部丢失，无解可求。

下面从量纲分析的角度对 Feynman 这段评述再做一番讨论。首先，假定我们加入量子考虑(用上量子力学甚至量子场论)，从 Π 定理的角度看无非就是增加一个涉及量——约化普朗克常量 $\boldsymbol{\hbar}$，因而涉及量个数从 $n=4$ 变为 $n=5$。列出量纲矩阵，简单计算后求得量纲关系

$$\dim\boldsymbol{q}=(\dim\boldsymbol{R})^{1/2}(\dim\boldsymbol{m}_{\rm EM})^{1/2}(\dim\boldsymbol{c}),\quad \dim\boldsymbol{h}=(\dim\boldsymbol{R})(\dim\boldsymbol{m}_{\rm EM})(\dim\boldsymbol{c}), \tag{9-3-55}$$

故可定义 2 个无量纲量：

$$\Pi_1:=\frac{q}{c\sqrt{Rm_{\rm EM}}},\quad \Pi_2:=\frac{\hbar}{cRm_{\rm EM}}。 \tag{9-3-56}$$

由 Π 定理的 $F(\Pi_1,\Pi_2)=0$ [见式(8-1-10)]得

$$F\left(\frac{q}{c\sqrt{Rm_{\rm EM}}},\frac{\hbar}{cRm_{\rm EM}}\right)=0，其中 F 代表某个函数关系。 \tag{9-3-57}$$

上式左边的两个宗量 $\dfrac{q}{c\sqrt{Rm_{\rm EM}}}$ 和 $\dfrac{\hbar}{cRm_{\rm EM}}$ 中的 R 和 $m_{\rm EM}$ 都以乘积 $Rm_{\rm EM}$ 的形式出现，所以必有函数关系 ϕ 使得下式成立：

$$Rm_{\rm EM}=\phi(q,c,\hbar)。 \tag{9-3-58}$$

c 和 $\hbar$ 都是常数；对电子而言，$q=-{\rm e}$ 也是常数，所以上式右边是有限值。于是上式表明，当电子的 $R\to 0$ 时 $m_{\rm EM}\to\infty$，可见加入量子考虑也“难逃厄运”。

甲　那么是否可以在此基础上再加入引力的作用(包括超引力甚至量子引力理论)?

乙　值得一试。为此只需添补第 6 个涉及量，即 $\boldsymbol{G}$，容易求得下列 3 个量纲关系：

$$\begin{gathered}\dim\boldsymbol{q}=(\dim\boldsymbol{R})^{1/2}(\dim\boldsymbol{m}_{\rm EM})^{1/2}(\dim\boldsymbol{c}),\quad \dim\boldsymbol{h}=(\dim\boldsymbol{R})(\dim\boldsymbol{m}_{\rm EM})(\dim\boldsymbol{c}),\\ \dim\boldsymbol{G}=(\dim\boldsymbol{R})(\dim\boldsymbol{m}_{\rm EM})^{-1}(\dim\boldsymbol{c})^2,\end{gathered} \tag{9-3-59}$$

故可定义 3 个无量纲量：

$$\Pi_1:=\frac{q}{c\sqrt{Rm_{\rm EM}}},\quad \Pi_2:=\frac{\hbar}{cRm_{\rm EM}},\quad \Pi_3:=\frac{G}{c^2}\frac{m_{\rm EM}}{R}, \tag{9-3-60}$$

于是由 $\Pi_3^{-1}=\phi_1(\Pi_1,\Pi_2)$ 得(其中 ϕ_1 是某个函数关系)

$$\frac{R}{m_{\rm EM}}=\frac{G}{c^2}\phi_2(\hbar,q,c,Rm_{\rm EM})，其中 \phi_2 是由 \phi_1 决定的函数关系。 \tag{9-3-61}$$

上式与式(9-3-58)的重要区别在于：R 和 $m_{\rm EM}$ 除了以乘积的面貌出现在右边之外，还以相除的方式出现在等号的左边，因而 $m_{\rm EM}$ 即使在 $R\to 0$ 的情况下也可以存在有限值的解，所以上面一再提及的严重困难就有望消除。

甲　作为点粒子，电子的半径本来就是零($R=0$)，您为何又说 R 趋于零($R\to 0$)? “趋于”描述的是一种变动趋势，可是这里没有什么东西是变动的啊。

乙　我们一直在用 Π 定理，而 Π 定理是针对现象类而言的。本问题涉及的是由 $\boldsymbol{q}$、$\boldsymbol{R}$、$\boldsymbol{m}_{\rm EM}$、$\boldsymbol{c}$、$\boldsymbol{\hbar}$ 和 $\boldsymbol{G}$ 构成的某个现象类，其中不同现象的 $\boldsymbol{R}$ 可以不同。不妨考虑该现象类中这样一个系列的具体现象，在这个系列中，R 值从一个现象到“相邻”现象是越来越小的(向“相邻”现象的这种过渡就体现出你说的“变动”)。这样就可以说 $R\to 0$ 了。方程(9-3-61)表明，即使 $R\to 0$，$m_{\rm EM}$ 依然可以有限。

以上讨论表明，从量纲分析的角度看来，如果把量子因素和引力因素都考虑进去，电子的电磁质量问题也许不像原来那样构成那么严重的困难。

§ 9.4　用 于 光 学

***例题 9-4-1**　用量纲分析解释天空的蓝色。

注记 9-7　瑞利对天蓝原因做过长期深入的研究。在前人工作的基础上，他很早就认为空气中存在大量的、线度比紫外线波长还小的微粒，它们会对阳光进行散射，我们看天空时看到的就是这些散射光。因此，为了解释天蓝现象，应该对散射光的光谱做分析。他在一篇早期文章中[Rayleigh(1871)]就曾对此做过讨论。他指出，在定量计算之前最好先从量纲角度做些分析。下面是这一分析的大意(我们做了教学法加工)。

解　以i代表散射光与入射光的振幅比(是个无量纲量)，它取决于以下各因素：微粒的体积V，观察点与微粒的距离r，光波的波长λ，光的传播速度c。瑞利指出，以上各量除c外都不涉及时间量纲，所以i一定与c无关(用本书的“十字删除法”也易得此结论)。因此，有待寻求的是i与V、r、λ的函数关系，即$i=f(V,r,\lambda)$。瑞利从物理考虑知道i正比于微粒体积V而反比于距离r，即$i\propto\frac{V}{r}$，补上比例系数k便有

$$i=k\frac{V}{r}。\tag{9-4-1}$$

由$i=f(V,r,\lambda)$可知k只能与λ有关，再从$\dim V=\mathrm{L}^3$及$\dim r=\mathrm{L}$又知，为确保i无量纲，k的量纲应为$\dim k=\mathrm{L}^{-2}$，可见$k=C_0\lambda^{-2}$(其中C_0为无量纲常数)。代入式(9-4-1)得

$$i=C_0\frac{V}{r\lambda^2}。\tag{9-4-2}$$

上式表明，散射光与入射光的振幅比i与波长λ的平方成反比。注意到光的强度与振幅的平方成正比，便知散射光与入射光的强度比与波长λ的四次方成反比。粗略地认为红光波长是蓝光波长的 2 倍，就可得知蓝光的强度是红光强度的$2^4=16$倍。于是我们看到的天空是蓝色的。

注记 9-8　对“天蓝现象”的最早解释由英国物理学家丁铎尔(Dyndall)提出。他认为造成散射的微粒是悬浮在空气中的尘埃、水滴和冰晶等。Rayleigh(1871)似乎也默认了这一说法。但后来他发现这种解释与观察结果不符，在 28 年后又发表了另一长文[Rayleigh (1899)]，文中明确表示：“即使没有外来微粒，我们依旧会有蓝色的天。”(因为空气分子就能散射。)可以认为此文对“天蓝现象”的解释是基本正确的，虽然略有不足。最完整正确的解释是爱因斯坦给出的。

§ 9.5　用于近代物理学

麦克斯韦在1873年提出他的电磁理论后不久，奥地利物理学家玻尔兹曼(Boltzmann)在 1884 年就以处于热平衡的电磁辐射为工作物质研究了卡诺过程，证明了该辐射的能量密

度 u 与其温度 T 的 4 次方成正比，即 $u \propto T^4$，由此又不难证明绝对黑体的表面辐射率 $\varPsi$ (单位时间从单位表面积辐射出去的能量)也正比于 T^4，补上比例系数 σ 便得等式

$$\varPsi = \sigma T^4 。\tag{9-5-1}$$

其实，斯洛文尼亚物理学家斯特藩(Stefan)早在 1789 年就发表了自己由实验数据归纳出的这一结果，但玻尔兹曼当时并不知道，两人是独立地得到同一结果的。因此，后人把上式称为**斯特藩-玻尔兹曼定律**，式中的比例常数 σ 称为**斯特藩-玻尔兹曼常数**。

现在讨论一个虽不符合历史事实但却不无科学道理的有趣设想：假如玻尔兹曼当年只从量纲分析出发(假定他尚未知道 $\varPsi = \sigma T^4$)，是否也能得出 ψ 与 T^4 成正比的结论？我们不妨用 $\varPi$ 定理对此做一探讨。首先考虑涉及量的个数。除了表面辐射率 $\boldsymbol{\psi}$ 和温度 $\boldsymbol{T}$ 之外，还应涉及光速 $\boldsymbol{c}$ (因为涉及电磁辐射)和玻尔兹曼常量 $\boldsymbol{k}_{\mathrm{B}}$ (因为涉及统计物理)。站在当年的立场来看，涉及量只有上述 4 个，即 $n=4$。其次，应根据这 4 个量在某单位制族(我们取国际制所在族)的量纲式把它们分成甲乙两组。国际制在力学和热力学范畴内的基本量类有 4 个：长度 $\tilde{\boldsymbol{l}}$、质量 $\tilde{\boldsymbol{m}}$、时间 $\tilde{\boldsymbol{t}}$ 和温度 $\tilde{\boldsymbol{T}}$，依次以 L、M、T、Θ 代表它们的量纲(其中 $\Theta \equiv \dim \tilde{\boldsymbol{T}}$)，则量类 $\tilde{\boldsymbol{\psi}}$ 的量纲式为

$$\dim \boldsymbol{\psi} = (\dim 能量)(\dim 时间)^{-1}(\dim 面积)^{-1} = (\mathrm{L^2MT^{-2}})\mathrm{T^{-1}L^{-2}} = \mathrm{MT^{-3}},$$

其他 3 个量类的量纲式依次为

$$\dim \boldsymbol{T} = \Theta, \qquad \dim \boldsymbol{c} = \mathrm{LT^{-1}}, \qquad \dim \boldsymbol{k}_{\mathrm{B}} = \mathrm{L^2MT^{-2}}\Theta^{-1} 。$$

排成的量纲矩阵是

$$\begin{array}{c} \\ \mathrm{L} \\ \mathrm{M} \\ \mathrm{T} \\ \Theta \end{array} \begin{array}{c} \begin{array}{cccc} c & k_{\mathrm{B}} & T & \varPsi \end{array} \\ \begin{bmatrix} 1 & 2 & 0 & 0 \\ 0 & 1 & 0 & 1 \\ -1 & -2 & 0 & -3 \\ 0 & -1 & 1 & 1 \end{bmatrix} \end{array} 。\tag{9-5-2}$$

不难验算这个 4×4 矩阵的行列式非零，所以列秩为 4 (满秩)，于是甲组量个数 $m=4=n$，乙组量个数 $n-m=0$，连一个无量纲量都构造不出来，$\varPi$ 定理没有直接应用价值！然而，从物理角度来想，这是一件非常奇怪的事情：根据当时掌握的全部物理(也就是经典物理)知识，黑体的表面辐射率 $\boldsymbol{\psi}$ 只能跟这三个物理量(光速 $\boldsymbol{c}$、玻尔兹曼常量 $\boldsymbol{k}_{\mathrm{B}}$ 和温度 $\boldsymbol{T}$)有关，无论如何没有理由不能用 c、k_{B}、T 写出 $\varPsi$ 的一个表达式来。特别地，$\varPsi$ 总应跟温度 T 有某个关系吧？但事实上(根据 $\varPi$ 定理)就是写不出这个关系式！对这个问题冥思苦想之后，玻尔兹曼可能会意识到：上述问题的涉及量恐怕不止 4 个，应该还有第五个！既然从已知物理知识中找不到这第五个涉及量，恐怕它可能是一个新的、暂时尚未认识的物理常量。不过，至此他就难以再想下去了，因为这个物理常量连量纲式都不清楚，怎能用量纲分析解决问题？假定他这时想到另辟蹊径，索性放弃量纲分析而一板一眼地研究热平衡电磁辐射的卡诺过程，最终就得出了 $\varPsi \propto T^4$ 这一美妙结果。

以上虽然只是我们假想的“历史”，但玻尔兹曼通过研究卡诺过程得出 $\varPsi \propto T^4$ 的结果却是历史事实。此式说明 $\varPsi$ 与 T^4 成正比，补上比例系数 σ 就可改写为等式 $\varPsi = \sigma T^4$。实验

测得比例系数σ在 CGS 制[3]的数值为

$$\sigma_{\mathrm{CGS}} \approx 5.67\times10^{-5}\,, \tag{9-5-3}$$

换算到国际制则是

$$\sigma_{国} \approx 5.67\times10^{-8}\ 。 \tag{9-5-4}$$

于是$\varPsi=\sigma T^4$在这两个单位制中有不同的数等式：

$$\varPsi_{\mathrm{CGS}}=5.67\times10^{-5}\times T_{\mathrm{CGS}}{}^4\,;\qquad \varPsi_{国}=5.67\times10^{-8}\times T_{国}{}^4\,, \tag{9-5-5}$$

从而违反公理 1-5-1。这种情况与引力常数的引入过程非常类似，仿照把引力常数G升格为量$\boldsymbol{G}$的做法，我们也把比例系数σ升格为一个量$\boldsymbol{\sigma}$(称为**斯特藩-玻尔兹曼常量**)，从而维护了公理 1-5-1。可见斯-玻常量$\boldsymbol{\sigma}$也是一种配平因子，它能把等式$\varPsi=\sigma T^4$两边的量纲“配”得“平”衡(请读者自行验证它还满足配平因子的第三个条件)。由此还容易求得量$\boldsymbol{\sigma}$在国际制所在族的量纲式：

$$\dim\boldsymbol{\sigma}=(\dim\boldsymbol{\psi})(\dim\boldsymbol{T})^{-4}=\mathrm{MT^{-3}\Theta^{-4}}\ 。 \tag{9-5-6}$$

既然斯-玻常量$\boldsymbol{\sigma}$与引力常量$\boldsymbol{G}$的引入过程如此类似，而人们都说$\boldsymbol{G}$是由实验发现的物理常量，$\boldsymbol{\sigma}$不也可以看作是通过实验(及理论)研究而发现的一个新的物理常量吗？

甲　以上讨论的确很有意思，但是，既然已经有了$\varPsi=\sigma T^4$，就没有必要再把σ作为应用$\varPi$定理的第五个涉及量了，因为$\varPsi=\sigma T^4$正是刚才想用$\varPi$定理寻找而没有找到的关系式。

乙　是的。不过，更有意思的是，后来普朗克为了解决黑体辐射的难题而引入了“能量量子”概念，认为每个谐振子的能量只能取能量的某个基本数值(最小能量)E_0的整数倍，而E_0又必然与谐振子的固有频率ν成正比，即$E_0\propto\nu$，引入比例系数h就可以改写为等式$E_0=h\nu$。不难看出，为了维护公理 1-5-1，也要像G和σ那样把比例系数h升格为量$\boldsymbol{h}$，此即著名的**普朗克常量**，它对涉及量子力学的一切问题都非常重要。现在，在认识了h之后，就容易发现式(9-5-2)的量纲矩阵的问题了。

甲　我明白了！黑体的表面辐射率$\varPsi$当然涉及量子力学，所以还应在物理常量$\boldsymbol{c}$和$\boldsymbol{k}_{\mathrm{B}}$之外添加物理常量$\boldsymbol{h}$，这时的涉及量个数$n$由 4 变为 5，就可用$\varPi$定理找出$\varPsi$与温度$T$的关系了。

乙　很对。请看下面的例题。

***例题 9-5-1**　用$\varPi$定理求绝对黑体的能量辐射率$\boldsymbol{\psi}$与温度$\boldsymbol{T}$的关系。

解　黑体辐射涉及量子效应，普朗克常量$\boldsymbol{h}$必须考虑，所以现在的涉及量增为 5 个，即$\boldsymbol{\psi}$、$\boldsymbol{T}$、$\boldsymbol{c}$、$\boldsymbol{k}_{\mathrm{B}}$、$\boldsymbol{h}$，故$n=5$。这些涉及量在国际制所在族的量纲矩阵为

$$\begin{array}{c} \\ \mathrm{L} \\ \mathrm{M} \\ \mathrm{T} \\ \Theta \end{array}\begin{array}{c} \begin{array}{ccccc} c & k_{\mathrm{B}} & h & T & \varPsi \end{array} \\ \begin{bmatrix} 1 & 2 & 2 & 0 & 0 \\ 0 & 1 & 1 & 0 & 1 \\ -1 & -2 & -1 & 0 & -3 \\ 0 & -1 & 0 & 1 & 0 \end{bmatrix} \end{array}\ 。 \tag{9-5-7}$$

---

[3] 此处的 CGS 制是指拓展到包含热学的“拓展 CGS 制”，要补上温度为第 4 个基本量类，基本单位也是$\mathbf{K}$。

此矩阵的列秩 $m=4$，而且 c、k_B、h、Ψ 所在的 4 列线性独立(不难验算它们构成的行列式非零)，第 5 列可由它们线性表出，故可选 $\boldsymbol{c}$、$\boldsymbol{k}_B$、$\boldsymbol{h}$、$\boldsymbol{T}$ 为甲组量，选 $\boldsymbol{\psi}$ 为乙组量。对量类 $\tilde{\boldsymbol{\psi}}$ 写出等式

$$
\begin{aligned}
(0,1,-3,0)=\tilde{\boldsymbol{\psi}} &= x_1\tilde{\boldsymbol{c}}+x_2\tilde{\boldsymbol{k}}_B+x_3\tilde{\boldsymbol{h}}+x_4\tilde{\boldsymbol{T}} \\
&= x_1(1,0,-1,0)+x_2(2,1,-2,-1)+x_3(2,1,-1,0)+x_4(0,0,0,1) \\
&= (x_1+2x_2+2x_3,\ x_2+x_3,\ -x_1-2x_2-x_3,\ -x_2+x_4)\ ,
\end{aligned}
$$

解得 $x_1=-2,\ x_2=4,\ x_3=-3,\ x_4=4$，故

$$\dim\boldsymbol{\psi}=(\dim\boldsymbol{c})^{-2}(\dim\boldsymbol{k}_B)^4(\dim\boldsymbol{h})^{-3}(\dim\boldsymbol{T})^4\ 。\tag{9-5-8}$$

于是可定义 1 个无量纲量(而且必为常数)

$$\Pi := \Psi c^2 k_B^{-4} h^3 T^{-4}\ 。\tag{9-5-9}$$

把 Π 改记作 C_0 (以突出其常数性)，便可求得

$$\Psi = C_0\frac{k_B^{\ 4}}{c^2h^3}T^4\ 。\tag{9-5-10}$$

可见 Ψ 的确与 T^4 成正比。用量纲分析不但推出(或说验证)斯特藩-玻尔兹曼定律，而且由式(9-5-10)还能直接读出斯特藩-玻尔兹曼常数 σ 用其他 3 个物理常数 c、k_B、h 的表达式

$$\sigma = C_0\frac{k_B^{\ 4}}{c^2h^3}\ ,\tag{9-5-11}$$

只有常数 C_0 无法用量纲分析求得。利用普朗克的黑体辐射公式可得

$$C_0=\frac{2\pi^5}{15}\approx 40.8\ 。\tag{9-5-12}$$

把上式以及已知常数 $k_B\approx 1.38\times10^{-23}$ 、$c\approx 3\times10^8$ 、$h\approx 6.6\times10^{-34}$ 代入式(9-5-11)，便得

$$\sigma\approx 5.67\times10^{-8}\ ,$$

与式(9-5-4)一致。 ■

甲 我完全明白了。正如§8.3 的情况 4 所言，当 $n-m=0$ 时，虽然连一个无量纲量也不能构造，但是如果有实验(或理论)证实这 n 个涉及量之间存在某种关系，就往往提供一种暗示——将会有反映新的物理现象的物理常量出现，从而很可能带来物理上的新发现。您刚才正好给出了一个活生生的例子。

乙 这个“新的物理常量”既可以理解为斯-玻常量 $\boldsymbol{\sigma}$，也可以理解为普朗克常量 $\boldsymbol{h}$，由式(9-5-11)可知它们互相并不独立。

§ 9.6 用于量子力学

量子力学离不开普朗克常量 $\boldsymbol{h}$，所以在用 Π 定理求解量子力学问题时 $\boldsymbol{h}$ 必定是一个涉及量。

例题 9-6-1 求静质量为 $\boldsymbol{m}$ 的微观粒子的康普顿波长 $\boldsymbol{\lambda}$ 。

解 $\boldsymbol{\lambda}$ 和 $\boldsymbol{m}$ 当然是涉及量。本问题除了涉及量子力学外还涉及狭义相对论，所以普朗克常量 $\boldsymbol{h}$ 和光速 $\boldsymbol{c}$ 也是涉及量。选国际制的力学部分，有量纲矩阵

$$\begin{array}{c} \\ \mathrm{L} \\ \mathrm{M} \\ \mathrm{T} \end{array}\begin{array}{c} \begin{array}{cccc} \lambda & m & c & h \end{array} \\ \begin{bmatrix} 1 & 0 & 1 & 2 \\ 0 & 1 & 0 & 1 \\ 0 & 0 & -1 & -1 \end{bmatrix} \end{array}。 \tag{9-6-1}$$

对此矩阵施以行初等变换(第一步是用第 3 行加到第 1 行；第二步是用 –1 乘第 3 行)，便得结果矩阵

$$\begin{array}{c} \begin{array}{cccc} \lambda & m & c & h \end{array} \\ \begin{bmatrix} 1 & 0 & 0 & 1 \\ 0 & 1 & 0 & 1 \\ 0 & 0 & 1 & 1 \end{bmatrix} \end{array}。 \tag{9-6-1'}$$

由此看出可选 $\boldsymbol{\lambda}$ 、 $\boldsymbol{m}$ 和 $\boldsymbol{c}$ 为甲组量，并可用它们对乙组量 $\boldsymbol{h}$ 做量纲表出：

$$\dim \boldsymbol{h} = (\dim \boldsymbol{\lambda})(\dim \boldsymbol{m})(\dim \boldsymbol{c}) \text{，} \tag{9-6-2}$$

因而可定义 1 个无量纲量

$$\Pi := \frac{h}{\lambda mc} 。 \tag{9-6-3}$$

把 Π 改记为 C_0，便得康普顿波长的表达式：

$$\lambda = \frac{1}{C_0}\frac{h}{mc} 。 \tag{9-6-4}$$

由常规方法可知 $C_0 = 1$ 。 ■

***例题 9-6-2** 根据经典电动力学，两块平行的中性金属板之间没有相互作用力。但是，根据量子电动力学，由于电磁场的真空涨落，理想导电的两块金属薄板之间竟然存在力的作用，这是由荷兰物理学家 Casimir(卡西米尔)经计算证实的。每板单位面积所受的力称为**卡西米尔压**。试用量纲分析求卡西米尔压与板间距离的关系。

解 涉及量有卡西米尔压 $\boldsymbol{p}$ 、板间距离 $\boldsymbol{d}$ 、约化普朗克常量 $\boldsymbol{\hbar}$ 和光速 $\boldsymbol{c}$ ，在国际制所在族的量纲矩阵为

$$\begin{array}{c} \\ \mathrm{L} \\ \mathrm{M} \\ \mathrm{T} \end{array}\begin{array}{c} \begin{array}{cccc} d & p & c & \hbar \end{array} \\ \begin{bmatrix} 1 & -1 & 1 & 2 \\ 0 & 1 & 0 & 1 \\ 0 & -2 & -1 & -1 \end{bmatrix} \end{array}。 \tag{9-6-5}$$

对此矩阵施以行初等变换：

$$\begin{bmatrix} 1 & -1 & 1 & 2 \\ 0 & 1 & 0 & 1 \\ 0 & -2 & -1 & -1 \end{bmatrix} \to \begin{bmatrix} 1 & 0 & 1 & 3 \\ 0 & 1 & 0 & 1 \\ 0 & 0 & -1 & 1 \end{bmatrix} \to \begin{bmatrix} 1 & 0 & 0 & 4 \\ 0 & 1 & 0 & 1 \\ 0 & 0 & -1 & 1 \end{bmatrix}。$$

(第一步是用第 2 行加到第 1 行，再用第 2 行的 2 倍加到第 3 行；第二步是用第 3 行加到第 1 行)，再用 (–1) 乘第 3 行，便得结果矩阵

$$\begin{matrix} d & p & c & \hbar \end{matrix}$$
$$\begin{bmatrix} 1 & 0 & 0 & 4 \\ 0 & 1 & 0 & 1 \\ 0 & 0 & 1 & -1 \end{bmatrix}。\tag{9-6-5'}$$

由此看出可选 $\boldsymbol{d}$、$\boldsymbol{p}$ 和 $\boldsymbol{c}$ 为甲组量，并可用它们对乙组量 $\boldsymbol{\hbar}$ 做量纲表出：

$$\dim\boldsymbol{\hbar} = (\dim\boldsymbol{d})^4(\dim\boldsymbol{p})(\dim\boldsymbol{c})^{-1}，\tag{9-6-6}$$

因而可定义 1 个无量纲量

$$\Pi := \frac{pd^4}{\hbar c}。\tag{9-6-7}$$

把 Π 改记为 C_0，得

$$p = C_0\frac{\hbar c}{d^4}。\tag{9-6-8}$$

可见卡西米尔压与板间距离的 4 次方成反比。卡西米尔的计算结果是

$$|p| = \frac{\pi^2}{240}\frac{c\hbar}{d^4}。\tag{9-6-9}$$

§ 9.7　用于狭义相对论

在非相对论物理学中，时间 $\tilde{\boldsymbol{t}}$ 和空间长度 $\tilde{\boldsymbol{l}}$ 是两个不同的物理量类。但是狭义相对论的情况完全不同。首先，由洛伦兹变换

$$t' = \gamma\left(t - \frac{v}{c^2}x\right), \qquad x' = \gamma(x - vt), \qquad \gamma \equiv \frac{1}{\sqrt{1-(v/c)^2}}\tag{9-7-1}$$

可以看出时间坐标 t 与空间坐标 x 在两个惯性坐标系中互相掺和，“时中有空，空中有时”(这样才会出现“动尺缩短”、“动钟较慢”等“怪现象”)。为帮助不熟悉相对论的读者理解，此处简介“μ 子寿命问题”。μ 子是在高空中由 π 介子衰变而来的，它又要衰变成其他粒子。静止 μ 子从产生到衰变的时间称为它的静止寿命。一个静止寿命为 2 **微秒** (即 2×10^{-6} **秒**)的 μ 子在 6 **千米** 的高空产生后向地球以 $v = 0.995\,c$ 的高速飞奔而下。如果不考虑相对论效应，就算它以光速飞行，在存活期内也只能走过

$$(3\times10^8\,\textbf{米/秒})\times(2\times10^{-6}\,\textbf{秒}) = 600\,\textbf{米}，$$

根本无望到达地面。然而，由于地球参考系(记作 K)认为 μ 子在高速运动，动钟较慢，所以测得它的寿命(“运动寿命”)比静止寿命要长。虽然静止寿命只有 $\Delta t' = 2\,(\textbf{微秒})$，但由钟慢效应可知其运动寿命 $\Delta t = \gamma\Delta t'$，其中

$$\gamma \equiv \frac{1}{\sqrt{1-(v/c)^2}} = \frac{1}{\sqrt{1-(0.995)^2}} \approx 10，$$

故地球系 K 测得该 μ 子的寿命(“运动寿命”)是静止寿命的 10 倍，即

$$\Delta t = 10\,\Delta t' = 10\times2\,(\textbf{微秒}) = 20\,(\textbf{微秒})。$$

地球系 K 测得该 μ 子走过的距离则为

$$\Delta x = v\Delta t = (0.995\times 3\times 10^8)(\text{米/秒})\times(2\times 10^{-5})(\text{秒})\approx 6000\,(\text{米})\text{。}$$

可见该 μ 子在存活期内正好能走过从产生处(6 **千米** 高空)到衰变处(地面)的距离。

甲　但是，站在 μ 子参考系 K′ 的立场思考(μ 子认为自己静止)，虽然地球向自己高速飞来，但自己的寿命只有 2 **微秒**，地面怎能在如此短暂的时间内走完全程 6 **千米**？

乙　现在应转而考虑尺缩效应。6 **千米** 是地球系测得的距离，即静尺长 $\Delta x = 6$ (**千米**)，但 μ 子(K′ 系)认为尺子在高速运动，由尺缩效应可知动尺长只有

$$\Delta x' = \gamma^{-1}\Delta x = 600\,(\text{米})\text{。}$$

可见，虽然 μ 子认为自己只存活了 2 **微秒**，但就在这短短的 2 **微秒** 内正好走完了 600 **米** 的全程。

甲　啊，我明白了。同样一个过程，地球系认为出现了钟慢效应；μ 子系则认为出现了尺缩效应。这很有助于体会时间和空间坐标在相对论中互相掺和、“时中有空，空中有时”的结论。

乙　很对。现在进一步说明“时”和“空”之间的转化纽带是光速 c，正如“热”和“功”之间的转化纽带是“热功当量 $\boldsymbol{J}$ ”那样。

根据热力学，第一定律可以表为

$dU = JdQ + dW$，(其中 U 是内能，Q 是吸热，W 是外界做功。)

对相同的 dU，如果 dQ 少一些，dW 就会多一些，转化的纽带是 J；

根据相对论，时空间隔

$$ds^2 = -(cdt)^2 + (dx)^2$$

是不变量，dt 少一些，dx 就多一些，转化的纽带是 c。

既然 c 的纽带作用与热功当量 J 很像，就不妨把 c 也戏称为“时空当量”，而且，只要用 Π 定理讨论相对论问题，就必须把 $\boldsymbol{c}$ 列为涉及量[4]。下面的例子应该具有启发性。

狭义相对论有个著名的质能关系式 $E = mc^2$ (其中 m、E 和 c 分别代表质点的静质量、静能量和光速在国际制的数)。假定某人只听说过相对论的能量 E 和质量 m 有个关系式(却不知道此式必含 c)，而且他想用 Π 定理找出这个式子，他会写出如下的量纲矩阵：

$$\begin{array}{c} \\ \text{L} \\ \text{M} \\ \text{T} \end{array}\begin{array}{c} \begin{array}{cc} E & m \end{array} \\ \begin{bmatrix} 2 & 0 \\ 1 & 1 \\ -2 & 0 \end{bmatrix} \end{array}\text{。}$$

上述矩阵的第一、三行互成比例，用第 1 行加到第 3 行便可使之为 0，删去第 3 行后得

$$\begin{array}{c} \\ \text{L} \\ \text{M} \end{array}\begin{array}{c} \begin{array}{cc} E & m \end{array} \\ \begin{bmatrix} 2 & 0 \\ 1 & 1 \end{bmatrix} \end{array}\text{。}$$

利用“行初等变换”容易将此矩阵变为

---

[4] 选读 7-3 还论证了“光速 $\boldsymbol{c}$ 是配平因子”这一重要结论。

$$\begin{matrix} E & m \end{matrix}$$
$$\begin{bmatrix} 1 & 0 \\ 0 & 1 \end{bmatrix}。$$

可见 $\boldsymbol{E}$ 和 $\boldsymbol{m}$ 量纲独立，都是甲组量，根本没有乙组量。于是什么关系也找不出来。

甲　看来，出不来结果的原因就是没有把时空当量 $\boldsymbol{c}$ 也列为涉及量。

乙　对。补进 $\boldsymbol{c}$ 后的量纲矩阵为

$$\begin{matrix} & E & m & c \\ \mathrm{L} & 2 & 0 & 1 \\ \mathrm{M} & 1 & 1 & 0 \\ \mathrm{T} & -2 & 0 & -1 \end{matrix}\ \text{（矩阵）}。$$

上述矩阵的第一、三行互成比例，可用行初等变换将第 3 行变为 0，故得等价矩阵

$$\begin{matrix} & E & m & c \\ \mathrm{L} & 2 & 0 & 1 \\ \mathrm{M} & 1 & 1 & 0 \end{matrix}\ \text{（矩阵）}。$$

再次施以行初等变换得

$$\begin{bmatrix} 2 & 0 & 1 \\ 1 & 1 & 0 \end{bmatrix} \to \begin{bmatrix} 1 & 0 & 1/2 \\ 1 & 1 & 0 \end{bmatrix} \to \begin{bmatrix} 1 & 0 & 1/2 \\ 0 & 1 & -1/2 \end{bmatrix},$$

[第一步用1/2 乘第 1 行；第二步用第 1 行的 (−1) 倍加到第 2 行。] 上述做法的结果矩阵为

$$\begin{matrix} E & m & c \end{matrix}$$
$$\begin{bmatrix} 1 & 0 & 1/2 \\ 0 & 1 & -1/2 \end{bmatrix}。$$

故可取 $\boldsymbol{E}$ 和 $\boldsymbol{m}$ 为甲组量，$\boldsymbol{c}$ 为乙组量，可用甲组量量纲表出为

$$\dim \boldsymbol{c} = (\dim \boldsymbol{E})^{1/2}(\dim \boldsymbol{m})^{-1/2},$$

所以

$$\dim \boldsymbol{E} = (\dim \boldsymbol{m})(\dim \boldsymbol{c})^2,$$

因而可定义 1 个无量纲量

$$\varPi := \frac{E}{mc^2}。$$

这个 $\varPi$ 必为常数，改记作 C_0，乃得

$$E = C_0 mc^2。\tag{9-7-2}$$

只剩常数 $C_0 = 1$ 无法用量纲分析确定。

甲　这个例子很有说服力。刚接触相对论时，我觉得有件事情很奇怪：静止质点在那里一动不动，相对论却说它有能量，而且这个静能竟然等于静质量乘以光速的平方！静止不动的质点为什么还跟光速扯上关系？后来虽然由于“熟能生懂”而“见怪不怪”，现在才真正弄明白原因：作为时空当量，c 在相对论公式中的出现是理所当然的！

乙　很好。我们也觉得这种把 $\boldsymbol{c}$ 看作时空当量的做法反映了认识理解的一种深化。

甲　但我还有个问题。虽然光速 $\boldsymbol{c}$ 在相对论里如此重要，但一回到牛顿力学(非相对论物理学)就再也不见 $\boldsymbol{c}$ 了。事实上，§9.1 关于 $\varPi$ 定理在牛顿力学的应用的大量例子中，从来

都不必把光速 $\boldsymbol{c}$ 列为涉及量。这是为什么？

乙　关键在于，根据牛顿的时空观，时间和空间是绝对的，而且彼此完全独立(是两个完全不同的量类)，所以就不再被看作是由一个量类(时空尺度)“裂变”而成的两个量类，因而时空当量 $\boldsymbol{c}$ 也就“英雄无用武之地”了。

甲　但我觉得相对论与非相对论之间的过渡应该是连续而不是突变的，不存在一个“临界的 v/c 值”，记作 $(v/c)_{临界}$，当实际情况的 v/c 低于 $(v/c)_{临界}$ 时就可用非相对论。

乙　为了让你感到“舒服”(为了实现你所希望的“软过渡”)，不妨看一个简例。此例本是牛顿力学的简单题目，似乎跟 $\boldsymbol{c}$ 毫不相干。让我们看看把 $\boldsymbol{c}$“硬添进”涉及量的行列后会有什么结果。

***例题 9-7-1**　求圆周运动质点的加速度 $\boldsymbol{a}$ 与线速度 $\boldsymbol{v}$ 及圆周半径 $\boldsymbol{R}$ 的关系。

解法 1 (通常解法)　涉及量有 $\boldsymbol{R}$ 、$\boldsymbol{a}$ 和 $\boldsymbol{v}$ 三个，即 $n=3$。选国际制所在族，量纲矩阵显然为

$$\begin{array}{c} \\ \mathrm{L} \\ \mathrm{T} \end{array}\begin{array}{c} \begin{matrix} R & a & v \end{matrix} \\ \begin{bmatrix} 1 & 1 & 1 \\ 0 & -2 & -1 \end{bmatrix} \end{array}。$$

实施“行初等变换”(先用第 2 行的1/2 倍加到第 1 行，再用 –1/2 乘第 2 行)得

$$\begin{array}{c} \begin{matrix} R & a & v \end{matrix} \\ \begin{bmatrix} 1 & 0 & 1/2 \\ 0 & 1 & 1/2 \end{bmatrix} \end{array}。$$

故可取 $\boldsymbol{R}$ 和 $\boldsymbol{a}$ 为甲组量，$\boldsymbol{v}$ 为乙组量，可用甲组量量纲表出：

$$\dim\boldsymbol{v} = (\dim\boldsymbol{R})^{1/2}(\dim\boldsymbol{a})^{1/2},$$

所以

$$\dim\boldsymbol{a} = (\dim\boldsymbol{v})^2(\dim\boldsymbol{R})^{-1},$$

因而可定义 1 个无量纲量

$$\Pi := a\frac{R}{v^2},$$

把常数 Π 改记作 C_0，乃得

$$a = C_0\frac{v^2}{R}。\tag{9-7-3}$$

此乃众所周知的结果。■

解法 2 (添 $\boldsymbol{c}$ 解法)　涉及量有 $\boldsymbol{R}$ 、$\boldsymbol{a}$、$\boldsymbol{v}$ 和 $\boldsymbol{c}$ 四个，即 $n=4$。选国际制所在族，量纲矩阵显然为

$$\begin{array}{c} \\ \mathrm{L} \\ \mathrm{T} \end{array}\begin{array}{c} \begin{matrix} R & a & v & c \end{matrix} \\ \begin{bmatrix} 1 & 1 & 1 & 1 \\ 0 & -2 & -1 & -1 \end{bmatrix} \end{array}。$$

仿照解法 1 的行变换，得

$$\begin{array}{cccc} R & a & v & c \end{array}$$
$$\begin{bmatrix} 1 & 0 & 1/2 & 1/2 \\ 0 & 1 & 1/2 & 1/2 \end{bmatrix}。$$

故仍可取 $\boldsymbol{R}$ 和 $\boldsymbol{a}$ 为甲组量，但乙组量有 $\boldsymbol{v}$ 和 $\boldsymbol{c}$ 两个，可用甲组量量纲表出：

$$\dim\boldsymbol{v} = (\dim\boldsymbol{R})^{1/2}(\dim\boldsymbol{a})^{1/2}, \quad \dim\boldsymbol{c} = (\dim\boldsymbol{R})^{1/2}(\dim\boldsymbol{a})^{1/2},$$

所以

$$\dim\boldsymbol{a} = (\dim\boldsymbol{v})^2(\dim\boldsymbol{R})^{-1}, \quad \dim\boldsymbol{v} = \dim\boldsymbol{c},$$

因而可定义 2 个无量纲量：

$$\Pi_1 := a\frac{R}{v^2}, \qquad \Pi_2 := \frac{v}{c}。$$

由 $\Pi_1 = \phi(\Pi_2)$ 得

$$a = \frac{v^2}{R}\phi\left(\frac{v}{c}\right)。 \tag{9-7-4}$$

上式既适用于相对论，也适用于非相对论。当 $\dfrac{v}{c} \ll 1$ 时，由泰勒展开并只保留零阶量，得

$$\phi\left(\frac{v}{c}\right) \approx \phi(0)。$$

把常数 $\phi(0)$ 记作 C_0，代入式(9-7-4)便得

$$a \approx C_0 v^2 / R。$$

这一结果与不加 $\boldsymbol{c}$ 的结果[式(9-7-3)]实质相同，但更好，因为它告诉你 a 与 $C_0 v^2/R$ 只是近似相等，近似程度就取决于比值 v/c。至于什么情况下可以用非相对论近似，即式(9-7-3)，只取决于你对误差的容忍程度。■

中　太好了！这就实现了我所希望的“软过渡”了。

乙　一般而言，添加额外的涉及量会使无量纲量个数增加，从而使结果弱化。但是本例题比较特别，因为它早已选了一个有速度量纲的量(线速度 $\boldsymbol{v}$)为涉及量，补进 $\boldsymbol{c}$ 后，多出的一个无量纲量自然是 v/c，只要施行泰勒展开，就能得到比添补前更好的效果。当然，这也只是为了满足你的要求而编造的例子。在实际工作中，只要比值 v/c 足够地小于 1，直接用非相对论处理就可以了。

在此基础上就可以进一步寻找狭义相对论的“质能动关系式”，即粒子的静质量 $\boldsymbol{m}$、能量 $\boldsymbol{E}$ 和动量 $\boldsymbol{p}$ 的关系式，标准答案是

$$E^2 = m^2c^4 + p^2c^2。 \tag{9-7-5}$$

***例题 9-7-2**　求粒子的狭义相对论“质能动关系式”。

解　涉及量除了 $\boldsymbol{m}$、$\boldsymbol{E}$ 和 $\boldsymbol{p}$ 之外，还必须有 $\boldsymbol{c}$。用国际制所在族，有量纲矩阵

$$\begin{array}{c} \\ \mathrm{L} \\ \mathrm{M} \\ \mathrm{T} \end{array}\begin{array}{c} \begin{array}{cccc} p & m & c & E \end{array} \\ \begin{bmatrix} 1 & 0 & 1 & 2 \\ 1 & 1 & 0 & 1 \\ -1 & 0 & -1 & -2 \end{bmatrix} \end{array},$$

此矩阵的第一、三行互成比例，可用简单的行初等变换把第 3 行变为 0，从而简化为

$$\begin{array}{c} \\ \mathrm{L} \\ \mathrm{M} \end{array}\begin{array}{c} \begin{matrix} p & m & c & E \end{matrix} \\ \begin{bmatrix} 1 & 0 & 1 & 2 \\ 1 & 1 & 0 & 1 \end{bmatrix} \end{array}。$$

用第 1 行的 (−1) 倍加到第二行得

$$\begin{array}{c} \begin{matrix} p & m & c & E \end{matrix} \\ \begin{bmatrix} 1 & 0 & 1 & 2 \\ 0 & 1 & -1 & -1 \end{bmatrix} \end{array}。$$

由此看出可选 $\boldsymbol{p}$、$\boldsymbol{m}$ 为甲组量，并可用它们对乙组量 $\boldsymbol{c}$、$\boldsymbol{E}$ 做量纲表出：

$$\dim \boldsymbol{c} = (\dim \boldsymbol{p})(\dim \boldsymbol{m})^{-1}, \qquad \dim \boldsymbol{E} = (\dim \boldsymbol{p})^2(\dim \boldsymbol{m})^{-1},$$

因而可构造 2 个无量纲量：

$$\Pi_1 := \frac{mc}{p}, \qquad \Pi_2 := \frac{Em}{p^2}。$$

令

$$\Pi_3 \equiv \left(\frac{\Pi_2}{\Pi_1}\right)^2 = \frac{E^2}{p^2c^2}, \qquad \Pi_4 \equiv \Pi_1^{\ 2} = \frac{m^2c^2}{p^2},$$

则由 $\Pi_3 = \phi(\Pi_4)$ 得

$$E^2 = p^2c^2\phi\left(\frac{m^2c^2}{p^2}\right)。\tag{9-7-6}$$

至此就要用到物理思辨。①当 $p=0$ (静止)时，前已求得 $E=mc^2$，即 $E^2=m^2c^4$，故式(9-7-6)右边的 $\phi\left(\frac{m^2c^2}{p^2}\right)$ 应有一项为 $\frac{m^2c^2}{p^2}$，以使 E^2 右边有一项为

$$p^2c^2\frac{m^2c^2}{p^2} = m^2c^4;$$

②当 $m=0$ 时(这时粒子为光子)，只要对光子的能量和动量问题比较熟悉，就会知道光子的动量 p 与能量 E 有 $p=E/c$ 的关系[见梁灿彬，曹周键(2013)]，故 $E^2=p^2c^2$，可见式(9-7-6)右边的 $\phi\left(\frac{m^2c^2}{p^2}\right)$ 还应有一项为 1，以使当 $m=0$ 时有 $E^2=p^2c^2$。于是可以猜想

$$\phi\left(\frac{m^2c^2}{p^2}\right) = 1 + \frac{m^2c^2}{p^2},$$

因而式(9-7-6)最终给出

$$E^2 = p^2c^2\left(1+\frac{m^2c^2}{p^2}\right) = p^2c^2 + m^2c^4,\tag{9-7-7}$$

与标准答案吻合。 ■

§ 9.8　用于广义相对论

例题 9-8-1　求史瓦西黑洞视界面积的表达式。

解　黑洞是广义相对论中的概念，而广义相对论涉及的物理常量有光速 $\boldsymbol{c}$ 和引力常量 $\boldsymbol{G}$。黑洞的视界面积 $\boldsymbol{A}$ 肯定与它的质量 $\boldsymbol{M}$ 有关，所以共有 4 个涉及量，它们在国际制所在族的量纲矩阵为

$$\begin{array}{c} \\ \mathrm{L} \\ \mathrm{M} \\ \mathrm{T} \end{array}\begin{array}{c} \begin{array}{cccc} A & M & c & G \end{array} \\ \begin{bmatrix} 2 & 0 & 1 & 3 \\ 0 & 1 & 0 & -1 \\ 0 & 0 & -1 & -2 \end{bmatrix} \end{array}。\tag{9-8-1}$$

对此矩阵施行如下的行初等变换：

$$\begin{bmatrix} 2 & 0 & 1 & 3 \\ 0 & 1 & 0 & -1 \\ 0 & 0 & -1 & -2 \end{bmatrix} \to \begin{bmatrix} 2 & 0 & 0 & 1 \\ 0 & 1 & 0 & -1 \\ 0 & 0 & 1 & 2 \end{bmatrix} \to \begin{bmatrix} 1 & 0 & 0 & 1/2 \\ 0 & 1 & 0 & -1 \\ 0 & 0 & 1 & 2 \end{bmatrix},$$

(第一步是用第 3 行加到第 1 行，再用 −1 乘第 3 行；第二步用 1/2 乘第 1 行)，最右边便是结果矩阵，即

$$\begin{array}{c} \begin{array}{cccc} A & M & c & G \end{array} \\ \begin{bmatrix} 1 & 0 & 0 & 1/2 \\ 0 & 1 & 0 & -1 \\ 0 & 0 & 1 & 2 \end{bmatrix} \end{array},\tag{9-8-1′}$$

故可取 $\boldsymbol{A}$、$\boldsymbol{M}$、$\boldsymbol{c}$ 为甲组量，并可用它们对乙组量 $\boldsymbol{G}$ 做量纲表出：

$$\dim\boldsymbol{G} = (\dim\boldsymbol{A})^{1/2}(\dim\boldsymbol{M})^{-1}(\dim\boldsymbol{c})^{2},$$

把 $\dim\boldsymbol{A}$ 调到等号左边得

$$\dim\boldsymbol{A} = (\dim\boldsymbol{G})^{2}(\dim\boldsymbol{M})^{2}(\dim\boldsymbol{c})^{-4},\tag{9-8-2}$$

故可定义 1 个无量纲量

$$\varPi := AG^{-2}M^{-2}c^{4},$$

把常数 $\varPi$ 改记作 C_0，便求得视界面积

$$A = C_0\frac{G^2M^2}{c^4}。\tag{9-8-3}$$

■

注记 9-9　由广义相对论可知史瓦西黑洞的视界半径是

$$R_{\mathrm{S}} = \frac{2GM}{c^2}\quad(国际制),\tag{9-8-4}$$

因而视界面积应为

$$A = 4\pi R_{\mathrm{S}}{}^2 = \pi\frac{16G^2M^2}{c^4},\tag{9-8-5}$$

可见式(9-8-3)中的 $C_0 = 16\pi$。

例题 9-8-2　求黑洞熵与视界面积的关系式。

解　黑洞熵属于广义相对论、统计物理学和量子力学的交叉学科领域，故涉及的物理常量有光速 $\boldsymbol{c}$ 、引力常量 $\boldsymbol{G}$ 、玻尔兹曼常量 $\boldsymbol{k}_{\mathrm{B}}$ 和约化普朗克常量 $\boldsymbol{\hbar}$ 。加上黑洞熵 $\boldsymbol{S}$ 和视界面积 $\boldsymbol{A}$ ，共有 6 个涉及量，在国际制所在族的量纲矩阵为

$$\begin{array}{c} \\ \mathrm{L} \\ \mathrm{M} \\ \mathrm{T} \\ \Theta \end{array}\begin{array}{c} \begin{matrix} A & k_{\mathrm{B}} & c & \hbar & G & S \end{matrix} \\ \begin{bmatrix} 2 & 2 & 1 & 2 & 3 & 2 \\ 0 & 1 & 0 & 1 & -1 & 1 \\ 0 & -2 & -1 & -1 & -2 & -2 \\ 0 & -1 & 0 & 0 & 0 & -1 \end{bmatrix} \end{array} \quad (\Theta\text{代表温度量纲})。$$

不难验证其列秩 $m=4$ ，而且 $\boldsymbol{A}$、$\boldsymbol{k}_{\mathrm{B}}$、$\boldsymbol{c}$、$\boldsymbol{\hbar}$ 量纲独立，故可选为甲组量。对乙组量 $\boldsymbol{G}$ 有

$$\begin{aligned}(3,-1,-2,0)&=\tilde{\boldsymbol{G}}=x_1\tilde{\boldsymbol{A}}+x_2\tilde{\boldsymbol{k}}_{\mathrm{B}}+x_3\tilde{\boldsymbol{c}}+x_4\tilde{\boldsymbol{\hbar}}\\&=x_1(2,0,0,0)+x_2(2,1,-2,-1)+x_3(1,0,-1,0)+x_4(2,1,-1,0)\\&=(2x_1+2x_2+x_3+2x_4,\ x_2+x_4,\ -2x_2-x_3-x_4,\ -x_2)\ ,\end{aligned}$$

解得 $x_1=1,\ x_2=0,\ x_3=3,\ x_4=-1$ ，故

$$\dim\boldsymbol{G}=(\dim\boldsymbol{A})(\dim\boldsymbol{c})^3(\dim\boldsymbol{\hbar})^{-1}\ ; \tag{9-8-6}$$

仿照上述做法，对乙组量 $\boldsymbol{S}$ 不难求得 $\dim\boldsymbol{S}=\dim\boldsymbol{k}_{\mathrm{B}}$ 。因而可定义 2 个无量纲量

$$\Pi_1 := GA^{-1}c^{-3}\hbar=\frac{G\hbar}{Ac^3}\ , \qquad \Pi_2 := Sk_{\mathrm{B}}^{-1}=\frac{S}{k_{\mathrm{B}}}\ 。$$

由 $\Pi_2=\phi(\Pi_1^{-1})$ 得

$$S=k_{\mathrm{B}}\phi\left(\frac{Ac^3}{G\hbar}\right)。 \tag{9-8-7}$$

由量纲分析只能得到这一结果。但是，鉴于贝肯斯坦(Bekenstein)早已提出黑洞熵正比于视界面积(即 $S\propto A$)的创见，应取

$$\phi\left(\frac{Ac^3}{G\hbar}\right)=C_0\frac{Ac^3}{G\hbar} \quad (C_0\text{ 为常数}),$$

代入式(9-8-7)便得黑洞熵 S 与视界面积 A 的如下关系式：

$$S=C_0\frac{Ak_{\mathrm{B}}c^3}{G\hbar}\ 。 \tag{9-8-8}$$

只是常数 C_0 无法用量纲分析求得。■

注记 9-10　由常规理论可知黑洞熵

$$S=\frac{Ak_{\mathrm{B}}c^3}{4G\hbar}\ , \tag{9-8-9}$$

可见 $C_0=1/4$ 。

霍金(Hawking)于 1973 年用半经典(半量子)方法研究黑洞，发现黑洞竟然能像绝对黑体那样发出辐射(后来被称为**霍金辐射**)，并求得了这一辐射的温度(亦即黑洞的温度)。

***例题 9-8-3**　用量纲分析求黑洞的霍金辐射温度的表达式。

解　与上例类似，问题涉及的物理常量有光速 $\boldsymbol{c}$ 、引力常量 $\boldsymbol{G}$ 、玻尔兹曼常量 $\boldsymbol{k}_{\mathrm{B}}$ 和约化普朗克常量 $\boldsymbol{\hbar}$ 。又知道辐射温度与黑洞质量有关，所以还应补上温度 $\boldsymbol{\theta}$ 和质量 $\boldsymbol{M}$ ，共有

6 个涉及量，在国际制所在族的量纲矩阵为

$$\begin{array}{c} \\ \mathrm{L} \\ \mathrm{M} \\ \mathrm{T} \\ \Theta \end{array}\begin{array}{c} \begin{matrix} M & k_{\mathrm{B}} & c & \hbar & G & \theta \end{matrix} \\ \begin{bmatrix} 0 & 2 & 1 & 2 & 3 & 0 \\ 1 & 1 & 0 & 1 & -1 & 0 \\ 0 & -2 & -1 & -1 & -2 & 0 \\ 0 & -1 & 0 & 0 & 0 & 1 \end{bmatrix} \end{array} \quad (\Theta\text{代表温度量纲})。$$

不难验证其列秩 $m=4$，而且 $\boldsymbol{A}$、$\boldsymbol{k}_{\mathrm{B}}$、$\boldsymbol{c}$、$\boldsymbol{\hbar}$ 量纲独立，故可选作甲组量。对乙组量 $\boldsymbol{G}$ 有

$$\begin{aligned}(3,-1,-2,0)=\tilde{\boldsymbol{G}}&=x_1\tilde{\boldsymbol{M}}+x_2\tilde{\boldsymbol{k}}_{\mathrm{B}}+x_3\boldsymbol{\hbar}\\&=x_1(0,1,0,0)+x_2(2,1,-2,-1)+x_3(1,0,-1,0)+x_4(2,1,-1,0)\\&=(2x_2+x_3+2x_4,\ x_1+x_2+x_4,\ -2x_2-x_3-x_4,\ -x_2),\end{aligned}$$

解得 $x_1=-2,\ x_2=0,\ x_3=1,\ x_4=1$，故

$$\dim\boldsymbol{G}=(\dim\boldsymbol{M})^{-2}(\dim\boldsymbol{c})(\dim\boldsymbol{\hbar})\text{；}\tag{9-8-10}$$

对乙组量 $\boldsymbol{\theta}$ 有

$$(0,0,0,1)=\tilde{\boldsymbol{\theta}}=(2x_2+x_3+2x_4,\ x_1+x_2+x_4,\ -2x_2-x_3-x_4,\ -x_2)$$

解得 $x_1=1,\ x_2=-1,\ x_3=2,\ x_4=0$，故

$$\dim\boldsymbol{\theta}=(\dim\boldsymbol{M})(\dim\boldsymbol{k}_{\mathrm{B}})^{-1}(\dim\boldsymbol{c})^2,\tag{9-8-11}$$

因而可定义 2 个无量纲量

$$\Pi_1:=\ GM^2c^{-1}\hbar^{-1}=\frac{GM^2}{c\hbar},\qquad \Pi_2:=\ \theta M^{-1}kc^{-2}=\frac{k\theta}{Mc^2}\text{。}$$

由 $\Pi_2=\phi(\Pi_1^{-1})$ 得

$$\frac{k_{\mathrm{B}}\theta}{Mc^2}=\phi\left(\frac{c\hbar}{GM^2}\right),\tag{9-8-12}$$

故

$$\text{黑洞温度}\ \theta=\frac{Mc^2}{k_{\mathrm{B}}}\phi\left(\frac{c\hbar}{GM^2}\right)\text{。}\tag{9-8-13}$$

上式只表明黑洞温度 θ 与玻尔兹曼常数 k_{B} 成反比，此外没给出任何信息。为了从上式获得更多信息，可利用如下的物理思辨：黑洞是重星晚期坍缩的产物，熟悉恒星演化的人都知道恒星(及黑洞)的质量 M 以及引力常数 G 在公式中总是以 GM 的形式出现的，例如史瓦西外解(真空解)在国际制的线元表达式为[见梁灿彬，曹周键(2013)式(9-6-15′)]

$$\mathrm{d}s^2=-\left(1-\frac{2GM}{c^2r}\right)(c\mathrm{d}t)^2+\left(1-\frac{2GM}{c^2r}\right)^{-1}\mathrm{d}r^2+r^2(\mathrm{d}\theta^2+\sin^2\theta\,\mathrm{d}\varphi^2),$$

还有史瓦西内解以及 Oppenheimer-Volkoff 流体静力学平衡方程[5]也都如此。我们相信式(9-8-13)也会如此，所以函数 $\phi\left(\dfrac{c\hbar}{GM^2}\right)$ 只能取

---

[5] 见梁灿彬，周彬(2006)的式(9-3-17)及式(9-3-9)，该书用几何单位制，转换为国际制就可发现 M 及 G 总以 GM 的形式出现。

$$\phi\left(\frac{c\hbar}{GM^2}\right)=C_0\frac{c\hbar}{GM^2}\quad (C_0\text{为常数})$$

的形式，因而

$$\text{黑洞温度}\ \theta=C_0\frac{c^3\hbar}{GMk_{\rm B}}。\tag{9-8-14}$$

注记 9-11　由常规理论可知[其证明可参阅 Wald(1984)]

$$\text{黑洞温度}\ \theta=\frac{c^3\hbar}{8\pi GMk_{\rm B}}。\tag{9-8-15}$$

可见式(9-8-13)中的 $C_0=1/8\pi$ 。

***例题 9-8-4**　电梯因缆绳断裂而自由下落(“爱因斯坦电梯”), 内部的静止观察者便有失重感: 如果他放开手中的苹果, 将发现它不像通常那样离手下落而是处于随遇平衡。这是牛顿力学就有的结果(无非是苹果所受重力被惯性力抵消)。于是有如下的(弱)等效原理: 在自由下落电梯中的一切力学实验都与远离各星球(无引力的空间)的惯性飞船内的相应实验结果一样。然而这一结论只能近似成立, 因为地球引力场不是均匀引力场。用 8 个小球在电梯内的竖直平面中摆放成某种花样。设这花样在初始时刻为圆形, 则引力场的非均匀性将使花样(小球分布)在自由下落一段时间后变为卵形(图 9-2) [详见梁灿彬, 周彬(2006)P.214~215], 因而与远离各星球的惯性飞船内的相应实验结果并不相同。试判断这一变形与什么因素有关。为简单起见, 只讨论沿竖直方向的变形程度。

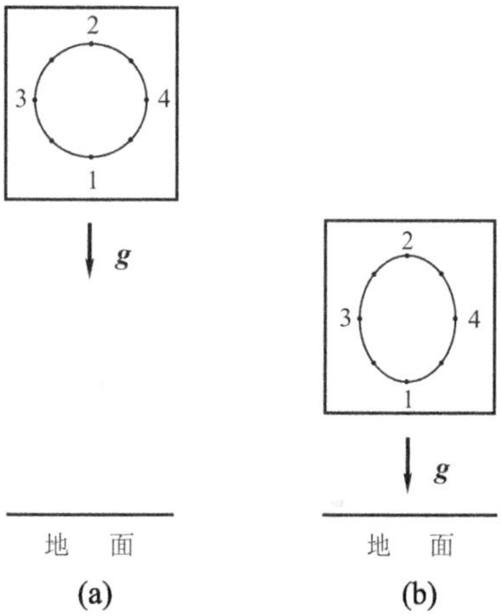

图 9-2　电梯内小球花样在自由下落中变形

注记 9-12　“爱因斯坦电梯”是爱因斯坦在创立广义相对论过程中思考过的重要问题。由于广义相对论尚未创立，他思考的理论根据仍然是牛顿力学。下面的解法 1 和 2 分别采用牛顿力学和广义相对论。

解法 1 (用牛顿力学)　问题的涉及量有 6 个: 球 1 和 2 的初始距离 $\boldsymbol{L}$ 、下落时间 $\boldsymbol{\Delta t}$ 、终结距离与初始距离之差 $\boldsymbol{\Delta L}$ 、地球质量 $\boldsymbol{M}$ 、地球半径 $\boldsymbol{R}$ 以及引力常量 $\boldsymbol{G}$, 即 $n=6$ 。选国际制所在族, 则量纲矩阵为

$$\begin{array}{c} \\ \mathrm{L}\\ \mathrm{M}\\ \mathrm{T}\end{array}\begin{array}{c}\begin{matrix} L & M & \Delta t & G & \Delta L & R\end{matrix}\\ \begin{bmatrix}1 & 0 & 0 & 3 & 1 & 1\\ 0 & 1 & 0 & -1 & 0 & 0\\ 0 & 0 & 1 & -2 & 0 & 0\end{bmatrix}\end{array},\tag{9-8-16}$$

由此易见可取 $\boldsymbol{L}$、$\boldsymbol{M}$、$\boldsymbol{\Delta t}$ 为甲组量，其他(乙组量)可用它们做量纲表出:

$$\dim\boldsymbol{G}=(\dim\boldsymbol{L})^3(\dim\boldsymbol{M})^{-1}(\dim\boldsymbol{\Delta t})^{-2}，\ \dim(\boldsymbol{\Delta L})=\dim\boldsymbol{L},\quad \dim\boldsymbol{R}=\dim\boldsymbol{L}，\tag{9-8-17}$$

故可构造 3 个无量纲量:

$$\varPi_1:=\frac{\Delta L}{L},\qquad \varPi_2:=\frac{R}{L},\qquad \varPi_3:=\frac{GM(\Delta t)^2}{L^3},\tag{9-8-18}$$

而且由 $\varPi$ 定理可知以上三者满足如下关系：$F(\varPi_1,\varPi_2,\varPi_3)=0$。由 $\varPi_1\equiv\Delta L/L$ 又知 $\varPi_1$ 是两球距离的相对变化量(竖直偏离度)，是讨论的重点，所以我们把 $F(\varPi_1,\varPi_2,\varPi_3)=0$ 改写为

$$\varPi_1=\phi(\varPi_2,\varPi_3)。\tag{9-8-19}$$

为得出进一步结论，先做如下物理思辨。(a)球 1，2 与地心距离的微小不同导致两球间有微小的相对加速度(潮汐加速度) a，由此导致两球间在时间 Δt 内有相对位移

$$\Delta L=\frac{1}{2}a(\Delta t)^2,\tag{9-8-20}$$

可见 ΔL (从而 $\varPi_1$)与 $(\Delta t)^2$ 成正比；(b)我们要证明 $\varPi_1$ 与两球间的距离 L 无关，为此，想象电梯外另有 3 个沿竖直线排列的自由下落小球，自下而上的编号为 b_1、b_2、b_3。b_1 与 b_2 的距离等于 b_2 与 b_3 的距离，都为 L。一小段时间 Δt 后，球 b_1 与 b_2 的距离变为 $L+\Delta L$。因 L 很小于地球半径 R，可近似认为 b_2 对 b_1 的相对加速度等于 b_3 对 b_2 的相对加速度，因而球 b_2 与 b_3 的距离也变为 $L+\Delta L$。于是球 b_1 与 b_3 之间的

$$\varPi_1=2\Delta L/2L=\Delta L/L,$$

此即球 b_1 与 b_2 之间的 $\varPi_1$，可见竖直偏离度 $\varPi_1$ 与两球间的距离 L 无关。把 2 元函数 $\varPi_1=\phi(\varPi_2,\varPi_3)$ 展为幂级数(默认级数收敛)：

$$\varPi_1=\phi(\varPi_2,\varPi_3)=\sum_{i,j=0}^{\infty}\alpha_{ij}\varPi_2{}^i\varPi_3{}^j=\sum_{i,j=0}^{\infty}\alpha_{ij}(RL^{-1})^i[GM(\Delta t)^2L^{-3}]^j。$$

$\varPi_1$ 与 L 的无关性要求 $L^{-i}L^{-3j}$ 与 L 无关，故 $i=-3j$。令 $\alpha_j\equiv\alpha_{-3j,\,j}$，则

$$\varPi_1=\sum_{j=0}^{\infty}\alpha_j(RL^{-1})^{-3j}[GM(\Delta t)^2L^{-3}]^j=f(R^{-3}GM(\Delta t)^2),\tag{9-8-21}$$

其中 f 代表某种函数关系[读者应能从上式第一个等号看出 $\varPi_1$ 的确是 $R^{-3}GM(\Delta t)^2$ 的函数]。前面的物理思辨已表明 $\varPi_1$ 与 $(\Delta t)^2$ 成正比，故 f 只能是一次函数，即存在常数 C_0 使

$$\varPi_1=C_0\frac{GM(\Delta t)^2}{R^3}。\tag{9-8-22}$$

唯一的不足是无法进一步用量纲分析确定常数 C_0 的值。不过利用上式仍然可以回答若干问题，因为它至少说明 $\varPi_1$ 与地球质量 M、引力常数 G 以及 $(\Delta t)^2$ 成正比，而且与地球半径 R 的 3 次方成反比。 ■

如果不用量纲分析而直接用牛顿力学计算潮汐加速度，可得[参见梁灿彬，周彬(2016) P.216 的方法]

$$\varPi_1=\frac{GM(\Delta t)^2}{R^3},\tag{9-8-23}$$

与式(9-8-22)对比可见 $C_0=1$。假定自由下落时间 $\Delta t=100\,\text{s}$，以 $G=6.67\times10^{-11}$ 及地球数据 $M=6\times10^{24}$，$R=6.37\times10^6$ 代入上式便可得到竖直偏离度的具体数值 $\varPi_1=1.5\times10^{-2}$。

解法 2 (用广义相对论)　广义相对论是爱因斯坦的引力理论，在引力场足够弱以及物体速率足够低时其结论与牛顿引力论近似相同。从广义相对论看来，地球引力场无非是时空弯曲的表现。时空的弯曲程度可以大致用“特征曲率” $\boldsymbol{\Omega}$ 刻画。用广义相对论讨论时的涉及量仅有 4 个：球 1 和 2 的初始距离 $\boldsymbol{L}$、下落时间 $\boldsymbol{\Delta t}$、终结距离与初始距离之差 $\boldsymbol{\Delta L}$ 以及特征

曲率 $\boldsymbol{\Omega}$，即 $n=4$，它们在国际制族的量纲关系为

$$\dim(\Delta \boldsymbol{L})=\dim \boldsymbol{L},\qquad \dim(c\Delta \boldsymbol{t})=\dim \boldsymbol{L},\qquad \dim \boldsymbol{\Omega}=(\dim \boldsymbol{L})^{-2}\text{。}$$

设量 $\Delta\boldsymbol{L}$、$\boldsymbol{L}$、$\Delta\boldsymbol{t}$、$\boldsymbol{\Omega}$ 在几何制的数为 ΔL、L、Δt、Ω，则

$$\Pi_1 := \frac{\Delta L}{L},\qquad \Pi_2 := \frac{c\Delta t}{L},\qquad \Pi_3 := \Omega L^2$$

就是所能构造的无量纲量。把 $\Pi_1=\phi(\Pi_2,\Pi_3)$ 展为幂级数(默认级数收敛)：

$$\Pi_1=\phi(\Pi_2,\Pi_3)=\sum_{i,\,j=0}^{\infty}\alpha_{ij}{\Pi_2}^{i}{\Pi_3}^{j}=\sum_{i,\,j=0}^{\infty}\alpha_{ij}(L^{-1}c\Delta t)^{i}(\Omega L^2)^{j}\text{。}$$

Π_1 与 L 的无关性要求 $i=2j$．令 $\alpha_j\equiv\alpha_{2j,\,j}$，则

$$\Pi_1=\sum_{j=0}^{\infty}\alpha_j(L^{-1}c\Delta t)^{2j}(\Omega L^2)^{j}\equiv f[\Omega(c\Delta t)^2]\text{。}$$

Π_1 与 $(\Delta t)^2$ 成正比表明 f 只能是一次函数，即存在常数 C_0' 使

$$\Pi_1=C_0'\Omega(c\Delta t)^2\text{。}\tag{9-8-24}$$

虽然无法用量纲分析得出 C_0' 值，但上式至少说明 Π_1 与曲率 Ω 及 $(\Delta t)^2$ 成正比。 ■

不用量纲分析而直接用广义相对论计算潮汐加速度当然可具体求得 Π_1。在只关心竖直偏离度的情况下，代表时空弯曲的特征曲率是曲率张量 ${\Omega_{abc}}^{d}$ 的某个(“竖直”)分量 ${\Omega_{0r0}}^{r}$，其数仍记作 Ω，由史瓦西解的曲率张量分量表达式得 $\Omega=2GM/c^2R^3$，由测地偏离方程[见梁灿彬，周彬(2006)式(7-6-8)]又可求得竖直方向(地球径向)的潮汐加速度为 $a=\Omega Lc^2$，配上 $\Delta L=a(\Delta t)^2/2$，便得与式(9-8-23)完全一样的 Π_1 表达式。这相当于式(9-8-24)的 $C_0'=1/2$，即

$$\Pi_1=\frac{1}{2}\Omega(c\Delta t)^2\text{。}\tag{9-8-25}$$

***例题 9-8-5**　已知引力波的辐射功率 P 取决于波源的四极矩 I、双星的轨道运动的角频率 ω、光速 c 和引力常数 G，试将 P 表为这 4 个自变数的函数。

解　5 个涉及量在国际制的量纲矩阵为

$$\begin{array}{c} \\ \mathrm{L} \\ \mathrm{M} \\ \mathrm{T}\end{array}\begin{array}{c}\begin{matrix} G & c & \omega & P & I\end{matrix}\\ \begin{bmatrix} 3 & 1 & 0 & 2 & 2\\ -1 & 0 & 0 & 1 & 1\\ -2 & -1 & -1 & -3 & 0\end{bmatrix}\end{array}\text{。}\tag{9-8-26}$$

对此矩阵施以行初等变换：

$$\begin{bmatrix} 3 & 1 & 0 & 2 & 2\\ -1 & 0 & 0 & 1 & 1\\ -2 & -1 & -1 & -3 & 0\end{bmatrix}\to\begin{bmatrix} 1 & 1 & 0 & 4 & 4\\ -1 & 0 & 0 & 1 & 1\\ 2 & 1 & 1 & 3 & 0\end{bmatrix}\to\begin{bmatrix} 1 & 1 & 0 & 4 & 4\\ 0 & 1 & 0 & 5 & 5\\ 0 & 1 & 1 & 5 & 2\end{bmatrix}\to\begin{bmatrix} -1 & 0 & 0 & 1 & 1\\ 0 & 1 & 0 & 5 & 5\\ 0 & 0 & -1 & 0 & 3\end{bmatrix},$$

(第一步是用第 2 行的 2 倍加到第 1 行，再用 −1 乘第 3 行；第二步用第 1 行加到第 2 行，再用第 2 行的 2 倍加到第 3 行；第三步用第 2 行减去第 1 行作为新 1 行，再用第 2 行减去第 3 行作为新 3 行。) 最后，再用 −1 乘第 1、3 行，便得结果矩阵

$$\begin{array}{ccccc} G & c & \omega & P & I \end{array}$$
$$\begin{bmatrix} 1 & 0 & 0 & -1 & -1 \\ 0 & 1 & 0 & 5 & 5 \\ 0 & 0 & 1 & 0 & -3 \end{bmatrix}。 \tag{9-8-26$'$}$$

故可取 $\boldsymbol{G}$、$\boldsymbol{c}$ 和 $\boldsymbol{\omega}$ 为甲组量，并可用它们对乙组量 $\boldsymbol{P}$ 和 $\boldsymbol{I}$ 做量纲表出：

$$\dim\boldsymbol{P} = (\dim\boldsymbol{G})^{-1}(\dim\boldsymbol{c})^{5},$$
$$\dim\boldsymbol{I} = (\dim\boldsymbol{G})^{-1}(\dim\boldsymbol{c})^{5}(\dim\boldsymbol{\omega})^{-3},$$

因而可构造 2 个无量纲量：

$$\Pi_1 := \frac{PG}{c^5}, \qquad \Pi_2 := \frac{IG\omega^3}{c^5}。 \tag{9-8-27}$$

由 $\Pi_1 = \phi(\Pi_2)$ 得

$$\frac{PG}{c^5} = \phi\left(\frac{IG\omega^3}{c^5}\right)。$$

为求得更好的结果，可以利用物理思辨(这当然要求相当的物理修养)：我们相信引力辐射的功率 P 正比于波源四极矩 I 的平方，从而有

$$P = C_0\frac{c^5}{G}\left(\frac{IG\omega^3}{c^5}\right)^2 = C_0\frac{GI^2\omega^6}{c^5}, \tag{9-8-28}$$

其中 C_0 是某个常数。上式与 H. Mathur et al.(2018)的式(6)一致。

***例题 9-8-6**　已知引力波的能流密度 Y 取决于引力波的频率 ν 、应变(strain) h 、光速 c 和引力常数 G ，试将 Y 表为这 4 个自变数的函数。

解　5 个涉及量在国际制的量纲矩阵为

$$\begin{array}{c|ccccc} & c & Y & \nu & G & h \\ \hline \mathrm{L} & 1 & 0 & 0 & 3 & 0 \\ \mathrm{M} & 0 & 1 & 0 & -1 & 0 \\ \mathrm{T} & -1 & -3 & -1 & -2 & 0 \end{array}。 \tag{9-8-29}$$

对此矩阵施以行初等变换：

$$\begin{bmatrix} 1 & 0 & 0 & 3 & 0 \\ 0 & 1 & 0 & -1 & 0 \\ -1 & -3 & -1 & -2 & 0 \end{bmatrix} \to \begin{bmatrix} 1 & 0 & 0 & 3 & 0 \\ 0 & 1 & 0 & -1 & 0 \\ 0 & -3 & -1 & 1 & 0 \end{bmatrix} \to \begin{bmatrix} 1 & 0 & 0 & 3 & 0 \\ 0 & 1 & 0 & -1 & 0 \\ 0 & 0 & -1 & -2 & 0 \end{bmatrix},$$

(第一步是用第 1 行加到第 3 行；第二步用第 2 行的 3 倍加到第 3 行)，再用 –1 乘第 3 行，便得结果矩阵

$$\begin{array}{ccccc} c & Y & \nu & G & h \end{array}$$
$$\begin{bmatrix} 1 & 0 & 0 & 3 & 0 \\ 0 & 1 & 0 & -1 & 0 \\ 0 & 0 & 1 & 2 & 0 \end{bmatrix}。 \tag{9-8-29$'$}$$

故可取 $\boldsymbol{c}$、$\boldsymbol{Y}$ 和 $\boldsymbol{\nu}$ 为甲组量，并可用它们对乙组量 $\boldsymbol{G}$ 和 $\boldsymbol{h}$ 做量纲表出：

$$\dim\boldsymbol{G} = (\dim\boldsymbol{c})^{3}(\dim\boldsymbol{Y})^{-1}(\dim\boldsymbol{\nu})^{2},$$

$$\dim \boldsymbol{h} = (\dim \boldsymbol{G})^0 (\dim \boldsymbol{c})^0 (\dim \boldsymbol{\omega})^0 ,$$

因而可构造 2 个无量纲量：

$$\Pi_1 := \frac{GY}{c^3 \nu^2} , \qquad \Pi_2 := h 。 \tag{9-8-30}$$

由 $\Pi_1 = \phi(\Pi_2)$ 得

$$\frac{GY}{c^3 \nu^2} = \phi(h) 。$$

为求得更好的结果，可以利用物理思辨(这当然要求相当的物理修养)：我们相信引力波的能流密度 Y 正比于引力波应变 h 的平方，故应取 $\phi(h) = C_0 h^2$ (其中 C_0 是某个常数)，从而有

$$Y = C_0 \frac{\nu^2 c^3 h^2}{G} , \tag{9-8-31}$$

上式与 H. Mathur et al.(2018)的式(6)一致。

§ 9.9　用于宇宙学

例题 9-9-1　刚从大爆炸诞生的宇宙有一段极为短暂的时间，在此时段内引力的量子效应必须考虑[经典的(爱因斯坦的)广义相对论在此时段内失效]。试估计：①这段极为短暂的时间约有多长？②相应地，当宇宙的尺度小到什么程度时必须考虑引力的量子效应？

讨论　19 世纪物理学的一个重要成就是认识到宏观看来是连续的物质分布其实具有微观的颗粒(原子)结构，用连续密度对物质分布的描述只是一种宏观近似。自然要问：这一结论对时空几何是否也适用？如果适用，几何的“微观颗粒”又是什么？根据广义相对论，时空几何对应于引力场，所以上述问题本质上就是问引力场是否可以量子化。经过半个多世纪的努力，人们已在这个方向上取得许多进展。引力量子化问题涉及 3 个物理常量，即引力常量 $\boldsymbol{G}$，光速 $\boldsymbol{c}$ 和约化普朗克常量 $\boldsymbol{\hbar}$ 。

正如普朗克在他那篇标志着量子力学诞生的开创性论文中所指出的，由这 3 个常量所能构造的、有时间量纲的组合是**普朗克时间** $\hat{\boldsymbol{t}}_{普}$，其数量级是 10^{-44}**秒** [见式(5-4-15c)]；有长度量纲的组合则是**普朗克长度** $\hat{\boldsymbol{l}}_{普}$，其数量级是 10^{-35}**米** [见式(5-4-15a)]。经验告诉我们，一个由物理常量构造的、有临界性的尺度的存在往往标志着一种潜在性的跃迁：尺度低于临界值时物理学的表现与它在高于临界值时的表现往往大相径庭。所以我们对本例题所提的两个问题的答案是：①这段极为短暂的时间间隔是 10^{-44}**秒**；②相应地，当宇宙的尺度小到 10^{-35}**米**时必须考虑引力的量子效应。

我们认识的物理学所涉及的长度都远远大于 10^{-35}**米**(试想，反映电子在空间定域的最小几何线度的电子康普顿波长尚且有 10^{-13}**米**)。这时几何的连续性图像非常好地成立。哪怕小到电子的康普顿波长的尺度，那时物质当然不能再被看作连续的，但几何仍然可被看作连续。关键的问题是：几何的连续性图像在普朗克长度下是否也要被放弃？如果是，它的“原子”(颗粒)是什么？就是说，时空的连续性图像也只是一种“粗粒化近似”吗？几何是否也可以量子化？如果是，它的量子是什么？这一系列问题虽然很容易提出，却非常不容易回

答。许多开拓者沿着各种途径对引力量子化的研究不断取得新成果，其中的一个分支——非微扰正则量子引力论(圈量子引力论)在 20 世纪末叶已经建立了几何的量子理论，在此理论中长度、面积、体积等几何量(作为算符)都取分立本征值，表明“时空连续性”这一经典图像在普朗克尺度下不再成立. 不过这早已超出本书的既定范围。■

例题 9-9-2[选读]　我们的宇宙作为一个时空是弯曲的(由 Robertson-Walker 度规描述)，但宇宙学家在用望远镜观测遥远星系时通常认为时空曲率的影响在望远镜自身涉及的时空范围内可以忽略。试粗略估计这种做法带来的误差。[本例题取自 Sach and Wu (1977)。]

解　时空曲率是张量，在数值估算时可用其标量曲率 $\boldsymbol{\Omega}$ 表征。用几何制讨论本问题比较方便。以 Ω 代表 $\boldsymbol{\Omega}$ 在几何制的数。按照常理，只有 Ω 很小才能被忽略(才可看作零)。然而 $\boldsymbol{\Omega}$ 是有量纲量，所谓“Ω 很小”只能是与同量纲量相比而言。由梁灿彬，周彬(2006)P.421 的式(A-1)之(6)查得标量曲率 $\boldsymbol{\Omega}$ 在国际制[与几何制(观点 2)同族]的量纲式为

$$\dim\boldsymbol{\Omega} = (\dim\boldsymbol{l})^{-2}\,, \tag{9-9-1}$$

但 Sach and Wu (1977)采用几何制的观点 3，基本量类只有时间 $\tilde{\boldsymbol{t}}$ 一个，注意到 $\dim\boldsymbol{l} = \dim\boldsymbol{t}$ [见式(5-1-20)]，上式应改为

$$\dim\boldsymbol{\Omega} = (\dim\boldsymbol{t})^{-2}\,。 \tag{9-9-2}$$

由于问题涉及(且只涉及)望远镜的直径 $\boldsymbol{D}$ 和观测的持续时间 $\boldsymbol{t}$，所以应设法用 D、t 构造一个与 $\boldsymbol{\Omega}$ 量纲相同的量，以便与 $\boldsymbol{\Omega}$ 比较。然而由 Π 定理不难发现，形如 $D^{x_1}t^{x_2}$ 的量，只要满足 $x_1 + x_2 = -2$ 都与 $\boldsymbol{\Omega}$ 同量纲。Sach and Wu (1977)取 $x_1 = x_2 = -1$，从而 $D^{x_1}t^{x_2} = (Dt)^{-1}$，于是 Ω 与 $(Dt)^{-1}$ 之比就是我们关心的无量纲量，记作 δ，即

$$\delta \equiv \Omega Dt\,。 \tag{9-9-3}$$

估算表明当今宇宙的 $\boldsymbol{\Omega} \sim 10^{-35}$**秒**$^{-2}$，设望远镜直径 $\boldsymbol{D} = 3$**米**$= 10^{-8}$**秒** [见式(5-1-29′)]，观测时间 $\boldsymbol{t} = 10^3$**秒**，则

$$\delta = 10^{-40} \ll 1\,,$$

因此，可以非常精确地认为时空曲率在望远镜所涉及的时空范围内可被忽略。■

甲　为什么一定要取 $x_1 = x_2 = -1$？满足 $x_1 + x_2 = -2$ 的 x_1, x_2 有很多可能啊。

乙　Sach and Wu (1977)没有说明取 $x_1 = x_2 = -1$ 的理由，我们能替它给出的理由是：根据相对论，时间和空间坐标具有某种意义的平权性，所以要取 $x_1 = x_2$。其实，我们更感兴趣的问题是，如果让你改用国际制解决此题，你能做吗？

甲　既然 $\boldsymbol{\Omega}$ 在国际制的量纲式为 $\dim\boldsymbol{\Omega} = (\dim\boldsymbol{l})^{-2}$，用 D、t 能够构造的与 $\boldsymbol{\Omega}$ 量纲相同的量只能是 D^2，完全没有 t 什么事。然而这在物理上是不应该的，因为观测时间 $\boldsymbol{t} = 10^3$**秒**对结果肯定有影响。难道用国际制就无法讨论这一问题吗？

乙　这只是因为你又一次忘记了“时空当量(光速) $\boldsymbol{c}$”(详见§9.7)。现在的问题既涉及空间坐标又涉及时间坐标，而且，由于这是相对论范畴的问题，只要把时间 $\tilde{\boldsymbol{t}}$ 和长度 $\tilde{\boldsymbol{l}}$ 取作两个基本量类，时空当量 $\boldsymbol{c}$ 就必须被选为涉及量之一(详见§9.7)。不难验证，形如 $D^{x_1}t^{x_2}c^{x_3}$ 的量，只要满足 $x_3 = x_2 = -2 - x_1$ 都与 $\boldsymbol{\Omega}$ 同量纲。取 $x_1 = x_2 = x_3 = -1$，则

$$\delta_{\text{国}} \equiv \Omega Dtc \tag{9-9-4}$$

是国际制所在族的无量纲量。将上式和式(9-9-3)明确写成

$$\delta_{国} \equiv \Omega_{国} D_{国} t_{国} c_{国} \quad 和 \quad \delta_{几} \equiv \Omega_{几} D_{几} t_{几}。$$

甲　但如何求得$\delta_{国}$的数值？难道它也等于10^{-40}？

乙　可以借助于§6.1("几何制到国际制的公式转换")的方法求得。对比式(6-1-2)，由$\dim\tilde{\boldsymbol{\delta}} = (\dim\tilde{\boldsymbol{l}})^0(\dim\tilde{\boldsymbol{t}})^0(\dim\tilde{\boldsymbol{m}})^0$读出$\lambda = \mu = 0$，代入式(6-1-8)便得$\delta_{国} = \delta_{几}$，故有$\delta_{国} = 10^{-40}$。[更简做法：因$\delta$是国际制族的无量纲量，而几何制(观点2)与国际制同族，故$\delta_{国} = \delta_{几}$。]

甲　但我仍有一事不明。§6.1的出发点是国际制与观点2的几何制同族，但Sach and Wu (1977)用的是几何制的观点3，它跟国际制不同族，为何还能用§6.1的公式？

乙　关键在于，全部量类的单位在几何制的3个观点中都相同，因此，任何量对应的数在这3个观点中都一样。

第 10 章　流体力学是量纲分析的“演武场”和“丰收地”

前几章介绍了量纲分析在物理学诸多方面的应用实例，其中多数例子不用量纲分析也能解决，因为问题所涉及的运动方程在物理学中早已知晓，而且求解也不存在原则困难。然而，工程技术中经常遇到各种复杂问题，它们或是涉及无法求解的方程，或是(更有甚者)所涉及的本来就是不清楚的未知现象，连有关方程也不得而知。如果不懂量纲分析，就只能盲目地做实验。但是工程问题往往涉及诸多因素，实验时往往要让每个因素(自变数)独立地改变多次，费时费力费钱，甚至根本无法完成。反之，如果掌握量纲分析，就可以首先找出相关物理量的规律性联系，可以用 Π 定理压缩独立自变数的个数，并以此为基础设计数量最少的实验，通过实验找到主要涉及量之间的定量关系，最终达到部分甚至全部解决问题的目的。量纲分析实在是指导实验设计的无可替代的理论基础。

量纲分析法从牛顿时代就开始受到关注，当时称为相似性原理[现在简称“相似论”，本章第五节(§10.5)将有详细论述]。虽然热传导问题是量纲方法早期发展中的研究课题，但量纲法的更为广泛的应用领域是流体动力学。流体动力学可以算得上是量纲方法用于物理学的非常重要的“演武场”和“丰收地”。本章介绍量纲分析在流体力学的应用(特别强调它对指导实验的意义)。考虑到部分读者对流体力学可能不够熟悉，本章第一节(§10.1)将对流体力学的基础知识做一提要。熟悉流体力学的读者可以跳过此节。

§ 10.1　流体力学基础提要

10.1.1　概述

虽然流体由离散的分子组成，但流体力学只研究流体的宏观状态及运动，所以把流体看作**连续介质**。连续介质是对分子微观结构做统计处理所得的模型。通常把微观足够大、宏观足够小的一块流体称为一个**流体质点(或流体微团)**。整个流体就由这些连续分布着的质点构成。每一宏观点的密度 ρ 是指含有该点的一个足够小的单位体积中的质量。密度依赖于各种因素(例如压强和温度)。密度随温度改变而改变的性质称为流体的**热膨胀性**，密度在外力作用下可以改变的性质称为流体的**可压缩性**。

描述流体运动的方法有两种：①拉格朗日方法，它着眼于运动着的流体质点，每个质点在每一时刻可有不同的空间位置，其轨迹称为该质点的**迹线**(path line)。②欧拉方法，它着眼于每一空间点。设想流体中每一空间点有一只永远静止的蚂蚁，则每只蚂蚁在不同时刻会看到不同的流体质点经过自己所在点，于是可以在流体中定义一个(依赖于时间的)速度矢量场 $\vec{u}(x, y, z, t)$ (亦称**流速矢量场**)，它代表位于 (x, y, z) 点的蚂蚁在 t 时刻看到的、经过自己的那个质点在 t 时刻的速度。指定一个时刻 t_0 就有一个空间矢量场 $\vec{u}(x, y, z, t_0)$ ，其积分曲线称为该时刻的**流线**(stream line)。由于优点很多，欧拉方法被广泛采用。除了流速场之外，还可类似地定义其他物理场，例如密度场 $\rho(x, y, z, t)$ 和压强场 $p(x, y, z, t)$ (流速场是矢量场，密度场和压强场是标量场)。于是，场论(指数学中的标量或矢量场论)自然成为研究流体力学的重要工具。所有物理场都不随时间变化的流动称为**定常流动**(steady flow)。不难相信，定常流动的流线与迹线总是重合的；对非定常流动，对任一空间点，过该点的流线在不同时刻可以有不同形状，流线不一定重合于迹线。

10.1.2　随体导数

流速矢量场 $\vec{u}(x, y, z, t)$ 在空间点 (x_0, y_0, z_0) 和时刻 t_0 的矢量值 $\vec{u}(x_0, y_0, z_0, t_0)$ 代表 t_0 时刻流经空间点 (x_0, y_0, z_0) 的那个流体质点的速度，所以该质点的加速度 $\vec{a}(x, y, z, t)$ 就应等于 $\vec{u}(x, y, z, t)$ 对时间的导数。运动着的流体质点在不同时刻有不同空间坐标，因而 $\vec{u}(x, y, z, t)$ 中的 x, y, z 都是 t 的函数，最好明确写成 $\vec{u}(x(t), y(t), z(t);\ t)$ 。因此，作为 $\vec{u}(x(t), y(t), z(t);\ t)$ 的时间导数的加速度 $\vec{a}(x, y, z, t)$ ，求导时就应按照复合函数的微分法操作：

$$\frac{\mathrm{d}}{\mathrm{d}t}\vec{u}(x(t), y(t), z(t), t) = \frac{\partial\vec{u}}{\partial t} + \frac{\partial\vec{u}}{\partial x}\frac{\mathrm{d}x}{\mathrm{d}t} + \frac{\partial\vec{u}}{\partial y}\frac{\mathrm{d}y}{\mathrm{d}t} + \frac{\partial\vec{u}}{\partial z}\frac{\mathrm{d}z}{\mathrm{d}t}$$

$$= \frac{\partial\vec{u}}{\partial t} + \frac{\partial\vec{u}}{\partial x}u_x + \frac{\partial\vec{u}}{\partial y}u_z + \frac{\partial\vec{u}}{\partial z}\frac{\mathrm{d}z}{\mathrm{d}t}u_z = \frac{\partial\vec{u}}{\partial t} + \left(u_x\frac{\partial}{\partial x} + u_y\frac{\partial}{\partial y} + u_z\frac{\partial}{\partial z}\right)\vec{u}\ , \tag{10-1-1}$$

其中 u_x、u_y、u_z 代表 $\vec{u}$ 的 3 个分量。利用矢量场论中的求导算符 $\vec{\nabla}$ 可将上式简写为

$$\frac{\mathrm{d}}{\mathrm{d}t}\vec{u}(x(t), y(t), z(t), t) = \frac{\partial\vec{u}}{\partial t} + (\vec{u}\cdot\vec{\nabla})\vec{u}\ , \tag{10-1-2}$$

其中

$$\vec{u}\cdot\vec{\nabla} \equiv u_x\frac{\partial}{\partial x} + u_y\frac{\partial}{\partial y} + u_z\frac{\partial}{\partial z}\ 。 \tag{10-1-3}$$

请注意式(10-1-2)右侧的 $(\vec{u}\cdot\vec{\nabla})\vec{u}$ 是 $[(\vec{u}\cdot\vec{\nabla})\vec{u}](x(t), y(t), z(t);\ t)$ 的简写，仍是 t 的一元函数[先对流速场 $\vec{u}(x, y, z, t)$ 求空间导数，再将其中的空间宗量取为时间的函数]。

式(10-1-2)左边的导数 $\frac{\mathrm{d}\vec{u}}{\mathrm{d}t}$ 称为流速对时间的全导数，又称**随体导数**，是指流速 $\vec{u}$ 在时段 $(t,\ t+\Delta t)$ 内的变化 $\Delta\vec{u}$ 除以 Δt 的极限。这个变化 $\Delta\vec{u}$ 有两个起因：①由 $\vec{u}(x(t), y(t), z(t);\ t)$ 中的第 4 宗量 t 的改变而引起的 $\vec{u}$ 的改变，相应的变化率 $\frac{\partial\vec{u}}{\partial t}$ 称为**当地导数**(local derivative)；②由 $\vec{u}(x(t), y(t), z(t);\ t)$ 中的前 3 个宗量 x, y, z 随 t 的改变而引起的 $\vec{u}$ 的改变，相应的变化率 $(\vec{u}\cdot\vec{\nabla})\vec{u}$ 称为**迁移导数**(transfer derivative)。随体、当地及迁移等三个导数算符的关系是

$$\frac{\mathrm{d}}{\mathrm{d}t} = \frac{\partial}{\partial t} + \vec{u}\cdot\vec{\nabla}\ 。 \tag{10-1-4}$$

上式不但可作用于流速矢量场，还可以作用于流体中的各种场(既可以是矢量场也可以是标量场)。

10.1.3　流体所受的力，应力张量

流场中每个空间区域 Ω 内的流体都要受力，此力 $\vec{F}$ 由“质量力” $\vec{F}_{\text{质}}$(又称“体积力”)和“表面力” $\vec{F}_{\text{面}}$ 组成，即 $\vec{F}=\vec{F}_{\text{质}}+\vec{F}_{\text{面}}$。以 $\vec{f}_{\text{质}}$ 代表单位质量所受的质量力，V 和 ρ 分别代表 Ω 的体积和密度，则

$$\vec{F}_{\text{质}}=V\rho\vec{f}_{\text{质}}。\tag{10-1-5}$$

最常见的质量力是重力[对重力有 $\vec{f}_{\text{质}}=\vec{g}$(重力加速度)]，还可能有电磁力(当流体带电时)，等[1]。表面力 $\vec{F}_{\text{面}}$ 则来自流体分子的相互作用，只当分子之间的距离足够小时才会非零(所以属于短程力)。流体之中任意两个相邻层之间的相互表面力取决于交界面的面积。设 Q 是流体的一点，S 是过 Q 点的一个面元，$\vec{n}$ 是面元的单位法矢，从面元的一侧(记作 1 侧)指向另一侧(记作 2 侧，见图 10-1)，$\vec{F}_{21}$ 是 2 侧的流体分子对 1 侧的表面力，则

$$\vec{p}_n:=\frac{\vec{F}_{21}}{S}\quad(S\text{ 现在代表面元的面积})\tag{10-1-6}$$

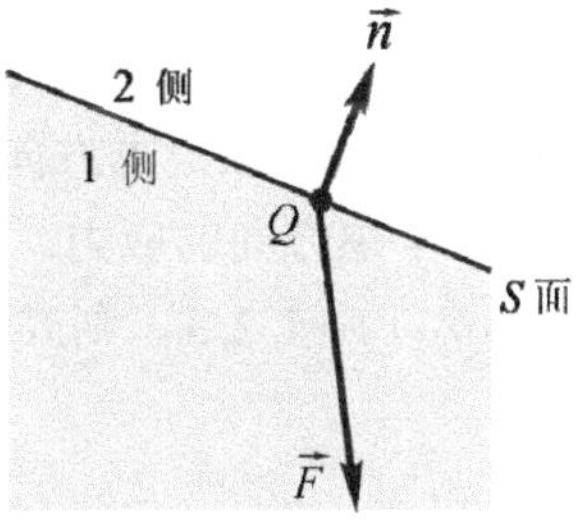

图 10-1　流体中面元的一侧对他侧的表面力

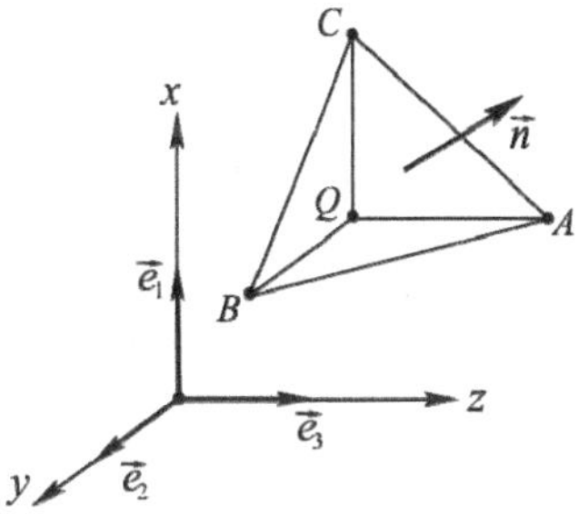

图 10-2　$\vec{n}$ 是四面体斜面 ABC 的单位法矢

称为 Q 点的、沿 $\vec{n}$ 向的**应力**(stress)。请注意 $\vec{F}_{21}$(因而应力 $\vec{p}_n$)的方向可以不平行于 $\vec{n}$，就是说，应力不一定沿面元法向。现在出现一个问题：Q 点的任一方向都可取为 $\vec{n}$ 的方向，为了掌握 Q 点的应力状态，难道要知道它沿每一方向的应力吗？下面就来证明，知道 3 个方向的应力便已足够。

以 Q 点为顶点做一个四面体(如图 10-2)，其 4 个面依次记作

$$M_1\equiv QAB,\quad M_2\equiv QAC,\quad M_3\equiv QBC,\quad M_n\equiv ABC。$$

以 $\vec{e}_1$、$\vec{e}_2$、$\vec{e}_3$ 依次代表沿 x、y、z 轴正向的单位法矢，$\vec{n}$ 代表斜面 M_n 的单位外法矢；以 $S_i\ (i=1,2,3)$ 代表 M_i 的面积，S_n 代表 M_n 的面积，则易证

$$S_i=S_n\cos\theta_i,\quad i=1,2,3,\quad \theta_i\text{ 代表 }\vec{e}_i\text{ 与 }\vec{n}\text{ 的夹角。}\tag{10-1-7}$$

注意到 $-\vec{e}_1$、$-\vec{e}_2$、$-\vec{e}_3$ 及 $\vec{n}$ 依次是 M_1、M_2、M_3 及 M_n 的单位外法矢，由式(10-1-6)可知四面体

[1] 当流体所在的容器(如水桶)相对于惯性系有加速度(例如水桶加速平动或转动)时，为使牛顿第二定律在形式上成立，水桶上的人认为水质点还受到假想力(fictitious force)的作用，包括惯性力(inertial force)和科里奥利力(Coriolis force)，也属于质量力。

内的流体所受到的、来自其表面外侧流体的表面力为

$$\vec{F}_{面} = \vec{p}_n S_n - \sum_{i=1}^{3} \vec{p}_i S_i = S_n(\vec{p}_n - \sum_{i=1}^{3} \vec{p}_i \cos\theta_i)\text{，} \tag{10-1-8}$$

其中第二步用到式(10-1-7)。除 $\vec{F}_{面}$ 外，四面体内的流体还受到一个质量力 $\vec{F}_{质} = V\rho\vec{f}_{质}$ [式(10-1-1)]。根据牛顿力学，物体所受的力等于其动量的时间变化率。以 $\vec{\Gamma}$ 代表四面体内流体的动量，便有

$$\frac{\mathrm{d}\vec{\Gamma}}{\mathrm{d}t} = \vec{F}_{质} + \vec{F}_{面} = V\rho\vec{f}_{质} + S_n(\vec{p}_n - \sum_{i=1}^{3} \vec{p}_i \cos\theta_i)\text{。} \tag{10-1-9}$$

令四面体的边长趋于零(看作 1 阶小量)，则面积 S_n 和体积 V 依次为 2 阶和 3 阶小量。以 $\vec{\gamma}$ 代表四面体的动量密度，在边长很小时有 $\vec{\Gamma} = \vec{\gamma}V$ 。以 S_n 除式(10-1-9)，在边长趋于零的极限下有 $\frac{V}{S_n} = 0$ ，因而

$$\vec{p}_n - \sum_{i=1}^{3} \vec{p}_i \cos\theta_i = 0 \quad (\text{对任一}Q\text{点成立})\text{，} \tag{10-1-10}$$

亦即

$$\vec{p}_n = \vec{p}_1 \cos\theta_1 + \vec{p}_2 \cos\theta_2 + \vec{p}_3 \cos\theta_3\text{。} \tag{10-1-11}$$

可见，Q 点沿任一方向 $\vec{n}$ 的应力 $\vec{p}_n$ 都可由 Q 点沿三个方向 $\vec{e}_1$、$\vec{e}_2$、$\vec{e}_3$ (称为**主方向**)的应力 $\vec{p}_1$、$\vec{p}_2$、$\vec{p}_3$ 决定。要掌握一点的应力状态，只需掌握住该点沿 3 个主方向的应力。

以 n_i 代表单位法矢 $\vec{n}$ 在主方向 $\vec{e}_i$ 的投影，即 $n_i \equiv \vec{n}\cdot\vec{e}_i = \cos\theta_i$ ， $i = 1, 2, 3$ ，则式(10-1-11)可改写为

$$\vec{p}_n = \vec{p}_1 n_1 + \vec{p}_2 n_2 + \vec{p}_3 n_3 = \sum_{i=1}^{3} \vec{p}_i n_i\text{，} \tag{10-1-12}$$

以 p_{ij} 代表矢量 $\vec{p}_i$ 在基底 $(\vec{e}_1, \vec{e}_2, \vec{e}_3)$ 的第 j 条基矢 $\vec{e}_j$ 的分量，即

$$p_{ij} \equiv \vec{p}_i \cdot \vec{e}_j\text{，} \qquad i, j = 1, 2, 3\text{，} \tag{10-1-13}$$

便可排成 3×3 矩阵

$$[p_{ij}] = \begin{bmatrix} p_{11} & p_{12} & p_{13} \\ p_{21} & p_{22} & p_{22} \\ p_{31} & p_{32} & p_{33} \end{bmatrix}\text{。} \tag{10-1-14}$$

请注意，只给定 Q 点并不能决定这 9 个数，因为 p_{ij} 还依赖于主方向 $\vec{e}_1$、$\vec{e}_2$、$\vec{e}_3$ 的选择。如果你把原坐标轴绕原点旋转而得到新坐标系 $\{x', y', z'\}$ ，则主方向变为 $\vec{e}'_1$、$\vec{e}'_2$、$\vec{e}'_3$ (因而主方向的应力随之变为 $\vec{p}'_1$、$\vec{p}'_2$、$\vec{p}'_3$)，于是 9 个数 p_{ij} 也相应地变为

$$p'_{ij} \equiv \vec{p}'_i \cdot \vec{e}'_j\text{，} \qquad i, j = 1, 2, 3\text{。} \tag{10-1-15}$$

重要的是， p_{ij} 随坐标转动而改变(从 p_{ij} 变为 p'_{ij})的方式符合张量分量的变换规律(可参阅讲张量的教材)，所以说 $[p_{ij}]$ 构成一个张量，称为 Q 点的**应力张量**， p_{ij} 则称为这个应力张量的**分量**。虽然分量随坐标系而变，但张量本身不变(张量是绝对的，而分量是相对的)，正如矢量的分量在坐标系变换时要变而矢量不变那样。说到这里，自然触及一个重要而微妙的话题。我们刚刚说过“矢量本身在坐标变换下不变”，但是前面屡屡称之为矢量的 $\vec{p}_i$ 偏偏不符

合这句话。以 $\vec{p}_1$ 为例，它是平面 M_1 (即 QAB)的任一点的、关于其法向 $\vec{e}_1$ 的应力。$\vec{p}_1$ 依赖于 M_1，而 M_1 由于要以 $\vec{e}_1$ 为法矢而依赖于坐标系 $\{x, y, z\}$。如果经过转动变为新系 $\{x', y', z'\}$，$\vec{p}_1$ 自然要变为 $\vec{p}_1'$。这表明 $\vec{p}_1$ 不是一般意义的矢量。我们把这种矢量称为“坐标系依赖的矢量”[2]。下面的问题是考验你是否真正理解的试金石：仿照式(10-1-13)，即 $p_{ij} \equiv \vec{p}_i \cdot \vec{e}_j$，请写出 p_{ij}' 的定义式。如果没有读过本段，你恐怕会写 $p_{ij}' \equiv \vec{p}_i \cdot \vec{e}_j'$，然而这不对，正确的定义是 $p_{ij}' \equiv \vec{p}_i' \cdot \vec{e}_j'$，即式(10-1-15)。其实，正因为 $\vec{p}_i$ 是坐标系依赖的矢量，它们在坐标系的 9 个分量 p_{ij} 才构成一个张量(才满足张量分量变换律)。假若 $\vec{p}_i$ 是一般意义的矢量，它们的 9 个分量是不满足张量分量变换律的！

虽然应力张量有 9 个分量，但只有 6 个分量独立，因为可以证明它是个对称张量，满足 $p_{ij} = p_{ji}$ [证明可参阅，例如，周光炯等(1992)]，其中 3 个对角元素 p_{11}、p_{22}、p_{33} 称为**法向应力**，其他 6 个分量(只有 3 个独立)称为**切向应力**(或**剪切力**)。

前面多次提到“Q 点的应力状态”，更准确的提法应是“Q 点在 t 时刻的应力状态”，因为应力既依赖于空间点又依赖于时间，就是说，p_{ij} 是空间坐标 x, y, z 和时间 t 的函数，即 $p_{ij}(x, y, z, t)$。但是，对于静止流体，所有物理量(包括 p_{ij})都不依赖于 t。还应指出，静止流体不能承受切向力(因为切向力会使流体运动不止)，所以其 $[p_{ij}]$ 是对角矩阵，式(10-1-12)可改写为分量形式

$$p_{nj} = \sum_{i=1}^{3} p_{ij} n_i , \qquad j = 1, 2, 3 。 \tag{10-1-16}$$

取上式的 $j = 1$，注意到静止流体切向力 p_{21} 和 p_{31} 为零，得

$$p_{n1} = p_{11} n_1 + p_{21} n_2 + p_{31} n_3 = p_{11} n_1 , \tag{10-1-17}$$

另一方面，把应力 $\vec{p}_n$ 在图 10-2 的 M_n 面上分为法向和切向分量，再次用到切向力为零，又得

$$\vec{p}_n = p_{nn}\vec{n} + p_{n\tau}\vec{\tau} = p_{nn}\vec{n} \qquad (\vec{\tau}\text{ 代表切向单位矢})。 \tag{10-1-18}$$

对上式再求 $\vec{e}_1$ 向的分量得

$$p_{n1} = \vec{p}_n \cdot \vec{e}_1 = p_{nn} \vec{n} \cdot \vec{e}_1 = p_{nn} n_1 , \tag{10-1-19}$$

其中第二步用到式(10-1-18)。对比式(10-1-17)和式(10-1-19)给出 $p_{11} = p_{nn}$，同理得 $p_{22} = p_{nn}$，$p_{33} = p_{nn}$。令 $p \equiv -p_{nn}$，便有

$$p_{11} = p_{22} = p_{33} = -p , \tag{10-1-20}$$

于是静止流体的应力张量可表为对角元相等的对角矩阵：

$$[p_{ij}] = -\begin{bmatrix} p & 0 & 0 \\ 0 & p & 0 \\ 0 & 0 & p \end{bmatrix}。 \tag{10-1-21}$$

式中的 p 就称为静止流体在 Q 点的**压强**(pressure)。描述静止流体一点的应力状态只需压强这个标量，谈及应力时不必再指明沿哪个方向 $\vec{n}$ ——静止流体是各向同性的，一个标量场 p 便已足够。这一结论同样适用于流动着的无黏性流体，见下一小节。

---

[2] 这种依赖于坐标系的矢量可以称为**赝矢量**，而赝矢量则是赝张量(pseudo-tensor)的特例。

10.1.4　流体的黏性

假定你煮了一锅粥，当你试图把粥倒进碗里时(图 10-3)，粥的表面层会受到其紧邻的下一层的切向阻力(内摩擦力)，这是应力的切向分量在起作用，宏观地就表现为流体的黏性。

图 10-3　表面层的粥受到其紧邻下层的切向阻力

直观思考不难相信如下规律(牛顿在 1687 年提出了如下假设)：两个相邻层之间的相对运动越快则切向阻力越大。但是，我们面对的是一个液体(例如一锅粥)，所谓液体的“一层”，其实只是人为的想法，你想象的“两个相邻层”和他想象的“两个相邻层”可以很不一样。图 10-4 示出我们选定的两个相邻层(相距为 dx)，下层静止，上层以速率 du 运动。但如果有人取两层中间的一层来讨论，则该层的速率只有 $du/2$。可见在谈到“两层之间相对运动的快慢”时，不但要给出相对速率，还应除以这两层之间的距离，就是说，“相邻层之间相对运动的快慢”应由 du/dx 描述。牛顿还用实验证明了上述假设是正确的，准确地说，牛顿实验证明了如下的切向力公式：

$$F_{切} = \mu S \frac{du}{dx}, \qquad (10\text{-}1\text{-}22)$$

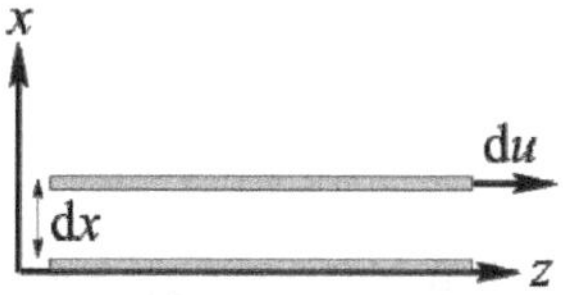

图 10-4　流体中面元的一侧对他侧的表面力

其中 du/dx 是沿横向(即流层的法向)的速度梯度，S 是两层间的接触面积，μ 是比例常数，称为流体的**黏度**(viscosity)。黏度为零意味着流体内没有切向应力，所以前面关于静止流体的应力张量表达式(10-1-21)也适用于无黏性流体。

上式表明，当 $du/dx = 0$ 时 $F_{切} = 0$，这再次验证了上一小节的结论——静止流体不能承受切向力。这是流体与固体的一个重要区别，静止固体内部是可以存在切向应力的。

满足式(10-1-22)的流体称为**牛顿流体**，此外还有非牛顿流体，本章只涉及牛顿流体。

10.1.5　液体的表面张力

液体与气体、液体与另一种液体(两者互不相溶)以及液体与固体的交界面上存在一种特殊的切向应力，叫做**表面张力**。现在简介表面张力的起因。液体内的相邻分子存在吸引力，但作用范围甚小，只限于半径为 $\boldsymbol{R}$ 的球体内部($\boldsymbol{R}$ 值只有10^{-8} **m** 至10^{-6} **m**)，此球称为**作用球**。以液体与气体的交界面为例，交界面的液体侧中厚度为 $\boldsymbol{R}$ 的一层称为**表面层**。液体中表面层内外的分子的受力情况有所不同：层外的液体分子受到来自四面八方的液体分子的吸引力，由对称性可知合力为零，如图 10-5 的 A 和 B；但表面层内的液体分子周围缺少这种对称性(来自液面外的气体分子的力远小于来自液体分子的力)，故呈现一个垂直于液面并指向液体侧的合力，如图 10-5 的 C 和 D。表面层的液体分子在此合力作用下会向液体内部收缩。如同收缩中的弹性薄膜会受到拉力那样，表面层收缩时也会出现

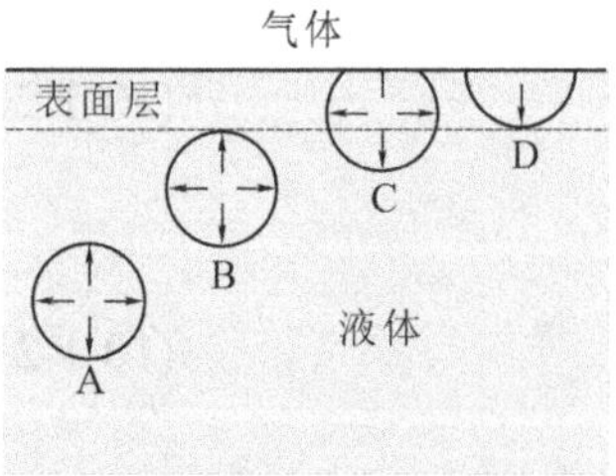

图 10-5　流体中面元的一侧对他侧的表面力

一种力图使表面积缩小的张力，这就是表面张力。小昆虫之所以可以在水面上自由行走，靠的就是表面张力。

前已述及，讨论流体的应力时要在内部任取一个面元 ΔS 并关心面元一侧的分子对他侧分子的作用力，但现在讨论的对象是交界面(现在看作没有厚度)，所以要取一个元线段 Δl 并关心元段一侧对他侧的力 $\Delta\vec{f}$ ，并把比值

$$\sigma \equiv \frac{\Delta f}{\Delta l} \tag{10-1-23}$$

称为**表面张力系数**(实验表明 σ 是个常数)，其中 $\Delta\vec{f}$ 既垂直于元段 Δl 又相切于液面。

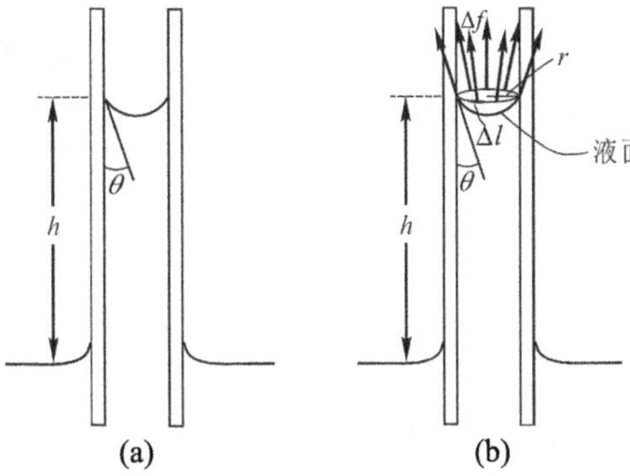

图 10-6　毛细现象(浸润情况，液面上升)

表面张力的一个重要表现就是毛细现象，其主要特征是毛细管内液面的上升或下降，这取决于液体与管材之间是浸润关系还是不浸润关系。水与玻璃之间是浸润关系，这时管内水面上升，上升高度 $\boldsymbol{h}$ 当然是一个重要的物理量。另一个重要物理量是接触角 $\boldsymbol{\theta}$ ，是指液-气界面的切线与固-液界面的切线之间的夹角，见图 10-6。水面上升的“罪魁祸首”是水面的边缘部分对中间部分提供的、沿水面切向的表面张力(拉力)，“ $\Delta\vec{f}$ 既垂直于元段 Δl 又相切于液面”导致各元段 Δl 上的拉力 $\Delta\vec{f}$ 指向斜上方，如图 10-6(b) 所示，所有元段(整个圆周)的合力竖直向上，正是它把水面拉高，直至与水柱的重量平衡为止。设毛细管的内半径为 r ，则向上的合拉力为 $2\pi r\sigma\cos\theta$ ，而水柱的重量为 $\pi r^2\rho gh$ (其中 g 和 ρ 分别是重力加速度和水的密度)，两者相等便给出上升高度

$$h = \frac{2\sigma\cos\theta}{\rho g r}\text{。} \tag{10-1-24}$$

10.1.6　流体的连续性方程(质量守恒律)

流体的运动服从一系列守恒律，例如质量守恒律、动量守恒律和能量守恒律。质量守恒是指流体质量在运动中保持不变，跟电动力学的电荷守恒律非常类似。电荷守恒律的数学表达式是连续性方程：

$$\frac{\partial\rho}{\partial t} + \vec{\nabla}\cdot\vec{J} = 0\text{，} \tag{10-1-25}$$

其中 ρ 和 $\vec{J}$ 分别代表电荷密度和电流密度。流体力学的质量守恒律的数学表达式连形式带推证都与上式类似，也称为连续性方程。

先复习式(10-1-25)的推证过程。在电场中任取一个由闭合面 S 包围的空间区域 V (图 10-7)，则此区域内的电荷量为 $\iiint_V \rho\,\mathrm{d}V$ ，其中 ρ 代表电荷密度。以 $\vec{J}$ 代表电流密度，则 $\oiint_S \vec{J}\cdot\mathrm{d}\vec{S}$ 就是单位时间内从 S 面流出的电荷量。由于电荷守恒，它必定等于区域 V 内的电荷减少率，故

$$\oiint_S \vec{J}\cdot \mathrm{d}\vec{S} = -\frac{\mathrm{d}}{\mathrm{d}t}\iiint_V \rho \,\mathrm{d}V \quad \text{(负号代表减少)。} \tag{10-1-26}$$

利用矢量场论的高斯公式[可参见梁灿彬等(2018)式(15-30)]

$$\oiint_S \vec{a}\cdot \mathrm{d}\vec{S} = \iiint_V (\vec{\nabla}\cdot\vec{a})\mathrm{d}V \tag{10-1-27}$$

又可将上式化成

$$\iiint_V (\vec{\nabla}\cdot\vec{J})\mathrm{d}V = -\frac{\mathrm{d}}{\mathrm{d}t}\iiint_V \rho\,\mathrm{d}V = -\iiint_V \frac{\partial\rho}{\partial t}\mathrm{d}V\text{ 。} \tag{10-1-28}$$

(其中第二步是因为对时间的导数与对空间的积分可以互换顺序。) 上式对任何区域V都成立，可见下式对任一空间点成立：

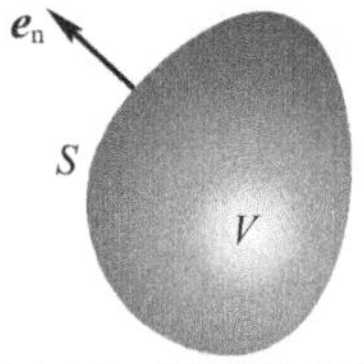

图 10-7　连续性方程推导用图

$$\frac{\partial\rho}{\partial t} + \vec{\nabla}\cdot\vec{J} = 0\text{ 。}$$

上式就是电动力学的连续性方程，即式(10-1-25)。

仿照上式的推证过程，注意到电流密度可以表为$\vec{J}=\rho\vec{u}$，其中$\vec{u}$代表电子定向运动的(平均)速度，便知在推证流体力学的类似方程时，式(10-1-28)的$\vec{J}$可用流体的密度(也记作ρ)与流速(也记作$\vec{u}$)的乘积代替，于是有

$$\iiint_V \vec{\nabla}\cdot(\rho\vec{u})\mathrm{d}V = -\iiint_V \frac{\partial\rho}{\partial t}\mathrm{d}V\text{，}$$

因而就有流体力学的连续性方程

$$\frac{\partial\rho}{\partial t} + \vec{\nabla}\cdot(\rho\vec{u}) = 0\text{ 。} \tag{10-1-29}$$

利用矢量场论公式[见梁灿彬等(2018)式(15-106b)]

$$\vec{\nabla}\cdot(\rho\vec{u}) = \rho(\vec{\nabla}\cdot\vec{u}) + \vec{u}\cdot\vec{\nabla}\rho$$

还可把式(10-1-29)改写为更方便的形式：

$$0 = \frac{\partial\rho}{\partial t} + \vec{\nabla}\cdot(\rho\vec{u}) = \frac{\partial\rho}{\partial t} + (\rho\vec{\nabla}\cdot\vec{u} + \vec{u}\cdot\vec{\nabla}\rho) = \frac{\mathrm{d}\rho}{\mathrm{d}t} + \rho\vec{\nabla}\cdot\vec{u}\text{，}$$

其中末步用到式(10-1-4)。于是连续性方程被改写为

$$\frac{\mathrm{d}\rho}{\mathrm{d}t} + \rho\vec{\nabla}\cdot\vec{u} = 0\text{，} \tag{10-1-30}$$

上式的一大优点是ρ已被提到求导算符$\vec{\nabla}$之外。

不可压缩流体是指密度在运动过程中不变的流体，这时$\mathrm{d}\rho/\mathrm{d}t = 0$，连续性方程简化为

$$\vec{\nabla}\cdot\vec{u} = 0 \quad \text{(不可压缩流体的质量守恒律)。} \tag{10-1-31}$$

10.1.7　流体的运动方程(动量守恒律)

牛顿力学的运动方程是牛顿第二定律，它也可用动量表述：物体的动量时变率等于它所受的力。现在推导它在流体力学的表达式。

在流体中取一个固定的空间微小区域Ω。虽然Ω不动，但里面的流体既有质量又有速度，故Ω有动量。设Ω的体积为V，密度为ρ，流速为$\vec{u}$，则Ω的动量为$V\rho\vec{u}$。因为ρ和$\vec{u}$可以随时间t而变，所以Ω内的动量会有一个时变率

$$V\frac{\partial(\rho\vec{u})}{\partial t}\text{。}$$

此外，虽然 Ω 不动，但 Ω 外面的流体可以(带着自己的动量)流进 Ω，里面的流体也可以(带着动量)流出 Ω，所以 Ω 还经常通过自己的边界面与周围交换动量，这是导致 Ω 的动量有时变率的另一原因。计算表明[详见周光炯等(1992)]，Ω 因与外界交换动量而导致的动量时变率为

$$V\left[(\vec{u}\cdot\vec{\nabla})(\rho\vec{u})+\rho\vec{u}(\vec{\nabla}\cdot\vec{u})\right]\text{。}$$

因此，

$$\Omega\text{的动量时变率}=V\frac{\partial(\rho\vec{u})}{\partial t}+V\left[(\vec{u}\cdot\vec{\nabla})(\rho\vec{u})+\rho\vec{u}(\vec{\nabla}\cdot\vec{u})\right]=V\left[\frac{\partial(\rho\vec{u})}{\partial t}+(\vec{u}\cdot\vec{\nabla})(\rho\vec{u})+\rho\vec{u}(\vec{\nabla}\cdot\vec{u})\right]$$

$$=V\left[\frac{\mathrm{d}(\rho\vec{u})}{\mathrm{d}t}+\rho\vec{u}(\vec{\nabla}\cdot\vec{u})\right]=V\left[\frac{\mathrm{d}\rho}{\mathrm{d}t}\vec{u}+\rho\frac{\mathrm{d}\vec{u}}{\mathrm{d}t}+\rho\vec{u}(\vec{\nabla}\cdot\vec{u})\right]=V\left[\vec{u}\left(\frac{\mathrm{d}\rho}{\mathrm{d}t}+\rho(\vec{\nabla}\cdot\vec{u})\right)+\rho\frac{\mathrm{d}\vec{u}}{\mathrm{d}t}\right],$$

其中第三步用到式(10-1-4)。利用连续性方程[指式(10-1-30)]，上式便简化为

$$\Omega\text{的动量时变率}=V\rho\frac{\mathrm{d}\vec{u}}{\mathrm{d}t}\text{。}\tag{10-1-32}$$

根据牛顿力学，Ω 的动量时变率等于它所受的力 $\vec{F}$，而 $\vec{F}$ 是质量力 $\vec{F}_{\text{质}}$ 与表面力 $\vec{F}_{\text{面}}$ 的合矢量，故

$$V\rho\frac{\mathrm{d}\vec{u}}{\mathrm{d}t}=\vec{F}_{\text{质}}+\vec{F}_{\text{面}}=V\rho\vec{f}_{\text{质}}+\vec{F}_{\text{面}},\tag{10-1-33}$$

其中第二步用到式(10-1-5)。为求 $\vec{F}_{\text{面}}$，先讨论无黏性这一简单情况。无黏性时应力张量简化为式(10-1-21)，只用一个(沿法向的)压强 p 便可描述一点的应力。把 Ω 取成图 10-8 的小长方体，则 $\vec{F}_{\text{面}}$ 是三对平面所受的表面力之和，其中

$$\text{第一对平面所受表面力}=-\vec{e}_1(p|_b-p|_a)\Delta y\Delta z=-\vec{e}_1\frac{\partial p}{\partial x}\Delta x\Delta y\Delta z=-\vec{e}_1\frac{\partial p}{\partial x}V,$$

(式中 $\vec{e}_1$ 代表沿 x 轴正向的单位矢。) 仿此还有

$$\text{第二对面所受表面力}=-\vec{e}_2\frac{\partial p}{\partial y}V,$$

$$\text{第三对面所受表面力}=-\vec{e}_3\frac{\partial p}{\partial z}V,$$

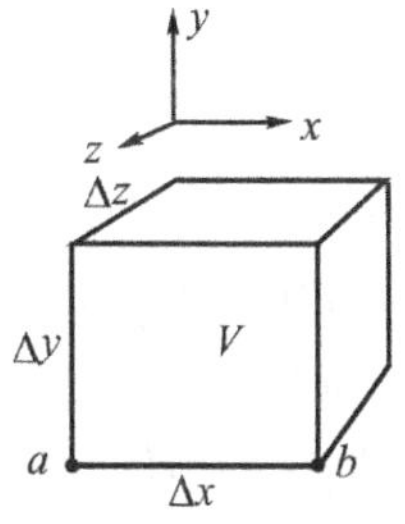

图 10-8　形如长方体的 Ω

故

$$\text{长方体}\,\Omega\,\text{所受表面力}\,\vec{F}_{\text{面}}=-V\left(\vec{e}_1\frac{\partial p}{\partial x}+\vec{e}_2\frac{\partial p}{\partial y}+\vec{e}_3\frac{\partial p}{\partial z}\right)=-V\vec{\nabla}p\text{。}\tag{10-1-34}$$

代入式(10-1-33)得

$$\rho\frac{\mathrm{d}\vec{u}}{\mathrm{d}t}=\rho\vec{f}_{\text{质}}-\vec{\nabla}p\text{。}\tag{10-1-35}$$

但是，如果流体的黏性不可忽略，应力就还有切向分量，p_{ij} 的 9 个分量都可以非零，而且都与黏度 μ 有关，$\vec{F}_{\text{面}}$ 的公式比较复杂。此处只限于不可压缩的均质流体(μ 不随点而变)，

这时表面力公式简化为[见周光坰等(1992)上册]

$$\vec{F}_{面}=V(-\vec{\nabla}p+\mu\nabla^2\vec{u}),\quad 其中\ p\equiv-\frac{1}{3}(p_{11}+p_{22}+p_{33})。\tag{10-1-36}$$ [3]

代入式(10-1-33)给出

$$\rho\frac{\mathrm{d}\vec{u}}{\mathrm{d}t}=\rho\vec{f}_{质}-\vec{\nabla}p+\mu\nabla^2\vec{u}\ ,\tag{10-1-37}$$

这就是不可压缩均质流体的**运动方程**(亦称**动量守恒方程**)，由纳维(Navier)和斯托克斯(Stokes)分别独立推出，故亦称**纳维–斯托克斯方程**(N-S 方程)。

如果黏性可以忽略，可取 $\mu=0$，于是上式又简化为

$$\rho\frac{\mathrm{d}\vec{u}}{\mathrm{d}t}=\rho\vec{f}_{质}-\vec{\nabla}p\ 。\tag{10-1-38}$$

上式称为**欧拉方程**，适用于无黏性、不可压缩的均质流体。

在大多数情况下质量力只有重力，这时 $\rho\vec{f}_{质}=\rho\vec{g}$。取直角坐标系的 z 轴正向与 $\vec{g}$ 方向相反，以 $\vec{e}_3$ 代表沿 z 轴的单位矢，则 $\rho\vec{f}_{质}=-\rho g\vec{e}_3$，代入式(10-1-37)得

$$\rho\frac{\mathrm{d}\vec{u}}{\mathrm{d}t}=-\rho g\vec{e}_3-\vec{\nabla}p+\mu\nabla^2\vec{u}\ 。\tag{10-1-39}$$

压强 p 是空间坐标的函数，可记作 $p(x,y,z)$。以 z_0 代表某一特征高度(例如，讨论地球重力场中的均质流体时， z_0 可以是液面的高度)，引入**广义压强**

$$\hat{p}(x,y,z)\equiv p(x,y,z)-[p_0+\rho g(z_0-z)]\ ，其中\ p_0\equiv p(x,y,z_0)\ ,\tag{10-1-40}$$

则易证 $\vec{\nabla}\hat{p}=\vec{\nabla}p+\rho g\vec{e}_3$，代入式(10-1-39)得

$$\rho\frac{\mathrm{d}\vec{u}}{\mathrm{d}t}=-\vec{\nabla}\hat{p}+\mu\nabla^2\vec{u}\ 。\tag{10-1-41}$$

可见，引入广义压强可使质量力(重力)在形式上不再出现。为书写简便，以后把上式的 $\hat{p}$ 就写成 p，但要记住它代表广义压强。

式(10-1-41)的各项都有力密度的量纲，乘以体积就有力的量纲。右边第一项是压强梯度 $\vec{\nabla}p$ 提供的力密度[不妨称为**压强力密度**)]，第二项是黏性 μ 贡献的力(不妨称为**黏性力密度**)。把这两项依次简记作 $\vec{f}_1$ 和 $\vec{f}_2$，便有

$$\rho\frac{\mathrm{d}\vec{u}}{\mathrm{d}t}=\vec{f}_1+\vec{f}_2\ 。\tag{10-1-42}$$

甲　既然上式左边也有力(密度)的量纲，我还想知道它对应于什么力。

乙　首先要指出流体与刚体的一个不同之处：如果 Ω 是刚体，则它的动量来自它的运动(不动就没有动量)；然而现在的 Ω 是流体中的一个空间小区域，虽然其边界面不动，但 Ω 仍可有动量，因为 Ω 内的流体可以有动量。但是，如果将 Ω 缩小成宏观小微观大的微元，则上式左边(乘以体积)就代表质量乘加速度，右边(乘以体积)就是它所受的力，符合牛顿第

---

[3] 虽然 p_{11}、p_{22}、p_{33} 与直角坐标系的选择有关(坐标轴转动导致 p_{11}、p_{22}、p_{33} 变为 p'_{11}、p'_{22}、p'_{33})，但张量理论保证 $p_{11}+p_{22}+p_{33}$ 不随坐标系而变，故式(10-1-20)定义的 p 与坐标系无关。

二定律。然而，假如我本人就是 Ω 这个流体微元，则我随流体而动，而且是在做加速运动，我就代表一个非惯性系。把式(10-1-42)改写为

$$0=-\rho\frac{\mathrm{d}\vec{u}}{\mathrm{d}t}+\vec{f}_1+\vec{f}_2\text{。} \qquad (10\text{-}1\text{-}42')$$

由于我认为自己静止，所受合力应该为零。上式正是这一看法的数学表述——右边第一项，即 $-\rho\frac{\mathrm{d}\vec{u}}{\mathrm{d}t}$，正是牛顿力学认为应该补上的**惯性力**(密度)。所以式(10-1-42)左边对应的是惯性力密度。

§10.2 量纲分析可大大节省实验工作量

20 世纪初期，两位物理化学家 Bose 和 Rauert 在流体的定常湍流问题上做了一系列实验测定，图 10-9 是实验装置的示意图。水平管道中的流体在两端压强差 Δp 的作用下从右端流出并进入容器(容积为 V)。他们不厌其烦地用各种流体(水、三氯甲烷、三溴甲烷、水银等)做实验，测出装满容器所需的时间 t 与压强差 Δp 的关系，并将结果画成图 10-10 的曲线[不同流体有不同曲线(1909，1911)]。这一工作引起了当时的年轻人**卡门**(Karman)的注意[4]。他在 1911 年用量纲分析重新讨论并找出了适用于所有流体的共同规律。下面做一简介。

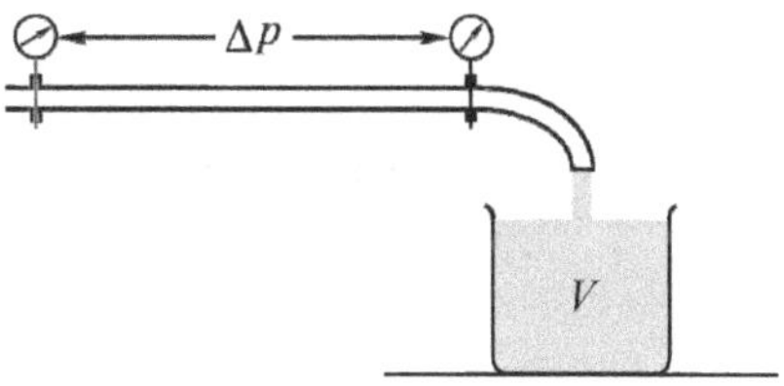

图 10-9 Bose 和 Rauert 的实验装置示意图

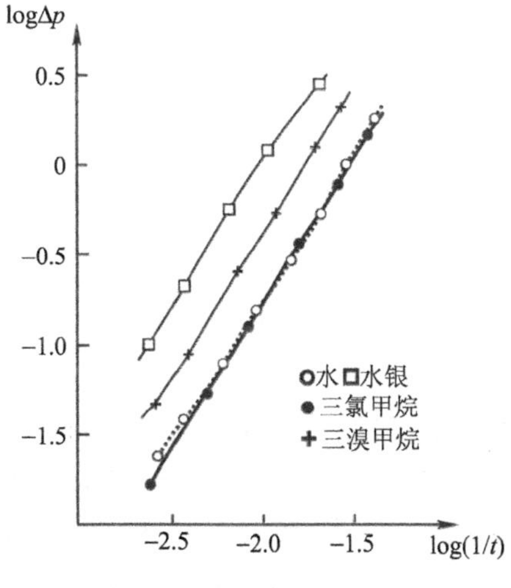

图 10-10 Bose 和 Rauert 的实验曲线
(t 和 Δp 单位分别是 s 和 $\mathrm{kgf/cm^2}$)

问题涉及 5 个物理量(即 $n=5$)：容器容积 $\boldsymbol{V}$、装满容器所需时间 $\boldsymbol{t}$、压强差 $\boldsymbol{\Delta p}$ 以及流体的密度 $\boldsymbol{\rho}$ 和黏度 $\boldsymbol{\mu}$。选 CGS 单位制(所在族)，则量纲矩阵为

$$\begin{array}{c} \\ \mathrm{L} \\ \mathrm{M} \\ \mathrm{T} \end{array}\begin{array}{c} \begin{array}{ccccc} V & \mu & t & \Delta p & \rho \end{array} \\ \begin{bmatrix} 3 & -1 & 0 & -1 & -3 \\ 0 & 1 & 0 & 1 & 1 \\ 0 & -1 & 1 & -2 & 0 \end{bmatrix} \end{array}\text{。} \qquad (10\text{-}2\text{-}1)$$

对此矩阵施以行初等变换(用第 2 行分别加到第 1、3 行)：

$$\begin{bmatrix} 3 & -1 & 0 & -1 & -3 \\ 0 & 1 & 0 & 1 & 1 \\ 0 & -1 & 1 & -2 & 0 \end{bmatrix} \to \begin{bmatrix} 3 & 0 & 0 & 0 & -2 \\ 0 & 1 & 0 & 1 & 1 \\ 0 & 0 & 1 & -1 & 1 \end{bmatrix},$$

再用 1/3 乘第 1 行，便得结果矩阵

[4] 卡门后来成为 20 世纪应用力学的一名大师。

$$\begin{array}{ccccc} V & \mu & t & \Delta p & \rho \end{array}$$
$$\begin{bmatrix} 1 & 0 & 0 & 0 & -2/3 \\ 0 & 1 & 0 & 1 & 1 \\ 0 & 0 & 1 & -1 & 1 \end{bmatrix}。$$

所以可选$\boldsymbol{V}$、$\boldsymbol{\mu}$和$\boldsymbol{t}$为甲组量(故$m=3$)，并可用它们量纲表出乙组量$\Delta\boldsymbol{p}$和$\boldsymbol{\rho}$：

$$\dim\Delta\boldsymbol{p}=(\dim\boldsymbol{V})^0(\dim\boldsymbol{\mu})^1(\dim\boldsymbol{t})^{-1}, \tag{10-2-2a}$$

$$\dim\boldsymbol{\rho}=(\dim\boldsymbol{V})^{-2/3}(\dim\boldsymbol{\mu})^1(\dim\boldsymbol{t})^1, \tag{10-2-2b}$$

因而可构造2个无量纲量：

$$\Pi_1:=\frac{t\Delta p}{\mu},\qquad \Pi_2:=\frac{\rho V^{2/3}}{t\mu}, \tag{10-2-3}$$

由Π定理可知Π_1是Π_2的函数：$\Pi_1=\phi(\Pi_2)$，因而

$$\frac{t\Delta p}{\mu}=\phi\left(\frac{\rho V^{2/3}}{t\mu}\right)。 \tag{10-2-4}$$

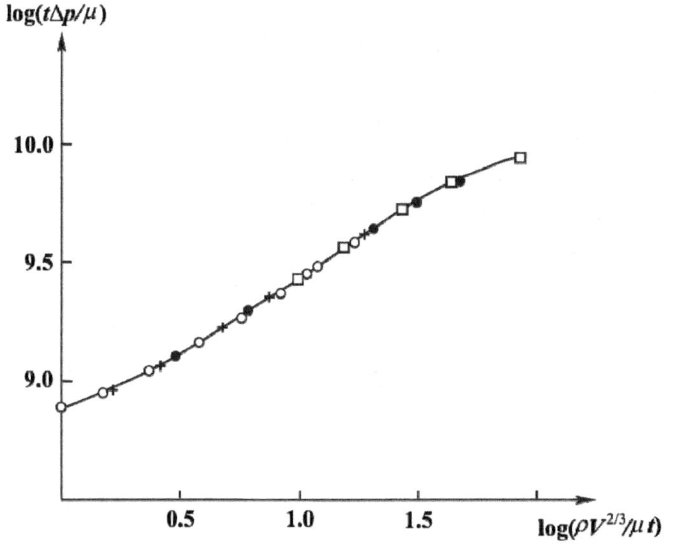

图 10-11　卡门发表的曲线，Bose 和 Rauert 测得的数据点都落在这条曲线上

上式表明：如果把压强差Δp看成时间t的函数，则函数关系与容器体积V及流体性质ρ, μ都有关；但如果巧妙地把5个涉及量组合为两个无量纲量$\Pi_1\equiv t\Delta p/\mu$和$\Pi_2\equiv\rho V^{2/3}/t\mu$，两者之间就有一个普适的函数关系$\phi$[即式(10-2-4)]，所谓“普适”，是指适用于任何流体。如果先用Bose和Rauert的实验数据对某种流体绘出了$\log(t\Delta p/\mu)$作为$\log(\rho V^{2/3}/t\mu)$的函数曲线，便会发现其他流体的数据点都落在这曲线上(图 10-11)。不妨把$\Pi_1\equiv t\Delta p/\mu$和$\Pi_2^{-1}\equiv t\mu/\rho V^{2/3}$分别称为在这种特定情况下的“无量纲化压差”和“无量纲化时间”。

从量纲分析的上述结果[式(10-2-4)]虽然读不出$\Delta\boldsymbol{p}$对t, V, μ, ρ的依赖关系，但却能给出

适用于各种流体的普适结果，这对于指导实验设计自然有重大作用。假若 Bose 和 Rauert 当时会用量纲分析，就只需对一种流体进行实验，从而节省大量实验时间和材料。量纲分析的威力由此可见一斑。其实，物理学家**雷诺**(Reynolds)早在 1883 年就已经掌握这种把若干物理量组合成一个特别有用的无量纲量的方法，见以下两节。

§ 10.3　管流，初识雷诺数

10.3.1　压强梯度和流量

流体在管道中的流动称为**管流**(pipe flow)，是流体动力学中一个非常实用的课题——举凡上下水设备、暖气供热、通风装置、石油(及天然气)输运等等，无一不与管流有关。流体的黏性以及管壁的粗糙导致流动的阻力，为了克服阻力(以保持定常流动)，管内应有沿纵向的压强梯度 $\mathrm{d}\boldsymbol{p}/\mathrm{d}\boldsymbol{x}$ 。(为此，外界要给进出口处提供一个压强差。对长途输送的管道，还要在适当距离间隔处配置适当的泵站。) 由于黏性，流体在靠近管道内壁处速率较小，靠近管道中心处速率较大。以 $\boldsymbol{U}$ 代表横截面上的平均速率。在流速不大(远小于声速)的情况下，流体的可压缩性可以忽略。**体积流量**是一个重要的物理量，是指单位时间内流过截面的流体体积，本书简称流量。从实用角度考虑，我们关心如下问题：对于给定的流体，为了提供某个流量，管道应该多粗？压强梯度应该多大？下面以圆形截面的直长管道中的不可压缩流体的定常流动为例讨论。

设圆管内壁直径为 $\boldsymbol{d}$ ，流体平均速率为 $\boldsymbol{U}$ ，流量为 $\boldsymbol{Q}$ ，则流体质点在单位时间内平均走过 U 的距离，乘以横截面积 $\pi d^2/4$ 便是流过截面的流体体积，因而有数等式

$$Q = U\pi d^2/4\,, \tag{10-3-1}$$

可见 $\boldsymbol{Q}$、$\boldsymbol{U}$、$\boldsymbol{d}$ 中只有两者独立，我们选 $\boldsymbol{U}$ 和 $\boldsymbol{d}$ ，于是共有 5 个涉及量($n=5$)，即 $\mathrm{d}\boldsymbol{p}/\mathrm{d}\boldsymbol{x}$ 、$\boldsymbol{d}$ 、$\boldsymbol{U}$ 以及流体的密度 $\boldsymbol{\rho}$ 和黏度 $\boldsymbol{\mu}$ 。它们在 CGS 单位制所在族的量纲矩阵为

$$\begin{array}{c} \\ \mathrm{L} \\ \mathrm{M} \\ \mathrm{T} \end{array}\begin{array}{c} \begin{array}{ccccc} d & \rho & U & \mu & \mathrm{d}p/\mathrm{d}x \end{array} \\ \begin{bmatrix} 1 & -3 & 1 & -1 & -2 \\ 0 & 1 & 0 & 1 & 1 \\ 0 & 0 & -1 & -1 & -2 \end{bmatrix} \end{array}。 \tag{10-3-2}$$

(请注意区分代表管径的斜体 d 与代表求导的正体 d 。) 对此矩阵施以行初等变换

$$\begin{bmatrix} 1 & -3 & 1 & -1 & -2 \\ 0 & 1 & 0 & 1 & 1 \\ 0 & 0 & -1 & -1 & -2 \end{bmatrix} \to \begin{bmatrix} 1 & 0 & 1 & 2 & 1 \\ 0 & 1 & 0 & 1 & 1 \\ 0 & 0 & -1 & -1 & -2 \end{bmatrix} \to \begin{bmatrix} 1 & 0 & 0 & 1 & -1 \\ 0 & 1 & 0 & 1 & 1 \\ 0 & 0 & 1 & 1 & 2 \end{bmatrix},$$

(第一步是用第 2 行的 3 倍加到第 1 行；第二步是用第 3 行加到第 1 行，再用 −1 乘第 3 行。) 便得如下的结果矩阵：

$$\begin{array}{ccccc} d & \rho & U & \mu & \mathrm{d}p/\mathrm{d}x \end{array}$$
$$\begin{bmatrix} 1 & 0 & 0 & 1 & -1 \\ 0 & 1 & 0 & 1 & 1 \\ 0 & 0 & 1 & 1 & 2 \end{bmatrix}。\tag{10-3-2′}$$

由此看出可选$\boldsymbol{d}$、$\boldsymbol{\rho}$、$\boldsymbol{U}$为甲组量(因而$m=3$)，并可用它们对乙组量$\boldsymbol{\mu}$和$\mathrm{d}\boldsymbol{p}/\mathrm{d}\boldsymbol{x}$做量纲表出：

$$\dim\boldsymbol{\mu}=(\dim\boldsymbol{d})(\dim\boldsymbol{\rho})(\dim\boldsymbol{U}),\tag{10-3-3a}$$

$$\dim\frac{\mathrm{d}\boldsymbol{p}}{\mathrm{d}\boldsymbol{x}}=(\dim\boldsymbol{d})^{-1}(\dim\boldsymbol{\rho})(\dim\boldsymbol{U})^2,\tag{10-3-3b}$$

故可构造 2 个无量纲量：

$$\Pi_1:=\frac{\mu}{\rho U d},\qquad \Pi_2:=\frac{\mathrm{d}p}{\mathrm{d}x}\frac{d}{\rho U^2},\tag{10-3-4}$$

习惯上爱用

$$\Pi_1^{-1}=\frac{\rho U d}{\mu}\tag{10-3-5}$$

代替Π_1，故由Π定理可知Π_2可表为Π_1^{-1}的函数：$\Pi_2=\phi(\Pi_1^{-1})$，即

$$\frac{\mathrm{d}p}{\mathrm{d}x}\frac{d}{\rho U^2}=\phi\left(\frac{\rho Ud}{\mu}\right),\tag{10-3-6}$$

也可表为

$$\frac{\mathrm{d}p}{\mathrm{d}x}=\frac{\rho U^2}{d}\phi\left(\frac{\rho Ud}{\mu}\right)。\tag{10-3-6′}$$

虽然由于自变数ρ, d, U, μ含于ϕ内而不能从上式看出$\frac{\mathrm{d}p}{\mathrm{d}x}$对它们的依赖关系，但我们看到$\rho, d, U, \mu$以无量纲组合$\frac{\rho Ud}{\mu}$的形式、以确定的函数关系$\phi$对另一个无量纲组合$\frac{\mathrm{d}p}{\mathrm{d}x}\frac{d}{\rho U^2}$发生影响。不妨把$\Pi_2\equiv\frac{\mathrm{d}p}{\mathrm{d}x}\frac{d}{\rho U^2}$称为在该特定情况下的“无量纲化压强梯度”，它虽然是自变数ρ, d, U, μ的函数，但不论这 4 个数取什么值，只要组合$\frac{\rho Ud}{\mu}$一样，便给出一样的Π_2。可见无量纲量$\frac{\rho Ud}{\mu}$的重要性。这是英国流体力学著名专家**雷诺**(Reynolds)于 1883 年研究湍流时发现的[5]，后人称之为**雷诺数**(Reynolds number)，以专门符号Re代表[6]，即

$$\text{雷诺数}\equiv Re\equiv\frac{\rho Ud}{\mu},\tag{10-3-7}$$

于是式(10-3-6)可改写为

---

[5] 其实斯托克斯(Stokes)更早(1851 年)就已认识到这个无量纲量。

[6] 索莫菲于 1908 年首先建议把$\rho\bar{u}D/\mu$命名为雷诺数，并建议用符号Re代表。后来，雷诺数的应用遍及流体力学的所有分支。

$$无量纲化压强梯度\ \Pi_2 \equiv \frac{\mathrm{d}p}{\mathrm{d}x}\frac{d}{\rho U^2} = \phi(Re)。\tag{10-3-6$''$}$$

为了确定无量纲化压强梯度Π_2，只需用实验测出函数关系$\phi(Re)$。在设计管道时，如果不懂量纲分析[不知道有式(10-3-6″)]，就只能用实验测定$\frac{\mathrm{d}p}{\mathrm{d}x}$对自变数$\rho, d, U, \mu$的依赖关系，每改变任何一个自变数都要测出$\frac{\mathrm{d}p}{\mathrm{d}x}$的值，工作量十分浩繁；懂得雷诺数后，只要测出一元函数$\phi(Re)$的曲线便可适用于任何情况。图 10-12 示出对九种具体情况测得的数据点构成的曲线，每种情况是指一种流体(已知ρ和μ)、一种管径d和一种速率U。由图看出各种情况的数据点基本吻合。所谓“基本吻合”，是指除了Re在2×10^3到3.5×10^3的一段外吻合得

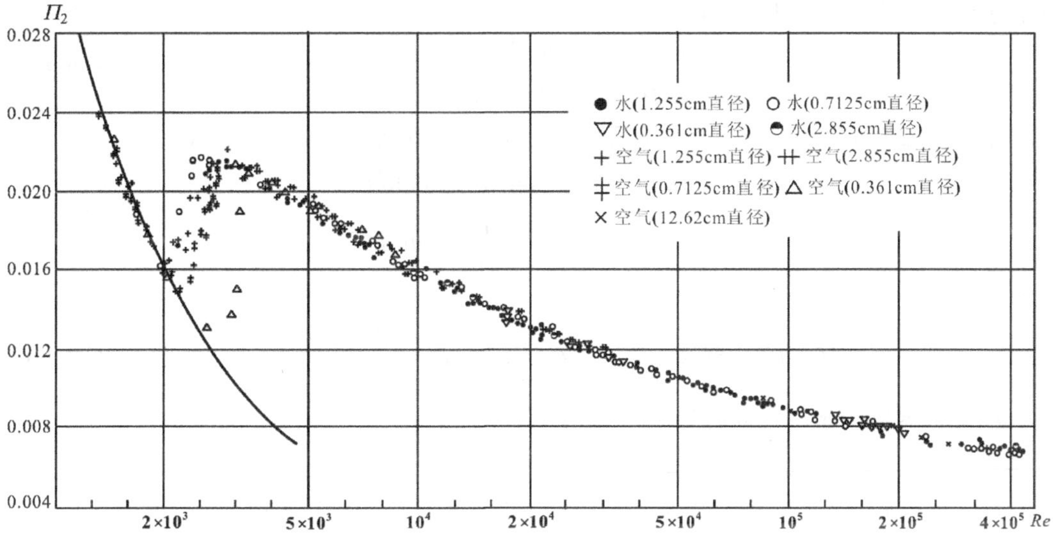

图 10-12　圆管流动的无量纲化压强梯度$\Pi_2 \equiv \frac{\mathrm{d}p}{\mathrm{d}x}\frac{d}{\rho U^2}$与雷诺数$Re$的实验关系曲线。横轴的数字是雷诺数$Re$，但分格则是按$\log(Re)$。

很好。这一吻合得不太好的“除外段”是从层流到湍流的过渡段(见小节 10.3.2)。

下面就可以求流量Q。由式(10-3-6″)得

$$U = \frac{\mathrm{d}p}{\mathrm{d}x}\frac{d}{\rho U\phi(Re)},$$

代入式(10-3-1)，稍加计算得

$$Q = \frac{\pi d^3}{4\rho U\phi(Re)}\frac{\mathrm{d}p}{\mathrm{d}x} = \frac{\pi d^4}{4\mu\frac{\rho U d}{\mu}\phi(Re)}\frac{\mathrm{d}p}{\mathrm{d}x} = \frac{\pi d^4}{4\mu Re\,\phi(Re)}\frac{\mathrm{d}p}{\mathrm{d}x}。\tag{10-3-8}$$

令

$$\Gamma(Re) \equiv \frac{\pi}{4Re\,\phi(Re)},\tag{10-3-9}$$

代入式(10-3-8)给出

$$Q = \Gamma(Re)\frac{d^4}{\mu}\frac{\mathrm{d}p}{\mathrm{d}x}。 \tag{10-3-10}$$

现在便可回答本节开头提出的实用问题，即“对于给定的流体，为了提供某一流量Q，管道应该多粗？压强梯度应该多大？”。原则上可以这样进行：先根据实际条件选定管径d，与所需的Q一同代入式(10-3-1)以求得U，配上所用流体的ρ和μ便可求得Re值，由图10-12查得相应的Π_2值[此即$\phi(Re)$值]，代入式(10-3-9)求得$\Gamma(Re)$值，再由式(10-3-10)便可决定所需的压强梯度$\mathrm{d}p/\mathrm{d}x$。

[选读 10-1]

上面用的是 CGS 单位制，它有 3 个基本量类。如果改用几何制(观点 3)，并取长度为基本量类，则量纲矩阵(10-3-2)将由下式取代：

$$\begin{array}{cccccc} & d & U & \rho & \mu & \mathrm{d}p/\mathrm{d}x \\ \mathrm{L} & [1 & 0 & -2 & -1 & -3] \end{array}。 \tag{10-3-11}$$

由此看出可选$\boldsymbol{d}$为甲组量，并可用它对乙组量$\boldsymbol{\rho}$、$\boldsymbol{U}$、$\boldsymbol{\mu}$及$\mathrm{d}\boldsymbol{p}/\mathrm{d}\boldsymbol{x}$做量纲表出：

$$\begin{aligned} &\dim \boldsymbol{U} = (\dim \boldsymbol{d})^0 = 1, \quad \dim \boldsymbol{\rho} = (\dim \boldsymbol{d})^{-2}, \\ &\dim \boldsymbol{\mu} = (\dim \boldsymbol{d})^{-1}, \quad \dim \frac{\mathrm{d}\boldsymbol{p}}{\mathrm{d}\boldsymbol{x}} = (\dim \boldsymbol{d})^{-3}。 \end{aligned} \tag{10-3-12}$$

于是竟可定义 4 个无量纲量，即

$$\Pi_1 \equiv U, \quad \Pi_2 \equiv \rho d^2, \quad \Pi_3 \equiv \mu d, \quad \Pi_4 \equiv \frac{\mathrm{d}p}{\mathrm{d}x} d^3, \tag{10-3-13}$$

所以Π定理只能给出弱得多的结果：

$$\Pi_4 = \phi(U, \rho d^2, \mu d)。 \tag{10-3-14}$$

虽然利用“无量纲量的积和商仍是无量纲量”的原理可以构造两个新的无量纲量：

$$\Pi_1' := \frac{\Pi_2 \Pi_1}{\Pi_3} = \frac{\rho U d}{\mu} = Re, \qquad \Pi_2' := \frac{\Pi_4}{\Pi_2 \Pi_1^2} = \frac{\mathrm{d}p}{\mathrm{d}x}\frac{d}{\rho U^2}, \tag{10-3-15}$$

但无法把式(10-3-14)提升为

$$\text{无量纲化压强梯度}\ \frac{\mathrm{d}p}{\mathrm{d}x}\frac{d}{\rho U^2} = \phi(Re) \quad [\text{即式}(10\text{-}3\text{-}6'')]$$

这样的好结果。

由此可见流体力学文献很少用几何制及自然制的关键原因。　**[选读 10-1 完]**

10.3.2 从层流到湍流

雷诺在 1883 年对直长玻璃圆管中的流体运动做过细致的观察。他在保持管径和流速一定的条件下改变流体的种类(由密度ρ和黏度μ表征)，对流体所受的管道阻力进行测量，发现阻力对流体性质的依赖只体现在对μ/ρ(而不是单独的μ和ρ)的依赖上。如果引入新量$\nu \equiv \mu/\rho$(称为**运动学黏度**)，就可说阻力只依赖于ν。他的观察表明，阻力先是随着ν值的减小而减小，当ν值小到某个临界值(记作$\nu_{\text{临界}}$)时阻力突然增大，说明$\nu_{\text{临界}}$是一个重要的分界点。他在水平放置的水管的上游用细管注入染料，发现在$\nu > \nu_{\text{临界}}$时染料形成与管轴平

行的许多直线 [见图 10-13(a)]，但这些直线从 $\nu<\nu_{临界}$ 开始逐渐变得弯曲而且不规则[图 10-10(b)]，随着 ν 的进一步减小，染料花样变得杂乱无章，互相掺混，最终遍及全管，导致

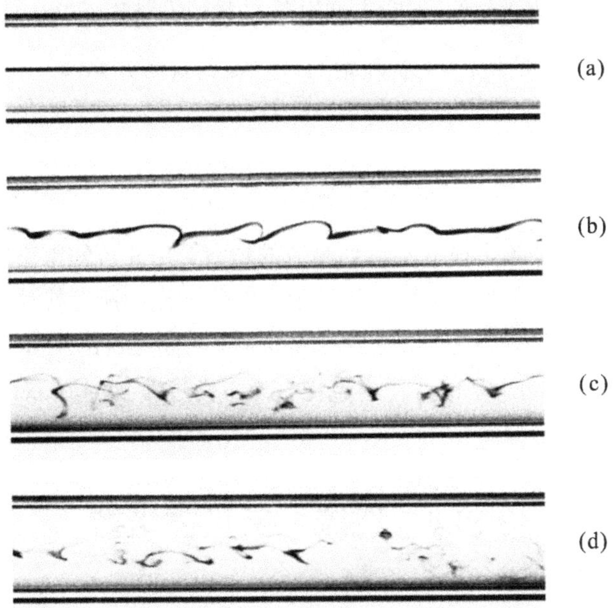

图 10-13　从层流到湍流。(a)层流，(b)开始过渡到湍流，(c), (d)湍流。
说明：照片取自一本汇集大量流体运动照片的书[Milton Van Dyke(1982)]的 61 页。作者指出，雷诺当时的实验并未留下照片，但所用装置保留在曼彻斯特大学。一个世纪后，Johannesen 和 Lowe 利用这一装置拍摄了这组照片

一片模糊[图 10-13(c)、(d)]。现在我们知道，以 $\nu_{临界}$ 为分界线的两种流动代表着两种截然不同的运动形式。$\nu>\nu_{临界}$ 的流动[图 10-13(a)]叫做**层流**(laminar flow)，流体质点都沿着管道方向做平行运动(在直管道中的流线是无数平行直线)，层次分明(一层贴着一层地流动)，平稳有序；而图 10-13(c)、(d)的流动则叫做**湍流**(turbulent flow)，流体质点不断互相碰撞和掺混，运动很不规则，流速的微小变化容易被发展和增强，形成紊乱，压强和流速等物理量不断随时间无序地脉动，虽然平均而言质点总是从上游流向下游，但其速度除了纵向分量还有横向分量，而且速度矢量不断地、随机地改变着方向和大小，流体中还含有大量的、无规则的 3 维漩涡。鉴于图 10-13 不够清晰，我们再画出层流和湍流的示意图(图 10-14)。以 (u_x,u_y,u_z) 代表速度场 $\vec{u}$ 在直角系的分量，即 $\vec{u}=(u_x,u_y,u_z)$，则图 10-14 的层流的速度场可表为

$$\vec{u}_{层}=(U,0,0)\ ,$$

但湍流却复杂得多，它可能具有与层流相同的平均速

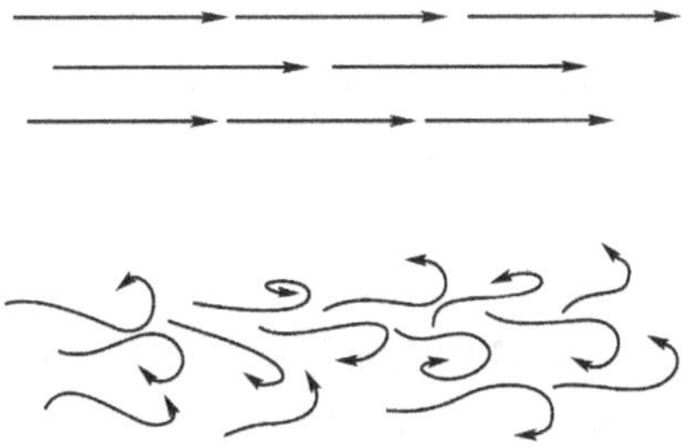

图 10-14　层流(上图)和湍流(下图)

率，但流体质点会在不同瞬间在平均速率上叠加一个指向其他方向的、相当任意的速度，其速度场可表为

$$\vec{u}_{湍} = (U + u_x', u_y', u_z')，(各分量随时间的变化并未示出)$$

其中 3 个附加速度 u_x'、u_y'、u_z' 的每一个的平均值都为零，所以 $\vec{u}_{湍}$ 与 $\vec{u}_{层}$ 有相同的平均速度。

由层流向湍流的过渡是从 $\nu = \nu_{临界}$ 开始的。注意到雷诺数 $Re \equiv \dfrac{\rho U d}{\mu} = \dfrac{Ud}{\nu}$，可知 ν 有临界值相当于 Re 有临界值

$$(Re)_{临界} = \frac{Ud}{\nu_{临界}},$$

故也可说从 $Re = (Re)_{临界}$ 开始出现从层流到湍流的过渡。由此可知雷诺数对黏性流体力学的重要意义。请注意 $(Re)_{临界}$ 不是一个确定的数值，它与来流中所含扰动的大小以及管壁的粗糙程度有关。不过临界雷诺数 $(Re)_{临界}$ 存在一个下限，记作 $(Re)_{临界\min}$，当 $Re < (Re)_{临界\min}$ 时，不管外加扰动有多大，流动总是保持在层流状态而不会过渡到湍流。对圆形管道，$(Re)_{临界\min}$ 约为 2×10^3。

§ 10.4　绕流，又见雷诺数

10.4.1　绕流的一般讨论

空气中的飞机、汽车以及海水中的潜艇的运动问题是流体力学中又一个非常实用的课题，理论上可以简化为物体(刚体)在无限大流体中的匀速平动问题[7]。人们特别关心物体受到的、来自流体的力，记作 $\boldsymbol{F}$。先以飞机的机翼为例。空气流经机翼表面时会对机翼提供一个表面力，此力可被分解为两个分量：①与空气的流动方向垂直的分量，称为**升力**(lift)，记作 $\boldsymbol{F}_{\mathrm{L}}$；②与空气的流动方向平行的分量，称为**阻力**(drag)，记作 $\boldsymbol{F}_{\mathrm{D}}$。

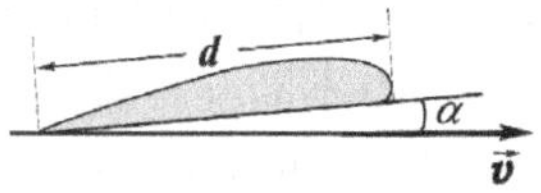

图 10-15　物体的特征长度、速度和攻角

假定流体不可压缩(相当于假定物体的速度很小于声速)。给定物体形状后，问题的涉及量有 6 个($n=6$)：描述物体大小的某个特征长度 $\boldsymbol{d}$[8]；物体平动速度(的大小) $\boldsymbol{v}$；速度的方向角 $\boldsymbol{\alpha}$ (见图 10-15)，称为**攻角**(angle of attack)；流体的密度 $\boldsymbol{\rho}$ 和黏度 $\boldsymbol{\mu}$；物体所受的力 $\boldsymbol{F}$ (不问是阻力还是升力，在量纲分析中一视同仁)[9]。不难写出以上 6 个量类在 CGS 单位制所在族的量纲式，从而列出量纲矩阵：

[7] 既可认为物体在静止流体中做匀速平动，也可认为物体静止于流动着的流体中。这相当于站在两个不同的惯性系看同一个问题。

[8] 明确地说，$\boldsymbol{d}$ 是指物体任何一对点的距离中之最大者。

[9] 为了简化讨论，此处没有考虑重力的作用。

$$\begin{array}{c} \\ \mathrm{L} \\ \mathrm{M} \\ \mathrm{T} \end{array}\begin{array}{c} \begin{matrix} d & \rho & v & F & \mu & \alpha \end{matrix} \\ \begin{bmatrix} 1 & -3 & 1 & 1 & -1 & 0 \\ 0 & 1 & 0 & 1 & 1 & 0 \\ 0 & 0 & -1 & -2 & -1 & 0 \end{bmatrix} \end{array}。\tag{10-4-1}$$

对此矩阵施以行初等变换

$$\begin{bmatrix} 1 & -3 & 1 & 1 & -1 & 0 \\ 0 & 1 & 0 & 1 & 1 & 0 \\ 0 & 0 & -1 & -2 & -1 & 0 \end{bmatrix} \to \begin{bmatrix} 1 & 0 & 1 & 4 & 2 & 0 \\ 0 & 1 & 0 & 1 & 1 & 0 \\ 0 & 0 & -1 & -2 & -1 & 0 \end{bmatrix} \to \begin{bmatrix} 1 & 0 & 0 & 2 & 1 & 0 \\ 0 & 1 & 0 & 1 & 1 & 0 \\ 0 & 0 & 1 & 2 & 1 & 0 \end{bmatrix},$$

(第一步是用第 2 行的 3 倍加到第 1 行；第二步是用第 3 行加到第 1 行，再用 −1 乘第 3 行。)
便得如下的结果矩阵：

$$\begin{array}{c} \begin{matrix} d & \rho & v & F & \mu & \alpha \end{matrix} \\ \begin{bmatrix} 1 & 0 & 0 & 2 & 1 & 0 \\ 0 & 1 & 0 & 1 & 1 & 0 \\ 0 & 0 & 1 & 2 & 1 & 0 \end{bmatrix} \end{array}。\tag{10-4-1'}$$

由此看出可选 $\boldsymbol{d}$、$\boldsymbol{\rho}$、$\boldsymbol{v}$ 为甲组量，并可用它们对乙组量 $\boldsymbol{F}$ 、 $\boldsymbol{\mu}$ 和 $\boldsymbol{\alpha}$ 做量纲表出：

$$\dim \boldsymbol{F} = (\dim \boldsymbol{d})^2 (\dim \boldsymbol{\rho})^1 (\dim \boldsymbol{v})^2 \,, \tag{10-4-2a}$$

$$\dim \boldsymbol{\mu} = (\dim \boldsymbol{d})^1 (\dim \boldsymbol{\rho})^1 (\dim \boldsymbol{v})^1 \,, \tag{10-4-2b}$$

$$\dim \boldsymbol{\alpha} = (\dim \boldsymbol{d})^0 (\dim \boldsymbol{\rho})^0 (\dim \boldsymbol{v})^0 \,, \tag{10-4-2c}$$

故可构造 3 个无量纲量。为了跟管流中的两个无量纲量 $\varPi_1 := \dfrac{\mu}{\rho U d}$ 及 $\varPi_2 := \dfrac{\mathrm{d}p}{\mathrm{d}x}\dfrac{d}{\rho U^2}$ [见式(10-3-4)]相区别，特将此处求得的 3 个无量纲量依次编号为 $\varPi_3$、$\varPi_4$ 和 $\varPi_5$ ，即

$$\varPi_3 := \frac{F}{\rho v^2 d^2}, \quad \varPi_4 := \frac{\mu}{\rho v d}, \quad \varPi_5 := \alpha 。\tag{10-4-3}$$

上式中 $\varPi_4$ 与管流中的 $\varPi_1 \equiv \dfrac{\mu}{\rho U d}$ [式(10-3-4)]有非常类似的“味道”，既然已将 $\varPi_1^{-1} \equiv \dfrac{\rho U d}{\mu}$ 称为“(管流的)雷诺数”，自然也把 $\varPi_4^{-1} \equiv \dfrac{\rho v d}{\mu}$ 称为“(绕流的)雷诺数”，仍记作 Re ，即

$$Re \equiv \frac{\rho v d}{\mu} 。\tag{10-4-4}$$

由 $\varPi$ 定理可知 $\varPi_3 = \phi(\varPi_5, \varPi_4^{-1})$ ，即

$$\frac{F}{\rho v^2 d^2} = \phi(\alpha, Re) 。\tag{10-4-5}$$

函数关系 ϕ 由物体形状决定，有待实验测得。不妨把 $\varPi_3 \equiv \dfrac{F}{\rho v^2 d^2}$ 称为绕流情况下的**无量纲力**(阻力或升力)。请注意我们已经把参数 μ、ρ、v、d 对力 F 的影响综合为一个无量纲量 Re 对另一个无量纲量 $\varPi_3$ 的影响，问题因而大为简化。试想，假定不懂量纲分析，面对一个形状复杂的运动物体，为了从理论上研究它所受的阻力，首先就遇到一个拦路虎：如何描述它的形状？用有限个参数？根本不可能！你将发现无从下手！但是用上面介绍的量纲

方法可以方便地求得式(10-4-5)，它把物体的形状因素隐含在函数关系ϕ之中，只需用实验测定这个函数关系，便可一举拿下绕流的无量纲阻力(和升力)问题。

式(10-4-5)表明，在物体形状及攻角一定时，无量纲力Π_3由雷诺数唯一决定。如果F是阻力，$\Pi_3 \equiv \dfrac{F_{\mathrm{D}}}{\rho v^2 d^2}$就是无量纲阻力。在流体力学中喜欢用面积$A$之半代替$d^2$，这个面积对不同物体有不同的取法：对钝体(bluff body)，如球体、圆柱体和汽车，通常取物体的迎风面积(frontal area)，即物体在垂直于来流方向的投影面积；对水面的舰船，通常取润湿面积(wetted area)，即船体与水的接触面积。以$A/2$代替d^2后的无量纲量称为**阻力系数**(drag coefficient)，记作C_{D}，即

$$C_{\mathrm{D}} \equiv \frac{F_{\mathrm{D}}}{\rho v^2 A/2}。\tag{10-4-6}$$

代入式(10-4-5)便得

$$C_{\mathrm{D}} = \frac{2d^2}{A}\phi(\alpha, Re)。\tag{10-4-7}$$

10.4.2　高雷诺数近似

理论和实验表明，在高Re值时流体黏性对流体运动的影响减弱，而且在某些Re很大的情况下黏性几乎不起作用，因而可以使用理想流体模型[无黏性、无热传导的各向同性流体称为**理想流体**(perfect fluid)]。事实上，由式(10-4-3)和(10-4-4)易得

$$\Pi_4 = \frac{1}{Re},$$

当Re非常大(不妨考虑$Re \to \infty$)时由上式可知$\Pi_4 \to 0$，于是由式(10-4-3)及Π定理又得

$$\Pi_3 = \phi(\Pi_5, \Pi_4) = \phi(\alpha, 0) \equiv \phi_1(\alpha),$$

亦即

$$\frac{F}{\rho v^2 d^2} = \phi_1(\alpha),\tag{10-4-8}$$

其中函数$\phi_1(\alpha)$有待实验确定。上式说明，在无黏性($\mu = 0$)、不可压缩流体的绕流情况下，物体所受的力F(阻力及升力)与速率v的平方成正比(此外还与ρ及d^2成正比)。对于黏性流体($\mu \neq 0$)，只要雷诺数足够高，这一结论也近似适用。

10.4.3　低雷诺数近似

理论和实验表明，在低Re值时流体密度ρ对流体运动的影响减弱，而且在Re足够小的情况下可以近似认为$\rho = 0$。这时涉及量从6个减为5个，即$\boldsymbol{v}$、$\boldsymbol{d}$、$\boldsymbol{\mu}$、$\boldsymbol{\alpha}$、$\boldsymbol{F}$。可以选择$\boldsymbol{v}$、$\boldsymbol{d}$和$\boldsymbol{\mu}$为甲组量，$\boldsymbol{\alpha}$和$\boldsymbol{F}$为乙组量，故得2个无量纲量，其一即是$\boldsymbol{\alpha}$自身，其二记作Π_6。因

$$\dim \boldsymbol{F} = (\dim \boldsymbol{v})(\dim \boldsymbol{d})(\dim \boldsymbol{\mu}),$$

故可定义Π_6为

$$\Pi_6 := \frac{F}{\mu v d}。 \tag{10-4-9}$$

由 Π 定理可知 $\Pi_6 = \phi_2(\alpha)$，即

$$F = \mu v d \phi_2(\alpha)。 \tag{10-4-10}$$

可见阻力(升力) F 正比于 $\mu v d$。这可称为 **Stokes 定律**，是 Stokes 在流体力学中证明的，对于流体中低速运动的小物体(例如大气中低速沉降的烟尘和雾滴以及河流中的泥沙)与实验符合得很好。

式(10-4-10)是在 $\rho = 0$ 的前提下得到的，但任何流体的密度都不会严格为零，所以应把式(10-4-10)看作低 ρ 情况的近似式。既然 $\rho \neq 0$，式(10-4-10)就可改写为

$$F = \rho v^2 d^2 \frac{\phi_2(\alpha)}{\rho v d / \mu} = \rho v^2 d^2 \frac{\phi_2(\alpha)}{Re}。 \tag{10-4-11}$$

与式(10-4-5)对比便得

$$\phi(\alpha, Re) = \frac{\phi_2(\alpha)}{Re}。 \tag{10-4-12}$$

10.4.4 球体绕流

本小节讨论最简单的绕流问题——球体绕流。设球形物体在无限大的静止流体中做匀速平动，速度为 $\boldsymbol{v}$，则小节 10.4.1 的力 $\boldsymbol{F}$ 表现为球体所受的阻力(drag) $\boldsymbol{F}_\text{D}$。球状物体是形状最简单的物体，这时攻角 α 的影响不复存在，式(10-4-5)简化为

$$\frac{F_\text{D}}{\rho v^2 d^2} = \phi_3(Re)，\quad 亦即 \quad F_\text{D} = \rho v^2 d^2 \phi_3(Re)。 \tag{10-4-13}$$

由式(10-4-6)定义的阻力系数 C_D 中的面积可用球体直径 d 代替：

$$C_\text{D} = \frac{F_\text{D}}{\frac{1}{2}\rho v^2 \frac{\pi d^2}{4}} = \frac{8}{\pi}\frac{F_\text{D}}{\rho v^2 d^2}, \tag{10-4-14}$$

代入式(10-4-13)便得

$$C_\text{D} = \frac{8}{\pi}\phi_3(Re)。 \tag{10-4-13$'$}$$

函数关系 ϕ_3 只能由实验测定。虽然问题的最终解决仍要借助于实验，但实验工作量在用与不用量纲分析时有天壤之别。如果不懂量纲分析，即使是最简单的球体绕流问题，实验工作量也要大得惊人：球体受力 F_D 取决于 4 个参数 v、d、ρ、μ。为了确定 F_D 对 v 的依赖关系，你可以先把球体放进风洞(这里的流体是空气)，测出球体一系列(例如 10 个)速率 v 对应的阻力 F_D，并做记录。然后，你在保持某一速率的前提下改变球体的直径 d，测出一系列(例如 10 个)直径对应的阻力。这样你就记录下 100 个数据。为了改变 ρ 和 μ，你还得把风洞实验改为贮液池内的实验，并且还要换用不同的液体。千辛万苦、经年累月[10]之后，最终你会获得 10^4 个数据。然后你还要设法把这些数据表达出来，假如用曲线，你就得画出 d、ρ、μ 为某某值时的 $F \sim v$ 曲线，再画出 v、ρ、μ 为某某值时的 $F \sim d$ 曲线，……。你看，

---

[10] 按每周 40 小时计算，你得用大约两年半的时间！

即使是球体这样最简单的物体，你也会感到难以胜任[11]。但是，如果你懂得量纲分析，就只需用实验求出一个一元函数 $\phi_2(Re)$ 的曲线。做实验时无须单独改变速率 v、直径 d 以及密度 ρ 和黏性 μ，必须改变的只有一个自变数 $Re \equiv \dfrac{\rho v d}{\mu}$。你可以只用某一直径的一个球体，只用一种流体(如风洞中的空气)，必须改变的只有速率 v (一个 v 对应于一个 Re)，因而只需做 10 次实验。图 10-16 就是由实验测得的 $C_D(Re)$ 的函数曲线。不同研究者用不同流体和球体测得的数据点在实验误差范围内都落在这同一条曲线上，可见它的适用面很宽。例如，你可以用它求得逆风中的热气球或者主动脉中的运动红血球所受到的阻力(假定红血球可以看作球体)。

下面再讨论球体在高雷诺数和低雷诺数这两种极端情况的近似结果。

(A)高雷诺数时 $\mu \approx 0$，式(10-4-8)成立。对球体，攻角 α 没有影响，故 $\phi_1(\alpha)$ 表现为常数，记作 C_1，则式(10-4-8)进一步简化为

$$F_D = C_1 \rho v^2 d^2 \text{。} \tag{10-4-15}$$

可见，对理想流体($\mu = 0$)，阻力 F_D 分别与 v^2、d^2 及 ρ 成正比。

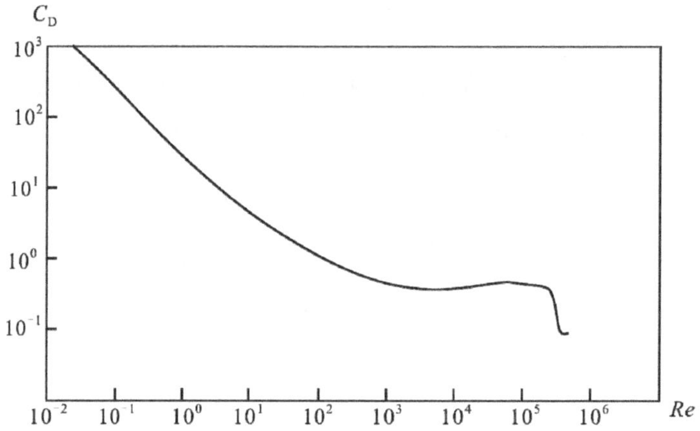

图 10-16　球体绕流情况下 $C_D(Re)$ 的实验曲线

(B)低雷诺数时 $\rho \approx 0$，前已得到式(10-4-12)。对球体，$\phi_2(\alpha)$ 为常数，记作 C_2，则式(10-4-12)简化为

$$\phi(\alpha, Re) = \frac{C_2}{Re} \text{。} \tag{10-4-16}$$

代入式(10-4-5)，注意到式(10-4-4)，便求得球体在低雷诺数情况下的阻力公式

$$F_D = C_2 \mu v d \text{。} \tag{10-4-17}$$

但量纲分析无法确定系数 C_2。流体的 Stokes 理论则给出 $C_2 = 3\pi$。利用式(10-4-14)又可把上式改写为

---

[11] 人们喜欢引用这样一句名言(Jeffreys)：**“如果想把一个函数的测量数据列成一个表格，那么，一元函数要用一页纸，2 元函数要用一本书，3 元函数会摆满一个书柜，而 4 元函数则要摆满一个图书馆。”**

$$C_D = \frac{C_0}{Re}, \qquad 其中 \quad C_0 \equiv \frac{8}{\pi} C_2 = 24 。 \tag{10-4-18}$$

图 10-16 表明，在雷诺数较小时(实验曲线的左半段)，C_D 与 Re 近似成反比，与量纲分析结果 $C_D = \frac{C_0}{Re}$ [式(10-4-18)]吻合得很好。

10.4.5　绕流雷诺数的若干量级

反映流体性质的两个参数 ρ 和 μ 对雷诺数 Re 的影响只联合体现在运动黏度 $\nu \equiv \mu/\rho$ 中。空气和水是两种常见的流体，虽然 $\mu_{空气} < \mu_{水}$，但因 $\rho_{空气}$ 比 $\rho_{水}$ 小得更多，故 $\nu_{空气} > \nu_{水}$ (在 CGS 单位制中 $\nu_{空气} = 0.15$，$\nu_{水} = 0.014$)，因而 vD 相同的物体在水中的绕流雷诺数大于在空气中的绕流雷诺数。沥青是 ν 值最大的流体，其 ν 值在 CGS 单位制的量级竟达 10^{10}，因而雷诺数有非常小的量级。下面给出某些绕流情况的雷诺数。

(a) 流体为空气。粗略地说，飞机的雷诺数大约有 10^6 至 10^8；速度为 10 **米/秒** 的(中度的)风吹过 20 **米** 长的建筑物的 $Re = 1.4\times10^7$。

(b) 流体为水。长度为 345 **米** 的大型游轮伊丽莎白号的雷诺数约为 5×10^9。假设以下物体以自己的最高速度在水中运动，则长为 27 **米** 的蓝鲸的 $Re = 3\times10^8$，长为 1.5 **米** 的鲨鱼的 $Re = 8\times10^6$，身高为 2 **米** 的游泳者的 $Re = 4\times10^6$，身长为 0.4 **米** 的蛇的 $Re = 10^5$，直径为 0.07 **毫米** 的精子的 $Re = 6\times10^{-3}$。

(c) 流体为甘油，其 $\nu = 10$。直径为 1 **毫米** 的钢珠在甘油中下沉时的 $Re = 2$。

(d) 流体为沥青。沥青中以 7 **毫米/年** 的速率缓慢上升的、直径为 1 **厘米** 的气泡的 $Re = 10^{-17}$。

§ 10.5　模型实验与相似论

10.5.1　相似论的一般讨论

流体力学的基础理论涉及一系列复杂难解的微分方程，理论工作者的任务是要在给定的定解条件(初始条件和边界条件)下对这些方程进行求解，难度很高，至今也只有少数特殊情况才找到精确解。更有甚者，流体力学还包括若干涉及未知领域的、连运动方程都不得而知的问题，理论研究更是困难重重。偏偏流体力学又是工程实用中非常有用的物理分支，面对复杂难解的微分方程以及连方程尚且不得而知的困难领域，工程技术人员只能求助于实验手段。然而，多种大型设备，诸如飞机、船舶(特别是军舰和潜艇)、火箭，等等，如果在设计过程中直接进行实物试验，工程难度和经费开支都会大得惊人，于是工程师们萌发出用较小的**模型**(model)代替实物[亦称**原型**(prototype)]进行实验的想法，而且在全世界范围内已经成功地做过不计其数的模型实验。(例如把模型飞机放在风洞中做实验以研究真实飞机的空气动力学性能；用缩小的舰船模型在水池中做实验来探测舰船的阻力特性。) 此外也存在一类相反的情况，其中的原型小到难以观察的程度，这时就要采用较大的模型代为实验。例如，化学(和水利)工程师需要知道悬浮于水中的固态微粒(例如淤泥中的微粒)的下沉速度，由于微粒太小，对其下沉运动做直接观测非常困难。这时就可采用足够大的固态球体做模型实验(另一个例子是用放大的模型研究直径仅为 8 **微米** 的红细胞的运动)。

不过，无论是哪种情况，要从模型实验结果提炼出适用于原型的各种数据也并非易事，它需要一套指导性的理论，称为**相似论**(similitude)[12]。从某种意义上说，量纲分析正是在相似论的研究过程中应运而生的，早在牛顿时代就已有这种理论的萌芽。自从 Π 定理在 1914 年诞生之后，人们逐渐认识到相似论其实是 Π 定理的重要延伸。作为一部关于量纲理论的专著，本书企图在相似论这个问题上给出一个尽量清晰的论述。本节的前两小节提供一个自创的、非常与众不同的讲法，仅以此作为引玉之砖。限于我们的能力，讲法中难免存在缺点错误，恳请有识之士不吝指正。

在我们的讲法中，整个相似理论离不开本书自创的“现象类”概念——“原型”和“模型”首先是同一现象类的两个具体现象[分别记作 X 和 X°(读作“ X 圈”)]，其次是它们必须彼此“相似”(见定义 10-5-3)。

注记 10-1　本节经常使用涉及量一词，它既可能是所论现象类的涉及量，也可能是由涉及量造出的量，例如 Π 定理中的 Π ，不妨理解为“广义涉及量”。

以下的 $\boldsymbol{Q}$ 和 $\boldsymbol{Q}^\circ$ 分别代表现象类的涉及量类 $\tilde{\boldsymbol{Q}}$ 在 X 和 X° 的量值。

定义 10-5-1　$\boldsymbol{Q}^\circ$ 与 $\boldsymbol{Q}$ 的比值称为量 $\boldsymbol{Q}$ 的**比尺**，记作 λ_Q，即

$$\lambda_Q := \boldsymbol{Q}^\circ/\boldsymbol{Q}\text{。} \tag{10-5-1}$$

定义 10-5-2　现象 X 和 X° 称为**几何相似的**，如果具有长度量纲的涉及量的比尺相等。

定义 10-5-3　现象 X 和 X° 称为**相似的**，如果量纲相同的涉及量的比尺相等。

定义 10-5-4　现象类中互为相似的现象 X 和 X° 分别称为**原型**和**模型**。

注记 10-2　(a)有些涉及量本身是场量[例如流体中的压强场 $\boldsymbol{p}(x, y, z, t)$]，在使用“相似”定义时，宜将该场量在每一时空点的量值 $\boldsymbol{p}|_{(x,y,z,t)}$ 看作一个涉及量，这无限多个涉及量当然量纲相同，所以相似定义 10-5-3 要求它们的比尺相等。(b)用 Π 定理解题时，某些问题可能涉及场量(如例题 8-3-2 中的电势 $\boldsymbol{V}$)，但因为关心的总是该场量在某一空间点(或时空点)的量值[如例题 8-3-2 中的电势 $\boldsymbol{V}(z)$]，所以只作为 1 个涉及量处理，因而例题 8-3-2 的涉及量个数 $n=5$ 。

定理 10-5-1　所有无量纲涉及量在模型 X° 与原型 X 之间的比尺皆为 1。

证明　纯数 $\boldsymbol{N}$ 在 X 和 X° 的值 N 和 N° 显然相等，故 $\lambda_N = N^\circ/N = 1$ 。设 Π 是任一无量纲涉及量，则 $\dim \Pi = 1 = \dim \boldsymbol{N}$ (第二个等号是因为纯数也是无量纲量)，即 Π 与 $\boldsymbol{N}$ 量纲相同，由相似的定义 10-5-3 便知 $\boldsymbol{N}$ 与 Π 有相同比尺，因而 $\lambda_\Pi = \lambda_N = 1$ 。　□

注记 10-3　“相似”的定义涉及“量纲”一词，而同一量类在不同单位制族可以有不同量纲，所以“相似”概念本身是单位制族依赖的。以下的讨论都默认选定了一个单位制，记作 $\mathscr{Z}$ (称为**默认单位制**)，凡是单位制族依赖的概念和结论都是指对 $\mathscr{Z}$ 制所在族而言。

甲　在为原型选模型时，各涉及量的比尺如何选定？各量的比尺之间有什么关系？

---

[12] 也叫 similarity。Ipsen(1960)对 similitude 和 similarity 这两个词汇的用法有几句述评。

乙　我们猜想了一个答案，已用定理证实(见定理 10-5-3)。这个答案是，必定存在与默认单位制 $\mathscr{Z}$ 同族的 $\mathscr{Z}'_{特}$ 制(加下标“特”以示其特殊性)，使得原(模)型的任一涉及量 $\boldsymbol{Q}$ 的比尺 λ_Q 等于 $\tilde{\boldsymbol{Q}}$ 的固定量纲 $\dim\big|_{\mathscr{Z},\mathscr{Z}'_{特}}\boldsymbol{Q}$，即

$$\lambda_Q = \dim\big|_{\mathscr{Z},\mathscr{Z}'_{特}}\boldsymbol{Q} \text{。} \tag{10-5-2}$$

甲　以力学范畴的相似论来说，力学单位制的基本量类只有3个，其他量类的量纲都由基本量纲(通过量纲式)一一决定。如此看来，只要式(10-5-2)成立，可以自由选择的比尺也就只有3个了。可是从比尺的定义似乎看不出这个严酷限制啊。

乙　定理 10-5-2 将要证明确实有此限制，为此还要先证明引理 10-5-1。

下文中的 $\boldsymbol{A}_i$ 和 $\boldsymbol{B}_j$ 分别代表 n 个涉及量被 $\mathscr{Z}$ 制分成的甲组量和乙组量。

引理 10-5-1　对现象类中的任意两个现象 X 和 X°(不要求相似)，总存在 $\mathscr{Z}$ 的同族单位制 $\mathscr{Z}'_{特}$ 使得每一甲组量 $\boldsymbol{A}_i$ 的比尺 λ_{A_i} 满足

$$\lambda_{A_i} \equiv \dim\big|_{\mathscr{Z},\mathscr{Z}'_{特}}\boldsymbol{A}_i, \quad i = 1,\cdots,m \text{。} \tag{10-5-3}$$

证明　选读 8-1 证明过如下结论：与 $\mathscr{Z}$ 制同族的、满足 $\dim\big|_{\mathscr{Z},\mathscr{Z}'}\boldsymbol{A}_i = A_i^{-1}$ 的 $\mathscr{Z}'$ 制必定存在。把 A_i^{-1} 改为现在的 λ_{A_i}，把该证明中的 $\mathscr{Z}'$ 用作现在的 $\mathscr{Z}'_{特}$，便是本引理的证明。 □

定理 10-5-2　原型与模型之间的独立比尺数等于甲组量个数，亦即

$$b = m \text{。} \tag{10-5-4}$$

注记 10-4　由式(8-1-3)又知 $m \leqslant l$，与上式结合便得

$$b = m \leqslant l \text{。} \tag{10-5-4$'$}$$

对力学单位制族，$l = 3$，故独立比尺不会超过 3 个。

证明　由甲乙组量的定义(见小节 8.1.1)可知任一乙组量 $\boldsymbol{B}$ 可用甲组量 $\boldsymbol{A}_1,\cdots,\boldsymbol{A}_m$ 做量纲表出[见式(8-1-2)]：

$$\dim\boldsymbol{B} = (\dim\boldsymbol{A}_1)^{x_1}\cdots(\dim\boldsymbol{A}_m)^{x_m} \text{。} \tag{10-5-5}$$

以 λ_B 代表乙组量 $\boldsymbol{B}$ 在原(模)型之间的比尺，则 $\lambda_B \equiv \boldsymbol{B}^\circ/\boldsymbol{B} = B^\circ/B$，其中 B 和 B° 分别是 $\boldsymbol{B}$ 和 $\boldsymbol{B}^\circ$ 在 $\mathscr{Z}$ 制的数。把 $\varPi$ 定理的式(8-1-13)用于原型和模型得

$$B = A_1^{x_1}\cdots A_m^{x_m}\phi(\varPi_2,\cdots,\varPi_{n-m}) \ \text{和}\ B^\circ = A_1^{\circ x_1}\cdots A_m^{\circ x_m}\phi(\varPi_2^\circ,\cdots,\varPi_{n-m}^\circ)\text{，} \tag{10-5-6}$$

故

$$\lambda_B \equiv \frac{\boldsymbol{B}^\circ}{\boldsymbol{B}} = \frac{B^\circ}{B} = \frac{A_1^{\circ x_1}\cdots A_m^{\circ x_m}\phi(\varPi_2^\circ,\cdots,\varPi_{n-m}^\circ)}{A_1^{x_1}\cdots A_m^{x_m}\phi(\varPi_2,\cdots,\varPi_{n-m})} = \frac{A_1^{\circ x_1}\cdots A_m^{\circ x_m}}{A_1^{x_1}\cdots A_m^{x_m}}\text{，}$$

其中末步用到定理 10-5-1 (即 $\varPi^\circ/\varPi \equiv \lambda_\varPi = 1$)。于是上式给出如下的强有力公式：

$$\lambda_B = \lambda_{A_1}^{\ x_1}\cdots\lambda_{A_m}^{\ x_m} \text{。} \tag{10-5-7}$$

上式表明，一旦对 m 个甲组量选定了比尺，所有乙组量的比尺就被决定，不再自由。 □

注记 10-5　由式(10-5-7)可知，(原型和模型的)乙组量比尺可以表为甲组量比尺的(系数为1的)幂单项式，而且与乙组量用甲组量的量纲表出式 $\dim\boldsymbol{B} = (\dim\boldsymbol{A}_1)^{x_1}\cdots(\dim\boldsymbol{A}_m)^{x_m}$ 形式一样。

定理 10-5-3　设 $\boldsymbol{Q}$ 是原(模)型所属现象类的任一涉及量，则其比尺满足

$$\lambda_Q = \dim\Big|_{\mathscr{Z},\mathscr{Z}'_{特}} \boldsymbol{Q}$$ [此即式(10-5-2)，后面将大用特用。]，

其中的 $\mathscr{Z}$ 是默认单位制，$\mathscr{Z}'_{特}$ 是引理 10-5-1 找到的特殊单位制。

证明　把 $\boldsymbol{Q}$ 中的甲、乙组量分别改记为 $\boldsymbol{A}$ 和 $\boldsymbol{B}$。引理 10-5-1 已经证明 $\lambda_A = \dim\Big|_{\mathscr{Z},\mathscr{Z}'_{特}} \boldsymbol{A}$ [见式(10-5-3)]，所以只需证明

$$\lambda_B = \dim\Big|_{\mathscr{Z},\mathscr{Z}'_{特}} \boldsymbol{B}。 \tag{10-5-8}$$

由式(10-5-7)得

$$\lambda_B = \lambda_{A_1}{}^{x_1}\cdots\lambda_{A_m}{}^{x_m} = (\dim\Big|_{\mathscr{Z},\mathscr{Z}'_{特}} \boldsymbol{A}_1)^{x_1}\cdots(\dim\Big|_{\mathscr{Z},\mathscr{Z}'_{特}} \boldsymbol{A}_m)^{x_m} = \dim\Big|_{\mathscr{Z},\mathscr{Z}'_{特}} \boldsymbol{B},$$

其中第二步用到式(10-5-3)，第三步用到 $\dim\boldsymbol{B} = (\dim\boldsymbol{A}_1)^{x_1}\cdots(\dim\boldsymbol{A}_m)^{x_m}$。 □

定理 10-5-4　同类现象 X 与 X° 互为相似的充要条件是：

存在 $\mathscr{Z}$ 制的同族制 $\mathscr{Z}'_{特}$，用 $\mathscr{Z}'_{特}$ 制测原型各涉及量的得数等于用 $\mathscr{Z}$ 制测模型各对应量的得数。

注记 10-6　上述充要条件的文字表述太长，不如用等式表示：

$$相似 \Leftrightarrow \frac{\boldsymbol{Q}^{\circ}}{\hat{\boldsymbol{Q}}} = \frac{\boldsymbol{Q}}{\hat{\boldsymbol{Q}}'_{特}}, \tag{10-5-9}$$

其中 $\boldsymbol{Q}$ 为任一涉及量。还可更简单地表述为

$$相似 \Leftrightarrow Q^{\circ} = Q'_{特}, \tag{10-5-10}$$

其中 $$Q^{\circ} \equiv \frac{\boldsymbol{Q}^{\circ}}{\hat{\boldsymbol{Q}}} = 用\,\mathscr{Z}\,制测\,\boldsymbol{Q}^{\circ}\,的得数；\quad Q'_{特} \equiv \frac{\boldsymbol{Q}}{\hat{\boldsymbol{Q}}'_{特}} = 用\,\mathscr{Z}'_{特}\,制测\,\boldsymbol{Q}\,的得数。 \tag{10-5-11}$$

证明　设 X 与 X° 互为相似，便有

$$\lambda_Q \equiv \frac{\boldsymbol{Q}^{\circ}}{\boldsymbol{Q}} = \frac{Q^{\circ}\hat{\boldsymbol{Q}}}{Q'_{特}\hat{\boldsymbol{Q}}'_{特}} \equiv \frac{Q^{\circ}}{Q'_{特}}\dim\Big|_{\mathscr{Z},\mathscr{Z}'_{特}} \boldsymbol{Q} = \frac{Q^{\circ}}{Q'_{特}}\lambda_Q,$$

[其中末步用到式(10-5-2)。] 注意到 $\lambda_Q \neq 0$，由上式便知 $Q^{\circ} = Q'_{特}$。

反之，设 $Q^{\circ} = Q'_{特}$，则

$$\lambda_Q \equiv \frac{\boldsymbol{Q}^{\circ}}{\boldsymbol{Q}} = \frac{Q^{\circ}\hat{\boldsymbol{Q}}}{Q'_{特}\hat{\boldsymbol{Q}}'_{特}} = \frac{\hat{\boldsymbol{Q}}}{\hat{\boldsymbol{Q}}'_{特}} \equiv \dim\Big|_{\mathscr{Z},\mathscr{Z}'_{特}} \boldsymbol{Q}, \tag{10-5-12}$$

上式表明涉及量的比尺由其量纲完全确定，可见量纲相同的涉及量有相等的比尺，满足相似的定义 10-5-3，所以 X 与 X° 相似。 □

定理 10-5-4 使我们找到相似的一个(非常有用的)等价定义[请参见 Sedov (1993)]：

定义 10-5-5　给定同类现象 X 和 X°，如果存在与默认单位制 $\mathscr{Z}$ 同族的单位制 $\mathscr{Z}'_{特}$，用 $\mathscr{Z}'_{特}$ 制测现象 X 的各涉及量的得数等于用 $\mathscr{Z}$ 制测 X° 各对应量的得数(简记为 $Q'_{特} = Q^{\circ}$)，就说现象 X 和 X° **相似**。

这个定义告诉我们：**模型与原型之间的相似变换实质上是同族单位制之间的变换**。这是一个很能反映物理实质的定义。

10.5.2　相似的另一充要条件(用无量纲量表述)

借助于 $\mathscr{Z}$ 制对同类现象 X 和 X° 使用 Π 定理可得全体无量纲量，记作 $\{\Pi_j\}$ 和 $\{\Pi_j^\circ\}$。

定理 10-5-5　同类现象 X 和 X° 相似的充要条件是全体无量纲量 $\{\Pi_j\}$ 在 X 和 X° 中对应相等。

证明

(1) 先证明条件的必要性：设 X 与 X° 相似，欲证 $\{\Pi_j\}$ 在 X 和 X° 中对应相等。

任取一个无量纲量(例如雷诺数 Re)，以 Π 和 Π° 分别代表该量类在原型 X 和模型 X° 的量值，则 Π 的比尺为

$$\lambda_\Pi \equiv \Pi^\circ / \Pi\,, \tag{10-5-13}$$

把 $\lambda_Q = \dim\Big|_{\mathscr{Z},\,\mathscr{Z}'_{特}} \tilde{\boldsymbol{Q}}$ [见式(10-5-2)]中的 $\tilde{\boldsymbol{Q}}$ 取为 Π 得

$$\lambda_\Pi = \dim\Big|_{\mathscr{Z},\,\mathscr{Z}'_{特}} \Pi = 1\,, \tag{10-5-14}$$

(第二步的理由：无量纲量定义为量纲恒为 1 的量，“恒”字表明无论 $\mathscr{Z}'$ 取哪个同族制，量纲都为 1。) 以上两式结合便得

$$\Pi^\circ / \Pi = 1\text{，亦即 } \Pi^\circ = \Pi\text{。}$$

可见 X 和 X° 的无量纲量数值对应相等。

注记 10-7　上述证明的关键是利用式(10-5-2)，即 $\lambda_Q = \dim\Big|_{\mathscr{Z},\,\mathscr{Z}'_{特}} \boldsymbol{Q}$，但我们看到的文献都缺少这个公式，恐怕难以严格证明本定理的“必要性”部分。

(2)再证明条件的充分性。设 X 和 X° 所在现象类涉及 n 个物理量 $\boldsymbol{Q}_1, \cdots, \boldsymbol{Q}_n$，依照定义 10-5-5，欲证两者相似，只需找到与 $\mathscr{Z}$ 制同族的单位制 $\mathscr{Z}'_{特}$，使得用 $\mathscr{Z}'_{特}$ 制测 $\boldsymbol{Q}_1, \cdots, \boldsymbol{Q}_n$ 的得数 $Q'_{1特}, \cdots, Q'_{n特}$ 等于用 $\mathscr{Z}$ 制测 $\boldsymbol{Q}_1^\circ, \cdots, \boldsymbol{Q}_n^\circ$ 的得数 $Q_1^\circ, \cdots, Q_n^\circ$，即

$$Q'_{1特} = Q_1^\circ,\quad Q'_{2特} = Q_2^\circ,\quad \cdots,\quad Q'_{n特} = Q_n^\circ\text{。} \tag{10-5-15}$$

涉及量 $\boldsymbol{Q}$ 要么是甲组量要么是乙组量，若能证明甲、乙组量都满足类似于上式的关系式，即

$$\text{(a)}A'_{i特} = A_i^\circ,\ \ i = 1, \cdots, m;\qquad \text{(b)}B'_{j特} = B_j^\circ,\ \ j = 1, \cdots, n-m\,, \tag{10-5-16}$$

充分性便告证毕。

先证上式的(a)。甲组量 $\boldsymbol{A}_i$ 的比尺

$$\lambda_{A_i} \equiv \boldsymbol{A}_i^\circ / \boldsymbol{A}_i = A_i^\circ / A_i\text{。} \tag{10-5-17}$$

由引理 10-5-1 证得的式(10-5-3)可知

$$\lambda_{A_i} = \dim\Big|_{\mathscr{Z},\,\mathscr{Z}'_{特}} \boldsymbol{A}_i \equiv \hat{\boldsymbol{A}}_i / \hat{\boldsymbol{A}}'_{i特} = A'_{i特} / A_i\text{。}$$

(其中 $\hat{\boldsymbol{A}}_i$ 和 $\hat{\boldsymbol{A}}'_{i特}$ 分别代表量类 $\tilde{\boldsymbol{A}}_i$ 在国际制 $\mathscr{Z}$ 和同族制 $\mathscr{Z}'_{特}$ 的单位。) 于是

$$A'_{i特} = A_i \lambda_{A_i} = A_i^\circ\quad \text{[第二步用到式(10-5-17)]。} \tag{10-5-18}$$

这正是待证等式(10-5-16a)。

为了证明待证等式(10-5-16b)，要启用“全部无量纲量对应相等”这个至今未用的条件。

由 Π 定理构造的全部($n-m$ 个)独立的无量纲量满足关系[见式(8-1-6′)]

$$\Pi_j = \Pi'_{j特} = B'_{j特} A'^{-x_{1j}}_{1特} \cdots A'^{-x_{mj}}_{m特}, \quad j=1,\cdots,n-m; \tag{10-5-19a}$$

(Π_j 是无量纲量保证它在同族制变换下不变，故 $\Pi_j = \Pi'_{j特}$。)

$$\Pi_j^{\circ} = B_j^{\circ} A_1^{\circ -x_{1j}} \cdots A_m^{\circ -x_{mj}}, \quad j=1,\cdots,n-m 。 \tag{10-5-19b}$$

由“全部无量纲量对应相等”可知 $\Pi_j^{\circ} = \Pi_j$，将式(10-5-19)的(a)、(b)两式相除便得

$$1 = \left(\frac{B'_{j特}}{B_j^{\circ}}\right)\left(\frac{A'_{1特}}{A_1^{\circ}}\right)^{-x_{1j}} \cdots \left(\frac{A'_{m特}}{A_m^{\circ}}\right)^{-x_{mj}} = \frac{B'_{j特}}{B_j^{\circ}}, \tag{10-5-20}$$

[其中第二步用到式(10-5-18)]，所以 $B'_{j特} = B_j^{\circ}$，此即待证等式(10-5-16b)。 □

注记 10-8

(a)前面各章已经讲过 Π 定理的诸多应用，本章的定理 10-5-5 则揭示出 Π 定理还有一个应用：便于判断两个同类现象 X 和 X° 是否相似。如果直接从相似的定义 10-5-3 出发，为判明相似与否就得计算各种量纲相同的涉及量的比尺，相当费事；但如果从定理 10-5-5 出发，只需验证全体无量纲量 $\{\Pi_j\}$ 在 X 和 X° 中是否对应相等，省事得多。

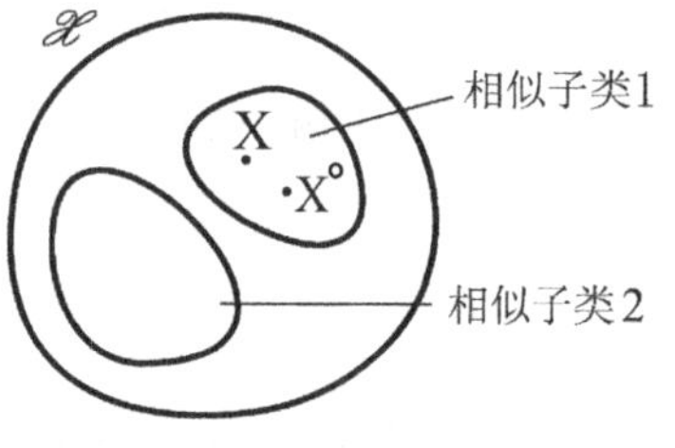

图 10-17　现象类 $\mathscr{X}$ 中的相似子类

(b)以 $\mathscr{X}$ 代表 X 和 X° 所在的现象类(即 X, X° $\in \mathscr{X}$)，对 $\mathscr{X}$ 的每一元素 X，$\mathscr{X}$ 中与 X 相似的所有元素就构成 $\mathscr{X}$ 的一个子类，自然称之为**相似子类**(图 10-17 示出两个相似子类)。

(c)刻画相似子类的特征因素是全部无量纲量 $\{\Pi_j\}$；刻画相似子类内部元素(即现象)的特征因素是其全部甲组量 $\{\boldsymbol{A}_i\}$。

注记 10-9　以下各小节一律把国际单位制选为默认单位制。

10.5.3　相似准数

鉴于无量纲量对判断相似性的重要性，就给它们赋予“**相似准数**(similarituy criterion number)”或“**相似判据**”的称谓。每个物理领域有自己的一批相似准数。历史上第一个相似准数是力学领域的**牛顿数**，记作 Ne，定义为

$$Ne \equiv ft/mv,$$

是牛顿从他的第二定律 $f = m\mathrm{d}v/\mathrm{d}t$ 导出的。从本书的角度看来，牛顿数显然是无量纲量，即 $\dim Ne = 1$，所以的确是相似准数。

下面介绍流体力学的常用相似准数。先研究一个包含较多无量纲量的流体力学例题。

例题 10-5-1　常黏度 $\boldsymbol{\mu}$ 和常密度 $\boldsymbol{\rho}$ 的不可压缩流体对物体做绕流，整体处于重力场中。已知：物体的特征尺度为 $\boldsymbol{L}$，特征时间为 $\boldsymbol{T}$ (例如物体的振动周期，如果物体静止，就是定常流动，就不涉及特征时间)，来流速度 $\vec{\boldsymbol{U}}_{\infty}$ 躺在 $x \sim z$ 平面上，与 x 轴的夹角(攻角)为 $\boldsymbol{\alpha}$；重力指向 z 轴负向；流体自由面的上方是大气压 $\boldsymbol{p}_0$，来流压强为 $\boldsymbol{p}_{\infty}$。试用 Π 定理找出全部无量纲量。

解　用国际单位制把量变为数。要分清常数和变数。常数有黏度μ、密度ρ、重力加速度g、特征尺度L、特征时间T、来流速度的x分量U_∞，攻角α以及大气压与来流压强的差值p_0-p_∞(也可选p_∞为零点，于是压差就是p_0)，它们决定着运动方程及定解条件，可称为**特征参数**；其他的数都是变数，例如，x, y, z是空间坐标，t是时间坐标，压强p和流速$\vec{u}$的三个分量u_x、u_y、u_z都是x, y, z, t的函数。

现在以求解u_x为例讲解，最好明确写成$u_x(x, y, z, t)$。这时的涉及量有u_x、U_∞、p_0、μ、ρ、g、L、T、α、x、y、z和t等 13 个(即$n=13$)，它们的函数关系就是运动方程：

$f(p_0,\mu,\rho,g,L,T,U_\infty,u_x,\alpha,x,y,z,t)=0$。[§8.1 的$f(Q_1,\cdots,Q_n)=0$的具体化]　(10-5-21)

为了找到全部无量纲量，先列出量纲矩阵

$$\begin{array}{c} \\ \mathrm{L} \\ \mathrm{M} \\ \mathrm{T}\end{array}\begin{array}{c}\begin{array}{ccccccccccccc} L & \rho & T & U_\infty & g & \mu & p_0 & \alpha & x & y & z & t & u_x\end{array}\\ \begin{bmatrix} 1 & -3 & 0 & 1 & 1 & -1 & -1 & 0 & 1 & 1 & 1 & 0 & 1\\ 0 & 1 & 0 & 0 & 0 & 1 & 1 & 0 & 0 & 0 & 0 & 0 & 0\\ 0 & 0 & 1 & -1 & -2 & -1 & -2 & 0 & 0 & 0 & 0 & 1 & -1\end{bmatrix}\end{array}。\tag{10-5-22}$$

对此矩阵施以行初等变换(用第 2 行的 3 倍加到第 1 行)便得结果矩阵

$$\begin{array}{c}\begin{array}{ccccccccccccc} L & \rho & T & U_\infty & g & \mu & p_0 & \alpha & x & y & z & t & u_x\end{array}\\ \begin{bmatrix} 1 & 0 & 0 & 1 & 1 & 2 & 2 & 0 & 1 & 1 & 1 & 0 & 1\\ 0 & 1 & 0 & 0 & 0 & 1 & 1 & 0 & 0 & 0 & 0 & 0 & 0\\ 0 & 0 & 1 & -1 & -2 & -1 & -2 & 0 & 0 & 0 & 0 & 1 & -1\end{bmatrix}\end{array}。\tag{10-5-22'}$$

由此看出可选$\boldsymbol{L}$、$\boldsymbol{\rho}$、$\boldsymbol{T}$为甲组量，并可用它们对其余各量(乙组量，共 10 个)做量纲表出：

$$\dim\boldsymbol{U}_\infty=(\dim\boldsymbol{L})(\dim\boldsymbol{T})^{-1}，\quad \dim\boldsymbol{g}=(\dim\boldsymbol{L})(\dim\boldsymbol{T})^{-2}，\quad \dim\boldsymbol{\mu}=(\dim\boldsymbol{L})^2(\dim\boldsymbol{\rho})(\dim\boldsymbol{T})^{-1}，$$

$$\dim\boldsymbol{p}_0=(\dim\boldsymbol{L})^2(\dim\boldsymbol{\rho})(\dim\boldsymbol{T})^{-2}，\quad \dim\boldsymbol{\alpha}=1，$$

$$\dim\boldsymbol{x}=\dim\boldsymbol{L}，\quad \dim\boldsymbol{y}=\dim\boldsymbol{L}，\quad \dim\boldsymbol{z}=\dim\boldsymbol{L}，\quad \dim\boldsymbol{t}=\dim\boldsymbol{T}，\quad \dim\boldsymbol{u}_x=(\dim\boldsymbol{L})(\dim\boldsymbol{T})^{-1}，$$

于是可定义 10 个无量纲量：

$$\Pi_1\equiv\frac{U_\infty T}{L}，\quad \Pi_2\equiv\frac{gT^2}{L}，\quad \Pi_3\equiv\frac{\mu T}{L^2\rho}，\quad \Pi_4\equiv\frac{p_0T^2}{L^2\rho}，\quad \Pi_5\equiv\alpha，$$

$$\Pi_6\equiv\frac{x}{L}，\quad \Pi_7\equiv\frac{y}{L}，\quad \Pi_8\equiv\frac{z}{L}，\quad \Pi_9\equiv\frac{t}{T}，\quad \Pi_{10}\equiv\frac{u_xT}{L}，\tag{10-5-23}$$

其中四个(Π_6至Π_9)其实就是无量纲化的空间和时间坐标，今后改记作$\bar{x},\bar{y},\bar{z},\bar{t}$，即

$$\bar{x}\equiv\frac{x}{L}，\quad \bar{y}\equiv\frac{y}{L}，\quad \bar{z}\equiv\frac{z}{L}，\quad \bar{t}\equiv\frac{t}{T}。\tag{10-5-24}$$

此外，$\dfrac{\Pi_{10}}{\Pi_1}=\dfrac{u_x}{U_\infty}$的右边可看作$u_x$的无量纲化，记作$\bar{u}_x$，即

$$\bar{u}_x\equiv\frac{u_x}{U_\infty}。\tag{10-5-25}$$

于是Π定理给出

$$\bar{u}_x=\phi(\bar{x},\bar{y},\bar{z},\bar{t};\Pi_1,\Pi_2,\Pi_3,\Pi_4,\Pi_5)，\tag{10-5-26}$$

其中ϕ代表某种函数关系。

甲　奇怪的是，求得的 10 个无量纲量中怎么连雷诺数也没有？

乙　别急。无量纲量的积和商也是无量纲量，所以Π定理能造出无限多个无量纲量，但独立的只有$n-m=10$个。刚才求得的10个虽然独立，却有4个(即Π_1,Π_2,Π_3,Π_4)不便使用，所以应利用它们组合出4个独立的、在流体力学中常用的无量纲量：

$$St \equiv \Pi_1^{-1} \equiv \frac{L}{U_\infty T}\ ,\ Fr \equiv \frac{\Pi_1}{\sqrt{\Pi_2}} \equiv \frac{U_\infty}{\sqrt{gL}}\ ,\ Eu \equiv \frac{\Pi_4}{\Pi_1^{\ 2}} \equiv \frac{p_0}{\rho U_\infty^{\ 2}}\ ,\ Re \equiv \frac{\Pi_1}{\Pi_3} \equiv \frac{\rho U_\infty L}{\mu}。\quad (10\text{-}5\text{-}27)$$

其中第四个正是你熟悉和关心的雷诺数，前三个的St、Fr、Eu分别是人名 Strouhal(施特鲁哈尔)、Froude(弗劳德)和 Euler(欧拉)的缩写。把$St \equiv \dfrac{L}{U_\infty T}$、$Fr \equiv \dfrac{U_\infty}{\sqrt{gL}}$和$Eu \equiv \dfrac{p_0}{\rho U_\infty^{\ 2}}$依次称为**施特鲁哈尔数**、**弗劳德数**和**欧拉数**，其中$St \equiv \dfrac{L}{u_\infty T}$只对非定常流动有用。利用它们可把式(10-5-26)重新表为

$$\bar{u}_x = \phi_1(\bar{x}, \bar{y}, \bar{z}, \bar{t}; St, Fr, Eu, Re, \alpha)\,, \quad (10\text{-}5\text{-}28)$$

其中ϕ_1代表另一种函数关系。上式表明无量纲速度$\bar{u}_x$既是无量纲时空坐标$\bar{x}, \bar{y}, \bar{z}, \bar{t}$的函数，又是无量纲量$St, Fr, Eu, Re, \alpha$的函数[13]。 ■

[选读 10-2]

定理 10-5-5 的上述证明(指小节 10.5.2 中的证明)纯属笔者自创。一般流体力学教材如果给出证明，也只是通过具体例子来证明的。严格说来，讲完这种举例式证明后还应说明如何(或为何能被)推广至一般情况(未必容易讲清楚)，但通常未见作者这样做。为了让读者对这种证明有所了解，更是为了让读者见识到无量纲化技巧的应用，本选读对这种证明也做个介绍(但我们当然更欣赏我们独创的上述证明)。

例题 10-5-2 [主要参考文献：Ipsen(1960)]　黏性不可压缩流体对直径为$\boldsymbol{d}$的细长圆柱体做定常绕流，试借用此题证明定理 10-5-5 (其实至多是验证而不是证明)。

解　以圆柱体中点为原点建直角坐标系，其z轴与柱轴平行。由于圆柱体细长，可认为这是个2维问题——只涉及x, y坐标。默认流体的黏度μ和密度ρ为常数(后者就是“不可压缩”的定义)，则问题涉及的运动方程有连续性方程和动量守恒方程：

(A)连续性方程$\dfrac{\mathrm{d}\rho}{\mathrm{d}t}+\rho\vec{\nabla}\cdot\vec{u}=0$ [式(10-1-30)]对不可压缩流体可简化为$\vec{\nabla}\cdot\vec{u}=0$ [式(10-1-31)]，写成分量形式就是

$$\frac{\partial v}{\partial x}+\frac{\partial w}{\partial y}=0\,, \quad (10\text{-}5\text{-}29a)$$

其中v和w分别代表$\vec{u}$的x和y分量。

(B)动量守恒方程[式(10-1-37)] $\rho\dfrac{\mathrm{d}\vec{u}}{\mathrm{d}t}=\rho\vec{f}_{质}-\vec{\nabla}p+\mu\nabla^2\vec{u}$，现在没有质量力$\vec{f}_{质}$，方程可表为分量形式[利用全导数表达式(10-1-4)，注意到定常流动有$\partial\vec{u}/\partial t=0$]:

[13] 本书例题 8-2-2 介绍了生物力学家 Alexander 教授用量纲分析求得恐龙速率的做法。现在可以指出，他所用的无量纲量gh/v^2是仿照弗劳德数$Fr \equiv U_\infty/\sqrt{gL}$求得的。

$$\rho v\frac{\partial v}{\partial x}+\rho w\frac{\partial v}{\partial y}=-\frac{\partial p}{\partial x}+\mu\left(\frac{\partial^2 v}{\partial x^2}+\frac{\partial^2 v}{\partial y^2}\right), \tag{10-5-29b}$$

$$\rho v\frac{\partial w}{\partial x}+\rho w\frac{\partial w}{\partial y}=-\frac{\partial p}{\partial y}+\mu\left(\frac{\partial^2 w}{\partial x^2}+\frac{\partial^2 w}{\partial y^2}\right)。 \tag{10-5-29c}$$

我们要在给定的定解条件下求特解(定常流动无须初始条件)。问题涉及的边界有(1)无限远；(2)圆柱表面。两者的条件如下：

(1)无限远(记作∞)，给定　$v=U_\infty$，$w=0$；　$p=p_\infty$。　(10-5-29d)

(2)圆柱表面(满足 $x^2+y^2=d^2/4$)，给定　$v=0$, $w=0$。　(10-5-29e)

以下提到方程时是指方程(10-5-29)，从(a)至(e)共 5 个，包含边界条件。

首先要区分方程(10-5-29)中的常数和变数。常数(特征参数)有 ρ、μ、d、U_∞、p_∞ 等五个，其他的数都是变数，例如，x, y 代表坐标，v、w 和 p 都是 x, y 的函数。

方程组(10-5-29)是针对原型的，还应对模型写出类似的方程组。为此，对上述 5 个特征参数引入相似比尺：

$$长度比尺\ \ \lambda_d\equiv\frac{d^\circ}{d};\qquad 速度比尺\ \ \lambda_u\equiv\frac{U_\infty^\circ}{U_\infty};\qquad 压强比尺\ \ \lambda_p\equiv\frac{p_\infty^\circ}{p_\infty};$$

$$密度比尺\ \ \lambda_\rho\equiv\frac{\rho^\circ}{\rho};\qquad 黏度比尺\ \ \lambda_\mu\equiv\frac{\mu^\circ}{\mu}, \tag{10-5-30}$$

仿照方程组(10-5-29)就可写出对模型的类似方程组：

$$\frac{\partial v^\circ}{\partial x^\circ}+\frac{\partial w^\circ}{\partial y^\circ}=0, \tag{10-5-31a}$$

$$\rho^\circ v^\circ\frac{\partial v^\circ}{\partial x^\circ}+\rho^\circ w^\circ\frac{\partial v^\circ}{\partial y^\circ}=-\frac{\partial p^\circ}{\partial x^\circ}+\mu^\circ\left(\frac{\partial^2 v^\circ}{\partial x^{\circ 2}}+\frac{\partial^2 v^\circ}{\partial y^{\circ 2}}\right), \tag{10-5-31b}$$

$$\rho^\circ v^\circ\frac{\partial w^\circ}{\partial x^\circ}+\rho^\circ w^\circ\frac{\partial w^\circ}{\partial y^\circ}=-\frac{\partial p^\circ}{\partial y^\circ}+\mu^\circ\left(\frac{\partial^2 w^\circ}{\partial x^{\circ 2}}+\frac{\partial^2 w^\circ}{\partial y^{\circ 2}}\right)。 \tag{10-5-31c}$$

(1)无限远，给定　　$v^\circ=U_\infty^\circ$，$w^\circ=0$；　$p^\circ=p_\infty^\circ$。　(10-5-31d)

(2)圆柱表面(满足 $x^{\circ 2}+y^{\circ 2}=d^{\circ 2}/4$)，给定　$v^\circ=0$, $w^\circ=0$。　(10-5-31e)

为便于求解，先施行"无量纲化"操作[14]。为此，引入无量纲坐标、速度及压强

$$\bar{x}\equiv\frac{x}{d},\quad \bar{y}\equiv\frac{y}{d},\quad \bar{v}\equiv\frac{v}{U_\infty},\quad \bar{w}\equiv\frac{w}{U_\infty},\quad \bar{p}\equiv\frac{p}{\rho U_\infty{}^2}, \tag{10-5-32}$$

代入方程组(10-5-29)，其中用到下列代表性运算：

$$v\frac{\partial v}{\partial x}=(\bar{v}U_\infty)\frac{\partial(\bar{v}U_\infty)}{\partial(\bar{x}d)}=\frac{U_\infty{}^2}{d}\bar{v}\frac{\partial\bar{v}}{\partial\bar{x}},$$

及

14 "无量纲化"操作其实就是 Π 定理证明中寻找同族制 $\mathscr{Z}'$ 从而发现乙组量在 $\mathscr{Z}'$ 制的数 B_j' 等于无量纲量 Π_j 的操作。

$$\frac{\partial^2 v}{\partial x^2}=\frac{\partial^2(\overline{v}U_\infty)}{\partial(\overline{x}d)^2}=\frac{U_\infty}{d^2}\frac{\partial^2\overline{v}}{\partial\overline{x}^2},$$

利用类似手法，方程组(10-5-29)的(a)、(b)、(c)变为

$$\frac{U_\infty}{d}\frac{\partial\overline{v}}{\partial\overline{x}}+\frac{U_\infty}{d}\frac{\partial\overline{w}}{\partial\overline{y}}=0,\tag{10-5-33a}$$

$$\frac{\rho U_\infty{}^2}{d}\left(\overline{v}\frac{\partial\overline{v}}{\partial\overline{x}}+\overline{w}\frac{\partial\overline{v}}{\partial\overline{y}}\right)=-\frac{\rho U_\infty{}^2}{d}\frac{\partial\overline{p}}{\partial\overline{x}}+\frac{\mu U_\infty}{d^2}\left(\frac{\partial^2\overline{v}}{\partial\overline{x}^2}+\frac{\partial^2\overline{v}}{\partial\overline{y}^2}\right),\tag{10-5-33b}$$

$$\frac{\rho U_\infty{}^2}{d}\left(\overline{v}\frac{\partial\overline{w}}{\partial\overline{x}}+\overline{w}\frac{\partial\overline{w}}{\partial\overline{y}}\right)=-\frac{\rho U_\infty{}^2}{d}\frac{\partial\overline{p}}{\partial\overline{y}}+\frac{\mu U_\infty}{d^2}\left(\frac{\partial^2\overline{w}}{\partial\overline{x}^2}+\frac{\partial^2\overline{w}}{\partial\overline{y}^2}\right)。\tag{10-5-33c}$$

化简得

$$\frac{\partial\overline{v}}{\partial\overline{x}}+\frac{\partial\overline{w}}{\partial\overline{y}}=0,\tag{10-5-34a}$$

$$\overline{v}\frac{\partial\overline{v}}{\partial\overline{x}}+\overline{w}\frac{\partial\overline{v}}{\partial\overline{y}}=-\frac{\partial\overline{p}}{\partial\overline{x}}+\frac{\mu}{\rho U_\infty d}\left(\frac{\partial^2\overline{v}}{\partial\overline{x}^2}+\frac{\partial^2\overline{v}}{\partial\overline{y}^2}\right),\tag{10-5-34b}$$

$$\overline{v}\frac{\partial\overline{w}}{\partial\overline{x}}+\overline{w}\frac{\partial\overline{w}}{\partial\overline{y}}=-\frac{\partial\overline{p}}{\partial\overline{y}}+\frac{\mu}{\rho U_\infty d}\left(\frac{\partial^2\overline{w}}{\partial\overline{x}^2}+\frac{\partial^2\overline{w}}{\partial\overline{y}^2}\right)。\tag{10-5-34c}$$

请注意上两式右边第二项的系数都是雷诺数(即 $Re=\rho U_\infty d/\mu$)的倒数，这是无量纲化的一大好处——可以让问题涉及的无量纲量在方程中“亮相”。

方程组(10-5-29)的(d)、(e)则变为

(1)无限远(记作∞)，给定　$\overline{v}=1,\ \overline{w}=0;\ \overline{p}=1$。　(10-5-34d)

(2)圆柱表面(满足 $\overline{x}^2+\overline{y}^2=1/4$)，给定 $\overline{v}=0,\ \overline{w}=0$。　(10-5-34e)

为了借用上例证明定理 10-5-5，还应对模型的方程组(10-5-31)做无量纲化。其结果为

$$\frac{\partial\overline{v}^\circ}{\partial\overline{x}^\circ}+\frac{\partial\overline{w}^\circ}{\partial\overline{y}^\circ}=0,\tag{10-5-35a}$$

$$\overline{v}^\circ\frac{\partial\overline{v}^\circ}{\partial\overline{x}^\circ}+\overline{w}^\circ\frac{\partial\overline{v}^\circ}{\partial\overline{y}^\circ}=-\frac{\partial\overline{p}^\circ}{\partial\overline{x}^\circ}+\left(\frac{\mu}{\rho U_\infty d}\right)^\circ\left(\frac{\partial^2\overline{v}^\circ}{\partial\overline{x}^{\circ 2}}+\frac{\partial^2\overline{v}^\circ}{\partial\overline{y}^{\circ 2}}\right),\tag{10-5-35b}$$

$$\overline{v}^\circ\frac{\partial\overline{w}^\circ}{\partial\overline{x}^\circ}+\overline{w}^\circ\frac{\partial\overline{w}^\circ}{\partial\overline{y}^\circ}=-\frac{\partial\overline{p}^\circ}{\partial\overline{y}^\circ}+\left(\frac{\mu}{\rho U_\infty d}\right)^\circ\left(\frac{\partial^2\overline{w}^\circ}{\partial\overline{x}^{\circ 2}}+\frac{\partial^2\overline{w}^\circ}{\partial\overline{y}^{\circ 2}}\right)。\tag{10-5-35c}$$

(1)无限远(记作∞)，给定　$\overline{v}^\circ=1,\ \overline{w}^\circ=0;\ \overline{p}^\circ=1$。　(10-5-35d)

(2)圆柱表面(满足 $\overline{x}^{\circ 2}+\overline{y}^{\circ 2}=1/4$)，给定 $\overline{v}^\circ=0,\ \overline{w}^\circ=0$。　(10-5-35e)

现在就可针对上例证明定理 10-5-5 (的充分性部分)——如果所有无量纲量在模型与原型中对应相等，则模型与原型相似。对上例而言，“所有无量纲量”指的就是雷诺数 Re，如果它在原型和模型的值相等，即 $Re=(Re)^\circ$，则方程组(10-5-34)与(10-5-35)完全一样，所以有相同的解，即

(a) $\overline{v}(\overline{x},\overline{y})=\overline{v}^\circ(\overline{x}^\circ,\overline{y}^\circ)$，(b) $\overline{w}(\overline{x},\overline{y})=\overline{w}^\circ(\overline{x}^\circ,\overline{y}^\circ)$，(c) $\overline{p}(\overline{x},\overline{y})=\overline{p}^\circ(\overline{x}^\circ,\overline{y}^\circ)$。　(10-5-36)

利用 $\overline{v}\equiv\dfrac{v}{U_\infty}$ 可将上式的(a)左边改写为

$$\overline{v}(\overline{x},\overline{y})=\frac{v(x,y)}{U_\infty}\,,\tag{10-5-37}$$

类似地还有

$$\overline{v}^\circ(\overline{x}^\circ,\overline{y}^\circ)=\frac{v^\circ(x^\circ,y^\circ)}{U_\infty^\circ}=\frac{v^\circ(x^\circ,y^\circ)}{\lambda_u U_\infty}\,,\tag{10-5-38}$$

于是

$$\frac{v(x,y)}{U_\infty}=\overline{v}(\overline{x},\overline{y})=\overline{v}^\circ(\overline{x}^\circ,\overline{y}^\circ)=\frac{v^\circ(x^\circ,y^\circ)}{\lambda_u U_\infty}\,,\tag{10-5-39}$$

[其中第一、二、三步依次用到式(10-5-37)、式(10-5-36a)和式(10-5-38)。] 由上式便知

$$\frac{v^\circ(x^\circ,y^\circ)}{v(x,y)}=\lambda_u\,,$$

仿此还可证明

$$\frac{w^\circ(x^\circ,y^\circ)}{w(x,y)}=\lambda_u \qquad 和 \qquad \frac{p^\circ(x^\circ,y^\circ)}{p(x,y)}=\lambda_p\,。$$

以上 3 式表明本例题的模型与原型是相似的(按定义 10-5-3)。可见，至少对本例而言，定理 10-5-5(的充分性)是对的。

甲　然而这只是一个特例，如何把证明推广至一般情况？

乙　问题正在于此。你还得证明每个具体问题的微分方程在无量纲化后一定含有所有有关的无量纲量。尤其是，相似论的一个重要目的就是对那些连运动方程也不知道的问题通过模型实验指导原型设计，这时你还能对根本不知道的“微分方程”做无量纲化吗？所以我们还是推荐我们的证明手段。　**[选读 10-2 完]**

10.5.4　相似论应用例题

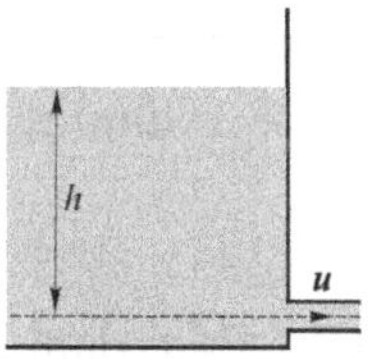

图 10-18　储油池

例题 10-5-3 [选自孔珑(2011)]　储油池底部的管道用于对外输油(图 10-18)。如果池内储油太浅，输油时会形成连接底部管道和油面的漩涡，并将空气吸入输油管。为防止此种情况发生，要用模型实验确定油面开始出现漩涡的油深 $\boldsymbol{h}_{\min}$。已知输油管内径 $\boldsymbol{d}=250$ **毫米**，油的流量 $\boldsymbol{Q}=0.14$ **米**^{3}/**秒**，运动黏度 $\boldsymbol{\nu}=7.5\times10^{-5}$ **米**^{2}/**秒**。若选长度比尺 $\lambda_l=1/5$，为保证流动相似，模型输油管的内径、模型内液体的流量和运动黏度应为多少？在模型上测得 $\boldsymbol{h}_{\min}{}^\circ=60$ **毫米**，原型油池的最小油深应为多少？

解　由 $\lambda_l=1/5$ 求得模型输油管的内径 $\boldsymbol{d}^\circ$ 以及原型油池的最小油深 $\boldsymbol{h}_{\min}$ 分别为

$$\boldsymbol{d}^\circ=\lambda_l\boldsymbol{d}=\frac{1}{5}\times250\,\text{毫米}=50\,\text{毫米}\,,$$

$$\boldsymbol{h}_{\min}=\lambda_l^{-1}\boldsymbol{h}_{\min}{}^\circ=5\times60\,\text{毫米}=300\,\text{毫米}\,。$$

本题是重力场中黏性不可压缩流体的流动问题，必须同时考虑重力和黏性力的作用。因此，为了保证相似，弗劳德数 Fr 及雷诺数 Re 在模型和原型中必须对应相等，即必须有 $Fr=Fr^\circ$，$Re=Re^\circ$。前面[式(10-5-27)]对 Fr 的定义是 $Fr\equiv\dfrac{U_\infty}{\sqrt{gL}}$，是因为例题 10-5-1 的特征长度和速

度分别是 L 和 U_∞，但本例题的特征长度是油深 h，特征速度是液体的流速(记作 u)，故

$$Fr \equiv \frac{u}{\sqrt{gh}}, \qquad Fr^\circ \equiv \frac{u^\circ}{\sqrt{g^\circ h^\circ}} = \frac{u^\circ}{\sqrt{gh^\circ}}, \tag{10-5-40}$$

(默认原型和模型都在地面上，故 g° 与 g 相等。) 于是 $Fr = Fr^\circ$ 给出

$$u^\circ = \left(\frac{h^\circ}{h}\right)^{1/2} u = \left(\frac{1}{5}\right)^{1/2} u\ 。 \tag{10-5-41}$$

另一方面，由小节 10.3.1 查得流量公式[式(10-3-1)]，用于本例题就是

$$Q = u\pi d^2/4, \qquad Q^\circ = u^\circ \pi d^{\circ 2}/4,$$

故

$$Q^\circ = \frac{u^\circ}{u}\left(\frac{d^\circ}{d}\right)^2 Q = \left(\frac{1}{5}\right)^{1/2}\left(\frac{1}{5}\right)^2 Q = \left(\frac{1}{5}\right)^{5/2} Q,$$

因而有量等式

$$\boldsymbol{Q}^\circ = \left(\frac{1}{5}\right)^{5/2} \boldsymbol{Q} = \frac{1}{55.9} \times 0.14\,\textbf{米}^3/\textbf{秒} = 0.0025\,\textbf{米}^3/\textbf{秒}\ 。$$

用运动黏度 ν 的定义 $\nu \equiv \mu/\rho$ 把雷诺数公式改写为 $Re = \dfrac{ud}{\nu}$，则由 $Re = Re^\circ$ 得 $\dfrac{ud}{\nu} = \dfrac{u^\circ d^\circ}{\nu^\circ}$，故

$$\boldsymbol{\nu}^\circ = \frac{\boldsymbol{u}^\circ}{\boldsymbol{u}}\frac{\boldsymbol{d}^\circ}{\boldsymbol{d}}\boldsymbol{\nu} = \left(\frac{1}{5}\right)^{1/2} \times \frac{1}{5}\boldsymbol{\nu} = \left(\frac{1}{5}\right)^{3/2} \times 7.5\times 10^{-5}\,\textbf{米}^2/\textbf{秒}\ 。$$ ■

甲　我觉得式(10-5-41)很奇怪，因为由它竟然推出比尺关系

$$\lambda_u = \frac{u^\circ}{u} = \left(\frac{h^\circ}{h}\right)^{1/2} = \lambda_l^{1/2}, \tag{10-5-42}$$

配上 $\lambda_Q = \dim\big|_{\mathscr{Z},\mathscr{Z}'_{\text{特}}} \boldsymbol{Q}$ [即式(10-5-4)]将导致

$$\dim\big|_{\mathscr{Z},\mathscr{Z}'_{\text{特}}} \boldsymbol{u} = (\dim\big|_{\mathscr{Z},\mathscr{Z}'_{\text{特}}} \boldsymbol{l})^{1/2}, \tag{10-5-43}$$

与国际制的 $\dim\big|_{\mathscr{Z},\mathscr{Z}'_{\text{特}}} \boldsymbol{u} = (\dim\big|_{\mathscr{Z},\mathscr{Z}'_{\text{特}}} \boldsymbol{l})(\dim\big|_{\mathscr{Z},\mathscr{Z}'_{\text{特}}} \boldsymbol{t})^{-1}$ 矛盾！难道这是式(10-5-4)的反例吗？

乙　非也。这一“矛盾”的总根源是 $g^\circ = g$，由此导致

$$\dim\big|_{\mathscr{Z},\mathscr{Z}'_{\text{特}}} \boldsymbol{g} = \lambda_g = \frac{g^\circ}{g} = 1\ 。 \tag{10-5-44}$$

甲　这岂不是表明 $\boldsymbol{g}$ 是无量纲量吗？

乙　你又把固定量纲与可变量纲混为一谈了。式(1-4-12)的前后段文字已强调“量纲为1”与“量纲恒为 1”的区别——只有量纲恒为 1 的量才是无量纲量。式(10-5-44)说明的是 $\dim\big|_{\mathscr{Z},\mathscr{Z}'_{\text{特}}} \boldsymbol{g} = 1$ 而不是 $\dim \boldsymbol{g} \equiv 1$。事实上，量类 $\tilde{\boldsymbol{g}}$ 在国际制的量纲式为

$$\dim \boldsymbol{g} = (\dim \boldsymbol{l})^1 (\dim \boldsymbol{m})^0 (\dim \boldsymbol{t})^{-2} = (\dim \boldsymbol{l})^1 (\dim \boldsymbol{t})^{-2}, \tag{10-5-45}$$

其量纲指数不全为零，所以不满足无量纲量的定义。

本例题为前面几个定理提供了一个具体实例，按定理 10-5-2 的思路拿本例走一遍，就会发现并无矛盾。第一步是罗列全部涉及量：$\boldsymbol{d}$、$\boldsymbol{h}_{\min}$、$\boldsymbol{g}$、$\boldsymbol{u}$、$\boldsymbol{g}$、$\boldsymbol{Q}$，故 $n = 6$。第二步是用国

际制把这些涉及量分成甲乙两组，过程略，结果为：甲组量 2 个，即 $\boldsymbol{h}_{\min}$ 和 $\boldsymbol{g}$；乙组量 4 个，即 $\boldsymbol{u}$、$\boldsymbol{g}$、$\boldsymbol{Q}$、$\boldsymbol{d}$。第三步，按照定理 10-5-2，先选甲组量的比尺：长度量的比尺已被题设选定，即 $\lambda_l = 1/5$；重力加速度比尺也已被“原型和模型都在地面”选定为 $\lambda_g = g^{\circ}/g = 1$；再决定每个乙组量的比尺，仅以乙组量 $\boldsymbol{u}$ 为例。现在有 $m=2$（m 是指甲组量个数），故式(10-5-7)实为 $\lambda_B = \lambda_{A_1}{}^{x_1}\lambda_{A_2}{}^{x_2}$，用于本例的 $\boldsymbol{u}$，注意到 $\dim \boldsymbol{u} = (\dim \boldsymbol{g})^{1/2}(\dim \boldsymbol{l})^{1/2}$，便可读出 $x_1 = x_2 = 1/2$，代入 $\lambda_B = \lambda_{A_1}{}^{x_1}\lambda_{A_2}{}^{x_2}$ 得 $\lambda_u = \lambda_l^{1/2}\lambda_g{}^{1/2} = \lambda_l^{1/2}$，相应就有式(10-5-43)，并无矛盾。

例题 10-5-4 [参见张鸣远(2010)]　为确定深水航行潜艇所受阻力，采用 $\lambda_l = 1/20$ 的模型在水洞中做模拟实验。已知模型潜艇的速度 $\boldsymbol{u} = 2.572$ **米/秒**，海水密度 $\boldsymbol{\rho} = 1010$ **千克/米**^{3}，运动黏度 $\boldsymbol{\nu} = 1.30\times10^{-6}$ **米**^{2}/**秒**；水洞中水的密度和运动黏度分别为 $\boldsymbol{\rho}^{\circ} = 988$ **千克/米**^{3} 和 $\boldsymbol{\nu}^{\circ} = 0.556\times10^{-6}$ **米**^{2}/**秒**。试确定模型潜艇所需速度 $\boldsymbol{u}^{\circ}$ 及潜艇与模型的阻力比。

解　由§10.4 可知绕流问题涉及 3 个无量纲量，记作 Π_3、Π_4 和 Π_5，其中 $\Pi_5 \equiv \alpha$ 是攻角，$\Pi_4 \equiv \dfrac{\mu}{\rho u d}$ 是雷诺数 Re 的倒数，$\Pi_3 \equiv \dfrac{F_{\mathrm{D}}}{\rho u^2 d^2}$ 是无量纲阻力(其中 F_{D} 是阻力，d 是特征长度)，于是 Π 定理给出

$$\frac{F_{\mathrm{D}}}{\rho u^2 d^2} = \phi(\alpha, Re) \quad \text{[见式(10-4-5)]。}$$

为保证相似，这 3 个无量纲量(相似准数)在模型和原型中要对应相等，即

$$\alpha = \alpha^{\circ}, \quad Re = (Re)^{\circ}, \quad \frac{F_{\mathrm{D}}}{\rho u^2 d^2} = \frac{F_{\mathrm{D}}^{\circ}}{\rho^{\circ}(u^{\circ}d^{\circ})^2},$$

由 $Re = (Re)^{\circ}$ 得 $\dfrac{ud}{\nu} = \dfrac{u^{\circ}d^{\circ}}{\nu^{\circ}}$，故

$$u^{\circ} = u\frac{d}{d^{\circ}}\frac{\nu^{\circ}}{\nu} = 2.572\times20\times\frac{0.556}{1.30} = 22.0\text{。}$$

可见模型潜艇所需速度 $\boldsymbol{u}^{\circ} = 22.0$ **米/秒**。

由 $\dfrac{F_{\mathrm{D}}}{\rho u^2 d^2} = \dfrac{F_{\mathrm{D}}^{\circ}}{\rho^{\circ}(u^{\circ}d^{\circ})^2}$ 又得潜艇与模型的阻力比

$$\frac{F_{\mathrm{D}}}{F_{\mathrm{D}}^{\circ}} = \frac{\rho}{\rho^{\circ}}\left(\frac{u}{u^{\circ}}\right)^2\left(\frac{d}{d^{\circ}}\right)^2 = \frac{1010}{988}\times\left(\frac{2.572}{22}\right)^2\left(\frac{1}{20}\right)^2 = 5.58\text{。}$$

■

10.5.5　不完备相似性

在某些情况下，要使模型与原型完全相似是有困难的。例如，对于有自由面的流动，为实现相似就得让雷诺数 Re 和弗劳德数 Fr 在模型和原型中对应相等，即要求 $Re = (Re)^{\circ}$，$Fr = (Fr)^{\circ}$。注意到 Re 和 Fr 的表达式，就必须保证

$$\text{(a)}\ \frac{u}{\sqrt{gL}} = \frac{u^{\circ}}{\sqrt{gL^{\circ}}}, \qquad \text{(b)}\ \frac{uL}{\nu} = \frac{u^{\circ}L^{\circ}}{\nu^{\circ}}\text{。} \tag{10-5-46}$$

由上式(a)可得

$$\frac{u^{\circ}}{u}=\sqrt{\frac{L^{\circ}}{L}}=\sqrt{\lambda_l}\ ,\tag{10-5-47}$$

而由式(b)则有

$$\frac{u^{\circ}}{u}=\frac{L}{L^{\circ}}\frac{\nu^{\circ}}{\nu}=\frac{1}{\lambda_l}\lambda_{\nu}\ ,\tag{10-5-48}$$

以上两式结合给出运动黏度的比尺为

$$\lambda_{\nu}=\lambda_l^{3/2}\ 。\tag{10-5-49}$$

上式对于模型实验实在是过于苛刻，因为在λ_l选定后，要找到一种流体，其运动黏度ν°与原型流体的ν的比值正好等于λ_l的3/2方，实在是太难了！举例说，对船舶模型而言，常用的$\lambda_l=1/100$，代入式(10-5-49)，便知所需的λ_{ν}竟为$1/1000$。运动黏度比水低的实际液体只有水银，而它的ν值比水也只低一个量级，根本不够用！

因此，遇到这种情况时工程上就只能“不得已而求其次”，例如，只保证弗劳德数Fr相同而不管雷诺数。这可称为**部分相似**，英语称为 imcomplete similitude，直译就是**不完备相似性**。对于只有部分相似性的模型实验，就有必要估计它的误差。可喜的是，利用某些技巧，人们还是能够获得不少有用的结果，详见 Prichard and Leylegian(2011)。

10.5.6　相似论用于引力波探测[选读]

爱因斯坦在 1915 年创立广义相对论时就预言了引力波的存在，但直到 2015 年才被成功地直接探测到(位于美国的两处LIGO设备同时探测到来自13亿光年远处两个黑洞的并合过程所放出的引力波)[15]。自此以后，引力波研究如火如荼地在国际上展开，数值相对论更是一枝独秀。为了求得各种可能的黑洞并合波形，从而制作模板，数值相对论工作者要对各种参数的黑洞并合进行数值求解。计算时首先要做无量纲化操作，通常用双黑洞的总质量充当整个系统的特征尺度，所以总质量变得无关紧要，而两个黑洞的质量比却是重要参数。利用相似论可以大大减轻工作量，简介如下。假定要为双黑洞并合做 4 个模板(实际上要做的模板数量巨大，此处只以 4 个为例)：①总质量为100，质量比为$1:1$；②总质量为100，质量比为$1:2$；③总质量为1000，质量比为$1:1$；④总质量为1000，质量比为$1:2$，再假定①和③满足相似条件(不妨把两者分别看作模型和原型)；②和④满足相似条件(请注意①和②由于质量比不同而不可能相似)，我们就只需对模型①和②进行计算，其结果不难通过相似变换而被用于原型③和④。于是就可省去一半的工作量。

根据定理 10-5-5，相似的充要条件是相似准数对应相等，所以先要用Π定理求出全部有关的相似准数。问题的涉及量(在国际制的数)有：光速c，引力常数G，双黑洞各自的质量M_1、M_2，各自的速度$\vec{u}_1=(u_{1x},u_{1y},u_{1z})$、$\vec{u}_2=(u_{2x},u_{2y},u_{2z})$，各自的自旋$\vec{s}_1=(s_{1x},s_{1y},s_{1z})$、$\vec{s}_2=(s_{2x},s_{2y},s_{2z})$，引力波的应变(strain)(引力波探测的一个很重要的物理量)h以及引力波测量的时间和位置t,x,y,z。用Π定理不难构造如下 19 个无量纲量(相似准数)：

[15] Hulse 和 Taylor 在 20 世纪 70 年代对脉冲双星的观测结果已经足以证实引力波的存在性，并已荣获 1993 年诺贝尔物理奖。但这只是间接证明(只观测到因发射引力波导致的轨道周期变化率而并未直接测到引力波本身)。

$$\Pi_1=\frac{M_2}{M_1},\quad \Pi_2=\frac{rc^2}{GM_1},\quad \Pi_3=\frac{u_{1x}}{c},\quad \Pi_4=\frac{u_{1y}}{c},\quad \Pi_5=\frac{u_{1z}}{c},\quad \Pi_6=\frac{u_{2x}}{c},\quad \Pi_7=\frac{u_{2y}}{c},\quad \Pi_8=\frac{u_{2z}}{c},$$

$$\Pi_9=\frac{cs_{1x}}{GM_1^2},\quad \Pi_{10}=\frac{cs_{1y}}{GM_1^2},\quad \Pi_{11}=\frac{cs_{1z}}{GM_1^2},\quad \Pi_{12}=\frac{cs_{2x}}{GM_1^2},\quad \Pi_{13}=\frac{cs_{2y}}{GM_1^2},\quad \Pi_{14}=\frac{cs_{2z}}{GM_1^2},\quad \Pi_{15}=h,$$

$$\Pi_{16}=\frac{tc^3}{GM_1},\quad \Pi_{17}=\frac{xc^2}{GM_1},\quad \Pi_{18}=\frac{yc^2}{GM_1},\quad \Pi_{19}=\frac{zc^2}{GM_1}。$$

设模型与原型的质量比尺为λ，则

$$M_1^{\circ}=\lambda M_1,\quad M_2^{\circ}=\lambda M_2。\tag{10-5-50}$$

默认模型与原型相似，则所有相似准数对应相等。由$\Pi_2^{\circ}=\Pi_2$得

$$\frac{r^{\circ}c^{\circ 2}}{G^{\circ}M_1^{\circ}}=\frac{rc^2}{GM_1},\tag{10-5-51}$$

因为原型和模型都是真实宇宙中的黑洞并合现象，所以$c^{\circ}=c$，$G^{\circ}=G$，故式(10-5-51)与$M_1^{\circ}=\lambda M_1$相结合给出

$$r^{\circ}=\lambda r。\tag{10-5-52}$$

$\Pi_3^{\circ}=\Pi_3$与$c^{\circ}=c$结合又有$u_{1x}{}^{\circ}=u_{1x}$，意味着$\lambda_u=1$，所以

$$u_{1x}{}^{\circ}=u_{1x},\quad u_{1y}{}^{\circ}=u_{1y},\quad u_{1z}{}^{\circ}=u_{1z},\quad u_{2x}{}^{\circ}=u_{2x},\quad u_{2y}{}^{\circ}=u_{2y},\quad u_{2z}{}^{\circ}=u_{2z}。\tag{10-5-53}$$

再用$\Pi_9^{\circ}=\Pi_9$与$c^{\circ}=c$、$G^{\circ}=G$以及$M_1^{\circ}=\lambda M_1$结合又得

$$s_{1x}{}^{\circ}=\lambda^2 s_{1x},\quad s_{1y}{}^{\circ}=\lambda^2 s_{1y},\quad s_{1z}{}^{\circ}=\lambda^2 s_{1z},\quad s_{2x}{}^{\circ}=\lambda^2 s_{2x},\quad s_{2y}{}^{\circ}=\lambda^2 s_{2y},\quad s_{2z}{}^{\circ}=\lambda^2 s_{2z}。\tag{10-5-54}$$

再由$\Pi_{15}^{\circ}=\Pi_{15}$、$\Pi_{16}^{\circ}=\Pi_{16}$和$\Pi_{17}^{\circ}=\Pi_{17}$又得

$$h^{\circ}=h,\quad t^{\circ}=\lambda t,\quad x^{\circ}=\lambda x,\quad y^{\circ}=\lambda y,\quad z^{\circ}=\lambda z。\tag{10-5-55}$$

在以上基础上就可以把对模型求得的各物理量通过标度变换得出原型的所有物理量。以人们非常关心的应变h为例。为了得到原型双黑洞系统辐射的引力波的应变$h(t,x,y,z)$，只需先求出模型双黑洞系统的引力波应变$h^{\circ}(t^{\circ},x^{\circ},y^{\circ},z^{\circ})$，进而就有

$$h(t,x,y,z)=h^{\circ}(t^{\circ},x^{\circ},y^{\circ},z^{\circ})=h^{\circ}(\lambda t,\lambda x,\lambda y,\lambda z)。\tag{10-5-56}$$

用类似方法也可以得到原型双黑洞系统的其他物理量，如引力波频率等。

甲　我发现一个问题：由式(10-5-50)、(10-5-52)和(10-5-55)依次可得

$$\lambda_m=\lambda,\quad \lambda_l=\lambda,\quad \lambda_t=\lambda,$$

但式(10-5-4)要求

$$\lambda_m=\dim\boldsymbol{m},\quad \lambda_l=\dim\boldsymbol{l},\quad \lambda_t=\dim\boldsymbol{t},$$

与上式对比发现竟然有

$$\dim\boldsymbol{m}=\dim\boldsymbol{l}=\dim\boldsymbol{t}=\lambda,\tag{10-5-57}$$

这能对吗？

乙　这是模型与原型相似的必然结果。事实上，式(10-5-50)、(10-5-52)和(10-5-55)都是由相似准数对应相等推出来的。从另一个角度看，$\dim\boldsymbol{l}$、$\dim\boldsymbol{m}$和$\dim\boldsymbol{t}$是国际制的三个基本量纲，是量纲式的自变数，可以独立取值，上述讨论表明，为了让模型与原型相似，这三个自变数必须取相同的值，即λ。

第 11 章　对 Π 定理的进一步讨论

§ 11.1　前　　言

Π 定理固然威力强大，但其正确使用却对使用者的物理素养和经验提出颇高要求。

11.1.1　关于物理素养和经验

关于物理素养和经验，Bridgman (1931)通过如下简单例题做了精彩的讨论。

例题 11-1-1　小液滴在自身表面张力作用下做如下的周期性震荡：

$$\text{球形} \to \text{椭球形} \to \text{球形} \to \cdots,$$

求震荡周期 $\boldsymbol{T}$ 的表达式(假定没有引力场)。

解　周期 $\boldsymbol{T}$ 显然取决于液体的表面张力系数 $\boldsymbol{\gamma}$、液体密度 $\boldsymbol{\rho}$ 和液滴(在球形时)的半径 $\boldsymbol{R}$，在 CGS 单位制下有函数关系式

$$T = f(\gamma, \rho, R), \tag{11-1-1}$$

欲求函数关系 f。首先列出量纲矩阵

$$\begin{array}{c} \\ \mathrm{L} \\ \mathrm{M} \\ \mathrm{T} \end{array} \begin{array}{c} \begin{array}{cccc} T & \gamma & \rho & R \end{array} \\ \begin{bmatrix} 0 & 0 & -3 & 1 \\ 0 & 1 & 1 & 0 \\ 1 & -2 & 0 & 0 \end{bmatrix} \end{array}。 \tag{11-1-2}$$

再用本书特有的方法把量纲矩阵化为行最简形矩阵——对此矩阵施以行初等变换(用第 2 行的 2 倍加到第 3 行上)得

$$\begin{array}{c} \\ \mathrm{L} \\ \mathrm{M} \\ \mathrm{T} \end{array} \begin{array}{c} \begin{array}{cccc} T & \gamma & \rho & R \end{array} \\ \begin{bmatrix} 0 & 0 & -3 & 1 \\ 0 & 1 & 1 & 0 \\ 1 & 0 & 2 & 0 \end{bmatrix} \end{array}, \tag{11-1-2$'$}$$

于是可选 $\boldsymbol{R}$、$\boldsymbol{\gamma}$ 和 $\boldsymbol{T}$ 为甲组量，并可用它们对乙组量 $\boldsymbol{\rho}$ 做量纲表出：

$$\dim \boldsymbol{\rho} = (\dim \boldsymbol{R})^{-3} (\dim \boldsymbol{\gamma}) (\dim \boldsymbol{T})^2,$$

因而可定义 1 个无量纲量：

$$\Pi := \rho R^3 / \gamma T^2。$$

由 Π 定理可知此处的 Π 是常数，令 $C_0 \equiv \Pi^{-1/2}$，便得

$$T = C_0 \sqrt{\rho R^3 / \gamma}。 \tag{11-1-3}$$ ■

本例题非常简单，但 Bridgman (1931)就此做了一番有益的讨论，大意如下。

Bridgman 设想，在我们求解上例时，有一位吹毛求疵的鉴定家一直在旁观察。关于我

们选取的涉及量，他会说："表面张力来源于液体表面层的原子之间的力，为什么不把决定这个力的所有因素都列为涉及量？"我们答："虽然它们都有影响，但这些影响最终必能综合为一个特征性的量，那就是表面张力系数。这一判断是有实验依据的。"但是那位鉴定家还会进一步问："液体有诸多特性，你怎能断定只有表面张力系数会影响震荡周期 $\boldsymbol{T}$？依我看来，$\boldsymbol{T}$ 很可能还取决于液体的黏性和可压缩性。"我们只好回答说："实验表明，如果液滴越来越小，当小于某个临界值时，可压缩性的作用便可忽略；类似地，如果液体的黏性越来越小，当小于某个临界值时黏性就几乎不影响 $\boldsymbol{T}$ 。我们刚才的做法正是默认这些条件已被满足，因而正确。"此外，我们甚至可以把流体动力学理论用于这个问题，以证明黏性和可压缩性在越过临界值后的确是可以忽略的。这样，这位鉴定家才表示满意。

但是，为了达到使他满意的程度，我们是不是需要有相当好的实验基础和理论修养？

那位鉴定家逼着我们回答的问题对常规解法(非量纲法)同样存在。无论面对什么物理问题，研究对象都是真实存在的客观实体(简称**客体**)，涉及纷繁复杂的多种因素，物理学家的高招则是利用物理素养首先辨别清楚哪些因素重要，哪些因素可以忽略。就是说，我们要为这个客体提炼一个简化的**模型**[1]。无论用哪一种办法解题，其实都是针对这个模型进行的。

物理素养还体现在对问题涉及的物理理论(特别是有关的运动方程)要有尽量好的掌握。[量纲分析中又常把这些运动方程称为"控制方程"(governing equation)。] 举例来说，求解例题 8-3-2(推求电子二极管电流密度 $\boldsymbol{j}$ 的表达式)时我们选了 5 个涉及量，但基本量类只有3个，所得结果很弱。为了强化结果，事后(其实也可事前)想到电子运动服从能量守恒律以及管内电势 V 服从泊松方程，便可发现 j 对 e 和 m 的依赖方式是只依赖于两者的比值 e/m，从而把涉及量从 5 个减为 4 个，进而明显强化结果。类似例子还有很多，比如，例题 9-8-3 (求黑洞辐射温度的表达式)应把质量 M 和引力常数 G 合为一个涉及量 GM [理由见式(9-8-13)下段]；例题 9-1-7(二体问题)应把两个质量合为一个约化质量 $\mu \equiv \dfrac{m_1 m_2}{m_1 + m_2}$，等等。

11.1.2　如何选择涉及量？

应该把什么物理量放入涉及量的行列中？(什么量才算是被问题所"涉及"？) 应该放入而不被放入，通常会得不出结果或所得结果不对；不该放入而贸然放入，至少会因为涉及量的增加使结果弱化，此外还可能导致其他问题。

正确选择涉及量是使用 Π 定理时最棘手的问题。在不针对具体问题时很难发表指导性的意见，我们只能提供如下几点经验。

(1) 如上一小节所云，无论用什么方法解决问题，先要为待研究的客体提炼一个简化的模型。用 Π 定理解题也不例外：存在于客体而不存在于模型的因素当然不应被列为涉及量。

(2) 针对待解的具体问题选择涉及量。例如，对例题 9-1-5 (求单摆周期的表达式)这样一个待解问题，自然想到的涉及量有周期 $\boldsymbol{T}$、摆球质量 $\boldsymbol{M}$、摆臂长度 $\boldsymbol{l}$、初始摆角 $\boldsymbol{\alpha}_0$ 和重力加速度 $\boldsymbol{g}$ 等5个。虽然用 Π 定理求解时发现摆球质量 $\boldsymbol{M}$ 对周期 $\boldsymbol{T}$ 并无影响，但求解前通常不知此事，事先把 $\boldsymbol{M}$ 列为涉及量是无可非议的。

[1] 此处的"模型"一词与§10.5(相似论)中的"模型"有不同含义。

(3) 与待解问题有关的配平因子(详见§9.2)原则上都应进入涉及量(只有极个别例外)，特别是以下 4 个物理常量(都是配平因子)更是有规可循：①涉及相对论(包括狭义和广义相对论)时，光速 $\boldsymbol{c}$ 要被列为涉及量 (参看§9.7 和 §9.8)；②涉及引力论[包括牛顿的和爱因斯坦的引力论(后者即广义相对论)]时，引力常量 $\boldsymbol{G}$ 要被列为涉及量；③涉及量子论时，普朗克常量 $\boldsymbol{h}$ 要被列为涉及量；④涉及统计物理学时，玻尔兹曼常量 $\boldsymbol{k}_{\mathrm{B}}$ 要被列为涉及量。

(4) 至于其他配平因子是否应进涉及量，我们提出两点建议：(a)除非该配平因子跟所论问题无关，或对问题的影响能体现在其他涉及量中，否则都应列为涉及量，选读 11-1、11-2 及例题 11-3-4 前的(C)都有这种“除非”的例子；(b)在具体解题时不一定容易判断是否出现这种“除非”情况，更实用的做法是“以成败论英雄”——先试着把它放进去，得到好结果表明应该放入；否则不应放入。

11.1.3　如何选择单位制？

为了求得尽可能强的结果，无量纲量的数目 $n-m$ 自然是越少越好(但要保证 $n-m>0$)。在涉及量个数 n 一定的前提下， $n-m$ 只取决于 m ，再由 $m\leqslant l$ 便知基本量类个数 l 越大越好(在保证 $n-m>0$ 的前提下)。自然单位制和几何单位制(均指观点3)基本量类只有一个，一般不宜选用。例如，如果用几何制求解例题 9-1-1 (质量为 $\boldsymbol{m}$ 的质点在恒力 $\boldsymbol{f}$ 作用下从静止出发走过路程 $\boldsymbol{l}$, 求末速 $\boldsymbol{v}$)，则量纲矩阵为

$$\begin{array}{cc} & \begin{array}{cccc} l & m & f & v \end{array} \\ \mathrm{T} & \begin{bmatrix} 1 & 1 & 0 & 0 \end{bmatrix} \end{array} 。$$

这已经是行最简形矩阵，第一列的元素 1 就是唯一的主元，故可选 $\boldsymbol{l}$ 为甲组量，其余 3 个可用 $\boldsymbol{l}$ 做量纲表出：

$$\dim\boldsymbol{m}=(\dim\boldsymbol{l})^1，\quad \dim\boldsymbol{f}=(\dim\boldsymbol{l})^0=1，\quad \dim\boldsymbol{v}=(\dim\boldsymbol{l})^0=1，$$

于是可定义 3 个无量纲量：

$$\varPi_1 := m/l，\quad \varPi_2 := f，\quad \varPi_3 := v，$$

由 $\varPi_3=\phi(\varPi_1,\varPi_2)$ 得

$$v=\phi(m/l,f)。$$

这比原来的结果 $v=C_0\sqrt{fl/m}$ [式(9-1-4)]弱太多了！

总的说来，在用 $\varPi$ 定理解题时应该针对具体问题选择最适当的单位制，下节的力学例子将有助于加深对“慎选单位制”的重要性的理解。

§ 11.2　力学问题举例

11.2.1　启用 FLMT 单位制族

例题 11-2-1 [Taylor(1974)EXAMPLE2.2]　固体球在液体中匀速竖直下落，已知球的半径为 $\boldsymbol{R}$ ，液体的黏度为 $\boldsymbol{\mu}$ ，球与液体的密度差为 $\boldsymbol{\rho}$ ，重力加速度为 $\boldsymbol{g}$ ，求固体球的下落速度 $\boldsymbol{v}$ 。(本例题简称“落球问题”。)

解　固体球匀速竖直下落表明它所受合力为零(重力被浮力和液体的黏滞力所抵消[2])。问题的涉及量有 $\boldsymbol{R}$、$\boldsymbol{\rho}$、$\boldsymbol{g}$、$\boldsymbol{v}$ 和 $\boldsymbol{\mu}$，即 $n=5$。我们采用两种解法，并做对比。

解法 1　选 CGS 制，前 4 个涉及量的量纲是熟知的，第 5 个，即黏度 $\boldsymbol{\mu}$ 的量纲可由 $\boldsymbol{\mu}$ 的定义[见式(10-1-22)]求得。于是有量纲矩阵

$$\begin{array}{c} \\ \mathrm{L} \\ \mathrm{M} \\ \mathrm{T} \end{array}\begin{array}{c} \begin{array}{ccccc} R & \rho & g & v & \mu \end{array} \\ \begin{bmatrix} 1 & -3 & 1 & 1 & -1 \\ 0 & 1 & 0 & 0 & 1 \\ 0 & 0 & -2 & -1 & -1 \end{bmatrix} \end{array}。\tag{11-2-1}$$

对此矩阵施以行初等变换：

$$\begin{bmatrix} 1 & -3 & 1 & 1 & -1 \\ 0 & 1 & 0 & 0 & 1 \\ 0 & 0 & -2 & -1 & -1 \end{bmatrix} \to \begin{bmatrix} 1 & 0 & 1 & 1 & 2 \\ 0 & 1 & 0 & 0 & 1 \\ 0 & 0 & -2 & -1 & -1 \end{bmatrix} \to \begin{bmatrix} 1 & 0 & 0 & 1/2 & 3/2 \\ 0 & 1 & 0 & 0 & 1 \\ 0 & 0 & 1 & 1/2 & 1/2 \end{bmatrix},$$

(第一步是用第 2 行的 3 倍加到第 1 行；第 2 步是用第 3 行的1/2 倍加到第 1 行，再用 −1/2 乘第 3 行)，便得结果矩阵

$$\begin{array}{c} \begin{array}{ccccc} R & \rho & g & v & \mu \end{array} \\ \begin{bmatrix} 1 & 0 & 0 & 1/2 & 3/2 \\ 0 & 1 & 0 & 0 & 1 \\ 0 & 0 & 1 & 1/2 & 1/2 \end{bmatrix} \end{array}。\tag{11-2-1′}$$

所以可选 $\boldsymbol{R}$、$\boldsymbol{\rho}$、$\boldsymbol{g}$ 为甲组量，并可用它们来量纲表出乙组量 $\boldsymbol{v}$ 和 $\boldsymbol{\mu}$：

$$\dim\boldsymbol{v}=(\dim\boldsymbol{R})^{1/2}(\dim\boldsymbol{g})^{1/2}，\quad \dim\boldsymbol{\mu}=(\dim\boldsymbol{R})^{3/2}(\dim\boldsymbol{\rho})(\dim\boldsymbol{g})^{1/2}。\tag{11-2-2}$$

因而可构造两个无量纲量：

$$\Pi_1 := v/\sqrt{Rg}，\qquad \Pi_2 := \mu/\rho\sqrt{R^3 g}。\tag{11-2-3}$$

令

$$\Pi_3 \equiv \Pi_1\Pi_2 = v\mu/\rho R^2 g，\qquad \Pi_4 \equiv \Pi_1/\Pi_2 = \rho v R/\mu，\tag{11-2-4}$$

则由 $\Pi_3=\phi(\Pi_4)$ 得

$$v=(\rho R^2 g/\mu)\,\phi(\rho v R/\mu)。\tag{11-2-5}$$ ■

本解法给不出什么有用信息，当然是 $n-m=5-3=2$ 所致。如能设法使 $m=4$，结论可能明显改观。

甲　既然 $m\leqslant l$ [见式(8-1-3)]，而 CGS 制的基本量类的个数 $l=3$，为使 m 增大，看来只好改用有 4 个基本量类的单位制。

乙　好的，不妨一试。考虑这样的单位制族，其基本量类除了长度 $\tilde{\boldsymbol{l}}$、质量 $\tilde{\boldsymbol{m}}$ 和时间 $\tilde{\boldsymbol{t}}$ 外还有力 $\tilde{\boldsymbol{f}}$，于是基本量纲共有 L、M、T 和 F 等 4 个，我们称此单位制族为 FLMT 族。

解法 2　用 FLMT 族重解此题。[Taylor(1974)只提出可用这种想法，具体操作是本书作者完成的。] 严格说来，既然定义一个新单位制，就还应列出所有导出单位的定义方程。不过，由于此题只涉及 4 个导出量类，即 $\tilde{\boldsymbol{\rho}}$、$\tilde{\boldsymbol{g}}$、$\tilde{\boldsymbol{v}}$ 和 $\tilde{\boldsymbol{\mu}}$，此处只需依次给出这 4 个导出单位的定义方程：

2　本来还应考虑流体的“惯性力”(见小节 10.1.7 末)，但问题涉及的流体几乎不动，所以惯性力可被忽略。

$$\rho=\frac{m}{V},\quad g=\frac{W}{m},\quad v=\frac{l}{t},\quad \mu=\frac{f}{S}\frac{1}{\mathrm{d}u/\mathrm{d}x},\tag{11-2-6}$$

[其中 W 是固体球所受的重力，最后一式的来源见式(10-1-22)。] 由此可得 $\tilde{\boldsymbol{\rho}}$、$\tilde{\boldsymbol{g}}$、$\tilde{\boldsymbol{v}}$ 和 $\tilde{\boldsymbol{\mu}}$ 在 FLMT 族的量纲，从而有量纲矩阵

$$\begin{array}{c} \\ \mathrm{F} \\ \mathrm{L} \\ \mathrm{M} \\ \mathrm{T}\end{array}\begin{array}{c} \begin{array}{ccccc} g & R & \rho & v & \mu \end{array} \\ \begin{bmatrix} 1 & 0 & 0 & 0 & 1 \\ 0 & 1 & -3 & 1 & -2 \\ -1 & 0 & 1 & 0 & 0 \\ 0 & 0 & 0 & -1 & 1 \end{bmatrix}\end{array}。\tag{11-2-7}$$

对此矩阵施以行初等变换：

$$\begin{bmatrix} 1 & 0 & 0 & 0 & 1 \\ 0 & 1 & -3 & 1 & -2 \\ -1 & 0 & 1 & 0 & 0 \\ 0 & 0 & 0 & -1 & 1 \end{bmatrix}\to\begin{bmatrix} 1 & 0 & 0 & 0 & 1 \\ 0 & 1 & -3 & 0 & -1 \\ 0 & 0 & 1 & 0 & 1 \\ 0 & 0 & 0 & -1 & 1 \end{bmatrix}\to\begin{bmatrix} 1 & 0 & 0 & 0 & 1 \\ 0 & 1 & 0 & 0 & 2 \\ 0 & 0 & 1 & 0 & 1 \\ 0 & 0 & 0 & 1 & -1 \end{bmatrix},$$

(第一步是用第 4 行加到第 2 行，再用第 1 行加到第 3 行；第 2 步是用第 3 行的 3 倍加到第 2 行，再用 −1 乘第 4 行)，便得结果矩阵

$$\begin{array}{c} \begin{array}{ccccc} g & R & \rho & v & \mu \end{array} \\ \begin{bmatrix} 1 & 0 & 0 & 0 & 1 \\ 0 & 1 & 0 & 0 & 2 \\ 0 & 0 & 1 & 0 & 1 \\ 0 & 0 & 0 & 1 & -1 \end{bmatrix}\end{array}。\tag{11-2-7'}$$

所以可选 $\boldsymbol{g}$、$\boldsymbol{R}$、$\boldsymbol{\rho}$ 和 $\boldsymbol{v}$ 为甲组量，并可用它们量纲表出乙组量 $\boldsymbol{\mu}$ ：

$$\dim\boldsymbol{\mu}=(\dim\boldsymbol{g})(\dim\boldsymbol{R})^2(\dim\boldsymbol{\rho})(\dim\boldsymbol{v})^{-1},\tag{11-2-8}$$

因而只有 1 个无量纲量：

$$\Pi := \mu v/gR^2\rho,\tag{11-2-9}$$

以 C_0 代表常数 Π，便得

$$v=C_0(\rho R^2 g/\mu)。\tag{11-2-9'}$$

与解法 1 的结果 $v=(\rho R^2 g/\mu)\,\phi(\rho vR/\mu)$ 对比，发现其中的函数 $\phi(\rho vR/\mu)$ 就是常数 C_0，好太多了！由常规解法可知 $C_0=2/9$。 ■

[选读 11-1]

甲　您用 FLMT 族时，重力加速度单位选下式为定义方程：

$$g=W/m,\tag{11-2-10}$$

由此得

$$\dim\boldsymbol{g}=\mathrm{FM}^{-1}。\tag{11-2-11}$$

但是重力加速度属于加速度量类 $\tilde{\boldsymbol{a}}$，原则上也可改用加速度单位 $\hat{\boldsymbol{a}}$ 的常用定义方程

$$a=l/t^2,\tag{11-2-12}$$

从而得出不同的 $\dim\boldsymbol{g}$，即

$$\dim \boldsymbol{g} = \mathrm{LT}^{-2} 。 \tag{11-2-13}$$

您为什么不用式(11-2-12)作为 $\hat{a}$ 的定义方程？

乙　由于 FLMT 族比 LMT 族多了一个基本量类 $\tilde{f}$，加速度单位 $\hat{a}$ 的定义方程就存在二择一的问题。这跟 LMT 族中力的导出单位 $\hat{f}$ 类似(参见选读 7-2)，只不过现在是要从如下两者中择一：①式(11-2-10)(实质是牛顿第二定律)；②式(11-2-12)(实质是加速度概念的定义式)。如果选式(11-2-12)，则式(11-2-10)就要添补配平因子(否则量纲不平衡)，从而带来不必要的麻烦——第一步是添补比例系数 k：

$$W = kmg 。 \tag{11-2-14}$$

第二步是把 k 升格为量 $\boldsymbol{k}$，并要求 $\boldsymbol{k}$ 的量纲为

$$\dim \boldsymbol{k} = \mathrm{FL}^{-1}\mathrm{M}^{-1}\mathrm{T}^{2} , \tag{11-2-15}$$

因为 $\boldsymbol{k}$ 的引入可保证量纲平衡(而且对地球附近的物体有相同数值)，所以 $\boldsymbol{k}$ 就是配平因子。

甲　然而，若选式(11-2-10)为 $\hat{a}$ 的定义方程，则式(11-2-12)也要添补配平因子 $\boldsymbol{k}'$ 啊。

乙　不错，也要在该式中添补配平因子 $\boldsymbol{k}'$。但请注意，在公式中添补配平因子不意味着一定要把配平因子列为涉及量。我们在此又一次遇到“配平因子是否应进涉及量”这个棘手问题。现在采用小节 11.1.2 末的建议(a)。对本例题而言，球的重力 $\boldsymbol{W}$ 起着实质性的作用(正是它导致球的下落)，而 $a = l/t^2$ 对问题却毫无影响(本问题与加速度毫无关系)。因此，$\boldsymbol{W}$ 的影响必须在涉及量中有所体现。事实上，只要按我的做法——选 $g = W/m$ 为 $\hat{g}$ 的定义方程，$\boldsymbol{W}$ 的影响就自动体现在涉及量 $\boldsymbol{g}$ 中。虽然，正如你指出的，同时还应把 $a = l/t^2$ 改为 $a = k'l/t^2$ (以配平量纲)，但因 $a = l/t^2$ 对问题毫无影响，$\boldsymbol{k}'$ 当然不必被列为涉及量。反之，如果你坚持选 $a = l/t^2$ 为 $\hat{g}$ 的定义方程，则不但要把 $g = W/m$ 改为 $W = kmg$ 以配平量纲，而且，由于 $\boldsymbol{W}$ 未被取为涉及量，就必须把配平因子 $\boldsymbol{k}$ 取为涉及量。于是，改用 FLMT 族虽然增加了一个基本量类，但同时又增加了 $\boldsymbol{k}$ 这个涉及量，什么“便宜”都讨不到。你不妨按此思路做一遍，最后将得到一个虽然正确但却无用的结果。

注记 11-1　Gibbings(2011)P.97 也讨论过这一例题，他认为改用 FLMT 族就一定要把式(11-2-14)的配平因子 $\boldsymbol{k}$ [他称之为“单位转换因子”(units-conversion factor)，记作 g_0^{-1}]列入涉及量，所以用 FLMT 族得到的好结果是错的(falsity)。我们不同意这个看法。刚才已经讲了 $\boldsymbol{k}$ 无需进涉及量的理由(因为 $\boldsymbol{W}$ 的影响已通过 $g = W/m$ 而得以体现)，而且结果也跟常规解法一致，何错之有？　**[选读 11-1 完]**

例题 11-2-2 [Taylor(1974)EXAMPLE2.1]　毛细管中的液体在压强差作用下沿管流动，求单位时间流过的质量 $\boldsymbol{m}'$ 与单位长度的压强差 $\boldsymbol{p}'$ 以及其他有关量的关系式。

解法 1　经过物理思考，我们认为涉及量除了 $\boldsymbol{m}'$ 和 $\boldsymbol{p}'$ 外还有毛细管的直径 $\boldsymbol{D}$、液体的密度 $\boldsymbol{\rho}$ 和黏度 $\boldsymbol{\mu}$，故 $n = 5$。吸取上例的经验，我们一开头就用 FLMT 族，量纲矩阵为

$$\begin{array}{c} \\ \mathrm{F} \\ \mathrm{L} \\ \mathrm{M} \\ \mathrm{T} \end{array}\begin{array}{c} \begin{array}{ccccc} p' & D & m' & \rho & \mu \end{array} \\ \begin{bmatrix} 1 & 0 & 0 & 0 & 1 \\ -3 & 1 & 0 & -3 & -2 \\ 0 & 0 & 1 & 1 & 0 \\ 0 & 0 & -1 & 0 & 1 \end{bmatrix} \end{array} 。 \tag{11-2-16}$$

对此矩阵施以行初等变换：

$$\begin{bmatrix} 1 & 0 & 0 & 0 & 1 \\ -3 & 1 & 0 & -3 & -2 \\ 0 & 0 & 1 & 1 & 0 \\ 0 & 0 & -1 & 0 & 1 \end{bmatrix} \to \begin{bmatrix} 1 & 0 & 0 & 0 & 1 \\ 0 & 1 & 0 & -3 & 1 \\ 0 & 0 & 1 & 1 & 0 \\ 0 & 0 & 0 & 1 & 1 \end{bmatrix} \to \begin{bmatrix} 1 & 0 & 0 & 0 & 1 \\ 0 & 1 & 0 & 0 & 4 \\ 0 & 0 & -1 & 0 & 1 \\ 0 & 0 & 0 & 1 & 1 \end{bmatrix},$$

(第一步是用第 1 行的 3 倍加到第 2 行，再用第 3 行加到第 4 行；第 2 步是用第 4 行的 3 倍加到第 2 行，再用第 4 行减去第 3 行作为新的第 3 行)，最后用 –1 乘第 3 行，便得结果矩阵

$$\begin{matrix} p' & D & m' & \rho & \mu \end{matrix}$$
$$\begin{bmatrix} 1 & 0 & 0 & 0 & 1 \\ 0 & 1 & 0 & 0 & 4 \\ 0 & 0 & 1 & 0 & -1 \\ 0 & 0 & 0 & 1 & 1 \end{bmatrix}。 \tag{11-2-16'}$$

所以可选 $\boldsymbol{p}'$、$\boldsymbol{D}$、$\boldsymbol{m}'$ 和 $\boldsymbol{\rho}$ 为甲组量，并可用它们量纲表出乙组量 $\boldsymbol{\mu}$：

$$\dim \boldsymbol{\mu} = (\dim \boldsymbol{p}')(\dim \boldsymbol{D})^4 (\dim \boldsymbol{m}')^{-1} (\dim \boldsymbol{\rho}), \tag{11-2-17}$$

因而只有 1 个无量纲量：

$$\Pi := \frac{\mu m'}{p' D^4 \rho}, \tag{11-2-18}$$

以 C_0 代表常数 Π，便得

$$m' = C_0 \frac{p' D^4 \rho}{\mu}。 \tag{11-2-18'}$$

由常规解法可知

$$C_0 = \pi/128。 \tag{11-2-19}$$ ■

解法 2　再看用 LMT 族会得什么结果。这时的量纲矩阵为

$$\begin{matrix} & D & m' & \rho & \mu & p' \\ \mathrm{L} & 1 & 0 & -3 & -1 & -2 \\ \mathrm{M} & 0 & 1 & 1 & 1 & 1 \\ \mathrm{T} & 0 & -1 & 0 & -1 & -2 \end{matrix}。 \tag{11-2-20}$$

对此矩阵施以行初等变换：

$$\begin{bmatrix} 1 & 0 & -3 & -1 & -2 \\ 0 & 1 & 1 & 1 & 1 \\ 0 & -1 & 0 & -1 & -2 \end{bmatrix} \to \begin{bmatrix} 1 & 0 & -3 & -1 & -2 \\ 0 & 1 & 1 & 1 & 1 \\ 0 & 0 & 1 & 0 & -1 \end{bmatrix} \to \begin{bmatrix} 1 & 0 & 0 & -1 & -5 \\ 0 & 1 & 1 & 1 & 1 \\ 0 & 0 & 1 & 0 & -1 \end{bmatrix} \to \begin{bmatrix} 1 & 0 & 0 & -1 & -5 \\ 0 & -1 & 0 & -1 & -2 \\ 0 & 0 & 1 & 0 & -1 \end{bmatrix},$$

(第一步是用第 2 行加到第 3 行；第 2 步是用第 3 行的 3 倍加到第 1 行；第三步是用第 3 行减第 2 行作为新的第 2 行)，最后用 –1 乘第 2 行，便得结果矩阵

$$\begin{matrix} D & m' & \rho & \mu & p' \end{matrix}$$
$$\begin{bmatrix} 1 & 0 & 0 & -1 & -5 \\ 0 & 1 & 0 & 1 & 2 \\ 0 & 0 & 1 & 0 & -1 \end{bmatrix}。 \tag{11-2-20'}$$

所以可选 $\boldsymbol{D}$、$\boldsymbol{m}'$ 和 $\boldsymbol{\rho}$ 为甲组量，并用它们量纲表出乙组量 $\boldsymbol{\mu}$ 和 $\boldsymbol{p}'$ ：

$$\dim\boldsymbol{\mu}=(\dim\boldsymbol{D})^{-1}(\dim\boldsymbol{m}'),\qquad \dim\boldsymbol{p}'=(\dim\boldsymbol{D})^{-5}(\dim\boldsymbol{m}')^2(\dim\boldsymbol{\rho})^{-1},\tag{11-2-21}$$

因而可定义 2 个无量纲量：

$$\Pi_1:=\frac{\mu D}{m'},\qquad \Pi_2:=\frac{p'D^5\rho}{m'^2}。\tag{11-2-22}$$

令

$$\Pi_3\equiv\frac{\Pi_1}{\Pi_2}=\frac{m'\mu}{p'\rho D^4},\tag{11-2-23}$$

则由 $\Pi_3=\phi(\Pi_1^{-1})$ 得

$$m'=\frac{p'\rho D^4}{\mu}\phi\left(\frac{m'}{\mu D}\right)。\tag{11-2-24}$$■

甲　此结果显然比用 FLMT 族差得多，这是可以预料的，因为 LMT 族比 FLMT 族少了一个基本量类，把量纲矩阵从 4 行 5 列变为 3 行 5 列，自然要白白多出一个碍事的无量纲量 $m'/\mu D$ 。但是，为什么用 LMT 族就会多出这么一个无量纲量？

乙　这正是下一小节要讨论的问题。

11.2.2　内禀因素与外在因素

讨论物理问题时，除了要引入与问题实质有关的因素(例如问题涉及的物理量)之外，往往也会引入某些与问题并无实质关系的因素(例如各物理量的单位)。Taylor(1974)把前者称为“pertinent”因素(我们译作**内禀因素**)，后者称为“extraneous”因素(我们译作**外在因素**)。研究物理离不开运动方程(数等式)，例如讲解 Π 定理一开头的式(8-1-1)，即

$$f(Q_1,\cdots,Q_n)=0\text{，}(f\text{ 代表某函数关系})\tag{11-2-25}$$

其中 $Q_1,\cdots,Q_n$ 是用所选单位测量物理量 $\boldsymbol{Q}_1,\cdots,\boldsymbol{Q}_n$ 所得的数。物理量 $\boldsymbol{Q}_1,\cdots,\boldsymbol{Q}_n$ 是问题的主角，是内禀因素，但为了写出数等式，必须引入单位，而单位的选择非常任意，与问题的实质无关(问题本身不会规定你选什么单位)，所以是外在因素。

甲　既然您一再强调讨论问题必须用数等式，“外在因素”岂非不可避免？

乙　其实 Π 定理正是为了尽量剔除“任选单位”这种“外在因素”而创立的。君不见，Π 定理就是把依赖于单位的式(11-2-25)转化为只含无量纲量的方程[即式(8-1-5)]

$$F(\Pi_1,\cdots,\Pi_{n-m})=0\quad(F\text{ 代表某函数关系})\tag{11-2-26}$$

吗？无量纲量就不依赖于单位了。

甲　啊，原来这才是 Π 定理的良苦用心！这是否意味着只要使用 Π 定理就能剔除所有外在因素？

乙　非也。Π 定理虽然能把有量纲量转化为无量纲量，但是，如果单位制选择不当，也会造出冗余的无量纲量。例题 11-2-2 的解法 2 就是个好例子，它所求得的无量纲量 $\dfrac{m'}{\mu D}$ 正是在采用 LMT 族时默默地引进了外在因素的后果。

甲　何以见得？

乙　涉及量中有两个(即 $\boldsymbol{p}'$ 和 $\boldsymbol{\mu}$)与力 $\boldsymbol{f}$ 有关，所以在计算 $\dim\boldsymbol{p}'$ 和 $\dim\boldsymbol{\mu}$ 时都涉及 $\dim\boldsymbol{f}$，而要写出 $\dim\boldsymbol{f}$ 就要用到 LMT 族中 $\hat{\boldsymbol{f}}$ 的定义方程，即牛顿第二律 $f=ma$。然而本问题完全不涉及质点动力学，牛顿第二律 $f=ma$ 对本问题而言就是外在因素。冗余的无量纲量 $m'/\mu D$ 正是通过 $f=ma$ 悄悄地钻进来的。

甲　这种讲法很精辟，由此可见应该慎选单位制。

[选读 11-2]

乙　上述讲法还可从另一角度得到印证。先考察冗余无量纲量 $m'/\mu D$ (在 LMT 族是无量纲量)在 FLMT 族的量纲。由式(11-2-16)易得

$$\dim(\boldsymbol{m}'/\boldsymbol{\mu}\boldsymbol{D})=(\mathrm{MT}^{-1})[(\mathrm{FL}^{-2}\mathrm{T})\,\mathrm{L}]^{-1}=\mathrm{F}^{-1}\mathrm{LMT}^{-2}\text{。}\tag{11-2-27}$$

假定某君采用另一种 FLMT 族，其加速度单位 $\hat{\boldsymbol{a}}$ 以式(11-2-12)为定义方程，那么，①式(11-2-27)右边正是 ma/f 的量纲式；②牛顿第二定律必须添补比例系数 k：

$$f=kma\quad[\text{此即式(11-2-14)}]\tag{11-2-28}$$

再把 k 升格为量 $\boldsymbol{k}$，并要求 $\boldsymbol{k}$ 的量纲为

$$\dim\boldsymbol{k}=\mathrm{FL}^{-1}\mathrm{M}^{-1}\mathrm{T}^{2}\ ,\tag{11-2-29}$$

此 $\boldsymbol{k}$ 就是配平因子。假定此君在求解例题 11-2-2 时错误地认为这个配平因子也应被添补为涉及量，便有如下量纲矩阵：

$$\begin{array}{c} \\ \mathrm{F}\\ \mathrm{L}\\ \mathrm{M}\\ \mathrm{T}\end{array}\begin{array}{c}\begin{array}{cccccc}p' & D & m' & \rho & \mu & k\end{array}\\ \begin{bmatrix}1 & 0 & 0 & 0 & 1 & 1\\ -3 & 1 & 0 & -3 & -2 & -1\\ 0 & 0 & 1 & 1 & 0 & -1\\ 0 & 0 & -1 & 0 & 1 & 2\end{bmatrix}\end{array}\text{。}\tag{11-2-30}$$

仿照对式(11-2-16)的矩阵的做法便得结果矩阵

$$\begin{array}{c}\begin{array}{cccccc}p' & D & m' & \rho & \mu & k\end{array}\\ \begin{bmatrix}1 & 0 & 0 & 0 & 1 & 1\\ 0 & 1 & 0 & 0 & 4 & 5\\ 0 & 0 & 1 & 0 & -1 & -2\\ 0 & 0 & 0 & 1 & 1 & 1\end{bmatrix}\end{array}\text{。}\tag{11-2-30$'$}$$

由此不难求得

$$\dim\boldsymbol{\mu}=(\dim\boldsymbol{p}')(\dim\boldsymbol{D})^{4}(\dim\boldsymbol{m}')^{-1}(\dim\boldsymbol{\rho})\,,\tag{11-2-31a}$$

$$\dim\boldsymbol{k}=(\dim\boldsymbol{p}')(\dim\boldsymbol{D})^{5}(\dim\boldsymbol{m}')^{-2}(\dim\boldsymbol{\rho})\,,\tag{11-2-31b}$$

于是可定义两个无量纲量：

$$\Pi_1:=\mu m'/p'D^4\rho\,,\qquad \Pi_2:=km'/p'D^5\rho\text{。}\tag{11-2-32}$$

令

$$\Pi_3\equiv\Pi_2/\Pi_1=km'/\mu D\,,\tag{11-2-33}$$

则由 $\Pi_1=\phi(\Pi_3)$ 得

$$m'=(p'\rho D^4/\mu)\,\phi(km'/\mu D)\text{。}\tag{11-2-34}$$

与解法 2 的结果[式(11-2-24)]实质一样——也多出一个冗余的无量纲量 $km'/\mu D$。

甲　我觉得例题 11-2-1 与例题 11-2-2 非常类似，那个冗余的无量纲量 $\rho vR/\mu$ 在 FLMT 族的量纲也是 $F^{-1}LMT^{-2}$。对吗？

乙　对。　　**[选读 11-2 完]**

11.2.3　静力学问题举例

例题 11-2-3[Taylor(1974)EXAMPLE 2.5]　图 11-1 的三角形支架因悬挂重物 W 而导致形变 δ，求 δ 的表达式。

解　由于人们惯用 LMT 单位制族，我们就先用此族讨论。

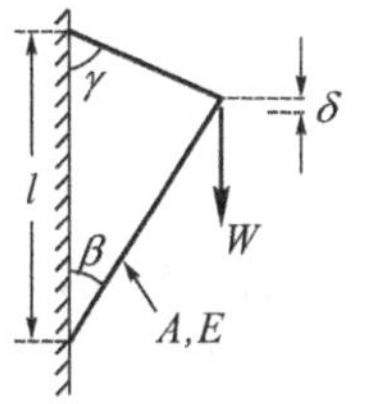

图 11-1　支架悬挂重物 W 导致的形变 δ

解法 1　用 LMT 族。问题的涉及量有形变 $\boldsymbol{\delta}$、重物重量 $\boldsymbol{W}$、角度 $\boldsymbol{\beta}$ 和 $\boldsymbol{\gamma}$、长度 $\boldsymbol{l}$、支架的截面积 $\boldsymbol{A}$ 以及支架的杨氏模量 $\boldsymbol{E}$，涉及量个数 $n=7$，量纲矩阵为

$$\begin{array}{c} \\ \mathrm{L} \\ \mathrm{M} \\ \mathrm{T} \end{array}\begin{array}{c} \begin{matrix} l & W & E & \delta & A & \beta & \gamma \end{matrix} \\ \begin{bmatrix} 1 & 1 & -1 & 1 & 2 & 0 & 0 \\ 0 & 1 & 1 & 0 & 0 & 0 & 0 \\ 0 & -2 & -2 & 0 & 0 & 0 & 0 \end{bmatrix} \end{array}。\tag{11-2-35}$$

注意到第 2、3 行互成比例，用第 2 行(的 2 倍)加到第 3 行可使第 3 行(T 所在行)全部为 0，所以可用 LM 族代替 LMT 族。替后量纲矩阵为

$$\begin{array}{c} \\ \mathrm{L} \\ \mathrm{M} \end{array}\begin{array}{c} \begin{matrix} l & W & E & \delta & A & \beta & \gamma \end{matrix} \\ \begin{bmatrix} 1 & 1 & -1 & 1 & 2 & 0 & 0 \\ 0 & 1 & 1 & 0 & 0 & 0 & 0 \end{bmatrix} \end{array}。\tag{11-2-36}$$

对此矩阵施以行初等变换(用第 2 行减第 1 行作为新 1 行)：

$$\begin{bmatrix} 1 & 1 & -1 & 1 & 2 & 0 & 0 \\ 0 & 1 & 1 & 0 & 0 & 0 & 0 \end{bmatrix} \to \begin{bmatrix} -1 & 0 & 2 & 1 & -2 & 0 & 0 \\ 0 & 1 & 1 & 0 & 0 & 0 & 0 \end{bmatrix},$$

再用 −1 乘第 1 行，便得结果矩阵

$$\begin{array}{c} \begin{matrix} l & W & E & \delta & A & \beta & \gamma \end{matrix} \\ \begin{bmatrix} 1 & 0 & -2 & 1 & 2 & 0 & 0 \\ 0 & 1 & 1 & 0 & 0 & 0 & 0 \end{bmatrix} \end{array}。\tag{11-2-37}$$

故有量纲关系

$$\dim \boldsymbol{E} = (\dim \boldsymbol{l})^{-2}(\dim \boldsymbol{W}),\quad \dim \boldsymbol{\delta} = \dim \boldsymbol{l},\quad \dim \boldsymbol{A} = (\dim \boldsymbol{l})^2,\quad \dim \boldsymbol{\beta} = 1,\quad \dim \boldsymbol{\gamma} = 1。$$

因而可定义 5 个无量纲量：

$$\Pi_1 := El^2/W,\quad \Pi_2 := \delta/l,\quad \Pi_3 := A/l^2,\quad \Pi_4 := \beta,\quad \Pi_5 := \gamma,$$

于是由 $\Pi_2 = \phi(\Pi_4, \Pi_5, \Pi_1^{-1}, \Pi_3)$ 可得

$$\delta = l\phi(\beta, \gamma, W/El^2, A/l^2)。\tag{11-2-38}$$

为了从上式得到有用结论，还要增补物理思辨(从略)。■

鉴于在例题 11-2-1 和 11-2-2 中用 FLMT 族的结果比用 LMT 族好得多，不妨对本例题也试用 FLMT 族。

解法 2　用 FLMT 族。量纲矩阵为

$$\begin{array}{c} \\ \text{F} \\ \text{L} \\ \text{M} \\ \text{T} \end{array}\begin{array}{c} \begin{array}{ccccccc} l & W & E & \delta & A & \beta & \gamma \end{array} \\ \begin{bmatrix} 0 & 1 & 1 & 0 & 0 & 0 & 0 \\ 1 & 0 & -2 & 1 & 2 & 0 & 0 \\ 0 & 0 & 0 & 0 & 0 & 0 & 0 \\ 0 & 0 & 0 & 0 & 0 & 0 & 0 \end{bmatrix} \end{array}。$$

交换 1、2 行并删除 3、4 行便得结果矩阵

$$\begin{array}{c} \begin{array}{ccccccc} l & W & E & \delta & A & \beta & \gamma \end{array} \\ \begin{bmatrix} 1 & 0 & -2 & 1 & 2 & 0 & 0 \\ 0 & 1 & 1 & 0 & 0 & 0 & 0 \end{bmatrix} \end{array},$$

与解法 1 相同，进而结果也相同。 ■

看来对本例题而言改用 FLMT 族未能得出较好结果。不过，它对后面的讨论会有帮助。

甲　正如您刚才所讲，例题 11-2-2 的解法 1 因为涉及 $\dim \boldsymbol{f}$ 而用到 LMT 族中 $\hat{\boldsymbol{f}}$ 的定义方程，即牛顿第二律 $f = ma$，这是个外在因素，于是就悄悄地带进一个冗余的无量纲量 $m'/\mu D$。与此类似，例题 11-2-3 也不涉及动力学，$f = ma$ 对本问题也是外在因素啊，为什么它不带进冗余的无量纲量？

乙　在例题 11-2-1 和 11-2-2 中，引入外在因素 $f = ma$ 而带进的冗余无量纲量在 FLMT 族中的量纲都是 $\mathrm{F^{-1}LMT^{-2}}$。事实上，这一结论适用于任一个不涉及加速度的力学问题——冗余无量纲量在 FLMT 族中的量纲只能是 $\mathrm{F^{-1}LMT^{-2}}$ 的幂次。这是因为，只有这样的基本量纲组合(指的是 FLMT 族的基本量纲)才能在改用 LMT 族、进而有了 $\dim \boldsymbol{f} = \mathrm{LMT^{-2}}$ 时约化为 1。然而在例题 11-2-3 中，解法 2 的量纲矩阵里 M 和 T 的所在行的元素都是零。这就意味着，所有涉及量无论如何组合，都不可能得到量纲为 $\mathrm{F^{-1}LMT^{-2}}$ 的幂次的量。因此，在改用 LMT 族时，也就不存在冗余的无量纲量。

[选读 11-3]

本选读进一步阐述例题 11-2-3 不会引入冗余无量纲量的原因。为此，暂时引入一个新的单位制族——LFT 族(此即工程制所在族)，其基本量类为长度、力和时间，导出单位的原始定义方程除质量外均与 LMT 族相同，而质量的原始定义方程为 $m = fa^{-1}$。用 LFT 族求解例题 11-2-3 (称为解法 3)，其量纲矩阵显然就是解法 2 的量纲矩阵删除 M 行；而解法 2 的量纲矩阵里 M 行的元素本来就是零，故而不难相信两种解法的结果相同。因此，仿照上文中甲的问题，同样可以问：为什么在由 FLMT 族改为 LFT 族时没有带进冗余的无量纲量？但与上文不同的是，这个问题可以直接回答：在改用 LFT 族时，表面上看似牵扯到外在因素 $m = fa^{-1}$，但因为所论的问题完全不涉及任何与质量有关的物理量，所以这一外在因素并不能对结果造成实质上的影响，也就表现为没有冗余的无量纲量出现。

至此我们知道，在由 FLMT 族改为 LFT 族时，不会引入冗余的无量纲量。下一步只需证明，选用 LFT 族和 LMT 族是等效的，即二者的量纲矩阵等价，那么甲的问题就得到了回答。为此，以 $\mathscr{M}_{\mathrm{LMT}}$ 和 $\mathscr{M}_{\mathrm{LFT}}$ 分别代表本例题在 LMT 族和 LFT 族的量纲矩阵，再把 LFT 族的基本量类在 LMT 族中的量纲指数排成的矩阵记作 $\mathscr{P}$，便有

$$\begin{matrix} & l & f & t \\ \mathrm{L} & 1 & 1 & 0 \\ \mathrm{M} & 0 & 1 & 0 \\ \mathrm{T} & 0 & -2 & 1 \end{matrix} \quad \begin{bmatrix} 1 & 1 & 0 \\ 0 & 1 & 0 \\ 0 & -2 & 1 \end{bmatrix} \equiv \mathscr{P} 。 \tag{11-2-39}$$

用 $\mathscr{P}$ 左乘 $\mathscr{M}_{\mathrm{LFT}}$，经计算发现其结果正是 $\mathscr{M}_{\mathrm{LMT}}$，即

$$\mathscr{M}_{\mathrm{LMT}} = \mathscr{P}\mathscr{M}_{\mathrm{LFT}} 。 \tag{11-2-40}$$

另一方面，方阵 $\mathscr{P}$ 满秩，因而必定可以写成若干初等矩阵的乘积，即

$$\mathscr{P} = \mathscr{E}_1 \cdots \mathscr{E}_k ,$$

其中 $\mathscr{E}_1, \cdots, \mathscr{E}_k$ 都是初等矩阵。代入上式得

$$\mathscr{M}_{\mathrm{LMT}} = \mathscr{E}_1 \cdots \mathscr{E}_k \mathscr{M}_{\mathrm{LFT}} ,$$

可见两族的量纲矩阵可通过行初等变换相互转化。注意到将量纲矩阵化为行最简型就是通过行初等变换实现的，便知两矩阵转化而得的行最简型必定相同，因而与原量纲矩阵等价。

[选读 11-3 完]

§ 11.3　角度问题，"角数因子"

甲　本书前面的若干例子(例如勾股定理的证明以及单摆的周期公式)都是把角度看作无量纲量类的，我觉得很好理解。但是，人们又常用各种不同单位(弧度、角、分和秒)测量角度，既然有单位，不就有量纲了吗？

乙　且听我详细道来。

角度作为一个量类，其定义方式与长度量类相仿。定义长度时要用一根直线，指定线上两点就选定了一个直线段，此直线段所反映的首末两点远近程度的性质就称为这个直线段的**长度**。类似地，从某点 O 出发画两条直线段("射线")，反映两线所夹的平面区域的尖锐程度的某个性质就称为此二线所夹的**角度**(也有人用两射线的方向差别定义其夹角)[3]，记作 $\boldsymbol{\alpha}$；全体角度的集合构成一个量类，记作 $\tilde{\boldsymbol{\alpha}}$。当然，这只是定性的描写，为了定量地描述角度，就要给每个角度赋予一个数。以 O 点为心画一个圆，圆周与上述两射线的交点便截出一个圆弧和两条半径，角度就定义为弧长与半径之比。更准确地说，设 l 和 r 分别代表用某长度单位测弧长和半径所得的数，α 是用某角度单位 $\hat{\boldsymbol{\alpha}}$ 测相应的角度所得的数，则有数等式

$$\alpha = k(l/r) , \tag{11-3-1}$$

其中 k 反映角度单位 $\hat{\boldsymbol{\alpha}}$ 的任意性。在常用单位制(例如国际制)中都指定 $k=1$，即把

$$\alpha = l/r \tag{11-3-2}$$

指定为导出单位 $\hat{\boldsymbol{\alpha}}$ 的定义方程，并称此单位为**弧度**(**rad**)。上式表明 $\hat{\boldsymbol{\alpha}}$ 不随基本单位的改变而改变，由此就可肯定角度 $\tilde{\boldsymbol{\alpha}}$ 是无量纲量类。但请特别注意，"无量纲量类"的概念是单位制族依赖的，所以准确地说应是

---

[3] 越是基础的概念就越是难下定义，我们无意给长度和角度等概念下严格定义，只想把两者做一粗略对比，以显示其类似性。

角度 $\tilde{\alpha}$ 在国际制(或其他常用单位制)所在族是无量纲量类。

假定所有人都只用 **弧度** 作为角度单位，问题就会简单得多。然而人们习惯于除弧度外也用度、分、秒(以及其他)为单位，所以就应以 $\alpha = k(l/r)$ 代替 $\alpha = l/r$ 。以 **弧度** 为单位的实质是选 $k=1$；而以 **度** 为单位则是选

$$k = 360/2\pi \approx 57.3 \text{ 。} \tag{11-3-3}$$

这两个等式(数等式)还可更明确地写成

$$\alpha_{\text{弧度}} = l_{\text{米}}/r_{\text{米}} \tag{11-3-4}$$

和　$$\alpha_{\text{度}} = k_{\text{度}}(l_{\text{米}}/r_{\text{米}})\text{，　其中系数　} k_{\text{度}} = 360/2\pi \approx 57.3 \text{ 。} \tag{11-3-5}$$

假定你对除角度外的量都用国际单位测量，唯独在测量角度时以度为单位，你所用的单位制就不再是国际制，姑且称之为“**度国际制**”，它在力学范畴的基本量类不是 3 个而是 4 个(第 4 个是角度量类 $\tilde{\boldsymbol{\alpha}}$)，所以角度量类在“度国际制”中就不再是无量纲量类，它不但有量纲，而且还是基本量纲。

角度 $\tilde{\alpha}$ 在度国际制所在族是基本量类，所以是有量纲量类。

甲　既然“度国际制”与国际制的唯一差别是角度单位，是否也可认为“度国际制”与国际制一样只有 3 个基本量类？

乙　可以的，但处理办法不同，详见后面的选读 11-6。

甲　如此说来，以 **分** 或 **秒** 取代 **度** (其他单位不变)的单位制就叫“**分(秒)国际制**”了？

乙　是的。所有这些单位制都与“度国际制”同族，不妨把这个单位制族称为“**含角国际制族**”。此外，当然也还可以有其他“含角的”单位制族。

甲　为什么不可以硬性规定只许用 **弧度** 而不许用其他角度单位？

乙　保留其他角度单位的一个目的是满足直观的需要(此外还有天文学的要求)。例如，如果告诉你某角度为 1.624 **弧度**，你对它的大小恐怕难以找到感觉；只有当你发现这个角度就是 93° 时，你才会心中有数。当然这是由长期习惯造成的，如果你逐渐习惯于对 **弧度** 的数值也有直观感觉，情况又不同了。

甲　按照您的讲法，含角国际制比国际制多出一个基本量类。用 Π 定理解题时，只要 $n-m>1$，则基本量类越多就越能得到较强的结果。这是不是用含角国际制的一个优点？

乙　问题并非如此简单。把角度看作有量纲量类(而且还是基本量类)就是默认角度可取任何单位(充当基本单位)，所以就应以 $\alpha = k(l/r)$ 代替 $\alpha = l/r$ 。不过，请特别注意，既然角度单位是基本单位而非导出单位，就不应再把 $\alpha = k(l/r)$ 看作角度单位的定义方程，只能看作反映角度、弧长和半径的数值关系的等式。对于一个给定的角度(是个量) $\boldsymbol{\alpha}$ ，选择不同单位就得到不同的数 α ；既然 l/r 不会因为长度单位的改变而改变，k 值自然会变。现在看看“ k 值随角度单位改变而改变”会带来什么结果。对“度国际制”，$k = 360/2\pi$ [见式(11-3-5)]，但若改用“分国际制”，则有 $k = 360/2\pi \times 60 = 21600/2\pi$ 。于是在“度国际制”中有数等式

$$\alpha_{\text{度}} = \frac{360}{2\pi} \times \frac{l_{\text{米}}}{r_{\text{米}}}\text{，} \tag{11-3-6}$$

而在“分国际制”中则有另一个数等式

$$\alpha_{分} = \frac{21600}{2\pi} \times \frac{l_{米}}{r_{米}}。 \tag{11-3-7}$$

然而“度国际制”与“分国际制”同族，这就违背了“数等式在同族单位制中形式相同”的要求。为了维护公理 1-5-1，就应把 $360/2\pi$ 和 $21600/2\pi$ 分别看作某个量(记作 $\boldsymbol{k}_{\sphericalangle}$)在“度国际制”和“分国际制”的数，并分别记作 $k_{\sphericalangle度}$ 和 $k_{\sphericalangle分}$，于是就有

$$\alpha_{度} = k_{\sphericalangle度} \frac{l_{米}}{r_{米}} \quad 和 \quad \alpha_{分} = k_{\sphericalangle分} \frac{l_{米}}{r_{米}}。 \tag{11-3-8}$$

去掉汉字下标，以上两个数等式就取如下的相同形式(从而维护了公理 1-5-1)：

$$\alpha = k_{\sphericalangle}(l/R)。 \tag{11-3-9}$$

可见 $\boldsymbol{k}_{\sphericalangle}$ 也是个配平因子。而且，因为 $k_{\sphericalangle}$ 值依赖于角度单位 $\hat{\boldsymbol{\alpha}}$ 的选取，所以也可谈及量类 $\tilde{\boldsymbol{k}}_{\sphericalangle}$ 的量纲。由 $\alpha = k_{\sphericalangle}(l/r)$ 得 $k_{\sphericalangle} = \alpha(r/l)$，故由量纲定义[式(1-4-1)]得

$$\dim \boldsymbol{k}_{\sphericalangle} = \frac{k_{\sphericalangle新}}{k_{\sphericalangle旧}} = \frac{\alpha_{新}(r_{新}/l_{新})}{\alpha_{旧}(r_{旧}/l_{旧})} = \frac{\alpha_{新}}{\alpha_{旧}} = \dim \boldsymbol{\alpha}。$$

可见配平因子 $\boldsymbol{k}_{\sphericalangle}$ 在“含角国际制族”的量纲等于角度的量纲(这是该族的一个基本量纲)。以下把 $\boldsymbol{k}_{\sphericalangle}$ 称为**角数配平因子**，简称**角数因子**。根据经验，只要用“含角国际制”，几乎都应把 $\boldsymbol{k}_{\sphericalangle}$ 选为涉及量(只有极少数例外，见选读 11-4 中的例题 11-3-3)。

甲　这样一来，在基本量类增加一个的同时，涉及量也增加一个，前者的好处就被后者抵消了吧?

乙　是的。不过，若干文献[例如 Taylor(1974)和 Gibbings(2011)]喜欢把角度选作基本量类(亦即使用“含角单位制”)，而且 Taylor(1974)由于在把角度看作基本量类的同时没把角数因子 $\boldsymbol{k}_{\sphericalangle}$ 放入涉及量，所以导致某些值得讨论的问题，我们认为有必要把这种做法讲清楚。此外，用“含角国际制”也有 个好处：其结果适用于任何角度单位(而使用不含角的国际制则只适用于**弧度**)。但是，把角度当作基本量类却又不补 $\boldsymbol{k}_{\sphericalangle}$ 的做法在多数情况下是不正确的。下面先举两例(单摆周期和勾股定理)说明。

例题 11-3-1 (对例题 9-1-5 的再讨论)　求单摆周期的表达式。

解法 1　用国际单位制(即把角度看作无量纲量)，见例题 9-1-5 的解，结果为

$$T = \sqrt{l/g}\,\phi(\alpha_0)。 \tag{11-3-10}$$ ■

解法 2　用“含角国际制”(但不补角数因子 $\boldsymbol{k}_{\sphericalangle}$)，则角度 $\tilde{\boldsymbol{\alpha}}$ 成为基本量类，其基本量纲记作 $\sphericalangle \equiv \dim \boldsymbol{\alpha}$。于是本题的量纲矩阵为

$$\begin{array}{c} \\ \mathrm{L} \\ \mathrm{M} \\ \mathrm{T} \\ \sphericalangle \end{array} \begin{array}{c} \begin{array}{ccccc} l & M & T & \alpha_0 & g \end{array} \\ \left[\begin{array}{ccccc} 1 & 0 & 0 & 0 & 1 \\ 0 & 1 & 0 & 0 & 0 \\ 0 & 0 & 1 & 0 & -2 \\ 0 & 0 & 0 & 1 & 0 \end{array}\right] \end{array}。 \tag{11-3-11}$$

第 2、4 行各自都只有一个非零元素，由“十字删除法”可知，删去该元素所在的行和列所得的矩阵与原矩阵等价，此新矩阵为

$$\begin{array}{c} \\ \mathrm{L} \\ \mathrm{T} \end{array}\begin{array}{c} \begin{array}{ccc} l & T & g \end{array} \\ \begin{bmatrix} 1 & 0 & 1 \\ 0 & 1 & -2 \end{bmatrix} \end{array}。\tag{11-3-11'}$$

由此易见只有一个乙组量 $\boldsymbol{g}$，同样满足 $\dim\boldsymbol{g}=(\dim\boldsymbol{l})(\dim\boldsymbol{T})^{-2}$，故只可构造一个无量纲量

$$\Pi\equiv(g/l)T^2 。\tag{11-3-12}$$

把常数 Π 改记作 $C_0^{\ 2}$，得

$$T=C_0\sqrt{l/g} 。\tag{11-3-13}$$ ■

甲　虽然式(11-3-10)的 $\phi(\alpha_0)$ 由于是常数而可改记为 C_0，但本解法求得式(11-3-13)后，无从得知其中的 C_0 一定与(而且只与) α_0 有关，所以我认为解法 2 的结果弱于解法 1，对吗？

乙　式(11-3-10)表明周期 T 与初始摆角 α_0 有关，而式(11-3-13)则说 T 与 α_0 无关，故后者不是弱于前者，它根本就是错的！虽然 C_0 和 $\phi(\alpha_0)$ 都是常数，但"此常数非彼常数"："C_0 是常数"是指 $C_0\in\mathbb{R}$，可以是任何实数；而"α_0 是常数"则只是常于一个现象类——由初始摆角为 α_0 的全体单摆组成的现象类，此类中的具体现象可有不同摆长 l 和摆锤质量 m，但 α_0 与 l 和 m 无关。导致这一错误结果的原因就是用"含角国际制"而又不补角数因子 $\boldsymbol{k}_{\sphericalangle}$。下面的解法 3 则是在用"含角国际制"的同时补上角数因子 $\boldsymbol{k}_{\sphericalangle}$，所得结果自然正确。

解法 3　用"含角国际制"(并且补上角数因子 $\boldsymbol{k}_{\sphericalangle}$)，量纲矩阵为

$$\begin{array}{c} \\ \mathrm{L} \\ \mathrm{M} \\ \mathrm{T} \\ \sphericalangle \end{array}\begin{array}{c} \begin{array}{cccccc} l & M & T & \alpha_0 & g & k_{\sphericalangle} \end{array} \\ \begin{bmatrix} 1 & 0 & 0 & 0 & 1 & 0 \\ 0 & 1 & 0 & 0 & 0 & 0 \\ 0 & 0 & 1 & 0 & -2 & 0 \\ 0 & 0 & 0 & 1 & 0 & 1 \end{bmatrix} \end{array}。\tag{11-3-14}$$

角数因子 $\boldsymbol{k}_{\sphericalangle}$ 的介入使第四行第四列(α_0 所在列)不再被删，从而保证结果正确。删去 2 行 2 列后的等价矩阵为

$$\begin{array}{c} \\ \mathrm{L} \\ \mathrm{T} \\ \sphericalangle \end{array}\begin{array}{c} \begin{array}{ccccc} l & T & \alpha_0 & g & k_{\sphericalangle} \end{array} \\ \begin{bmatrix} 1 & 0 & 0 & 1 & 0 \\ 0 & 1 & 0 & -2 & 0 \\ 0 & 0 & 1 & 0 & 1 \end{bmatrix} \end{array}。\tag{11-3-14'}$$

由此易见有两个乙组量 $\boldsymbol{g}$ 和 $\boldsymbol{k}_{\sphericalangle}$，可用甲组量 $\boldsymbol{l}$、$\boldsymbol{T}$ 和 $\boldsymbol{\alpha}_0$ 量纲表出为

$$\dim\boldsymbol{g}=(\dim\boldsymbol{l})(\dim\boldsymbol{T})^{-2},\qquad \dim\boldsymbol{k}_{\sphericalangle}=\dim\boldsymbol{\alpha}_0 ,\tag{11-3-15}$$

因而可构造两个无量纲量

$$\Pi_1\equiv(g/l)T^2,\qquad \Pi_2\equiv\alpha_0/k_{\sphericalangle} 。\tag{11-3-16}$$

令 $\Pi_1'\equiv\sqrt{\Pi_1}=\sqrt{g/l}\,T$，由 $\Pi_1'=\phi(\Pi_2)$ 得

$$T=\sqrt{l/g}\,\phi(\alpha_0/k_{\sphericalangle}) 。\tag{11-3-17}$$

上式与式(11-3-10)本质相同，但在角度单位上更为灵活——式(11-3-10)的 α_0 必须是以**弧度**为单位测初始摆角 $\boldsymbol{\alpha}_0$ 所得的数，而式(11-3-17)的 α_0 则代表用任何角度单位测 $\boldsymbol{\alpha}_0$ 所得的数。这是因为 $k_{\sphericalangle}$，作为以某个单位测量 $\boldsymbol{k}_{\sphericalangle}$ 所得的数，也依赖于单位。只要测 $\boldsymbol{\alpha}_0$ 和测 $\boldsymbol{k}_{\sphericalangle}$ 的单位

属于同一个单位制即可。例如，设 $\boldsymbol{\alpha}_0$ 的单位是度(这意味着你在用“度国际制”)，为得正确结果，必须且只需取 $k_{\measuredangle}=360/2\pi\approx57.3$。■

甲　这个例题很说明问题。

乙　更说明问题的是下一个例题。

例题 11-3-2 (对例题 8-2-1 的再讨论)　用 Π 定理证明勾股定理。

解法 1 (第 8 章的解法，只是表述方式不同)　用国际单位制，量纲矩阵为

$$\begin{array}{cccc} & C & S & \alpha \\ \mathrm{L} & [1 & 2 & 0] \end{array}\text{。} \tag{11-3-18}$$

由此易见有两个乙组量 $\boldsymbol{S}$ 和 $\boldsymbol{\alpha}$，可用甲组量 $\boldsymbol{C}$ 量纲表出为

$$\dim\boldsymbol{S}=(\dim\boldsymbol{C})^2\text{，}\qquad \dim\boldsymbol{\alpha}=(\dim\boldsymbol{C})^0=1\text{，} \tag{11-3-19}$$

因而可构造两个无量纲量

$$\Pi_1:=S/C^2\text{，}\qquad \Pi_2:=\alpha\text{，} \tag{11-3-20}$$

由 $\Pi_1=\phi(\Pi_2)$ 得

$$S=C^2\phi(\alpha)\text{。} \tag{11-3-21}$$

以后的证明与例题 8-2-1 全同。■

解法 2　用“含角国际制”(但不补角数因子 $\boldsymbol{k}_{\measuredangle}$)，量纲矩阵为

$$\begin{array}{c} \\ \mathrm{L} \\ \measuredangle \end{array}\begin{array}{c} C \quad S \quad \alpha \\ \begin{bmatrix} 1 & 2 & 0 \\ 0 & 0 & 1 \end{bmatrix} \end{array}\text{。} \tag{11-3-22}$$

一旦使用“十字删除法”便得等价矩阵

$$\begin{array}{ccc} & C & S \\ \mathrm{L} & [1 & 2] \end{array}\text{，} \tag{11-3-23}$$

由此得 $\dim\tilde{\boldsymbol{S}}=(\dim\tilde{\boldsymbol{C}})^2$，从而只能定义一个无量纲量 $\Pi:=SC^{-2}$，把常数 Π 改记为 C_0，便得 $S=C_0C^2$ (请注意 C 为斜边长，而 α 已消失得无影无踪)。此结果表明直角三角形的面积竟然只取决于斜边长而与锐角无关，当然是错的！可见用“含角国际制”而不补 $\boldsymbol{k}_{\measuredangle}$ 很可能导致错误结果。

解法 3　用“含角国际制”(并且补上角数因子 $\boldsymbol{k}_{\measuredangle}$)。量纲矩阵为

$$\begin{array}{c} \\ \mathrm{L} \\ \measuredangle \end{array}\begin{array}{c} C \quad k_{\measuredangle} \quad S \quad \alpha \\ \begin{bmatrix} 1 & 0 & 2 & 0 \\ 0 & 1 & 0 & 1 \end{bmatrix} \end{array}\text{，} \tag{11-3-24}$$

由此易见可选 $\boldsymbol{S}$ 和 $\boldsymbol{\alpha}$ 为乙组量，而且可用甲组量 $\boldsymbol{C}$ 和 $\boldsymbol{k}_{\measuredangle}$ 量纲表出：

$$\dim\boldsymbol{S}=(\dim\boldsymbol{C})^2\text{，}\qquad \dim\boldsymbol{\alpha}=\dim\boldsymbol{k}_{\measuredangle}\text{，} \tag{11-3-25}$$

因而可构造两个无量纲量

$$\Pi_1:=S/C^2\text{，}\qquad \Pi_2:=\alpha/k_{\measuredangle}\text{，} \tag{11-3-26}$$

由 $\Pi_1=\phi(\Pi_2)$ 得

$$S=C^2\phi(\alpha/k_{\measuredangle})\text{。} \tag{11-3-27}$$

由此出发，仿照例题 8-2-1 的步骤，同样可证明勾股定理。■

甲　这些例子都说明，只要用“含角国际制”，就一定要补上角数因子$\boldsymbol{k}_{\measuredangle}$。

乙　是的，但也有极个别例外情况(详见选读11-4)。Gibbings(2011)全书都是这样做的[都补$\boldsymbol{k}_{\measuredangle}$(但不是用这个记号，他把$\boldsymbol{k}_{\measuredangle}$称为单位转换因子，而且不区分量和数)]。但是，另一本书[Taylor(1974)]在使用“含角国际制”的同时从来不添补角数因子$\boldsymbol{k}_{\measuredangle}$(全书根本没提“单位转换因子”概念)，个别例子也得出正确结果。我们将在选读11-4中详加讨论。

[选读 11-4]

例题 11-3-3 [Taylor(1974)EXAMPLE 2.4]　悬挂重物的金属丝被外加力矩$\boldsymbol{\tau}$扭转，求单位长度的扭角$\boldsymbol{\alpha}_1$与力矩及其他涉及量的关系。

注记 11-2　金属丝因被扭曲而出现弹性复原力矩，当其大小足以抵消外加力矩时达到平衡。问题的涉及量有：外加力矩$\boldsymbol{\tau}$、单位长度的扭角$\boldsymbol{\alpha}_1$、金属丝的直径$\boldsymbol{D}$和剪切模量$\boldsymbol{\eta}$。仿照Taylor(1974)，先把角度看作无量纲量类，并考虑采用FLMT族。因问题不涉及质量和时间，可更简单地采用FL族。

注记 11-3　本问题最难处理的涉及量是剪切模量$\boldsymbol{\eta}$，先复习剪切模量的定义并找出其量纲。弹性金属丝的扭转服从胡克定律(一个实验定律)。以γ和p分别代表金属丝的切应变$\boldsymbol{\gamma}$和切应力$\boldsymbol{p}$在某单位制$\mathscr{Z}$的数，则实验表明γ与p成正比。以η代表比例系数，便有

$$p=\eta\gamma。\tag{11-3-28}$$

设$\mathscr{Z}'$是与$\mathscr{Z}$同族的单位制，则在从$\mathscr{Z}$制变到$\mathscr{Z}'$制时γ和p一般会变，导致η值改变。可见η是某个有量纲的量$\boldsymbol{\eta}$在$\mathscr{Z}$制的数。这个$\boldsymbol{\eta}$就称为剪切模量。再谈切应变$\boldsymbol{\gamma}$，其数γ的定义为

$$\text{切应变}\,\gamma := \frac{\text{切向线度变化}}{\text{纵向线度}},\tag{11-3-29}$$

可见$\boldsymbol{\gamma}$“天生就是无量纲量”，在不含角的单位制中可具体表为

$$\gamma=R\alpha/L。\quad (R\text{代表金属丝的半径})\tag{11-3-30}$$

最后谈切应力$\boldsymbol{p}$，定义为

$$\text{切应力}\,p := \text{切向力}/\text{沿纵向的面积},\tag{11-3-31}$$

所以$\boldsymbol{p}$在FL族的量纲式为

$$\dim\boldsymbol{p}=(\dim\boldsymbol{f})(\dim\boldsymbol{l})^{-2}=\mathrm{FL}^{-2},\tag{11-3-32}$$

再由$p=\eta\gamma$及$\dim\boldsymbol{\gamma}=1$便得

$$\dim\boldsymbol{\eta}=\mathrm{FL}^{-2}。\tag{11-3-33}$$

下面分别用三种解法对例题11-3-3求解。

解法 1　角度在FL族是无量纲量类，故本例题的量纲矩阵为

$$\begin{matrix} & \tau & D & \eta & \alpha_1 \\ \mathrm{F} & 1 & 0 & 1 & 0 \\ \mathrm{L} & 1 & 1 & -2 & -1 \end{matrix}。\tag{11-3-34}$$

对此施以行初等变换[先用第1行减第2行作为新2行，再用(-1)乘第2行]，得结果矩阵

$$\begin{array}{cccc} \tau & D & \eta & \alpha_1 \end{array}$$
$$\begin{bmatrix} 1 & 0 & 1 & 0 \\ 0 & 1 & -3 & -1 \end{bmatrix}。 \tag{11-3-34′}$$

由此易见可选 $\boldsymbol{\eta}$ 和 $\boldsymbol{\alpha}_1$ 为乙组量，并可用甲组量 $\boldsymbol{\tau}$ 和 $\boldsymbol{D}$ 做量纲表出：

$$\dim\boldsymbol{\eta} = (\dim\boldsymbol{\tau})(\dim\boldsymbol{D})^{-3}, \qquad \dim\boldsymbol{\alpha}_1 = (\dim\boldsymbol{D})^{-1}, \tag{11-3-35}$$

故可构造 2 个无量纲量：

$$\Pi_1 := \eta D^3/\tau, \qquad \Pi_2 := \alpha_1 D, \tag{11-3-36}$$

令

$$\Pi_1' \equiv \Pi_1\Pi_2 = \eta D^4\alpha_1/\tau, \tag{11-3-37}$$

取 Π_1' 和 Π_2 作为两个独立的无量纲量，把式(8-1-10)用于现在就是 $F(\Pi_1', \Pi_2) = 0$，即

$$F\left(\eta D^4\alpha_1/\tau,\ \alpha_1 D\right) = 0。 \tag{11-3-38}$$

由上式得不到任何有用结论。事实上，由常规解析解法求得的结果为

$$f(\eta D^4\alpha_1/\tau) = 0, \tag{11-3-39}$$

可见用量纲分析求得的解多出了一个冗余的无量纲量 $\alpha_1 D$。 ■

甲　既然解法 1 如此不理想，是否可以改把角度看作有量纲量以得到较好的结果？

乙　好的，请看解法 2。但是还得先请你回答一个问题：角度成为基本量类后，剪切模量 $\boldsymbol{\eta}$ 的量纲是否要变？

甲　由式(11-3-28)可知，$\boldsymbol{\eta}$ 的量纲取决于切应力 $\boldsymbol{p}$ 和切应变 $\boldsymbol{\gamma}$ 的量纲，由式(11-3-29)又知 $\boldsymbol{\gamma}$ “天生就是无量纲量”，而 $\boldsymbol{p}$ 与角度无关，其量纲总是 $\dim\boldsymbol{p} = \mathrm{FL}^{-2}$ [式(11-3-32)]，所以 $\dim\boldsymbol{\eta}$ 不因把角度看作有量纲量而改变，仍有 $\dim\boldsymbol{\eta} = \mathrm{FL}^{-2}$。

乙　但是，如果有人从 $\gamma = R\alpha/L$ [式(11-3-30)]出发说：“既然 $\boldsymbol{\alpha}$ 有量纲，$\boldsymbol{\gamma}$ 也就有量纲，而且 $\dim\boldsymbol{\gamma} = \dim\boldsymbol{\alpha} = ∢$”，你觉得对吗？

甲　我觉得不对，因为“$\boldsymbol{\gamma}$ 是天生的无量纲量”的结论是根据式(11-3-29)得出的，对“含角单位制”也成立。而 $\gamma = R\alpha/L$ 则只适用于不含角的单位制。对“含角单位制”，式(11-3-29)中的“切向线度变化”就应表为 $R\alpha/k_∢$ (以确保“线度”有长度量纲)，因而式(11-3-30)应改为

$$\gamma = R\alpha/Lk_∢ \quad (\text{所以仍有 } \dim\boldsymbol{\gamma} = 1), \tag{11-3-40}$$

于是仍有 $\dim\boldsymbol{\eta} = \mathrm{FL}^{-2}$。

乙　很好!现在就可给出解法 2。

解法 2　把角度看作有量纲量类(采用含角 FL 族)，但不添补角数因子 $\boldsymbol{k}_∢$，有量纲矩阵

$$\begin{array}{c} \\ \mathrm{F} \\ \mathrm{L} \\ ∢ \end{array} \begin{array}{c} \begin{array}{cccc} \tau & D & \eta & \alpha_1 \end{array} \\ \begin{bmatrix} 1 & 0 & 1 & 0 \\ 1 & 1 & -2 & -1 \\ 0 & 0 & 0 & 1 \end{bmatrix} \end{array}。 \tag{11-3-41}$$

此矩阵的第 3 行只有一个非零元素，由“十字删除法”知道应该删除第 3 行和第 4 列(α_1 所在列)，于是根本无法给出 α_1 与 τ 等的关系。 ■

甲　这再次说明，把角度看作有量纲量类的同时必须添补角数因子 $\boldsymbol{k}_{\sphericalangle}$。

乙　请看解法 3。

解法 3　把角度看作有量纲量类，并且添补角数因子 $\boldsymbol{k}_{\sphericalangle}$ 为涉及量，则有量纲矩阵

$$\begin{array}{c} \\ \mathrm{F} \\ \mathrm{L} \\ \sphericalangle \end{array}\begin{array}{c} \begin{matrix} \tau & D & k_{\sphericalangle} & \eta & \alpha_1 \end{matrix} \\ \begin{bmatrix} 1 & 0 & 0 & 1 & 0 \\ 1 & 1 & 0 & -2 & -1 \\ 0 & 0 & 1 & 0 & 1 \end{bmatrix} \end{array}。 \tag{11-3-42}$$

对此施以行初等变换[先用第 1 行减第 2 行作为新 2 行，再用 (–1) 乘新 2 行]，便得结果矩阵

$$\begin{array}{c} \begin{matrix} \tau & D & k_{\sphericalangle} & \eta & \alpha_1 \end{matrix} \\ \begin{bmatrix} 1 & 0 & 0 & 1 & 0 \\ 0 & 1 & 0 & -3 & -1 \\ 0 & 0 & 1 & 0 & 1 \end{bmatrix} \end{array}。 \tag{11-3-42'}$$

由此看出可选 $\boldsymbol{\eta}$ 和 $\boldsymbol{\alpha}_1$ 为乙组量，并可用甲组量 $\boldsymbol{\tau}$、$\boldsymbol{D}$ 和 $\boldsymbol{k}_{\sphericalangle}$ 做量纲表出：

$$\dim\boldsymbol{\eta} = (\dim\boldsymbol{\tau})(\dim\boldsymbol{D})^{-3}, \qquad \dim\boldsymbol{\alpha}_1 = (\dim\boldsymbol{D})^{-1}(\dim\boldsymbol{k}_{\sphericalangle}), \tag{11-3-43}$$

故可构造 2 个无量纲量：

$$\Pi_1 := \eta D^3/\tau, \qquad \Pi_2 := \alpha_1 D/k_{\sphericalangle}, \tag{11-3-44}$$

与解法 1 的结果[式(11-3-36)]对比，发现 Π_1 一样，而 Π_2 只比解法 1 的 $\Pi_2\,(=\alpha_1 D)$ 多了一个分母 $k_{\sphericalangle}$。可见本解法与解法 1 几乎同样不好。

甲　那么怎么才能得出较好的结果？

乙　有意思的是，Taylor(1974)在讲这道题时，竟然可以在把角度看作基本量类的同时不添补 $\boldsymbol{k}_{\sphericalangle}$ 也能做出结果，而且是很强的结果。本书将此解法称为解法 4。

解法 4　关键在于它把剪切模量 $\boldsymbol{\eta}$ 的量纲从 $\mathrm{FL^{-2}}$ 改为 $\mathrm{FL^{-2}}\sphericalangle^{-1}$，实质上已经修改了剪切模量的定义，特把它的剪切模量记作 $\boldsymbol{\eta}'$ (并戏称之为“伪剪切模量”)。旧、新两个模量的量纲分别为

$$\dim\boldsymbol{\eta} = \mathrm{FL^{-2}}, \qquad \dim\boldsymbol{\eta}' = \mathrm{FL^{-2}}\sphericalangle^{-1}。 \tag{11-3-45}$$

甲　然而 $\boldsymbol{\eta}'$ (作为剪切模量)是不对的啊。

乙　“对不对”的问题稍后再说。按照这种做法，量纲矩阵与式(11-3-41)的唯一区别就是 η (现在是 η')所在列的第 4 个元素从 0 改为 –1，即

$$\begin{array}{c} \\ \mathrm{F} \\ \mathrm{L} \\ \sphericalangle \end{array}\begin{array}{c} \begin{matrix} \tau & D & \eta' & \alpha_1 \end{matrix} \\ \begin{bmatrix} 1 & 0 & 1 & 0 \\ 1 & 1 & -2 & -1 \\ 0 & 0 & -1 & 1 \end{bmatrix} \end{array}。 \tag{11-3-46}$$

这个 –1 “救活”了第 3 行，因为该行的非零元素现在不止一个了。对此矩阵施以行初等变换：

$$\begin{bmatrix} 1 & 0 & 1 & 0 \\ 1 & 1 & -2 & -1 \\ 0 & 0 & -1 & 1 \end{bmatrix} \to \begin{bmatrix} 1 & 0 & 1 & 0 \\ 0 & -1 & 3 & 1 \\ 0 & 0 & -1 & 1 \end{bmatrix} \to \begin{bmatrix} 1 & 0 & 0 & 1 \\ 0 & -1 & 0 & 4 \\ 0 & 0 & -1 & 1 \end{bmatrix} \to \begin{bmatrix} 1 & 0 & 0 & 1 \\ 0 & 1 & 0 & -4 \\ 0 & 0 & 1 & -1 \end{bmatrix}。$$

[第一步是第 1 行减第 2 行作为新第 2 行；第二步是第 3 行加到第 1 行，再用第 3 行的 3 倍加到第 2 行；第三步是用 (−1) 分别乘第 2 行和第 3 行。] 上述做法的结果矩阵为

$$\begin{matrix} \tau & D & \eta' & \alpha_1 \end{matrix}$$
$$\begin{bmatrix} 1 & 0 & 0 & 1 \\ 0 & 1 & 0 & -4 \\ 0 & 0 & 1 & -1 \end{bmatrix}。\tag{11-3-46$'$}$$

由此得

$$\dim \boldsymbol{\alpha}_1 = (\dim \boldsymbol{\tau})(\dim \boldsymbol{D})^{-4}(\dim \boldsymbol{\eta}')^{-1},\tag{11-3-47}$$

故可定义 1 个无量纲量:

$$\Pi := \frac{\alpha_1 D^4 \eta'}{\tau}。\tag{11-3-48}$$

把无量纲常数 Π 改记作 C_0，便有

$$\alpha_1 = C_0 \frac{\tau}{D^4 \eta'}。\tag{11-3-49}$$

也可仿照式(11-3-39)表为

$$f\left(\frac{\eta' D^4 \alpha_1}{\tau}\right) = 0。\tag{11-3-39$'$}$$

本解法比解法 1 的结果 $F\left(\frac{\eta D^4 \alpha_1}{\tau}, \alpha_1 D\right) = 0$ 强太多了！ ■

甲　可是这个“强结果”是依靠伪剪切模量得到的，而我仍然认为这种“偷换概念”的做法不对。

乙　如果换一个思路看问题，这种做法也不能算有错。所谓换思路，就是绕过切应变 γ 而直接用实验对金属丝找出切应力 p 与扭角 α 的关系。根据前面的知识，这个实验必定给出如下结果：α 正比于切应力 p 及丝长 L 而反比于丝的半径 R，即 $\alpha \propto p\frac{L}{R}$，因而

$$p \propto \frac{R}{L}\alpha。\tag{11-3-50}$$

以 η' 代表比例系数，便得数等式

$$p = \eta' \frac{R}{L}\alpha。\tag{11-3-51}$$

把上式分别用于国际制和含角制，又得两个数等式:

$$\text{(a)}\ p_{国} = \eta'_{国} \frac{R_{国}}{L_{国}} \alpha_{国}，\qquad \text{(b)}\ p_{角} = \eta'_{角} \frac{R_{角}}{L_{角}} \alpha_{角}。\tag{11-3-52}$$

(其中下标“国”和“角”分别代表在“国际制”和“含角制”。) 因为 $p_{国} = p_{角}$，$R_{国} = R_{角}$，$L_{国} = L_{角}$，所以

$$\frac{\eta'_{角}}{\eta'_{国}} = \frac{\alpha_{国}}{\alpha_{角}}。\tag{11-3-53}$$

注意到 $\alpha_{国}=\alpha_{弧度}=\dfrac{l(弧长)}{R(半径)}$ 和 $\alpha_{角}=k_{\measuredangle}\dfrac{l}{R}$ [见式(11-3-9)]，得 $\dfrac{\alpha_{国}}{\alpha_{角}}=\dfrac{1}{k_{\measuredangle}}$，代入式(11-3-53)便得

$$\eta'_{角}=\frac{1}{k_{\measuredangle}}\eta'_{国}。\tag{11-3-54}$$

式(11-3-52a)对本问题有实质性的影响(可以看作“控制方程”)，既然该方程不含 $k_{\measuredangle}$，$k_{\measuredangle}$ 便不再对结果产生影响。其实从式(11-3-54)就可看到，$k_{\measuredangle}$ 对问题的影响已被包含在伪剪切模量 $\eta'_{角}$ 之中。

甲　如此说来，Taylor(1974)的做法不但不错，反而更为巧妙了？

乙　我们的初步看法有如下四点。

(A)Taylor(1974)全书从未提到 $k_{\measuredangle}$，也从未提过“单位转换因子”，书中的“巧妙做法”有可能是碰上的。

(B)另一本书[Gibbings(2011)]也讨论了这个例题，①该书一直坚持“只要把角度看作基本量类就必须添补角度的单位转换因子(就是我们的 $k_{\measuredangle}$，在该书中记作 $1/\beta_0$)”；②该书也用“伪剪切模量” η'，③该书不用“单位长度的扭角 α_1 而用金属丝的长度 L 和扭角 α”，求得的结果是

$$\tau=D^3\eta' k_{\measuredangle}\phi\left(\frac{L}{D},\frac{\alpha}{k_{\measuredangle}}\right)\quad [见 Gibbings(2011)的式(5.19)]。\tag{11-3-55}$$

我们猜想该书作者在使用 η' 的同时并不知道 $k_{\measuredangle}$ 的影响已经包含在 η' 之内，在“把角度看作基本量类就必须添补 $k_{\measuredangle}$”的坚持下冗余地添补了 $k_{\measuredangle}$，致使所得结果较弱。

(C)通过上述一番讨论，咱们得到了如下结论：①只要把角度看作基本量类，$k_{\measuredangle}$ 就一定会起作用；但是，②(对这个剪切问题)如果使用 η' 代替 η，$k_{\measuredangle}$ 的影响就含在 η' 之内，于是不必添补 $k_{\measuredangle}$ 为涉及量，这样做既省事又能出较强结果(但类似情况似乎不多)。

(D)Taylor(1974)在讲完上述例题之后说(大意)：“把角度选作基本量类(因而有量纲)是大有好处的。不幸的是，在涉及角度的多数问题中，我们必须把角度看作无量纲量。下面就是一个例子。”他举的这个例子正是我们前面的例题 11-2-3 (即三角支架问题)，我们当时只做过粗略讨论，现在再以角度为重点展开较深入的剖析。

例题 11-3-4 (与例题 11-2-3 同，再解)　求三角形支架因悬挂重物 W 而导致形变 δ 的表达式(图 11-1)。

注记 11-4　问题的涉及量有形变 $\boldsymbol{\delta}$、重物重量 $\boldsymbol{W}$、角度 $\boldsymbol{\beta}$ 和 $\boldsymbol{\gamma}$、长度 $\boldsymbol{l}$、支架的截面积 $\boldsymbol{A}$ 以及支架的杨氏模量 $\boldsymbol{E}$，涉及量个数 $n=7$。Taylor 先用含角单位制(但照例不补 $k_{\measuredangle}$)，发现结果有错，再用不含角单位制求得了正确结果。

下面把这两种解法依次称为解法 1 和 2。

解法 1　用含角 FL 族(但不补 $k_{\measuredangle}$)，有量纲矩阵

$$\begin{array}{c} \\ \mathrm{F} \\ \mathrm{L} \\ \measuredangle \end{array}\begin{array}{c} \begin{matrix} W & l & \gamma & \delta & \beta & E & A \end{matrix} \\ \begin{bmatrix} 1 & 0 & 0 & 0 & 0 & 1 & 0 \\ 0 & 1 & 0 & 1 & 0 & -2 & 2 \\ 0 & 0 & 1 & 0 & 1 & 0 & 0 \end{bmatrix} \end{array},\tag{11-3-56}$$

由此看出可选 $\boldsymbol{W}$、$\boldsymbol{l}$ 和 $\boldsymbol{\gamma}$ 为甲组量，选其他 4 个为乙组量，它们可用甲组量做量纲表出：

$$\dim\boldsymbol{\delta}=\dim\boldsymbol{l}\,,\quad \dim\boldsymbol{\beta}=\dim\boldsymbol{\gamma}\,,\quad \dim\boldsymbol{E}=(\dim\boldsymbol{W})(\dim\boldsymbol{l})^{-2}\,,\quad \dim\boldsymbol{A}=(\dim\boldsymbol{l})^{2}\,,$$

因而可定义 4 个无量纲量：

$$\Pi_1:=\frac{\delta}{l}\,,\qquad \Pi_2:=\frac{\beta}{\gamma}\,,\qquad \Pi_3:=\frac{El^2}{W}\,,\qquad \Pi_4:=\frac{A}{l^2}\,,$$

于是由 $\Pi_1=\phi(\Pi_2,\Pi_3^{-1},\Pi_4)$ 得

$$\delta=l\phi\left(\frac{\beta}{\gamma},\frac{W}{El^2},\frac{A}{l^2}\right)。\tag{11-3-57}$$ ■

然而，正如 Taylor 自己指出的，上式是个错误结果，道理很简单：设角度 β 和 γ 按同一比例改变(例如都变为自己的 1/2 倍)，则 β/γ 自然不变，上式表明 δ 不变；但从物理思辨不难相信角度的这种改变会导致 δ 改变，可见式(11-3-57)错误。我们现在清楚地知道，这一解法出错的原因就在于它把角度看作基本量类的同时没有添补配平因子 $\boldsymbol{k}_{\measuredangle}$。其实明眼人应该一看便知这种做法必定出错，因为 7 个涉及量中只有 β 和 γ 有角度量纲，由它们构造的无量纲量只能是 β/γ，因而在物理上非错不可。只要补上 $\boldsymbol{k}_{\measuredangle}$，肯定能得正确结果。见解法 2。

解法 2　用含角 FL 族，并且补上 $k_{\measuredangle}$，有量纲矩阵

$$\begin{array}{c} \\ \mathrm{F} \\ \mathrm{L} \\ \measuredangle \end{array}\begin{array}{c}\begin{matrix} W & l & k_{\measuredangle} & \delta & \beta & E & A & \gamma\end{matrix}\\ \begin{bmatrix} 1 & 0 & 0 & 0 & 0 & 1 & 0 & 0 \\ 0 & 1 & 0 & 1 & 0 & -2 & 2 & 0 \\ 0 & 0 & 1 & 0 & 1 & 1 & 0 & 1 \end{bmatrix}\end{array}。\tag{11-3-58}$$

由此看出可选 $\boldsymbol{W}$、$\boldsymbol{l}$ 和 $\boldsymbol{k}_{\measuredangle}$ 为甲组量，选其他 5 个为乙组量，它们可用甲组量做量纲表出：

$\dim\boldsymbol{\delta}=\dim\boldsymbol{l}$，$\dim\boldsymbol{\beta}=\dim\boldsymbol{k}_{\measuredangle}$，$\dim\boldsymbol{E}=(\dim\boldsymbol{W})(\dim\boldsymbol{l})^{-2}$，$\dim\boldsymbol{A}=(\dim\boldsymbol{l})^{2}$，$\dim\boldsymbol{\gamma}=\dim\boldsymbol{k}_{\measuredangle}$，

因而可定义 5 个无量纲量：

$$\Pi_1:=\frac{\delta}{l}\,,\qquad \Pi_2:=\frac{\beta}{k_{\measuredangle}}\,,\qquad \Pi_3:=\frac{El^2}{W}\,,\qquad \Pi_4:=\frac{A}{l^2}\,,\qquad \Pi_5:=\frac{\gamma}{k_{\measuredangle}}\,,$$

于是由 $\Pi_1=\phi(\Pi_2,\Pi_5,\Pi_3^{-1},\Pi_4)$ 得

$$\delta=l\phi\left(\frac{\beta}{k_{\measuredangle}},\frac{\gamma}{k_{\measuredangle}},\frac{W}{El^2},\frac{A}{l^2}\right)。\tag{11-3-59}$$

与前面求得的式(11-2-38)本质一样，但比它在角度单位上更为灵活——式(11-2-38)的 β 和 γ 必须是以**弧度**为单位测得的数，而式(11-3-59)的 β 和 γ 允许代表用任何角度单位测得的数。

■

然而，由于 Taylor 从来没有 $k_{\measuredangle}$ 的概念，他没有用上述解法再求解，而是转而采用不含角的单位制，于是基本量类和涉及量类各少一个，读者不难相信其结果与式(11-2-38)实质相同，即

$$\delta=l\phi\left(\frac{W}{l^2E},\beta,\gamma,\frac{A}{l^2}\right)。\tag{11-3-60}$$

针对自己书中的上述两个例题，Taylor 表现出了困惑：为什么含角单位制用于例题

11-3-3 [Taylor(1974)的 EXAMPLE 2.4]能够给出很强的结果，而用于例题 11-3-4[Taylor(1974)的 EXAMPLE 2.5]却给出错误结果？他说明了自己的看法，但似乎并未真正解决问题。

[选读 11-4 完]

[选读 11-5]

作为函数的一个特例，三角函数(例如cos)是把一个实数变为另一个实数的对应(映射)关系， cos 后面必须跟一个数。你既可写 $\cos\theta_{弧度}$，也可写 $\cos\theta_{度}$，但人们习惯于写

$$\cos\frac{\pi}{3}=\frac{1}{2}=\cos 60^\circ, \tag{11-3-61}$$

最右边的 60° 决不能理解为 60 这个数(因为 $60\neq\frac{\pi}{3}$，$\cos 60\neq\cos\frac{\pi}{3}$)。上式的准确写法应为

$$\cos\frac{\pi}{3}=\frac{1}{2}=\cos\frac{\theta_{度}}{k_{度}},\quad 其中\ \theta_{度}=60。 \tag{11-3-62}$$

我们当然无意提倡在实用中把 $\cos 60^\circ$ 迂腐地改写为 $\cos\frac{\theta_{度}}{k_{度}}$ (其中 $\theta_{度}=60$)，上述讲法只是为了让读者有一个清晰的理解。

[选读 11-5 完]

[选读 11-6]

乙　你曾问及：是否也可认为"度国际制"与国际制(力学部分)一样只有 3 个基本量类？答案是：也可以，但这时角度单位就成了导出单位，因而式(11-3-5)，即

$$\alpha_{度}=k_{度}\frac{l_{米}}{r_{米}}\quad (其中系数\ k_{度}=\frac{360}{2\pi}\approx 57.3), \tag{11-3-63}$$

现在应被视为角度单位"**度**"的(终极)定义方程，与"**弧度**"的终定方程 $\alpha_{弧度}=\frac{l_{米}}{r_{米}}$ [式(11-3-4)]的唯一区别是，"**度**"的 $k_{终}=1$ 而"**度**"的 $k_{终}\approx 57.3$。

为了强调现在这个只有 3 个基本量类的"度国际制"与前面讲的、有 4 个基本量类的"度国际制"的区别，我们把有 4 个(或 3 个)基本量类的"度国际制"分别称为"度国际制 **4**"和"度国际制 **3**"。

"度国际制 3"与"度国际制 4"有一个重要区别："度国际制 3"与国际制(力学部分)虽然不是同族单位制，却是准同族单位制，因为不难看出它们满足准同族单位制的定义(见定义 3-2-2)。两者之所以只是准同族而不是同族，当然是因为**度**与**弧度**有不同的定义方程——**弧度**的 $k_{终}=1$ 而"**度**"的 $k_{终}\approx 57.3$——的缘故。然而，"度国际制 4"就不但与国际制(力学部分)不同族，而且也达不到准同族的程度。

甲　能举例题说明"度国际制 3"的用法吗？

乙　可以。"度国际制 3"与"度国际制 4"在用法上有两点主要不同：①角度量类是导出量类而非基本量类，所以不像"**度**国际制 4"那样有第 4 个基本量纲 ∢；②式(11-3-63)中的 $k_{度}$ 现在是定义方程的系数。这两点不同导致"度国际制 3"与国际制在用法上基本相同，唯一的区别是公式中的 α 现在代表以**度**(而不是**弧度**)为单位测角度所得的数。以例题 11-3-1 为例，量纲矩阵与用国际制时一样，求解结果自然也一样，即仍是

$$T=\sqrt{\frac{l}{g}}\,\phi_1(\alpha_0),\tag{11-3-64}$$

唯一的不同是，上式的 α_0 现在是以**度**为单位测量初始摆角所得的数，故上式的函数关系 ϕ_1 不同于式(11-3-10)的 ϕ，两者的关系为

$$\phi_1(\alpha_0)=\phi\left(\frac{\alpha_0}{57.3}\right)。\tag{11-3-65}$$

例题 11-3-1 的解法 3 是用“度国际制 4”做的，其结果为[见式(11-3-17)]

$$T=\sqrt{\frac{l}{g}}\,\phi\left(\frac{\alpha_0}{k_{\measuredangle}}\right)。\tag{11-3-66}$$

注意到 $k_{\measuredangle}=57.3$，便知两种“度国际制”给出相同结果。

甲　但是我觉得还是式(11-3-66)更好用些，因为，为了写出式(11-3-65)还要略动脑筋。而且，如果使用“分国际制 3”，式(11-3-65)的 57.5 又得改成别的数值，你还得略动脑筋加以换算。

乙　我同意。　**[选读 11-6 完]**

§ 11.4　“幂连乘式法”

Huntley(1967)一书的写法颇为特别，一开始讲量纲时就并未给出量纲的明确定义(具有“只可意会，不能言传”的色彩)。接着，在不提 Π 定理的情况下，通过大量例子向读者传授用量纲分析求解问题的做法，我们把这种做法称为**幂连乘式法**[4] [5](起名原因见例题 11-4-1)。在发表我们对该做法的述评之前，必须先复述该书的两道例题。

例题 11-4-1　用“幂连乘式法”重解例题 8-3-1。该题为：质量为 $\boldsymbol{m}$ 的物体从高度 $\boldsymbol{h}$ 处由静止开始自由下落，求下落时间 $\boldsymbol{t}$。

解　先把 t 表为 h、g、m 的幂连乘式

$$t=C_0\cdot h^a g^b m^c,\tag{11-4-1}$$

其中 C_0 为无量纲常数，a、b、c 是待定指数。由量纲齐次性定理可知上式两边量纲相等，故

$$\mathrm{T}=\mathrm{L}^a(\mathrm{LT}^{-2})^b\mathrm{M}^c=\mathrm{L}^{a+b}\mathrm{M}^c\mathrm{T}^{-2b},\tag{11-4-2}$$

对 L 有 $0=a+b$；对 M 有 $0=c$；对 T 有 $1=-2b$，解得 $a=1/2$，$b=-1/2$，$c=0$，代入式(11-4-1)给出

$$t=C_0\cdot h^{1/2}g^{-1/2}m^0=C_0\sqrt{h/g},\tag{11-4-3}$$

与式(8-3-5)完全一样。■

述评　“幂连乘式法”的关键是先将待求量表为其他涉及量(均指相应的数)的幂连乘式(并在前面乘以无量纲常数 C_0)。对于涉及量个数 n 与列秩 m 之差 $n-m=1$ 的情况，这种做法是正确的，因为 Π_j 的定义公式(8-1-6)在此情况下体现为

[4] 这种做法在其他量纲文献中也早已被用到(包括瑞利的文章)，但 Huntley(1967)用得最为系统。

[5] 赵金土(1999)是一本关于量纲分析的中文参考书，该书的大量例题以及解题方法都与 Huntley(1967)完全一样。

$$\varPi \equiv B_1 A_1^{-x_{1j}} \cdots A_m^{-x_{mj}} ,$$

与式(11-4-1)实质一样(只需把$\varPi$改记为C_0)。然而，对于$n-m>1$的情况，“幂连乘式法”就未必正确了。先看如下例题。

例题 11-4-2　用“幂连乘式法”重解例题 9-1-6(求行星绕日公转的周期)。

解　问题涉及公转周期$\boldsymbol{t}$(为与时间量纲记号T有明显区别，周期改用小写字母$\boldsymbol{t}$)、行星质量$\boldsymbol{m}_1$、太阳质量$\boldsymbol{m}_2$、公转轨道(椭圆)长半轴长度$\boldsymbol{D}$和引力常量$\boldsymbol{G}$，各量在国际制的量纲为

$$\dim \boldsymbol{t} = \mathrm{T},\ \ \dim \boldsymbol{m}_1 = \dim \boldsymbol{m}_2 = \mathrm{M},\ \ \dim \boldsymbol{D} = \mathrm{L},\ \ \dim \boldsymbol{G} = \mathrm{L}^3\mathrm{M}^{-1}\mathrm{T}^{-2}\text{。}$$

先把t表为m_1、m_2、D、G的幂连乘式

$$t = C_0 \cdot m_1{}^a m_2{}^b D^c G^d , \tag{11-4-4}$$

由量纲齐次性定理便有

$$\mathrm{T} = \mathrm{M}^a\mathrm{M}^b\mathrm{L}^c(\mathrm{L}^3\mathrm{M}^{-1}\mathrm{T}^{-2})^d = \mathrm{L}^{c+3d}\mathrm{M}^{a+b-d}\mathrm{T}^{-2d} , \tag{11-4-5}$$

对L有$0=c+3d$；对M有$0=a+b-d$；对T有$1=-2d$。用这 3 个方程无法求得 4 个未知数，总有 1 个不能确定，取为a，解得

$$a=a,\ \ b=-\frac{1}{2}-a,\ \ c=\frac{3}{2},\ \ d=-\frac{1}{2} ,$$

代入式(11-4-4)给出

$$t = C_0 \cdot m_1{}^a m_2{}^{-(1/2)-a} D^{3/2} G^{-1/2} = C_0 \cdot D^{3/2}(Gm_2)^{-1/2}(m_1/m_2)^a , \tag{11-4-6}$$

故

$$t^2 = C_0{}^2 \cdot \frac{D^3}{Gm_2}\left(\frac{m_1}{m_2}\right)^{2a} \text{。} \tag{11-4-7}$$

述评　只要把$C_0{}^2\left(\frac{m_1}{m_2}\right)^{2a}$看作函数$\phi\left(\frac{m_1}{m_2}\right)$，上式便与正确答案[式(9-1-17)]完全一致，可见“幂连乘式法”对本例题是行得通的。事实上，Huntley(1967)的大量例题(其中许多都属于$n-m>1$的情况)用此法都得出正确结果。然而必须指出，根据$\varPi$定理，式(11-4-7)的$\left(\frac{m_1}{m_2}\right)^{2a}$本应是$\frac{m_1}{m_2}$的某个函数，只当这个函数是幂函数(或常数)时方可把它改写为$\left(\frac{m_1}{m_2}\right)^{2a}$。具体到本例题而言，对比式(9-1-17)[即本章的式(11-4-7)]和(9-1-18)可知$\phi\left(\frac{m_1}{m_2}\right)$等于常数$4\pi^2$，所以“幂连乘式法”给出正确结果；但只要函数$\varPi_1=\phi(\varPi_2)$不是幂函数或常数，“幂连乘式法”就会导致错误结果。请看下面的例题。

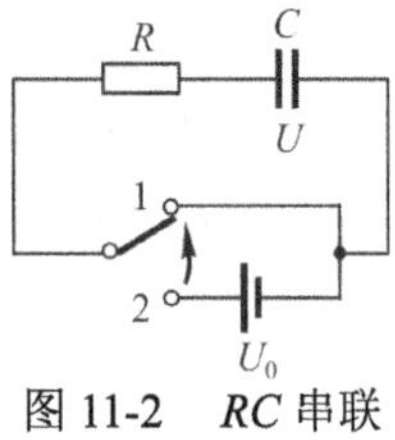

图 11-2　*RC* 串联电路暂态过程

例题 11-4-3(*RC* 串联电路的暂态过程)　设图 11-2 在开关掷于接点 2 时处于稳态(电容的电压$U=U_0$)，在 0 时刻将开关改掷于接点 1，求此后U随时间t的变化规律。

解　涉及量为$\boldsymbol{R}, \boldsymbol{C}, \boldsymbol{U}_0, \boldsymbol{U}, \boldsymbol{t}$。这 5 个量在国际制所在族的量纲矩阵为

$$\begin{array}{c} \\ \mathrm{L} \\ \mathrm{M} \\ \mathrm{T} \\ \mathrm{I} \end{array}\begin{array}{c} \begin{matrix} R & C & U_0 & U & t \end{matrix} \\ \begin{bmatrix} 2 & -2 & 2 & 2 & 0 \\ 1 & -1 & 1 & 1 & 0 \\ -3 & 4 & -3 & -3 & 1 \\ -2 & 2 & -1 & -1 & 0 \end{bmatrix} \end{array} 。$$

此矩阵的列秩 $m=3$，而且 R、C、U_0 所在的 3 列线性独立，其余两列可由它们线性表出，故可选 $\boldsymbol{R}$、$\boldsymbol{C}$、$\boldsymbol{U}_0$ 为甲组量，选 $\boldsymbol{U}$、$\boldsymbol{t}$ 为乙组量。易见

$$\dim \boldsymbol{U} = \dim \boldsymbol{U}_0 \ ;$$

再对量类 $\tilde{\boldsymbol{t}}$ 写出等式

$$\begin{aligned}(0,0,1,0)=\tilde{\boldsymbol{t}}&=x_{11}\tilde{\boldsymbol{R}}+x_{21}\tilde{\boldsymbol{C}}+x_{31}\tilde{\boldsymbol{U}}_0=\\ &x_{11}(2,1,-3,-2)+x_{21}(-2,-1,4,2)+x_{31}(2,1,-3,-1)=\\ &(2x_{11}-2x_{21}+x_{31},\ x_{11}-x_{21}+x_{31},\ -3x_{11}+4x_{21}-3x_{31},\ -2x_{11}+2x_{21}-x_{31}),\end{aligned}$$

解得 $x_{11}=x_{21}=1,\ x_{31}=0$，因而

$$\dim \boldsymbol{t} = (\dim \boldsymbol{R})(\dim \boldsymbol{C}) 。$$

于是便可定义 2 个无量纲量

$$\varPi_1 := UU_0^{-1}, \qquad \varPi_2 := tR^{-1}C^{-1} = t/RC 。$$

由 $\varPi_1=\phi(\varPi_2)$ 便得

$$U = U_0\phi(\varPi_2) = U_0\phi(t/RC) 。 \tag{11-4-8}$$

用量纲分析只能得到上述结果，其中函数关系 ϕ 不得而知。但是利用物理思辨可知 U 随 t 增而减，$t=0$ 时 $U=U_0$，$t\to\infty$ 时 $U\to 0$。无论取函数关系 ϕ 为幂函数还是三角函数都不能全部满足这些要求，而指数函数则可以。因此，虽然单从量纲分析尚难以完全确定函数关系 ϕ，但却强烈暗示应取 $\phi(t/RC)=\mathrm{e}^{-t/RC}$，从而

$$U = U_0\mathrm{e}^{\frac{-t}{RC}} 。 \tag{11-4-9}$$ ■

熟悉电容放电规律的读者都能看出上式就是正确答案。但是，我们再看看用“幂连乘式法”重解本题的结果。

解　先把 U 表为 U_0、R、C、t 的幂连乘式

$$U = C_0\cdot U_0{}^a R^b C^c t^d , \tag{11-4-10}$$

由量纲齐次性定理便有

$$\begin{aligned}\mathrm{L^2MT^{-3}I^{-1}} &= (\mathrm{L^2MT^{-3}I^{-1}})^a(\mathrm{L^2MT^{-3}I^{-2}})^b(\mathrm{L^{-2}M^{-1}T^4I^2})^c\mathrm{T}^d\\ &=\mathrm{L}^{2a+2b-2c}\mathrm{M}^{a+b-c}\mathrm{T}^{-3a-3b+4c+d}\mathrm{I}^{-a-2b+2c} 。\end{aligned} \tag{11-4-11}$$

对 L 有

$$2 = 2a+2b-2c ; \tag{11-4-12}$$

对 M 有

$$1 = a+b-c ; \tag{11-4-13}$$

对 T 有

$$-3 = -3a-3b+4c+d ; \tag{11-4-14}$$

对I有

$$-1 = -a - 2b + 2c \text{ 。} \tag{11-4-15}$$

式(11-4-12)与式(11-4-13)完全一样，故只剩 3 个方程，4 个未知数中总有一个不能确定，取为 d，解得

$$a = 1, \quad b = -d, \quad c = -d, \quad d = d\,,$$

代入式(11-4-10)给出

$$U = C_0 U_0 (t/RC)^d\,, \tag{11-4-16}$$

这是一个错误结果，因为它表明 U 对 t/RC 的依赖关系是幂函数关系，而正确结论[式(11-4-9)]是指数函数关系。

§ 11.5　对“瑞略之争”的述评

瑞利在《自然》(Nature)杂志上载文[Rayleigh(1915)]讨论过如下问题：在稳定流动着的不可压缩、无黏性流体中浸入一块形状给定的固体，设法维持固体与远方流体的温度差不变，欲求单位时间内从固体流出(传给液体)的热量 $\boldsymbol{h}$ 与下列各量的关系：固体的特征线度 $\boldsymbol{a}$ 和热导率 $\boldsymbol{\kappa}$、固体与远方液体的温差 $\boldsymbol{\theta}$、流体的流速 $\boldsymbol{v}$ 和单位体积的热容 $\boldsymbol{C}$，所以问题的涉及量共有 6 个，即 $n = 6$。瑞利采用的单位制有 5 个基本量类，其量纲依次记作 L(长度)、M(质量)、T(时间)、Θ(温度)、Q(热量)，他写出这 6 个涉及量的量纲式，发现右边都不含M，故基本量类只需 4 个，排成如下的量纲矩阵($n = 6, l = 4$)：

$$\begin{array}{c} \\ \mathrm{L} \\ \mathrm{T} \\ \Theta \\ \mathrm{Q} \end{array}\begin{array}{c} \begin{matrix} h & v & C & a & \theta & \kappa \end{matrix} \\ \begin{bmatrix} 0 & 1 & -3 & 1 & 0 & -1 \\ -1 & -1 & 0 & 0 & 0 & -1 \\ 0 & 0 & -1 & 0 & 1 & -1 \\ 1 & 0 & 1 & 0 & 0 & 1 \end{bmatrix} \end{array}, \tag{11-5-1}$$

不难验证 $\boldsymbol{a}, \boldsymbol{\theta}, \boldsymbol{C}, \boldsymbol{\kappa}$ 可充当甲组量(即 $m = 4$)，$\boldsymbol{h}$ 和 $\boldsymbol{v}$ 为乙组量，可用甲组量量纲表出：

$$\dim\boldsymbol{h} = (\dim\boldsymbol{a})(\dim\boldsymbol{\theta})(\dim\boldsymbol{\kappa})\,, \qquad \dim\boldsymbol{v} = (\dim\boldsymbol{a})^{-1}(\dim\boldsymbol{C})^{-1}(\dim\boldsymbol{\kappa})\,,$$

故可定义 $n - m = 2$ 个无量纲量[6]：

$$\Pi_1 := \frac{h}{\kappa a \theta}\,, \qquad \Pi_2 := \frac{avC}{\kappa}\,, \tag{11-5-2}$$

于是由 Π 定理得(他并未用 Π 定理，但结果一样)

$$\frac{h}{\kappa a \theta} = \phi_1\left(\frac{avC}{\kappa}\right) \quad (\phi_1\text{ 代表某个函数关系}),$$

即

$$h = \kappa a \theta \phi_1\left(\frac{avC}{\kappa}\right)\text{。} \tag{11-5-3}$$

---

[6] 瑞利当年用的是“幂单项式法”，不分甲乙组量。

虽然无法知道函数关系 ϕ_1，但上式仍提供了一些宝贵信息，例如：①在 κ、a、υ、C 给定时 h 与温差 θ 成正比；②在其他变数固定时，无论 υ 和 C 如何改变，只要乘积 υC 不变就有 h 不变。

瑞利文章发表数月后，略布欣斯基在同一杂志发表短文[Riabouchinsky(1915)]，全文汉译如下：

"在 3 月 18 日的《自然》杂志上，瑞利爵士由于把热量、温度、长度和时间作为 4 个'独立'单位，给出了如下公式：$h=\kappa a\theta F(a\upsilon C/\kappa)$。如果我们认为这些量只有 3 个是'真正独立'的，就会得到不同结果。例如，如果把温度定义为分子的平均动能，相似性原理[7]就只允许我们有如下结果：$h=\kappa a\theta F(\upsilon/\kappa a^2,\ Ca^3)$。" (全文完)

上述译文表明，基本量个数从 4 个减为 3 个后，量纲分析只能给出较弱结果，它虽然仍说明 h 与 θ 成正比，但无从得出"aC 不变时 h 不变"的结论。

瑞利的做法是取 $l=4, n=6$，发现 $m=4$，故有 $n-m=2$ 个无量纲量。略布辛斯基的文章没有给出任何推导，我们只能根据他的短文进行猜测。该文最关键的想法是"**把温度定义为分子的平均动能**"，实质上就是把温度和能量看作是同类量，而且默认热量和能量也是同类量，于是式(11-5-1)的基本量纲 Θ 与 Q 相等(即 $\Theta=\mathrm{Q}$)，因而在 CGS 制有

1. 温差 $\boldsymbol{\theta}$ 与能量有相同量纲，即

$$\dim\boldsymbol{\theta}=\dim\boldsymbol{E}=\mathrm{L^2MT^{-2}},$$

2. $\boldsymbol{h}$，作为单位时间流出的热量，其量纲应为 $\dim\boldsymbol{E}$ 除以 $\dim\boldsymbol{t}$，即

$$\dim\boldsymbol{h}=\mathrm{L^2MT^{-3}},$$

3. 由式(11-5-1)及 $\Theta=\mathrm{Q}$ 可知 $\boldsymbol{C}$ 和 $\boldsymbol{\kappa}$ 的量纲分别为

$$\dim\boldsymbol{C}=\mathrm{L^{-3}M^0T^0},\qquad \dim\boldsymbol{\kappa}=\mathrm{L^{-1}M^0T^{-1}},$$

排成的量纲矩阵为

$$\begin{array}{c} \\ \mathrm{L} \\ \mathrm{M} \\ \mathrm{T}\end{array}\begin{array}{c} \begin{matrix} h & \upsilon & C & a & \theta & \kappa \end{matrix} \\ \begin{bmatrix} 2 & 1 & -3 & 1 & 2 & -1 \\ 1 & 0 & 0 & 0 & 1 & 0 \\ -3 & -1 & 0 & 0 & -2 & -1 \end{bmatrix}\end{array}\ 。\tag{11-5-4}$$

不难验证 $\boldsymbol{a},\boldsymbol{\theta},\boldsymbol{\kappa}$ 可充当甲组量(即 $m=3$)，$\boldsymbol{h},\boldsymbol{\upsilon},\boldsymbol{C}$ 为乙组量，可用甲组量量纲表出：

$$\dim\boldsymbol{h}=(\dim\boldsymbol{a})(\dim\theta)(\dim\kappa),\quad \dim\upsilon=(\dim\boldsymbol{a})^2(\dim\kappa),\quad \dim C=(\dim\boldsymbol{a})^{-3},$$

故可定义 $n-m=3$ 个无量纲量：

$$\varPi_1:=\frac{h}{\kappa a\theta},\qquad \varPi_3:=\frac{\upsilon}{\kappa a^2},\qquad \varPi_4:=Ca^3,\tag{11-5-5}$$

于是由 $\varPi$ 定理只能得到较弱结果：

$$\frac{h}{\kappa a\theta}=\phi_2\left(\frac{\upsilon}{\kappa a^2},\ Ca^3\right)\quad(\phi_2\text{ 是某个函数关系}),$$

---

7 当时的"相似性原理"与现在的"量纲分析"基本同义。

即

$$h=\kappa a\theta\phi_2\left(\frac{v}{\kappa a^2},\ Ca^3\right)\quad \text{(这就是略布辛斯基的结果)。} \tag{11-5-6}$$

为了与式(11-5-3)对比，最好令

$$\Pi_2'\equiv\Pi_3\Pi_4=\frac{avC}{\kappa}, \tag{11-5-7}$$

并取Π_1、Π_2'和Π_4作为独立无量纲量，再由$\Pi_1=\phi_3(\Pi_2',\Pi_4)$便得

$$h=\kappa a\theta\phi_3\left(\frac{avC}{\kappa},\ Ca^3\right)。 \tag{11-5-8}$$

上式与式(11-5-3)的根本区别在于它的右边涉及 2 元函数，比式(11-5-3)右边的 1 元函数多出一个宗量Ca^3，因而不敢说式(11-5-3)下一行的结论②成立。至少从这个角度来说，略布辛斯基的结论弱于瑞利的结论。

瑞利对略布欣斯基做了答复[Rayleigh，Nature(1915)，vol. 95，P.644]，但这一答复无法令人满意[见 Bridgman(1931)P.11；赵凯华(2008)P.69]。我们不妨把瑞利与略布欣斯基的这一争论简称为**"瑞略之争"**。 Bridgman (1931)、Taylor(1974)、Sedov(1993)、赵凯华(2008)和 Gibbings(2011)等许多作者对此争论都发表了自己的意见，我们认为最中肯的是 Taylor(1974) P.17 的看法。由于该书此前已用两个实例(即本书的例题 11-2-2 和 11-2-1)强调了误选单位制会引入外在因素从而弱化结果，所以在评述瑞略之争时给出了明确的结论：问题的讨论对象是连续媒体(液体)，而略布欣斯基却用了密度很低的气体模型，他"把温度定义为分子的平均动能"(因而认为$\Theta=\text{Q}$)的做法就是在人为地引进外在因素(问题本来根本不涉及密度很低的气体分子)，他得到的函数$\phi_3\left(\frac{avC}{\kappa},\ Ca^3\right)$的第二个宗量$Ca^3$正是认为$\Theta=\text{Q}$的后果。

对于"瑞略之争"的讨论其实至此可以结束。然而，有感于某些文献的讨论，此处还想添补本书笔者的 4 点述评，只是一家之言，仅供参考。

(A) 我们首先强调如下看法：瑞、略两人的结果虽有强弱之分，却未必有对错之别，因为量纲分析并未给出函数关系ϕ_1和ϕ_3，不排除如下可能性：

$$\phi_3\left(\frac{avC}{\kappa},\ Ca^3\right)=\phi_1\left(\frac{avC}{\kappa}\right)+0\cdot Ca^3=\phi_1\left(\frac{avC}{\kappa}\right),$$

这时两人结论完全相同。但因为从式(11-5-8)不能得到上式，所以说式(11-5-8)弱于式(11-5-3)。

(B) 气体分子平均动能等于$(3/2)Nk_BT$(其中N是分子的自由度，k_B为玻尔兹曼常数)。略文把温度T定义为分子平均动能，无非是默认$\dim\boldsymbol{k}_B=1$。这其实就是自然单位制的惯用做法。这种做法使基本量类的个数从瑞利的 4 个减为 3 个，而涉及量个数n没变(仍为$n=6$)，导致无量纲量个数$n-m$从 2 增至 3，致使结果变弱。由此不难体会，在涉及量个数n大于基本量类个数l的情况下，减少基本量类的个数是不明智的。事实也很清楚：如果你在用Π定理解题时采用自然制或几何制(均指观点 3，即只有 1 个基本量类)，你很可能一事无成。

(C) 个别文献认为，**"一般说来，当我们选取更多的基本量时，都会出现一些新的物理常数。…… 瑞利采用的五元单位制中包含两个新的物理常量：热功当量J和玻尔兹曼常量**

k_B，…… **选取主定参量时，应该把它们也包括进去，……**” 照此看法写出的量纲矩阵为

$$\begin{array}{c} \\ \mathrm{L} \\ \mathrm{M} \\ \mathrm{T} \\ \Theta \\ \mathrm{Q} \end{array} \begin{array}{c} \begin{array}{cccccccc} h & v & C & a & \theta & \kappa & J & k_B \end{array} \\ \begin{bmatrix} 0 & 1 & -3 & 1 & 0 & -1 & 2 & 2 \\ 0 & 0 & 0 & 0 & 0 & 0 & 1 & 1 \\ -1 & -1 & 0 & 0 & 0 & -1 & -2 & -2 \\ 0 & 0 & -1 & 0 & 1 & -1 & 0 & -1 \\ 1 & 0 & 1 & 0 & 0 & 1 & -1 & 0 \end{bmatrix} \end{array}, \tag{11-5-9}$$

不难求得

$$h = \kappa a \theta \Phi\left(\frac{avC}{\kappa}, \frac{J}{k_B}Ca^3\right)。 \tag{11-5-10}$$

上式与略布辛斯基的结果[即式(11-5-8)]既有类似之处也有明显不同——函数的第二个宗量比式(11-5-8)的 Ca^3 多了个系数 J/k_B。写出这一结果后，上引文献接着说，“**然而，流体是不可压缩和无黏性的，在这个问题中没有热能和机械能的转化，力学过程与热过程独立进行，因此在这里热功当量 J 一定不重要，也就是说，在(11-5-10)式中的 Φ 函数实际上不依赖于 $(J/k_B)Ca^3$。这样，我们又回到了瑞利的结论！**” [8]。

我们对此有不同看法，尤其不能接受先补进 $\boldsymbol{J}$ 和 $\boldsymbol{k}_B$ 再从结果中删除 $(J/k)Ca^3$ 的做法。我们认为一开始就不应把 $\boldsymbol{J}$ 和 $\boldsymbol{k}_B$ 补为涉及量。首先，正如上引文献所说，由于瑞利假定流体既不可压缩又无黏性，物理现象就不会有热能与机械能的转化，力学过程与热过程独立进行，热功当量 $\boldsymbol{J}$ 一定不重要。事实上，瑞利要找的是热量的流动与温差等物理量的关系，完全没有涉及机械功和机械能，根本就没有热功当量什么事。第二，瑞利的做法只涉及热力学而不涉及统计物理，这种只停留在热力学阶段的问题与玻尔兹曼常量 $\boldsymbol{k}_B$ 没有关系，不应把 $\boldsymbol{k}_B$ 选为涉及量。第三，量纲矩阵(11-5-9)的第二行只有两个非零元素，分别在 $\boldsymbol{J}$ 和 $\boldsymbol{k}_B$ 所在列，只要 $\boldsymbol{J}$ 不能进涉及量，其所在列就不复存在，即使硬要保留 $\boldsymbol{k}_B$ 所在列，第二行也只有一个非零元素，根据“十字删除法”，删去此元素的所在行和列后，所得矩阵与原矩阵等价，而删去后就跟瑞利的矩阵[式(11-5-1)]完全一样，既无 $\boldsymbol{J}$ 又无 $\boldsymbol{k}_B$。反之也一样，如果只进 $\boldsymbol{J}$ 不进 $\boldsymbol{k}_B$，则 $\boldsymbol{J}$ 也只能被“十字删除”，最终仍然跟瑞利的原始矩阵相同。

(D) Gibbings(2011)认为，由于热传导方程[该书的式(6.42)]可以表为

$$\frac{\partial T}{\partial t} = \frac{\kappa}{C}\nabla^2 T \quad \text{(这是本书的符号和表达式)}, \tag{11-5-11}$$

其中 T 是温度场 $T(t, x, y, z)$ [9]，讨论瑞略之争时就应把 κ/C 作为一个整体(而不是 κ 和 C 分别地)进入涉及量的行列中。对略布欣斯基的做法这样修改后，就得到量纲矩阵

$$\begin{array}{c} \\ \mathrm{L} \\ \mathrm{M} \\ \mathrm{T} \end{array} \begin{array}{c} \begin{array}{ccccc} a & v & \theta & C/\kappa & h \end{array} \\ \begin{bmatrix} 1 & 1 & 2 & -2 & 2 \\ 0 & 0 & 1 & 0 & 1 \\ 0 & -1 & -2 & 1 & -3 \end{bmatrix} \end{array}。 \tag{11-5-12}$$

8 另一文献[Sedov(1993)]也有类似的做法和说法。

9 准确说是指 4 维闵氏时空上的温度场。

上式的列秩 $m=3$，而且前 3 列线性独立(因为行列式非零)，第 4、5 列可由它们线性表出，故可选 $\boldsymbol{a}, \boldsymbol{v}, \boldsymbol{\theta}$ 为甲组量，选 $\boldsymbol{C}/\boldsymbol{\kappa}$ 和 $\boldsymbol{h}$ 为乙组量，它们可由 $\tilde{\boldsymbol{a}}, \tilde{\boldsymbol{v}}, \tilde{\boldsymbol{\theta}}$ 量纲表出：

$$\dim(\boldsymbol{C}/\boldsymbol{\kappa}) = (\dim\boldsymbol{a})^{-1}(\dim\boldsymbol{v})^{-1}, \qquad \dim\boldsymbol{h} = (\dim\boldsymbol{a})^{-1}(\dim\boldsymbol{v})(\dim\boldsymbol{\theta}) 。 \tag{11-5-13}$$

故可定义 2 个无量纲量：

$$\Pi_1 := \frac{avC}{\kappa}, \qquad \Pi_2 := \frac{ha}{v\theta}, \tag{11-5-14}$$

令 $\Pi' \equiv \Pi_1\Pi_2$，则易得

$$\Pi' = \frac{hCa^3}{a\kappa\theta} 。 \tag{11-5-15}$$

取 Π' 和 Π_1 作为两个独立的无量纲量，由 $\Pi' = \phi_4(\Pi_1)$ 便得

$$\frac{hCa^3}{a\kappa\theta} = \phi_4\left(\frac{avC}{\kappa}\right),$$

因而

$$h = \kappa a\theta\,\phi_4\left(\frac{avC}{\kappa}\right)\frac{1}{Ca^3} 。 \tag{11-5-16}$$

如果这个结果正确，就能说明以下两点：

(1)它与略布欣斯基的结果[式(11-5-8)]实质相同，但明显强化，因为式(11-5-8)右边的二元函数现在具体化为

$$\phi_3\left(\frac{avC}{\kappa},\ Ca^3\right) = \phi_4\left(\frac{avC}{\kappa}\right)\frac{1}{Ca^3}, \tag{11-5-17}$$

这就证明略布欣斯基的结果是对的，其缺点只不过是表现形式较弱而已。

(2)它表明瑞利的结果[式(11-5-3)]是错的，因为，正如前文所述，由式(11-5-3)得出的第②个结论是，“在其他变量固定时，无论 v 和 C 如何改变，只要乘积 vC 不变就有 h 不变”；然而由式(11-5-17)得出的结论却是：在乘积 vC 不变的前提下，C 的改变必然导致 h 改变！

甲　这样岂不是就分出了谁是谁非了吗？略布欣斯基才是对的！

乙　且慢！一开始我们也这样认为，但后来发现这一做法从根本上说就是不对的，理由如下。热传导方程(11-5-11)固然是讨论这个问题的一个重要的运动方程，但还不够，因为它只管辖着温度场(以及热导率 $\boldsymbol{\kappa}$ 和单位体积的热容 $\boldsymbol{C}$)。但是问题最关心的是热量的流动 $\boldsymbol{h}$，所以还必须用到另一个重要的运动方程——热传导定律(傅里叶定律)，对各向同性的均匀材料，该定律表现为 $\vec{q}(t,x,y,z) = -\kappa\,\vec{\nabla}T(t,x,y,z)$，其中 $\vec{q}(t,x,y,z)$ 是热通量密度，即单位时间流过单位面积的热量。上式只含 κ 而不含 C (更不含 C/κ)，在决定热通量密度时 κ 是在单独起作用的。所以用 C/κ 代替 C 和 κ 的做法不对！

甲　明白了，结果虽然很好，但做法不对，不可取。

乙　是的。

参 考 文 献

陈鹏万, 1978. 电磁学. 北京: 人民教育出版社.
费曼 R P, 莱登 R B, 桑兹 M, 1981. 费曼物理学讲义. 第二卷. 王子辅, 译. 上海: 上海科学技术出版社.
封小超, 1987. 1/e 在电磁现象中的重要性及其物理意义. 大学物理, 11: 26.
复旦大学、上海师范大学物理系. 物理学(电磁学). 上海: 上海科学技术出版社.
哈里德 D, 瑞斯尼克 R, 1979. 物理学基础(上册). 郑永令, 等译. 北京: 人民教育出版社.
胡镜寰, 王忠烈, 刘玉华, 1989. 原子物理学. 北京: 北京师范大学出版社.
胡友秋, 2012. 电磁学单位制. 合肥: 中国科学技术大学出版社.
克劳福德 F S, 1983. 波动学 (《伯克利物理学教程》第三卷). 卢鹤绂, 等译. 北京: 科学出版社.
孔珑, 2011. 流体力学(I). 第 2 版. 北京: 高等教育出版社.
孔珑, 2011. 流体力学(II). 第 2 版. 北京: 高等教育出版社.
梁灿彬, 2012. 对某些物理名词的修改建议. 物理, 41(3): 195-199.
梁灿彬, 2018. 电磁学. 4 版. 北京: 高等教育出版社.
梁灿彬, 曹周键, 2013. 从零学相对论. 北京: 高等教育出版社.
梁灿彬, 曹周键, 陈陟陶, 2018. 电磁学拓展篇. 北京: 高等教育出版社.
梁灿彬, 秦光戎, 梁竹健, 1980. 电磁学. 北京: 高等教育出版社.
梁灿彬, 周彬, 2006. 微分几何入门与广义相对论(上册). 2 版. 北京: 科学出版社.
珀塞尔 E M, 1979. 电磁学(《伯克利物理学教程》第二卷). 南开大学物理系. 北京: 科学出版社.
漆安慎, 杜婵英, 1997. 力学. 北京: 高等教育出版社.
全国科学技术名词审定委员会, 1996. 物理学名词. 北京: 科学出版社.
列.阿. 塞纳, 1959. 物理学单位. 嵇储凤, 卞文钧, 译. 上海: 上海科学技术出版社.
孙博华, 2016. 量纲分析与 Lie 群. 北京: 高等教育出版社.
伊.耶.塔姆, 1958. 钱尚武, 赵祖森, 译. 北京: 人民教育出版社.
谭庆明, 2005. 量纲分析. 合肥: 中国科学技术大学出版社.
张鸣远, 2010. 流体力学. 北京: 高等教育出版社.
张忠仕, 1999. "高斯"是磁化强度 M 的单位吗? 磁性材料及器件: 52-54.
赵金土, 1999. 量纲分析原理及其应用. 上海: 华东师范大学出版社.
赵凯华, 2008. 定性与半定量物理学. 2 版. 北京: 高等教育出版社.
赵凯华, 陈熙谋, 2003. 电磁学. 北京: 高等教育出版社.
赵凯华, 陈熙谋, 2011. 电磁学. 3 版. 北京: 高等教育出版社.
周光炯, 严宗毅, 许世雄, 章克本, 1992. 流体力学(下册). 北京: 高等教育出版社.
Alexander R M, 1976. Estimates of speeds of dinosaurs. Nature, 261: 129-130.
Barenblatt G I, 1996. Scaling, self-similarity, and intermediate asymptotics. Cambridge: Cambridge University Press.
Batchelor G K, F R S, 1970. An Introduction to fluid dynamics. Cambridge: Cambridge University Press.
Bridgman P W, 1931. Dimensional analysis. 2nd ed. New Haven: Yale University Press.
Buckingham E, 1914. On physically similar systems; illustrations of the use of dimensional equations. Phys. Rev., 4: 345-376.
Feynman R, Leighton R, Sands M, 1965. The Feynman Lectures on Physics, 2.
Gibbings J C, 2011. Dimensional Analysis. London: Springer-Verlag London Limited.
Huntley H E, 1967. Dimensional Analysis. New York: Dover Publications.
Ipsen D C, 1960. Units, dimensions, and dimensionless numbers. New York: McGraw-Hill Book Company.
Katz J, 2010. Introductory Fluid Mechanics. Cambridge: Cambridge University Press.

Kurth R, 1972. Dimensional Analysis and Group Theory in Astrophysics. London: Pergamon Press.
Massey B S, 1979. Mechanics of Fluids. 4th ed. New York: Van Nostrand Reinhold Company.
Mathur H, Brown K, Lowenstein A, 2017. An analysis of the LIGO discovery based on introductory physics. Am. J. Phys., 85(5). (有中译文: 基于普通物理分析的 LIGO 引力波数据. 大学物理, 2018, 676, 37(6): 75-81.)
Milton Van Dyke, 1982. An Album of Fluid Motion. New York: Parabolic Press.
Panofsky W K H, Phillips M, 1962. Classical electricity and magnetism. Munih: Addison-Wesley Publishing Company.
Pollack G L, Stump D R, 2005. Electromagnetism. Hong Kong: Pearson Education ASIA Limited and Higher Education Press.
Prichard P J, Leylegian J C, 2011. Fox and mcdonald's introduction to fluid mechanics. 8th ed. New York: John Wiley and Sons.
Pugh E M, Pugh E W, 1970. Principles of electricity and magnetism. Munih: Addison-Wesley Publishing Company.
Rayleigh J, 1871. On the light from the sky, its polarization and colour. Philosophical Magazine, XLI: 107-120; 274-279.
Rayleigh J, 1899. On the transmission of light through an atmosphere containing small particles in suspension, and on the origin of the blue of the sky. Phil. Mag. XLVII: 375.
Rayleigh J, 1915. The principle of similtude. Nature, 95: 66, 591, 644.
Reitz J R, Milford F J, 1960. Foundations of electromagnetic theory. Upper Soddler River: Addison-Wesley Publishing Company.
Sachs R K, Wu H, 1977. General Relativity for Mathematicians. Beijing: Springer-Verlag, World Publishing Corporation: 44.
Schouten J A, 1951. Tensor analysis for physicists. London: Oxford University Press.
Scott W T, 1959. The Physics of electricity and magnetism. New York: John Wiley and Sons, Inc.
Sedov L I, 1993. Similarity and dimensional methods in mechanics. 10th ed. West Palm Beach: CRC Press.
Sena L A, 1972. Units of physical quantities and their dimensions. Moscow: Mir Publishers.
Sir Geoffrey Taylor F R S, 1950. The formation of a blast wave by a very intense explosion, I. Theoretical discussion, 201: 159.
Sir Geoffrey Taylor F R S, 1950. The formation of a blast wave by a very intense explosion, II. The atomic explosion of 1945, 201: 175.
Slater J C, Frank N H. 1969. Electromagnetism. New York: Dover Publications.
Stratton J A, 2007. Electromagnetic theory. New York: John Wiley and Sons.
Streeter V L, 1962. Fluid mechanics. New York: McGraw-Hill Book Company.
Szucs E, 1980. Similitude and modelling. Amsterdam: Elsevier.
Taylor E S, 1974. Dimensional analysis for engineers. Oxford: Clarendon Press.
Wald R M, 1984. General relativity. Chicago: The University of Chicago Press.

索　引

M

N

O

P

Q

R

S

T